今すぐ使える
かんたんbiz

Excel
効率UPスキル
大全

著
井上香緒里

技術評論社

目次

第1章 不統一なデータとおさらば！入力・整形の即効テクニック

第2章 最速で表を作成する！選択・移動の便利テクニック

第3章 見やすく理解しやすい表に！ 書式の設定テクニック

第4章 Excelの勘どころをおさえる！ 数式・関数の頻出テクニック

目次

第5章 伝わりやすいグラフに！グラフの作成テクニック

第6章 大量のデータを集計する！データベースの活用テクニック

手早くスムーズに扱う！ シート・ファイルの操作テクニック

第8章 思いどおりに出力する！ 印刷の攻略テクニック

目次

第9章 スムーズに作業する！ 環境設定の基本テクニック

第10章 最新技術を味方につける！ AIの活用テクニック

サンプルファイルのダウンロード

本書の解説内で使用しているサンプルファイルは、以下のURLのサポートページからダウンロードできます。ダウンロードしたときは圧縮ファイルの状態なので、展開してからご利用ください。

https://gihyo.jp/book/2024/978-4-297-14154-7/support

手順解説

1. Webブラウザー（画面はMicrosoft Edgeの例）を起動し、アドレス欄に上記のURLを入力して、Enterキーを押します。
2. 「ダウンロード」にあるサンプルファイルのファイル名をクリックします。

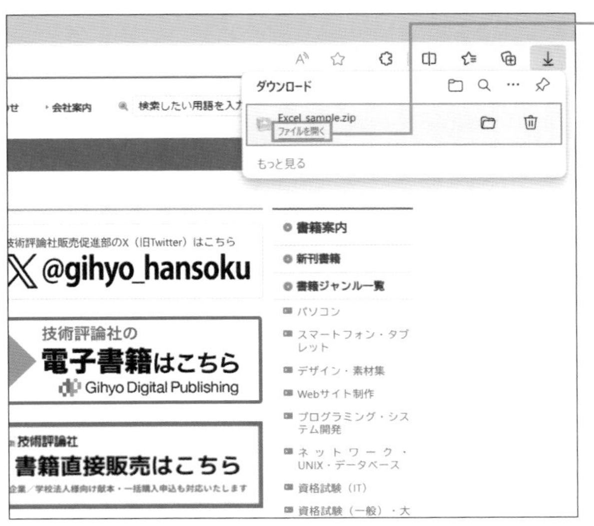

3. ダウンロードが完了したら、[ファイルを開く]をクリックします。
4. エクスプローラーが表示されるので、[展開]タブの[すべて展開]をクリックします。

ご注意 ご購入・ご利用の前に必ずお読みください

本書に記載された内容は、情報の提供のみを目的としています。したがって、本書を用いた運用は、必ずお客様自身の責任と判断によって行ってください。これらの情報の運用の結果について、技術評論社および著者はいかなる責任も負いません。

- ソフトウェアに関する記述は、特に断りのないかぎり、2024年3月現在での最新バージョンをもとにしています。ソフトウェアはアップデートされる場合があり、本書の説明とは機能内容や画面図などが異なってしまうこともあり得ます。特にMicrosoft 365は、随時最新の状態にアップデートされる仕様になっています。あらかじめご了承ください。
- 本書は、Windows11およびExcel2021の画面、iOS 17.4.1およびExcel Mobileの画面で解説を行っています。これ以外のバージョンでは、画面や操作手順が異なる場合があります。
- インターネットの情報については、URLや画面などが変更されている可能性があります。ご注意ください。

以上の注意事項をご承諾いただいた上で、本書をご利用願います。これらの注意事項をお読みいただかずに、お問い合わせいただいても、技術評論社および著者は対処しかねます。あらかじめご承知おきください。

第 1 章

不統一なデータとおさらば!
入力・整形の
即効テクニック

001 データ入力の基本を知る

Excelの多彩な機能のもとになるのがデータです。正確なデータがあるからこそ、計算結果や分析結果に意味が生まれます。データ入力には**「正確さ」**と**「スピード」**が求められます。Excelの機能を十分に引き出すために、データ入力の基本を確認しましょう。

データには「数値」と「文字」がある

Excelで扱うデータには**「数値」**と**「文字」**の2種類があります。入力されたデータをExcelが自動的に認識し、数値はセルの右揃え、文字はセルの左揃えで表示されます。**計算できるのは数値**だけです。

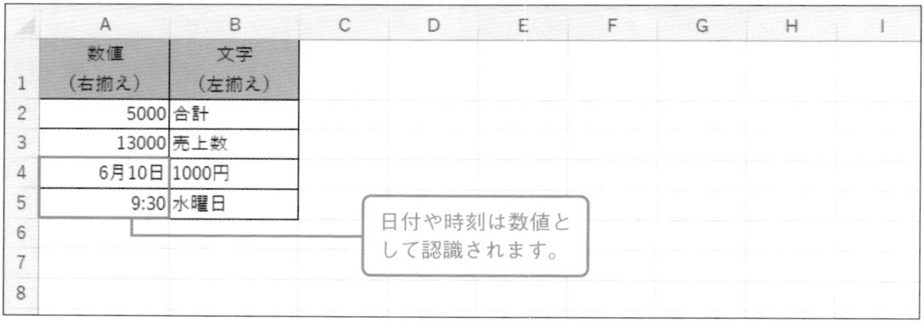

	A	B	C	D	E	F	G	H	I
1	数値（右揃え）	文字（左揃え）							
2	5000	合計							
3	13000	売上数							
4	6月10日	1000円							
5	9:30	水曜日							
6									
7									
8									

日付や時刻は数値として認識されます。

カンマや通貨記号は入力しない

数値を入力するときに、位取りのカンマや¥記号などは必要ありません。数字だけを入力し、カンマなどの記号は、**あとからまとめて設定**します。データ入力時にカンマなどの記号を省くだけで、相当数のキータッチを省略できます。また、「円」や「個」などの単位を付けて入力すると、文字として扱われて計算できないので注意しましょう。

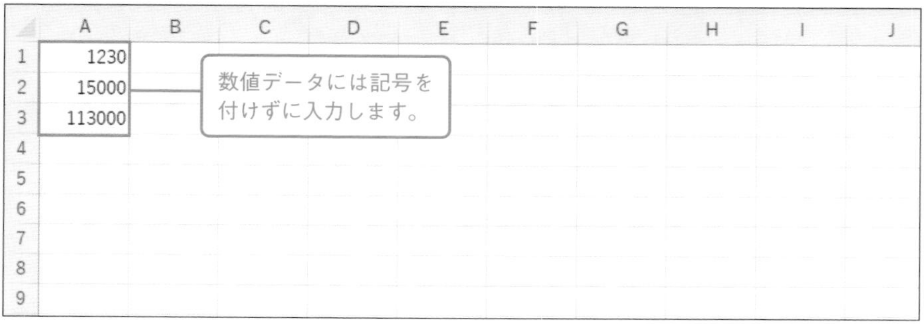

	A	B	C	D	E	F	G	H	I	J
1	1230									
2	15000									
3	113000									
4										
5										
6										
7										
8										
9										

数値データには記号を付けずに入力します。

あとから「書式」でデータの見せ方を整える

データ入力が終わったら、必要に応じて**書式**を付けます。セルに入力した数値や文字を「値」と呼ぶのに対し、大きさや色、配置、カンマ記号などを「書式」と呼びます。たとえば下図のように、セルに「1230」という値を入力し、「3桁ごとのカンマと¥記号を付けなさい」という書式を設定すると、「1230」に「,」と「¥」の書式が加わって「¥1,230」と表示されます。

ただし、セルの中身は「1230」のままです。書式はあくまでも値の見せ方を変更しているだけです。なお、数値を千円単位で表示するなどの複雑な書式は**表示形式**で設定します。

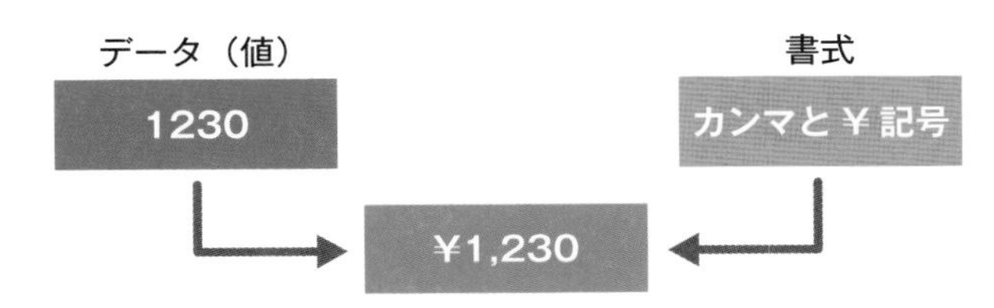

なるべく手入力を避ける

手入力はミスの温床です。どれだけキーボード操作に慣れていても入力ミスは発生します。

Excelには入力候補をリスト化したり連続データを一瞬で入力したりするなど、**データ入力をサポートする機能**がいくつも用意されています。これらの機能を使ってデータの手入力を減らすと、入力時間の短縮とともに修正時間の削減にもつながります。

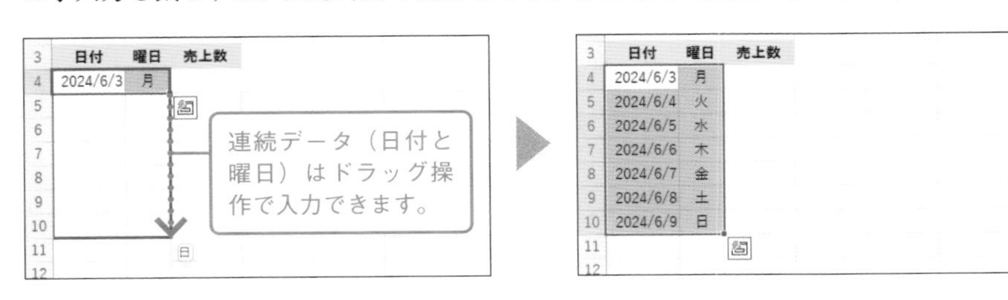

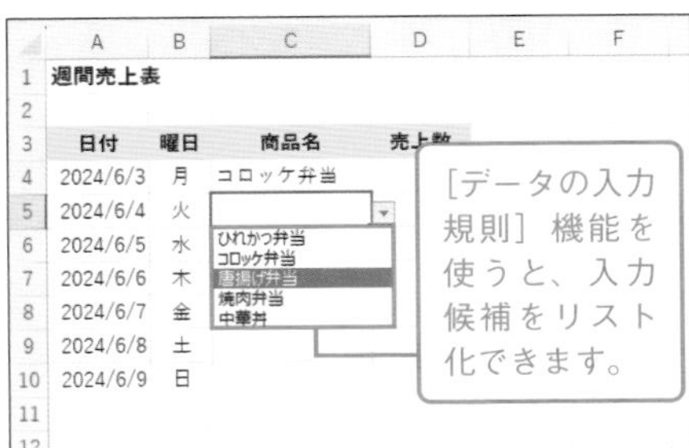

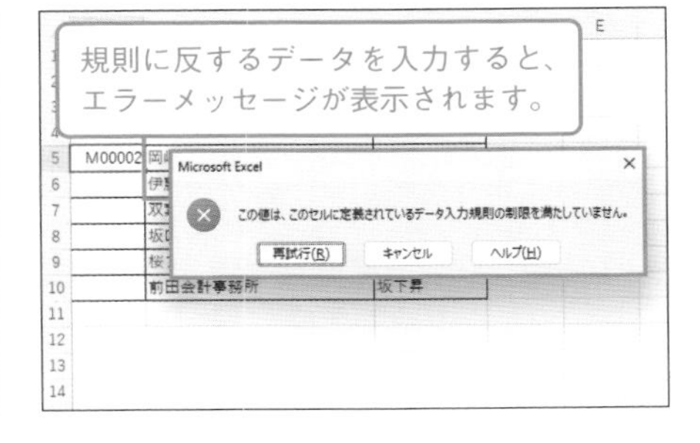

002 Excel特有の入力のクセを理解する

データをすばやく入力することは、作業効率のアップに欠かせません。ただし、思いどおりに入力できないと、何度も入力をやり直したり原因を調べたりして、よけいな時間が発生します。Excelの**データ入力の特性**を理解すると、スムーズに入力できます。

セルの中で改行する

セルのデータを2行に分けて表示したいときに[Enter]キーを押すと、セル内で改行されるのではなく、アクティブセルが下のセルに移動します。セルの中で改行するには、改行したい位置で**[Alt]＋[Enter]キー**を押します。すると、すべての文字が表示される行の高さに自動的に調整されます。ただし、データベース機能を使うときには、セル内で改行されたデータは正しく集計できないことがあるので注意しましょう。

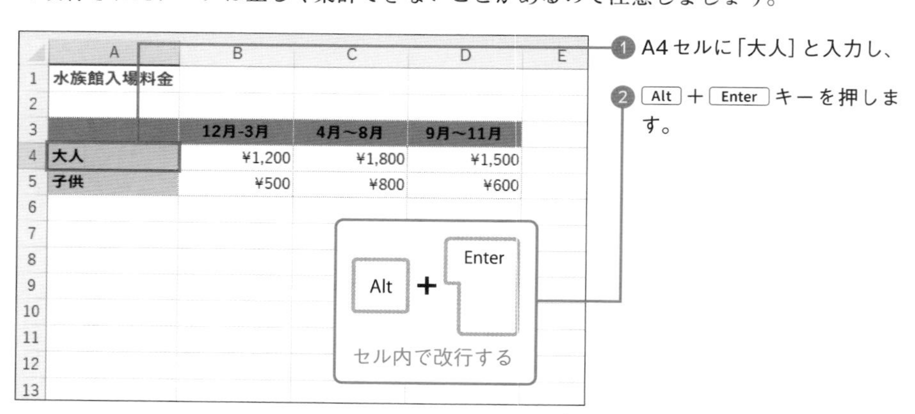

❶ A4セルに「大人」と入力し、

❷ [Alt]＋[Enter]キーを押します。

	A	B	C	D	E
1	水族館入場料金				
2					
3		12月-3月	4月～8月	9月～11月	
4	大人	¥1,200	¥1,800	¥1,500	
5		¥500	¥800	¥600	
6					
7					
8					
9					
10					
11					
12					
13					

❸ セルの中で改行し、カーソルが次の行に移動します。

「0」から始まる数字を入力する

セルに「001」の数値を入力すると、先頭の「0」が省略されて「1」だけが表示されます。商品番号や電話番号のように「0」が省略されては困る場合は、先頭に**半角の「 '」(アポストロフィ)記号**を付けて、**数値を強制的に文字として入力**します。ただし、文字として入力した数字は計算できません。

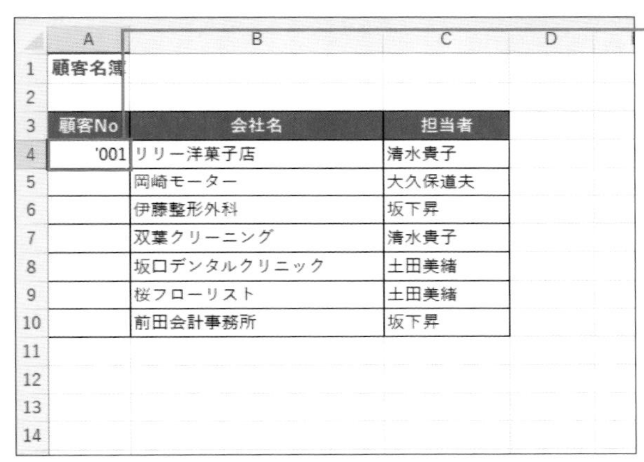

❶ A4セルをクリックして「' 001」と入力し、

❷ Enter キーを押すと、

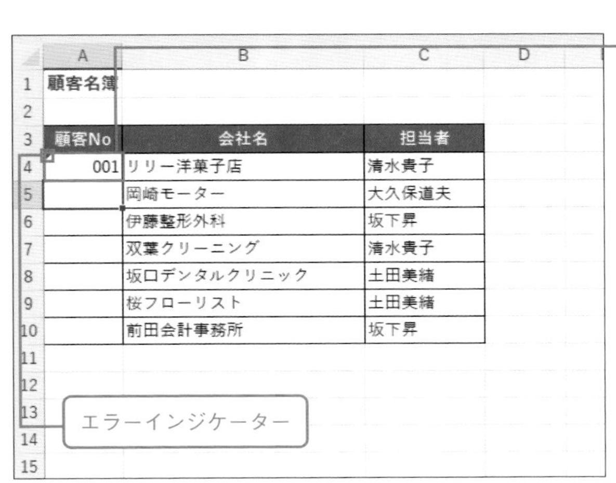

❸「001」と表示されます。

COLUMN

緑の三角記号は何?

数値を文字として入力すると、セルの左上に緑の三角記号が表示されます。これは**エラーインジケーター**と呼ばれるもので、セルにエラーがある可能性を示しています。エラーインジケータについては129ページを参照してください。

セルの内容を修正する

入力したデータに間違いがあったときは、上書きして修正するのがかんたんです。ただし、長い文章や複雑な数式を1から入力し直すのは時間がかかるうえ、入力ミスを引き起こすこともあります。F2 **キー**を使って、セルのデータを部分的に修正する方法を知っておくと便利です。

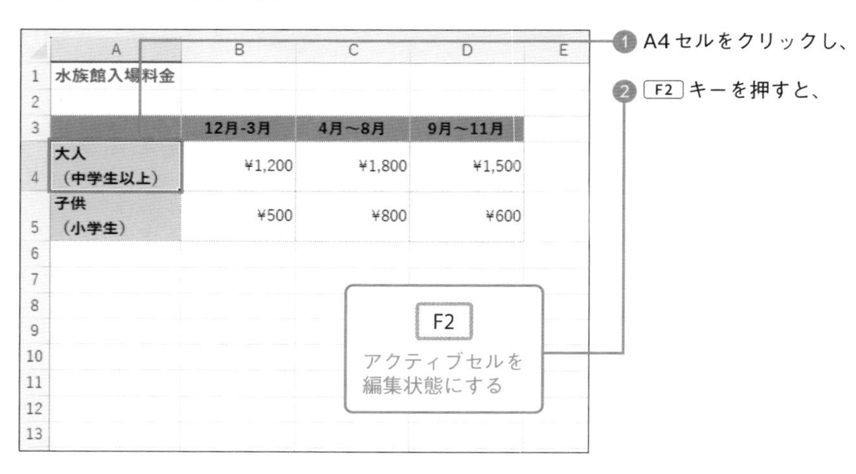

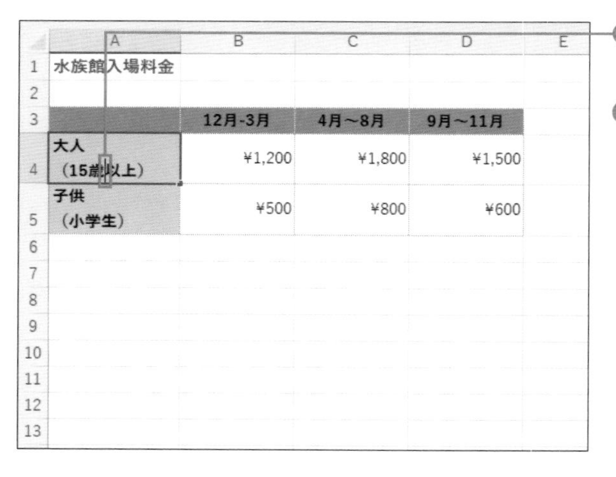

3 セル内にカーソルが表示されるのでデータを修正し、

4 Enter キーを押します。

COLUMN

数式バーでの修正

修正したいセルをクリックしてから**数式バー**をクリックすると、数式バー内にカーソルが表示されます。この状態でデータを修正することもできます。

URLやメールアドレスにリンクを設定しない

セルにWebページのURLやメールアドレスを入力すると、文字の色が自動で青く変わり、うっかりクリックすると、Webページやメールアプリに切り替わってしまいます。これを避けるには、**ハイパーリンクを解除**しましょう。

特定のセルのハイパーリンクを一時的に解除

1 ハイパーリンクが設定されたC4セルを右クリックし、

2 ［ハイパーリンクの削除］をクリックします。

すべてのセルのハイパーリンクを解除

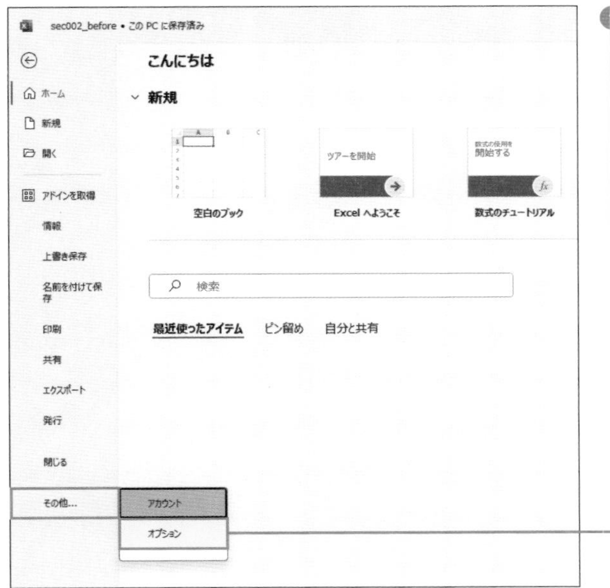

1 ［ファイル］タブをクリックし、［その他］→［オプション］をクリックします。

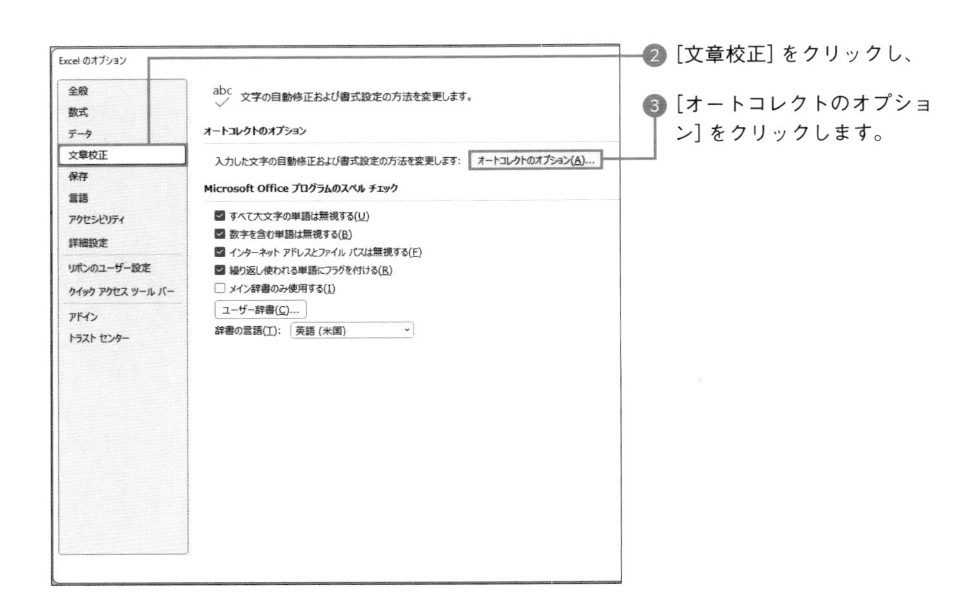
Excel のオプション
全般
数式
データ
文章校正
保存
言語
アクセシビリティ
詳細設定
リボンのユーザー設定
クイック アクセス ツール バー
アドイン
トラスト センター
文字の自動修正および書式設定の方法を変更します。
オートコレクトのオプション
入力した文字の自動修正および書式設定の方法を変更します：
オートコレクトのオプション(A)...
Microsoft Office プログラムのスペル チェック
すべて大文字の単語は無視する(U)
数字を含む単語は無視する(B)
インターネット アドレスとファイル パスは無視する(F)
繰り返し使われる単語にフラグを付ける(R)
メイン辞書のみ使用する(I)
ユーザー辞書(C)...
辞書の言語(I)：
英語 (米国)
2 [文章校正] をクリックし、
3 [オートコレクトのオプション] をクリックします。

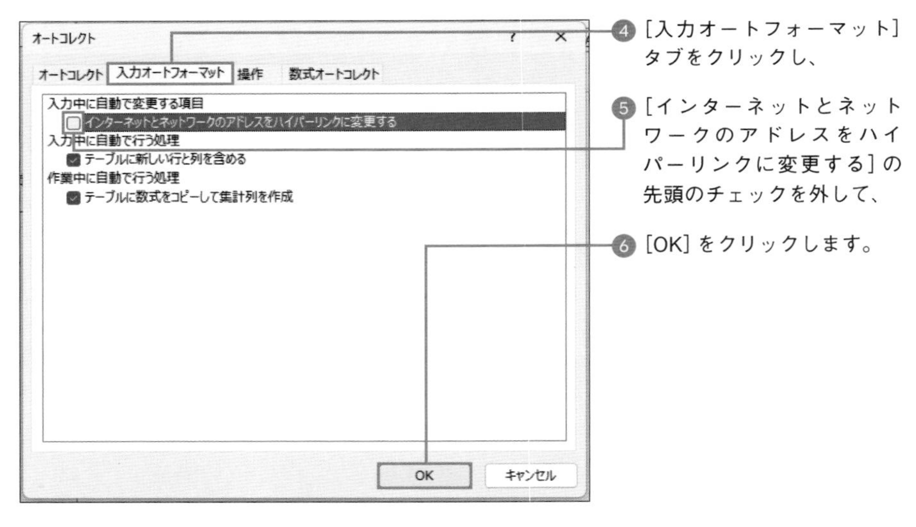
オートコレクト
オートコレクト
入力オートフォーマット
操作
数式オートコレクト
入力中に自動で変更する項目
インターネットとネットワークのアドレスをハイパーリンクに変更する
入力中に自動で行う処理
テーブルに新しい行と列を含める
作業中に自動で行う処理
テーブルに数式をコピーして集計列を作成
OK
キャンセル
4 [入力オートフォーマット] タブをクリックし、
5 [インターネットとネットワークのアドレスをハイパーリンクに変更する] の先頭のチェックを外して、
6 [OK] をクリックします。

003 頻出のデータを効率よく入力する

同じデータを何度も入力し直すことほど、非効率な作業はありません。頻出のデータは入力を省略したり、入力済みのデータはリストから選択したりすると、**すばやくかつ正確にデータを入力**できます。また、同一データを複数のセルにまとめて入力することもできます。

今日の日付を自動入力する

予定表や売上表など、日付を入力する表はたくさんあります。日付は「2024/4/1」のように「/」(スラッシュ)記号で区切って入力するのが基本ですが、**Ctrl＋;(セミコロン)キー**を押すと、今日の日付を瞬時に入力できます。最初は「2024/4/1」の形式で表示されますが、Section006の「日付を和暦で表示する」の操作で見せ方を変更することもできます。

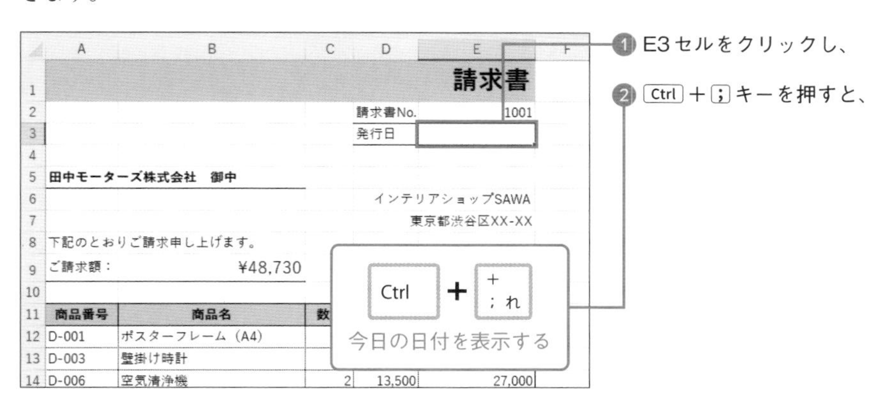

❶ E3セルをクリックし、

❷ Ctrl＋;キーを押すと、

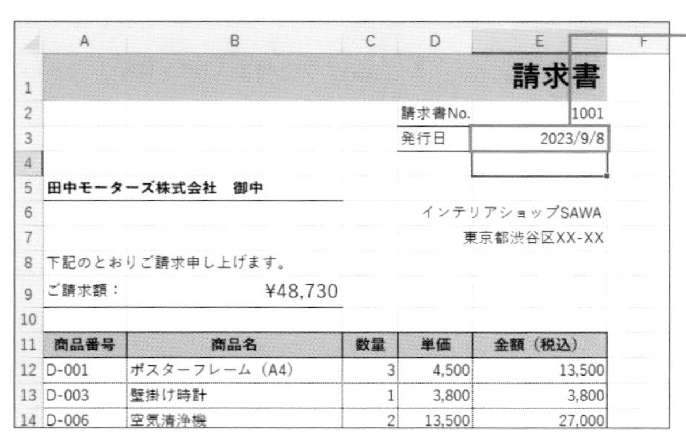

❸ 今日の日付が表示されるので、Enterキーを押します。

MEMO 時刻の表示

Ctrl＋:（コロン）キーを押すと、現在の時刻を表示できます。

入力済みのデータを一覧表示する

売上台帳や名簿などを作成していると、商品分類や所属などのデータを何度もくりかえして入力します。手入力は時間がかかるだけでなく、「コーヒー」と「珈琲」といった表記ゆれが起こる原因にもなります。**Alt＋↓キー**を押すと、アクティブセルの上側に入力したデータが一覧示されるので、一覧からクリックするだけで入力できます。

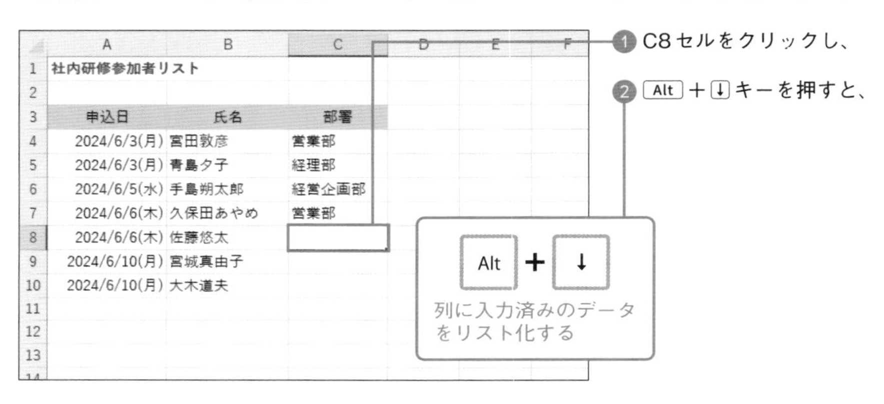

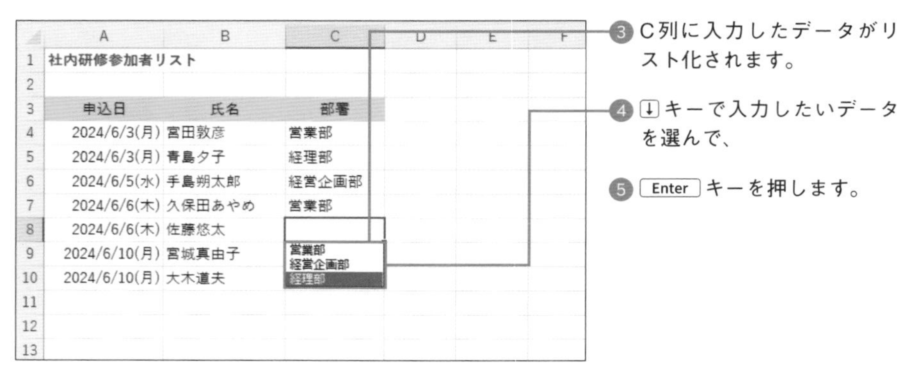

MEMO 右クリックでリストを表示

セルを右クリックして表示されるメニューから［ドロップダウンリストから選択］をクリックしてリストを表示することもできます。

表に空白行がある場合

表の途中に空白行があると、空白行から上のデータはリストに反映されません。

COLUMN

未入力のデータをリスト化するには

Alt＋↓キーでリスト化されるのは、**入力済みのデータだけ**です。Section009の［入力時にリストを表示する］の操作を行うと、あらかじめ登録したデータをリスト化できます。

右や下のセルに同じデータを入力する

データのコピーは、[ホーム]タブの[コピー]ボタンでもとのデータをコピーして、[貼り付け]ボタンで貼り付けるという2段階の操作が必要です。そこで、右側にコピーしたいときは、コピー先のセルを選択して Ctrl ＋ R キー、下側にコピーしたいときは、コピー先のセルを選択して Ctrl ＋ D キーを押しましょう。

アクティブセルの右側にコピーする

	A	B	C	D	E	F
1	コーヒー豆一覧					
2						
3	商品名	容量	旧価格	新価格	原産国	ロ
4						浅煎り
5	コロンビア	200g	¥700		コロンビア	
6	キリマンジャロ		¥700		タンザニア	○
7	ハワイコナ		¥4,500		アメリカ ハワイ島	
8	ブルーマウンテン		¥3,800		ジャマイカ	
9	ブラジル		¥800		ブラジル	
10	マンデリン		¥700		インドネシア スマトラ島	○
11						

❶ コピー先となるD5セルをアクティブセルにして Ctrl ＋ R キーを押すと、

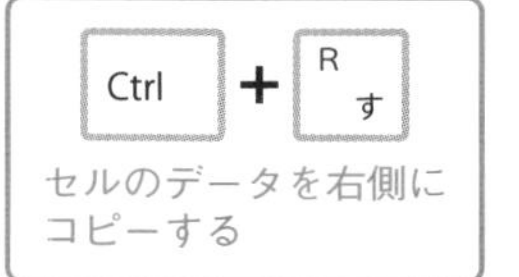

	A	B	C	D	E	F
1	コーヒー豆一覧					
2						
3	商品名	容量	旧価格	新価格	原産国	ロ
4						浅煎り
5	コロンビア	200g	¥700	¥700	コロンビア	
6	キリマンジャロ		¥700		タンザニア	○
7	ハワイコナ		¥4,500		アメリカ ハワイ島	
8	ブルーマウンテン		¥3,800		ジャマイカ	
9	ブラジル		¥800		ブラジル	
10	マンデリン		¥700		インドネシア スマトラ島	○
11						

❷ C5セルのデータが右側（D5セル）にコピーされます。

アクティブセルの下側にコピーする

	A	B	C	D	E	F
1	コーヒー豆一覧					
2						
3	商品名	容量	旧価格	新価格	原産国	
4						浅煎り
5	コロンビア	200g	¥700	¥700	コロンビア	
6	キリマンジャロ		¥700		タンザニア	○
7	ハワイコナ		¥4,500		アメリカ ハワイ島	
8	ブルーマウンテン		¥3,800		ジャマイカ	
9	ブラジル		¥800		ブラジル	
10	マンデリン		¥700		インドネシア スマトラ島	○
11						

❸ コピー先となるB6セルをアクティブセルにして Ctrl + D キーを押すと、

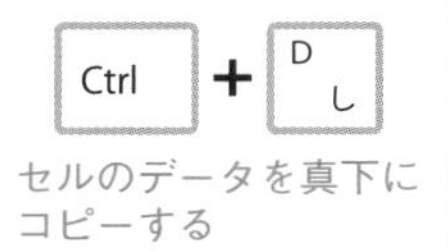

	A	B	C	D	E	F
1	コーヒー豆一覧					
2						
3	商品名	容量	旧価格	新価格	原産国	
4						浅煎り
5	コロンビア	200g	¥700	¥700	コロンビア	
6	キリマンジャロ	200g	¥700		タンザニア	○
7	ハワイコナ		¥4,500		アメリカ ハワイ島	
8	ブルーマウンテン		¥3,800		ジャマイカ	
9	ブラジル		¥800		ブラジル	
10	マンデリン		¥700		インドネシア スマトラ島	○
11						

❹ B5セルのデータが下側（B6セル）にコピーされます。

COLUMN

RはRightの頭文字

R キーを押すのは、**データを右側にコピーする**という意味です。RはRight（右）を表しています。同様に「D」はDown（下）にコピーするという意味です。

複数のセルに同じデータを入力する

同じデータを表のあちこちに入力したいときは、離れたセルに一度に入力できると便利ですね。それには、入力したいセルを最初に**すべて選択**しておきます。この状態でデータを入力し、最後に Ctrl ＋ Enter キーを押します。そうすると、選択されたセルにまとめてデータが表示されます。

「○」を付けるセルをまとめて入力します。

❶ Ctrl キーを押しながらG5セル、F6セル、G7セル、H8セル、G9セル、F10セルを順番にクリックします。

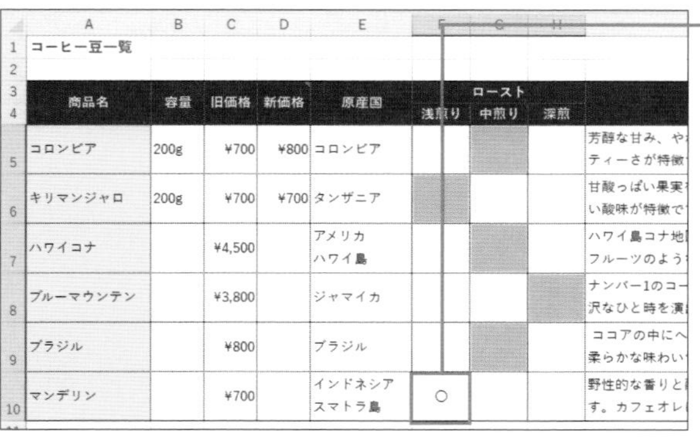

❷「○」と入力して、

❸ Ctrl ＋ Enter キーを押すと、

	A	B	C	D	E	F	G	H	
1	コーヒー豆一覧								
2									
3	商品名	容量	旧価格	新価格	原産国	ロースト			
4						浅煎り	中煎り	深煎	
5	コロンビア	200g	¥700	¥800	コロンビア		○		芳醇な甘み、や ティーさが特徴
6	キリマンジャロ	200g	¥700	¥700	タンザニア	○			甘酸っぱい果実 い酸味が特徴で
7	ハワイコナ		¥4,500		アメリカ ハワイ島		○		ハワイ島コナ地 フルーツのよう
8	ブルーマウンテン		¥3,800		ジャマイカ			○	ナンバー1のコー 沢なひと時を演
9	ブラジル		¥800		ブラジル		○		ココアの中にへ 柔らかな味わい
10	マンデリン		¥700		インドネシア スマトラ島	○			野性的な香りと す。カフェオレ

❹ 6つのセルに同じデータを入力できます。

004 さまざまな連続データを瞬時に入力する

日付や顧客番号など、連続するデータを入力する機会は案外多いものです。大きな表になればなるほど、手入力では時間がかかります。**[オートフィル]機能**を使うと、日付や曜日などの連続データや連番などをマウスのドラッグ操作だけで表示できます。また、支店名や商品名など、常に同じ順番で表示するオリジナルのデータを登録して利用することもできます。

曜日や日付などの連続データを入力する

先頭の日付や曜日を入力したあとで、アクティブセルの右下の**■(フィルハンドル)**をドラッグすると、あっという間に連続データが表示されます。なお、「2023年」「1月」「Jan」「1日」「月」「月曜日」「Monday」などの年度や日付、曜日のデータもオートフィル機能を使って連続データを表示できます。

出退勤時間記録

日付	曜日	出勤時間	退勤時間	休憩	勤務時間
2024/9/2	月	9:00	17:00	60	7:00
		9:00	17:00	60	7:00
		10:00	18:00	60	7:00
		10:00	18:00	60	7:00
		13:00	20:00	30	6:30
					0:00
				勤務時間合計	34:30

❶ A4セルの日付とB4セルの曜日のセルを選択し、

❷ B4セルの右下の■（フィルハンドル）にマウスポインターを移動します

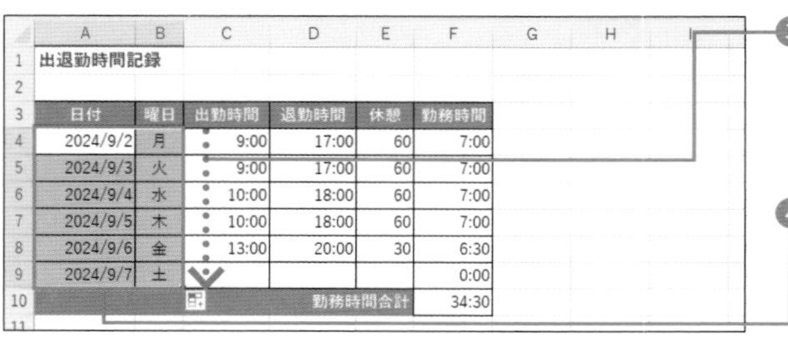

出退勤時間記録

日付	曜日	出勤時間	退勤時間	休憩	勤務時間
2024/9/2	月	9:00	17:00	60	7:00
2024/9/3	火	9:00	17:00	60	7:00
2024/9/4	水	10:00	18:00	60	7:00
2024/9/5	木	10:00	18:00	60	7:00
2024/9/6	金	13:00	20:00	30	6:30
2024/9/7	土				0:00
				勤務時間合計	34:30

❸ マウスポインターが十字の形に変わったことを確認して、B9セルまでドラッグします

❹ 日付と曜日が1日ずつずれたデータが表示されます

COLUMN

「○曜」はオートフィルできない

曜日を入力するときに「月」や「月曜日」はオートフィルで連続データを表示できますが、「月曜」では連続データを作成できないので注意しましょう。

日付や数値を同じ間隔で入力する

オートフィル機能を使うと、5日ごとの日付や奇数偶数といった**一定の間隔で連続する**データを作成することもできます。1つめと2つめの日付や数値を入力してからオートフィルを実行すると、2つの**差分**を判断して同じ差分のデータをくりかえします。

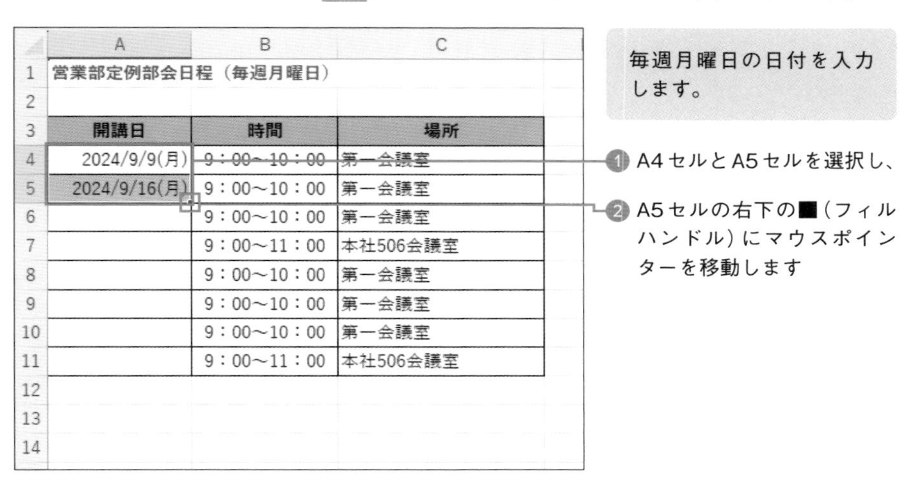

	A	B	C
1	営業部定例部会日程（毎週月曜日）		
2			
3	開講日	時間	場所
4	2024/9/9(月)	9：00～10：00	第一会議室
5	2024/9/16(月)	9：00～10：00	第一会議室
6		9：00～10：00	第一会議室
7		9：00～11：00	本社506会議室
8		9：00～10：00	第一会議室
9		9：00～10：00	第一会議室
10		9：00～10：00	第一会議室
11		9：00～11：00	本社506会議室
12			
13			
14			

	A	B	C
1	営業部定例部会日程（毎週月曜日）		
2			
3	開講日	時間	場所
4	2024/9/9(月)	9：00～10：00	第一会議室
5	2024/9/16(月)	9：00～10：00	第一会議室
6	2024/9/23(月)	9：00～10：00	第一会議室
7	2024/9/30(月)	9：00～11：00	本社506会議室
8	2024/10/7(月)	9：00～10：00	第一会議室
9	2024/10/14(月)	9：00～10：00	第一会議室
10	2024/10/21(月)	9：00～10：00	第一会議室
11	2024/10/28(月)	9：00～11：00	本社506会議室
12			
13			
14			

3 マウスポインターが十字の形に変わったことを確認して、A11セルまでドラッグします

4 毎週月曜日の日付が表示されます

土日を除く連続した日付を入力する

オートフィル機能を使って日付の連続データを表示すると、土日のデータも表示されます。仕事の予定表や工程表に平日だけを表示したいときは、オートフィルを実行したあとに表示される**[オートフィルオプション]ボタン**から**[連続データ(終日単位)]**を選びます。

	A	B	C	D	E	F	G
1	営業部予定表						
2							
3	日付	江田孝文	大森美也子	江田孝文	江田孝文	江田孝文	
4	2024/9/9(月)	定例会議	定例会議	定例会議	有休	定例会議	
5					有休		
6			社内研修	名古屋出張			
7		大阪出張				札幌出張	
8						札幌出張	
9		工場見回り			工場見回り		
10							
11				社内研修			
12							

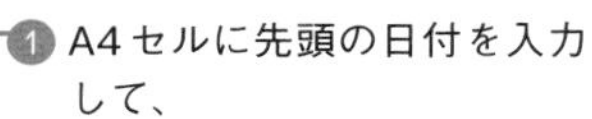

❶ A4セルに先頭の日付を入力して、

❷ A4セル右下の■にマウスポインターを移動します。

同じセルに曜日を表示

ここでは、毎週月曜日であることがわかるように、日付と曜日を同じセルに表示しています。表示形式の設定方法は37ページを参照してください。

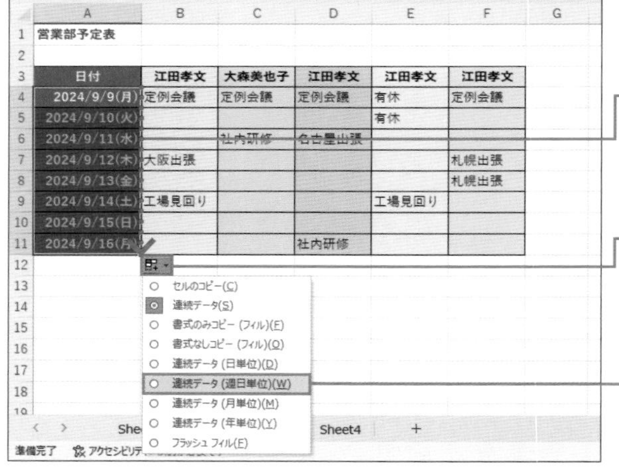

	A	B	C	D	E	F	G
1	営業部予定表						
2							
3	日付	江田孝文	大森美也子	江田孝文	江田孝文	江田孝文	
4	2024/9/9(月)	定例会議	定例会議	定例会議	有休	定例会議	
5	2024/9/10(火)				有休		
6	2024/9/11(水)		社内研修	名古屋出張			
7	2024/9/12(木)	大阪出張				札幌出張	
8	2024/9/13(金)					札幌出張	
9	2024/9/14(土)	工場見回り			工場見回り		
10	2024/9/15(日)						
11	2024/9/16(月)			社内研修			

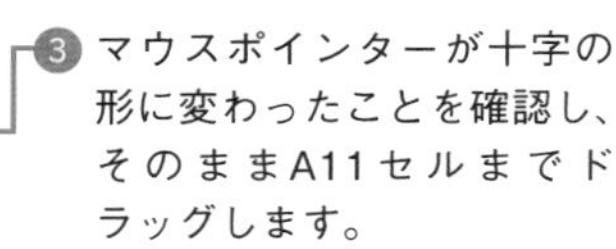

❸ マウスポインターが十字の形に変わったことを確認し、そのままA11セルまでドラッグします。

❹ [オートフィルオプション]をクリックし、

❺ [連続データ(週日単位)]をクリックすると、

	A	B	C	D	E	F	G
1	営業部予定表						
2							
3	日付	江田孝文	大森美也子	江田孝文	江田孝文	江田孝文	
4	2024/9/9(月)	定例会議	定例会議	定例会議	有休	定例会議	
5	2024/9/10(火)				有休		
6	2024/9/11(水)		社内研修	名古屋出張			
7	2024/9/12(木)	大阪出張				札幌出張	
8	2024/9/13(金)					札幌出張	
9	2024/9/16(月)	工場見回り			工場見回り		
10	2024/9/17(火)						
11	2024/9/18(水)			社内研修			
12							

❻ 土日を除いた日付に変わります。

COLUMN

月単位や年単位でも表示できる

［オートフィルオプション］の［連続データ（月単位）］を選ぶと、「2024/6/1」「2024/7/1」「2024/8/1」と表示されます。また、［連続データ（年単位）］を選ぶと、「2024/6/1」「2025/6/1」「2026/6/1」のように表示されます。

オリジナルの順番でデータを自動入力する

支店名や商品名など、いつも同じ順番で表示するデータは、その順番を**［ユーザー定義リスト］**として登録します。そうすると、オートフィル機能を使って、オリジナルの順番の連続データをマウスのドラッグ操作で入力できます。

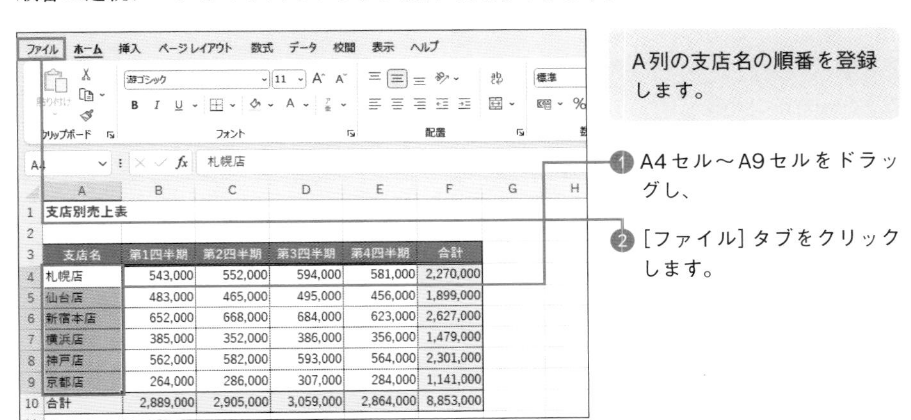

	A	B	C	D	E	F
1	支店別売上表					
2						
3	支店名	第1四半期	第2四半期	第3四半期	第4四半期	合計
4	札幌店	543,000	552,000	594,000	581,000	2,270,000
5	仙台店	483,000	465,000	495,000	456,000	1,899,000
6	新宿本店	652,000	668,000	684,000	623,000	2,627,000
7	横浜店	385,000	352,000	386,000	356,000	1,479,000
8	神戸店	562,000	582,000	593,000	564,000	2,301,000
9	京都店	264,000	286,000	307,000	284,000	1,141,000
10	合計	2,889,000	2,905,000	3,059,000	2,864,000	8,853,000

A列の支店名の順番を登録します。

❶ A4セル～A9セルをドラッグし、

❷ ［ファイル］タブをクリックします。

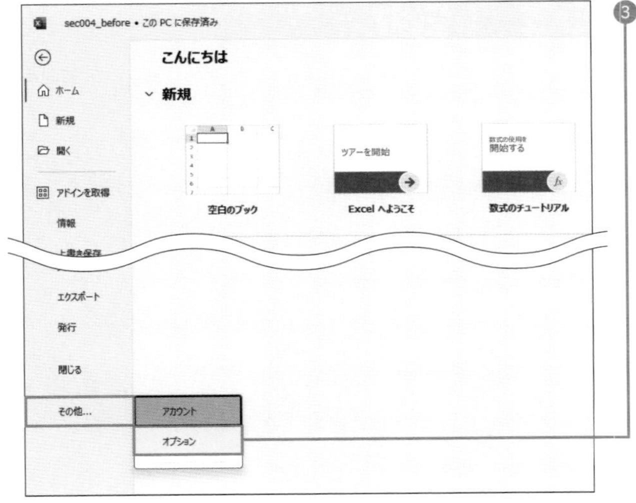

❸ ［その他］→［オプション］をクリックします。

❹ [詳細設定] をクリックし、

❺ [ユーザー設定リストの編集] をクリックします。

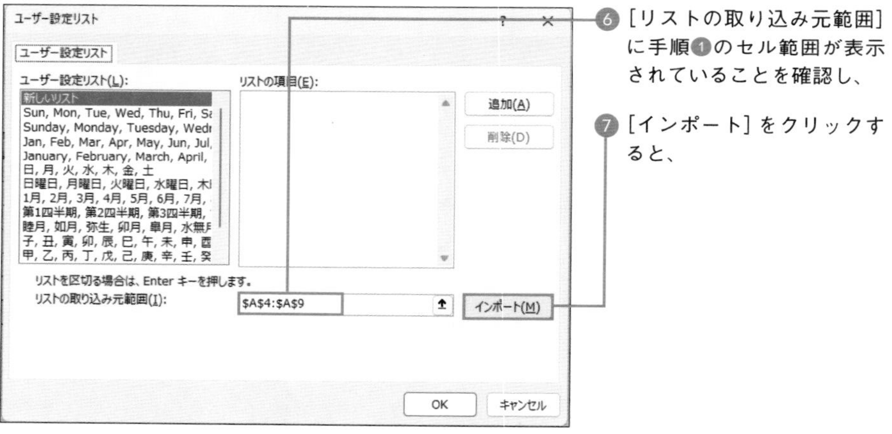

❻ [リストの取り込み元範囲] に手順❶のセル範囲が表示されていることを確認し、

❼ [インポート] をクリックすると、

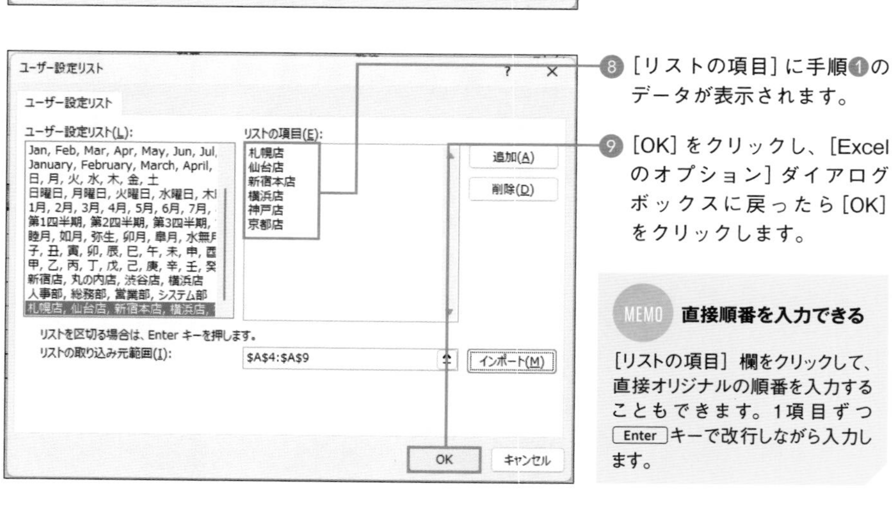

❽ [リストの項目] に手順❶のデータが表示されます。

❾ [OK] をクリックし、[Excel のオプション] ダイアログボックスに戻ったら [OK] をクリックします。

MEMO 直接順番を入力できる

[リストの項目] 欄をクリックして、直接オリジナルの順番を入力することもできます。1項目ずつ Enter キーで改行しながら入力します。

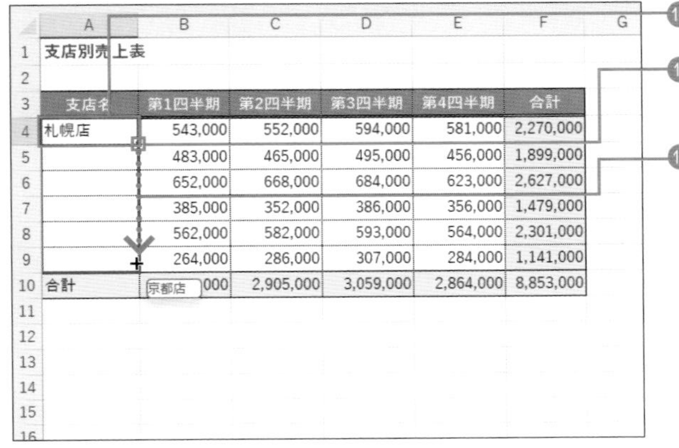

	A	B	C	D	E	F
1	支店別売上表					
2						
3	支店名	第1四半期	第2四半期	第3四半期	第4四半期	合計
4	札幌店	543,000	552,000	594,000	581,000	2,270,000
5		483,000	465,000	495,000	456,000	1,899,000
6		652,000	668,000	684,000	623,000	2,627,000
7		385,000	352,000	386,000	356,000	1,479,000
8		562,000	582,000	593,000	564,000	2,301,000
9		264,000	286,000	307,000	284,000	1,141,000
10	合計	京都店 000	2,905,000	3,059,000	2,864,000	8,853,000

⑩ A4セルに支店名を入力し、

⑪ A4セル右下の■にマウスポインターを移動します。

⑫ マウスポインターが十字の形に変わったことを確認し、そのままA9セルまでドラッグすると、

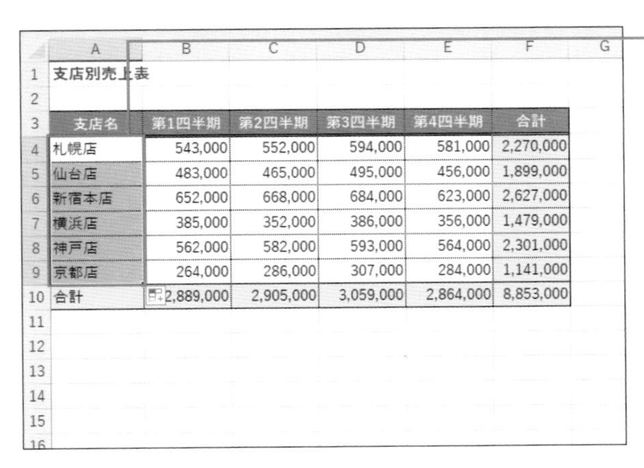

	A	B	C	D	E	F
1	支店別売上表					
2						
3	支店名	第1四半期	第2四半期	第3四半期	第4四半期	合計
4	札幌店	543,000	552,000	594,000	581,000	2,270,000
5	仙台店	483,000	465,000	495,000	456,000	1,899,000
6	新宿本店	652,000	668,000	684,000	623,000	2,627,000
7	横浜店	385,000	352,000	386,000	356,000	1,479,000
8	神戸店	562,000	582,000	593,000	564,000	2,301,000
9	京都店	264,000	286,000	307,000	284,000	1,141,000
10	合計	2,889,000	2,905,000	3,059,000	2,864,000	8,853,000

⑬ 登録した順番でデータが表示されます。

登録した順番を削除するには

登録した順番を削除するには、［ユーザー設定リスト］の一覧から削除したいリストを選んで［削除］をクリックします。

005 数値の表示方法を変える

セルのデータにあとから**書式**を設定すると、**データの見せ方**を変更できます。[ホーム] タブの [数値] グループには使用頻度の高い書式が並んでおり、クリックするだけで設定できます。また、[セルの書式設定] ダイアログボックスを使うと、複雑な書式を設定できます。

3桁区切りのカンマを表示する

桁数の多い数値には、**[桁区切りスタイル]** ボタンを使って、3桁ごとの位取りのカンマを付けて読みやすくしましょう。現在表示されている数値だけでなく、これから入力する予定のセルや列、行にも[桁区切りスタイル]を設定しておくと、何度も設定し直す手間を省けます。

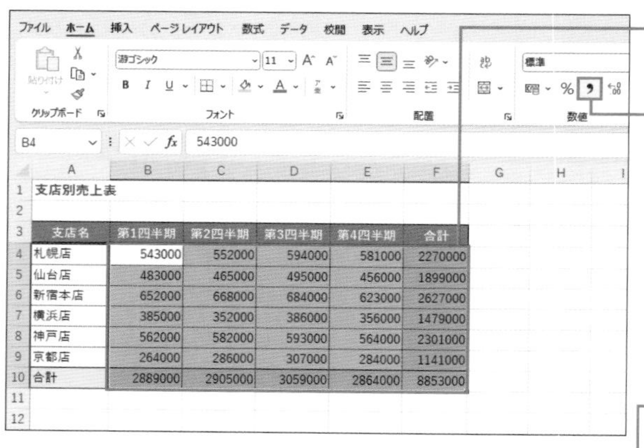

	A	B	C	D	E	F
1	支店別売上表					
2						
3	支店名	第1四半期	第2四半期	第3四半期	第4四半期	合計
4	札幌店	543000	552000	594000	581000	2270000
5	仙台店	483000	465000	495000	456000	1899000
6	新宿本店	652000	668000	684000	623000	2627000
7	横浜店	385000	352000	386000	356000	1479000
8	神戸店	562000	582000	593000	564000	2301000
9	京都店	264000	286000	307000	284000	1141000
10	合計	2889000	2905000	3059000	2864000	8853000

1 B4セル～F10セルをドラッグし、

2 [ホーム] タブの [桁区切りスタイル] をクリックします。

	A	B	C	D	E	F
1	支店別売上表					
2						
3	支店名	第1四半期	第2四半期	第3四半期	第4四半期	合計
4	札幌店	543,000	552,000	594,000	581,000	2,270,000
5	仙台店	483,000	465,000	495,000	456,000	1,899,000
6	新宿本店	652,000	668,000	684,000	623,000	2,627,000
7	横浜店	385,000	352,000	386,000	356,000	1,479,000
8	神戸店	562,000	582,000	593,000	564,000	2,301,000
9	京都店	264,000	286,000	307,000	284,000	1,141,000
10	合計	2,889,000	2,905,000	3,059,000	2,864,000	8,853,000

3 指定したセルに3桁区切りのカンマが表示されます。

MEMO カンマを外すには

3桁ごとの位取りのカンマをはずすには、[ホーム] タブの [数値の書式] の▼をクリックし、一覧から [標準] をクリックします。

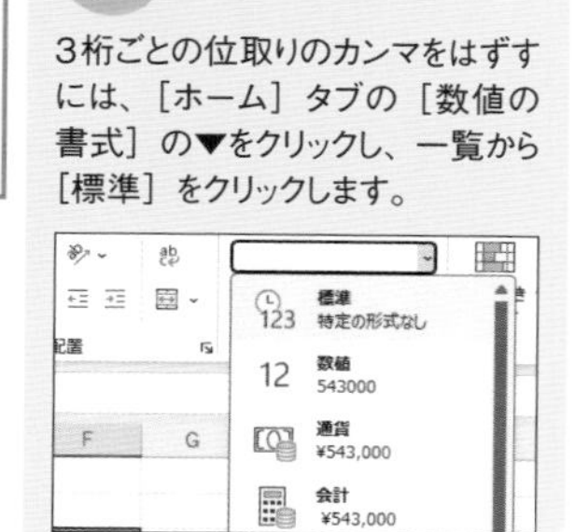

小数点以下の表示桁数を指定する

小数点以下の桁数が揃っていると、数値の読みやすさが向上します。[ホーム] タブの **[小数点以下の表示桁数を増やす]** ボタンや **[小数点以下の表示桁数を減らす]** ボタンを使うと、小数点以下の桁数を調整できます。このとき、指定した桁数のすぐ下の位の数値を **四捨五入** して表示します。

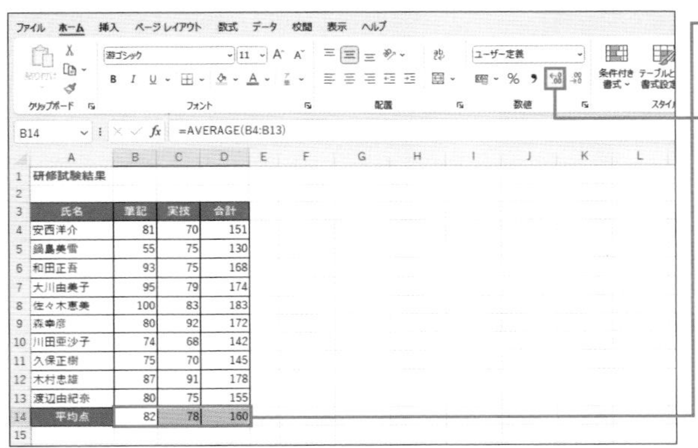

研修試験結果

氏名	筆記	実技	合計
安西洋介	81	70	151
鍋島美雪	55	75	130
和田正吾	93	75	168
大川由美子	95	79	174
佐々木惠美	100	83	183
森幸彦	80	92	172
川田亜沙子	74	68	142
久保正樹	75	70	145
木村忠雄	87	91	178
渡辺由紀奈	80	75	155
平均点	82	78	160

❶ B14セル～D14セルをドラッグし、

❷ [ホーム] タブの [小数点以下の表示桁数を増やす] をクリックします。

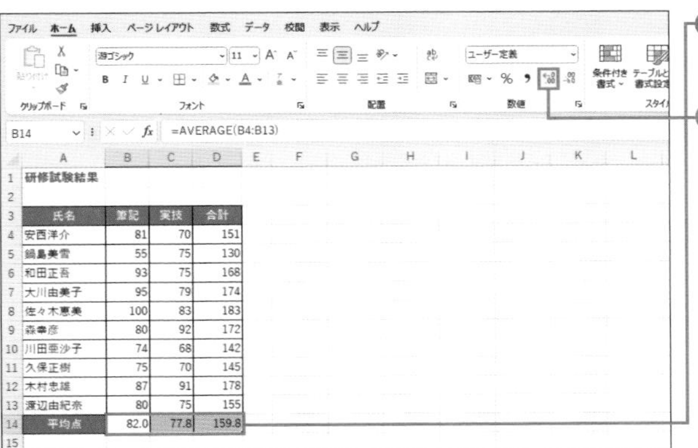

研修試験結果

氏名	筆記	実技	合計
安西洋介	81	70	151
鍋島美雪	55	75	130
和田正吾	93	75	168
大川由美子	95	79	174
佐々木惠美	100	83	183
森幸彦	80	92	172
川田亜沙子	74	68	142
久保正樹	75	70	145
木村忠雄	87	91	178
渡辺由紀奈	80	75	155
平均点	82.0	77.8	159.8

❸ 小数点以下第1位まで表示されます。

❹ 続けて、[小数点以下の表示桁数を増やす] をクリックします。

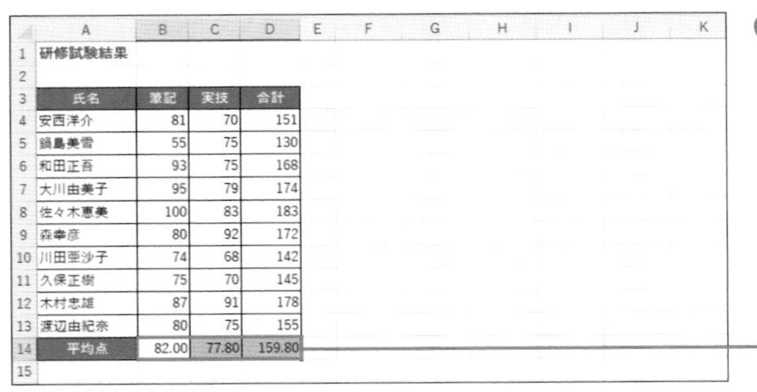

研修試験結果

氏名	筆記	実技	合計
安西洋介	81	70	151
鍋島美雪	55	75	130
和田正吾	93	75	168
大川由美子	95	79	174
佐々木惠美	100	83	183
森幸彦	80	92	172
川田亜沙子	74	68	142
久保正樹	75	70	145
木村忠雄	87	91	178
渡辺由紀奈	80	75	155
平均点	82.00	77.80	159.80

❺ 小数点以下第2位まで表示されます。

数値をパーセントで表示する

構成比や割合を示すときは、数値をパーセント表示するといいでしょう。[ホーム]タブの[パーセントスタイル]ボタンを使うと、数値を100倍した結果に[%]記号を付けて表示します。

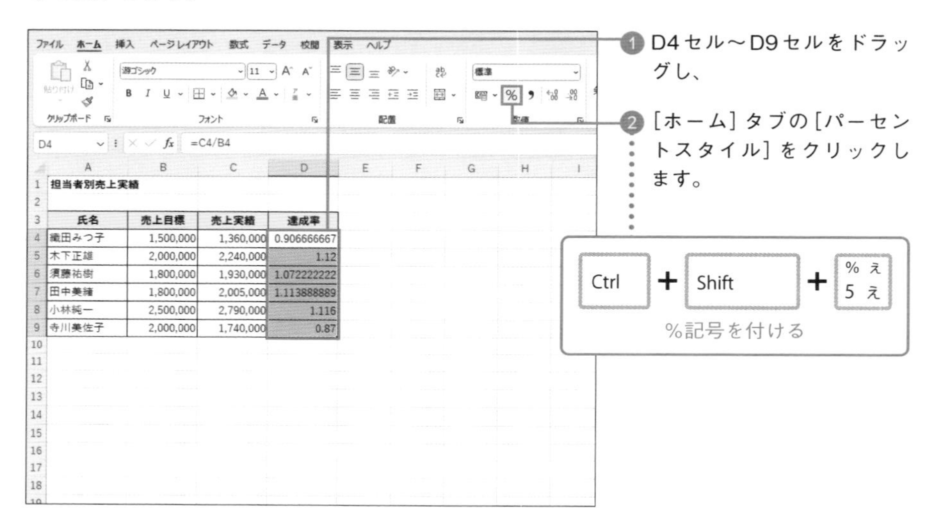

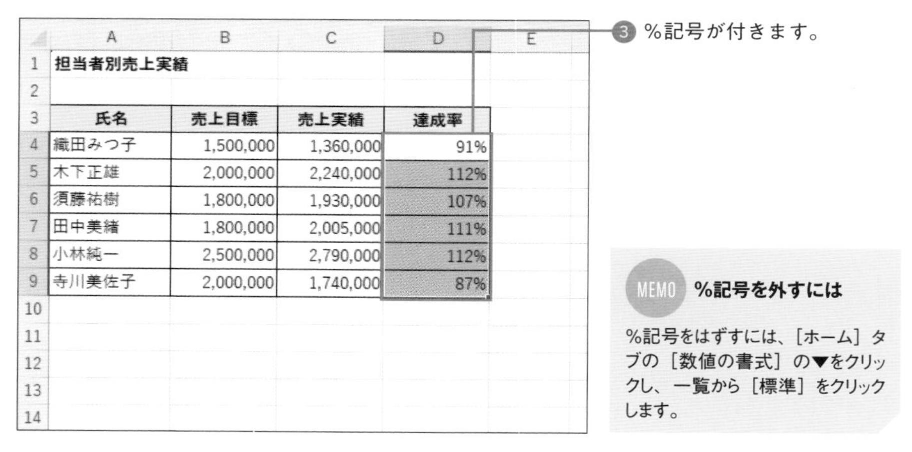

MEMO **%記号を外すには**

%記号をはずすには、[ホーム]タブの[数値の書式]の▼をクリックし、一覧から[標準]をクリックします。

COLUMN

小数点以下の桁数を指定する

%記号を付けたあとで、小数点以下の桁数を指定できます。29ページの操作で、[ホーム]タブの[小数点以下の表示桁数を増やす]をクリックするたびに、1桁ずつ小数点以下の数値が表示されます。

数値の冒頭に「¥」を表示する

数値には金額、数量、人数などたくさんの種類があります。セルの数値が金額であることを示すには、数値の冒頭に「¥」などの**通貨記号**を付けて表示します。ただし、表内の数値がすべて金額なら、わざわざ通貨記号を付ける必要はありません。セルの数値はできるだけシンプルにすると可読性が高まります。

❶ B4セル〜F10セルをドラッグし、

❷ ［ホーム］タブの［通貨表示形式］をクリックします。

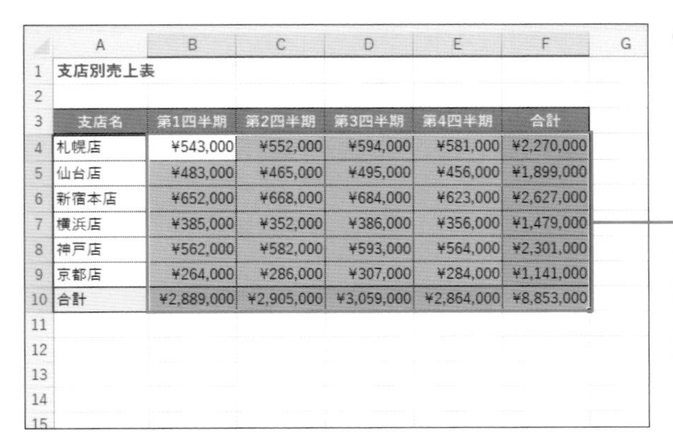

❸ 指定したセルに¥記号と3桁区切りのカンマが表示されます。

MEMO カンマ記号も付く

［通貨表示形式］ボタンをクリックすると、通貨記号とともにカンマ記号も同時に付きます。

COLUMN

$記号や€記号を付けるには

［通貨表示形式］ボタン右側の▼をクリックすると、$記号や€記号などの通貨記号を選ぶこともできます。

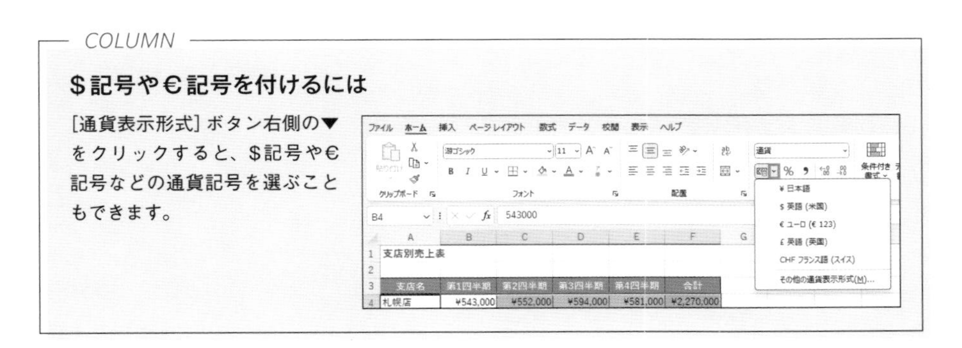

数値を千円単位で表示する

桁数の多い数値が並んでいると、読みづらさや読み間違いが起こります。**[表示形式]**の機能を使うと、セルに入力済みの数値をあとからまとめて千円単位で表示できます。このとき、表の右上などに「単位:千円」と表示して、数値の単位を明確にしておきましょう。

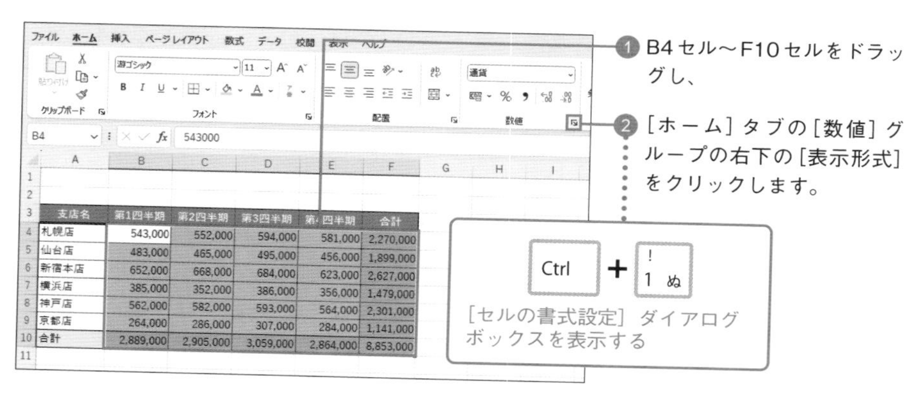

	A	B	C	D	E	F
3	支店名	第1四半期	第2四半期	第3四半期	第4四半期	合計
4	札幌店	543,000	552,000	594,000	581,000	2,270,000
5	仙台店	483,000	465,000	495,000	456,000	1,899,000
6	新宿本店	652,000	668,000	684,000	623,000	2,627,000
7	横浜店	385,000	352,000	386,000	356,000	1,479,000
8	神戸店	562,000	582,000	593,000	564,000	2,301,000
9	京都店	264,000	286,000	307,000	284,000	1,141,000
10	合計	2,889,000	2,905,000	3,059,000	2,864,000	8,853,000

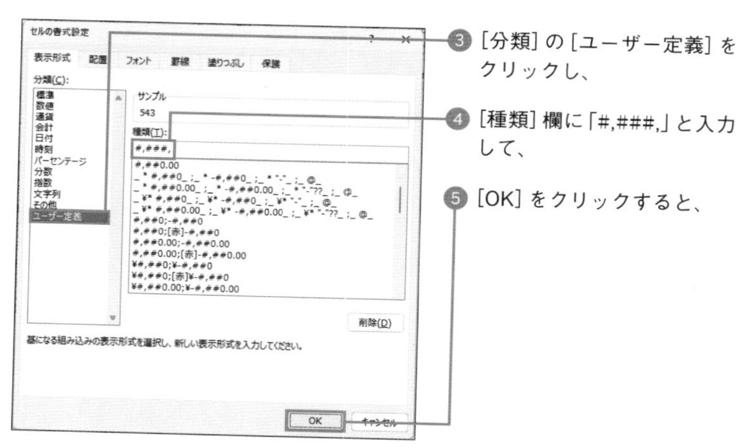

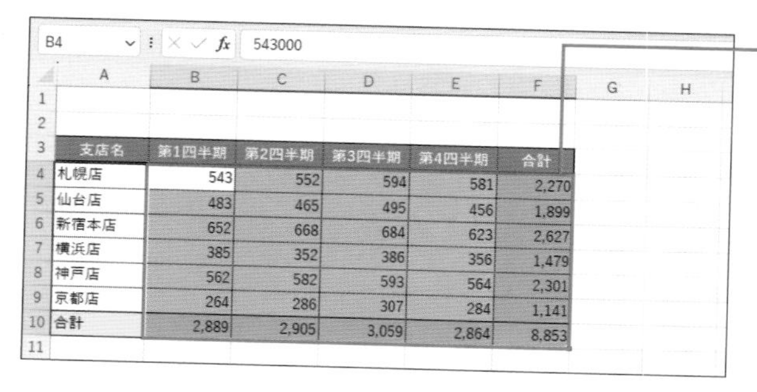

	A	B	C	D	E	F
3	支店名	第1四半期	第2四半期	第3四半期	第4四半期	合計
4	札幌店	543	552	594	581	2,270
5	仙台店	483	465	495	456	1,899
6	新宿本店	652	668	684	623	2,627
7	横浜店	385	352	386	356	1,479
8	神戸店	562	582	593	564	2,301
9	京都店	264	286	307	284	1,141
10	合計	2,889	2,905	3,059	2,864	8,853

❻ 数値が千円単位で表示されます。

F2 単位:千円

	A	B	C	D	E	F
1						
2						単位:千円
3	支店名	第1四半期	第2四半期	第3四半期	第4四半期	合計
4	札幌店	543	552	594	581	2,270
5	仙台店	483	465	495	456	1,899
6	新宿本店	652	668	684	623	2,627
7	横浜店	385	352	386	356	1,479
8	神戸店	562	582	593	564	2,301
9	京都店	264	286	307	284	1,141
10	合計	2,889	2,905	3,059	2,864	8,853
11						
12						

❼ F2セルをクリックし、「単位：千円」と入力します。

B4 543000

	A	B	C	D	E	F
1						
2						単位:千円
3	支店名	第1四半期	第2四半期	第3四半期	第4四半期	合計
4	札幌店	543	552	594	581	2,270
5	仙台店	483	465	495	456	1,899
6	新宿本店	652	668	684	623	2,627
7	横浜店	385	352	386	356	1,479
8	神戸店	562	582	593	564	2,301
9	京都店	264	286	307	284	1,141
10	合計	2,889	2,905	3,059	2,864	8,853
11						
12						

❽ B4セルをクリックすると、

❾ 数式バーには「543000」の数値がそのまま表示されます。

COLUMN

「#,###,」の意味

手順❹で入力した「#,###,」は、数値を3桁区切りのカンマを付けて千円単位で表示しなさいという意味です。「#」は表示形式を設定するときに使う**書式記号**で、**1つの#が1桁の数字**を表します。「#,###」の部分で3桁区切りのカンマを付けることを指定し、最後に付けた「,」が千円単位で表示することを指定しています。数値の書式記号には以下のようなものがあります。

書式記号	説明	例
#（シャープ）	1桁の数字を示します。# の数で表示する桁数を指定できます。	「###」と指定すると、「001」は「1」と表示されます。
0（ゼロ）	1桁の数字を示します。0で指定した桁数だけ0が表示されます。	「000」と指定すると、「001」は「001」と表示されます。
,（カンマ）	3桁ごとの区切り記号を示します。	「#,###」と指定すると、「15000」は「15,000」と表示されます。
	数値を1000で割った結果、小数部を四捨五入して表示します。	「#,」と指定すると、「15000」は「15」と表示されます。

金額を「1,000円」と表示する

数値に単位を付けて「1,000円」や「50人」と表示したほうが、相手に伝わりやすい場合があります。ただし、単位を手入力すると「文字」として扱われるため、計算することができません。**[表示形式]** を使うと、数値データのままで単位を付けることができます。

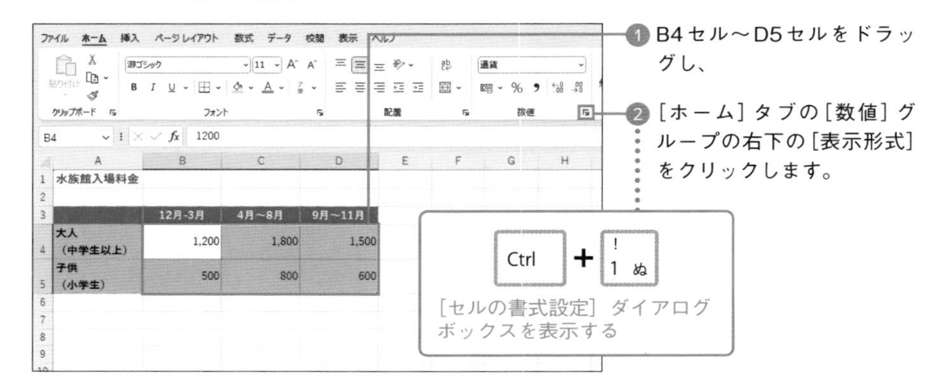

❶ B4セル～D5セルをドラッグし、

❷ [ホーム] タブの [数値] グループの右下の [表示形式] をクリックします。

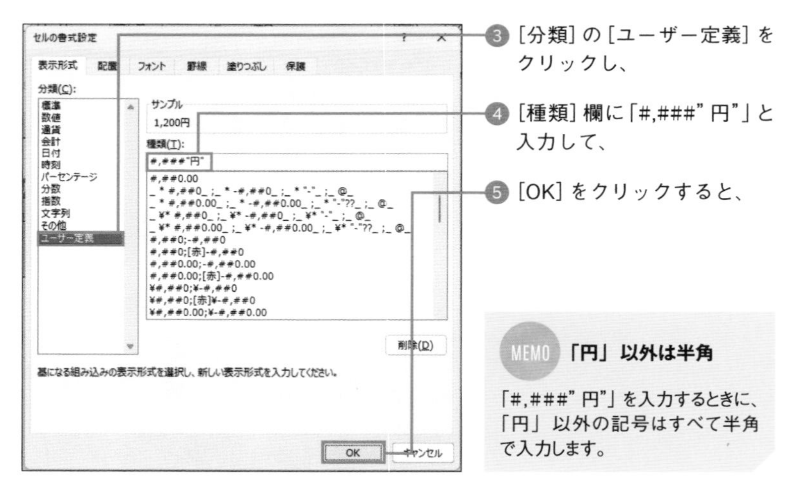

❸ [分類] の [ユーザー定義] をクリックし、

❹ [種類] 欄に「#,###" 円"」と入力して、

❺ [OK] をクリックすると、

MEMO 「円」以外は半角

「#,###" 円"」を入力するときに、「円」以外の記号はすべて半角で入力します。

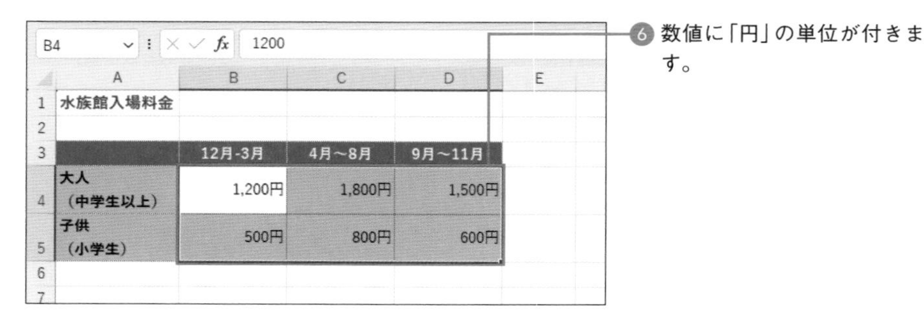

❻ 数値に「円」の単位が付きます。

入力した郵便番号にハイフンを表示する

7桁の郵便番号をすべて入力したあとに、「-」(ハイフン)記号を1つずつ追加するのはたいへんです。[表示形式]に用意されている**[郵便番号]**を設定すると、入力済みの郵便番号にまとめてハイフン記号を付与できます。

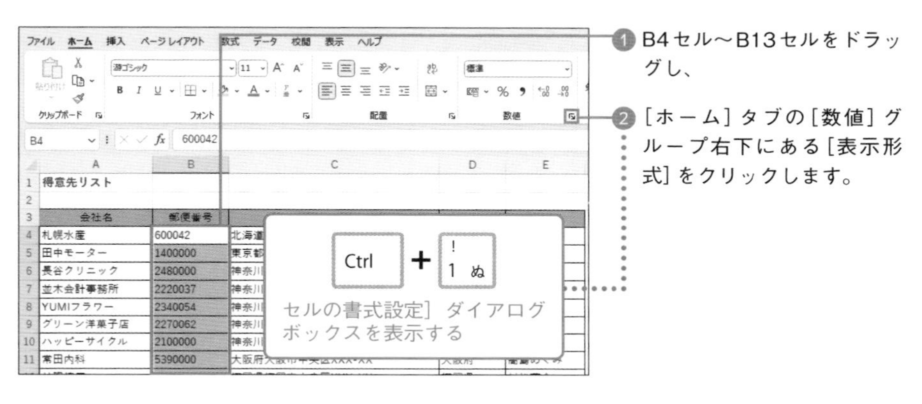

❶ B4セル～B13セルをドラッグし、

❷ [ホーム]タブの[数値]グループ右下にある[表示形式]をクリックします。

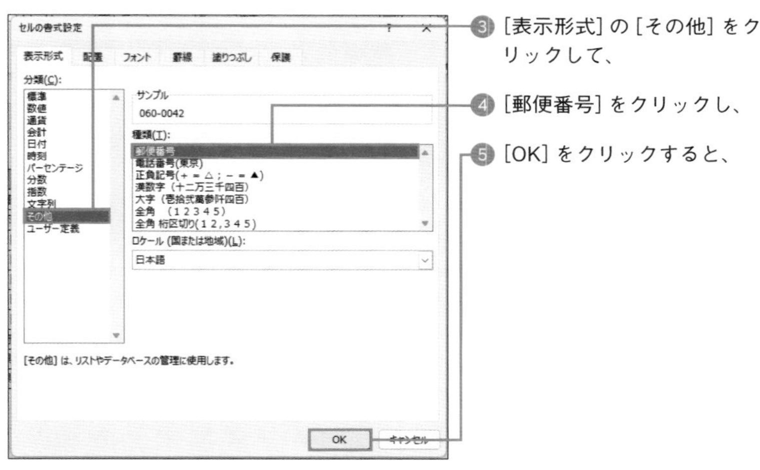

❸ [表示形式]の[その他]をクリックして、

❹ [郵便番号]をクリックし、

❺ [OK]をクリックすると、

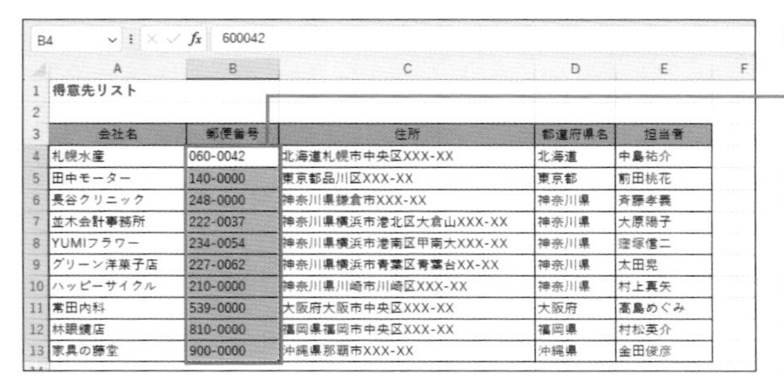

	A	B	C	D	E
1	得意先リスト				
2					
3	会社名	郵便番号	住所	都道府県名	担当者
4	札幌水産	060-0042	北海道札幌市中央区XXX-XX	北海道	中島祐介
5	田中モーター	140-0000	東京都品川区XXX-XX	東京都	前田桃花
6	長谷クリニック	248-0000	神奈川県鎌倉市XXX-XX	神奈川県	斉藤孝義
7	並木会計事務所	222-0037	神奈川県横浜市港北区大倉山XXX-XX	神奈川県	大原陽子
8	YUMIフラワー	234-0054	神奈川県横浜市港南区甲南大XXX-XX	神奈川県	篠塚信二
9	グリーン洋菓子店	227-0062	神奈川県横浜市青葉区青葉台XX-XX	神奈川県	太田晃
10	ハッピーサイクル	210-0000	神奈川県川崎市川崎区XXX-XX	神奈川県	村上真矢
11	常田内科	539-0000	大阪府大阪市中央区XXX-XX	大阪府	高島めぐみ
12	林眼鏡店	810-0000	福岡県福岡市中央区XXX-XX	福岡県	村松英介
13	家具の藤堂	900-0000	沖縄県那覇市XXX-XX	沖縄県	金田俊彦

❻ 手順❶で選択したセルにハイフンが表示されます。

見た目だけを変更している

この操作で付けたハイフンは、実際に入力されているわけではありません。セルの見た目だけを変更しています。

006 日付や文字の表示方法を変える

「7/10」と入力すると、最初は「7月10日」と表示されますが、あとから和暦や年号付きなど、さまざまな見せ方に変更できます。表示方法を変更しても、セルに入力したデータそのものが変わるわけではなく、**データの見せ方を変えている**だけです。

日付を和暦で表示する

請求書や見積書の発行日を**和暦で表示**するケースがあります。和暦を手入力しなくても、「7/10」の形式で入力した日付をあとから**[表示形式]**の機能で変更できます。

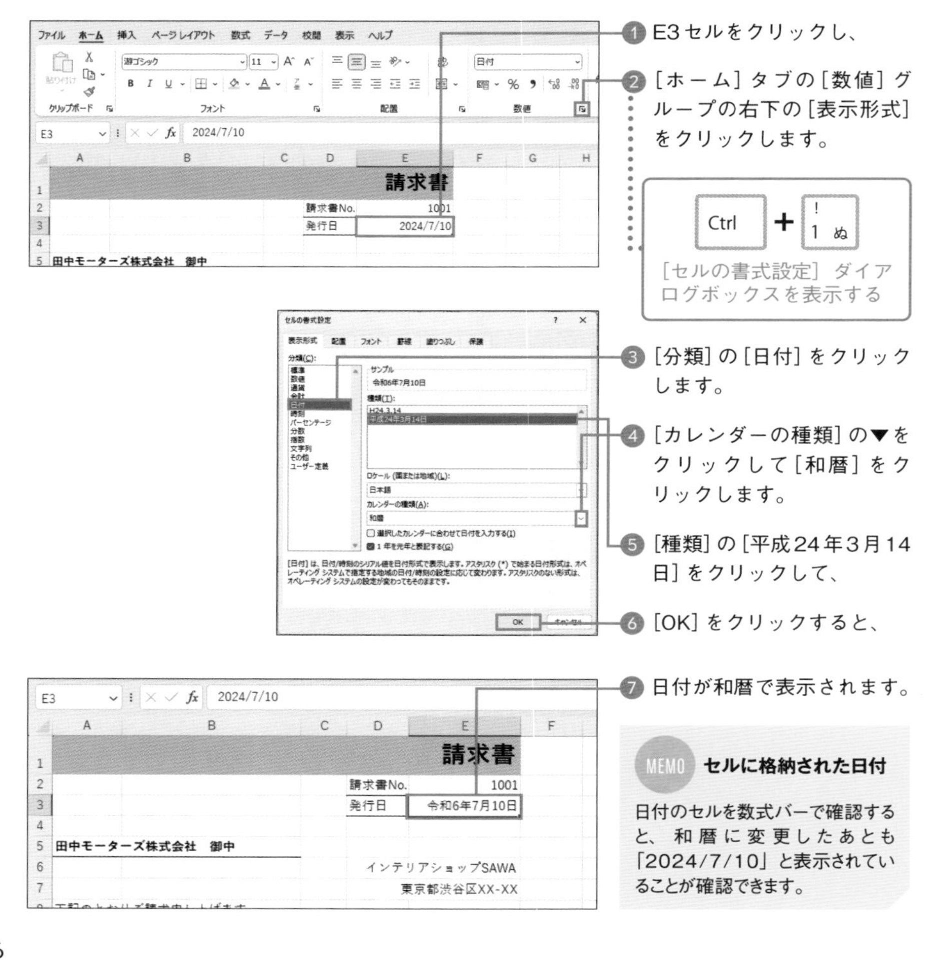

1. E3セルをクリックし、
2. [ホーム]タブの[数値]グループの右下の[表示形式]をクリックします。

Ctrl + 1　[セルの書式設定]ダイアログボックスを表示する

3. [分類]の[日付]をクリックします。
4. [カレンダーの種類]の▼をクリックして[和暦]をクリックします。
5. [種類]の[平成24年3月14日]をクリックして、
6. [OK]をクリックすると、
7. 日付が和暦で表示されます。

MEMO セルに格納された日付

日付のセルを数式バーで確認すると、和暦に変更したあとも「2024/7/10」と表示されていることが確認できます。

日付と同じセルに曜日を表示する

「○月○日は何曜日？」と聞かれても急には答えられないものです。じつは、セルに入力した日付には**曜日の情報**が含まれており、**［表示形式］**の機能で日付から曜日を取り出すことができます。この機能を使うと、日付と同じセルに曜日を表示できます。

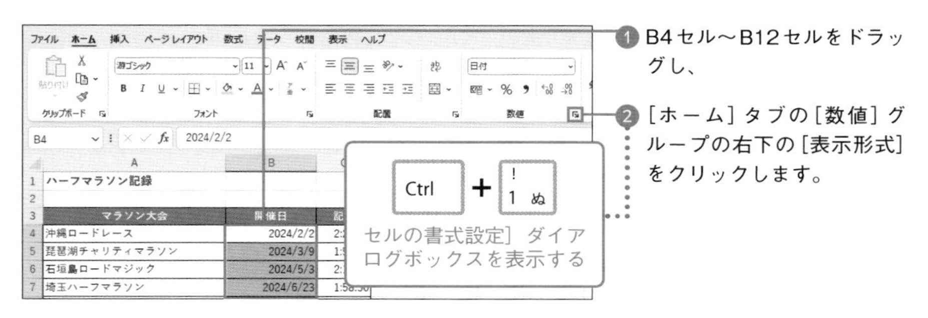

❶ B4セル～B12セルをドラッグし、

❷［ホーム］タブの［数値］グループの右下の［表示形式］をクリックします。

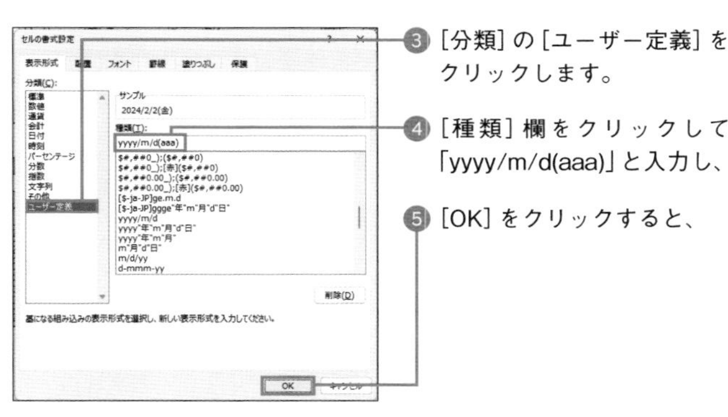

❸［分類］の［ユーザー定義］をクリックします。

❹［種類］欄をクリックして「yyyy/m/d(aaa)」と入力し、

❺［OK］をクリックすると、

B4 | 2024/2/2

	A	B	C	D	E	F
1	ハーフマラソン記録					
2						
3	マラソン大会	開催日	記録			
4	沖縄ロードレース	2024/2/2(金)	2:21:10			
5	琵琶湖チャリティマラソン	2024/3/9(土)	1:59:55			
6	石垣島ロードマジック	2024/5/3(金)	2:11:36			
7	埼玉ハーフマラソン	2024/6/23(日)	1:58:50			
8	横浜シティマラソン	2024/10/1(火)	2:04:02			

❻ 日付と同じセルに括弧付きの曜日が表示されます。

COLUMN

日付の書式記号を使う

「yyyy/m/d」は「y」が西暦、「m」が月、「d」が日を表す書式記号です。「(aaa)」は、漢字で曜日の頭文字（日～土）を表示し、前後に括弧を付けるという意味です。「(ddd)」と指定すると、英語の曜日の頭文字から3文字（Sun～Sat）を表示します。

24時間を越えた時間を正しく表示する

Excelでは、時刻は「:」(コロン)記号で区切って入力します。ただし、勤務表などで時刻を計算するときには注意が必要です。そのままでは**24時間を超えた時間**が表示されずに間違った結果になるからです。24時間を超える計算を行うには、計算結果に**[表示形式]**を設定します。

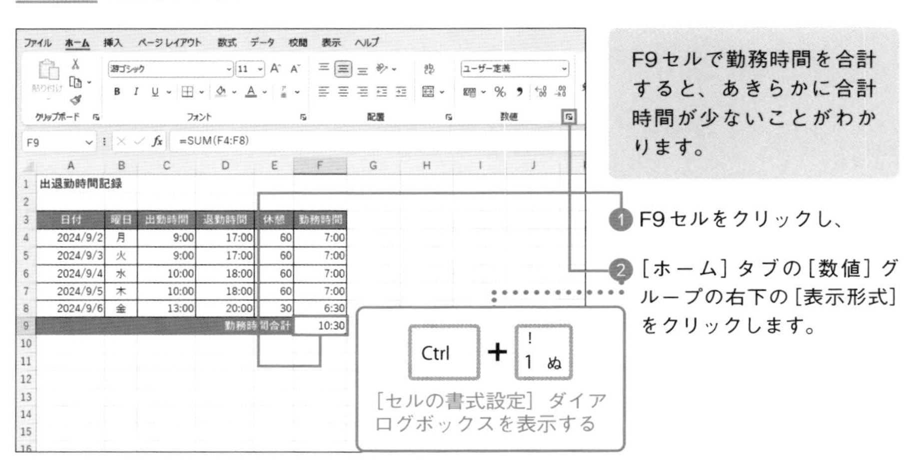

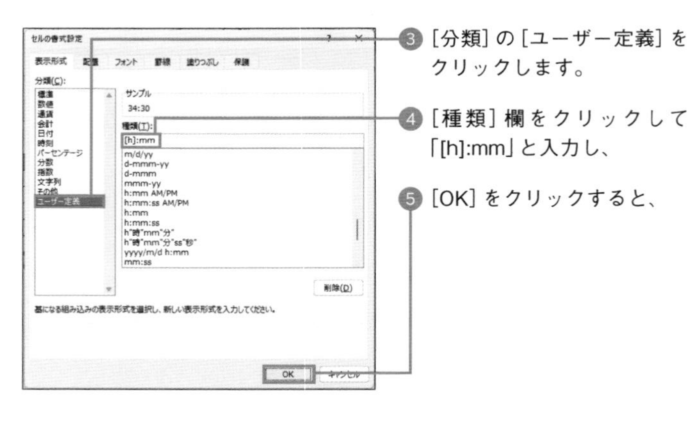

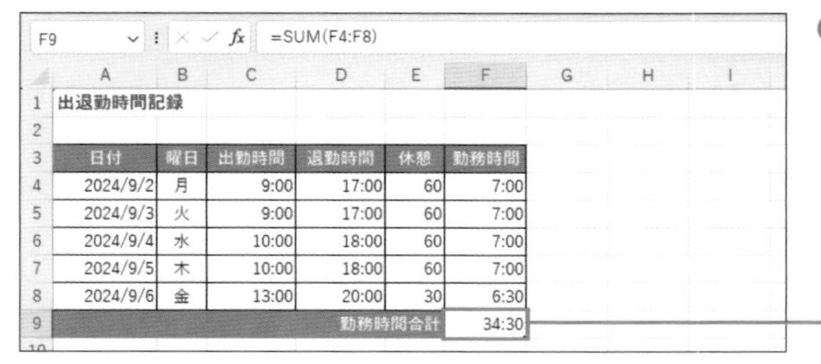

COLUMN

時間の経過を表示する

時間の経過を表示するときには、ユーザー定義書式を使って以下のように指定します。

書式	設定
[h]:mm	24 時間を超える時間の合計を表示します。
[mm]:ss	60 分を超える分の合計を表示します。
[ss]	60 秒を超える秒の合計を表示します。

氏名にふりがなを表示する

名簿のふりがなを手作業で入力するのはたいへんです。氏名には漢字を変換したときの読みの情報が含まれており、**[ふりがなの表示/非表示]機能**を使ってふりがなを漢字の上側に表示することができます。別のセルにふりがなを表示するには、153ページの関数を使います。

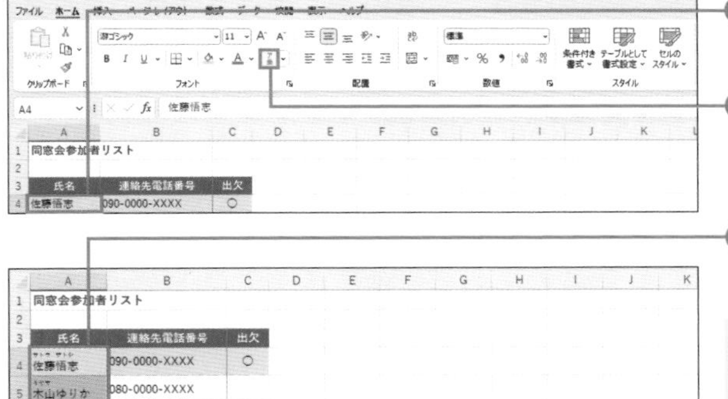

❶ A4セル～A15セルをドラッグし、

❷ ［ホーム］タブの［ふりがなの表示/非表示］をクリックすると、

❸ 氏名と同じセルにふりがなが表示されます。

ふりがなの削除

ふりがなを削除するには、もう一度［ふりがなの表示/非表示］をクリックします。

COLUMN

ふりがなを修正する

ふりがなは、もとになる氏名を変換したときの「読み」を表示しています。ふりがなが間違って表示されたときは、修正したいセルをクリックしてから［ふりがなの表示/非表示］の▼をクリックし、［ふりがなの編集］をクリックします。セル内にカーソルが表示されたら、正しいふりがなに修正します。

007 補足のためにコメントや注釈を付ける

[コメント]機能を使うと、セルに付箋紙を貼る感覚でメモを残し、備忘録として利用できます。また、複数メンバーで表を共有するときに、セルに伝言を添えて内容を共有できます。コメントには作成者の名前が表示されるので、コメントの発信者がひと目でわかります。

セルにコメントを追加する

［校閲］タブの**[新しいコメント]**をクリックすると、コメントボックスが表示されて、コメントを入力できます。コメントは**選択したセル**に付きます。グラフや図形、画像などに直接コメントを付けることはできません。

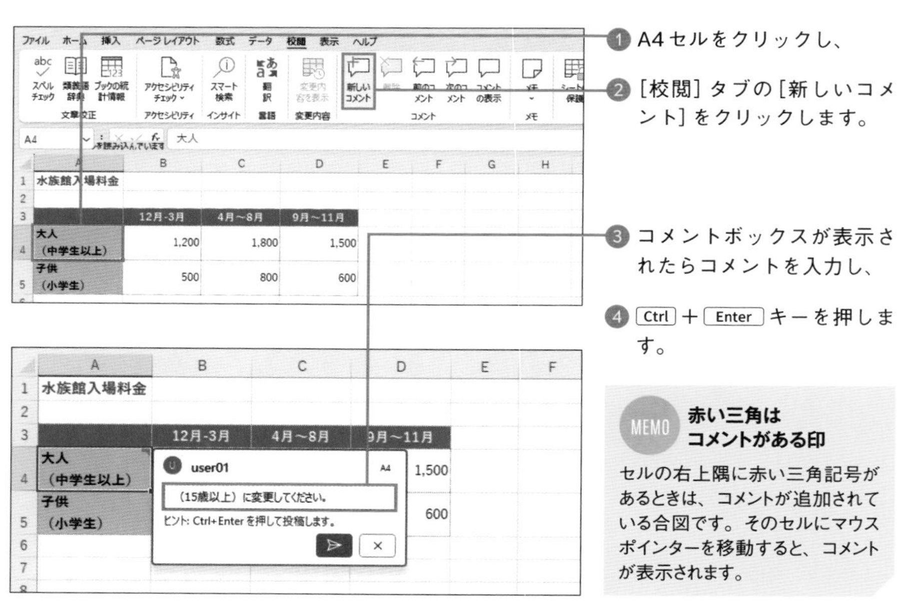

1. A4セルをクリックし、
2. ［校閲］タブの［新しいコメント］をクリックします。
3. コメントボックスが表示されたらコメントを入力し、
4. Ctrl ＋ Enter キーを押します。

MEMO 赤い三角はコメントがある印

セルの右上隅に赤い三角記号があるときは、コメントが追加されている合図です。そのセルにマウスポインターを移動すると、コメントが表示されます。

COLUMN

名前の自動表示

コメント用の吹き出しには名前が自動的に表示されます。この名前は、［ファイル］タブの［オプション］をクリックして表示される［Excelのオプション］ダイアログボックスで変更できます。左側の［基本設定］をクリックし、右側の［ユーザー名］を変更します。

コメントを一覧で表示する

せっかくコメントを付けても見落としてしまっては意味がありません。コメントの見落としを防ぐには、**常にコメントを表示した状態**にしておくといいでしょう。この状態で保存すると、ファイルを開いたときもコメントが表示されます。

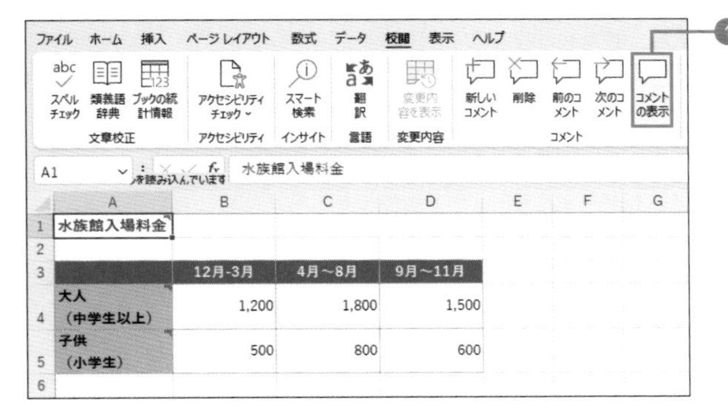

❶［校閲］タブの［コメントの表示］をクリックすると、

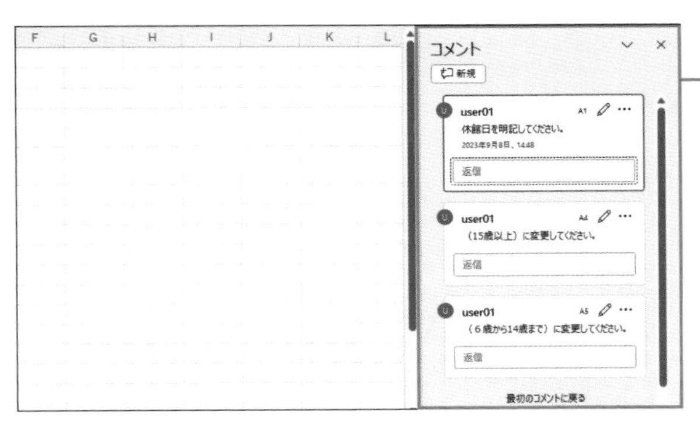

❷［コメント］作業ウィンドウが開き、コメントがまとめて表示されます。

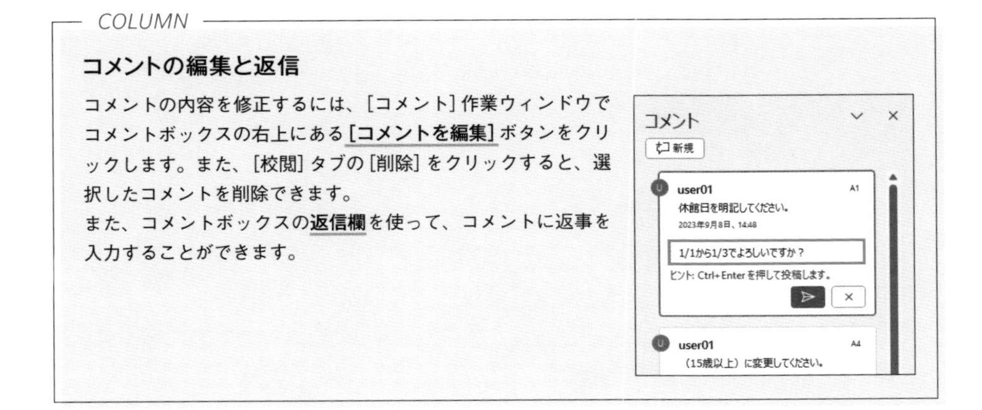

COLUMN

コメントの編集と返信

コメントの内容を修正するには、［コメント］作業ウィンドウでコメントボックスの右上にある**［コメントを編集］**ボタンをクリックします。また、［校閲］タブの［削除］をクリックすると、選択したコメントを削除できます。
また、コメントボックスの**返信欄**を使って、コメントに返事を入力することができます。

008 入力ミスを防ぐルールを設ける

セルのデータを4桁に制限したい、特定の期間の日付だけに限定したいといったように、入力のルールを設定するには**[データの入力規則]機能**を使います。データの種類や条件を指定しておけば、間違ったデータが入力されるのを事前に防ぐことができます。

「今日の日付」以降の日付のみ入力可にする

[データの入力規則]機能を使って、セルに入力できるデータを**日付だけに限定**します。さらに、**「今日の日付」以降の日付だけが入力**できるようにルールを追加します。こうすれば、過去の日付を入力したときにその場で入力の間違いに気が付きます。

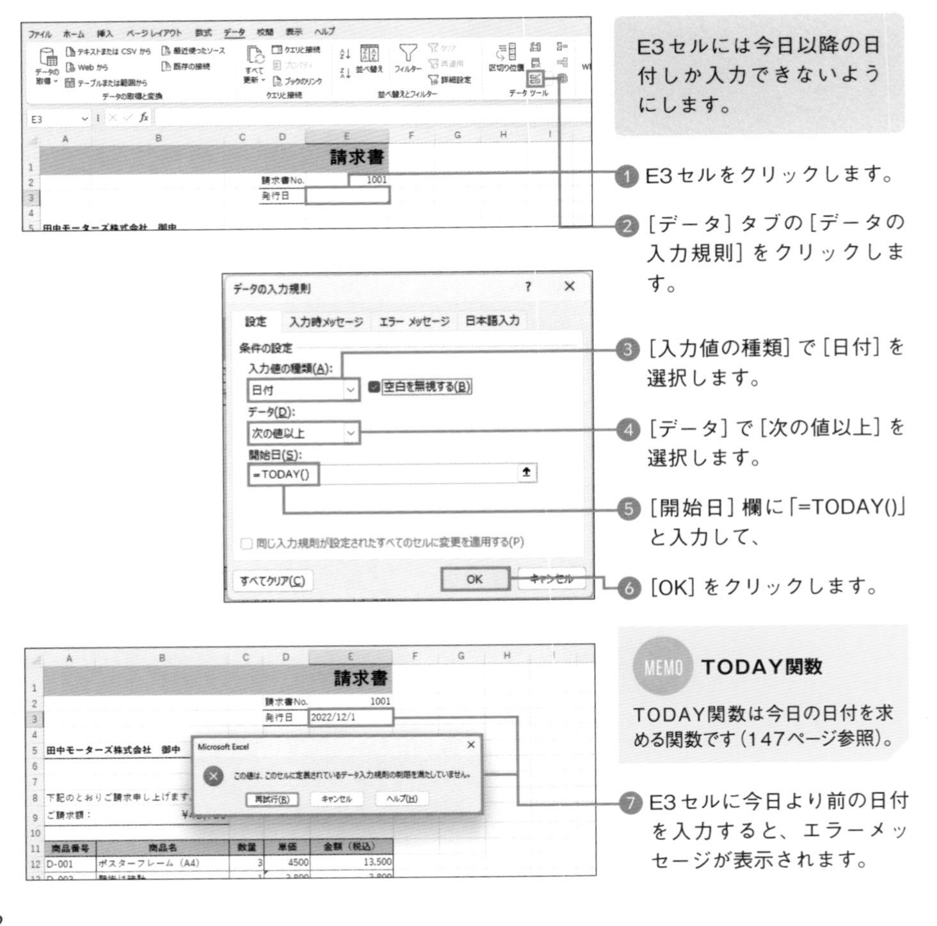

入力できる文字数を制限する

［データの入力規則］で［文字列（長さ指定）］を選ぶと、入力できる**文字数を制限**できます。「○文字」と限定したり、「○文字以上○文字以下」といった具合に文字数の範囲を指定したりすることもできます。

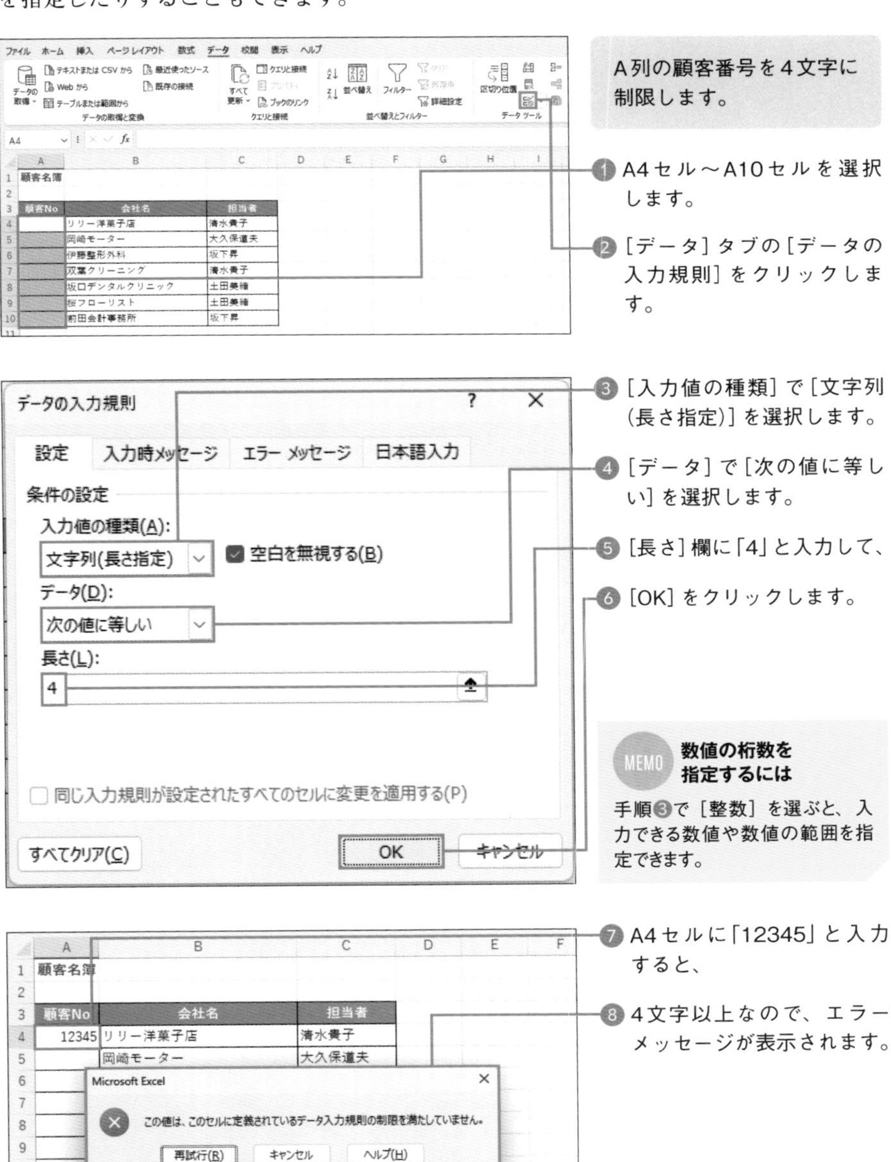

MEMO 数値の桁数を指定するには

手順❸で［整数］を選ぶと、入力できる数値や数値の範囲を指定できます。

入力時のルールを解除する

セルに設定した**入力規則を解除**するには、入力規則を設定したセルを選択してから[データの入力規則]ダイアログボックスで[すべてクリア]を選びます。セル単位で解除する以外にも、ワークシート全体を選択してすべての入力規則を解除することもできます。

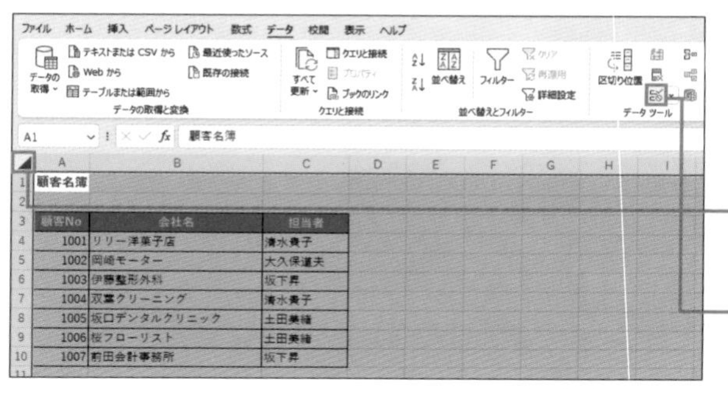

ワークシートに設定済みのすべての入力規則を解除します。

❶ [全セル選択] をクリックして、

❷ [データ] タブの [データの入力規則] をクリックすると、

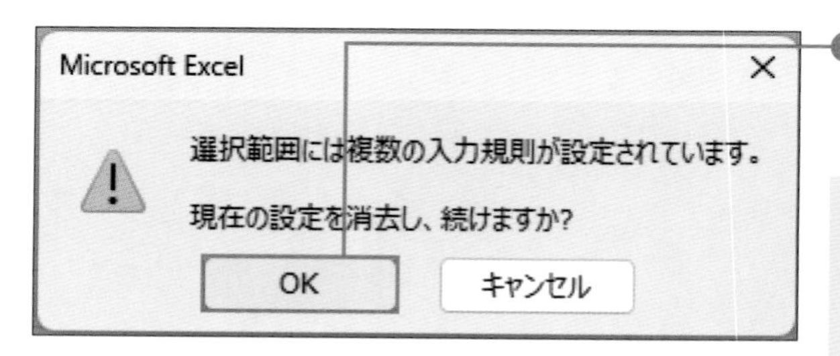

❸ 確認のメッセージが表示されるので [OK] をクリックします。

MEMO 表示されない場合もある

手順❸のメッセージは、ワークシートに複数の入力規則が設定されているときに表示されます。

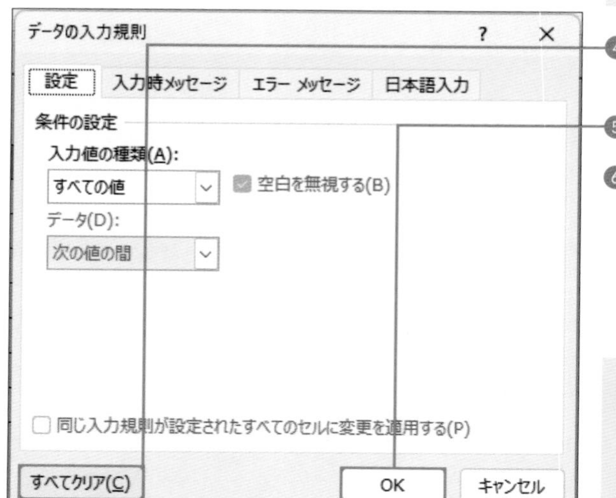

❹ [すべてクリア] をクリックし、

❺ [OK] をクリックすると、

❻ ワークシートに設定済みのすべての入力規則が解除されます。

MEMO どのタブでもかまわない

[すべてクリア] はどのタブにも表示されます。どの [すべてクリア] をクリックしてもかまいません。

009 入力を手助けする ルールを設ける

「データの入力規則」機能には、データ入力をサポートする機能が用意されています。たとえば、入力候補のリスト化や日本語入力モードの自動切換えは、キー操作を劇的に減らせます。同時に入力ミスや表記ゆれを防ぎ、**入力のスピードアップ**につながります。

入力時にリストを表示する

「Yes」か「No」、「出席」か「欠席」のどちらかを選ぶなど、セルに入力するデータが決まっている場合は、**入力候補をリスト化**して一覧から選べるようにすると便利です。

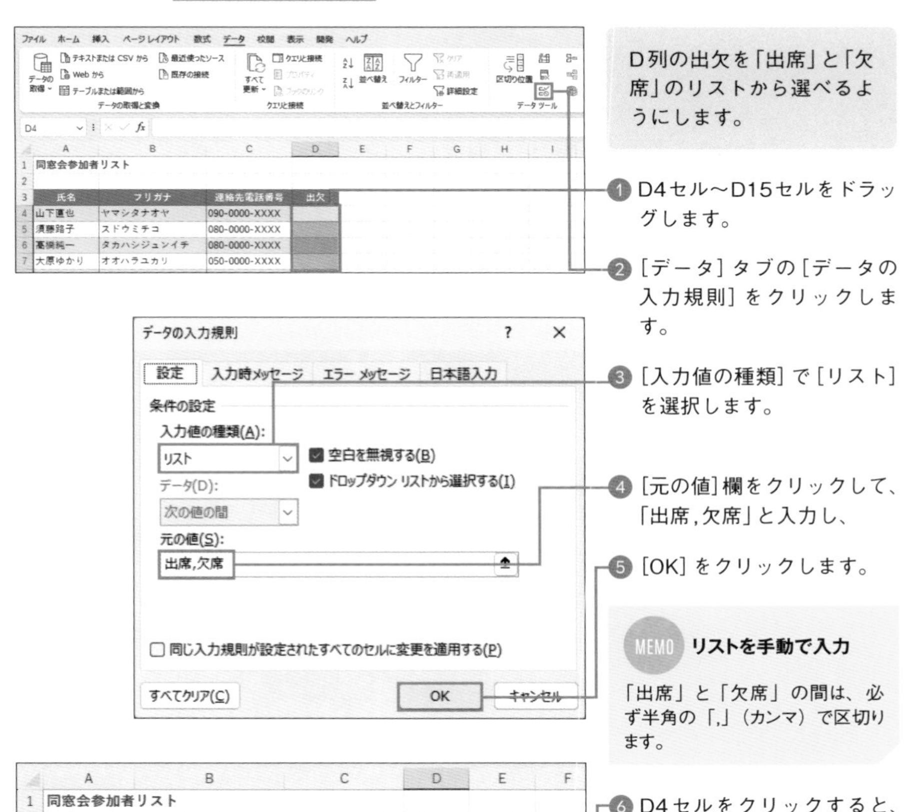

MEMO リストを手動で入力

「出席」と「欠席」の間は、必ず半角の「,」（カンマ）で区切ります。

入力時に入力のヒントを表示する

データの入力規則を設定したときは、実際にデータを入力する人にそのルールを伝えておく必要があります。［データの入力規則］機能の**［入力時メッセージ］**を使うと、該当セルをクリックしたときに**操作のヒント**を吹き出し画面で表示できます。

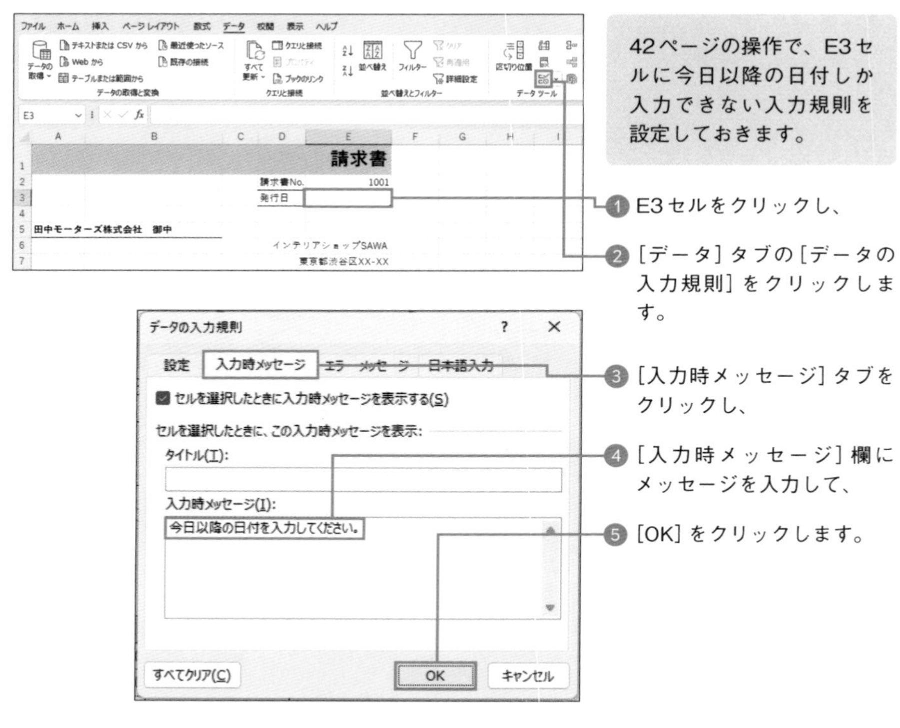

42ページの操作で、E3セルに今日以降の日付しか入力できない入力規則を設定しておきます。

❶ E3セルをクリックし、

❷［データ］タブの［データの入力規則］をクリックします。

❸［入力時メッセージ］タブをクリックし、

❹［入力時メッセージ］欄にメッセージを入力して、

❺［OK］をクリックします。

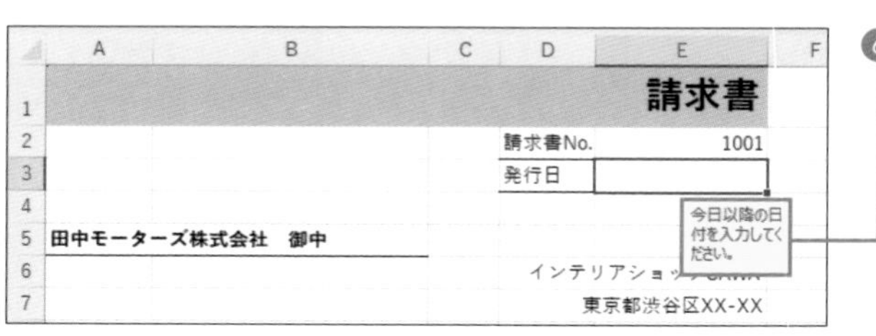

❻ E3セルをクリックすると、指定したメッセージが表示されます。

COLUMN

エラー時のメッセージ指定

［データの入力規則］ダイアログボックスの［エラーメッセージ］タブでは、入力規則に違反したときに表示するメッセージを指定できます。

日本語入力を自動的にオンにする

氏名を漢字、メールアドレスを半角英数字で入力したいときは、そのつど日本語入力のオンとオフを切り替える操作が必要です。[データの入力規則]の**[日本語入力]**を使うと、セルを選択するだけで自動的に日本語入力の状態が切り替わります。

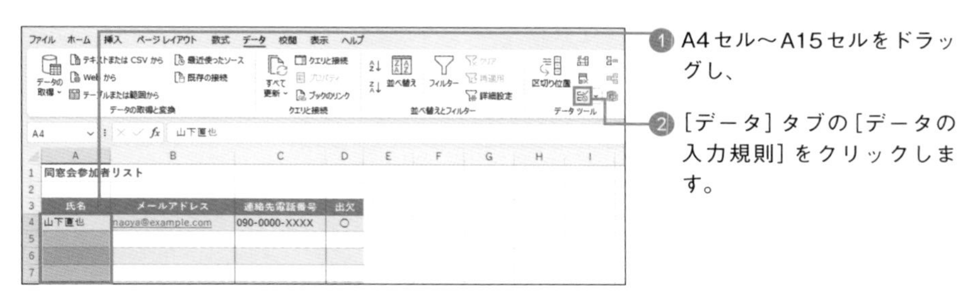

❶ A4セル～A15セルをドラッグし、

❷ [データ]タブの[データの入力規則]をクリックします。

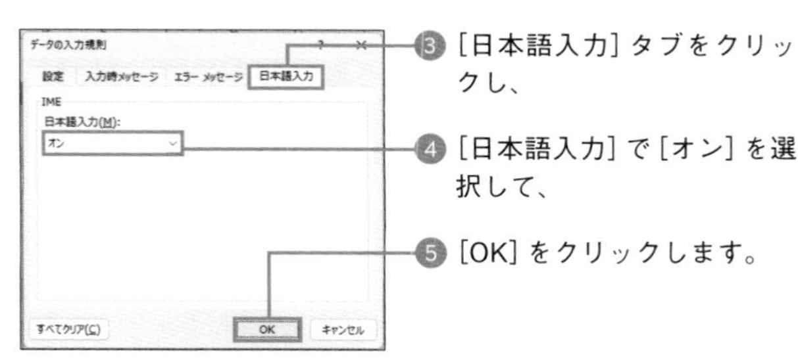

❸ [日本語入力]タブをクリックし、

❹ [日本語入力]で[オン]を選択して、

❺ [OK]をクリックします。

❻ A5セルをクリックすると、自動的に日本語入力がオンになります。

COLUMN

日本語入力の指定モードは9種類

[日本語入力]タブで指定できるモードは次の9種類です。

モード	説明
コントロールなし	初期値。パソコンの入力モードをそのまま使います。
日本語入力オン	自動で日本語入力モードに切り替わります。
日本語入力オフ（英語モード）	自動で日本語入力モードが解除されます。
無効	入力モードの切り替え操作がきかないようにします。
ひらがな	自動でかな入力モードに切り替わります。
全角カタカナ	自動でカナ入力モードに切り替わります。
半角カタカナ	自動で半角のカナ入力モードに切り替わります。
全角英数字	自動で全角の英数字入力モードに切り替わります。
半角英数字	自動で半角の英数字入力モードに切り替わります。

010 統一に不可欠な検索・置換機能を知る

商品名などの表記が変更になったときは、効率よく修正したいものです。たくさんのデータの中から目的のデータを探すときは[検索]機能や[置換]機能を使うと便利です。検索や置換はA1セルから実行されるため、最初にA1セルをアクティブセルにしておくと効率よく行えます。

表のデータを検索する

商品台帳や名簿などで特定の商品や人物を検索するには、[検索]を使ってキーワードを入力してから検索します。キーワードに入力した文字や数値が含まれるデータが検索されます。

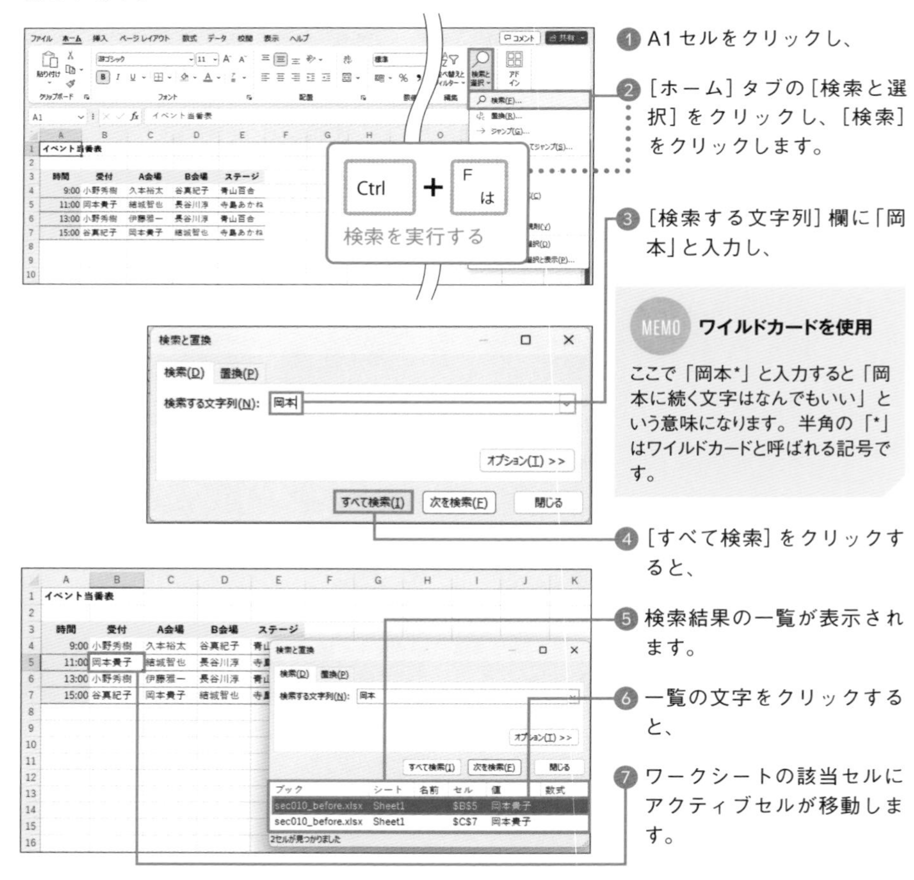

MEMO ワイルドカードを使用

ここで「岡本*」と入力すると「岡本に続く文字はなんでもいい」という意味になります。半角の「*」はワイルドカードと呼ばれる記号です。

表の文字を別の文字に置き換える

担当者が変わったときや「出張所」が「支店」に変わったときなどは、入力済みのデータを変更する必要があります。手作業で修正すると時間もかかるし修正ミスも発生します。**[置換]**を使うと、置換前の文字と置換後の文字を指定するだけであっという間に置換できます。

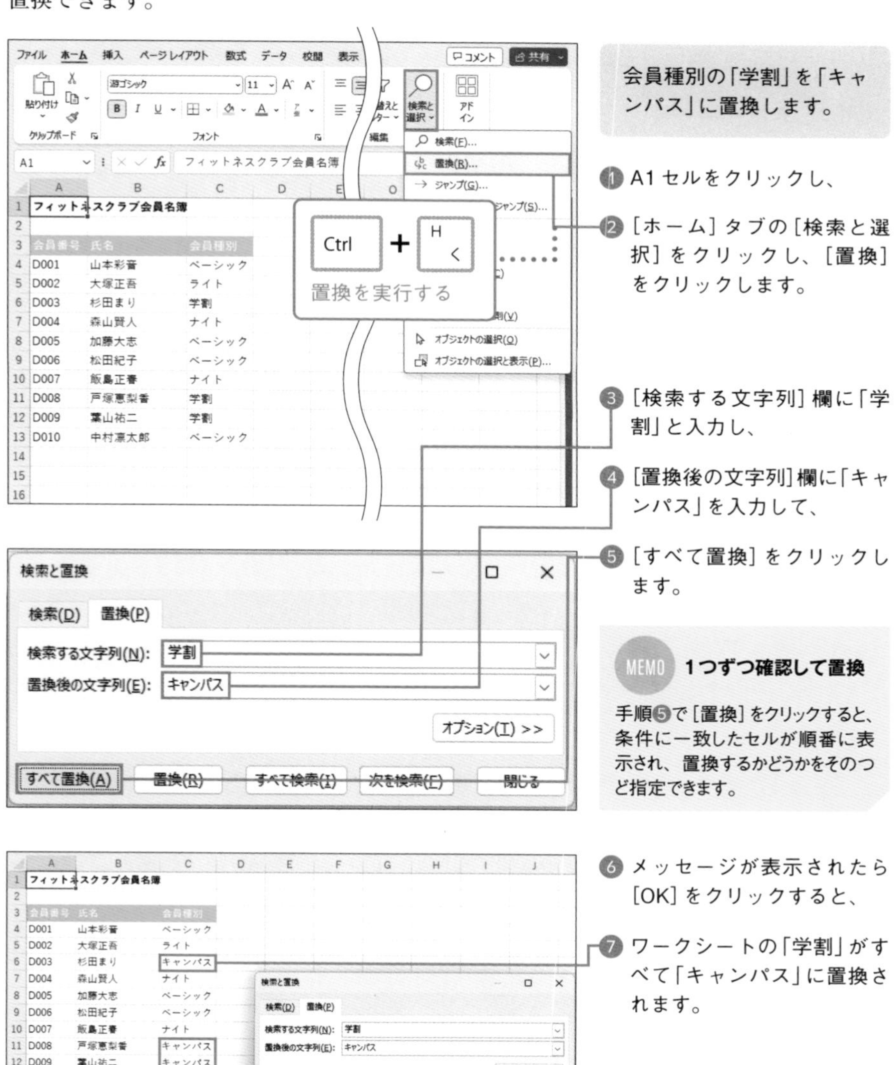

MEMO 1つずつ確認して置換

手順5で[置換]をクリックすると、条件に一致したセルが順番に表示され、置換するかどうかをそのつど指定できます。

不要な空白をまとめて削除する

苗字と名前の間に空白があったりなかったりすると、見た目が悪いだけでなく、データの統一性が保てません。不要な空白を削除する方法はいくつかありますが、[置換]を使うとかんたんな操作で空白を削除できます。**「置換後の文字列」に何も指定しない**のがポイントです。

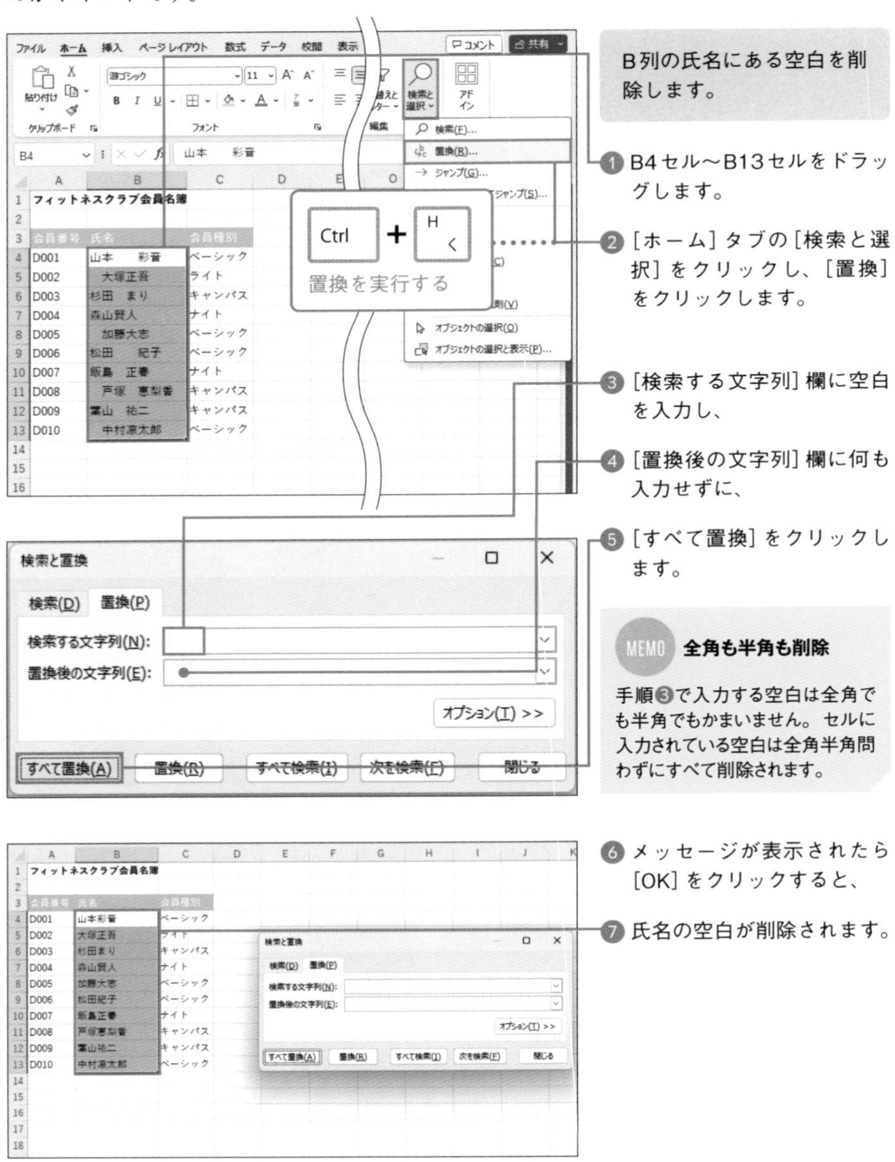

B列の氏名にある空白を削除します。

1 B4セル〜B13セルをドラッグします。

2 [ホーム]タブの[検索と選択]をクリックし、[置換]をクリックします。

3 [検索する文字列]欄に空白を入力し、

4 [置換後の文字列]欄に何も入力せずに、

5 [すべて置換]をクリックします。

MEMO 全角も半角も削除

手順3で入力する空白は全角でも半角でもかまいません。セルに入力されている空白は全角半角問わずにすべて削除されます。

6 メッセージが表示されたら[OK]をクリックすると、

7 氏名の空白が削除されます。

不要な改行をまとめて削除する

12ページの操作で Alt + Enter キーを押すとセル内で改行できますが、データベース機能を使って集計や並べ替えをすると、セル内で改行したために正しく機能が実行できない場合があります。セル内改行をあとからまとめて削除するには［置換］を実行します。［検索する文字列］欄で Ctrl ＋ J キーを押し、［置換後の文字列］欄に何も指定しないのがポイントです。

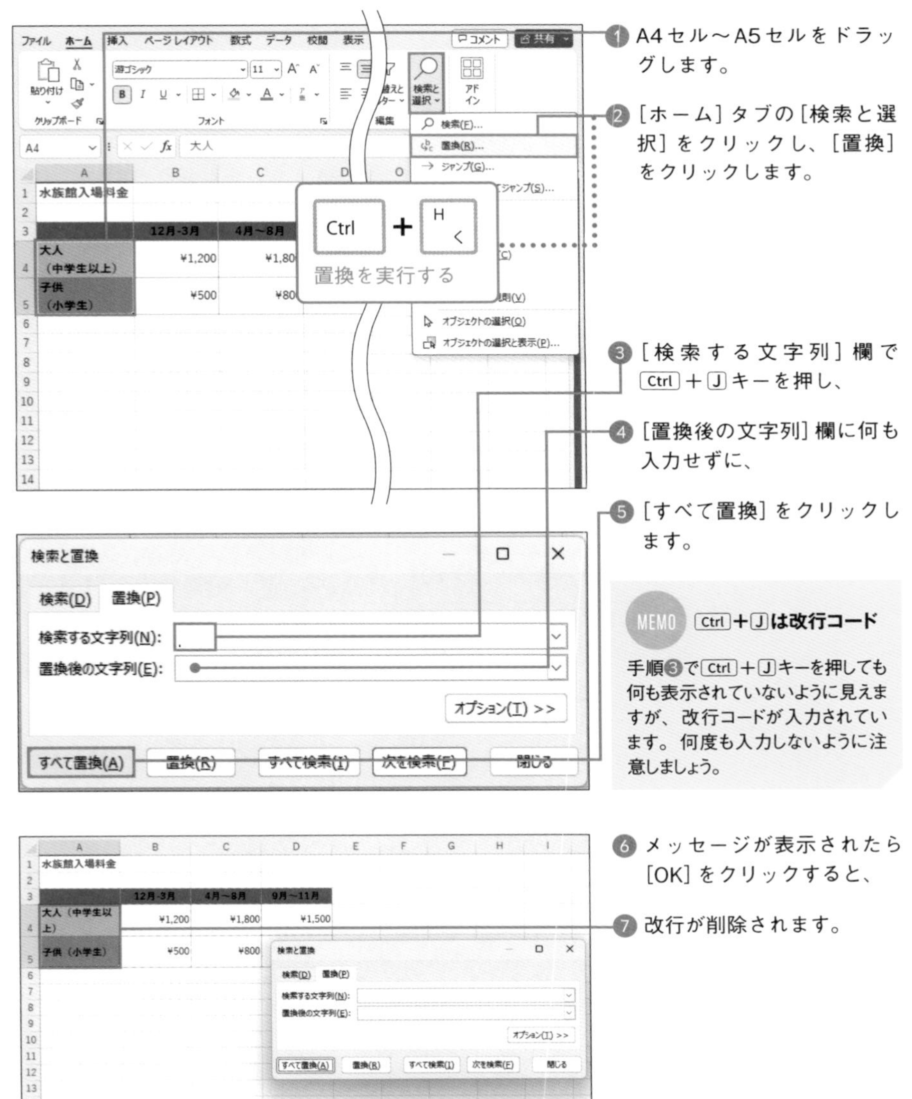

011 文字列をすばやく分割する

セルに入力済みのデータをあとから別々のセルに分けたいときは、データを区切っている記号や規則性に注目しましょう。**共通の記号や規則性**があれば、[フラッシュフィル]や[区切り位置指定ウィザード]を使ってデータを分割できます。

セルの値を複数セルに分割する

氏名を姓と名に分けたりメールアドレスの@記号以降を取り出したりするのはたいへんです。**[フラッシュフィル]**を使うと、入力されたデータから**規則性を自動的に認識**して処理を実行してくれます。入力済みの複数のデータに共通のパターンがあれば、関数を使わなくてもデータの分割や結合をワンクリックで行えます。

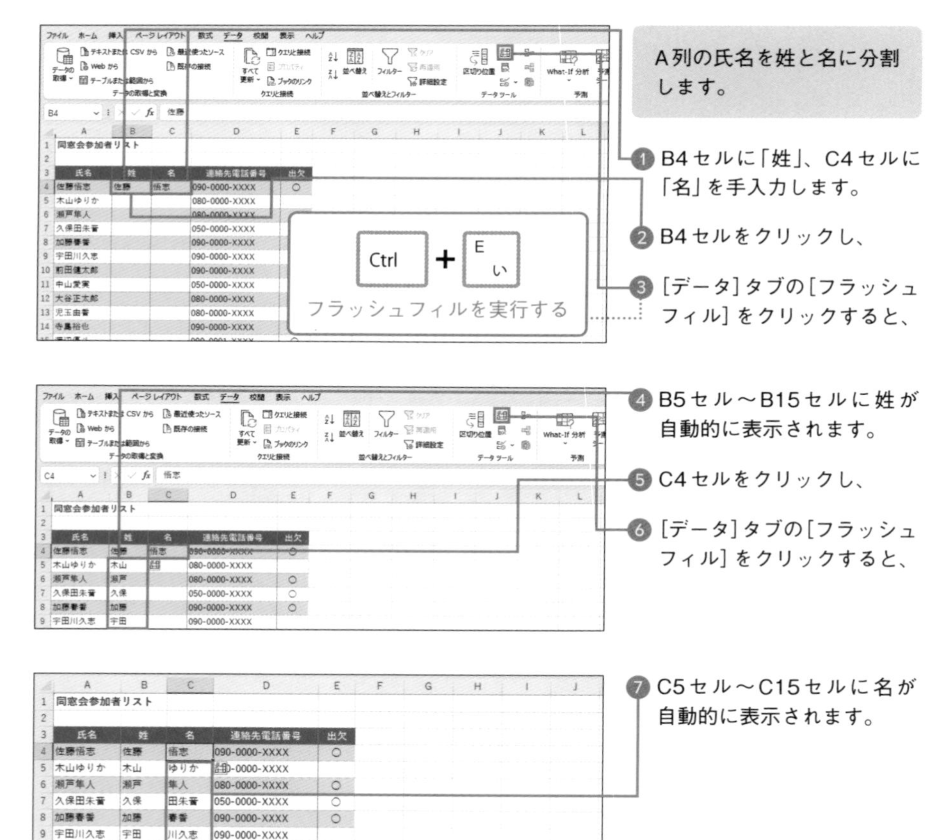

「､」やスペースなどを区切りに分割する

ほかのアプリのデータやWeb上のデータをセルにコピーしたときに、データが1つのセルにまとめて表示されてしまうことがあります。データが「,」(カンマ)や「:」(コロン)、スペースなどで区切られていれば、**[区切り位置指定ウィザード]**を使って、画面の質問に答えながら複数のセルに分割できます。

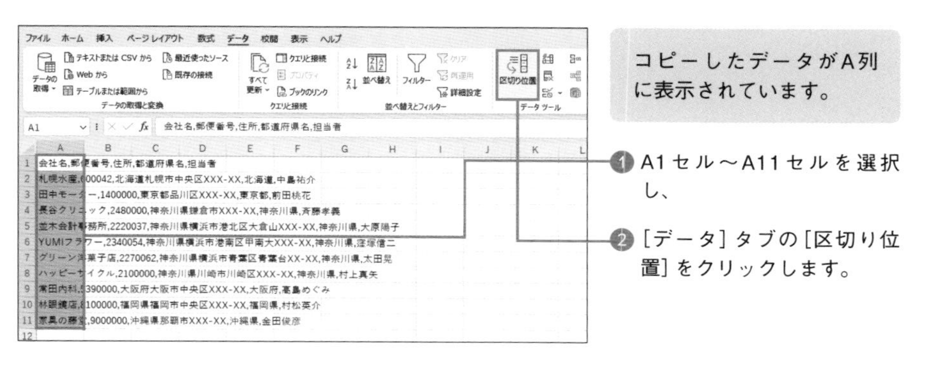

コピーしたデータがA列に表示されています。

❶ A1セル〜A11セルを選択し、

❷ [データ] タブの [区切り位置] をクリックします。

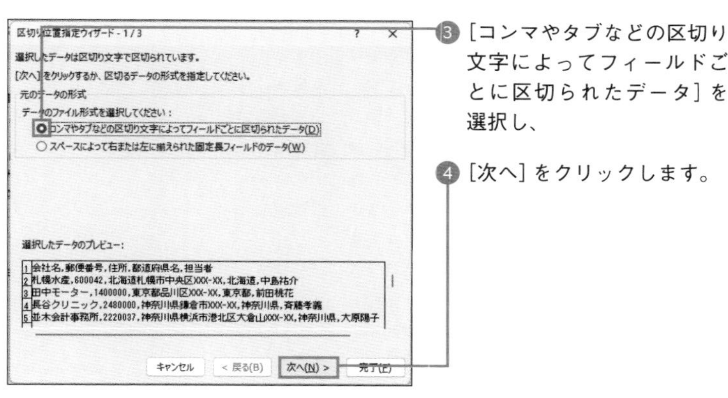

❸ [コンマやタブなどの区切り文字によってフィールドごとに区切られたデータ] を選択し、

❹ [次へ] をクリックします。

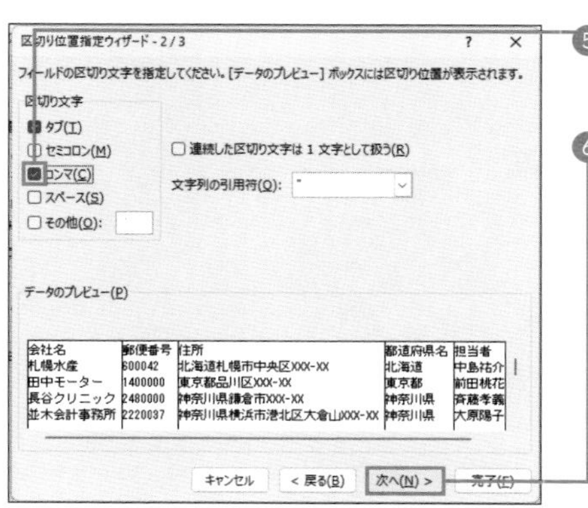

❺ [区切り文字] の [コンマ] をクリックし、

❻ [次へ] をクリックします。

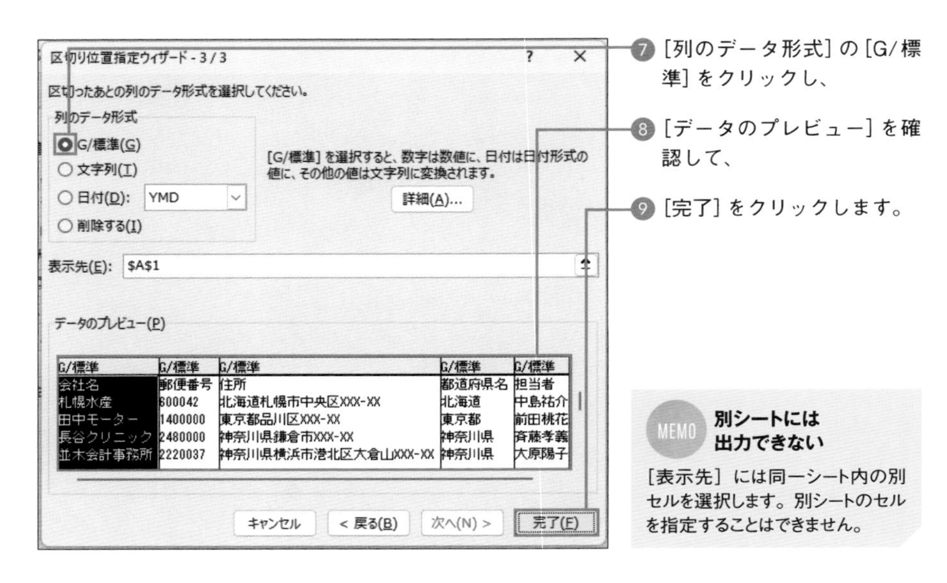

❼ [列のデータ形式] の [G/標準] をクリックし、

❽ [データのプレビュー] を確認して、

❾ [完了] をクリックします。

> **MEMO 別シートには出力できない**
>
> [表示先] には同一シート内の別セルを選択します。別シートのセルを指定することはできません。

	A	B	C	D	E	F
1	会社名	郵便番号	住所	都道府県名	担当者	
2	札幌水産	600042	北海道札幌	北海道	中島祐介	
3	田中モータ	1400000	東京都品川	東京都	前田桃花	
4	長谷クリニ	2480000	神奈川県鎌	神奈川県	斉藤孝義	
5	並木会計事	2220037	神奈川県横	神奈川県	大原陽子	
6	YUMIフラ	2340054	神奈川県横	神奈川県	窪塚信二	
7	グリーン洋	2270062	神奈川県横	神奈川県	太田晃	
8	ハッピーサ	2100000	神奈川県川	神奈川県	村上真矢	
9	常田内科	5390000	大阪府大阪	大阪府	高島めぐみ	
10	林眼鏡店	8100000	福岡県福岡	福岡県	村松英介	
11	家具の藤堂	9000000	沖縄県那覇	沖縄県	金田俊彦	
12						
13						
14						
15						
16						

❿ データが各セルに分割して表示されます。

COLUMN

もとデータに区切り文字がない場合

49ページの [置換] 機能を使って、指定した位置に記号を付けた状態に置換してから、[区切り位置指定ウィザード] を使いましょう。たとえば、[置換前の文字列] に「県」、[置換後の文字列] に「県,」とすると、カンマを付与できます。

最速で表を作成する!
選択・移動の便利テクニック

012 複数セルを一度に選択する

セルに書式を付けたり、コピーや移動などの編集をするときには、事前に**目的のセルを正しく選択**する操作が必要です。離れたセルの選択方法や、表全体を瞬時に選択する方法、名前ボックスを使って選択する方法を覚えて、すばやくセルを選択しましょう。

離れたセルを選択する

複数のセルを選択しておくと、まとめて書式を設定できて便利です。連続したセルを選択するときは、対象となるセルをドラッグします。**離れたセルを選択するときは、Ctrl キー**を押しながら対象のセルをクリックしたりドラッグしたりします。

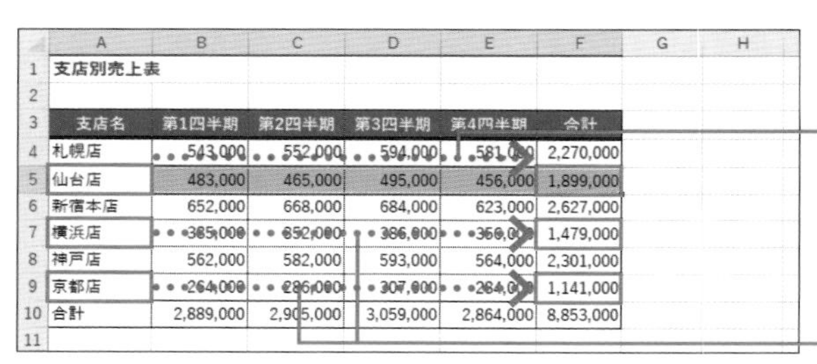

	A	B	C	D	E	F
1	支店別売上表					
2						
3	支店名	第1四半期	第2四半期	第3四半期	第4四半期	合計
4	札幌店	543,000	552,000	594,000	581,000	2,270,000
5	仙台店	483,000	465,000	495,000	456,000	1,899,000
6	新宿本店	652,000	668,000	684,000	623,000	2,627,000
7	横浜店	385,000	352,000	386,000	356,000	1,479,000
8	神戸店	562,000	582,000	593,000	564,000	2,301,000
9	京都店	264,000	286,000	307,000	284,000	1,141,000
10	合計	2,889,000	2,905,000	3,059,000	2,864,000	8,853,000

1行おきに色を付けます。

1 A5セル～F5セルをドラッグします。

2 続けて、Ctrl キーを押しながらA7セル～F7セル、A9セル～F9セルを順番にドラッグします。

3 ［ホーム］タブの［塗りつぶしの色］の▼をクリックし、

4 セルの色をクリックすると、

5 離れたセルに同時に塗りつぶしを設定できます。

MEMO セルを間違えた場合

選択するセルを間違えた場合は、別のセルをクリックして選択を解除します。そのあと、最初からやり直します。

COLUMN

互い違いの色を付ける方法

116ページの［テーブルとして書式設定］機能を使って、1行おきに色を付けることもできます。

表全体を選択する

表全体に罫線を引いたり表全体のフォントを変更したりするなど、表全体を選択するときには Ctrl ＋ Shift ＋ ＊ キーを押しましょう。画面に収まらない大きな表もすぐに選択できます。

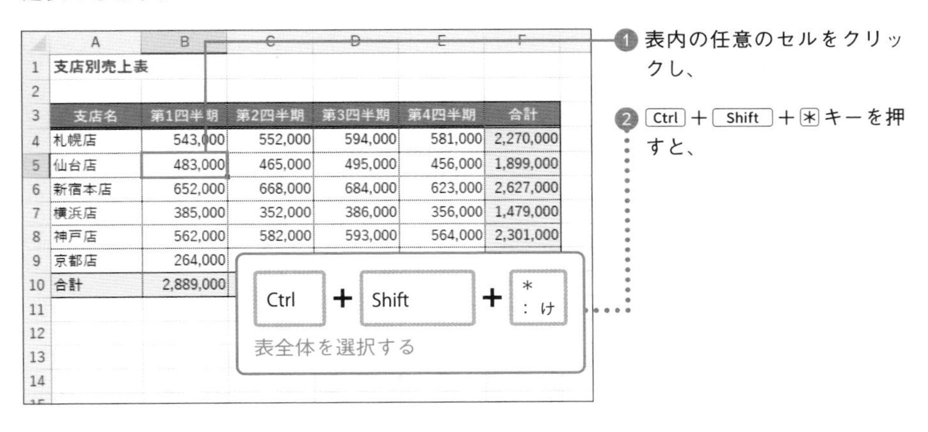

	A	B	C	D	E	F
1	支店別売上表					
2						
3	支店名	第1四半期	第2四半期	第3四半期	第4四半期	合計
4	札幌店	543,000	552,000	594,000	581,000	2,270,000
5	仙台店	483,000	465,000	495,000	456,000	1,899,000
6	新宿本店	652,000	668,000	684,000	623,000	2,627,000
7	横浜店	385,000	352,000	386,000	356,000	1,479,000
8	神戸店	562,000	582,000	593,000	564,000	2,301,000
9	京都店	264,000	286,000	307,000	284,000	1,141,000
10	合計	2,889,000	2,905,000	3,059,000	2,864,000	8,853,000

❸ 表全体が選択できます。

データが連続しているセルが選択される

Ctrl ＋ Shift ＋ ＊ キーを押すと、データが上下左右に連続して入力されているセルを選択します。そのため、A1セルのタイトルと表がくっついていると、A1セルを含めて選択されるので注意しましょう。

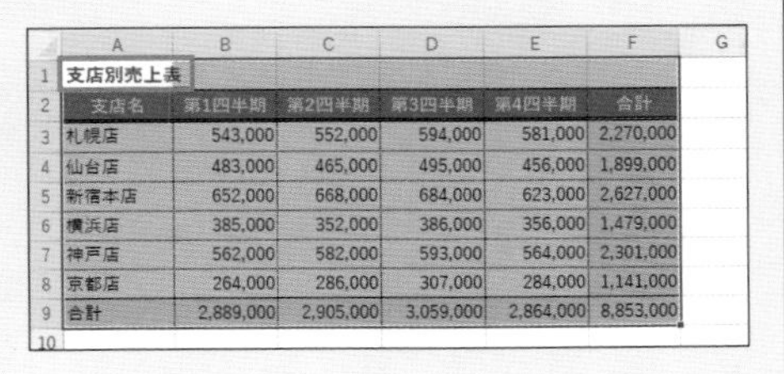

	A	B	C	D	E	F
1	支店別売上表					
2	支店名	第1四半期	第2四半期	第3四半期	第4四半期	合計
3	札幌店	543,000	552,000	594,000	581,000	2,270,000
4	仙台店	483,000	465,000	495,000	456,000	1,899,000
5	新宿本店	652,000	668,000	684,000	623,000	2,627,000
6	横浜店	385,000	352,000	386,000	356,000	1,479,000
7	神戸店	562,000	582,000	593,000	564,000	2,301,000
8	京都店	264,000	286,000	307,000	284,000	1,141,000
9	合計	2,889,000	2,905,000	3,059,000	2,864,000	8,853,000

広いセル範囲をまとめて選択する

画面からはみ出すような大きな表をマウスでドラッグして選択すると、進みすぎたり戻りすぎたりして思うように選択できません。このようなときは、**名前ボックス**に選択したいセル範囲を入力しましょう。

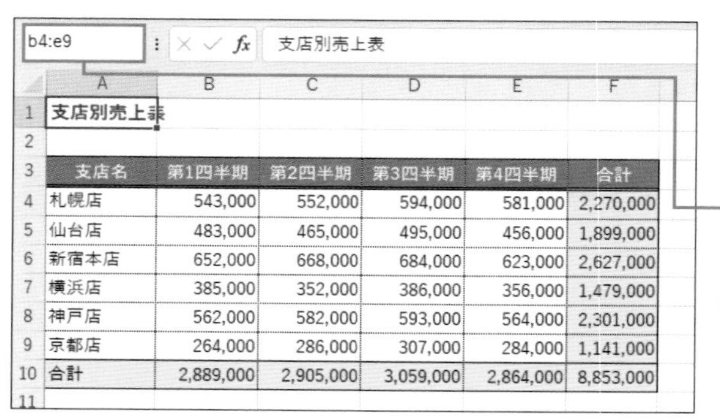

	A	B	C	D	E	F
1	支店別売上表					
2						
3	支店名	第1四半期	第2四半期	第3四半期	第4四半期	合計
4	札幌店	543,000	552,000	594,000	581,000	2,270,000
5	仙台店	483,000	465,000	495,000	456,000	1,899,000
6	新宿本店	652,000	668,000	684,000	623,000	2,627,000
7	横浜店	385,000	352,000	386,000	356,000	1,479,000
8	神戸店	562,000	582,000	593,000	564,000	2,301,000
9	京都店	264,000	286,000	307,000	284,000	1,141,000
10	合計	2,889,000	2,905,000	3,059,000	2,864,000	8,853,000

売上実数のセル（B4セル～E9セル）だけを選択します。

❶ 名前ボックスをクリックし、「b4：e9」と入力して、

❷ Enter キーを押すと、

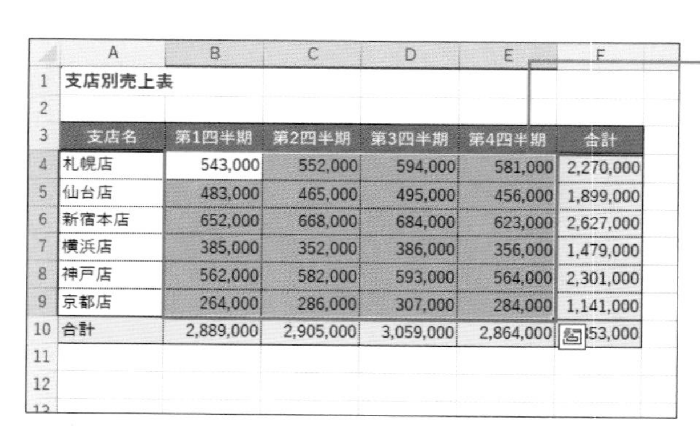

❸ 指定したセルが選択されます。

COLUMN

Shift キーを組み合わせて選択する

最初に選択したい範囲の先頭のセル（ここではB4セル）をクリックし、次に最後のセル（ここではE9セル）を Shift キーを押しながらクリックすると、先頭のセルから最後のセルまでをまとめて選択できます。

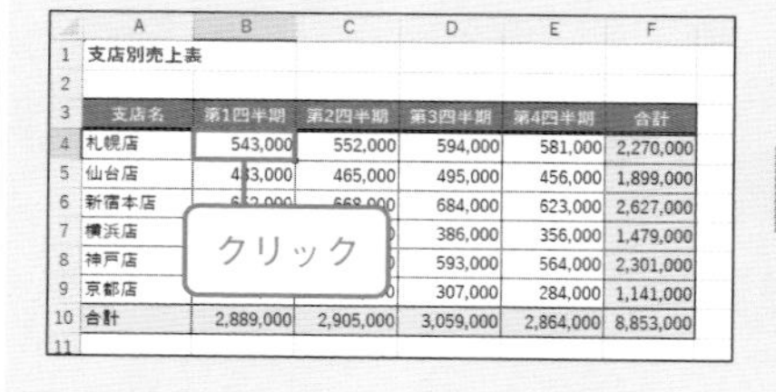

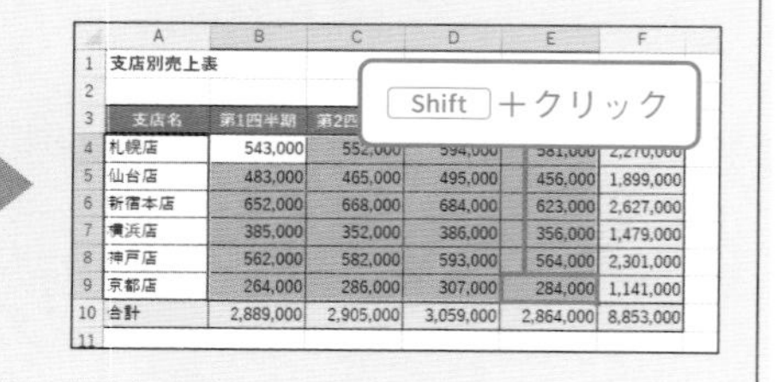

013 アクティブセルの移動をマスターする

セルにデータを入力して Enter キーを押すと、初期設定では**アクティブセルは下方向に移動**します。そのため、データ入力時には適宜アクティブセルの位置をマウスやキーボードで選択し直す必要があります。ただし、データ入力中にアクティブセルの移動のためだけにマウスに持ち替えるのはめんどうです。**キーボードで効率よく移動**できるようにしましょう。

表内をキーで順番に移動する

データを入力する範囲にあらかじめ**罫線**(110ページ参照)を引いておくと、Excelが表の範囲を認識し、効率よく表内を移動できます。表を作るときは、行単位で右へ右へとデータを入力することが多いので、**Tab キーで右方向に移動しながらデータを入力する**とよいでしょう。**表の右端で Enter キーを押すと、次の行の先頭列に移動**します。

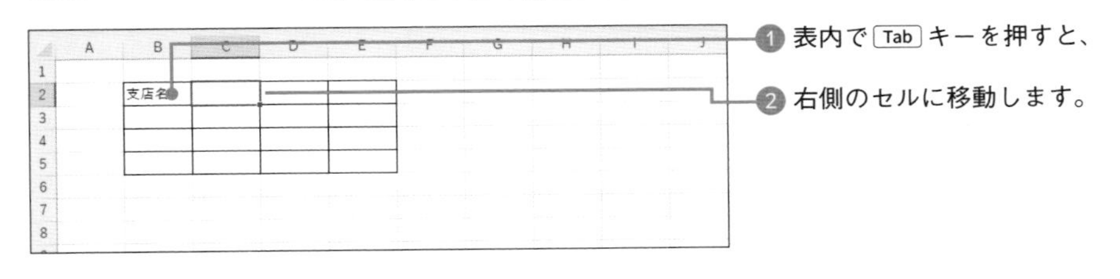

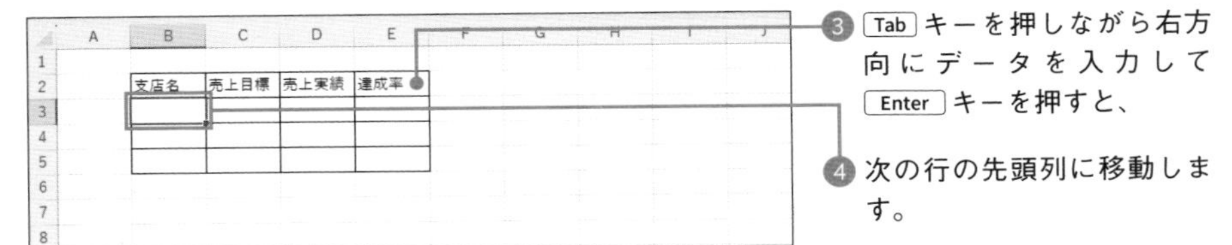

COLUMN

アクティブセルの移動方向

最初に罫線を引いておくと、アクティブセルは右のように移動します。

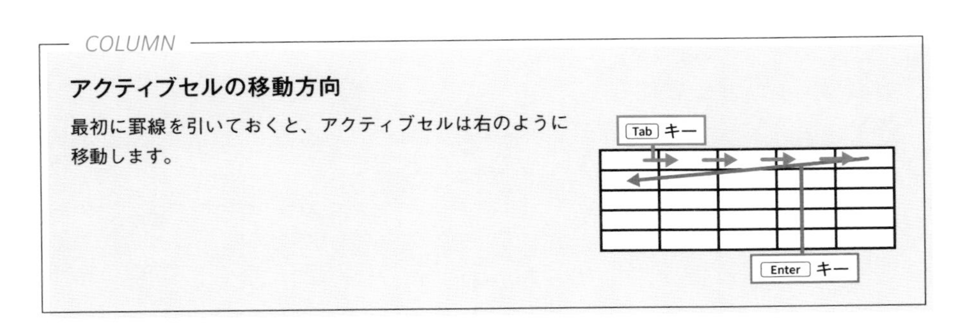

選択したセルだけに順番にデータを入力する

データを入力する前に、**入力したいセル範囲をドラッグして選択**しておくと、Enterキーを押したときに、**選択中のセル範囲の中だけを移動**できます。59ページのように、あらかじめデータ入力範囲に罫線を引いておく必要はありません。

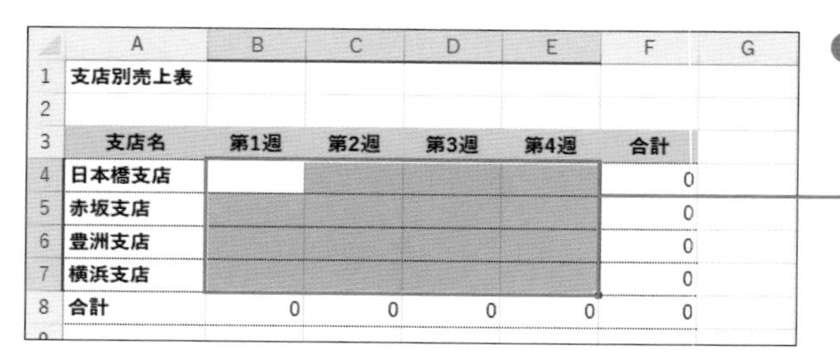

	A	B	C	D	E	F	G
1	支店別売上表						
2							
3	支店名	第1週	第2週	第3週	第4週	合計	
4	日本橋支店					0	
5	赤坂支店					0	
6	豊洲支店					0	
7	横浜支店					0	
8	合計	0	0	0	0	0	

❶ B4セル～E7セルを選択します。

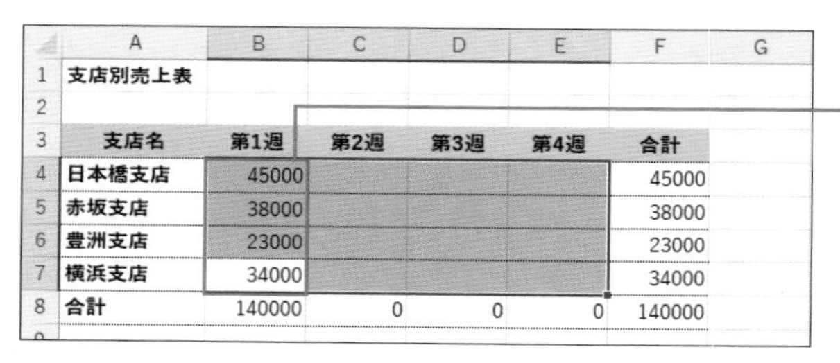

	A	B	C	D	E	F	G
1	支店別売上表						
2							
3	支店名	第1週	第2週	第3週	第4週	合計	
4	日本橋支店	45000				45000	
5	赤坂支店	38000				38000	
6	豊洲支店	23000				23000	
7	横浜支店	34000				34000	
8	合計	140000	0	0	0	140000	

❷ B4セル～E7セルまでEnterキーを押しながら数値を入力します。

❸ Enterキーを押すと、

	A	B	C	D	E	F	G
1	支店別売上表						
2							
3	支店名	第1週	第2週	第3週	第4週	合計	
4	日本橋支店	45000				45000	
5	赤坂支店	38000				38000	
6	豊洲支店	23000				23000	
7	横浜支店	34000				34000	
8	合計	140000	0	0	0	140000	

❹ アクティブセルがC4セルに移動します。

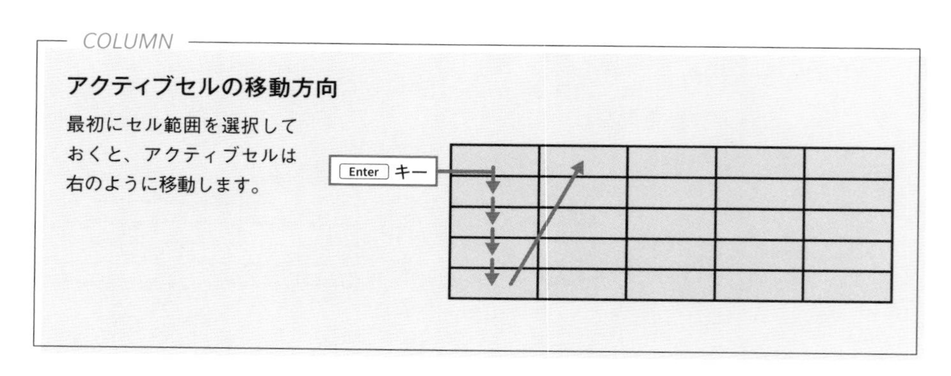

COLUMN

アクティブセルの移動方向

最初にセル範囲を選択しておくと、アクティブセルは右のように移動します。

014 目的にあわせて表の貼り付け方を変える

データをコピーするには、**[コピー]と[貼り付け]**を組み合わせて使いますが、イメージどおりの結果にならないこともあります。コピーしたデータを貼り付ける方法は何とおりも用意されており、目的に合わせて使いこなすことで効率よくコピーできます。

過去にコピーした内容を貼り付ける

[ホーム]タブの[コピー]ボタンやCtrl＋Cキーでコピーしたデータは**「クリップボード」**と呼ばれる場所に保管されます。クリップボードには複数のデータを一時的に保存できるため、一覧から選んで再利用できます。

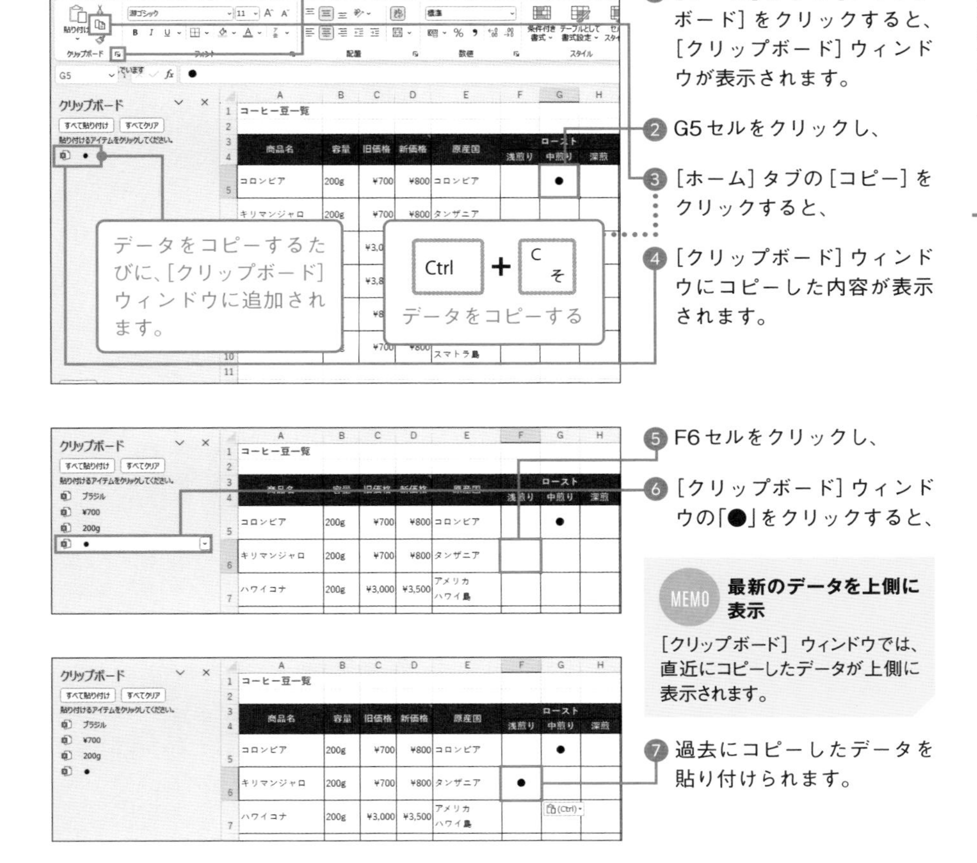

表の列幅を保持したまま貼り付ける

セルをコピーして貼り付けると、コピー先のセルの幅に変更されるため、あとから列幅の調整が必要になる場合があります。セルの幅をコピー先でもそのまま利用したいときは、[貼り付け] ボタンの下側をクリックしたときに表示される **[元の列幅を保持]** を選びます。

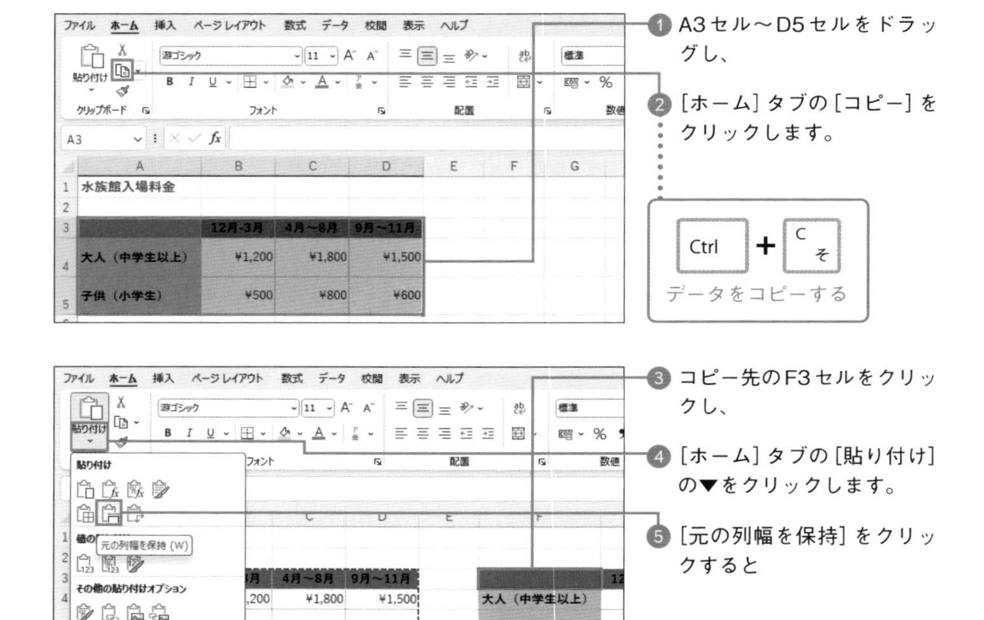

❻ コピー元の列幅を保持したまま貼り付きます。

	12月-3月	4月～8月	9月～11月
大人（中学生以上）	¥1,200	¥1,800	¥1,500
子供（小学生）	¥500	¥800	¥600

COLUMN

貼り付けたあとから列幅を保持できる

手順❹で [貼り付け] を直接クリックすると、コピーしたセルの右下に **[貼り付けのオプション] ボタン**が表示されます。このボタンをクリックして表示される [元の列幅を保持] をクリックしてあとから列幅を変更することもできます。

表の行列を入れ替えて貼り付ける

表を作成したあとで行と列のデータを入れ替えることになっても、1から表を作り直す必要はありません。[貼り付け] ボタンの下側をクリックしたときに表示される**[行/列の入れ替え]**を選ぶと、コピー先で行と列が入れ替わった状態で表示できます。

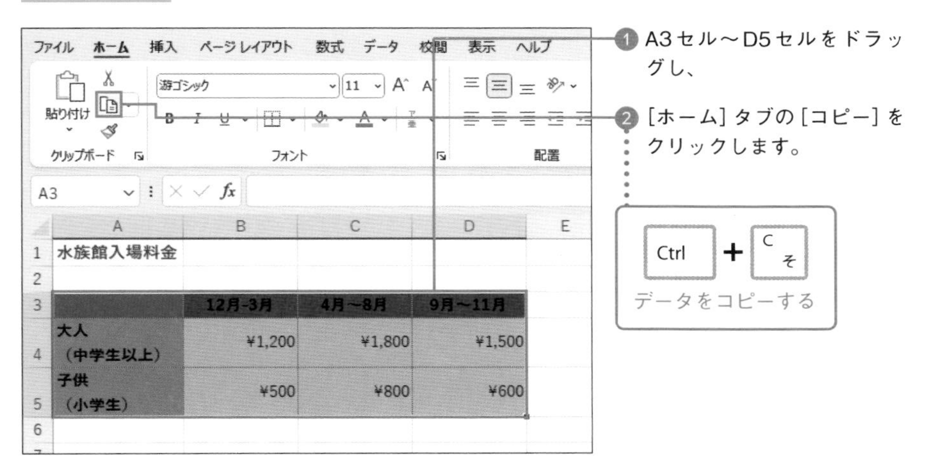

❶ A3セル～D5セルをドラッグし、

❷ [ホーム] タブの [コピー] をクリックします。

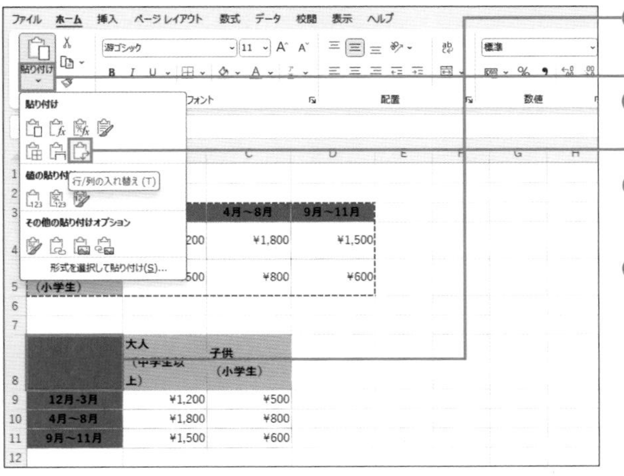

❸ コピー先のA8セルをクリックし、

❹ [ホーム] タブの [貼り付け] の▼をクリックします。

❺ [行/列の入れ替え] をクリックすると

❻ コピー元の行と列が入れ替わって貼り付きます。

COLUMN

貼り付けたあとから行列を入れ替える

手順❹で [貼り付け] を直接クリックすると、コピーしたセルの右下に [貼り付けのオプション] が表示されます。このボタンをクリックして表示される [行/列の入れ替え] をクリックしてあとから変更することもできます。

コピー元の変更を自動反映する表を貼り付ける

コピーしたデータは元のデータとは切り離されるので、それぞれ別々に扱います。コピー元とコピー先に関連性を持たせて、元のデータに変更があったときにコピー先のデータも連動して変更するには、**[リンク貼り付け]** を実行します。

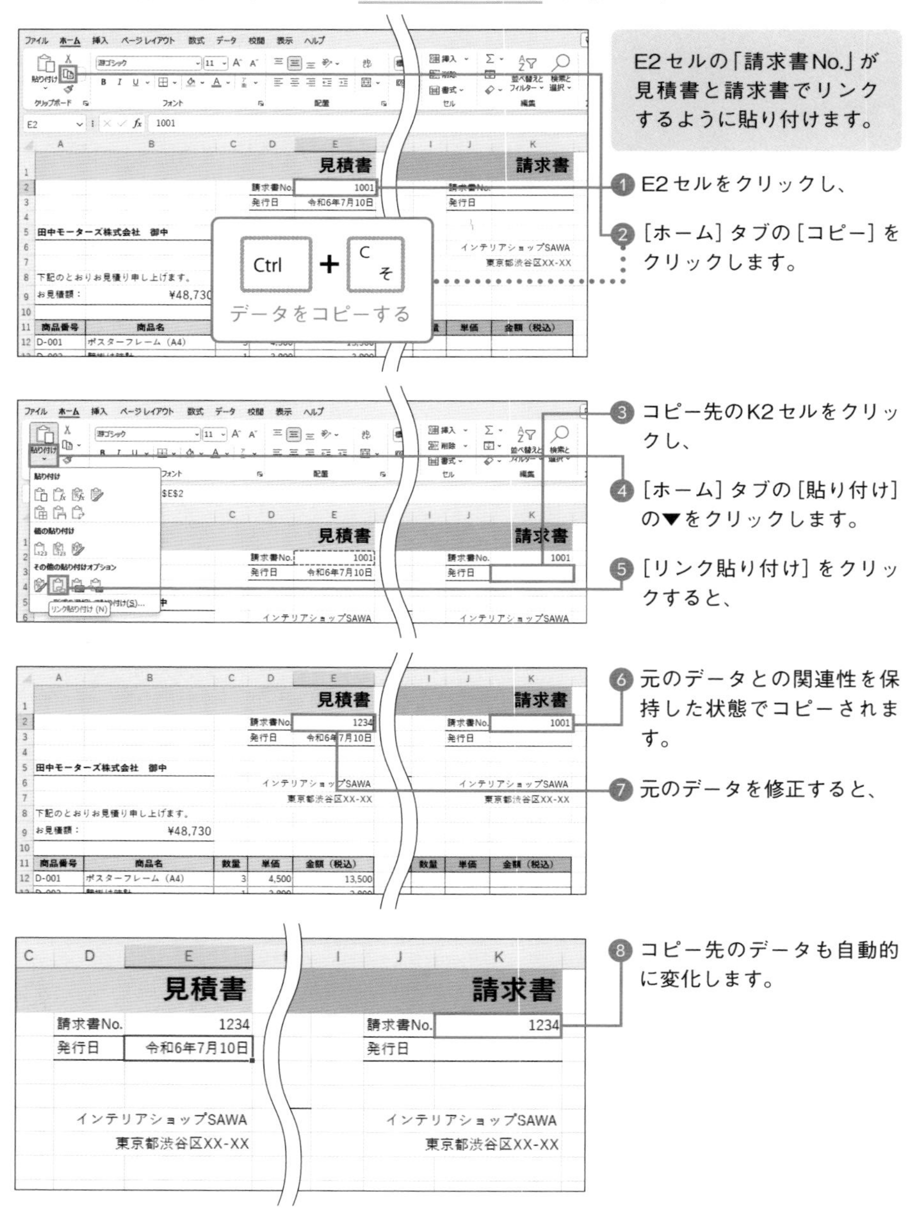

列幅・行幅の異なる表を1シートにまとめる

報告書などのレポートに、作成済みの表を縦に並べて表示したい場合があります。ただし、列幅や行高が異なる表を縦方向に並べて表示すると、一方の列幅や行高に揃ってしまいます。これを防ぐには、表を**画像として貼り付け**ます。ただし、画像として貼り付けた表は編集できなくなるので注意しましょう。

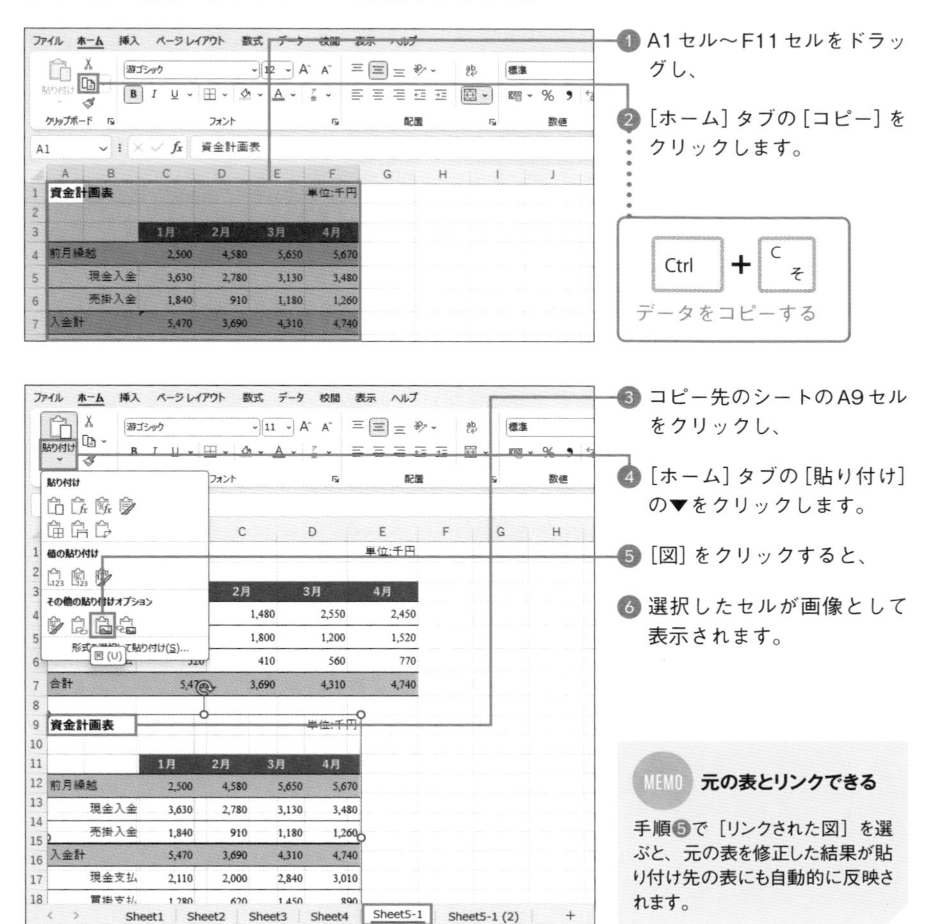

1. A1セル～F11セルをドラッグし、
2. [ホーム] タブの [コピー] をクリックします。
3. コピー先のシートのA9セルをクリックし、
4. [ホーム] タブの [貼り付け] の▼をクリックします。
5. [図] をクリックすると、
6. 選択したセルが画像として表示されます。

MEMO 元の表とリンクできる

手順5で [リンクされた図] を選ぶと、元の表を修正した結果が貼り付け先の表にも自動的に反映されます。

COLUMN

画像の移動とサイズ変更

図として貼り付けた表の外枠をドラッグして移動、周囲のハンドルをドラッグして拡大縮小ができます。

015 現在のセルやシートから最速で移動する

ワークシートは1,048,576行×16,384列あるので、大きな表を作成できます。ただし、大きな表になればなるほど目的のセルを選択するのはたいへんです。ストレスなく目的のセルに移動するために、**ショートカットキーや便利な操作**を覚えておきましょう。

A1セルに移動する

A1セルはワークシートの左上角のセルで、操作の始点となるセルです。**Ctrl + Home キー**を押すと、アクティブセルがどこにあっても瞬時にA1セルに移動できます。

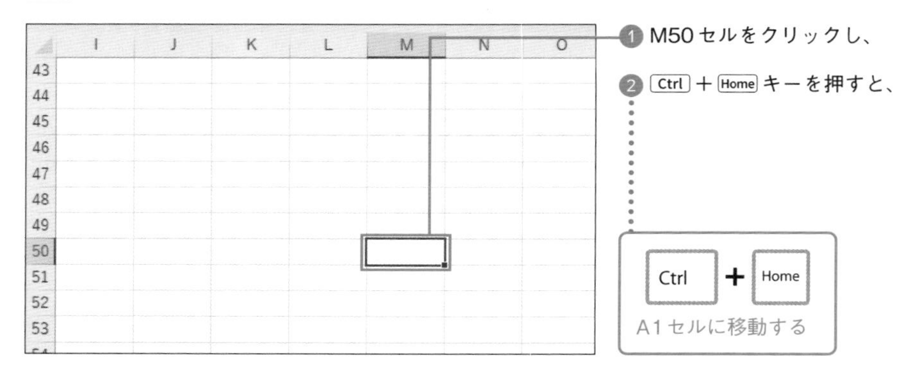

	A	B	C	D	E	F	G
1	支店別売上表						
2							
3	支店名	第1四半期	第2四半期	第3四半期	第4四半期	合計	
4	札幌店	543,000	552,000	594,000	581,000	2,270,000	
5	仙台店	483,000	465,000	495,000	456,000	1,899,000	
6	新宿本店	652,000	668,000	684,000	623,000	2,627,000	
7	横浜店	385,000	352,000	386,000	356,000	1,479,000	
8	神戸店	562,000	582,000	593,000	564,000	2,301,000	
9	京都店	264,000	286,000	307,000	284,000	1,141,000	
10	合計	2,889,000	2,905,000	3,059,000	2,864,000	8,853,000	
11							
12							
13							

❸ アクティブセルがA1セルに移動します。

> COLUMN
>
> **行の先頭に移動するには**
>
> Home キーを単独で押すと、アクティブセルがある行の先頭のセルに移動します。

表の最終行列のセルに移動する

アクティブセルの下側をダブルクリックすると、その列の**最終行のセル**に一気にジャンプします。画面からはみ出るような大きな表の下のほうを見るときに、一度最終行までジャンプしてから移動したほうが、何十行ぶんもスクロールする手間が省けます。

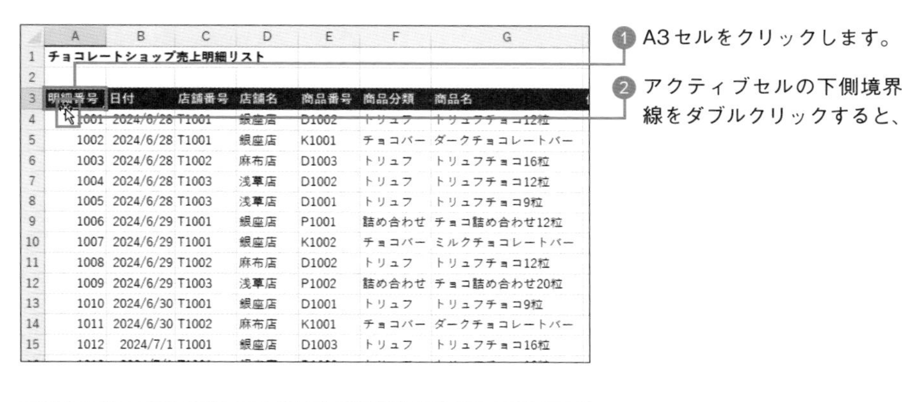

	A	B	C	D	E	F	G
1	チョコレートショップ売上明細リスト						
2							
3	明細番号	日付	店舗番号	店舗名	商品番号	商品分類	商品名
4	1001	2024/6/28	T1001	銀座店	D1002	トリュフ	トリュフチョコ12粒
5	1002	2024/6/28	T1001	銀座店	K1001	チョコバー	ダークチョコレートバー
6	1003	2024/6/28	T1002	麻布店	D1003	トリュフ	トリュフチョコ16粒
7	1004	2024/6/28	T1003	浅草店	D1002	トリュフ	トリュフチョコ12粒
8	1005	2024/6/28	T1003	浅草店	D1001	トリュフ	トリュフチョコ9粒
9	1006	2024/6/29	T1001	銀座店	P1001	詰め合わせ	チョコ詰め合わせ12粒
10	1007	2024/6/29	T1001	銀座店	K1002	チョコバー	ミルクチョコレートバー
11	1008	2024/6/29	T1002	麻布店	D1002	トリュフ	トリュフチョコ12粒
12	1009	2024/6/29	T1003	浅草店	P1002	詰め合わせ	チョコ詰め合わせ20粒
13	1010	2024/6/30	T1001	銀座店	D1001	トリュフ	トリュフチョコ9粒
14	1011	2024/6/30	T1002	麻布店	K1001	チョコバー	ダークチョコレートバー
15	1012	2024/7/1	T1001	銀座店	D1003	トリュフ	トリュフチョコ16粒

❶ A3セルをクリックします。

❷ アクティブセルの下側境界線をダブルクリックすると、

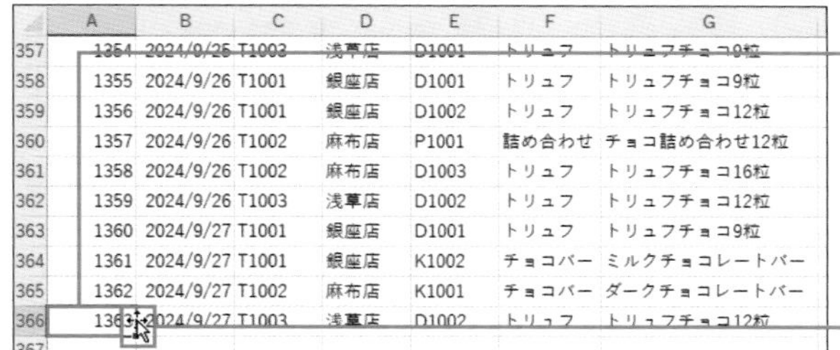

	A	B	C	D	E	F	G
357	1354	2024/9/25	T1003	浅草店	D1001	トリュフ	トリュフチョコ9粒
358	1355	2024/9/26	T1001	銀座店	D1001	トリュフ	トリュフチョコ9粒
359	1356	2024/9/26	T1001	銀座店	D1002	トリュフ	トリュフチョコ12粒
360	1357	2024/9/26	T1002	麻布店	P1001	詰め合わせ	チョコ詰め合わせ12粒
361	1358	2024/9/26	T1002	麻布店	D1003	トリュフ	トリュフチョコ16粒
362	1359	2024/9/26	T1003	浅草店	D1002	トリュフ	トリュフチョコ12粒
363	1360	2024/9/27	T1001	銀座店	D1001	トリュフ	トリュフチョコ9粒
364	1361	2024/9/27	T1001	銀座店	K1002	チョコバー	ミルクチョコレートバー
365	1362	2024/9/27	T1002	麻布店	K1001	チョコバー	ダークチョコレートバー
366	1363	2024/9/27	T1003	浅草店	D1002	トリュフ	トリュフチョコ12粒

❸ A列の最終行（ここではA366セル）にジャンプします。

❹ 続けて、アクティブセルの右側境界線をダブルクリックすると、

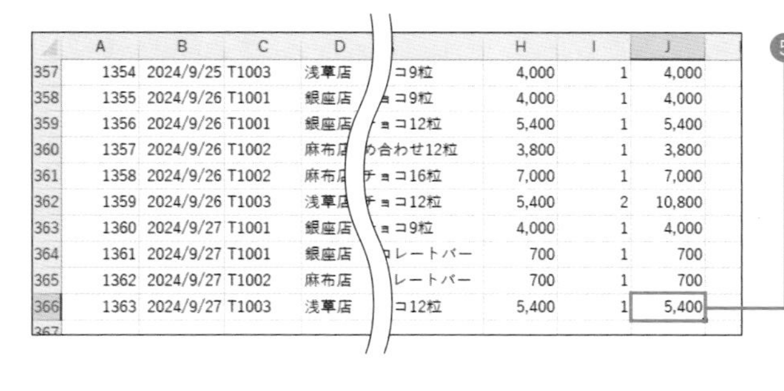

	A	B	C	D	…	H	I	J
357	1354	2024/9/25	T1003	浅草店	コ9粒	4,000	1	4,000
358	1355	2024/9/26	T1001	銀座店	ョコ9粒	4,000	1	4,000
359	1356	2024/9/26	T1001	銀座店	ョコ12粒	5,400	1	5,400
360	1357	2024/9/26	T1002	麻布店	め合わせ12粒	3,800	1	3,800
361	1358	2024/9/26	T1002	麻布店	チョコ16粒	7,000	1	7,000
362	1359	2024/9/26	T1003	浅草店	チョコ12粒	5,400	2	10,800
363	1360	2024/9/27	T1001	銀座店	ョコ9粒	4,000	1	4,000
364	1361	2024/9/27	T1001	銀座店	コレートバー	700	1	700
365	1362	2024/9/27	T1002	麻布店	レートバー	700	1	700
366	1363	2024/9/27	T1003	浅草店	コ12粒	5,400	1	5,400

❺ 右端の列（ここではJ366セル）にジャンプします。

COLUMN

上端や左端にジャンプ

アクティブセルの上側境界線をダブルクリックすると上端のセル、左側境界線をダブルクリックすると左端のセルにジャンプします。また、Ctrl＋↑↓→←キーを押して、表の端のセルにジャンプすることもできます。

別シートに移動する

シート見出しの右側の[新しいシート]をクリックすると、ワークシートを追加できます。月ごとや支店ごとにシートを分けていると、そのつどシート見出しをクリックして切り替えなければなりません。**シートをすばやく切り替える**ショートカットキーを利用しましょう。

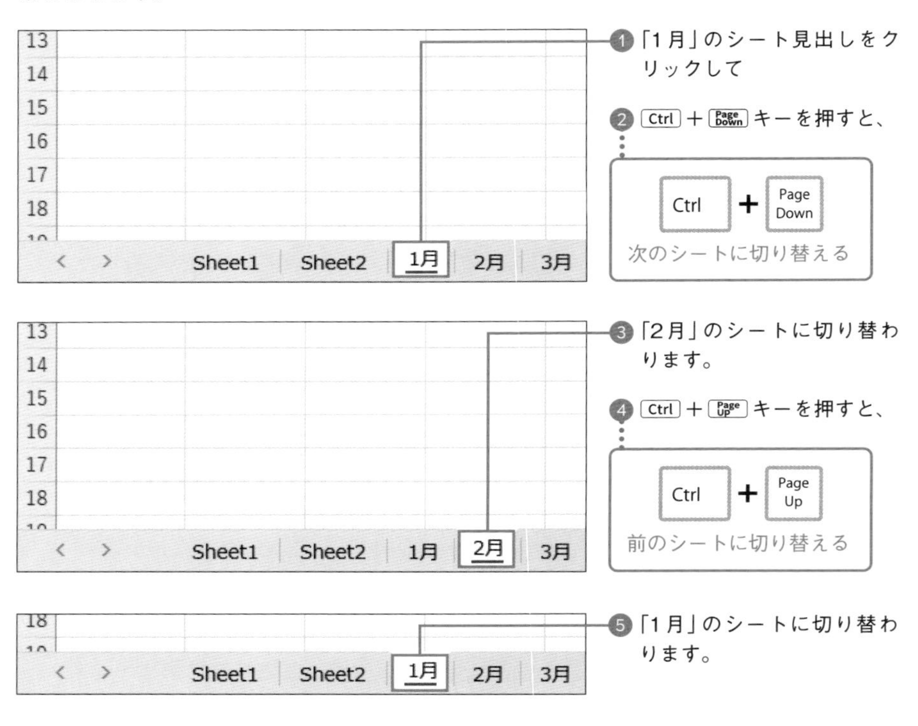

COLUMN

シートの一覧から移動する

シートの数が多いときは、シート見出しの左側の[<][>]を右クリックしてシートの一覧を表示すると便利です。一覧から目的のシートを選択して[OK]をクリックすると移動できます。

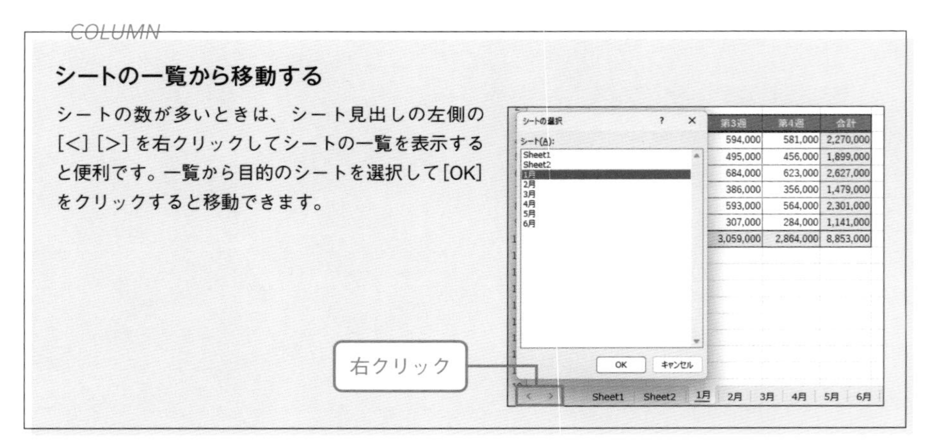

016 作業のストレスが減る画面に設定する

比較したいデータや入力時に参照したいデータが離れているときに、画面をスクロールして行ったり来たりするのは非効率です。入力したいデータや見たいデータが1つの画面に表示されるようにするには、ワークシートの表示のしかたを変更します。

表の見出しを常に表示する

画面に収まらない大きな表を下方向にスクロールすると、見出し行まで隠れてしまいます。[ウィンドウ枠の固定]を使うと、表の上端の見出しや左端の見出しを固定して、画面をスクロールしても、見出しを常に表示しておくことができます。

❶ 見出しの下の行番号（ここでは「2」）をクリックします。

❷ [表示] タブの [ウィンドウ枠の固定] から [ウィンドウ枠の固定] を選択すると、

	A	B	C	D	E	F	G
1	明細番号	日付	店舗番号	店舗名	商品番号	商品分類	商品名
359	1358	2024/9/26	T1002	麻布店	D1003	トリュフ	トリュフチョコ16粒
360	1359	2024/9/26	T1003	浅草店	D1002	トリュフ	トリュフチョコ12粒
361	1360	2024/9/27	T1001	銀座店	D1001	トリュフ	トリュフチョコ9粒
362	1361	2024/9/27	T1001	銀座店	K1002	チョコバー	ミルクチョコレートバー
363	1362	2024/9/27	T1002	麻布店	K1001	チョコバー	ダークチョコレートバー
364	1363	2024/9/27	T1003	浅草店	D1002	トリュフ	トリュフチョコ12粒
365							
366							
367							

❸ 画面をスクロールしても、見出しが常に表示されます。

MEMO 固定の解除

[表示] タブの [ウィンドウ枠の固定] → [ウィンドウ枠固定の解除] をクリックします。

COLUMN

上端と左端の見出しを同時に固定する

表の上端の見出しと左の見出しを固定するには、見出しが交差するセルの右下のセル（ここではB2セル）をクリックしてからウィンドウ枠を固定します。

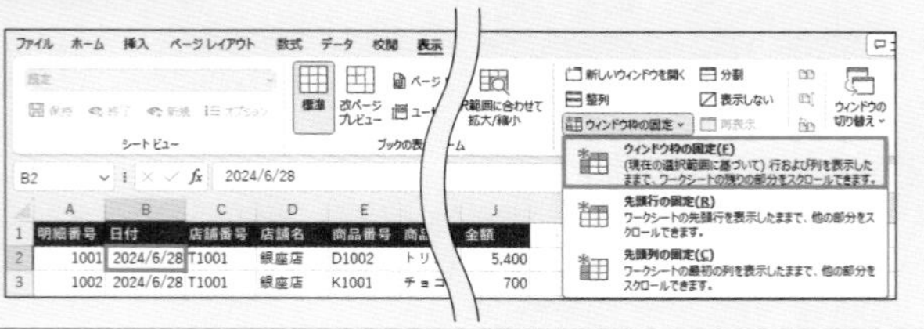

大きな表の離れた場所を同時に見る

画面に収まらない大きな表の離れたセルのデータを同時に見るには、**[分割]機能**を使います。縦方向に分割すると、左右の離れたセルを同じ画面に表示できます。また、横方向に分割すると上下の離れたセルを同じ画面に表示できます。

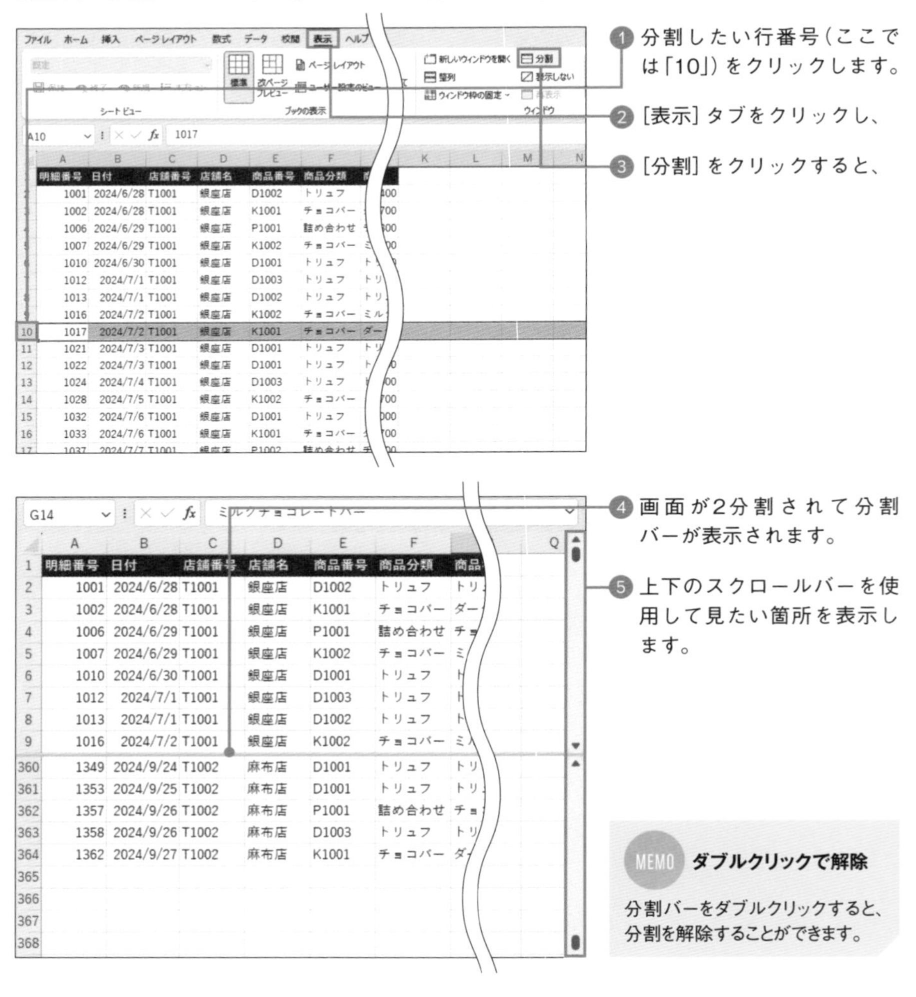

MEMO ダブルクリックで解除

分割バーをダブルクリックすると、分割を解除することができます。

COLUMN

縦方向に分割するには

縦に分割するときは、最初に列番号をクリックしてから [分割] をクリックします。また、特定のセルをクリックしてから [分割] をクリックすると、セルの左上を基準に4分割されます。

017 列幅や行の高さをすばやく揃える

最初、ワークシートの**列幅は「8.08（104ピクセル）」**、**行高は「18.00（36ピクセル）」**に揃っていますが、あとから入力したデータの長さに合わせて調整します。Excelでは、画面上では数値や文字が見えていても、印刷すると右端が欠けてしまうことがあります。このようなことがないように、少し余裕のある幅や高さにするとよいでしょう。

複数の列幅を揃える

列幅を変更するには**列番号の境界線をドラッグ**しますが、「4月」「5月」「6月」のように関連のある見出しは列幅が揃っていたほうが見栄えは良いです。複数の列を選択した状態で列幅を調整すると、常に同じ列幅に広げたり狭めたりできます。

	A	B	C	D	E	F	G	H
1	資金計画表					単位:千円		
2								
3			1月	2月	3月	4月		
4	前月繰越		###	###	###	5,670		
5		現金入金	###	###	###	3,480		
6		売掛入金	###	910	###	1,260		
7	入金計		###	###	###	4,740		

1 C列～F列の列番号をドラッグし、

2 いずれかの列番号の境界線にマウスポインターを移動します。

3 マウスポインターの形状が変わったら、そのまま右方向にドラッグします。

	A	B	C	D	E	F	G
1	資金計画表					単位:千円	
2							
3			1月	2月	3月	4月	
4	前月繰越		2,500	4,580	5,650	5,670	
5		現金入金	3,630	2,780	3,130	3,480	
6		売掛入金	1,840	910	1,180	1,260	
7	入金計		5,470	3,690	4,310	4,740	

4 C列～Fの列幅が同時に広がります。

MEMO 「#」記号の意味

手順1のC列～E列に表示されている「#」記号は、数値を表示する列幅が不足していることを示しています。

COLUMN

複数の行の高さを変更

複数の行番号をドラッグした状態で、いずれかの行番号の境界線を上下にドラッグすると、複数の行の高さをまとめて変更できます。

文字数に合わせて列幅を調整する

入力した数値がセルからはみ出ると **「#」記号** で表示されます。また、文字数が多いと、セルからはみ出したり途中で欠けたりすることもあります。**[列の幅の自動調整]** を使うと、文字数に合わせて表全体の列幅をまとめて変更できます。

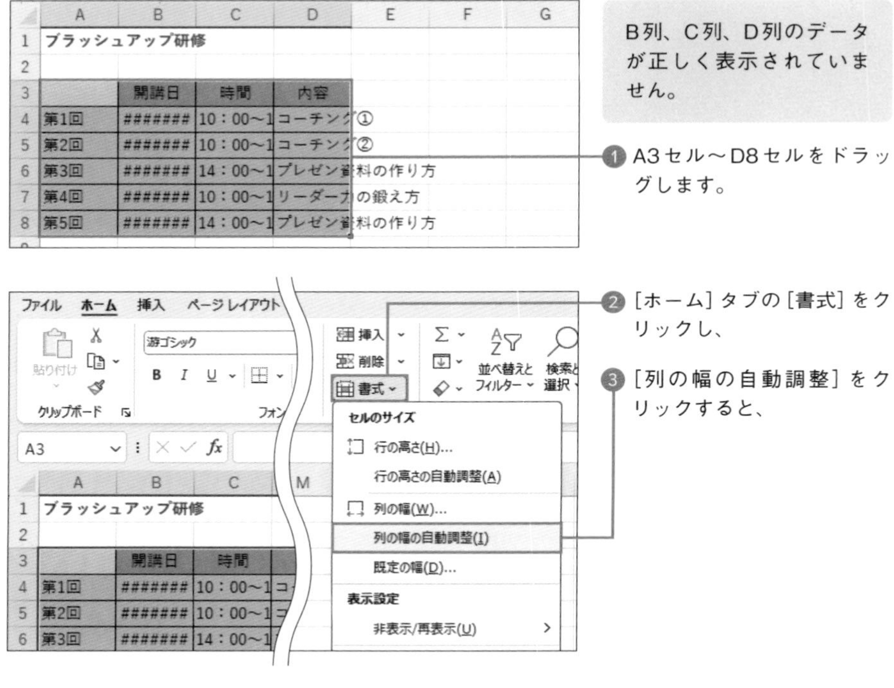

	A	B	C	D
1	ブラッシュアップ研修			
2				
3		開講日	時間	内容
4	第1回	2024/10/7(月)	10：00～12：30	コーチング①
5	第2回	2024/10/14(月)	10：00～12：30	コーチング②
6	第3回	2024/10/23(水)	14：00～17:00	プレゼン資料の作り方
7	第4回	2024/10/25(金)	10：00～12：30	リーダー力の鍛え方
8	第5回	2024/10/30(水)	14：00～17:00	プレゼン資料の作り方

4 B列、C列、D列の文字数に合わせて、列幅が調整されます。

COLUMN

行の高さの自動調整

[行の高さの自動調整] をクリックすると、選択した行のデータが正しく表示できる高さに自動的に調整できます。

018 行·列·セルを思いどおりに操作する

行単位や列単位、セル単位で操作できると、作業効率がアップします。行単位を選択するには、**行番号**をクリックするかドラッグして選択します。また、列単位を選択するには、**列番号**をクリックするかドラッグして選択します。このように選択すると、あとから行列の挿入や削除、順番の入れ替えを効率よく行えます。

行や列を挿入·削除する

表を作成したあとで行や列の不足に気付いたり、よけいな行や列があったりしても心配は不要です。指定した位置に**行や列をあとから自在に挿入・削除**できます。

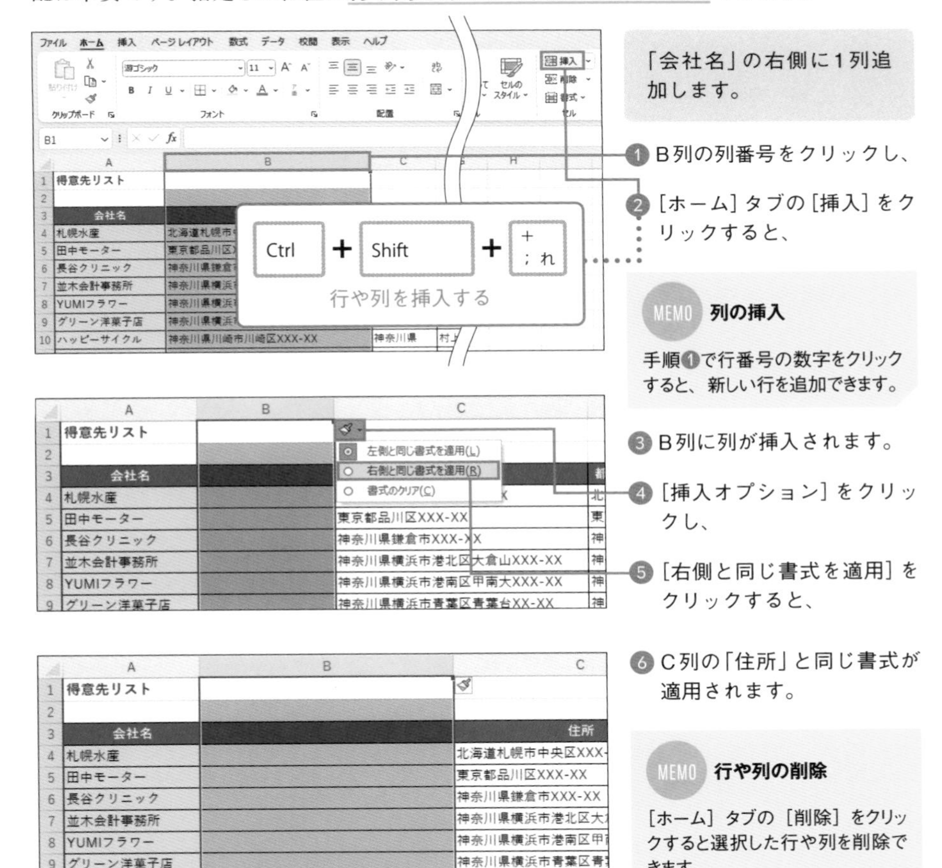

「会社名」の右側に1列追加します。

1 B列の列番号をクリックし、

2 ［ホーム］タブの［挿入］をクリックすると、

3 B列に列が挿入されます。

4 ［挿入オプション］をクリックし、

5 ［右側と同じ書式を適用］をクリックすると、

6 C列の「住所」と同じ書式が適用されます。

MEMO 列の挿入

手順1で行番号の数字をクリックすると、新しい行を追加できます。

MEMO 行や列の削除

［ホーム］タブの［削除］をクリックすると選択した行や列を削除できます。

複数の行や列を一度に挿入・削除する

73ページでは、行や列を1行ずつ挿入したり削除したりする操作を解説しました。**最初に複数の行や列を選択**してから［挿入］や［削除］を実行すると、まとめて5行ぶんを挿入する、2列ぶんを一度に削除するといった操作ができます。

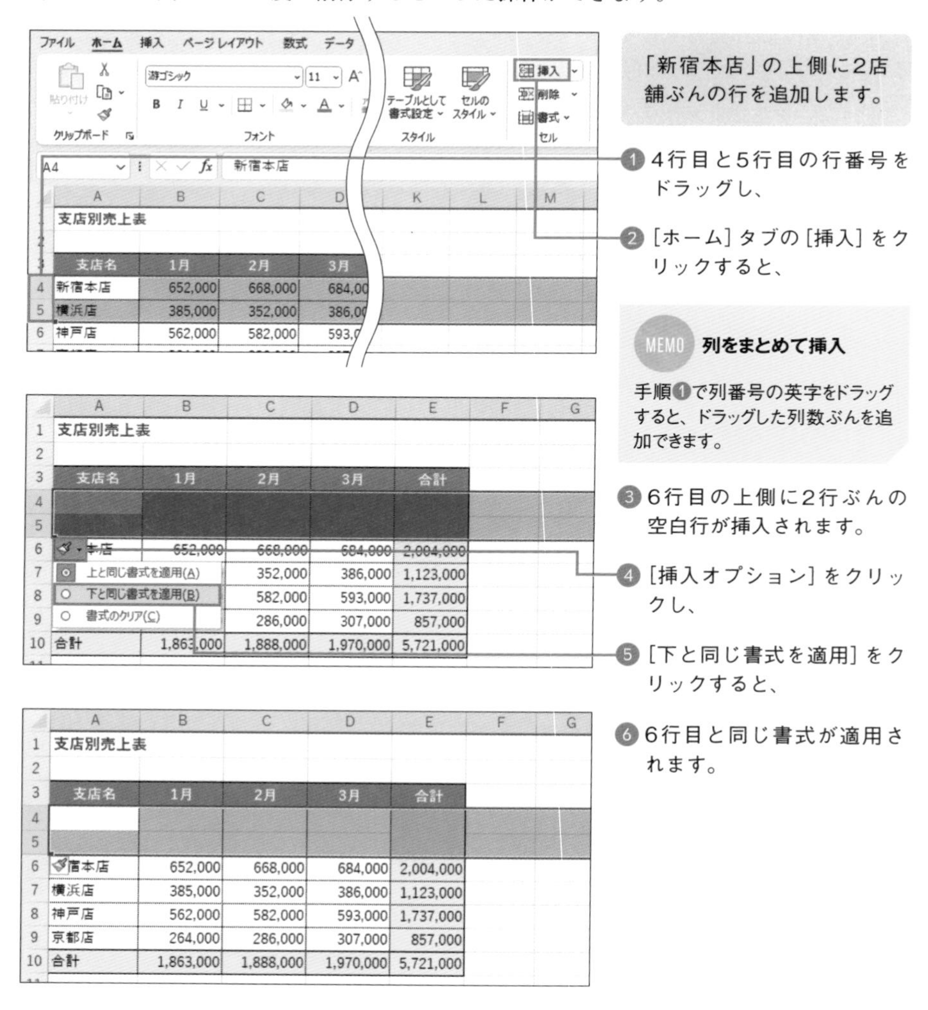

COLUMN

複数の行や列の削除

削除したい行番号や列番号をドラッグしてから［ホーム］タブの［削除］をクリックすると、ドラッグしたぶんの行数や列数を削除できます。

行や列の順番を入れ替える·コピーする

行や列の表示順を間違えて入力したときは、あとから順番を入れ替えます。それには、**[切り取り]と[セルの挿入]**を組み合わせて行や列を移動します。[コピー]と[セルの挿入]を組み合わせると、行や列をコピーして指定した位置に丸ごと挿入できます。

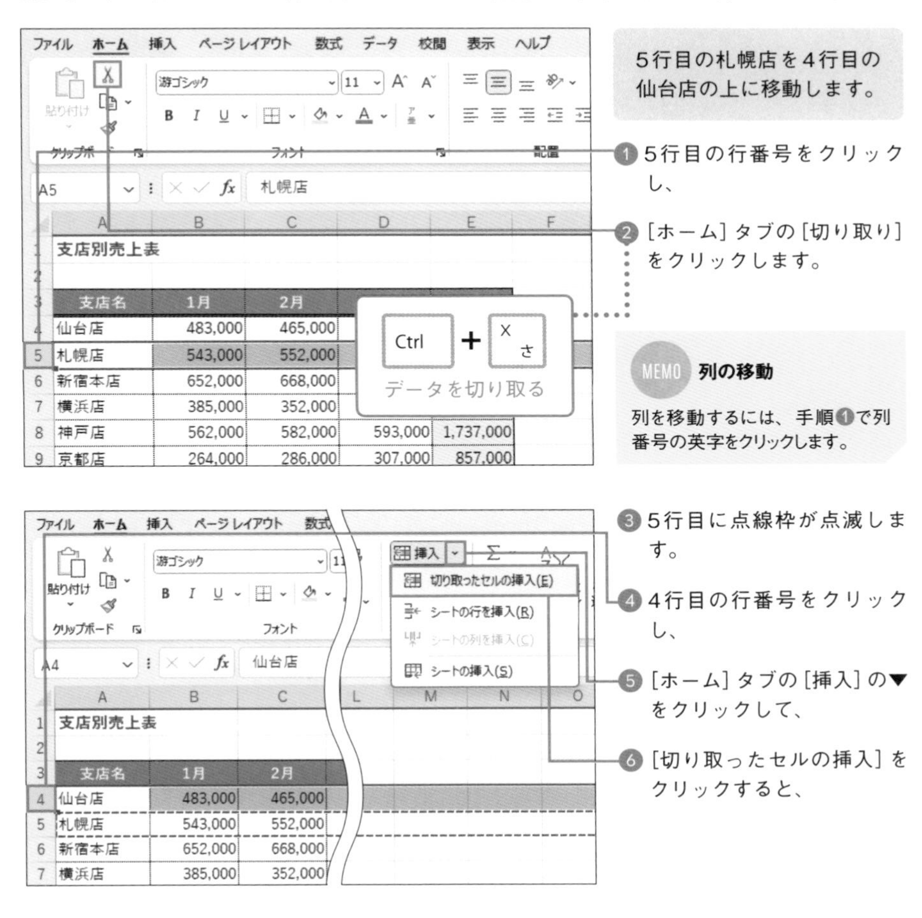

	A	B	C	D	E
1	支店別売上表				
2					
3	支店名	1月	2月	3月	合計
4	札幌店	543,000	552,000	594,000	1,689,000
5	仙台店	483,000	465,000	495,000	1,443,000
6	新宿本店	652,000	668,000	684,000	2,004,000
7	横浜店	385,000	352,000	386,000	1,123,000
8	神戸店	562,000	582,000	593,000	1,737,000
9	京都店	264,000	286,000	307,000	857,000

行や列を非表示にする

売上表の明細データを隠して合計だけを報告するといったように、常にすべてのデータが必要とは限りません。一時的にデータを隠すには、**データを非表示**にします。非表示にした行や列は折りたたんで隠しているだけなので、いつでも**再表示**できます。

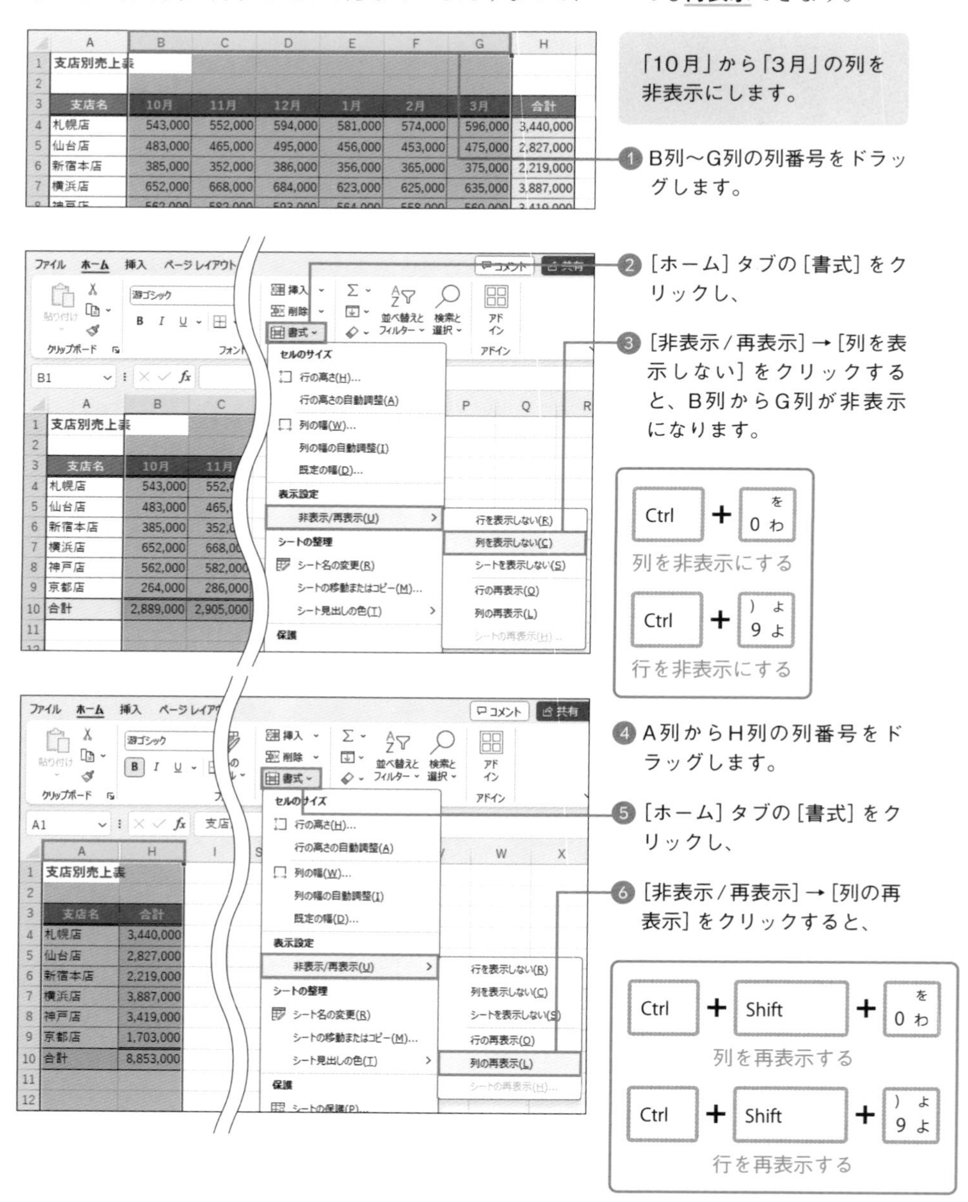

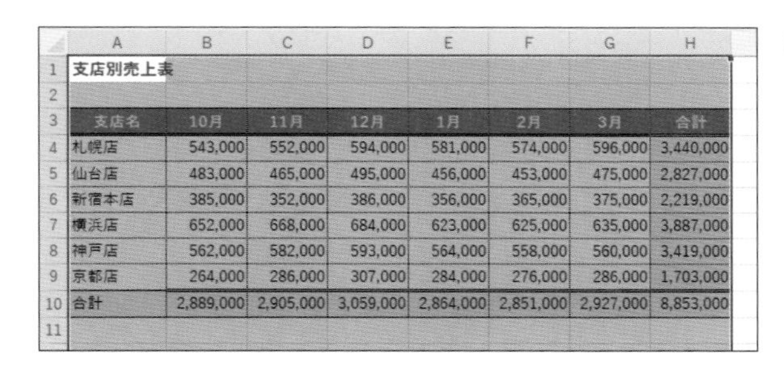

	A	B	C	D	E	F	G	H
1	支店別売上表							
2								
3	支店名	10月	11月	12月	1月	2月	3月	合計
4	札幌店	543,000	552,000	594,000	581,000	574,000	596,000	3,440,000
5	仙台店	483,000	465,000	495,000	456,000	453,000	475,000	2,827,000
6	新宿本店	385,000	352,000	386,000	356,000	365,000	375,000	2,219,000
7	横浜店	652,000	668,000	684,000	623,000	625,000	635,000	3,887,000
8	神戸店	562,000	582,000	593,000	564,000	558,000	560,000	3,419,000
9	京都店	264,000	286,000	307,000	284,000	276,000	286,000	1,703,000
10	合計	2,889,000	2,905,000	3,059,000	2,864,000	2,851,000	2,927,000	8,853,000
11								

❼ B列からG列が再表示されます。

COLUMN

右クリックでの操作

ドラッグしたいずれかの列番号を右クリックして、表示されるメニューの［非表示］や［再表示］を選んでも同じ操作になります。

セルを挿入・削除する

行単位や列単位だけでなく、**セル単位**で挿入したり削除したりできます。異なる2つの表が横に並んでいるときは、片方の表で行単位で挿入や削除をすると、もう片方の表にも影響が出ます。セル単位なら片方の表の中だけで操作できます。

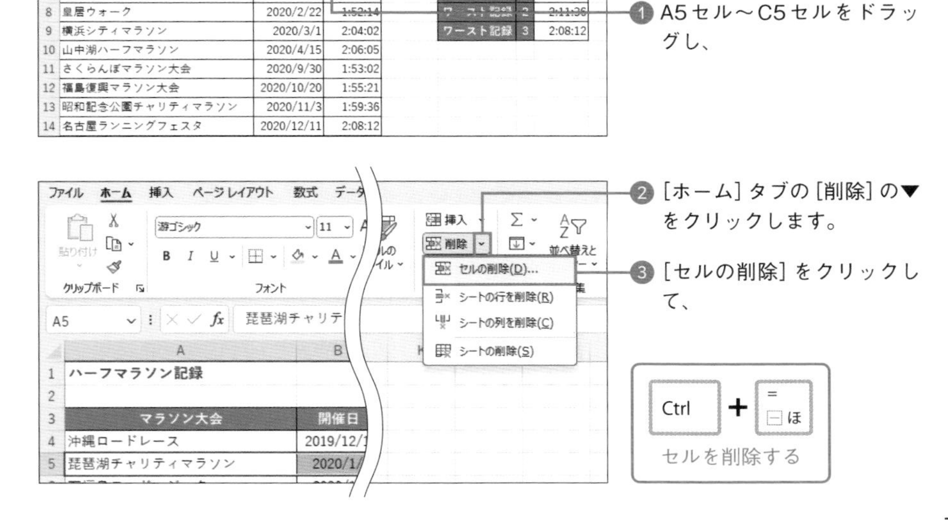

	A	B	C
1	ハーフマラソン記録		
2			
3	マラソン大会	開催日	記録
4	沖縄ロードレース	2019/12/10	2:21:10
5	琵琶湖チャリティマラソン	2020/1/28	
6	石垣島ロードマジック	2020/1/30	2:11:36
7	埼玉ハーフマラソン	2020/2/1	1:58:50
8	皇居ウォーク	2020/2/22	1:52:14
9	横浜シティマラソン	2020/3/1	2:04:02
10	山中湖ハーフマラソン	2020/4/15	2:06:05
11	さくらんぼマラソン大会	2020/9/30	1:53:02
12	福島復興マラソン大会	2020/10/20	1:55:21
13	昭和記念公園チャリティマラソン	2020/11/3	1:59:36
14	名古屋ランニングフェスタ	2020/12/11	2:08:12

E	F	G
ベスト記録	1	1:52:14
ベスト記録	2	1:53:02
ベスト記録	3	1:55:21
ワースト記録	1	2:21:10
ワースト記録	2	2:11:36
ワースト記録	3	2:08:12

5行目の「琵琶湖チャリティマラソン」の記録を削除します。

❶ A5セル～C5セルをドラッグし、

❷［ホーム］タブの［削除］の▼をクリックします。

❸［セルの削除］をクリックして、

Ctrl ＋ ー ほ

セルを削除する

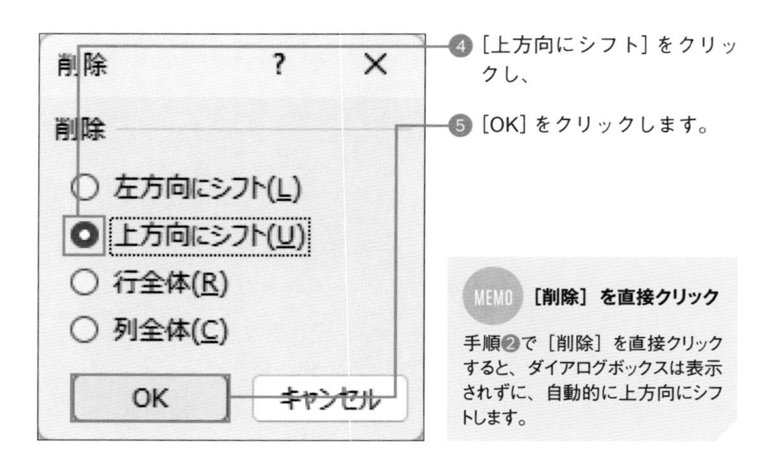

❹ ［上方向にシフト］をクリックし、

❺ ［OK］をクリックします。

MEMO ［削除］を直接クリック

手順❷で［削除］を直接クリックすると、ダイアログボックスは表示されずに、自動的に上方向にシフトします。

	A	B	C	D	E	F	G
1	ハーフマラソン記録						
2							
3	マラソン大会	開催日	記録		ベスト記録	1	1:52:14
4	沖縄ロードレース	2019/12/10	2:21:10		ベスト記録	2	1:53:02
5	石垣島ロードマジック	2020/1/30	2:11:36		ベスト記録	3	1:55:21
6	埼玉ハーフマラソン	2020/2/1	1:58:50				
7	皇居ウォーク	2020/2/22	1:52:14		ワースト記録	1	2:21:10
8	横浜シティマラソン	2020/3/1	2:04:02		ワースト記録	2	2:11:36
9	山中湖ハーフマラソン	2020/4/15	2:06:05		ワースト記録	3	2:08:12
10	さくらんぼマラソン大会	2020/9/30	1:53:02				
11	福島復興マラソン大会	2020/10/20	1:55:21				
12	昭和記念公園チャリティマラソン	2020/11/3	1:59:36				
13	名古屋ランニングフェスタ	2020/12/11	2:08:12				
14							

❻ A5セル～C5セルが削除されて、下の行が上に詰まります。右側の表のセルは削除されていないことが確認できます。

第3章

見やすく理解しやすい表に!
書式の設定テクニック

019 データや表が見やすい書式を理解する

表はデータの正確さだけでなく**見やすさ**も大切です。せっかく正確なデータを提示しても、データが読みづらいと見る気が失せてしまうからです。**必要な箇所に書式を付ける**ことで、表にメリハリが付き、内容が伝わりやすくなります。

数値に適したフォントを知る

初期設定では、数値も文字も最初は「游ゴシック」のフォントが設定されます。読みやすくて美しいフォントですが、日本語向けのフォントなので数値には別のフォントを設定するとさらに読みやすくなります。**数値におすすめのフォント**は以下の2つで、いずれも[ホーム]タブの[フォント]ボタンから変更できます。

Courier New

			単位：千円
担当者	目標	実績	差額
営業1課			
太田幸雄	1,200	1,420	220
須藤晃	800	723	-77
寺本恵理子	1,000	1,460	460
川口由香	880	687	-193
三瓶勇太	1,500	1,580	80
合計	5,380	5,870	490

数値の横幅が広がって游ゴシックよりも読みやすくなります。

Consolas

			単位：千円
担当者	目標	実績	差額
営業1課			
太田幸雄	1,200	1,420	220
須藤晃	800	723	-77
寺本恵理子	1,000	1,460	460
川口由香	880	687	-193
三瓶勇太	1,500	1,580	80
合計	5,380	5,870	490

「0」に線が入る欧文フォントなので、数値の読み間違いを防げます。

一方、取り扱いに注意が必要なフォントもあります。

Verdana

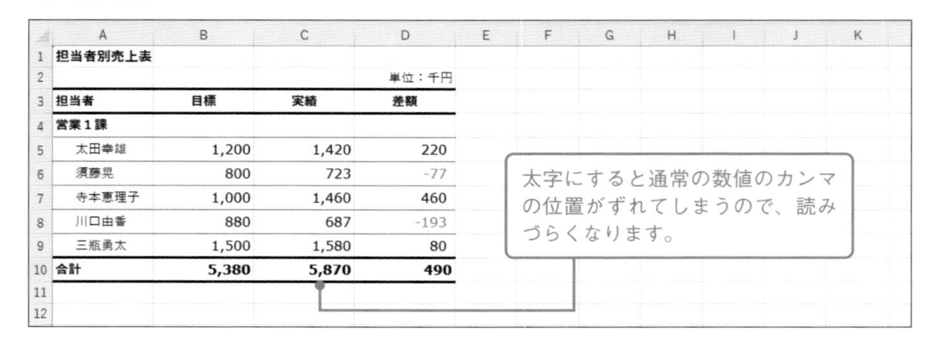

	A	B	C	D
1	担当者別売上表			
2				単位：千円
3	担当者	目標	実績	差額
4	営業1課			
5	太田幸雄	1,200	1,420	220
6	須藤晃	800	723	-77
7	寺本恵理子	1,000	1,460	460
8	川口由香	880	687	-193
9	三瓶勇太	1,500	1,580	80
10	合計	5,380	5,870	490
11				
12				

適切な数字や文字の配置を知る

データを入力すると、数値はセルの右揃え、文字は数値の左揃えで表示されますが、あとからセル内の配置は変更できます。**表の項目名はセルの中央に配置**すると安定感が生まれます。また、**階層のある項目名は字下げ**をするとよいでしょう。ただし、**数値は位を揃えるために右揃えのまま**にします。

	A	B	C	D	E
1	商品別売上表				
2					
3	種類	1月	2月	3月	合計
4	ビール	6,100,000	5,710,000	6,270,000	18,080,000
5	ワイン	2,800,000	2,950,000	3,045,000	8,795,000
6	日本酒	3,300,000	2,658,000	2,453,000	8,411,000
7	その他	1,050,000	1,270,000	1,470,000	3,790,000
8	合計	13,250,000	12,588,000	13,238,000	39,076,000

項目名は中央揃え

数値は右揃え

	A	B	C	D
1	担当者別売上表			
2				単位：千円
3	担当者	目標	実績	差額
4	営業1課			
5	太田幸雄	1,200	1,420	220
6	須藤晃	800	723	-77
7	寺本恵理子	1,000	1,460	460
8	川口由香	880	687	-193
9	三瓶勇太	1,500	1,580	80
10	営業1課小計	5,380	5,870	490
11	営業2課			
12	赤木祐一	1,300	1,240	-60
13	宮本茂	750	1,110	360
14	高橋さやか	920	904	-16
15	佐藤則史	1,200	1,560	360
16	営業2課小計	4,170	4,814	644
17	合計	9,550	10,684	1,134

階層のある項目名は［インデント］を使って、文字の先頭位置をずらします。

セルの強調の仕方を知る

項目とデータの区切りを明確にしたり、注目してほしいデータを目立たせたりするには、セルと文字に**色**を付けたり、**罫線**で区切ったりするのが効果的です。［ホーム］タブの［フォント］グループには、セルに書式を付けるための機能が揃っています。

[フォント]グループのボタン

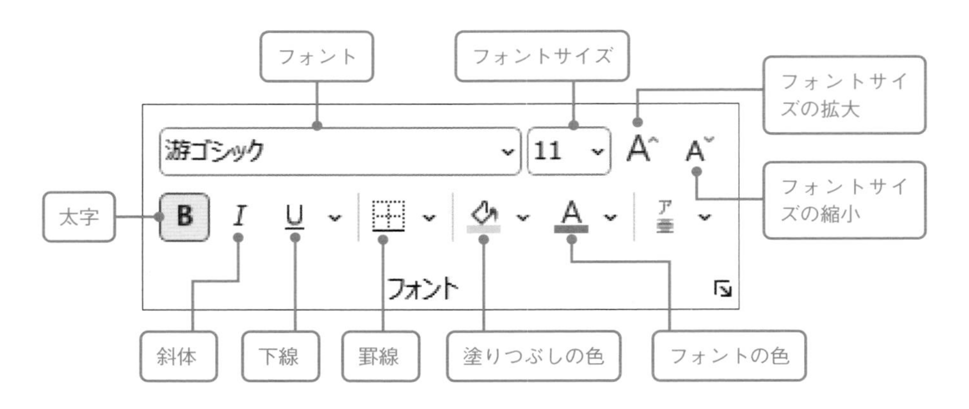

	A	B	C	D	E
1	商品別売上表				
2					
3	種類	1月	2月	3月	合計
4	ビール	6,100,000	5,710,000	6,270,000	18,080,000
5	ワイン	2,800,000	2,950,000	3,045,000	8,795,000
6	日本酒	3,300,000	2,658,000	2,453,000	8,411,000
7	その他	1,050,000	1,270,000	1,470,000	3,790,000
8	合計	13,250,000	12,588,000	13,238,000	39,076,000
9					

セルに濃い色を付けたときは、文字を明るい色にするとコントラストがはっきりして読みやすくなります。

見やすい表のデザインパターンを知る

表全体に格子の罫線を引くのが一般的ですが、**横罫線だけ**にしたほうがシンプルでデータが読みやすくなります。

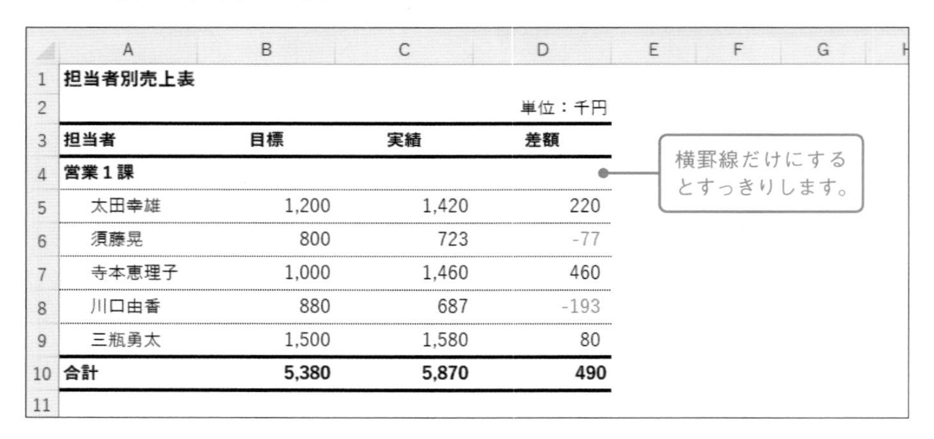

	A	B	C	D
1	担当者別売上表			
2				単位：千円
3	担当者	目標	実績	差額
4	営業1課			
5	太田幸雄	1,200	1,420	220
6	須藤晃	800	723	-77
7	寺本恵理子	1,000	1,460	460
8	川口由香	880	687	-193
9	三瓶勇太	1,500	1,580	80
10	合計	5,380	5,870	490
11				

020 文字の書式を効率よく設定する

文字サイズや文字の形、文字の色など、**文字の見せ方を変更するのが「書式」**です。[ホーム] タブの [フォント] グループには使用頻度の高い書式が用意されているので、クリックするだけで書式を設定できます。[フォント] グループにない書式は [セルの書式設定] ダイアログボックスから設定しましょう。

標準で設定されているフォントやフォントサイズを変更する

初期設定では、文字は「游ゴシック」のフォントで「11pt」のサイズで表示されます。いつも使うフォントやフォントサイズが決まっている場合は、[Excelのオプション] 画面で**標準の設定を変更**しましょう。そうすると、フォントやフォントサイズをつど変更する必要がなくなります。

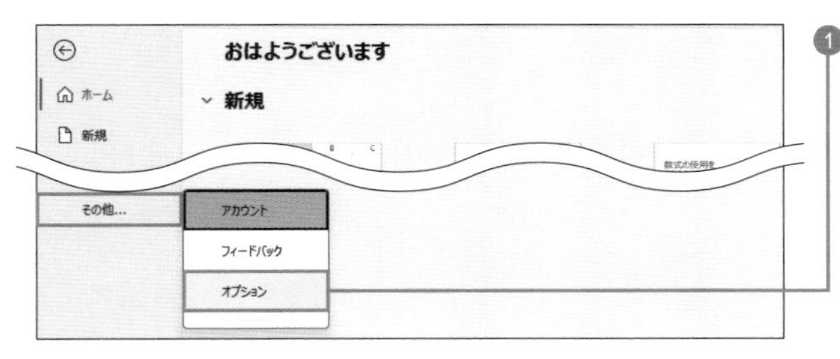

1. [ファイル] タブをクリックして、[その他] → [オプション] をクリックします。

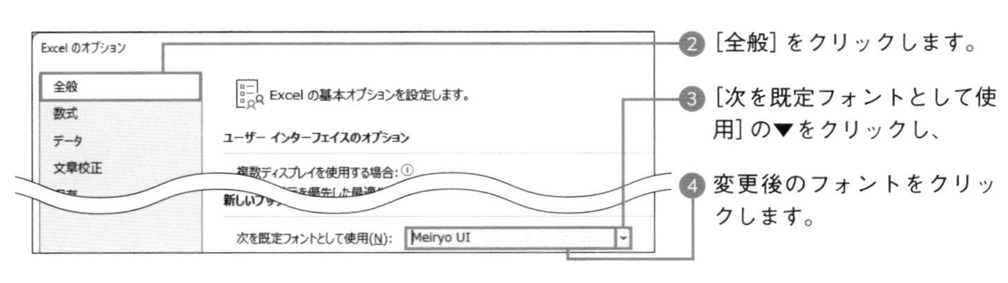

2. [全般] をクリックします。
3. [次を既定フォントとして使用] の▼をクリックし、
4. 変更後のフォントをクリックします。

新しいブックの作成時
次を既定フォントとして使用(N): Meiryo UI
フォント サイズ(Z): 12
新しいシートの既定のビュー(V): 標準ビュー
ブックのシート数(S): 1
Microsoft Office のユーザー設定
ユーザー名(U): user01
Office へのサインイン状態にかかわらず、常にこれらの設定を使用する(A)
Office テーマ(T): システム設定を使用する
OK

5. [フォントサイズ] の▼をクリックし、
6. 変更後のフォントサイズをクリックします。
7. [OK] をクリックすると、標準の設定を変更できます。

複数の書式をまとめて設定する

変更前の価格に取り消し線を引いたり、文字と下線に異なる色を付けたりするなど、[ホーム]タブにない機能は[セルの書式設定]ダイアログボックスを開いて設定します。**[セルの書式設定]ダイアログボックス**を使うと、複数の書式をまとめて設定できます。

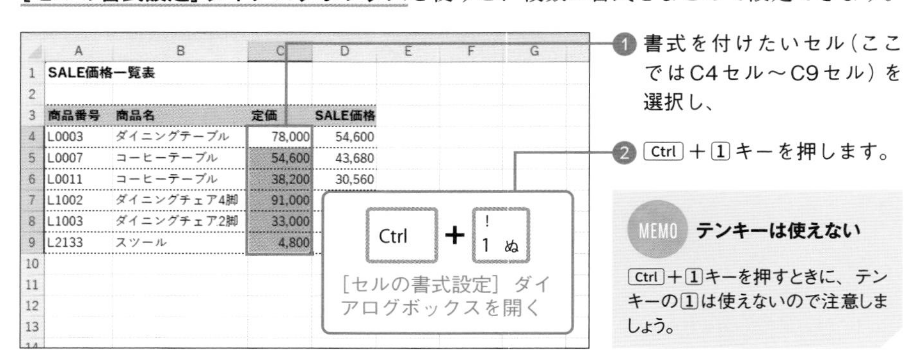

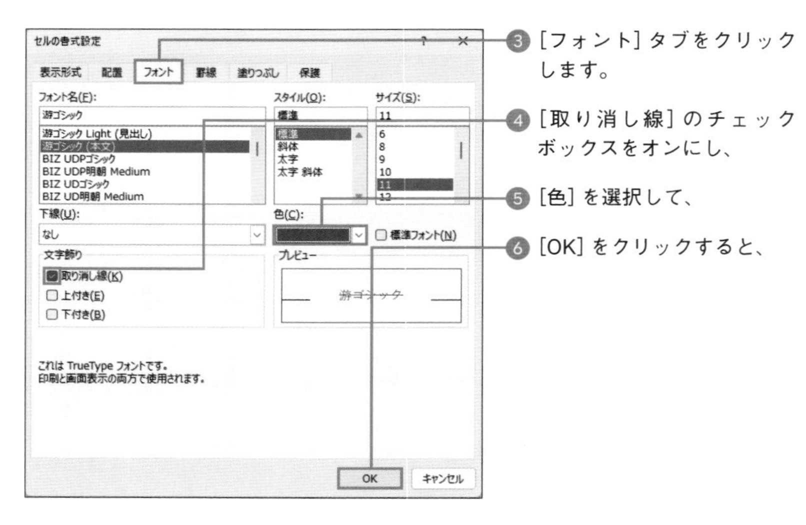

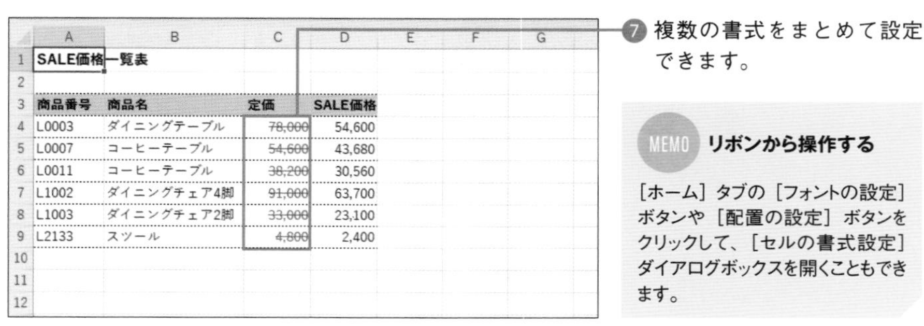

021 書式の置換で「まとめて変更」する

49ページで解説した［置換］機能は、文字を別の文字に置き換えるときに使いました。［置換］機能は文字の置き換えだけでなく、設定済みの書式を**別の書式に置き換える**ときにも利用できます。たくさんの書式を自動で置換できるので、効率よく作業できます。

指定したキーワードを赤字にする

［置換］機能は、表の中で条件に合ったセルに色を付けたり文字を太字にするなど、Section025で解説する［条件付き書式］と同じような使い方ができます。

予定表の中の「有休」の文字色を赤に変更します。

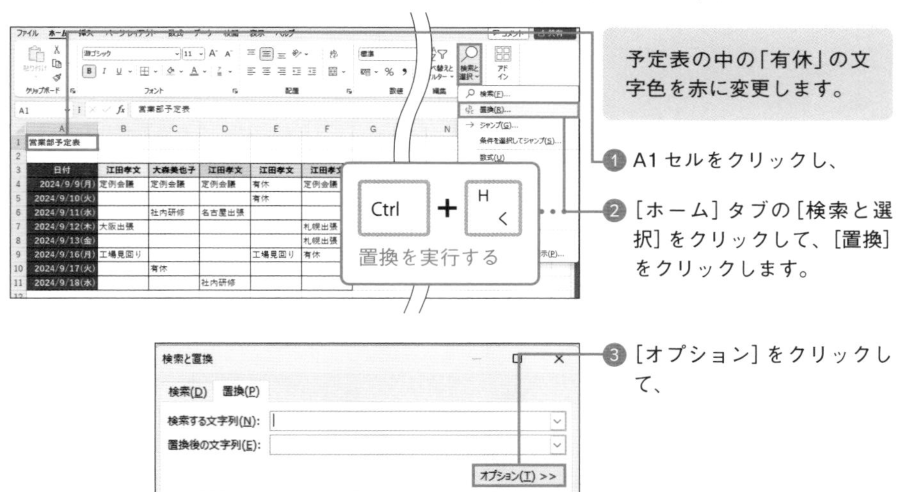

1 A1セルをクリックし、

2 ［ホーム］タブの［検索と選択］をクリックして、［置換］をクリックします。

検索と置換
検索(D) 置換(P)
検索する文字列(N):
置換後の文字列(E):
オプション(T) >>
すべて置換(A) 置換(R) すべて検索(I) 次を検索(F) 閉じる

3 ［オプション］をクリックして、

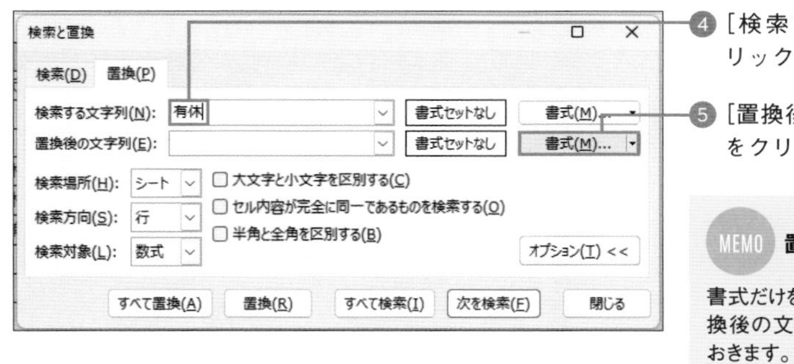

4 ［検索する文字列］欄をクリックして「有休」と入力し、

5 ［置換後の文字列］の［書式］をクリックします。

MEMO 置換後の文字列

書式だけを置き換える場合は、［置換後の文字列］欄は空欄にしておきます。すると、セルの文字はそのまま表示されます。

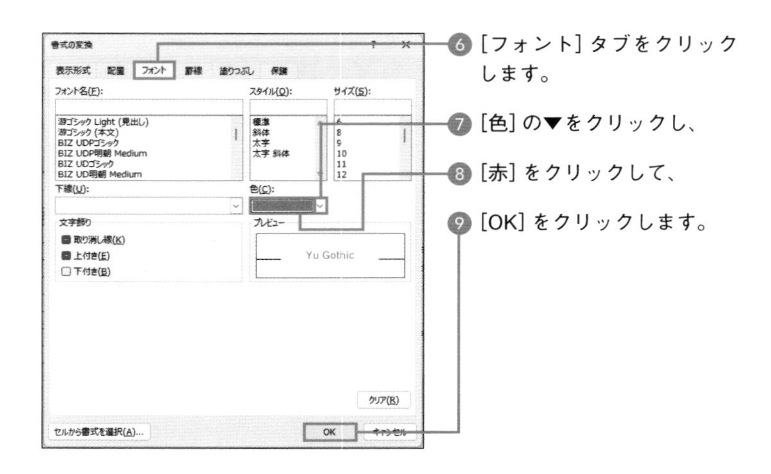

❻ [フォント] タブをクリックします。

❼ [色] の▼をクリックし、

❽ [赤] をクリックして、

❾ [OK] をクリックします。

❿ [置換後の文字列] の書式が変更されたことを確認して、

⓫ [すべて置換] をクリックします。

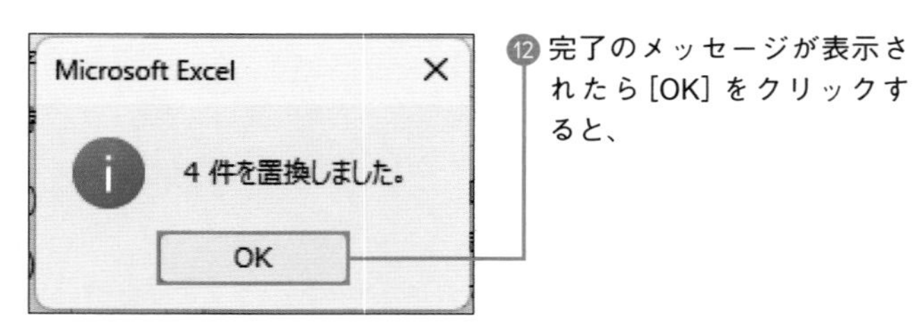

⓬ 完了のメッセージが表示されたら [OK] をクリックすると、

	A	B	C	D	E	F
1	営業部予定表					
2						
3	日付	江田孝文	大森美也子	江田孝文	江田孝文	江田孝文
4	2024/9/9(月)	定例会議	定例会議	定例会議	有休	定例会議
5	2024/9/10(火)				有休	
6	2024/9/11(水)		社内研修	名古屋出張		
7	2024/9/12(木)	大阪出張				札幌出張
8	2024/9/13(金)					札幌出張
9	2024/9/16(月)	工場見回り			工場見回り	有休
10	2024/9/17(火)		有休			
11	2024/9/18(水)			社内研修		
12						

⓭ 「有休」の文字が赤になります。

別の書式に置き換える

［置換］機能を使って、セルに設定済みの書式を**ほかの書式に変更**します。［検索する文字列］と［置換後の文字列］に**書式だけを指定**すると、セルに入力済みの文字はそのままで書式だけを置き換えることができます。ここでは、緑色のセルの色を赤色に置換します。

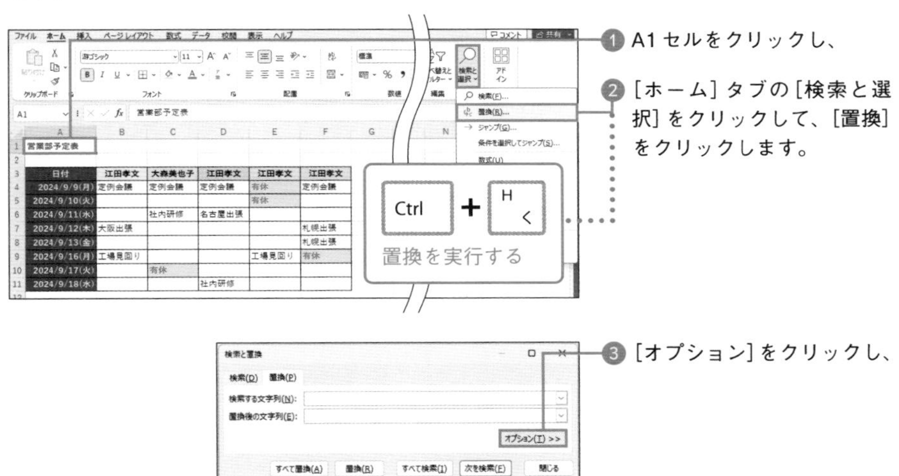

❶ A1セルをクリックし、

❷［ホーム］タブの［検索と選択］をクリックして、［置換］をクリックします。

❸［オプション］をクリックし、

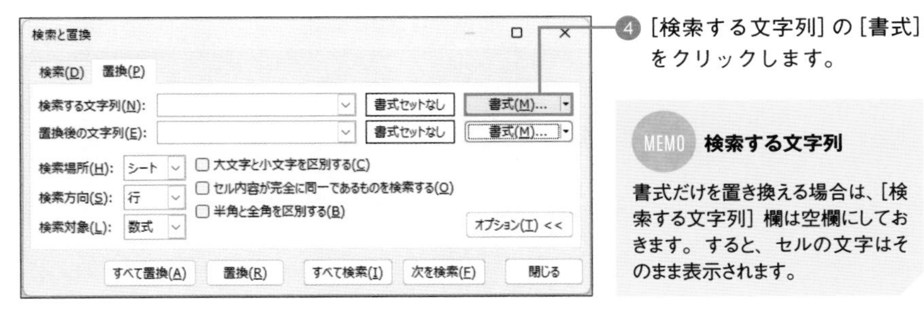

❹［検索する文字列］の［書式］をクリックします。

> **MEMO 検索する文字列**
>
> 書式だけを置き換える場合は、［検索する文字列］欄は空欄にしておきます。すると、セルの文字はそのまま表示されます。

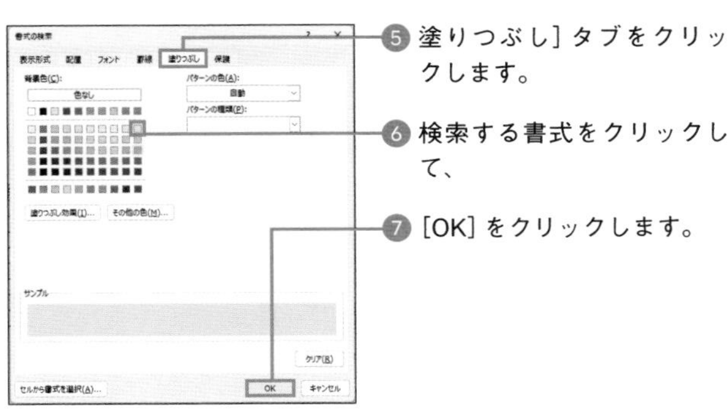

❺［塗りつぶし］タブをクリックします。

❻ 検索する書式をクリックして、

❼［OK］をクリックします。

❽ [置換後の文字列] の [書式] をクリックします。

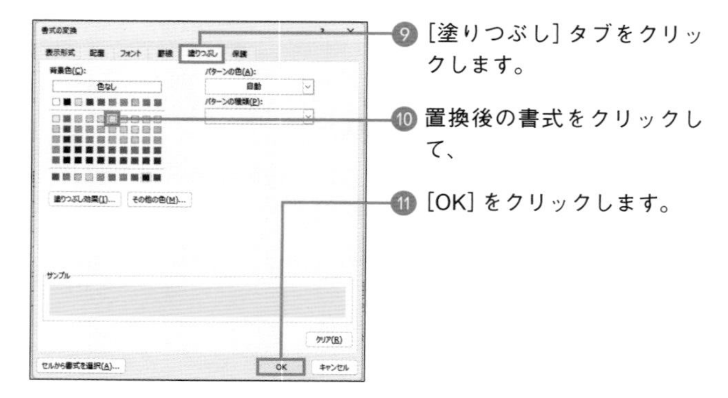

❾ [塗りつぶし] タブをクリックします。

❿ 置換後の書式をクリックして、

⓫ [OK] をクリックします。

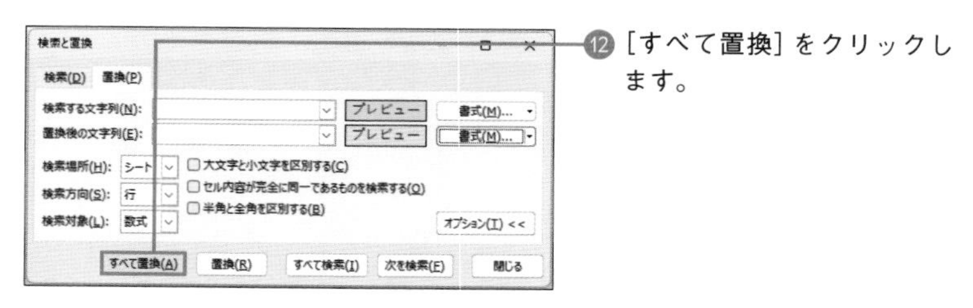

⓬ [すべて置換] をクリックします。

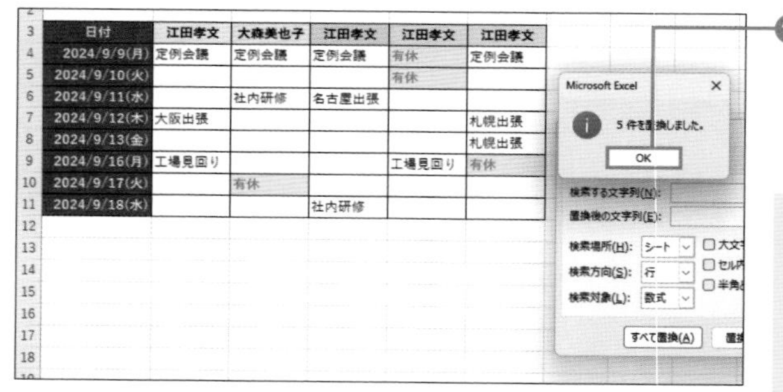

⓭ 完了のメッセージが表示されたら [OK] をクリックすると、緑色のセルが赤になります。

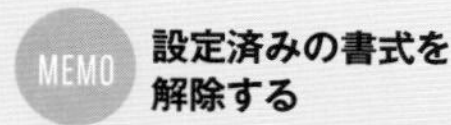

MEMO 設定済みの書式を解除する

[検索と置換] ダイアログボックスに設定済みの書式が残っているときは、[書式] の▼をクリックし、[書式検索のクリア] をクリックします。

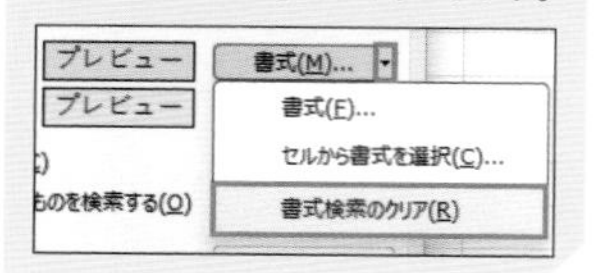

022 書式だけ／値だけを削除・コピーする

11ページで解説したように、セルには「書式」と「値」を組み合わせた結果が表示されています。そのため、書式だけを消したいとか、値だけをコピーしたいといった具合に、「書式」と「値」をそれぞれ別々に解除したりコピーしたりすることができます。

書式をまとめて解除する

文字や数値に設定した複数の書式を解除するには、**[書式のクリア]** を使います。すると、フォントサイズやフォントの色、文字の配置、3桁区切りのカンマや罫線など、セルに設定されているすべての書式が一度に解除されます。

	A	B	C	D	E
1	資金計画表				単位:千円
2					
3		1月	2月	3月	4月
4	前月繰越	2,500	4,580	5,650	5,670
5	現金入金	3,630	2,780	3,130	3,480
6	売掛入金	1,840	910	1,180	1,260
7	入金計	5,470	3,690	4,310	4,740

❶ A3セル～E11セルをドラッグします。

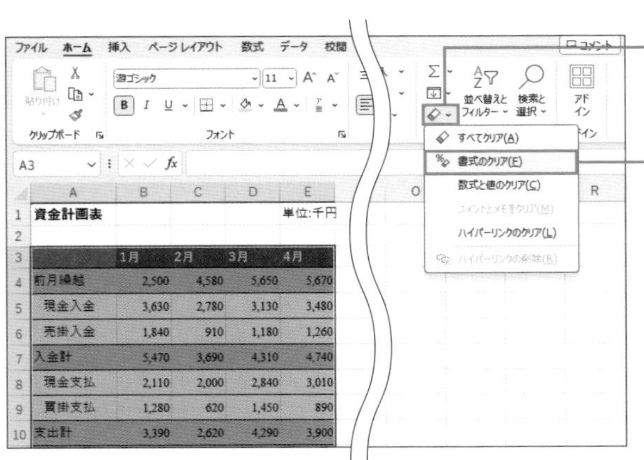

	A	B	C	D	E
1	資金計画表				単位:千円
2					
3		1月	2月	3月	4月
4	前月繰越	2,500	4,580	5,650	5,670
5	現金入金	3,630	2,780	3,130	3,480
6	売掛入金	1,840	910	1,180	1,260
7	入金計	5,470	3,690	4,310	4,740
8	現金支払	2,110	2,000	2,840	3,010
9	買掛支払	1,280	620	1,450	890
10	支出計	3,390	2,620	4,290	3,900

❷ [ホーム] タブの [クリア] の▼をクリックし、

❸ [書式のクリア] をクリックすると、

MEMO 値と書式を両方削除する

ここで [すべてクリア] をクリックすると、セルのデータ (値) と書式が両方削除できます。

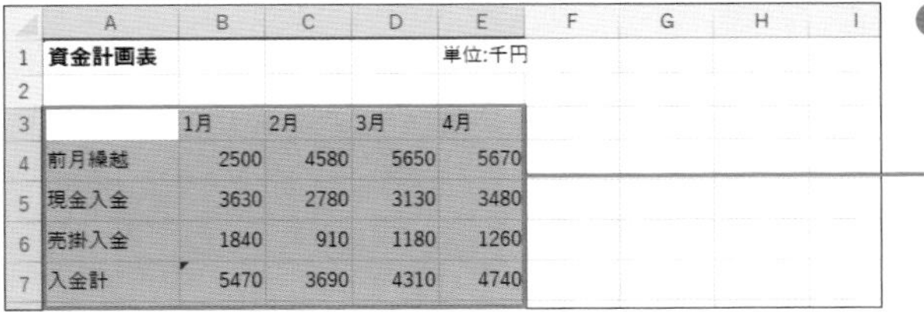

	A	B	C	D	E
1	資金計画表				単位:千円
2					
3		1月	2月	3月	4月
4	前月繰越	2500	4580	5650	5670
5	現金入金	3630	2780	3130	3480
6	売掛入金	1840	910	1180	1260
7	入金計	5470	3690	4310	4740

❹ すべての書式が解除されます。

書式だけをほかのセルにコピーする

セルに設定済みの書式と同じ書式をほかのセルにも設定するときは、**[書式のコピー／貼り付け]**を使うと便利です。セルの書式だけをコピーできるため、複数の書式が設定されていても、設定を忘れる心配がありません。

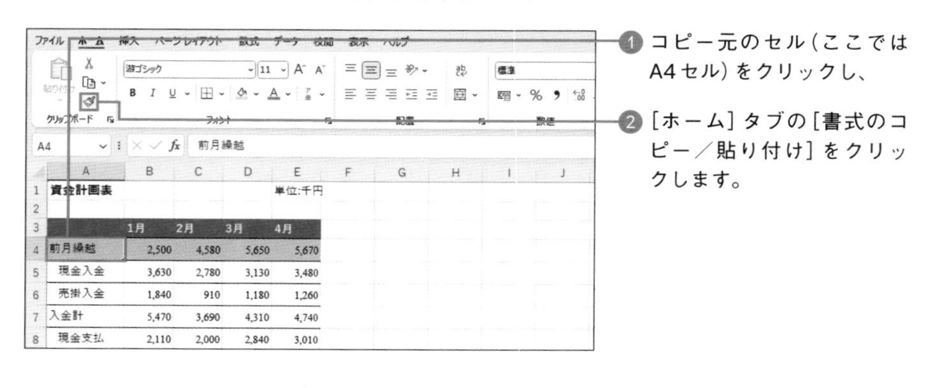

❶コピー元のセル（ここではA4セル）をクリックし、

❷［ホーム］タブの［書式のコピー／貼り付け］をクリックします。

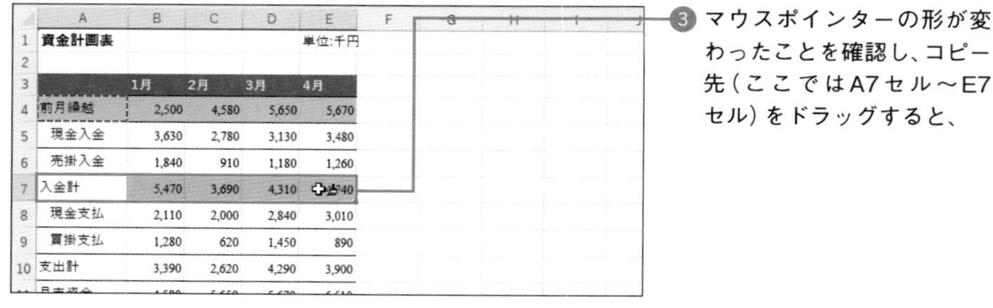

❸マウスポインターの形が変わったことを確認し、コピー先（ここではA7セル～E7セル）をドラッグすると、

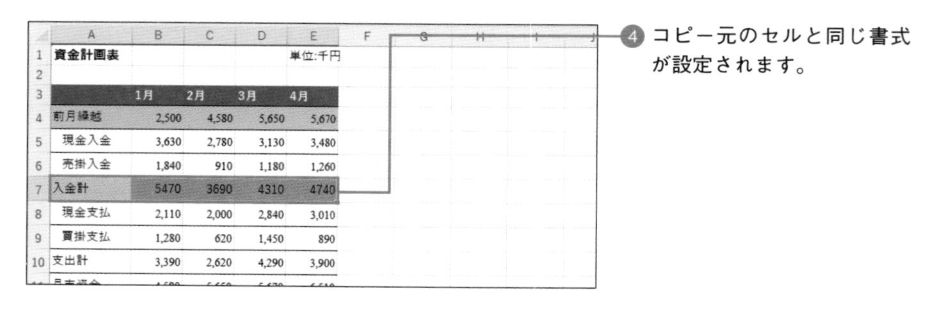

❹コピー元のセルと同じ書式が設定されます。

COLUMN

書式を連続してコピー

連続して書式をコピーするときは、［書式のコピー／貼り付け］をダブルクリックします。すると、Escキーを押して強制的に解除するまで、何度でも続けて書式をコピーできます。

書式を除いて値だけをコピーする

[コピー]と[貼り付け]を使ってセルのデータをコピーすると、コピー元の**セルの書式もコピー**されます。セルのデータだけを貼り付けたいときは、**「値」だけを貼り付け**ましょう。

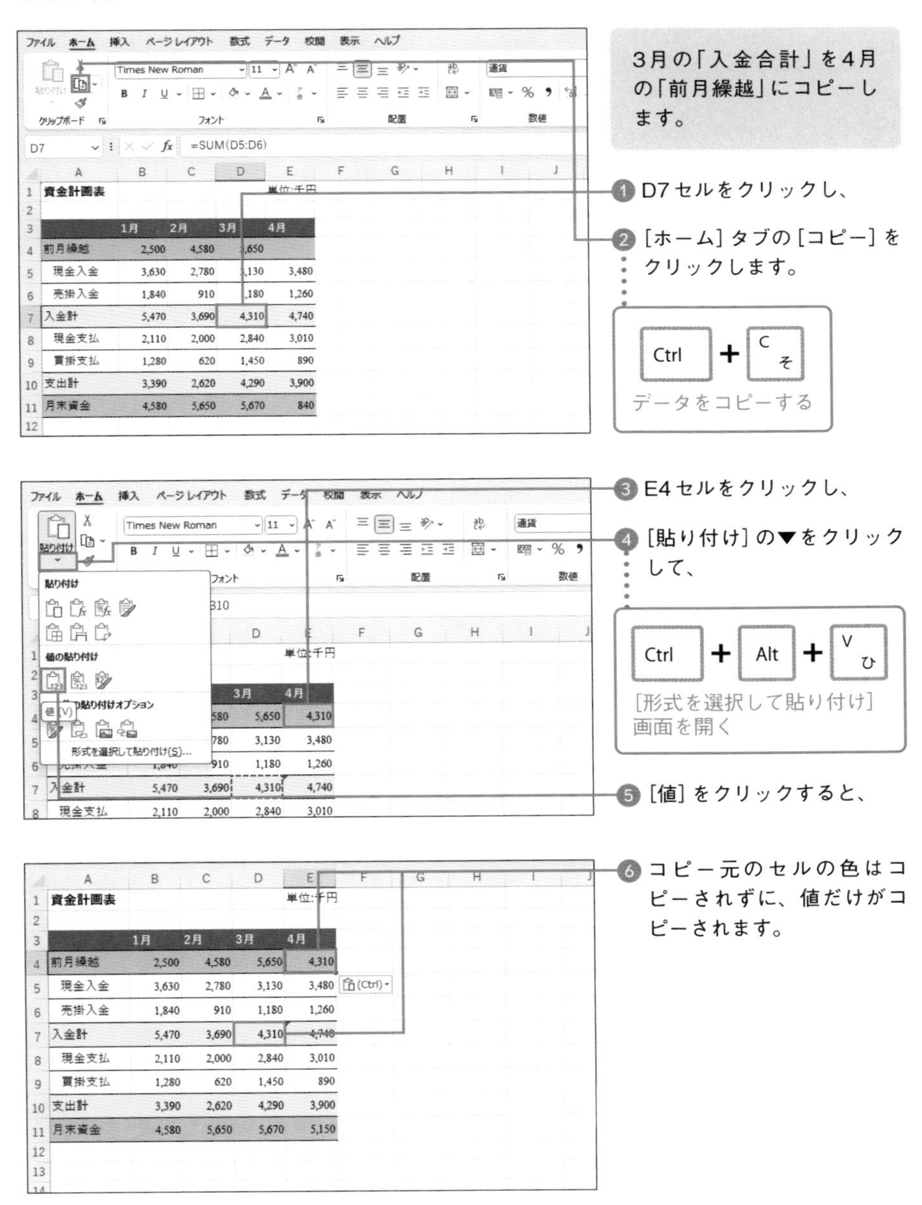

023 可読性が高い文字配置に調整する

セルに入力した文字は**読みやすさ**が重要です。同じ見出しがいくつも並ぶよりも1つにまとめたほうがすっきりします。また、階層のある見出しの文字の位置を調整すると可読性が上がります。**[セルの書式設定]ダイアログボックス**を使うと、[ホーム]タブの[配置]グループにない文字の配置を設定できます。

文字をセルの中央に揃える

表の上端の項目名は、セルの中央に揃えて表示すると安定感が出ます。一方、左端の項目名を中央に揃えると、文字の先頭位置がバラバラで読みづらくなる場合があります。**文字の読みやすさ**を優先して配置を変更しましょう。

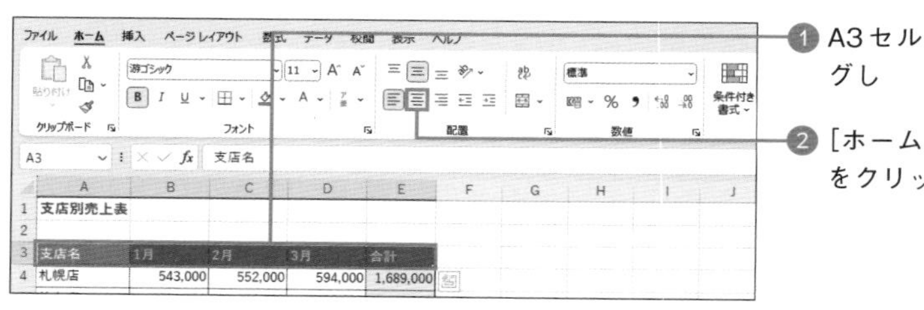

1 A3セル～E3セルをドラッグし

2 [ホーム] タブの [中央揃え] をクリックすると、

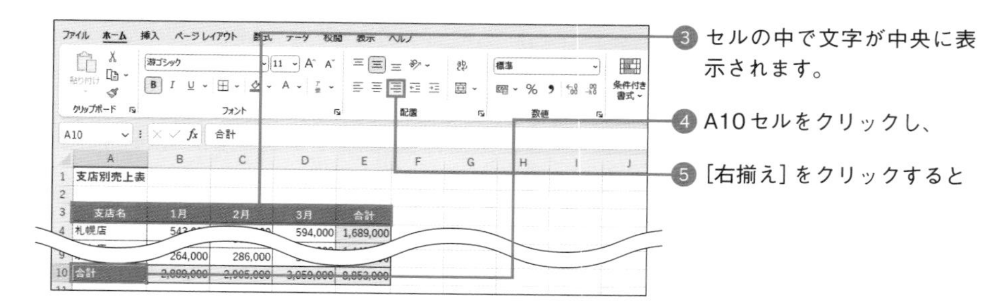

3 セルの中で文字が中央に表示されます。

4 A10セルをクリックし、

5 [右揃え] をクリックすると

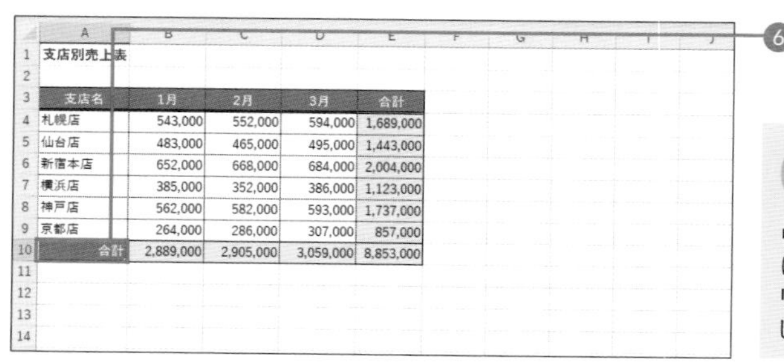

6 セルの中で文字が右に表示されます。

MEMO 配置を元に戻す

中央揃えや右揃えを元に戻すには、もう一度それぞれのボタンをクリックします。[左揃え] をクリックして元に戻すこともできます。

複数のセルを1つにまとめて中央に揃える

複数の項目に共通の見出しは、**セルをまたいで表示**したほうがすっきりします。複数のセルを1つにまとめることを**「結合」**と呼び、Excelには[セルを結合して中央揃え][横方向に結合][セルの結合]が用意されています。ただし、第6章で解説しているデータベース機能のもとになる表を作るときは、セルが結合されていると操作に支障が出る場合があるので注意しましょう。

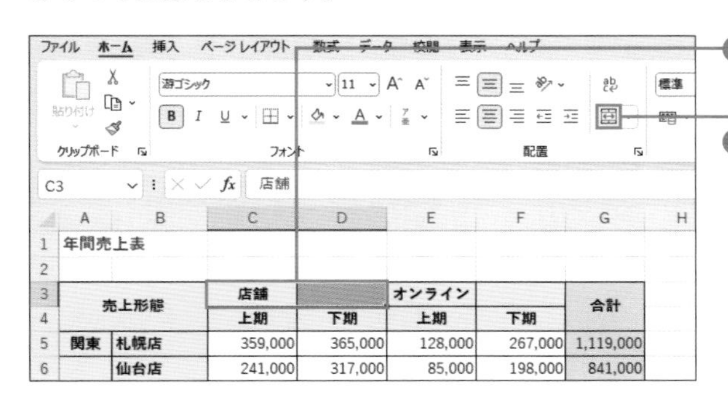

	A	B	C	D	E	F	G
1	年間売上表						
2							
3	売上形態		店舗		オンライン		合計
4			上期	下期	上期	下期	
5	関東	札幌店	359,000	365,000	128,000	267,000	1,119,000
6		仙台店	241,000	317,000	85,000	198,000	841,000

1. C3セル～D3セルをドラッグし、
2. [ホーム]タブの[セルを結合して中央揃え]をクリックすると、

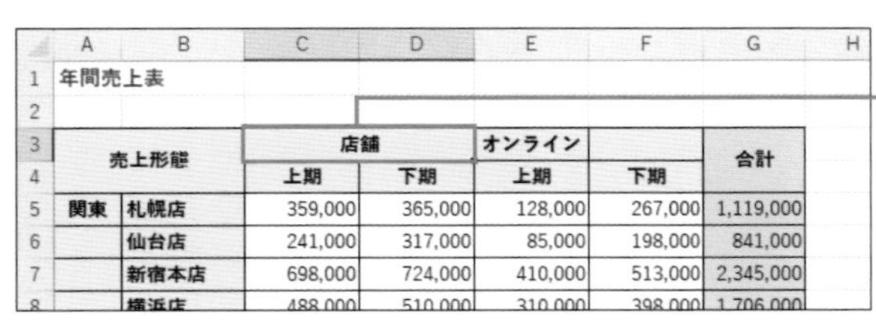

	A	B	C	D	E	F	G
1	年間売上表						
2							
3	売上形態		店舗		オンライン		合計
4			上期	下期	上期	下期	
5	関東	札幌店	359,000	365,000	128,000	267,000	1,119,000
6		仙台店	241,000	317,000	85,000	198,000	841,000
7		新宿本店	698,000	724,000	410,000	513,000	2,345,000
8		横浜店	488,000	510,000	310,000	398,000	1,706,000

3. C3セル～D3セルが1つになります。
4. 同じ操作で、E3セル～F3セルを結合します。

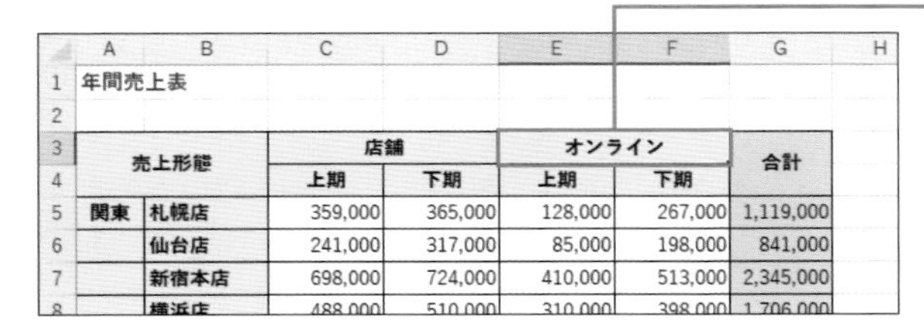

	A	B	C	D	E	F	G
1	年間売上表						
2							
3	売上形態		店舗		オンライン		合計
4			上期	下期	上期	下期	
5	関東	札幌店	359,000	365,000	128,000	267,000	1,119,000
6		仙台店	241,000	317,000	85,000	198,000	841,000
7		新宿本店	698,000	724,000	410,000	513,000	2,345,000
8		横浜店	488,000	510,000	310,000	398,000	1,706,000

MEMO セル結合の解除

結合したセルを解除するには、もう一度[セルを結合して中央揃え]をクリックします。

COLUMN

縦方向にも結合できる

縦方向に連続するセルをドラッグしてから[セルを結合して中央揃え]をクリックすると、縦方向のセルを結合できます。

			上期	下期	上期
5	関東	札幌店	359,000	365,000	128,000
6		仙台店	241,000	317,000	85,000
7		新宿本店	698,000	724,000	410,000
8		横浜店	488,000	510,000	310,000
9	関西	神戸店	412,000	440,000	287,000
10		京都店	360,000	286,000	198,000

文字をセル内で均等に割り付ける

均等割り付けとは、**一定の幅に文字を等間隔で配置**することです。セルに入力した文字をセルの横幅に合わせて等間隔で配置するには、[セルの書式設定] ダイアログボックスを開いて、[横位置] を [均等割り付け] に設定します。

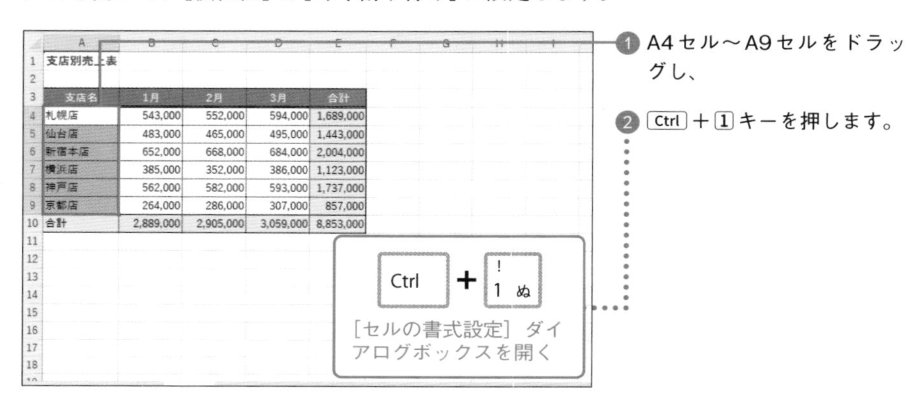

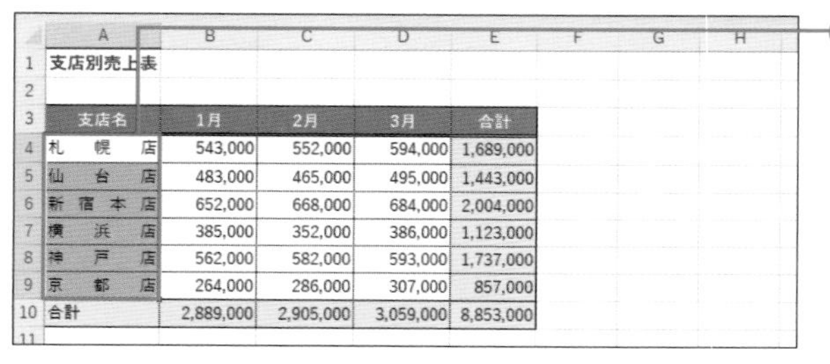

7 A列の列幅に合わせて、文字が等間隔で表示されます。

文字の間隔を調整する

94ページの操作で均等割り付けを行うと、セルの左端と右端のギリギリまで文字が表示され、少々見づらくなります。均等割り付けの機能を残したまま、**セルの左右に余白を作る**には［インデントを増やす］を使います。

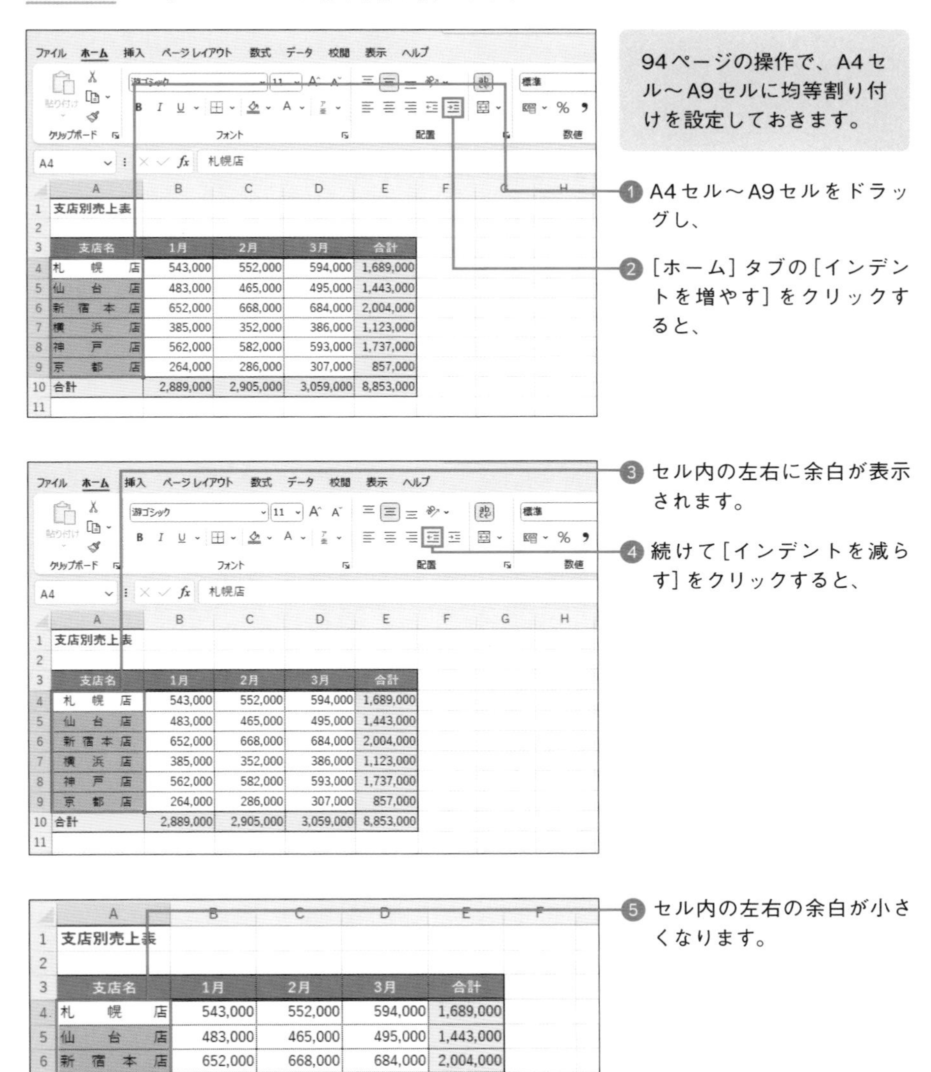

セルに縦書き文字を入力する

複数の行にまたがる見出しは**縦書きで表示**するとよいでしょう。セルに入力した横書きの文字をあとから縦書きにするには、[ホーム]タブにある**[方向]機能**を使います。なお、文字を入力する前に縦書きの設定をしておくと、縦書きで文字を直接入力できます。

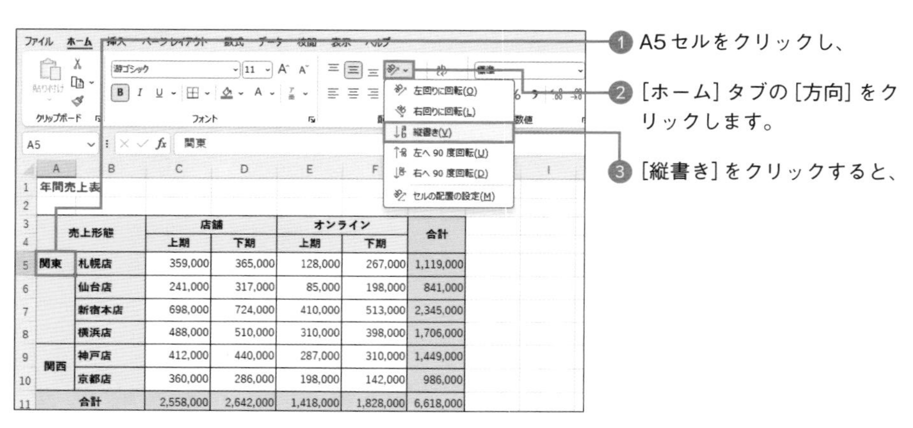

	売上形態	店舗		オンライン		合計
		上期	下期	上期	下期	
関東	札幌店	359,000	365,000	128,000	267,000	1,119,000
	仙台店	241,000	317,000	85,000	198,000	841,000
	新宿本店	698,000	724,000	410,000	513,000	2,345,000
	横浜店	488,000	510,000	310,000	398,000	1,706,000
関西	神戸店	412,000	440,000	287,000	310,000	1,449,000
	京都店	360,000	286,000	198,000	142,000	986,000
	合計	2,558,000	2,642,000	1,418,000	1,828,000	6,618,000

❶ A5セルをクリックし、

❷ [ホーム] タブの [方向] をクリックします。

❸ [縦書き] をクリックすると、

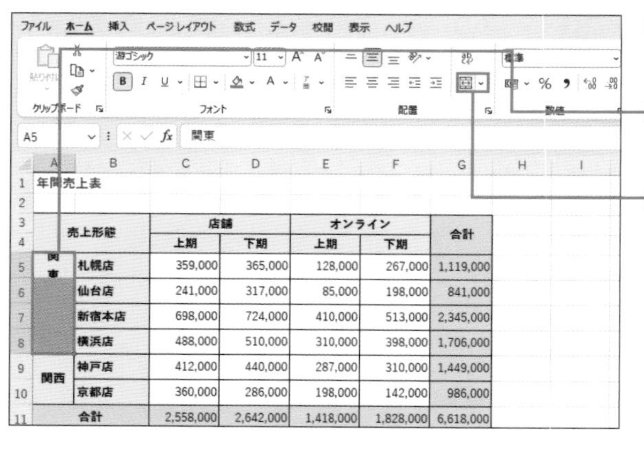

	売上形態	店舗		オンライン		合計
		上期	下期	上期	下期	
関東	札幌店	359,000	365,000	128,000	267,000	1,119,000
	仙台店	241,000	317,000	85,000	198,000	841,000
	新宿本店	698,000	724,000	410,000	513,000	2,345,000
	横浜店	488,000	510,000	310,000	398,000	1,706,000
関西	神戸店	412,000	440,000	287,000	310,000	1,449,000
	京都店	360,000	286,000	198,000	142,000	986,000
	合計	2,558,000	2,642,000	1,418,000	1,828,000	6,618,000

❹ 文字が縦書きで表示されます。

❺ A5セル～A8セルをドラッグし、

❻ [ホーム] タブの [セルを結合して中央揃え] をクリックすると、

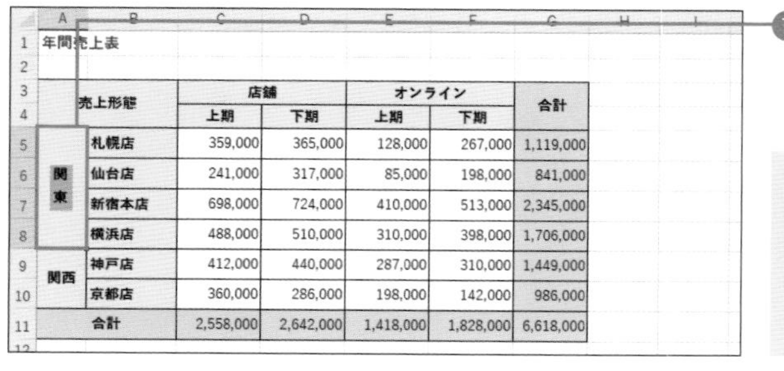

	売上形態	店舗		オンライン		合計
		上期	下期	上期	下期	
関東	札幌店	359,000	365,000	128,000	267,000	1,119,000
	仙台店	241,000	317,000	85,000	198,000	841,000
	新宿本店	698,000	724,000	410,000	513,000	2,345,000
	横浜店	488,000	510,000	310,000	398,000	1,706,000
関西	神戸店	412,000	440,000	287,000	310,000	1,449,000
	京都店	360,000	286,000	198,000	142,000	986,000
	合計	2,558,000	2,642,000	1,418,000	1,828,000	6,618,000

❼ 4つのセルが1つに結合され、その中で縦書きで表示されます。

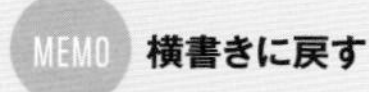

MEMO 横書きに戻す

縦書きの文字を横書きに戻すには、もう一度 [縦書き] をクリックします。

文字を字下げして表示する

文字の先頭位置を右にずらすことを「字下げ」あるいは「インデント」といいます。項目名に階層がある場合は、階層をわかりやすくするために、**下の階層の文字を字下げ**すると効果的です。**[インデントを増やす]**ボタンをクリックするたびに、先頭位置が右にずれます。

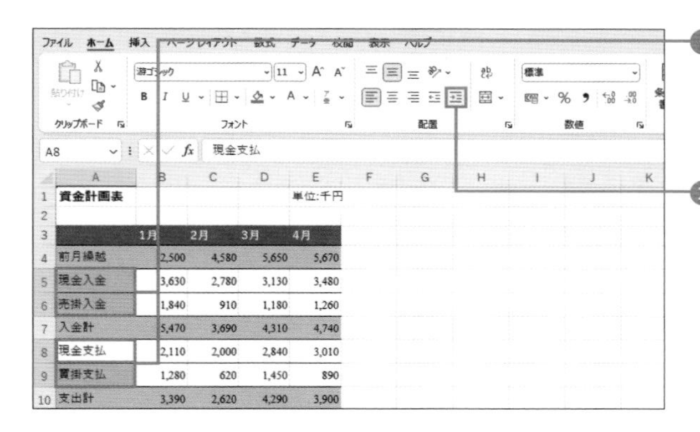

❶ A5セル～A6セルをドラッグし、Ctrlキーを押しながらA8セル～A9セルをドラッグします。

❷ [ホーム] タブの [インデントを増やす] をクリックすると、

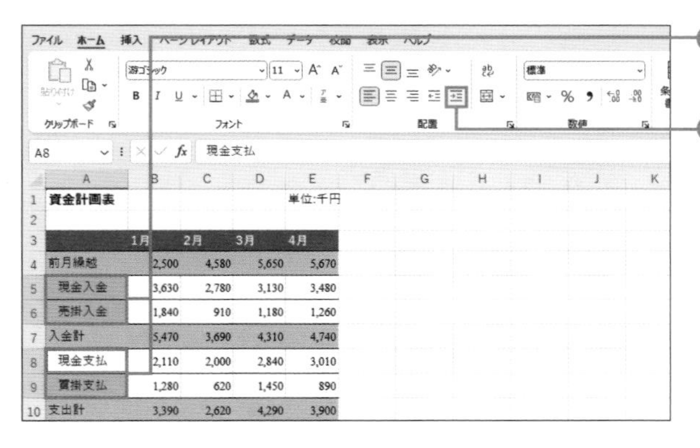

❸ セル内の先頭文字が右にずれます。

❹ 続けて、[インデントを増やす] をクリックすると、

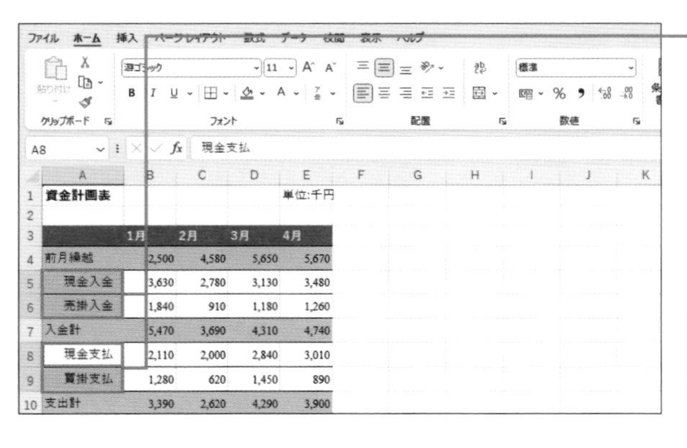

❺ セル内の先頭文字がさらに右にずれます。

MEMO **字下げの解除**

インデントを解除するには、[ホーム] タブの [インデントを減らす] を必要な回数だけクリックします。

024 決まった列幅に文字をおさめる

セルから文字がはみ出しているときは、71ページの操作で列幅を広げるのが基本です。ただし、表の大きさが決まっているときや、列幅を広げることで印刷時に用紙からはみ出してしまうときは、**セル内で強制的に改行する方法**や**文字サイズを縮小**してセル内におさめる方法で対処しましょう。

長い文字列を折り返して表示する

セルに長い文字列を入力すると、セルに表示し切れない文字が隠れてしまいます。右側のセルが空白のときは、右にはみだして表示されます。列の幅を変えずにすべての文字列をセル内に表示するには、**[折り返して全体を表示する]**を使います。

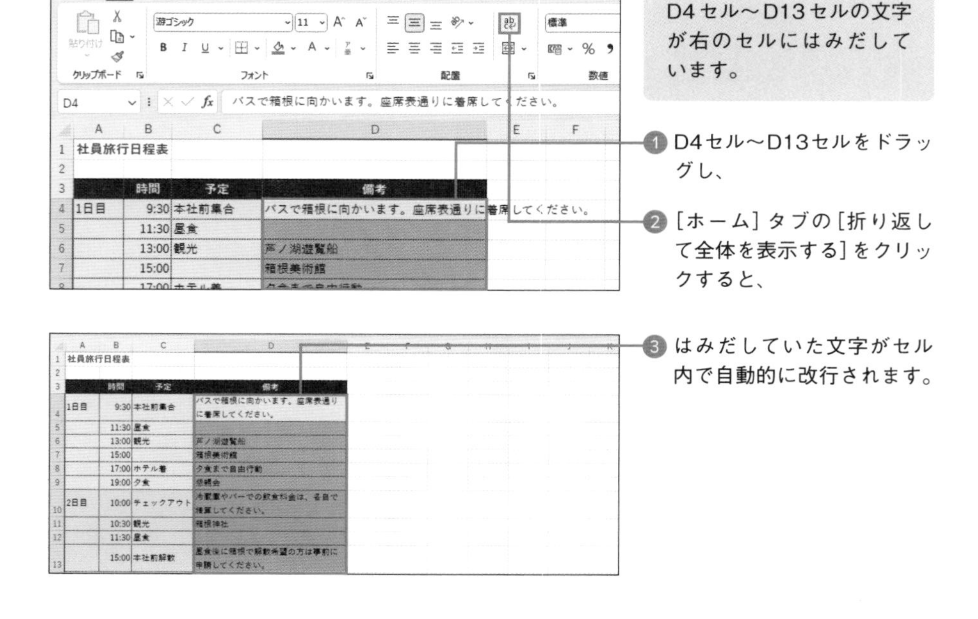

COLUMN

行の高さも変わる

[折り返して全体を表示する]をクリックすると、セル内で文字が改行された分だけ行の高さが自動的に広がります。

文字サイズを縮小してセル内に収める

文字がセルからあふれていても、列幅も行の高さも変更したくないときには、**[縮小して全体を表示する]**を使います。すると、セルの横幅に収まるように文字サイズが自動的に縮小されます。ただし、セルからあふれている文字数が多いと文字が小さくなるので注意しましょう。

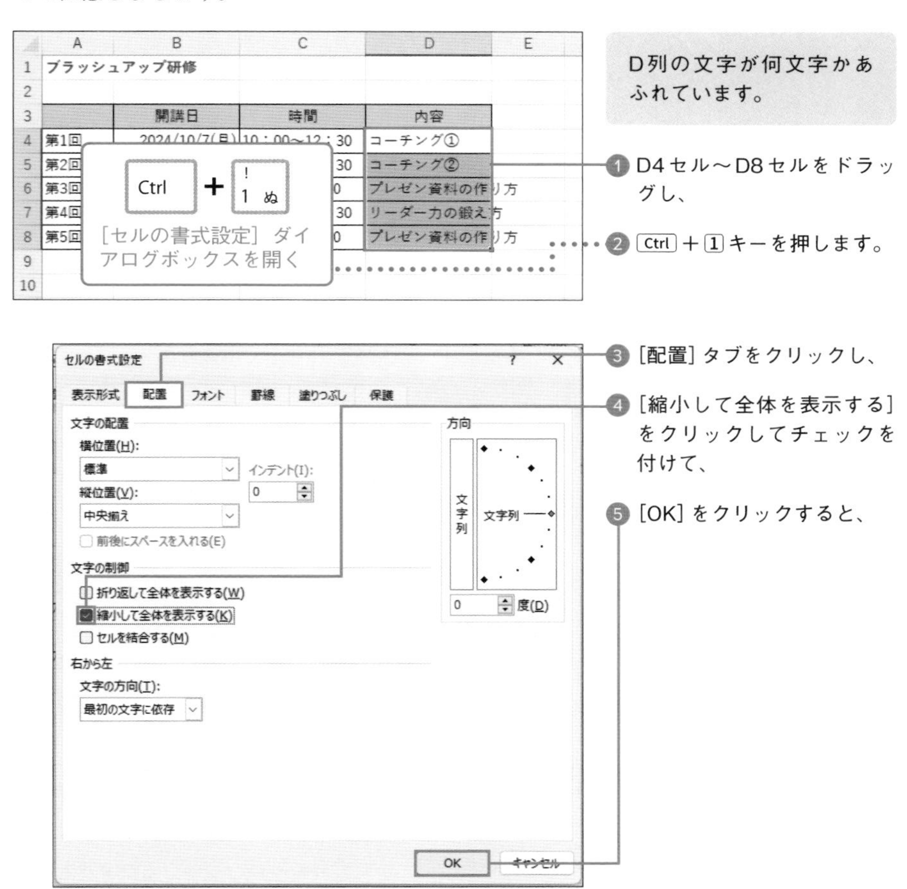

❻ セル内に収まる文字サイズに自動的に縮小されます。

025 条件を満たすセルだけ書式を設定する

表が大きくなってデータ量が増えると、注目すべきデータがわかりづらくなります。**[条件付き書式]** を使うと、数値の大小関係がわかりやすくなったり、条件を満たしたセルに自動的に色を付けたりすることができるため、視認性の高い表になります。

条件に合ったセルを強調する

[条件付き書式] を使うと、指定した**条件に一致したセル**に書式を付けて強調することができます。条件には[指定の値より大きい][指定の値より小さい][指定の範囲内][指定の値に等しい]などが用意されています。

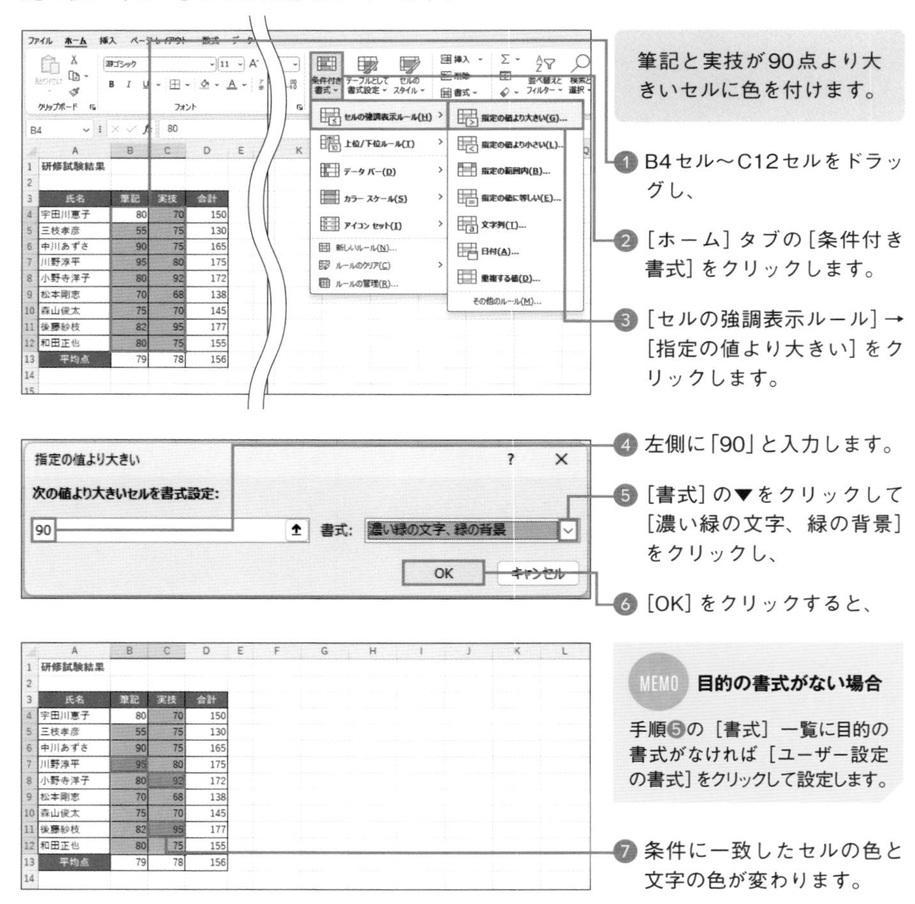

MEMO 目的の書式がない場合

手順❺の [書式] 一覧に目的の書式がなければ [ユーザー設定の書式] をクリックして設定します。

指定した文字を含むセルを強調する

特定の文字が入力されたセルを強調するには、[条件付き書式] の **[文字列]** を使います。すると、指定した文字を含むセルが検索されて、指定した書式を付けられます。

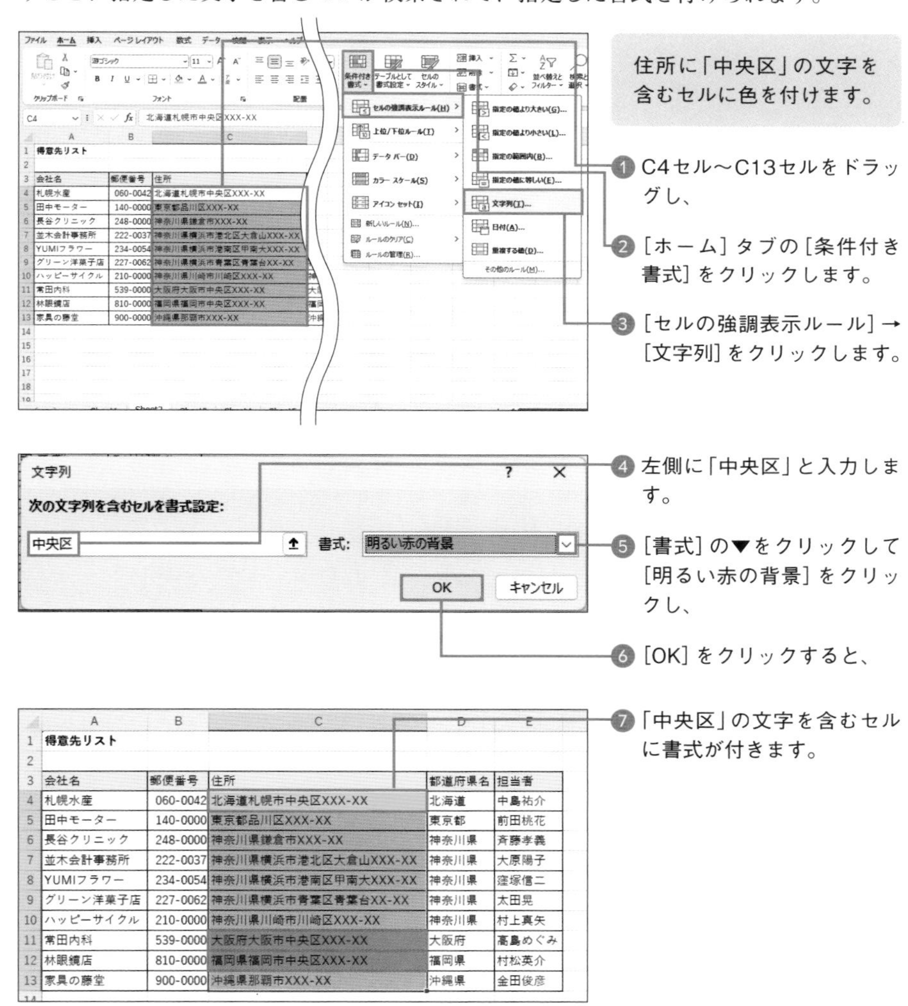

COLUMN

文字が完全に一致するセルを探す

指定した文字と完全に一致するセルを探すには、手順❸のあとで [指定の値に等しい] をクリックして、条件と書式を指定します。

重複しているセルを強調する

表の中に**同じデータが重複**していると、集計結果に間違いが発生します。たくさんのデータから重複データを探すのはたいへんですが、[条件付き書式] の **[重複する値]** を使うと、重複データを探して目立たせることができます。完全に同じデータであることを確認してから、一方のデータを削除しましょう。

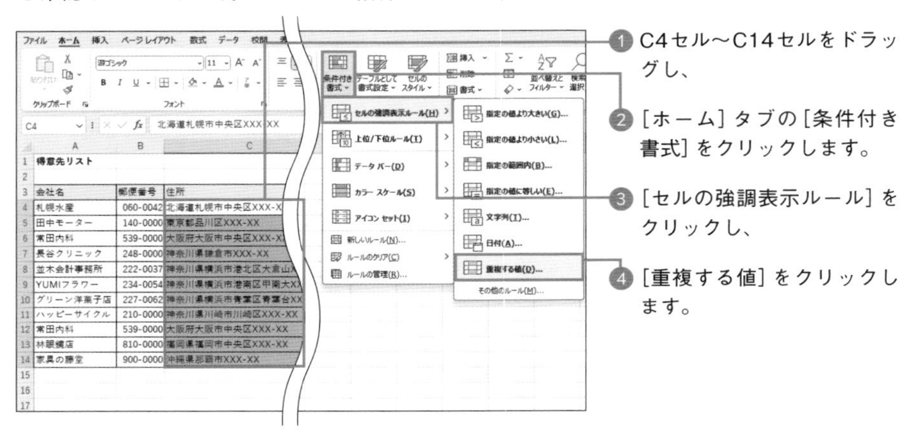

❶ C4セル〜C14セルをドラッグし、

❷ [ホーム] タブの [条件付き書式] をクリックします。

❸ [セルの強調表示ルール] をクリックし、

❹ [重複する値] をクリックします。

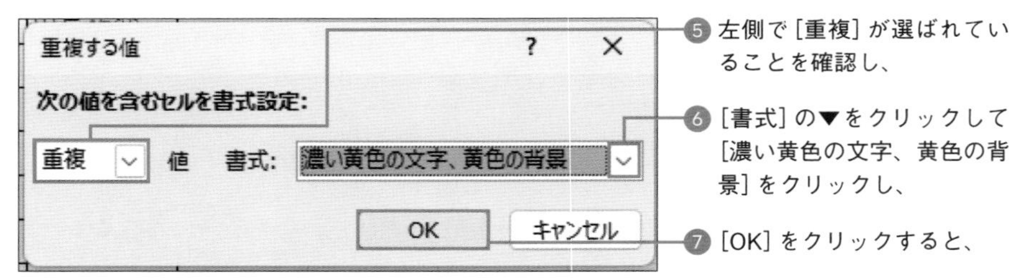

❺ 左側で [重複] が選ばれていることを確認し、

❻ [書式] の▼をクリックして [濃い黄色の文字、黄色の背景] をクリックし、

❼ [OK] をクリックすると、

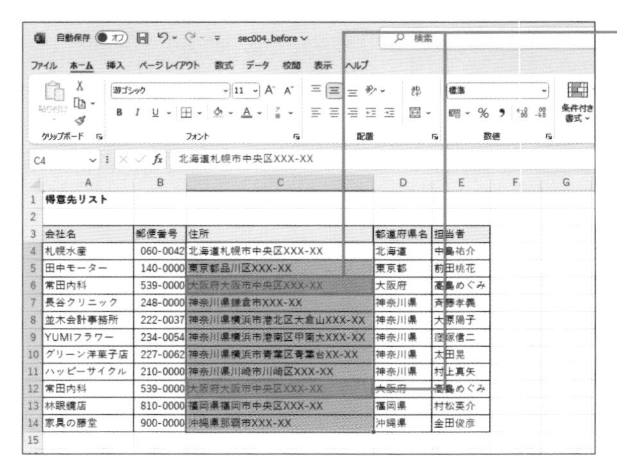

❽ 重複しているセルに書式が付きます。

条件に合った行全体を強調する

［条件付き書式］を使うと、条件に一致したセルに書式が付きます。予定表の土曜日の行は青、日曜日の行は赤といったように、**条件に一致した行全体に書式を付ける**には、**［新しい書式］ルール画面**で数式を使って条件を指定します。

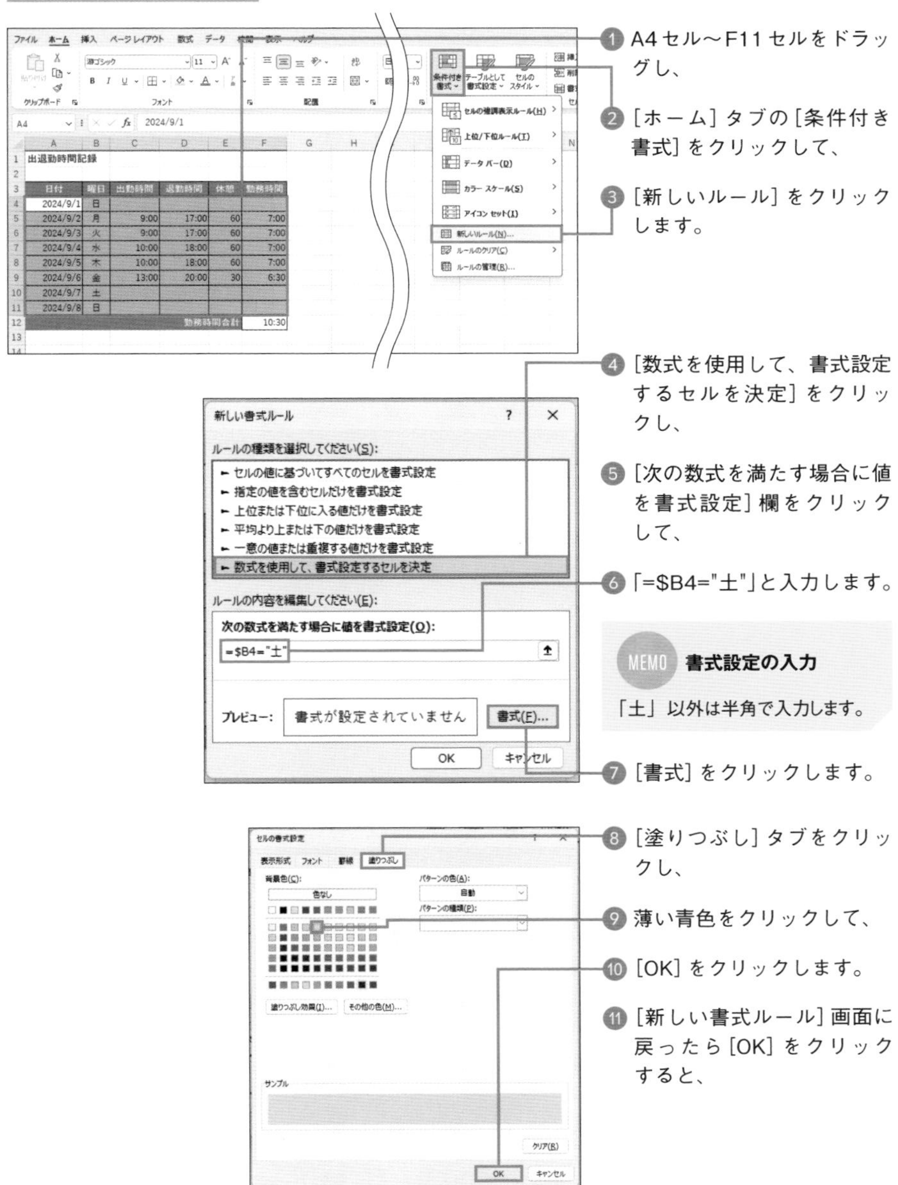

1. A4セル～F11セルをドラッグし、
2. ［ホーム］タブの［条件付き書式］をクリックして、
3. ［新しいルール］をクリックします。
4. ［数式を使用して、書式設定するセルを決定］をクリックし、
5. ［次の数式を満たす場合に値を書式設定］欄をクリックして、
6. 「=$B4="土"」と入力します。

MEMO　書式設定の入力

「土」以外は半角で入力します。

7. ［書式］をクリックします。
8. ［塗りつぶし］タブをクリックし、
9. 薄い青色をクリックして、
10. ［OK］をクリックします。
11. ［新しい書式ルール］画面に戻ったら［OK］をクリックすると、

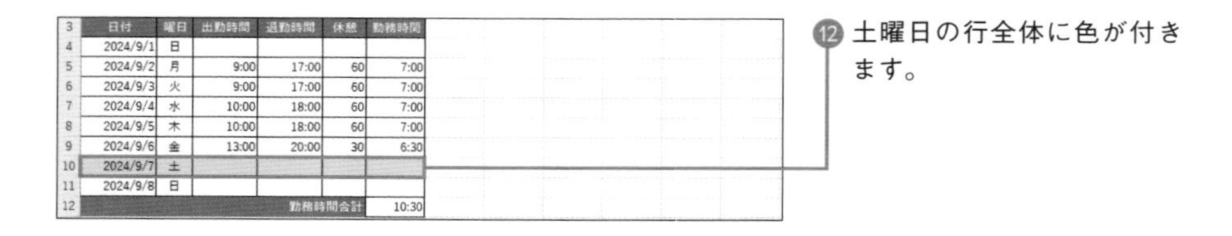

3	日付	曜日	出勤時間	退勤時間	休憩	勤務時間
4	2024/9/1	日				
5	2024/9/2	月	9:00	17:00	60	7:00
6	2024/9/3	火	9:00	17:00	60	7:00
7	2024/9/4	水	10:00	18:00	60	7:00
8	2024/9/5	木	10:00	18:00	60	7:00
9	2024/9/6	金	13:00	20:00	30	6:30
10	2024/9/7	土				
11	2024/9/8	日				
12					勤務時間合計	10:30

⑫ 土曜日の行全体に色が付きます。

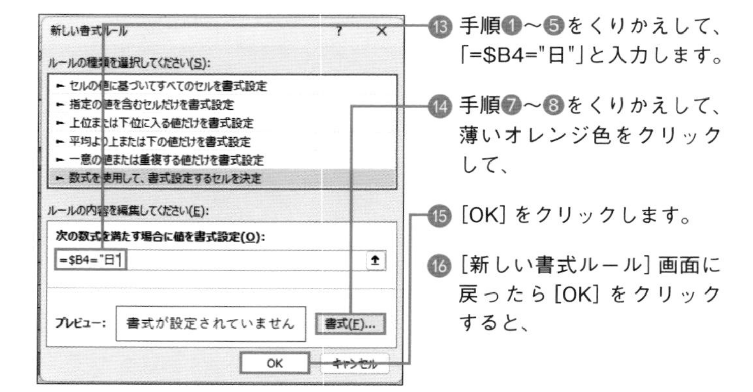

⑬ 手順❶〜❺をくりかえして、「=$B4="日"」と入力します。

⑭ 手順❼〜❽をくりかえして、薄いオレンジ色をクリックして、

⑮ [OK] をクリックします。

⑯ [新しい書式ルール] 画面に戻ったら [OK] をクリックすると、

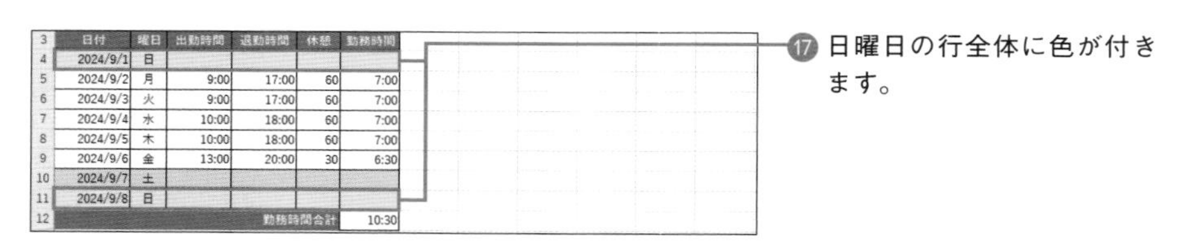

3	日付	曜日	出勤時間	退勤時間	休憩	勤務時間
4	2024/9/1	日				
5	2024/9/2	月	9:00	17:00	60	7:00
6	2024/9/3	火	9:00	17:00	60	7:00
7	2024/9/4	水	10:00	18:00	60	7:00
8	2024/9/5	木	10:00	18:00	60	7:00
9	2024/9/6	金	13:00	20:00	30	6:30
10	2024/9/7	土				
11	2024/9/8	日				
12					勤務時間合計	10:30

⑰ 日曜日の行全体に色が付きます。

COLUMN

複合参照で指定する

手順❻で入力した「=$B4="土"」の「$B4」は**複合参照**と呼ばれるもので、**列番号を固定して行番号を1行ずつずらす**という意味です。行全体に色を付けるときは、必ず複合参照で指定します。

COLUMN

設定済みの条件を一覧表示する

[ホーム] タブの [条件付き書式] → [ルールの管理] をクリックすると、設定済みの内容が一覧表示されます。この画面で、内容の修正や削除、優先順位の変更などを行えます。

上位や下位の数値を強調する

売上ベスト3やワースト3のように、上位や下位の数値を強調するには[条件付き書式]の**[上位／下位ルール]**を使います。指定した範囲の中で上位および下位からいくつの項目、あるいは何パーセントと指定したセルに書式を設定できます。

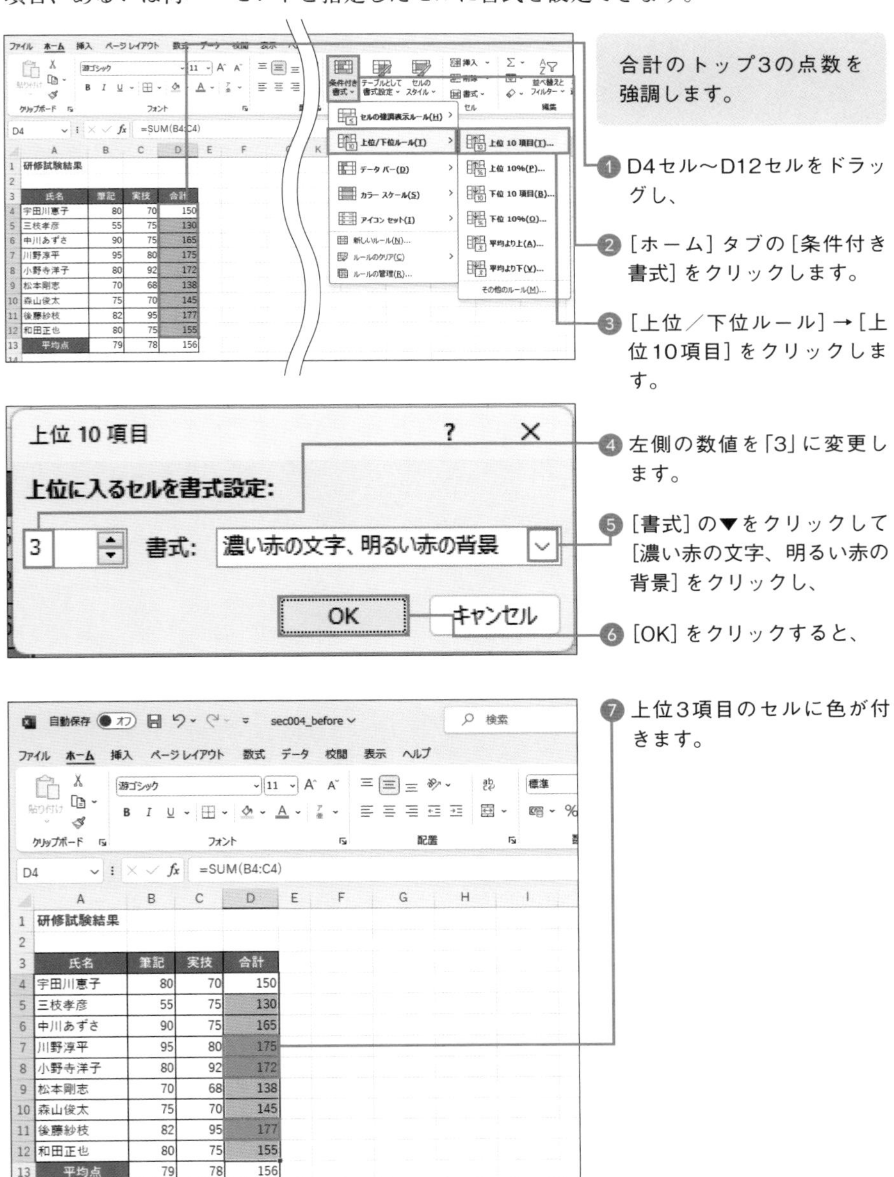

条件付き書式を解除する

100～105ページまでで解説した[条件付き書式]が正しく設定できなかったときや、目的とは違うセルに設定してしまったときは、いったん解除してからやり直します。条件付き書式を解除するには、**[ルールのクリア]**を使います。

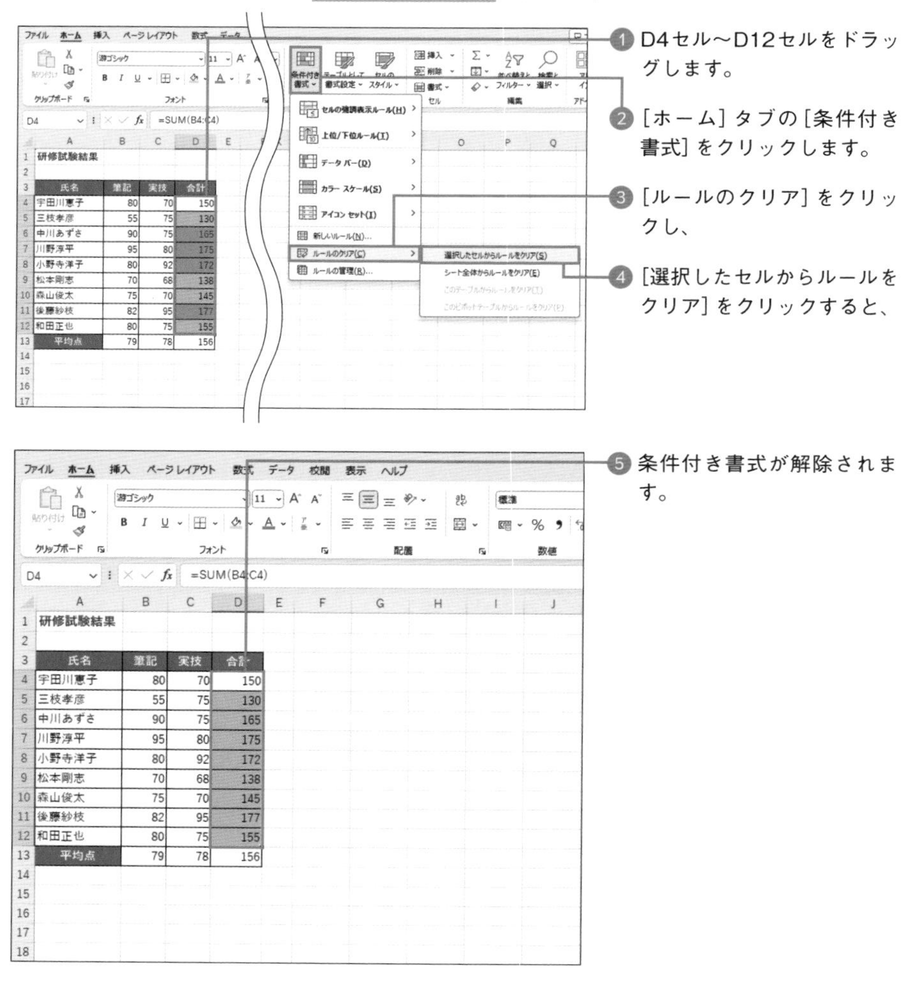

COLUMN

シート全体からクリア

ワークシートのどのセルに条件付き書式が設定されているかわからないときは、手順❹で[シート全体からルールをクリア]を選ぶとよいでしょう。

026 値の特徴がわかるバーやアイコンを表示する

[条件付き書式] に用意されている [データバー] [カラースケール] [アイコンセット] は、条件を満たしたセルをよりわかりやすく見せる機能です。セル内にグラフやアイコンを表示したり、セルを色分けしたりすることで、カラフルな視覚効果を発揮します。

数値の大きさを棒の長さで示す

[条件付き書式] 機能の **[データバー]** を使うと、数値の大きさを**棒の長さで比較**できます。わざわざグラフを作成しなくても、数値が入力されているセル内に簡易的な横棒グラフが表示されるので、数値の大きさを把握しやすくなります。

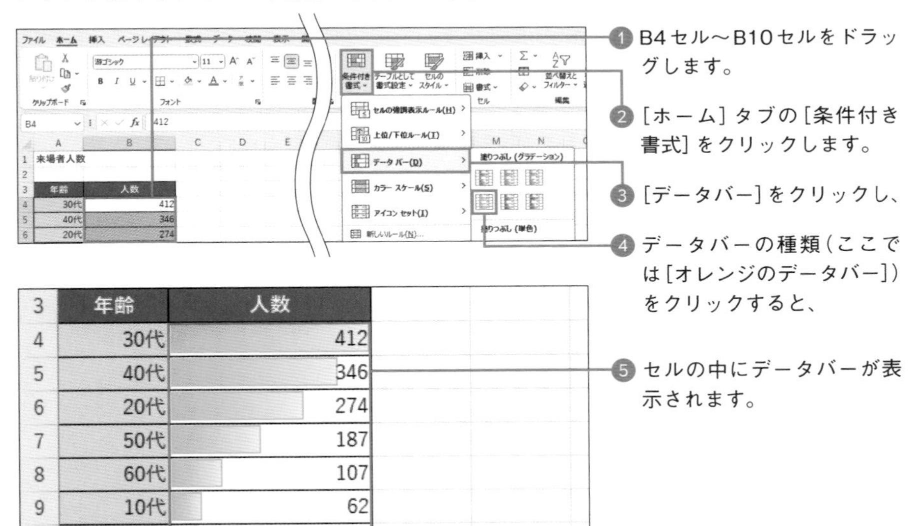

❶ B4セル～B10セルをドラッグします。

❷ [ホーム] タブの [条件付き書式] をクリックします。

❸ [データバー] をクリックし、

❹ データバーの種類 (ここでは [オレンジのデータバー]) をクリックすると、

❺ セルの中にデータバーが表示されます。

COLUMN

データバーの見方

データバーの長さは、選択したセル範囲の中での最小値と最大値を基準にしています。最小値と最大値を手動で設定するには、手順❸のあとで [その他のルール] をクリックし、[新しい書式ルール] ダイアログボックスで最小値と最大値の種類と値を指定します。

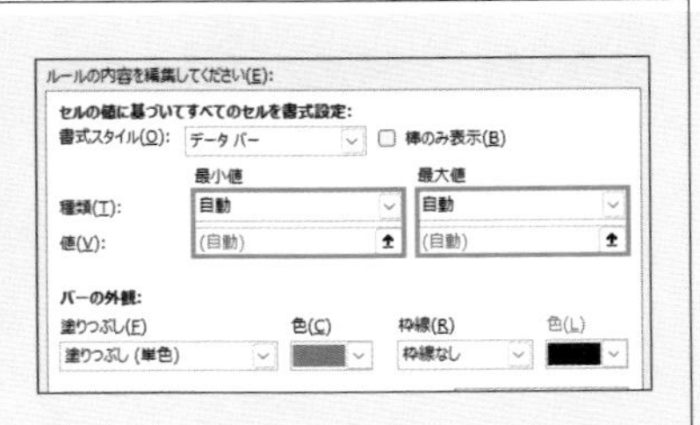

数値の大きさを色で示す

［条件付き書式］の**［カラースケール］**を使うと、数値の大きさを**セルの色や濃淡で比較**できます。たとえば、数値が大きいほど緑色が濃くなるカラースケールを設定すると、色の濃さを見ただけで数値の大小を直感的に把握できます。

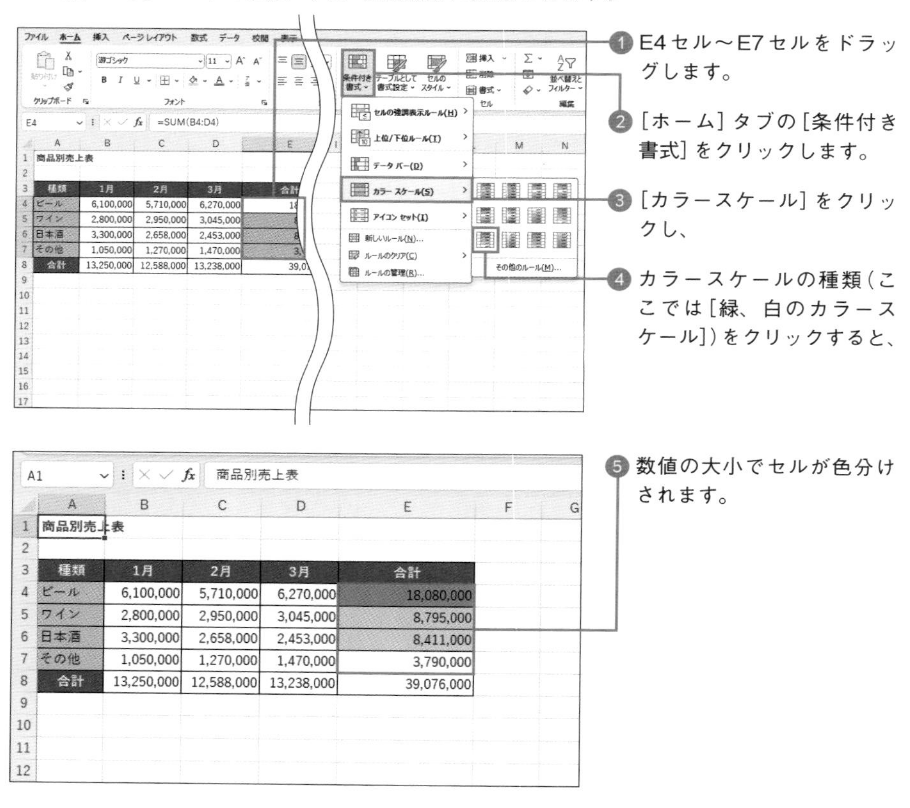

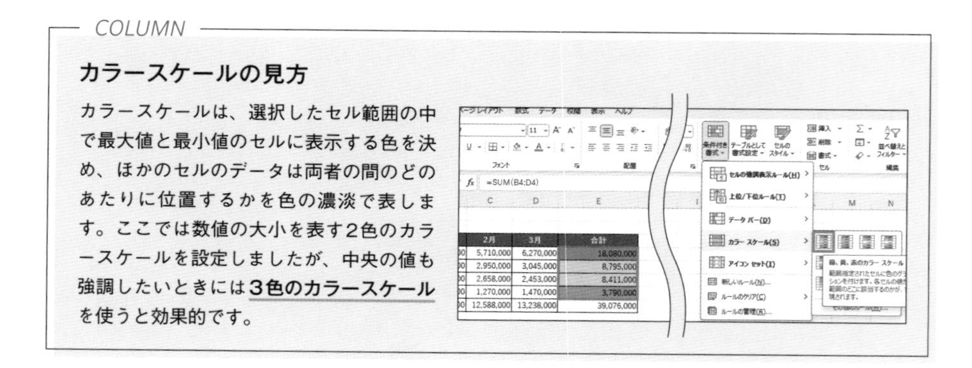

COLUMN

カラースケールの見方

カラースケールは、選択したセル範囲の中で最大値と最小値のセルに表示する色を決め、ほかのセルのデータは両者の間のどのあたりに位置するかを色の濃淡で表します。ここでは数値の大小を表す2色のカラースケールを設定しましたが、中央の値も強調したいときには**3色のカラースケール**を使うと効果的です。

数値の増減をアイコンで示す

［条件付き書式］の**［アイコンセット］**を使うと、数値を3種類から5種類の**絵柄を使ってグループ分け**することができます。ここでは、体重の前日差によって「→」「↓」「↑」の3つの絵柄を表示します。

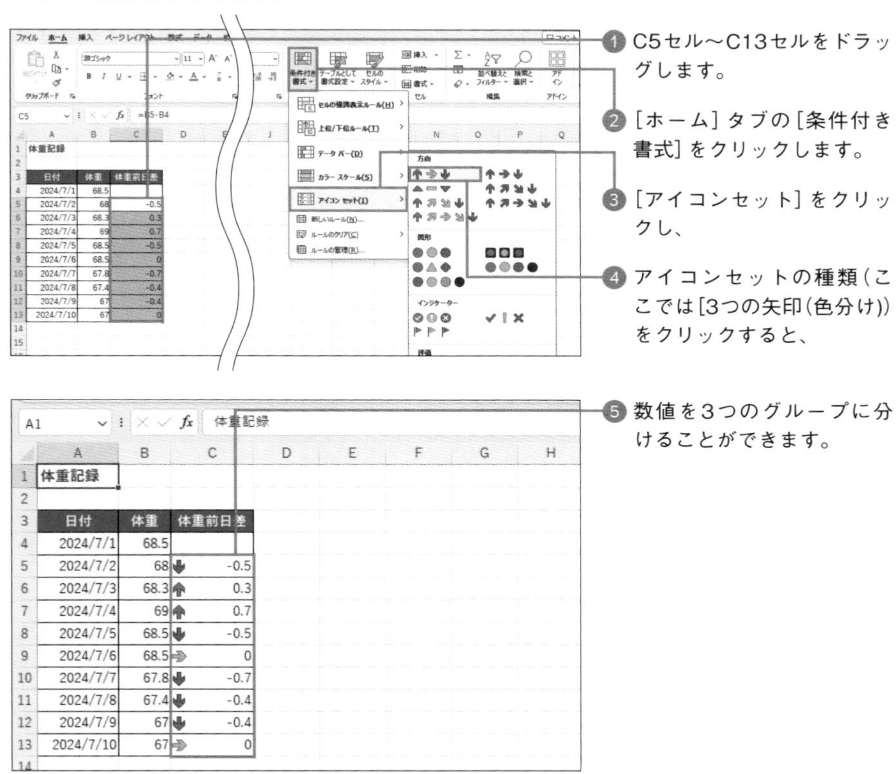

COLUMN

アイコンの種類の使い分け

アイコンの種類を使い分ける値を手動で設定するには、手順❸のあとでメニュー下にある［その他のルール］をクリックし、［新しい書式ルール］ダイアログボックスで［値］や［種類］を指定します。

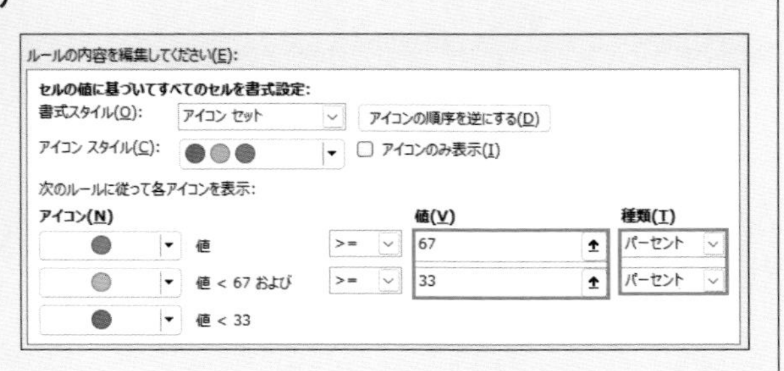

027 罫線をすばやく引くコツを知る

ワークシートに最初から表示されているグリッド線は画面上だけのもので印刷されません。印刷時にも線が必要なときは**[罫線]機能**を使って罫線を引きます。罫線はあとから引いたものが上書きされるので、罫線を引く順番を意識すると、効率よく操作できます。

表全体に罫線を引く

表に複数の種類の罫線を引くときは、最初に表全体に**格子の罫線**を引きます。そのあとで部分的に罫線を引き直すと、格子の罫線が上書きされます。よく使う罫線は、[ホーム]タブの**[罫線]**ボタンからかんたんに設定できます。

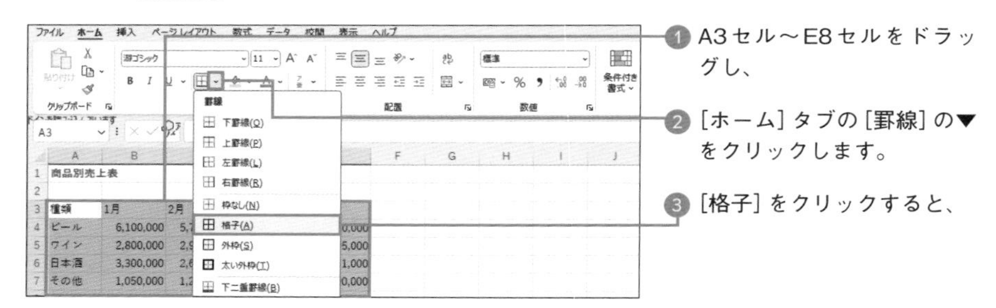

❶ A3セル～E8セルをドラッグし、

❷ [ホーム] タブの [罫線] の▼をクリックします。

❸ [格子] をクリックすると、

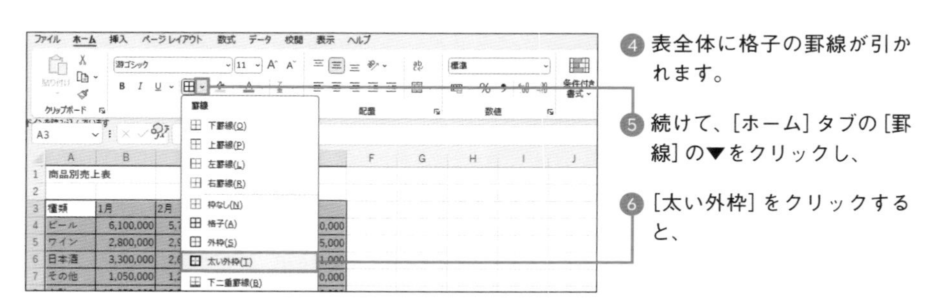

❹ 表全体に格子の罫線が引かれます。

❺ 続けて、[ホーム] タブの [罫線] の▼をクリックし、

❻ [太い外枠] をクリックすると、

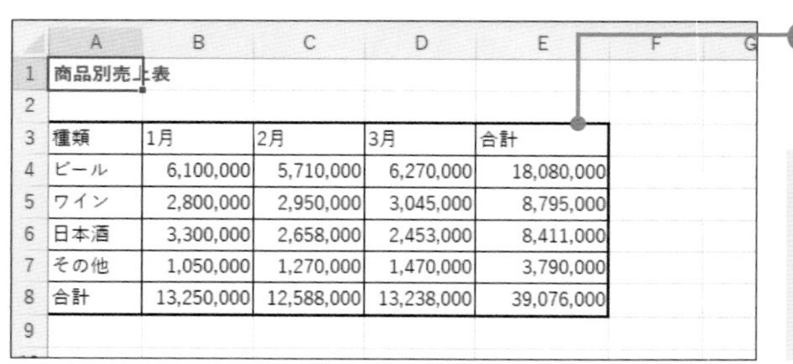

	A	B	C	D	E
1	商品別売上表				
2					
3	種類	1月	2月	3月	合計
4	ビール	6,100,000	5,710,000	6,270,000	18,080,000
5	ワイン	2,800,000	2,950,000	3,045,000	8,795,000
6	日本酒	3,300,000	2,658,000	2,453,000	8,411,000
7	その他	1,050,000	1,270,000	1,470,000	3,790,000
8	合計	13,250,000	12,588,000	13,238,000	39,076,000

❼ 表の外枠が太罫線に上書きされます。

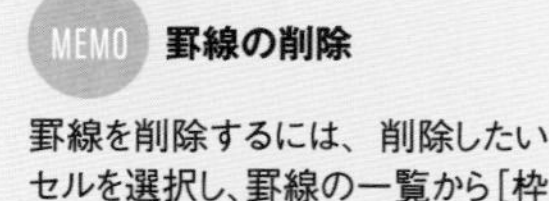

MEMO **罫線の削除**

罫線を削除するには、削除したいセルを選択し、罫線の一覧から[枠なし] をクリックします。

セルに斜めの罫線を引く

表の中で、見出し行と列が交差するセルやデータがないセルに**斜線**を引くことがあります。ただし、[ホーム] タブの [罫線] をクリックしても斜線は表示されません。斜線を引くには **[セルの書式設定] ダイアログボックス**で、右上がりの斜線か右下がりの斜線かを選びます。

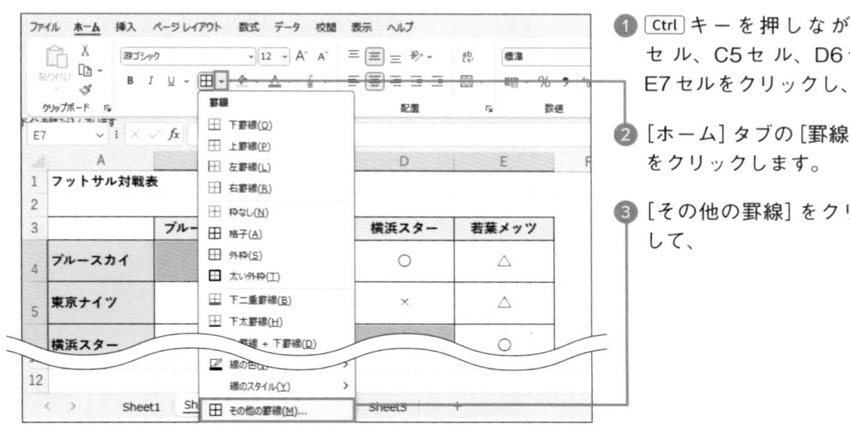

❶ Ctrl キーを押しながらB4セル、C5セル、D6セル、E7セルをクリックし、

❷ [ホーム] タブの [罫線] の▼をクリックします。

❸ [その他の罫線] をクリックして、

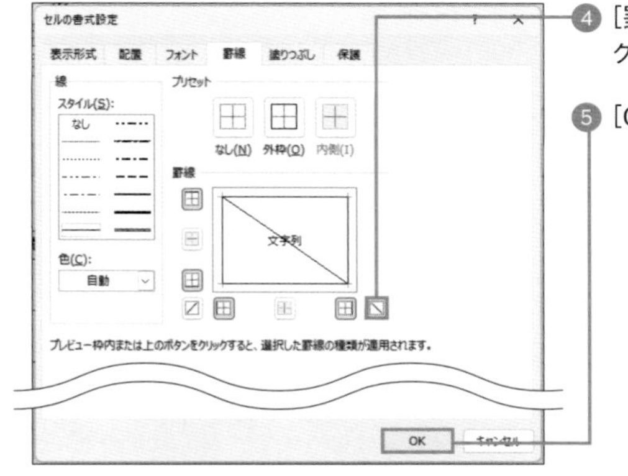

❹ [罫線] の [右下がり斜線] をクリックし、

❺ [OK] をクリックすると、

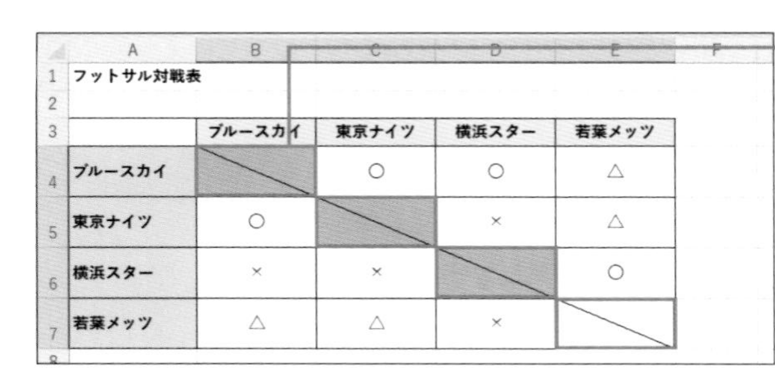

❻ 手順❶で選択したセルに斜線が表示されます。

罫線の種類や色を変更する

初期設定では、罫線は黒色で細い実線です。**[セルの書式設定]ダイアログボックス**を使うと、**罫線の色や太さ、種類**を指定して罫線を引くことができます。指定した内容をプレビュー画面で確認しながら操作するとよいでしょう。

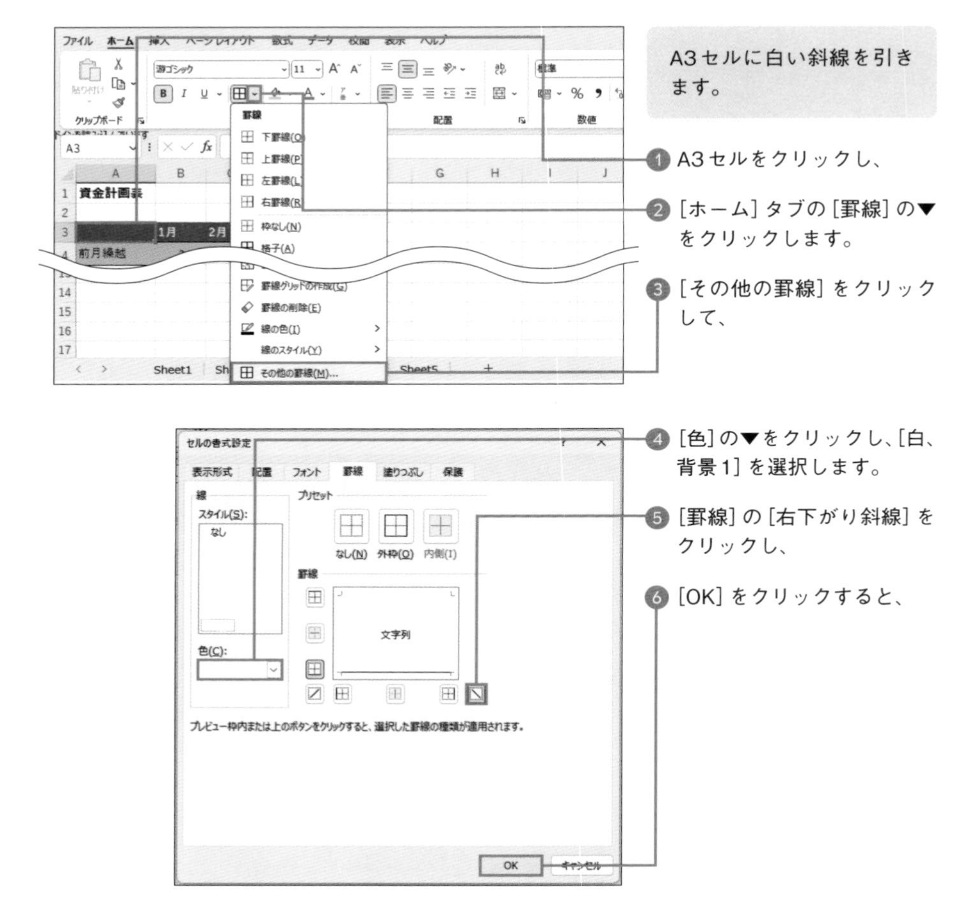

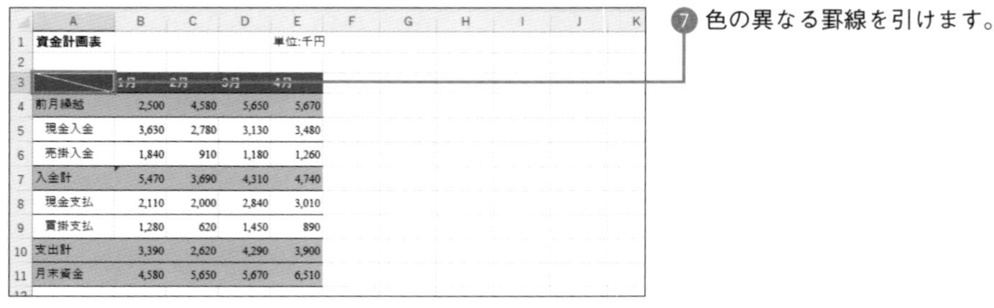

	A	B	C	D	E
1	資金計画表				単位:千円
2					
3		1月	2月	3月	4月
4	前月繰越	2,500	4,580	5,650	5,670
5	現金入金	3,630	2,780	3,130	3,480
6	売掛入金	1,840	910	1,180	1,260
7	入金計	5,470	3,690	4,310	4,740
8	現金支払	2,110	2,000	2,840	3,010
9	買掛支払	1,280	620	1,450	890
10	支出計	3,390	2,620	4,290	3,900
11	月末資金	4,580	5,650	5,670	6,510

ドラッグ操作で罫線を引く

[罫線の作成] や [線の色] を使うと、マウスポインターが鉛筆の形状に変化し、マウスでドラッグしたとおりに罫線が引けます。直感的に罫線が引けるので便利です。罫線を引く前に、罫線の色や種類などを設定しておくのを忘れないようにしましょう。

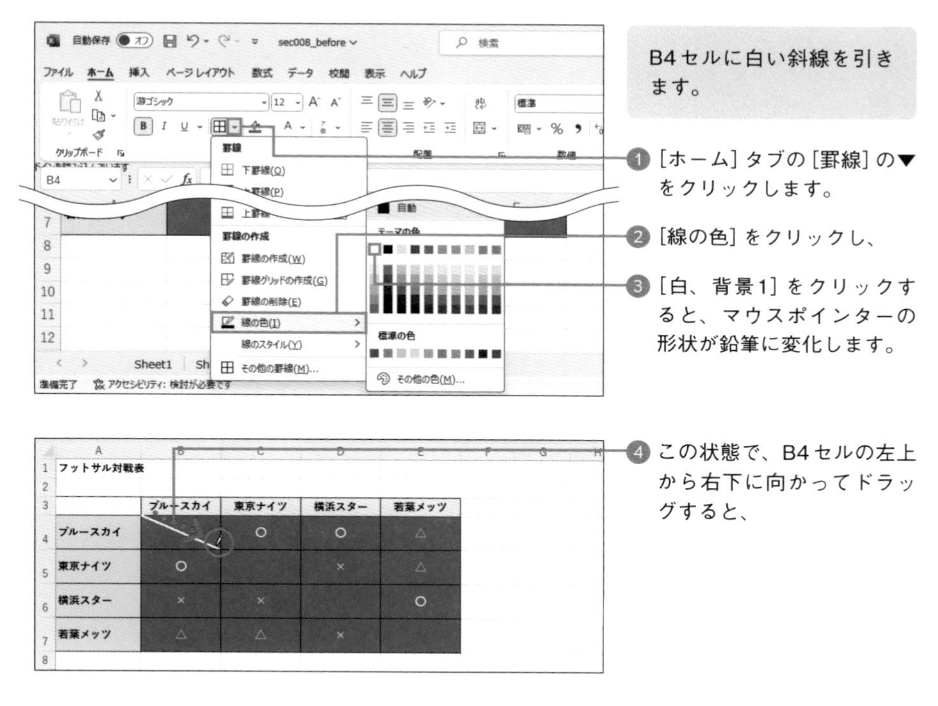

B4セルに白い斜線を引きます。

1 [ホーム] タブの [罫線] の▼をクリックします。

2 [線の色] をクリックし、

3 [白、背景1] をクリックすると、マウスポインターの形状が鉛筆に変化します。

4 この状態で、B4セルの左上から右下に向かってドラッグすると、

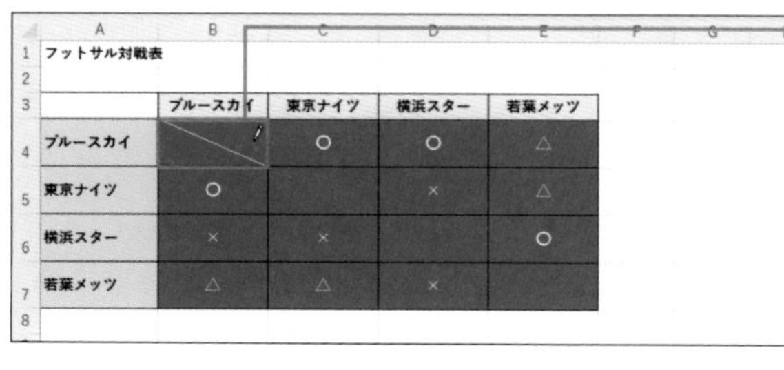

5 ドラッグしたとおりに斜線が引けます。

6 Esc キーを押して罫線の作成を解除します。

COLUMN

罫線機能の解除

斜線を引き終わってもマウスポインターは鉛筆のままです。罫線を引き終えたら、Esc キーを押して強制的に罫線機能を解除します。

ドラッグ操作で罫線を削除する

部分的に罫線を消したいときは、マウスで消したい線をなぞるようにドラッグすると便利です。**[罫線の削除]**を使うと、**マウスポインターが消しゴムの形**に変化し、マウス操作で罫線を削除できます。

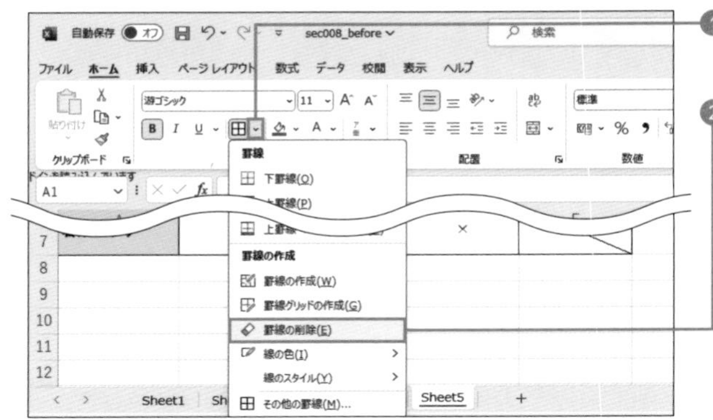

❶ [ホーム] タブの [罫線] の▼をクリックします。

❷ [罫線の削除] をクリックすると、マウスポインターの形状が消しゴムに変化します。

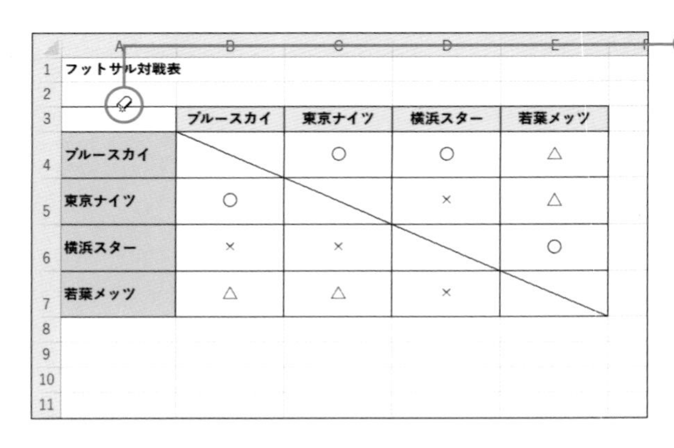

❸ この状態で、消したい罫線（ここではA3セルの上側）をクリックすると、

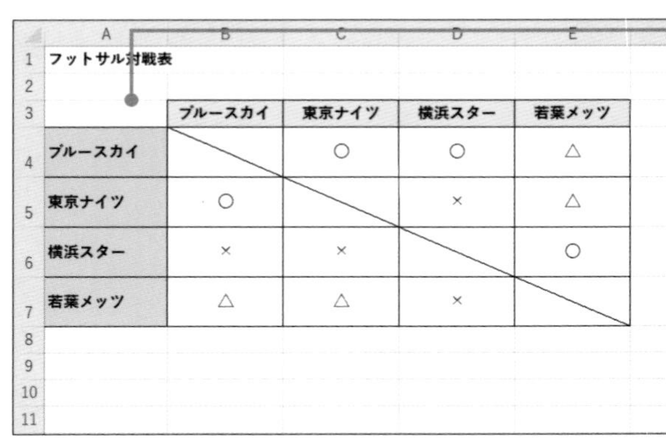

❹ クリックした箇所の罫線が消えます。

❺ Esc キーを押して罫線の削除を解除します。

MEMO ドラッグで削除

複数のセルにまたがる罫線を削除する場合は、消したい罫線をドラッグします。

028 書式に悩むならパターンで解決する

セルの書式にはたくさんの種類が用意されているので、組み合わせに迷ったり過剰に付けすぎたりすることもあります。肝心の集計や分析よりも書式の設定に時間をかけるのは本末転倒です。Excelに用意されている**書式のパターン**を上手に利用しましょう。

セルのスタイルを設定する

［塗りつぶしの色］［フォント色］［下線］［太字］などを組み合わせて手動で書式を付けることもできますが、**［セルのスタイル］**には飾りの組み合わせのパターンがいくつも登録されています。クリックするだけでかんたんに書式を付けられます。

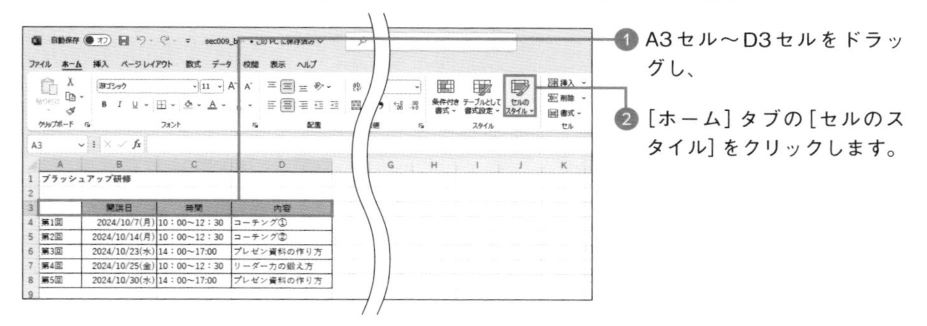

❶ A3セル～D3セルをドラッグし、

❷［ホーム］タブの［セルのスタイル］をクリックします。

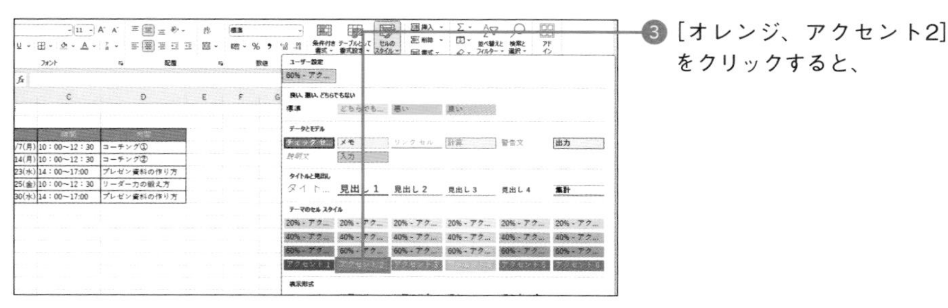

❸［オレンジ、アクセント2］をクリックすると、

	A	B	C	D
1	ブラッシュアップ研修			
2				
3		開講日	時間	内容
4	第1回	2024/10/7(月)	10：00～12：30	コーチング①
5	第2回	2024/10/14(月)	10：00～12：30	コーチング②
6	第3回	2024/10/23(水)	14：00～17:00	プレゼン資料の作り方
7	第4回	2024/10/25(金)	10：00～12：30	リーダー力の鍛え方
8	第5回	2024/10/30(水)	14：00～17:00	プレゼン資料の作り方

❹ A3セル～D3セルに複数の書式が付きます。

MEMO スタイルの解除

セルのスタイルを解除するには、手順❸の一覧から［標準］をクリックします。

1行おきに色を付ける

注文リストや売上台帳など、1行に1件のデータを入力する表は、1行おきにセルに色が付いていると見やすくなります。1行おきに色を付けるには、**[テーブルとして書式設定]** を使うと便利です。かんたんに色付けができるうえ、行数の増減に連動して色も変わります。テーブルとは、ほかのセルとは異なるセル範囲のことで、第6章のデータベース機能を利用するときに利用します。

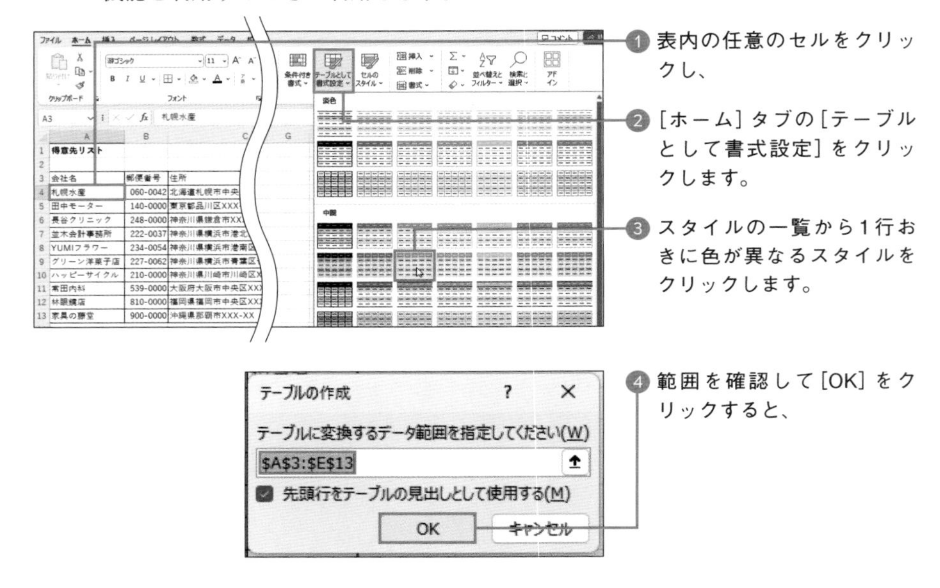

会社名	郵便番号	住所	都道府県名	担当者
札幌水産	060-0042	北海道札幌市中央区XXX-XX	北海道	中島祐介
田中モーター	140-0000	東京都品川区XXX-XX	東京都	前田桃花
長谷クリニック	248-0000	神奈川県鎌倉市XXX-XX	神奈川県	斉藤孝義
並木会計事務所	222-0037	神奈川県横浜市港北区大倉山XXX-XX	神奈川県	大原陽子
YUMIフラワー	234-0054	神奈川県横浜市港南区甲南大XXX-XX	神奈川県	篠塚信二
グリーン洋菓子店	227-0062	神奈川県横浜市青葉区青葉台XX-XX	神奈川県	太田晃
ハッピーサイクル	210-0000	神奈川県川崎市川崎区XXX-XX	神奈川県	村上真矢
常田内科	539-0000	大阪府大阪市中央区XXX-XX	大阪府	高島めぐみ
林眼鏡店	810-0000	福岡県福岡市中央区XXX-XX	福岡県	村松英介
家具の藤堂	900-0000	沖縄県那覇市XXX-XX	沖縄県	金田俊彦

❺ 全体に1行おきの色が付きます。

COLUMN

書式をコピーする方法もある

1行ずつ互い違いの色を付けるには、色を付けた2行分のセルを選択してから [ホーム] タブにある [書式のコピー/貼り付け] 機能を使う方法もあります。ただし、この場合は、行数が増減するたびに手動で色を付け直す必要があります。[書式のコピー/貼り付け] の操作は90ページを参照してください。

Excelの勘どころをおさえる!
数式・関数の頻出テクニック

029 数式の基本を理解する

数式は**四則演算**と**関数**に大別できます。どちらも数式に値を入力するのではなく、**セル番地**を使って組み立てるのが基本です。そうすれば、計算に使う値が変わっても、**再計算機能**が働いて計算結果も自動的に変わるからです。ここでは、四則演算の数式で、Excelの数式を作るためのルールを正しく理解しましょう。

四則演算の数式を作成する

足し算、引き算、かけ算、割り算の**四則演算**の数式を入力します。数式を入力する手順は3ステップ。最初に**結果を表示したいセルをクリック**します。次に**「=(半角のイコール)」の記号を入力**します。最後に**数式を作成して Enter キー**を押します。そうすると、最初に選択したセルに計算結果が表示されます。

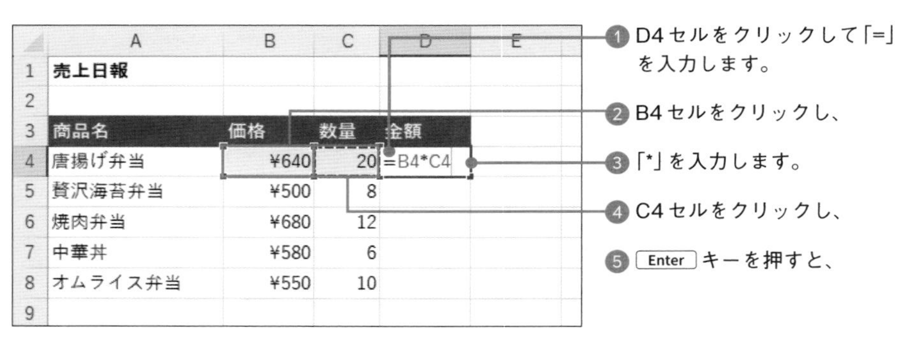

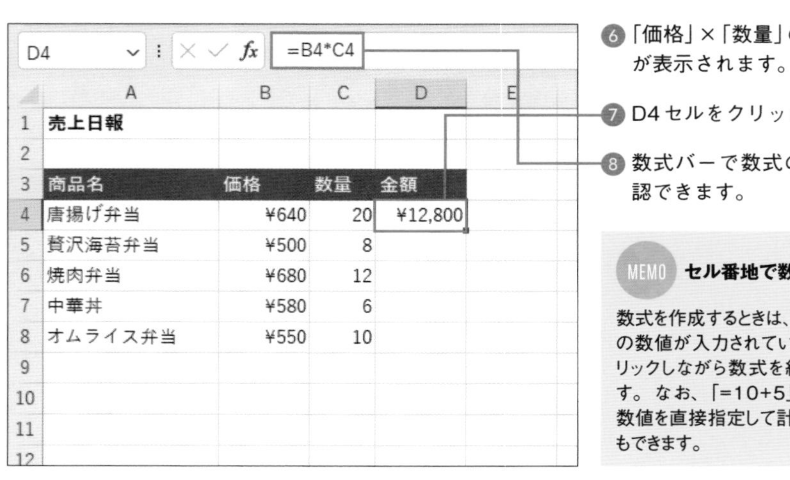

MEMO セル番地で数式を作る

数式を作成するときは、計算対象の数値が入力されているセルをクリックしながら数式を組み立てます。なお、「=10+5」のように数値を直接指定して計算することもできます。

COLUMN

算術演算子

四則演算などを行う算術演算子には、次のようなものがあります。演算子の優先順位は算数と同じです。

算術演算子	計算方法
+	足し算
-	引き算
*	かけ算
/	割り算
%	パーセント
^	べき乗

数式の内容をセルに表示する

数式を入力すると、セルには計算結果が表示されますが、実際に入力したのは数式です。セルに入力した数式は、セルを選択すると、**数式バー**に内容が表示されます。計算結果がおかしいと思ったときは、数式の内容をしっかり確認しましょう。ワークシート内のすべての数式をまとめて確認するなら、**[数式の表示] 機能**を使うと**セル内に数式が表示**されます。

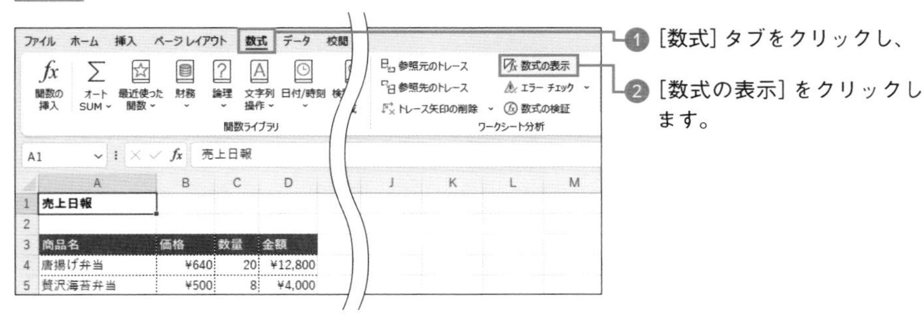

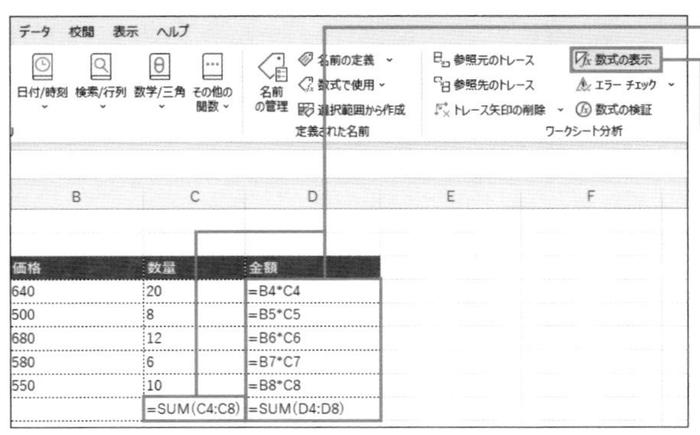

3 列幅が広がり、数式の内容が表示されます。

4 [数式の表示] をクリックすると、計算結果に戻ります。

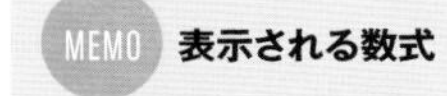

MEMO 表示される数式

ワークシートに入力済みのすべての数式がセルに表示されます。

030 数式のコピーで入力を省く

大きな表では、数式を1つずつ入力するだけでもたいへんな労力です。数式はすべてのセルに1つずつ入力する必要はありません。もとになる**数式を縦方向のセルや横方向のセルにコピー**することで、自動的に数式に補正がかかり、正しく計算できるしくみになっています。

数式をコピーする

セルに入力した数式は、セルの右下に表示される**■(フィルハンドル)をドラッグ**するだけでコピーできます。数式をコピーすると、数式中で参照しているセル番地は**コピーの方向**に合わせて自動的に変わります。縦方向にコピーしたときは行番号が1行ずつずれますし、横方向にコピーしたときは列番号が1列ずつずれます。

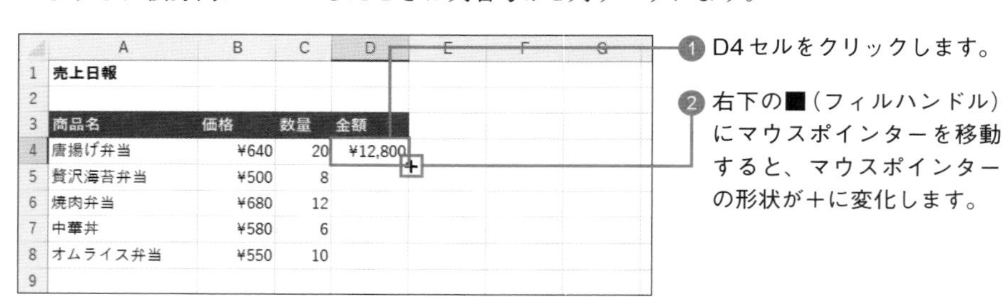

	A	B	C	D	E	F	G
1	売上日報						
2							
3	商品名	価格	数量	金額			
4	唐揚げ弁当	¥640	20	¥12,800			
5	贅沢海苔弁当	¥500	8				
6	焼肉弁当	¥680	12				
7	中華丼	¥580	6				
8	オムライス弁当	¥550	10				
9							

❶ D4セルをクリックします。

❷ 右下の■(フィルハンドル)にマウスポインターを移動すると、マウスポインターの形状が＋に変化します。

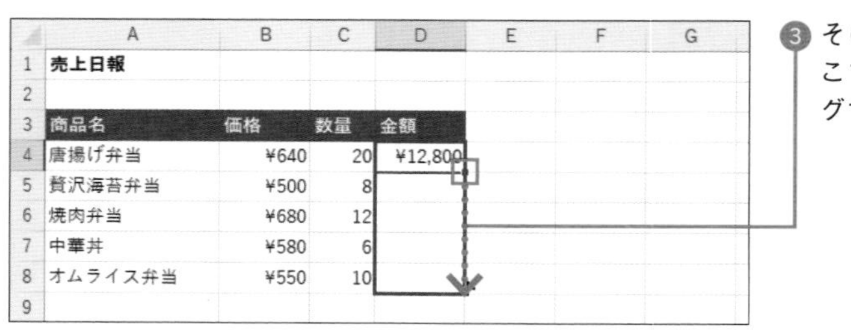

	A	B	C	D	E	F	G
1	売上日報						
2							
3	商品名	価格	数量	金額			
4	唐揚げ弁当	¥640	20	¥12,800			
5	贅沢海苔弁当	¥500	8				
6	焼肉弁当	¥680	12				
7	中華丼	¥580	6				
8	オムライス弁当	¥550	10				
9							

❸ そのまま、表の最終行(ここではD8セル)までドラッグすると、

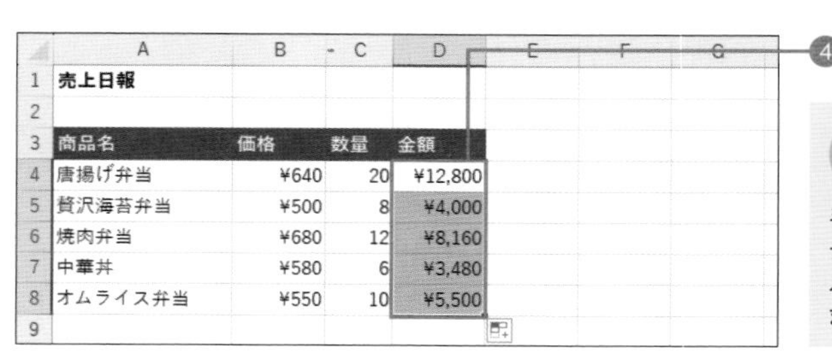

	A	B	C	D	E	F	G
1	売上日報						
2							
3	商品名	価格	数量	金額			
4	唐揚げ弁当	¥640	20	¥12,800			
5	贅沢海苔弁当	¥500	8	¥4,000			
6	焼肉弁当	¥680	12	¥8,160			
7	中華丼	¥580	6	¥3,480			
8	オムライス弁当	¥550	10	¥5,500			
9							

❹ 数式がコピーされます。

MEMO **ダブルクリックでコピー**

手順❷でダブルクリックすると、データが入力されている左側のセルの最終行まで一気にコピーできます。

COLUMN

コピー先でセル番地が変化する

D4セルの「=B4*C4」の数式をコピーすると、コピー先のセルではセル番地の行数が自動的に変化します。

セル番地	数式
D4 セル	=B4*C4
D5 セル	=B5*C5
…	…
D8 セル	=B8*C8

書式を崩さずに数式をコピーする

セルに色や罫線などの書式が付いた状態で数式をコピーすると、セルの書式もいっしょにコピーされるため、表の体裁が崩れる場合があります。セルに入力した数式だけをコピーするには、コピー後に表示される **[オートフィルオプション]** ボタンを使います。

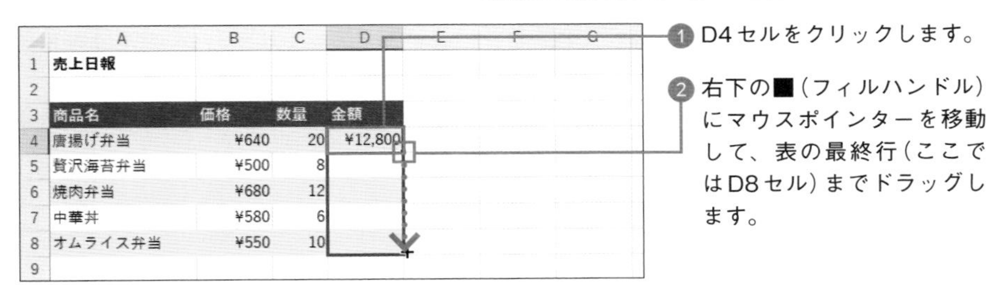

❶ D4セルをクリックします。

❷ 右下の■（フィルハンドル）にマウスポインターを移動して、表の最終行（ここではD8セル）までドラッグします。

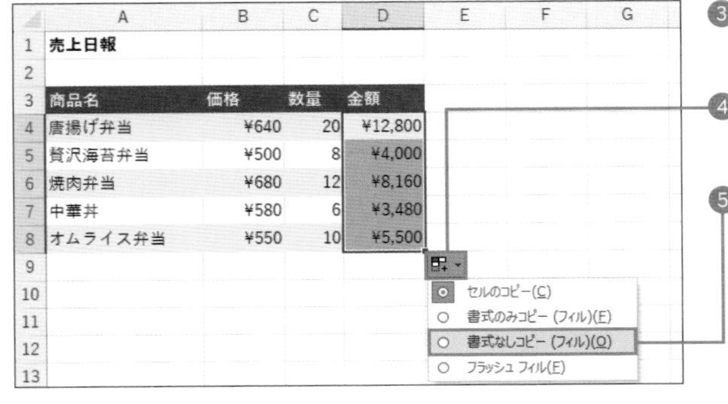

❸ D4セルの色もコピーされます。

❹ [オートフィルオプション]ボタンをクリックし、

❺ [書式なしコピー（フィル）]をクリックすると、

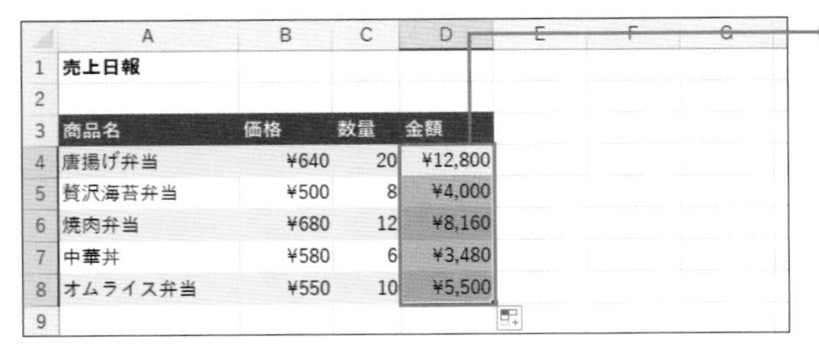

❻ セルの書式が解除されて、数式だけがコピーされます。

数式のコピーをせず複数セルに一度に求める

[スピル]機能を使うと、数式をコピーしなくても複数のセルにまとめて数式を入力できます。スピルには「あふれる」「こぼれる」という意味があり、あたかも数式があふれるように**隣接するセル**に計算結果が自動表示されます。

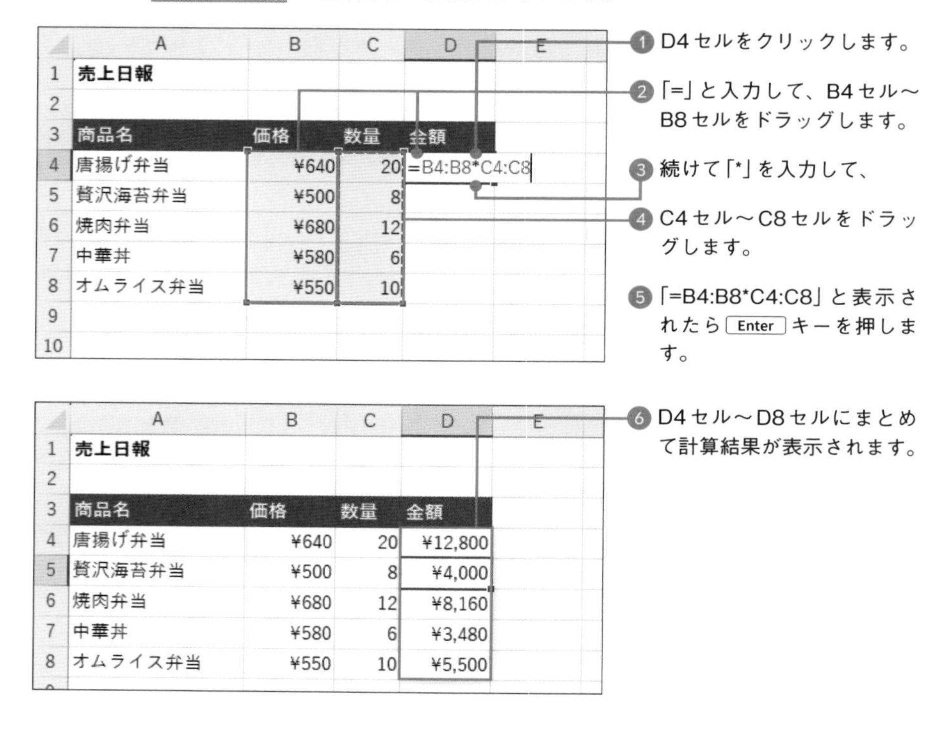

COLUMN

複数のセルを選択する

連続した複数のセルをドラッグすると、「B4:B8」のように**「:」(コロン)記号**で区切って表示されます。また、Ctrl **キーを押しながら離れたセルをクリック**して選択すると、「B4,B8」のように**「,」(カンマ)記号**で区切られます。両方を組み合わせて「B4:B8,C8」のように選択することもできます。

計算結果の値だけをコピーする

計算結果が表示されているセルをほかのセルにコピーすると、数式そのものがコピーされます。そのため、数式で参照しているセルがなくなるとエラーになります。このようなときは、**[貼り付けのオプション]**ボタンを使って、計算結果の値だけをコピーしましょう。

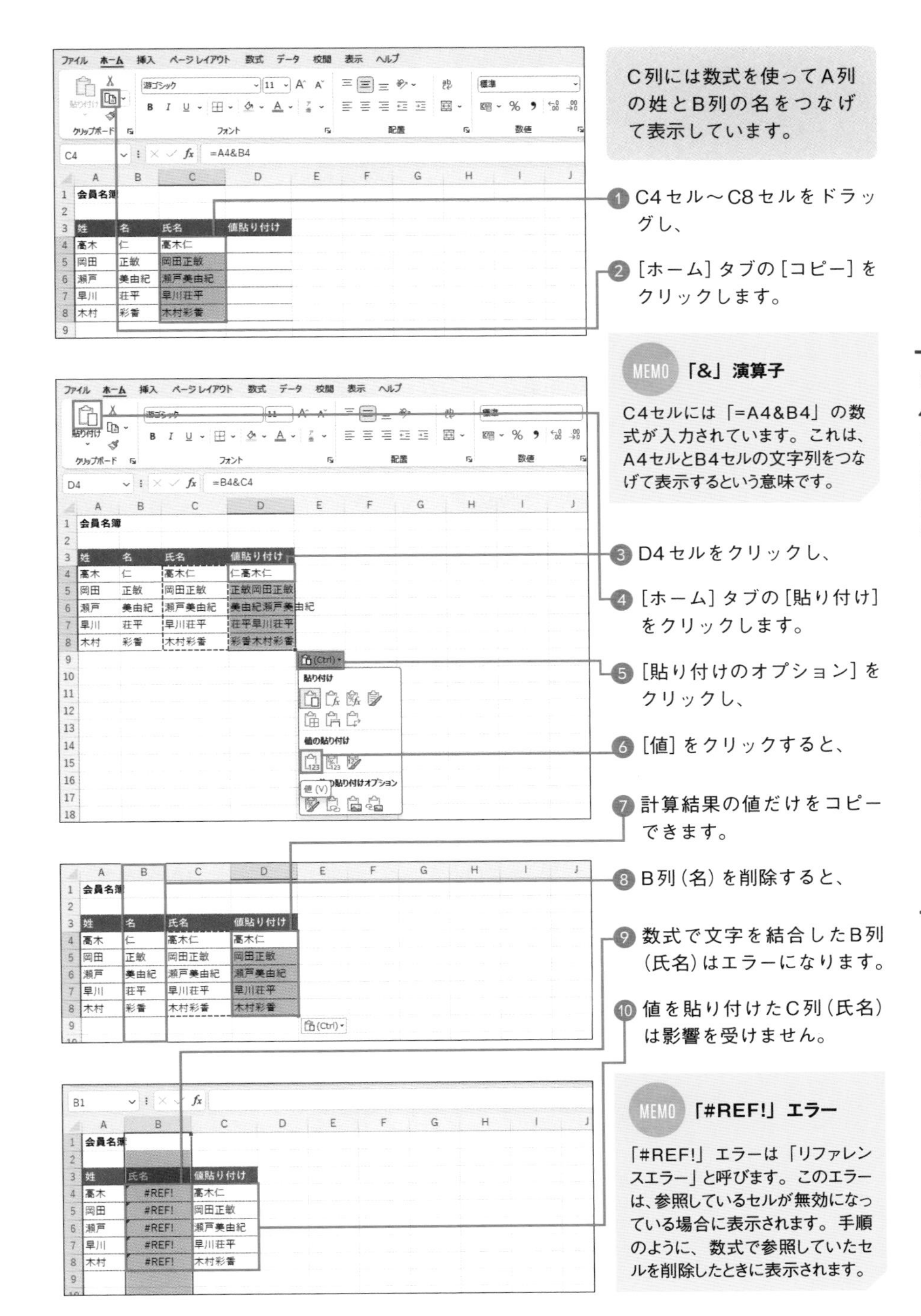

C列には数式を使ってA列の姓とB列の名をつなげて表示しています。

1. C4セル～C8セルをドラッグし、
2. [ホーム] タブの [コピー] をクリックします。
3. D4セルをクリックし、
4. [ホーム] タブの [貼り付け] をクリックします。
5. [貼り付けのオプション] をクリックし、
6. [値] をクリックすると、
7. 計算結果の値だけをコピーできます。
8. B列（名）を削除すると、
9. 数式で文字を結合したB列（氏名）はエラーになります。
10. 値を貼り付けたC列（氏名）は影響を受けません。

MEMO 「&」演算子

C4セルには「=A4&B4」の数式が入力されています。これは、A4セルとB4セルの文字列をつなげて表示するという意味です。

MEMO 「#REF!」エラー

「#REF!」エラーは「リファレンスエラー」と呼びます。このエラーは、参照しているセルが無効になっている場合に表示されます。手順のように、数式で参照していたセルを削除したときに表示されます。

031 参照の基本を理解する

数式の入力時にセルをクリックすると、セル番地やセルの名前が表示されます。これを**「セル参照」**といいます。セル参照のおもなものは「相対参照」と「絶対参照」です。それぞれ数式をコピーしたときに違いが発生します。

絶対参照と相対参照を知る

120ページの操作で数式をコピーすると、コピーの方向に合わせて数式で参照している**セル番地が自動的に変わります**。これを「相対参照」と呼びます。一方、コピーするときに参照するセルを**もとのセル番地のまま固定**するには、セル番地を「絶対参照」で指定します。

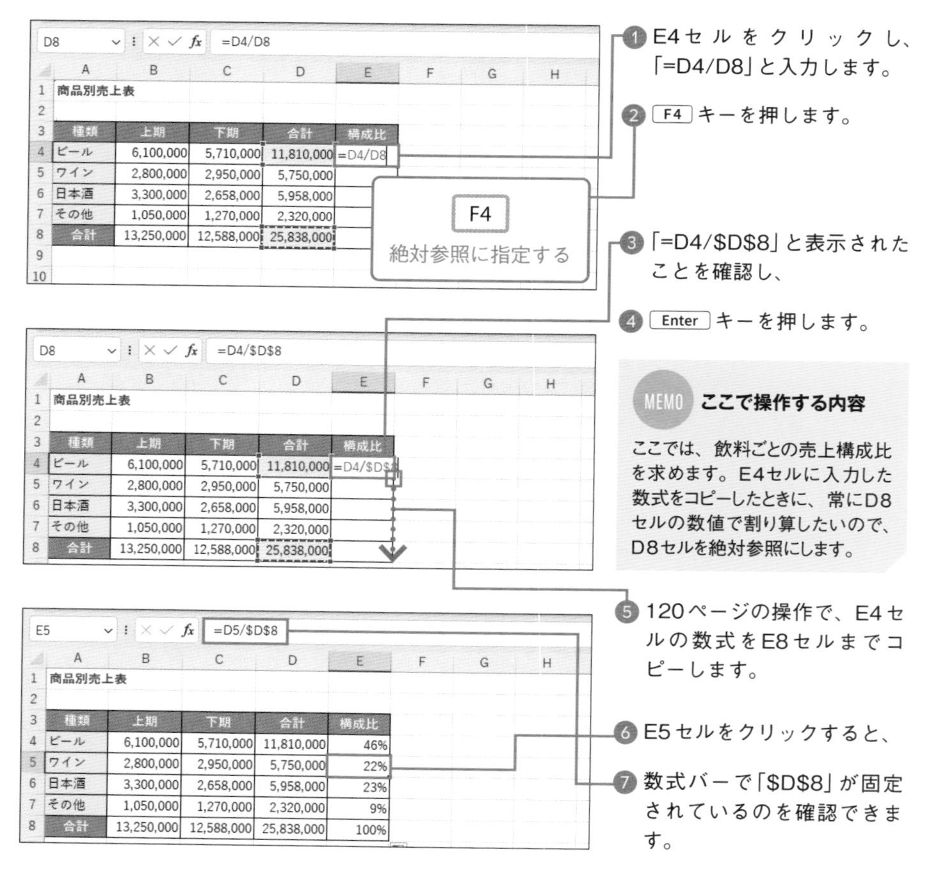

COLUMN

絶対参照

セル番地の列番号と行番号の前に半角の$記号を付けると絶対参照になります。手入力してもよいですが、数式の作成中にセルをクリックした直後に F4 キーを押すと、自動的に$記号が付きます。

セル番地	数式
E4 セル	=D4/$D$8
E5 セル	=D5/$D$8
E6 セル	=D6/$D$8
E7 セル	=D7/$D$8
E8 セル	=D8/$D$8

参照するセルを修正する

数式で参照したセルが間違っていたときは、あとから修正します。いちから数式を作り直してもよいですが、数式を部分的にすばやく修正する方法を知っておきましょう。数式を入力したセルを**ダブルクリック**すると、参照元のセル番地やセル範囲に**色がついた枠**が付くので、この枠をドラッグして参照するセルを変更します。また、枠の四隅をドラッグすると参照するセルの「範囲」を変更できます。

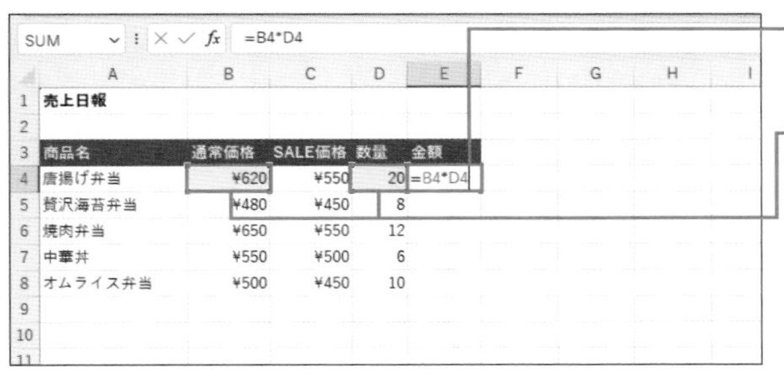

❶ E4セルをダブルクリックします。

❷ 参照元のセルに枠が付きます。

ここで操作する内容

ここでは、E4セルの数式を「SALE価格」×「数量」の数式（=C4*D4）に変更します。数式バーに表示される数式を直接修正することもできます。

❸ B4セルの外枠にマウスポインターを移動するとマウスポインターの形状が変わるので、そのまま、C4セルまでドラッグします。

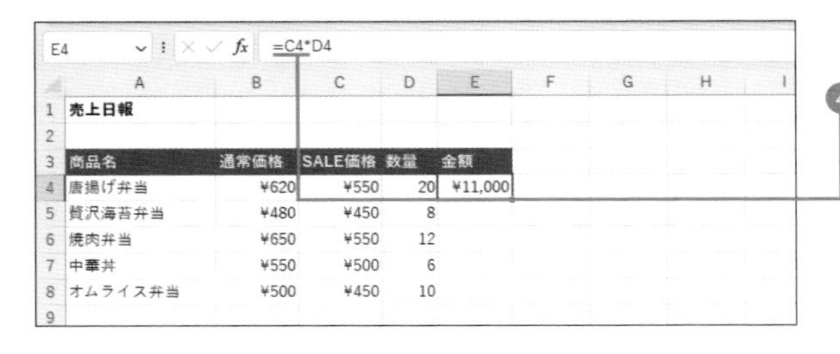

❹ Enter キーを押すと、数式の参照元のセルをB4セルからC4セルに変更できます。

COLUMN

セル範囲を変更する

参照元のセル範囲を拡大／縮小するには、参照元セル範囲の枠の四隅に表示される■をドラッグします。

参照元／参照先のセルを確認する

数式の参照元セルや参照先セルをひと目で把握するには、**[参照先のトレース]**や**[参照元のトレース]**を使うとよいでしょう。トレースには計算過程を追跡するという意味があり、数式で参照しているセルに青い矢印が表示されます。

参照元のトレースを表示する

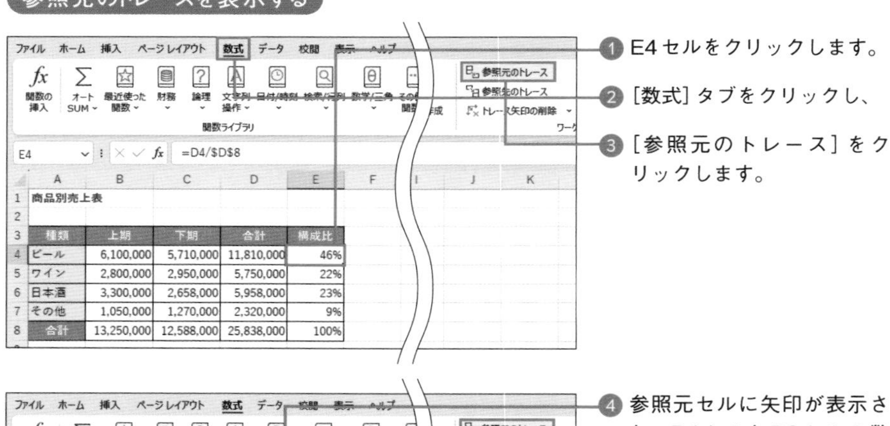

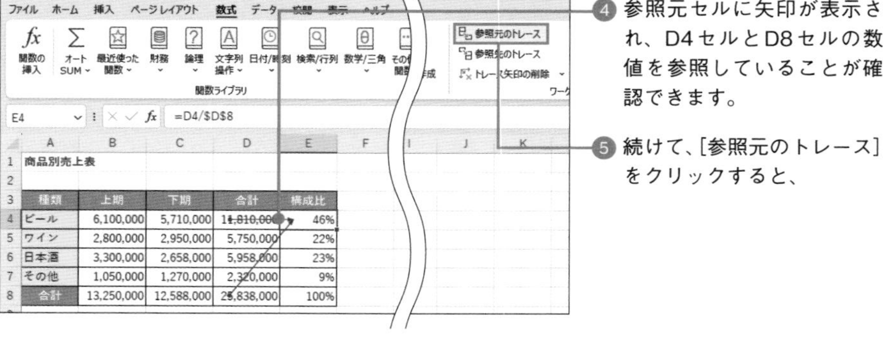

	A	B	C	D	E
1	商品別売上表				
2					
3	種類	上期	下期	合計	構成比
4	ビール	6,100,000	5,710,000	11,810,000	46%
5	ワイン	2,800,000	2,950,000	5,750,000	22%
6	日本酒	3,300,000	2,658,000	5,958,000	23%
7	その他	1,050,000	1,270,000	2,320,000	9%
8	合計	13,250,000	12,588,000	25,838,000	100%

6 参照元セル（D4セルとD8セル）が参照しているセルに矢印が表示され、前期と下期のセルを参照していることが確認できます。

参照先のトレースを表示する

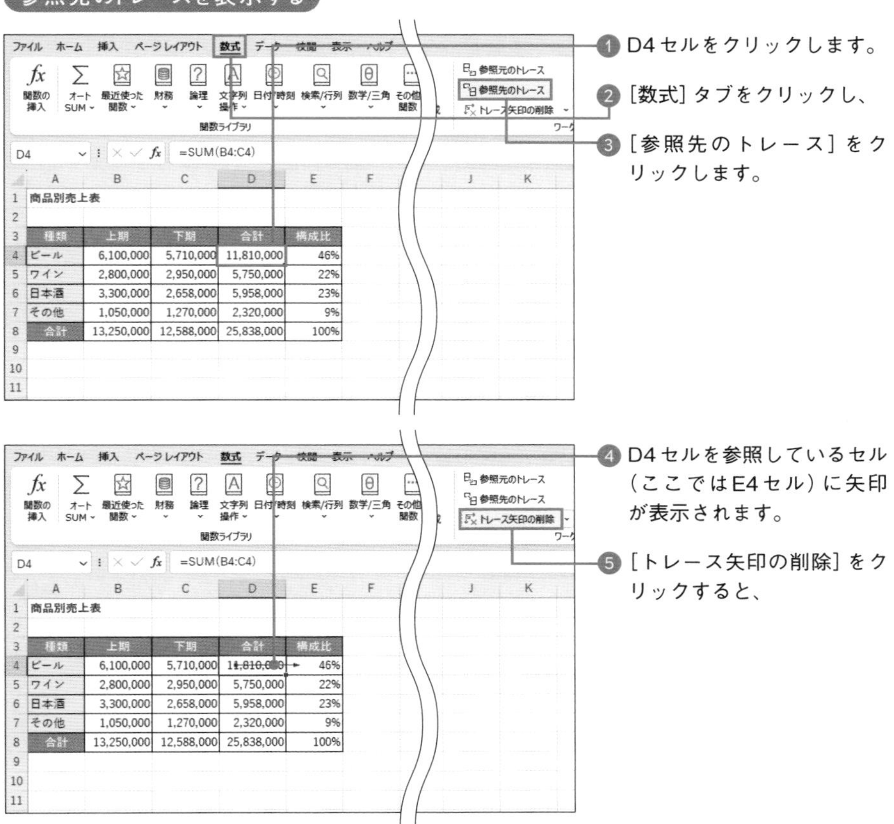

1 D4セルをクリックします。

2 [数式] タブをクリックし、

3 [参照先のトレース] をクリックします。

4 D4セルを参照しているセル（ここではE4セル）に矢印が表示されます。

5 [トレース矢印の削除] をクリックすると、

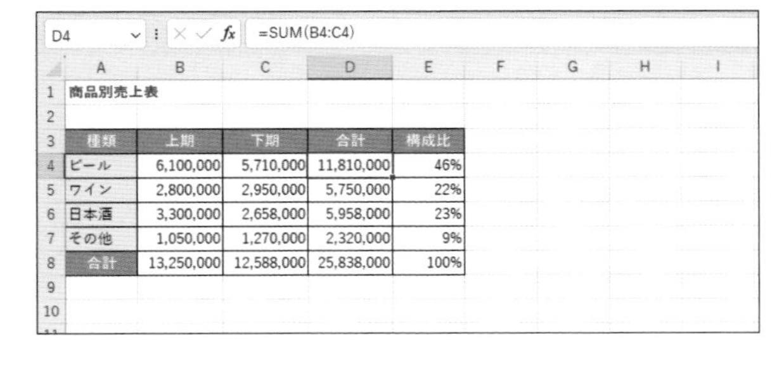

6 すべてのトレース矢印が削除されます。

セル範囲に名前を付ける

セルやセル範囲には、自由に**名前**を付けることができます。付けた名前を数式の中で利用すると、数式の内容がわかりやすくなります。なお、名前を付けたセルやセル範囲は、数式内で常に**絶対参照**で扱われます。

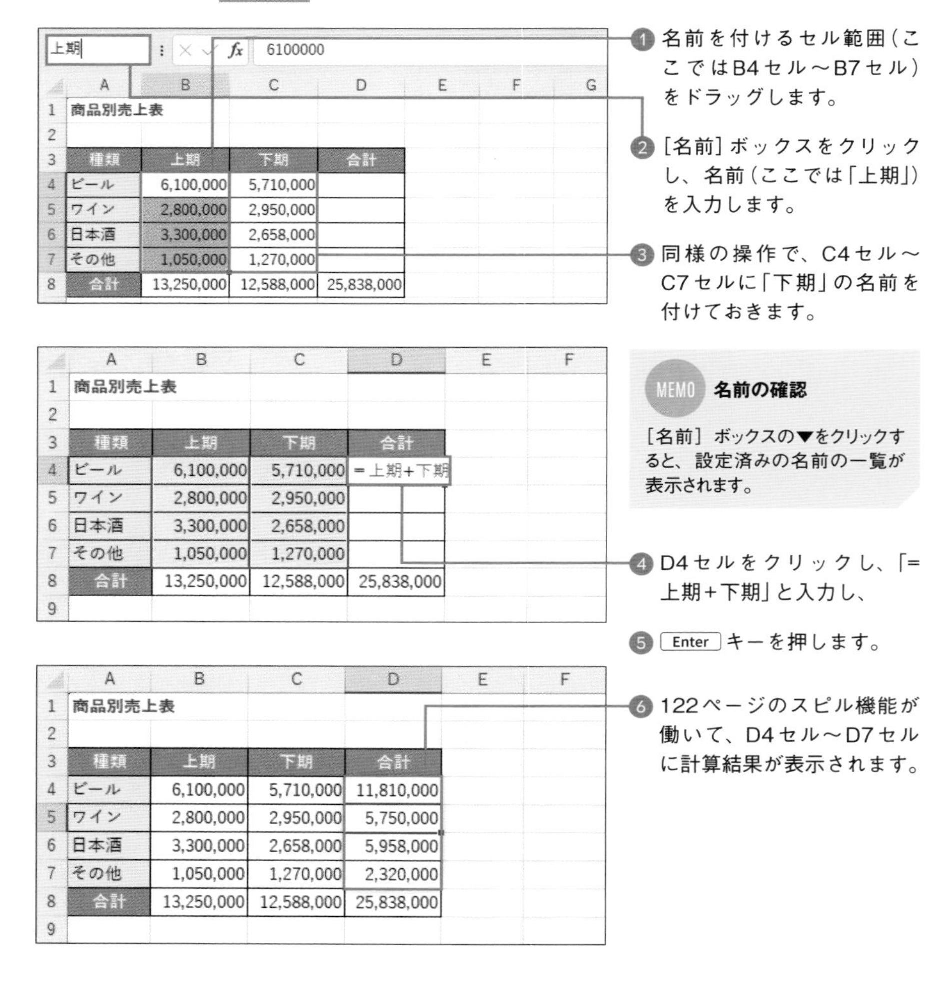

	A	B	C	D
1	商品別売上表			
2				
3	種類	上期	下期	合計
4	ビール	6,100,000	5,710,000	11,810,000
5	ワイン	2,800,000	2,950,000	5,750,000
6	日本酒	3,300,000	2,658,000	5,958,000
7	その他	1,050,000	1,270,000	2,320,000
8	合計	13,250,000	12,588,000	25,838,000

COLUMN

関数でも使える

137ページでは、SUM関数の引数の「範囲」にセル範囲を指定しましたが、そのかわりに「=SUM(上期)」のように、セルの名前を指定することもできます。なお、**名前で指定すると自動的に絶対参照になる**ので、$記号を付ける必要はありません。

032 セル参照のエラーに対処する

セル参照を使って数式を作成したときに**エラー**が表示されることがあります。エラーの意味を知れば、エラーが表示される原因が理解できます。ここでは、**セルの左上に緑の三角記号**が表示された場合と**循環参照のエラー**が表示された場合の対処方法を見てみましょう。

エラーの内容を確認する(エラーインジケーター)

セルに入力したデータや数式が間違っている可能性があると、セルの**左上隅に緑の三角(エラーインジケーター)**が表示されます。このセルをクリックしたときに表示される[エラーチェックオプション]ボタンから、エラーの内容や対処方法を選べます。

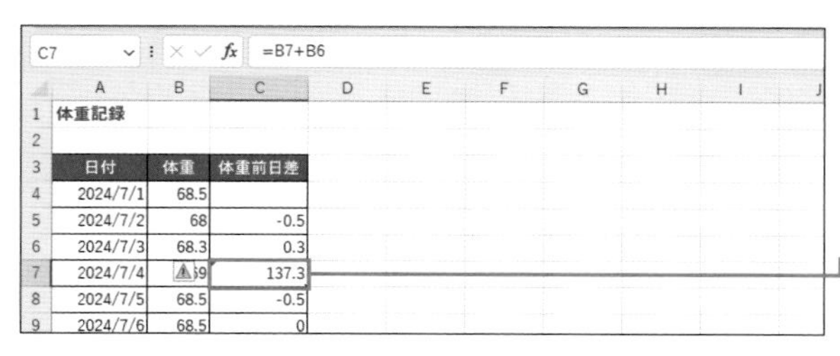

C7セルにエラーインジケーターが表示されています。

❶ C7セルをクリックして、

❷［エラーチェックオプション］をクリックします。

❸［数式を上からコピーする］をクリックすると、

矛盾した数式
数式を上からコピーする(A)
このエラーに関するヘルプ(H)
エラーを無視する(I)
数式バーで編集(F)
エラー チェック オプション(O)...

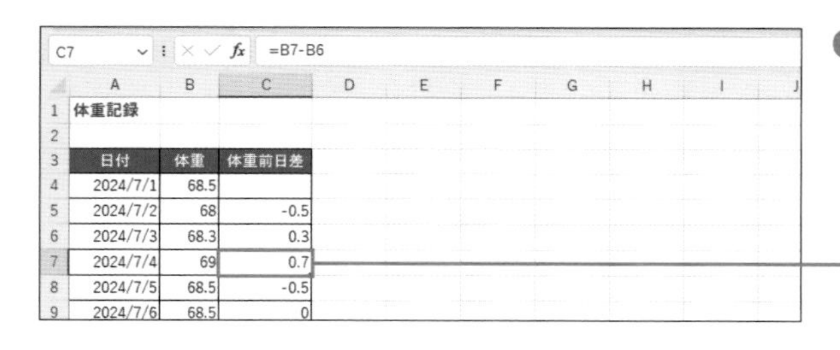

❹ C7セルの数式が修正されて、エラーインジケーターが消えます。

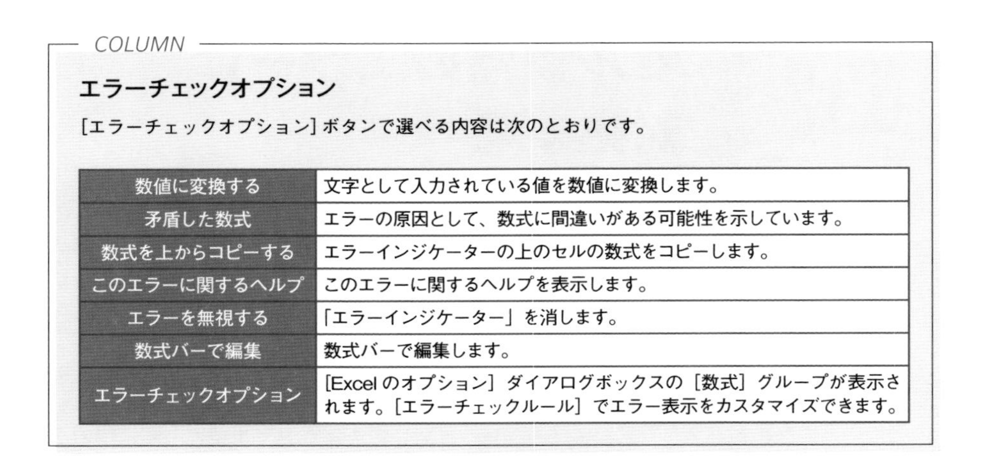

COLUMN

エラーチェックオプション

[エラーチェックオプション] ボタンで選べる内容は次のとおりです。

数値に変換する	文字として入力されている値を数値に変換します。
矛盾した数式	エラーの原因として、数式に間違いがある可能性を示しています。
数式を上からコピーする	エラーインジケーターの上のセルの数式をコピーします。
このエラーに関するヘルプ	このエラーに関するヘルプを表示します。
エラーを無視する	「エラーインジケーター」を消します。
数式バーで編集	数式バーで編集します。
エラーチェックオプション	[Excel のオプション] ダイアログボックスの [数式] グループが表示されます。[エラーチェックルール] でエラー表示をカスタマイズできます。

循環参照のエラーを解消する

数式内で数式を入力しているセル自身のセル番地を指定すると、**循環参照のエラー**が表示されます。このようなときは、[数式] タブの**[エラーチェック]**を使って、エラーが発生しているセルを確認してから対応しましょう。

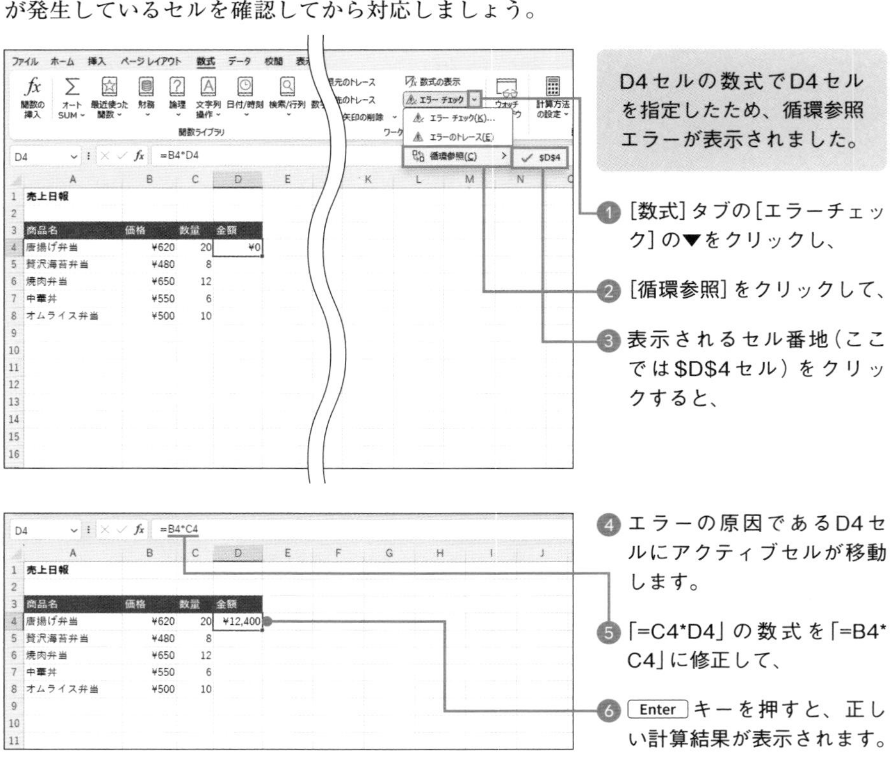

033 関数のおもな使いどころを知る

関数とは、Excelには**はじめから用意されている数式**のことです。関数を使うことで、合計や平均などを求めるときに、四則演算の数式を作るよりもかんたんに計算を実行できます。また、財務計算や日付の計算など、複雑な計算をかんたんに行えます。

データを集計する

売上表や成績表など、数値を扱う表では必ずと言ってよいほど数値を集計します。数値の合計や平均、個数などを集計することで、表の**数値の全体像**を把握できます。また、条件にあった項目を集計することで、**数値の傾向**を読み取ることもできます。

	A	B	C	D	E	F
1	研修試験結果					
2			受験人数	8		
3						
4	氏名	筆記	実技	合計		
5	宇田川恵子	80	70	150		
6	三枝孝彦	55	75	130		
7	中川あずさ	90	75	165		
8	川野淳平	95	80	175		
9	小野寺洋子	80	92	172		
10	森山俊太	75	70	145		
11	後藤紗枝	82	95	177		
12	和田正也	80	75	155		
13	平均点	80	79	159		
14	最高点	95	95	177		
15	最低点	55	70	130		
16						

データをキレイに整える

セル内のデータに全角と半角のスペースが混在していたり、英字の大文字小文字がばらばらだったりすると、あとからデータを集計する際に支障が出ます。文字列関数を使うと、表記のゆれをまとめて修正して**統一性のあるデータ**に整えることができます。

	A	B	C
1	商品一覧		
2	商品番号	商品名	単価
3	A-001	ポスターフレーム（A4）	4,500
4	a-002	ポスターフレーム（A3）	6,800
5	d-001	壁掛け時計	3,800
6	d-002	卓上デジタル時計	4,200
7	D-003	加湿器	9,800
8	D-004	空気清浄機	13,500
9	S-001	アロマディフューザー	2,750
10	S-002	インセンススタンド	3,200

A列の「商品番号」に大文字と小文字が混在しています。

	A	B	C	D
1	商品一覧			
2	商品番号		商品名	単価
3	A-001	A-001	ポスターフレーム（A4）	4,500
4	a-002	A-002	ポスターフレーム（A3）	6,800
5	d-001	D-001	壁掛け時計	3,800
6	d-002	D-002	卓上デジタル時計	4,200
7	D-003	D-003	加湿器	9,800
8	D-004	D-004	空気清浄機	13,500
9	S-001	S-001	アロマディフューザー	2,750
10	S-002	S-002	インセンススタンド	3,200

UPPER関数を使うと、大文字に統一できます。

別表を検索してデータを抽出する

商品番号を入力したら、商品名や単価が自動表示されると便利です。商品リストや顧客リストを別途用意しておくと、VLOOKUP関数やXLOOKUP関数を使って、**別表からデータを検索して表示するしくみ**を作ることができます。

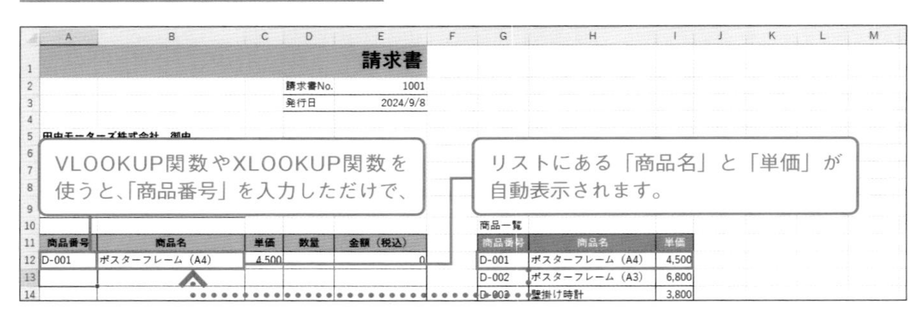

比較してデータの傾向を分析する

表に入力した数値は宝の山。**数値を分析**すると課題や目標が見えてきます。数値を評価するIF関数や、条件に一致した数値だけを集計する関数を使って、数値の傾向を分析してみましょう。

	A	B	C	D	E
1	研修試験結果				
2					
3	氏名	筆記	実技	合計	合否
4	宇田川恵子	80	70	150	
5	三枝孝彦	55	75	130	
6	中川あずさ	90	75	165	合格
7	川野淳平	95	80	175	合格
8	小野寺洋子	80	92	172	合格
9	森山俊太	75	70	145	
10	後藤紗枝	82	95	177	合格
11	和田正也	80	75	155	
12	平均点	80	79	159	

IF関数を使うと、数値の大きさで評価ができます。

	A	B	C	D	E	F	G	H
1	ブラッシュアップ研修一覧	（5月）						
2								
3	研修名	場所	開催日	定員	参加人数		場所	東京
4	リーダー研修	東京	3月10日	16	16		参加人数合計	113
5	リーダー研修	大阪	3月26日	12	11		参加人数平均	16
6	エクセルプログラミング	東京	3月30日	20	17		講座回数	7
7	エクセルプログラミング	大阪	4月2日	16	16			
8	プレゼン技法	東京	4月16日	20	20			
9	プレゼン技法	大阪	4月20日	16	15			
10	PowerPointスライド作成	東京	5月11日	20	17			
11	コーチング研修	東京	5月18日	16	14			

SUMIF関数やAVERAGEIF関数、COUNTIF関数を使うと、条件に一致した数値の傾向を分析できます。

034 関数の基本を理解する

関数は400種類以上あり、それぞれに入力ルールがあります。これを**「書式」**と呼びます。書式どおりに入力しないとエラーになり、正しく計算できません。そのため、関数に苦手意識を持つ人もいるでしょう。ここでは基本をおさえて、関数を便利に使いこなしましょう。

関数と引数について知る

関数は先頭に**「=」**を入力し、続けて**「関数名」**を入力します。関数名の後ろには、関数で計算するために必要な**「引数」(ひきすう)**を()の中に指定します。たとえば、下図で示すSUM関数は、引数で指定したセル範囲の合計を求めます。

B4セル～D4セルの合計を求める

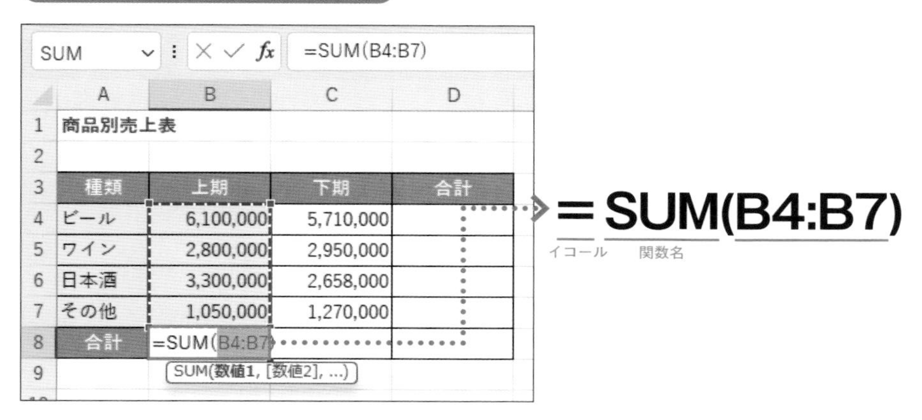

引数

引数とは、関数で計算するために指定する内容で、関数によって引数の数や指定する内容が異なります。

関数の入力方法を知る

関数を入力する方法はいくつかあります。使い慣れた関数は**キーボードから直接入力**するのが早いですが、引数の設定方法がわからないときには、指定方法の**ヒント**が表示される**[関数の挿入]ダイアログボックス**を使うと便利です。

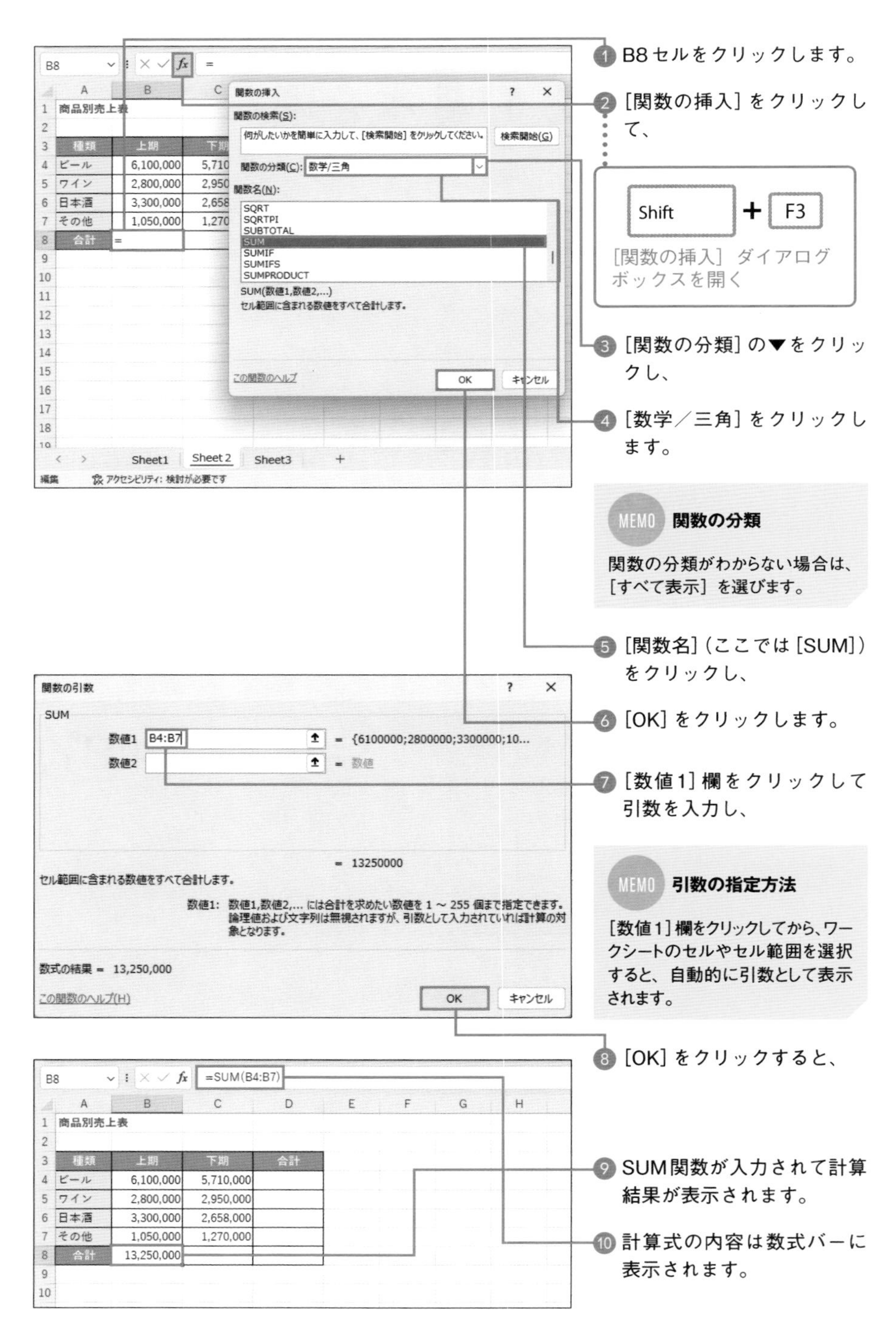

B8
fx
関数の挿入
関数の検索(S):
何がしたいかを簡単に入力して、[検索開始] をクリックしてください。
検索開始(G)
関数の分類(C): 数学/三角
関数名(N):
SQRT
SQRTPI
SUBTOTAL
SUM
SUMIF
SUMIFS
SUMPRODUCT
SUM(数値1,数値2,...)
セル範囲に含まれる数値をすべて合計します。
この関数のヘルプ
OK
キャンセル
商品別売上表
種類
上期
ビール
ワイン
日本酒
その他
合計
6,100,000
2,800,000
3,300,000
1,050,000
Sheet1
Sheet 2
Sheet3
編集
アクセシビリティ: 検討が必要です
1 B8セルをクリックします。
2 [関数の挿入] をクリックして、
Shift + F3
[関数の挿入] ダイアログボックスを開く
3 [関数の分類] の▼をクリックし、
4 [数学/三角] をクリックします。
MEMO 関数の分類
関数の分類がわからない場合は、[すべて表示] を選びます。
5 [関数名](ここでは [SUM])をクリックし、
関数の引数
SUM
数値1 B4:B7
= {6100000;2800000;3300000;10...
数値2
= 数値
= 13250000
セル範囲に含まれる数値をすべて合計します。
数値1: 数値1,数値2,... には合計を求めたい数値を 1 ～ 255 個まで指定できます。論理値および文字列は無視されますが、引数として入力されていれば計算の対象となります。
数式の結果 = 13,250,000
この関数のヘルプ(H)
OK
キャンセル
6 [OK] をクリックします。
7 [数値1] 欄をクリックして引数を入力し、
MEMO 引数の指定方法
[数値1] 欄をクリックしてから、ワークシートのセルやセル範囲を選択すると、自動的に引数として表示されます。
8 [OK] をクリックすると、
B8
=SUM(B4:B7)
商品別売上表
種類
上期
下期
合計
ビール
6,100,000
5,710,000
ワイン
2,800,000
2,950,000
日本酒
3,300,000
2,658,000
その他
1,050,000
1,270,000
合計
13,250,000
9 SUM関数が入力されて計算結果が表示されます。
10 計算式の内容は数式バーに表示されます。

関数のヒントを利用する

関数をセルに**直接入力**するときは、画面に表示される**ヒント**を利用すると便利です。関数の入力ミスの多くは引数の指定方法です。ヒントには関数の書式が表示されるだけなく、関数名をクリックしてヘルプ画面を表示することもできます。

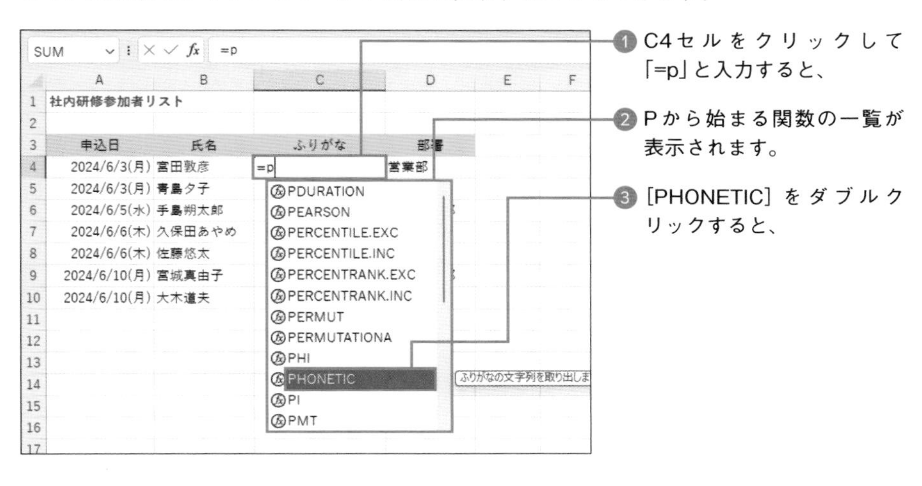

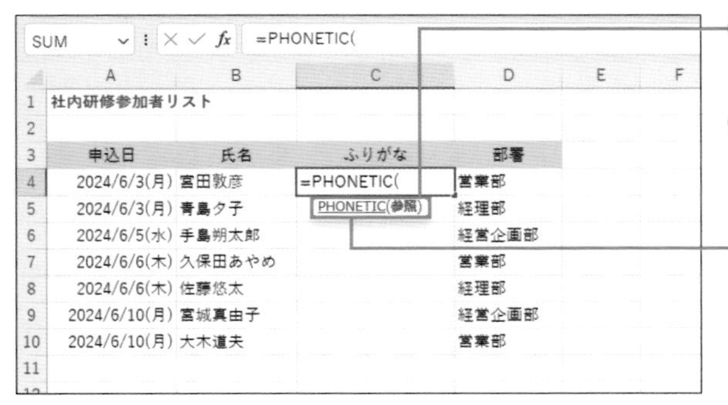

❹ [=PHONETIC (」と表示され、ヒントが表示されます。

❺ 関数名をクリックすると、

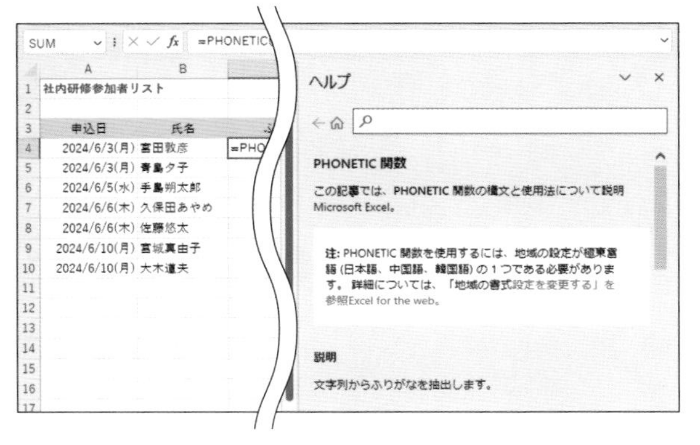

❻ 関数のヘルプ画面が表示されます。

COLUMN

関数の分類

[数式] タブには、関数の分類別にボタンが表示されます。各分類の概要だけでも理解しておくと、関数が見つけやすくなります。

関数	説明
財務	貯蓄や借入の利息計算、ローン返済額の計算など、財務計算に使う関数。
日付／時刻	現在の日付や時刻を求めたり日付間の計算を行ったりするなど、日時に関連するデータを計算する関数。
数学／三角	四則演算や切り上げ、切り捨て、四捨五入といった基本的な計算や三角関数などを行う関数。
統計	平均、最大値、最小値などを求める関数や標準偏差を求める関数など、統計計算をするための関数。
検索／行列	ほかのセルの値を参照したり、データの行と列を入れ替えたりするなどの関数。
データベース	1 行 1 件のルールで作成された表のデータをもとに、指定した条件に一致するデータの抽出や集計を行う関数。
文字列操作	文字列の連結や置換など、文字を使って計算を行う関数。
論理	条件によって処理を分岐する IF 関数と、条件判定用の論理式が用意されている関数。
情報	セルに入力されているデータを調べたり、セルやシートについての情報を得たりするための関数。
エンジニアリング	数値の単位を変換したりベッセル関数の値を求めたりするなど、特殊な計算をするための関数。
キューブ	Microsoft SQL Server などのデータベースにある膨大な情報からデータを取りだして分析するための関数。
互換性	Excel2007 以前のバージョンと互換性を持ち、Excel2010 以降に名前が変更になった関数。
Web	Web サービスから目的の数値や文字列を取り出す関数。

035 頻出の関数4つをおさえる

関数は新しいものが次々増えています。もちろんすべての関数を覚える必要はありませんが、**「合計」「平均」「個数」「最大値／最小値」**は使用頻度が高い関数なので、真っ先に覚えておくとよいでしょう。これらの4つの関数は、**同じボタンで挿入**できます。

合計を表示する（SUM関数）

合計を求めるには**SUM（サム）関数**を使います。［ホーム］タブの［合計］ボタンを使うと、SUM関数と引数をワンクリックで入力できます。ただし、常に正しく引数が指定されるとは限りません。表示された引数をしっかりチェックしましょう。

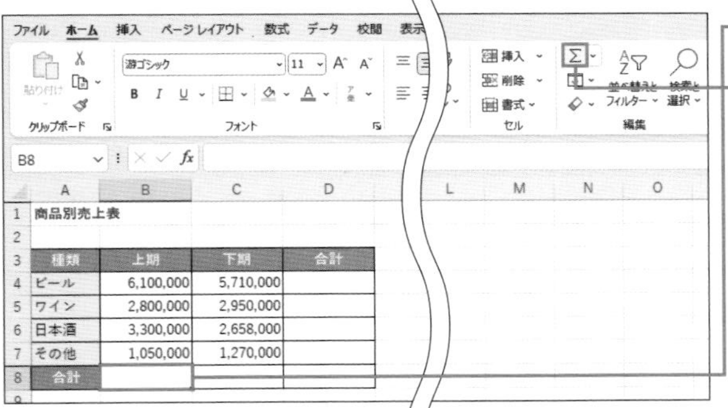

❶ B8セルをクリックして、

❷［ホーム］タブの［合計］をクリックすると、SUM関数が表示されます。

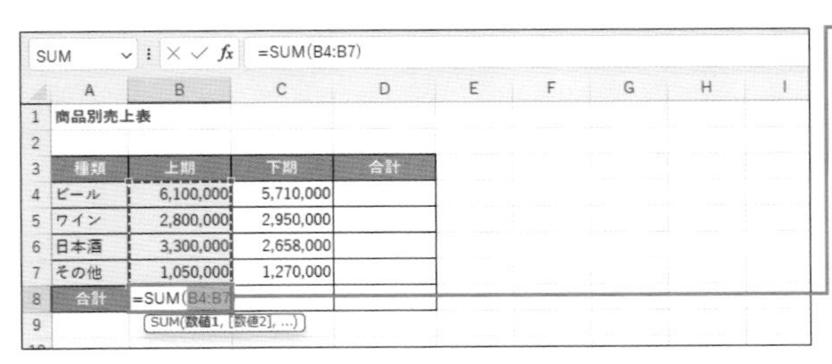

❸ 引数のセル範囲を確認して Enter キーを押すと、

> **MEMO セル範囲を修正する**
> 引数が間違って表示された場合は、正しいセル範囲をドラッグし直します。

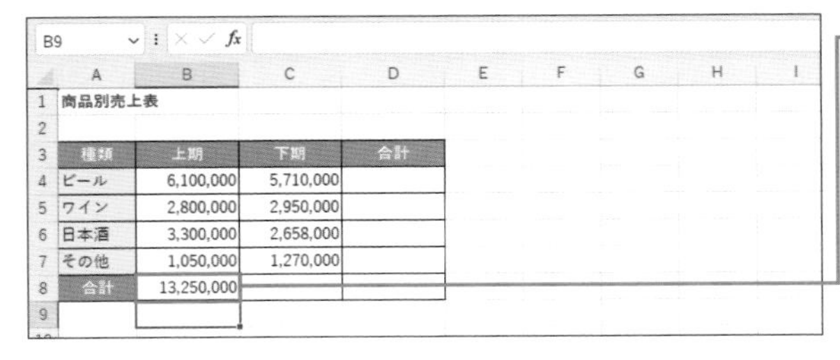

❹ 合計の計算結果が表示されます。

書式 =SUM(数値 1,[数値 2],…)

引数

数値 1	必須	合計を求める数値や、数値が入力されたセル範囲
数値 2	任意	合計を求める数値や、数値が入力されたセル範囲（最大 255 個まで指定可能）

説明 引数で指定した数値やセル範囲の合計を求めます。隣接するセル範囲は「:（コロン）」、離れた場所のセルは「,（カンマ）」で区切って指定します。両方を組み合わせて使うこともできます。

入力例	意味
=SUM(B5:B9)	B5 セルから B9 セルの合計
=SUM(A1,A3,A5)	A1 セルと A3 セルと A5 セルの合計
=SUM(A1,B5:B9)	A1 セルと、B5 セルから B9 セルの合計

COLUMN

縦横の合計を一度に表示する

SUM関数を使うと、表の**縦横の合計を一度に計算**できます。最初に合計のもとになる数値と計算結果を表示するセルをまとめて選択し、次に［合計］ボタンをクリックします。これなら数式を縦横にコピーする手間が省けます。

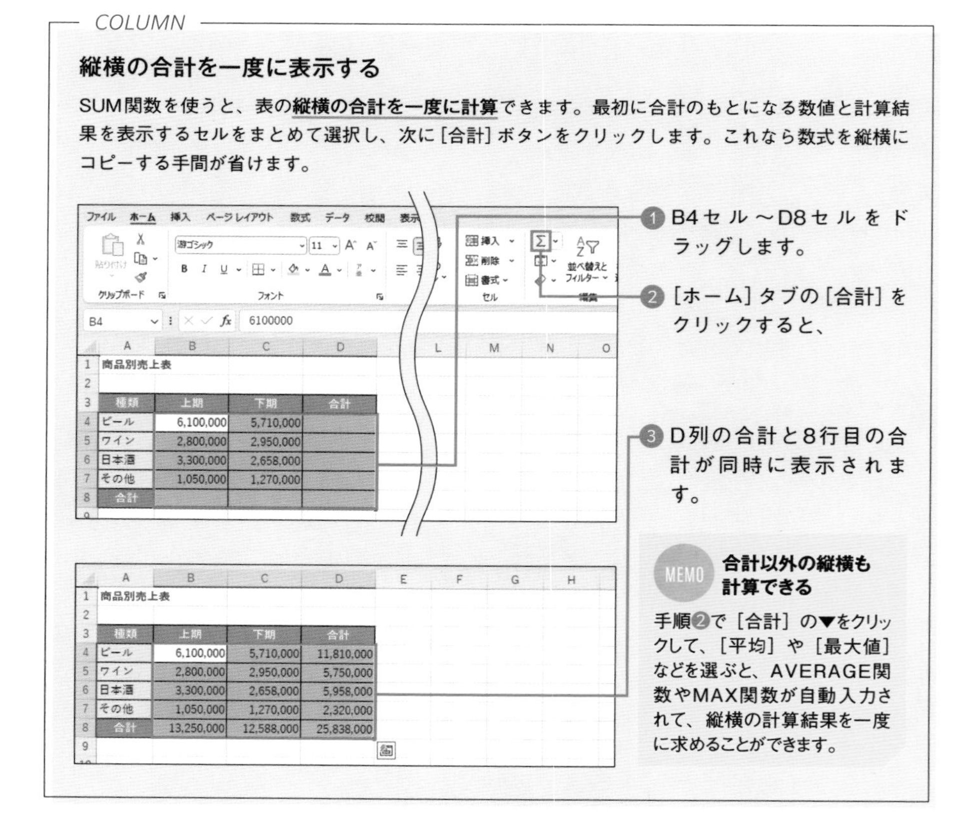

❶ B4セル～D8セルをドラッグします。

❷ ［ホーム］タブの［合計］をクリックすると、

❸ D列の合計と8行目の合計が同時に表示されます。

MEMO 合計以外の縦横も計算できる

手順❷で［合計］の▼をクリックして、［平均］や［最大値］などを選ぶと、AVERAGE関数やMAX関数が自動入力されて、縦横の計算結果を一度に求めることができます。

平均を表示する(AVERAGE関数)

平均を求めるには**AVERAGE(アベレージ)関数**を使います。よく使う関数は[合計]ボタンから選べるようになっており、AVERAGE関数もその1つです。[合計]の▼をクリックして[平均]を選ぶと、AVERAGE関数が自動入力されます。

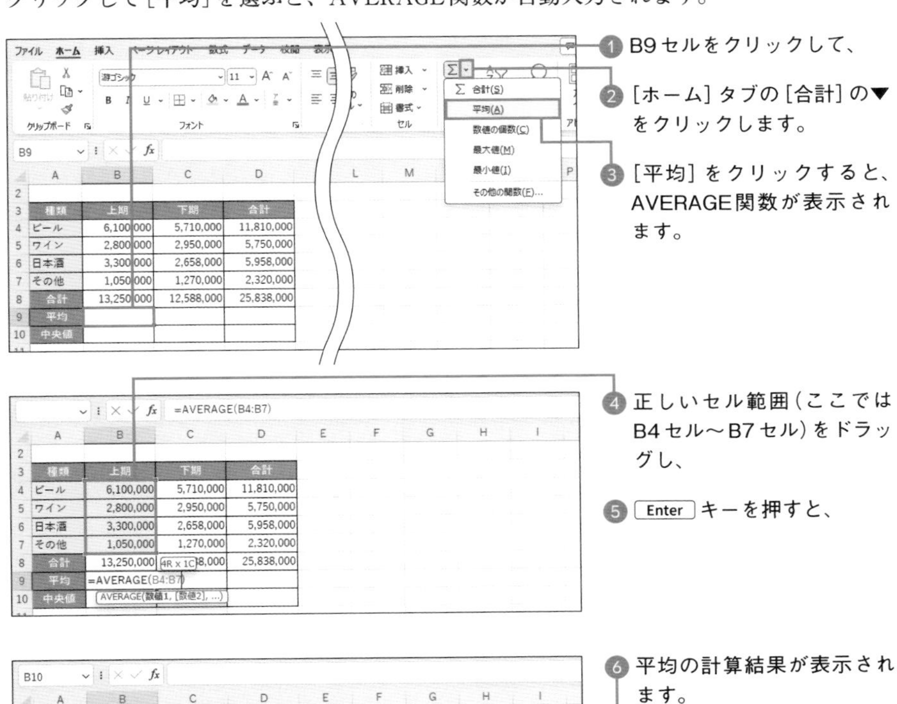

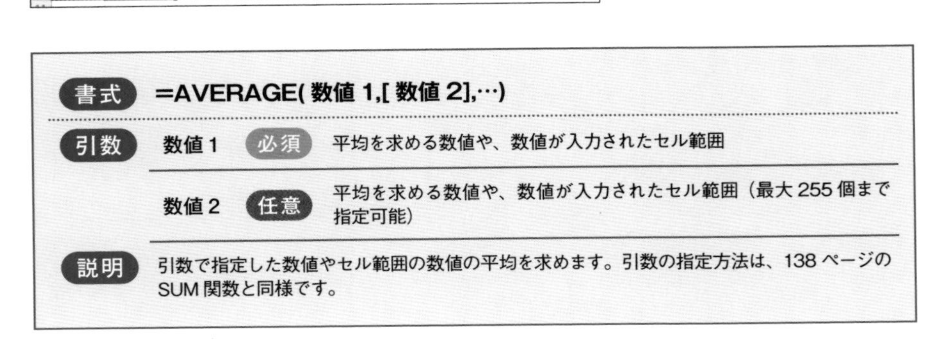

書式 =AVERAGE(数値1,[数値2],…)

引数

数値1	必須	平均を求める数値や、数値が入力されたセル範囲
数値2	任意	平均を求める数値や、数値が入力されたセル範囲(最大255個まで指定可能)

説明 引数で指定した数値やセル範囲の数値の平均を求めます。引数の指定方法は、138ページのSUM関数と同様です。

COLUMN

中央値を表示する（MEDIAN関数）

AVERAGE関数で求める平均値は、すべての数値を足してデータの個数で割った値です。そのため、極端に大きい数値や小さい数値の影響を受けやすく、必ずしも全体の真ん中の数値ではありません。**MEDIAN（メジアン）関数**を使うと、データを小さい順に並べたときに中央に位置する**「中央値」**を求めることができます。

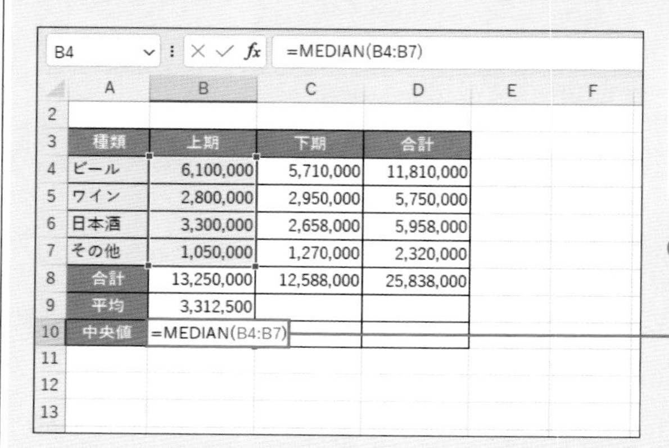

「ビール」と「その他」の売上が大きく離れているので、平均ではなく中央値を求めます。

❶ B10セルに「=MEDIAN(B4:B7)」と入力して Enter キーを押すと、

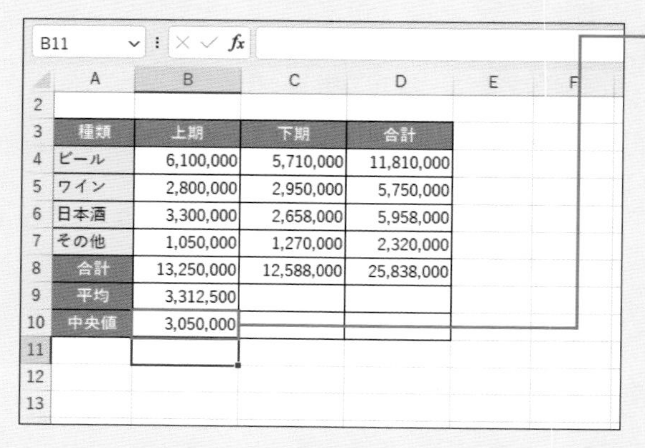

❷ 4つのデータを昇順に並び替えた場合に導き出される真ん中の値が中央値として表示されます。

MEMO 中央値の算出

データが偶数個の場合は、真ん中2つのデータの平均（ここでは「=（280万+330万）÷2」）が中央値になります。

書式 =MEDIAN(数値 1,[数値 2],…)

引数

数値 1	必須	中央値を求める数値や、数値が入力されたセル範囲
数値 2	任意	中央値を求める数値や、数値が入力されたセル範囲（最大 255 個まで指定可能）

説明 引数で指定した数値やセル範囲の数値の中央値を求めます。引数の指定方法は、138 ページの SUM 関数と同様です。

数値の個数を表示する（COUNT関数）

数値の個数を求めるには**COUNT（カウント）関数**を使います。［合計］の▼をクリックして［数値の個数］を選ぶと、COUNT関数が自動入力されます。COUNT関数では、**数値が入力されているセルの数**を数えます。

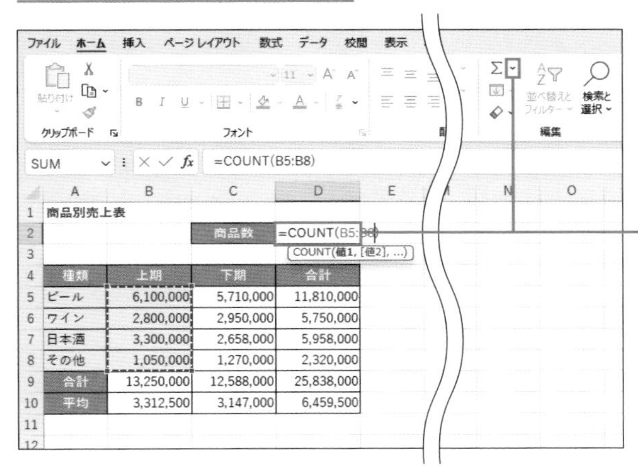

B5セル～B8セルに入力されている数値の個数を表示します。

❶ 139ページの手順を参考に、［合計］の▼をクリックして表示されるメニューから［数値の個数］をクリックして、D2セルにCOUNT関数を入力します。

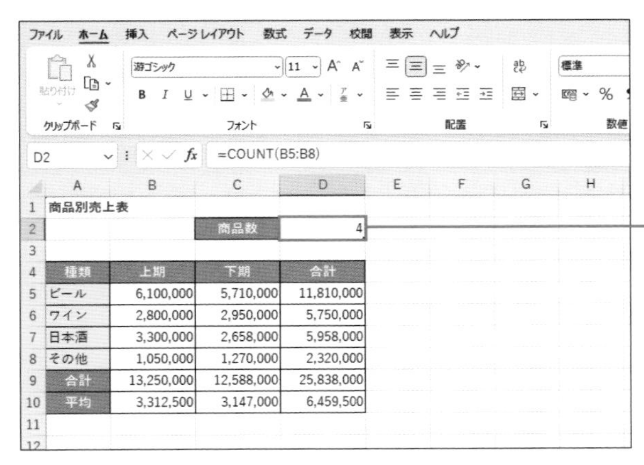

❷ B5セル～B8セルに入力されている数値の個数が表示されます。

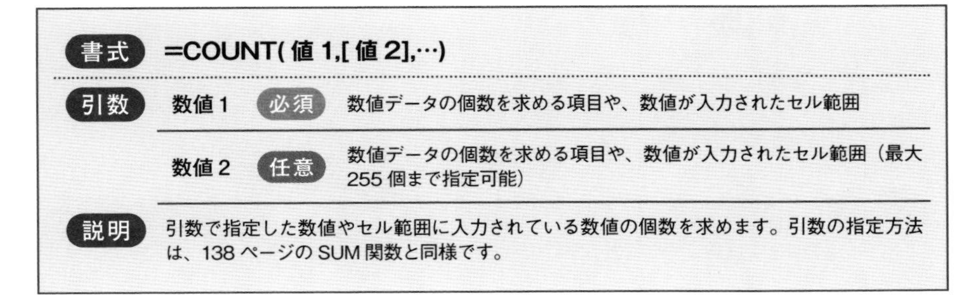

書式　=COUNT(値 1,[値 2],…)

引数

数値 1	必須	数値データの個数を求める項目や、数値が入力されたセル範囲
数値 2	任意	数値データの個数を求める項目や、数値が入力されたセル範囲（最大 255 個まで指定可能）

説明　引数で指定した数値やセル範囲に入力されている数値の個数を求めます。引数の指定方法は、138 ページの SUM 関数と同様です。

最大値や最小値を表示する（MAX関数／MIN関数）

指定したセル範囲の中での数値の最大値は**MAX（マックス）関数**、最小値は**MIN（ミニマム）関数**で求められます。どちらの関数も、［合計］の▼をクリックして表示されるメニューから、［最大値］や［最小値］をクリックすることで入力できます。

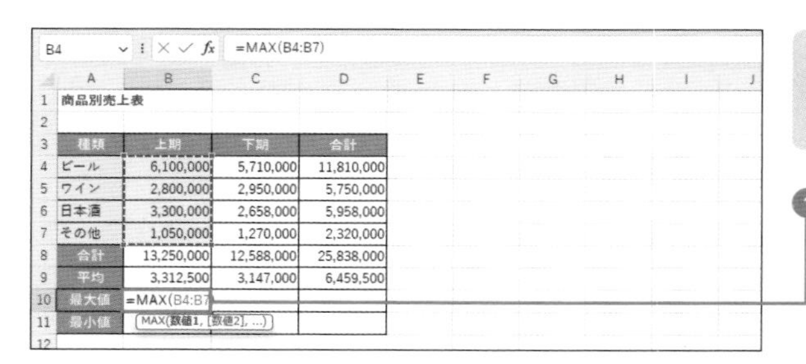

B4セル～B7セルの最大値と最小値を求めます。

1 139ページの手順を参考に、［合計］の▼をクリックして表示されるメニューから［最大値］をクリックして、B10セルにMAX関数を入力します。

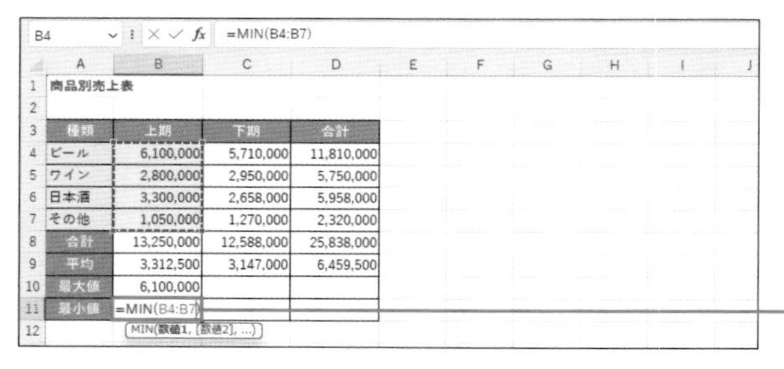

2 同様に、［最小値］をクリックして、B11セルにMIN関数を入力します。

	A	B	C	D
1	商品別売上表			
2				
3	種類	上期	下期	合計
4	ビール	6,100,000	5,710,000	11,810,000
5	ワイン	2,800,000	2,950,000	5,750,000
6	日本酒	3,300,000	2,658,000	5,958,000
7	その他	1,050,000	1,270,000	2,320,000
8	合計	13,250,000	12,588,000	25,838,000
9	平均	3,312,500	3,147,000	6,459,500
10	最大値	6,100,000		
11	最小値	1,050,000		
12				

3 B4セル～B7セルの最大値と最小値が表示されます。

書式 =MAX(数値 1,[数値 2],…)
=MIN(数値 1,[数値 2],…)

引数

数値 1　必須　最大値（最小値）を求める数値や、数値が入力されたセル範囲

数値 2　任意　最大値（最小値）を求める数値や、数値が入力されたセル範囲（最大 255 個まで指定可能）

説明 MAX 関数は、引数で指定した数値やセル範囲に入力されている数値の最大値を求めます。MIN 関数は、最小値を求めます。引数に数値が含まれていない場合は 0 です。引数の指定方法は 138 ページの SUM 関数と同様です。

036 業務で頻出の関数テクニックを知る

Section035で解説した基本の関数を習得したら、ステップアップした関数にも挑戦しましょう。数式を正しく入力しても**エラー**になる、数値の**桁が揃わない**など、基本の関数を使う中で「もっとこうなるといいのに」といった要望を満たす関数です。

エラーの場合の処理を指定する（IFERROR関数）

数式が正しくても、計算対象のセルが未入力のときにエラーが表示されることがあります。**IFERROR（イフエラー）関数**を使ってエラーの場合の処理を指定しましょう。

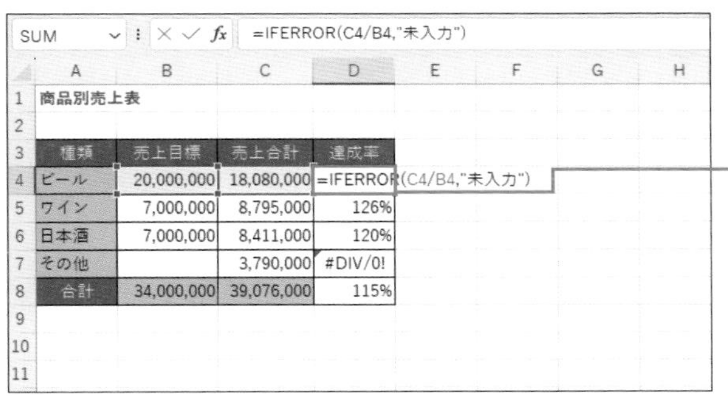

SUM | =IFERROR(C4/B4,"未入力")

	A	B	C	D
1	商品別売上表			
2				
3	種類	売上目標	売上合計	達成率
4	ビール	20,000,000	18,080,000	=IFERROR(C4/B4,"未入力")
5	ワイン	7,000,000	8,795,000	126%
6	日本酒	7,000,000	8,411,000	120%
7	その他		3,790,000	#DIV/0!
8	合計	34,000,000	39,076,000	115%

エラーのセルに「未入力」と表示します。

❶ D4セルに「=IFERROR(C4/B4,"未入力")」と入力します。

「#DIV/0!」エラー

「#DIV/0!」エラーは、数値が「0」で除算されたときに表示されます。

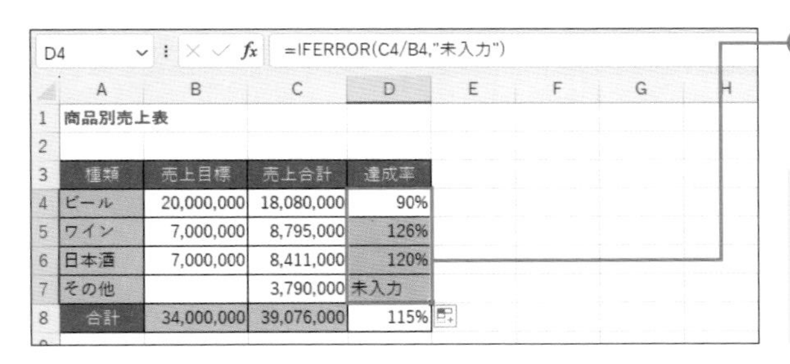

D4 | =IFERROR(C4/B4,"未入力")

	A	B	C	D
1	商品別売上表			
2				
3	種類	売上目標	売上合計	達成率
4	ビール	20,000,000	18,080,000	90%
5	ワイン	7,000,000	8,795,000	126%
6	日本酒	7,000,000	8,411,000	120%
7	その他		3,790,000	未入力
8	合計	34,000,000	39,076,000	115%

❷ D4セルの数式をコピーすると、エラーのセルに「未入力」と表示されます。

計算式の文字の指定

文字の前後を半角の「""（ダブルクォーテーション）」で囲みます。

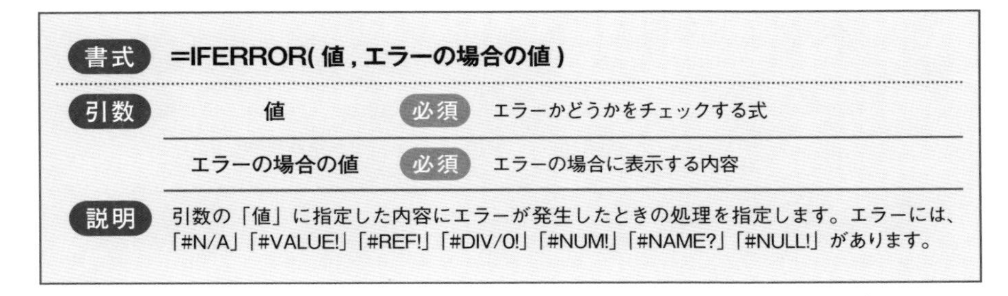

書式 =IFERROR(値 , エラーの場合の値)

引数			
	値	必須	エラーかどうかをチェックする式
	エラーの場合の値	必須	エラーの場合に表示する内容

説明 引数の「値」に指定した内容にエラーが発生したときの処理を指定します。エラーには、「#N/A」「#VALUE!」「#REF!」「#DIV/0!」「#NUM!」「#NAME?」「#NULL!」があります。

○番目に大きい値を表示する（SMALL関数／LARGE関数）

指定したセル範囲の中で○番目に大きい値を求めるには**LARGE（ラージ）関数**、○番目に小さい値を求めるには、**SMALL（スモール）関数**を使用します。ランキングのトップ3の値やワースト3の値を求めるときなどに使用します。

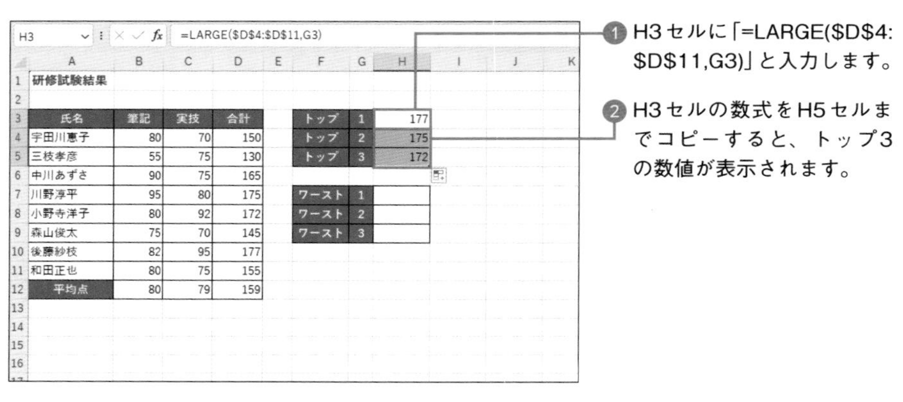

	A	B	C	D	E	F	G	H
1	研修試験結果							
2								
3	氏名	筆記	実技	合計		トップ	1	177
4	宇田川惠子	80	70	150		トップ	2	175
5	三枝孝彦	55	75	130		トップ	3	172
6	中川あずさ	90	75	165				
7	川野淳平	95	80	175		ワースト	1	
8	小野寺洋子	80	92	172		ワースト	2	
9	森山俊太	75	70	145		ワースト	3	
10	後藤紗枝	82	95	177				
11	和田正也	80	75	155				
12	平均点	80	79	159				

1. H3セルに「=LARGE($D$4:$D$11,G3)」と入力します。
2. H3セルの数式をH5セルまでコピーすると、トップ3の数値が表示されます。

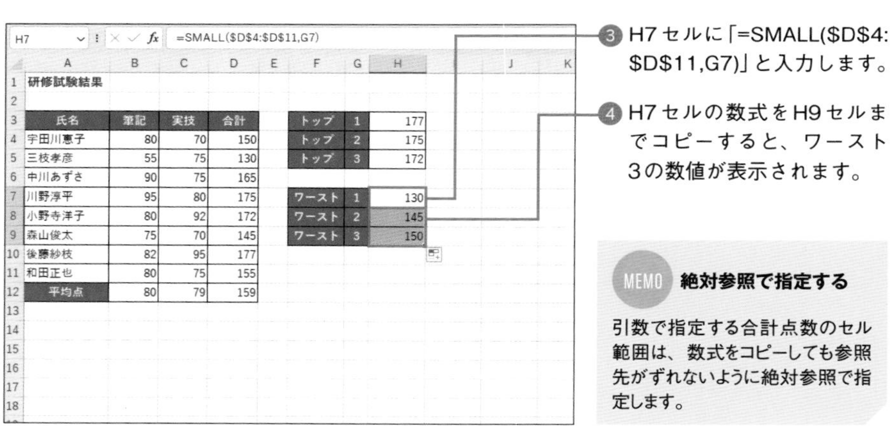

	A	B	C	D	E	F	G	H
1	研修試験結果							
2								
3	氏名	筆記	実技	合計		トップ	1	177
4	宇田川惠子	80	70	150		トップ	2	175
5	三枝孝彦	55	75	130		トップ	3	172
6	中川あずさ	90	75	165				
7	川野淳平	95	80	175		ワースト	1	130
8	小野寺洋子	80	92	172		ワースト	2	145
9	森山俊太	75	70	145		ワースト	3	150
10	後藤紗枝	82	95	177				
11	和田正也	80	75	155				
12	平均点	80	79	159				

3. H7セルに「=SMALL($D$4:$D$11,G7)」と入力します。
4. H7セルの数式をH9セルまでコピーすると、ワースト3の数値が表示されます。

MEMO 絶対参照で指定する

引数で指定する合計点数のセル範囲は、数式をコピーしても参照先がずれないように絶対参照で指定します。

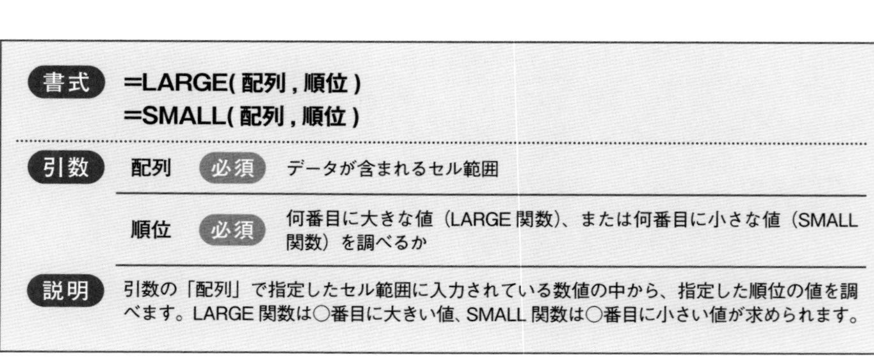

書式 =LARGE(配列 , 順位)
=SMALL(配列 , 順位)

引数

配列	必須	データが含まれるセル範囲
順位	必須	何番目に大きな値（LARGE関数）、または何番目に小さな値（SMALL関数）を調べるか

説明 引数の「配列」で指定したセル範囲に入力されている数値の中から、指定した順位の値を調べます。LARGE関数は○番目に大きい値、SMALL関数は○番目に小さい値が求められます。

空白以外のデータの個数を数える（COUNTA関数）

セル範囲の中で**空白以外のセル**の個数を求めるには、**COUNTA（カウントエー）関数**を使用します。141ページのCOUNT関数は、数値が入力されているセルの個数を求めますが、COUNTA関数は数値や文字、エラー値、空白文字が含まれるセル、つまり**空白以外のすべてのセル**が対象になります。

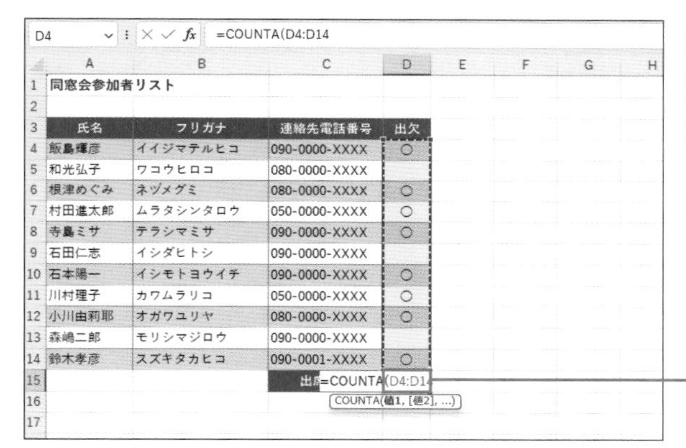

	A	B	C	D
1	同窓会参加者リスト			
2				
3	氏名	フリガナ	連絡先電話番号	出欠
4	飯島輝彦	イイジマテルヒコ	090-0000-XXXX	○
5	和光弘子	ワコウヒロコ	080-0000-XXXX	
6	根津めぐみ	ネヅメグミ	080-0000-XXXX	○
7	村田進太郎	ムラタシンタロウ	050-0000-XXXX	○
8	寺島ミサ	テラシマミサ	090-0000-XXXX	○
9	石田仁志	イシダヒトシ	090-0000-XXXX	
10	石本陽一	イシモトヨウイチ	090-0000-XXXX	○
11	川村理子	カワムラリコ	050-0000-XXXX	○
12	小川由莉耶	オガワユリヤ	080-0000-XXXX	○
13	森嶋二郎	モリシマジロウ	090-0000-XXXX	
14	鈴木孝彦	スズキタカヒコ	090-0001-XXXX	○

D4セル～D14セルの中で、空白以外のセルの個数を求めます。

① D15セルに「=COUNTA(D4:D14)」と入力します。

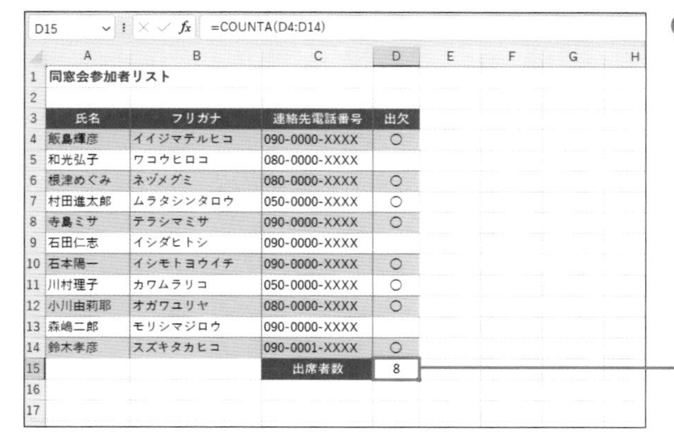

	A	B	C	D
1	同窓会参加者リスト			
2				
3	氏名	フリガナ	連絡先電話番号	出欠
4	飯島輝彦	イイジマテルヒコ	090-0000-XXXX	○
5	和光弘子	ワコウヒロコ	080-0000-XXXX	
6	根津めぐみ	ネヅメグミ	080-0000-XXXX	○
7	村田進太郎	ムラタシンタロウ	050-0000-XXXX	○
8	寺島ミサ	テラシマミサ	090-0000-XXXX	○
9	石田仁志	イシダヒトシ	090-0000-XXXX	
10	石本陽一	イシモトヨウイチ	090-0000-XXXX	○
11	川村理子	カワムラリコ	050-0000-XXXX	○
12	小川由莉耶	オガワユリヤ	080-0000-XXXX	○
13	森嶋二郎	モリシマジロウ	090-0000-XXXX	
14	鈴木孝彦	スズキタカヒコ	090-0001-XXXX	○
15			出席者数	8

② D4セル～D14セルの中で、空白以外のセルの個数が表示されます。

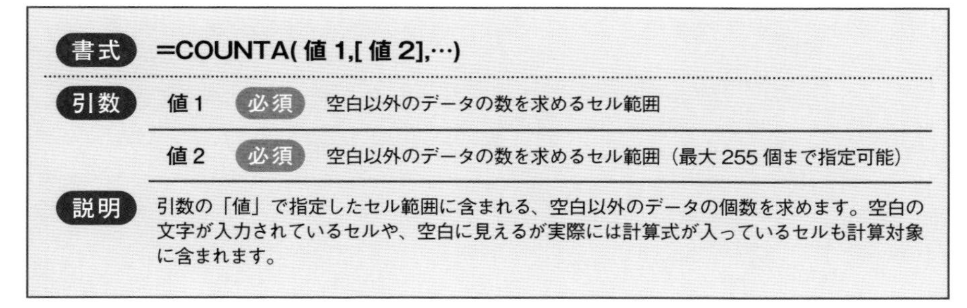

書式 =COUNTA(値 1,[値 2],…)

引数			
	値 1	必須	空白以外のデータの数を求めるセル範囲
	値 2	必須	空白以外のデータの数を求めるセル範囲（最大 255 個まで指定可能）

説明 引数の「値」で指定したセル範囲に含まれる、空白以外のデータの個数を求めます。空白の文字が入力されているセルや、空白に見えるが実際には計算式が入っているセルも計算対象に含まれます。

端数を四捨五入する（ROUND関数／ROUNDUP関数／ROUNDDOWN関数）

割引後の価格や消費税を加えた数値などを計算すると、**小数点以下の端数**が出る場合があります。四捨五入するには**ROUND（ラウンド）関数**、切り上げるには**ROUNDUP（ラウンドアップ）関数**、切り捨てるには**ROUNDDOWN（ラウンドダウン）関数**を使って、端数を処理します。

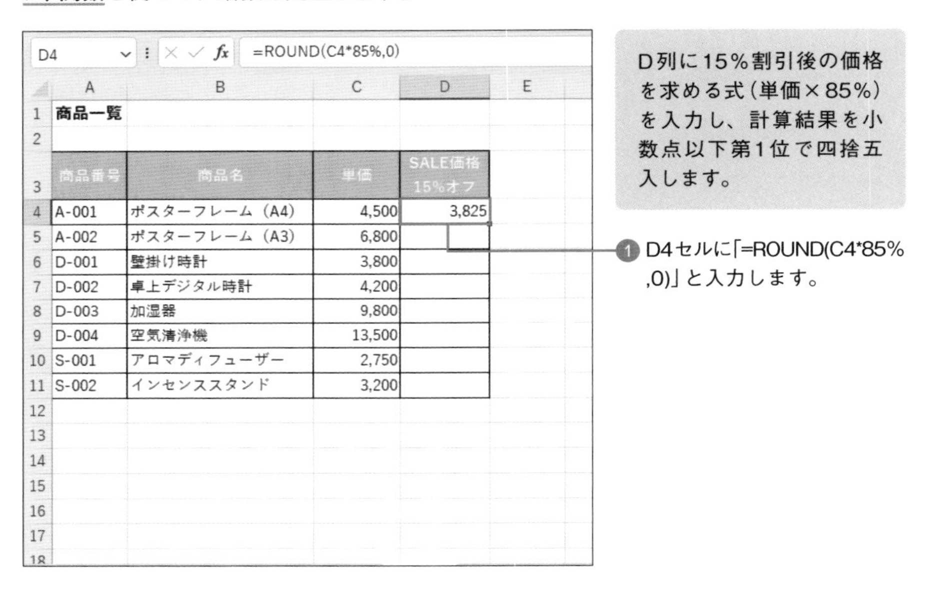
D4 =ROUND(C4*85%,0)

	A	B	C	D
1	商品一覧			
2				
3	商品番号	商品名	単価	SALE価格 15%オフ
4	A-001	ポスターフレーム（A4）	4,500	3,825
5	A-002	ポスターフレーム（A3）	6,800	
6	D-001	壁掛け時計	3,800	
7	D-002	卓上デジタル時計	4,200	
8	D-003	加湿器	9,800	
9	D-004	空気清浄機	13,500	
10	S-001	アロマディフューザー	2,750	
11	S-002	インセンススタンド	3,200	

D列に15％割引後の価格を求める式（単価×85％）を入力し、計算結果を小数点以下第1位で四捨五入します。

❶ D4セルに「=ROUND(C4*85%,0)」と入力します。

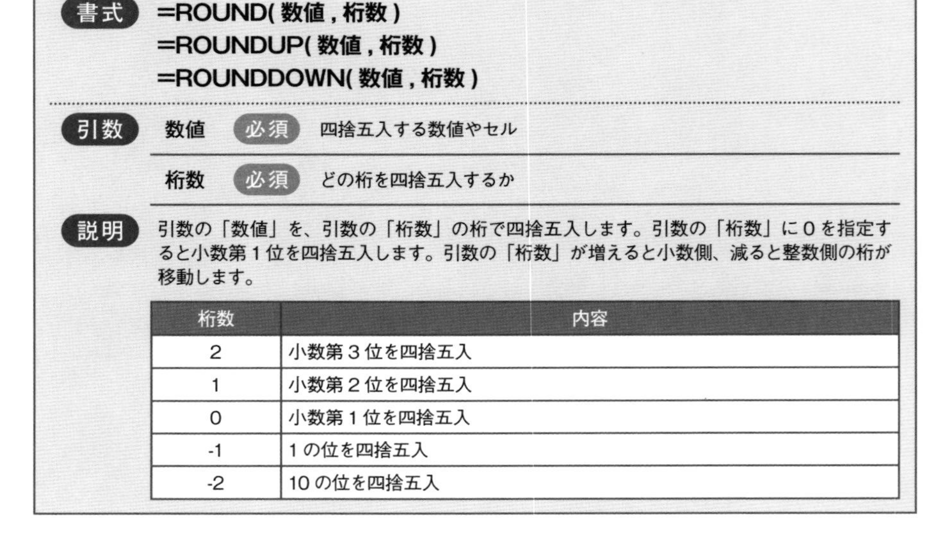
書式
=ROUND(数値 , 桁数)
=ROUNDUP(数値 , 桁数)
=ROUNDDOWN(数値 , 桁数)

引数
数値 必須 四捨五入する数値やセル
桁数 必須 どの桁を四捨五入するか

説明
引数の「数値」を、引数の「桁数」の桁で四捨五入します。引数の「桁数」に0を指定すると小数第1位を四捨五入します。引数の「桁数」が増えると小数側、減ると整数側の桁が移動します。

桁数	内容
2	小数第3位を四捨五入
1	小数第2位を四捨五入
0	小数第1位を四捨五入
-1	1の位を四捨五入
-2	10の位を四捨五入

037 日付や時刻に関する関数テクニックを知る

日付は**「シリアル値」**と呼ばれる「1900年1月1日を1とする連続番号」で管理しています。「1900/1/2」が「2」、「1900/1/3」が「3」……と、1つずつ増えていきます。日付の計算ができるのは、実際にはシリアル値で計算しているためです。時刻のシリアル値は、「24時間を1とする小数」で表します。

今日の日付や時刻を表示する（TODAY関数／NOW関数）

TODAY（トゥデイ）関数を使うと、今日の日付を表示できます。また、今日の日付と時刻を表示するには**NOW（ナウ）関数**を使います。どちらも引数はありませんが、「=TODAY()」や「=NOW()」のようにカッコだけは入力する必要があります。

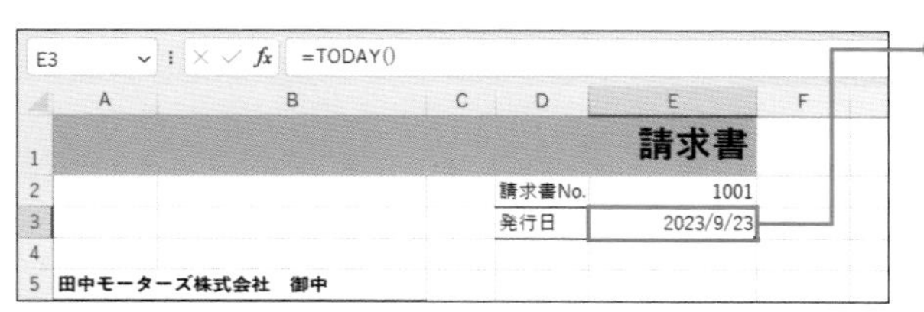

❶ E3セルに「=TODAY()」と入力します。

固定の日付を入力する

日付が自動的に更新されると困る場合は、日付データを手入力します。日付データとして入力した場合は、常に同じ日付が表示されます。

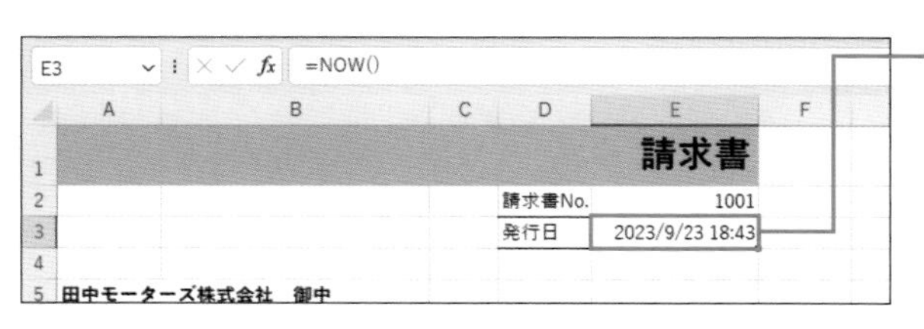

❶ E3セルに「=NOW()」と入力します。

書式　=TODAY()
=NOW()

説明　今日の日付を表示します。引数はありませんが、「=TODAY」のあとのカッコが必要です。今日の日付と時刻を表示にするには、NOW関数を使います。いずれも、ファイルを開いた日付や時刻に自動的に更新されます。

日付から年や月、日だけを表示する（YEAR関数／MONTH関数／DAY関数）

「2024/9/10」などの日付から「年」「月」「日」の情報を個別に取り出すことができます。そうすると、年度や月を指定した集計がかんたんに行えます。年の情報を取り出すには**YEAR（イヤー）関数**、月の情報を取り出すには**MONTH（マンス）関数**、日の情報を取り出すには**DAY（デイ）関数**を使います。

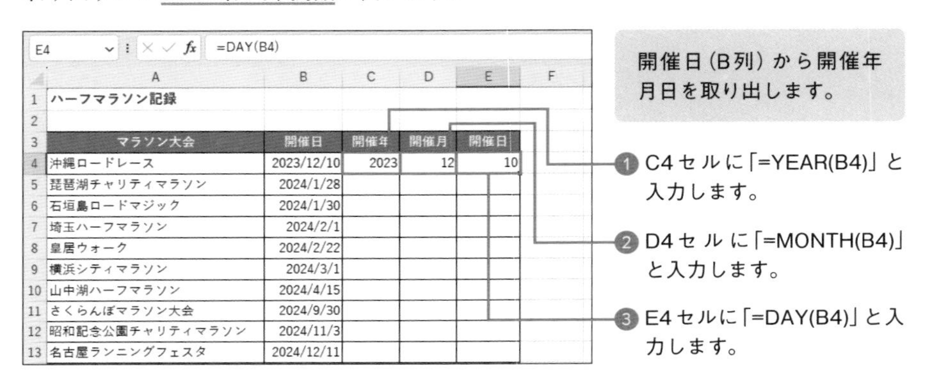

E4 =DAY(B4)

	A	B	C	D	E	F
1	ハーフマラソン記録					
2						
3	マラソン大会	開催日	開催年	開催月	開催日	
4	沖縄ロードレース	2023/12/10	2023	12	10	
5	琵琶湖チャリティマラソン	2024/1/28				
6	石垣島ロードマジック	2024/1/30				
7	埼玉ハーフマラソン	2024/2/1				
8	皇居ウォーク	2024/2/22				
9	横浜シティマラソン	2024/3/1				
10	山中湖ハーフマラソン	2024/4/15				
11	さくらんぼマラソン大会	2024/9/30				
12	昭和記念公園チャリティマラソン	2024/11/3				
13	名古屋ランニングフェスタ	2024/12/11				

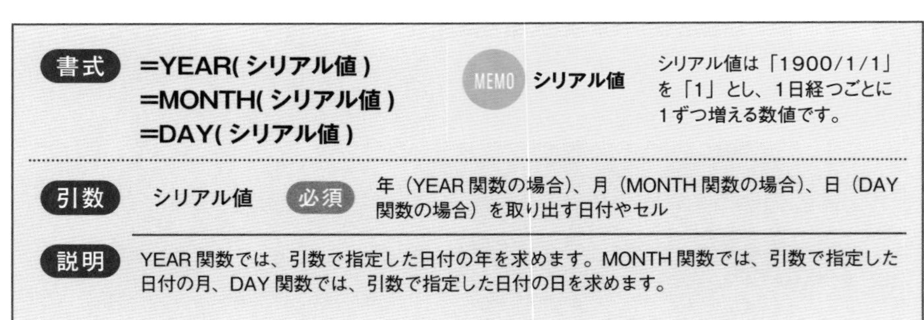

書式 =YEAR(シリアル値)
=MONTH(シリアル値)
=DAY(シリアル値)

MEMO シリアル値 シリアル値は「1900/1/1」を「1」とし、1日経つごとに1ずつ増える数値です。

引数 シリアル値 **必須** 年（YEAR関数の場合）、月（MONTH関数の場合）、日（DAY関数の場合）を取り出す日付やセル

説明 YEAR関数では、引数で指定した日付の年を求めます。MONTH関数では、引数で指定した日付の月、DAY関数では、引数で指定した日付の日を求めます。

数値を日付データにする（DATE関数）

ほかのアプリからExcelにデータを取り込んだときに、年月日が別々のセルに分かれてしまうと、日付計算ができません。年月日の数値から日付データを求めるには、**DATE（デート）関数**を使います。

E4 =DATE(B4,C4,D4)

	A	B	C	D	E	F
1	ハーフマラソン記録					
2						
3	マラソン大会	開催年	開催月	開催日	開催日	
4	沖縄ロードレース	2023	12	10	2023/12/10	
5	琵琶湖チャリティマラソン	2024	1	28		
6	石垣島ロードマジック	2024	1	30		
7	埼玉ハーフマラソン	2024	2	1		
8	皇居ウォーク	2024	2	22		

書式	=DATE(年 , 月 , 日)	
引数	年　必須	日付の年の情報
	月　必須	日付の月の情報
	日　必須	日付の日の情報
説明	引数の「年」「月」「日」で指定した年月日をもとに日付データを作成します。	

生年月日から年齢を表示する（DATEDIF関数）

2つの日付（開始日と終了日）間の経過年数や月数、日数を求めるには、**DATEDIF（デイトディフ）関数**を使います。これにより、勤続年数や入会期間、生まれてから○日目などの計算を行えます。ちなみに「DIFF」は「差分」という意味です。

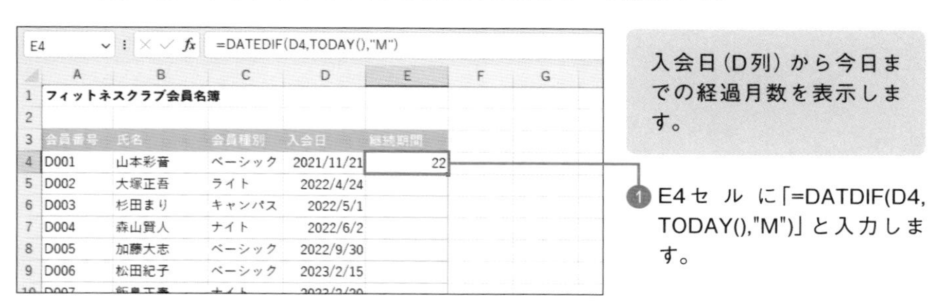
E4 =DATEDIF(D4,TODAY(),"M")

	A	B	C	D	E	F	G
1	フィットネスクラブ会員名簿						
2							
3	会員番号	氏名	会員種別	入会日	継続期間		
4	D001	山本彩音	ベーシック	2021/11/21	22		
5	D002	大塚正吾	ライト	2022/4/24			
6	D003	杉田まり	キャンパス	2022/5/1			
7	D004	森山賢人	ナイト	2022/6/2			
8	D005	加藤大志	ベーシック	2022/9/30			
9	D006	松田紀子	ベーシック	2023/2/15			

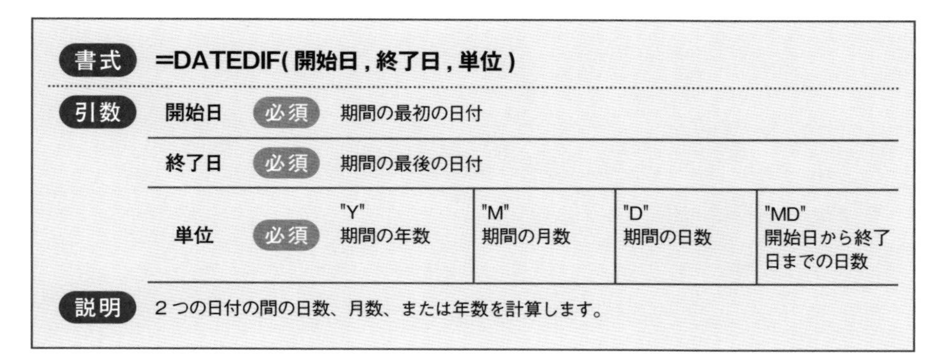

書式	=DATEDIF(開始日 , 終了日 , 単位)				
引数	開始日　必須	期間の最初の日付			
	終了日　必須	期間の最後の日付			
	単位　必須	"Y" 期間の年数	"M" 期間の月数	"D" 期間の日数	"MD" 開始日から終了日までの日数
説明	2つの日付の間の日数、月数、または年数を計算します。				

COLUMN

DATEDIF関数は手入力する

DATEDIF関数は、［関数の挿入］ダイアログボックスに表示されません。手入力で操作しましょう。

038 文字列に関する関数テクニックを知る

合計や平均などを集計できるのは数値のみですが、**文字列関数**を使うと、文字列を結合したり、文字列から特定の文字を取り出したりできます。また、空白や改行も文字として扱われるため、空白や改行を削除する関数も利用できます。

文字をつなげて表示する（CONCATENATE関数）

CONCATENATE（コンキャテネイト）関数を使うと、別々のセルに入力した文字をつなげて表示できます。ここでは、別々のセルに入力されている「姓」と「名」をCONCATENATE関数でつなげて、新しく「氏名」の項目を作成します。

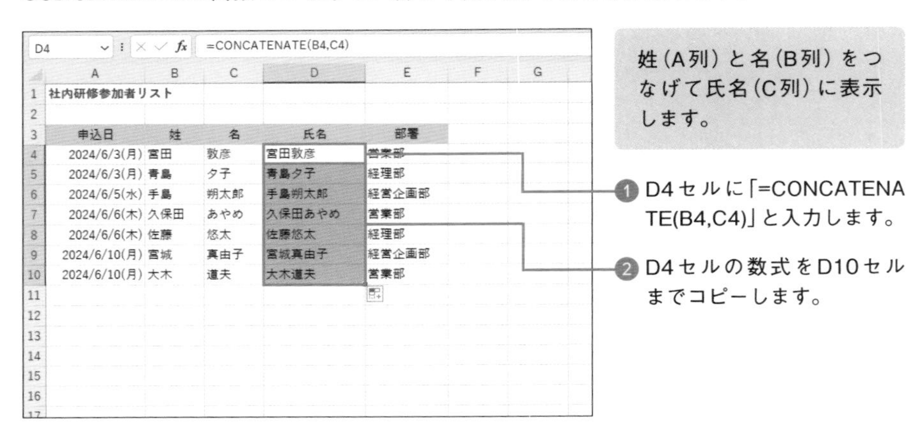

書式	**=CONCATENATE(文字列 1,[文字列 2],…)**
引数	**文字列 1** 必須 最初の文字やセル
	文字列 2 任意 つなげて表示する文字を指定（最大 255 個まで指定可能）
説明	引数で指定した文字列をつなげて表示します。

文字の一部を取り出して表示する（LEFT関数／RIGHT関数）

住所から先頭の都道府県名だけを取り出したり、商品コードの先頭2文字を取り出したりするなど、文字列の先頭から一部を取り出すには**LEFT（レフト）関数**を使います。また、文字列の末尾の文字を取り出すには、**RIGHT（ライト）関数**を使用します。

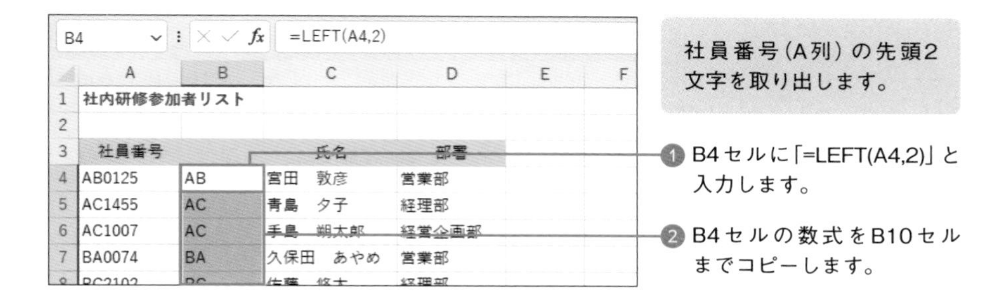

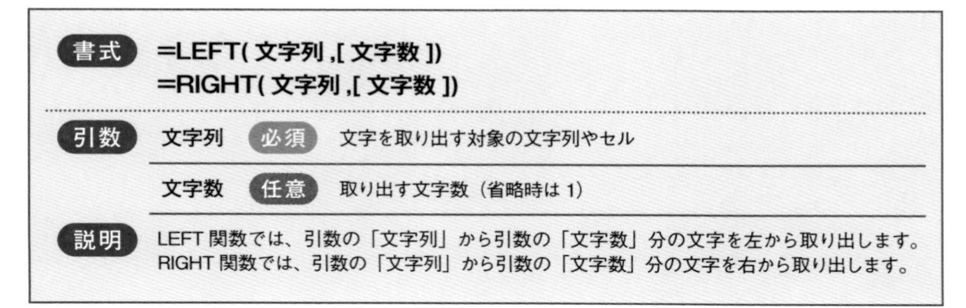

書式 =LEFT(文字列 ,[文字数])
=RIGHT(文字列 ,[文字数])

引数 文字列 必須 文字を取り出す対象の文字列やセル

文字数 任意 取り出す文字数（省略時は 1）

説明 LEFT 関数では、引数の「文字列」から引数の「文字数」分の文字を左から取り出します。RIGHT 関数では、引数の「文字列」から引数の「文字数」分の文字を右から取り出します。

よけいな空白を削除する（TRIM関数）

ほかのアプリからデータを取り込んだときに、文字列の前後に不要な空白などが含まれる場合があります。よけいな空白を削除するときに**TRIM（トリム）関数**を使うと、まとめて取り除くことができます。

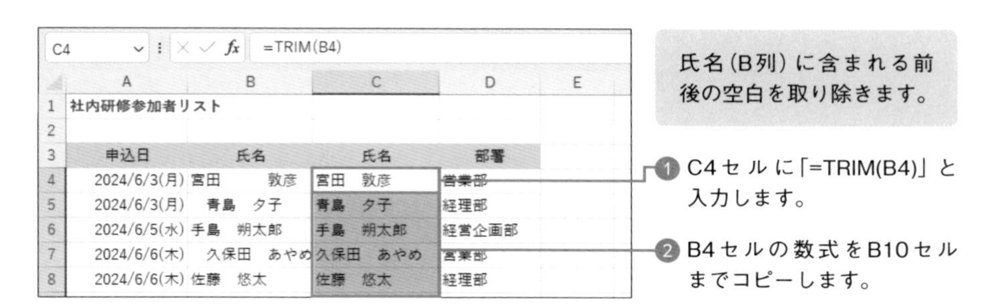

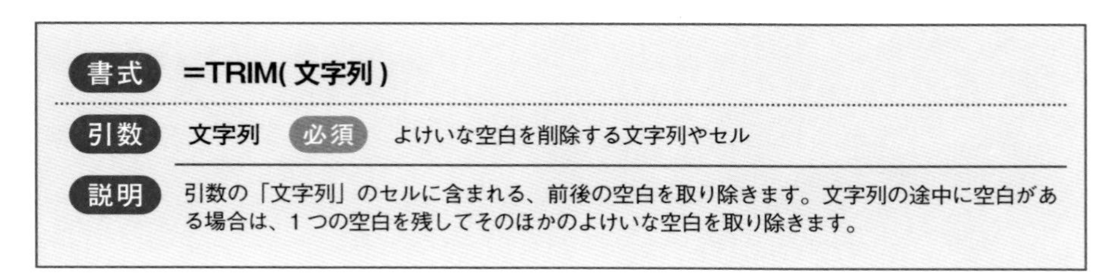

書式 =TRIM(文字列)

引数 文字列 必須 よけいな空白を削除する文字列やセル

説明 引数の「文字列」のセルに含まれる、前後の空白を取り除きます。文字列の途中に空白がある場合は、1 つの空白を残してそのほかのよけいな空白を取り除きます。

セル内のよけいな改行を削除する（CLEAN関数）

ほかのアプリから取り込んだデータや、コピーして貼り付けたデータによけいな改行が含まれるときは、**CLEAN（クリーン）関数**で対処しましょう。セルの中で複数行に分かれて表示されているデータの改行を取り除いて1行にまとめられます。

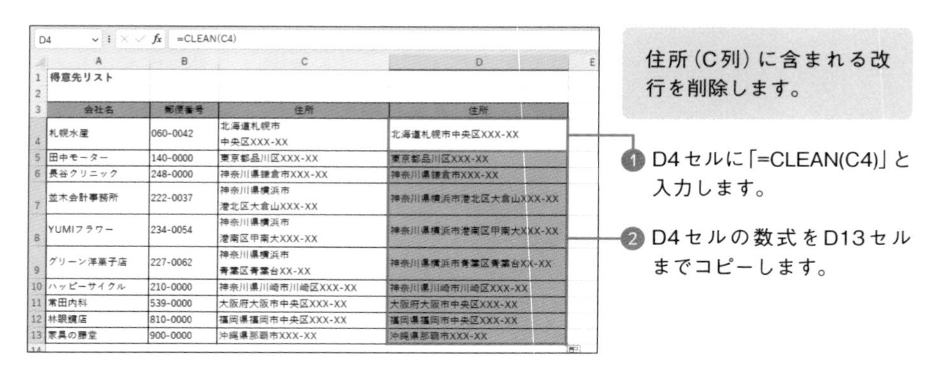

D4 =CLEAN(C4)

	A	B	C	D
1	得意先リスト			
2				
3	会社名	郵便番号	住所	住所
4	札幌水産	060-0042	北海道札幌市 中央区XXX-XX	北海道札幌市中央区XXX-XX
5	田中モーター	140-0000	東京都品川区XXX-XX	東京都品川区XXX-XX
6	長谷クリニック	248-0000	神奈川県鎌倉市XXX-XX	神奈川県鎌倉市XXX-XX
7	並木会計事務所	222-0037	神奈川県横浜市 港北区大倉山XXX-XX	神奈川県横浜市港北区大倉山XXX-XX
8	YUMIフラワー	234-0054	神奈川県横浜市 港南区甲南大XXX-XX	神奈川県横浜市港南区甲南大XXX-XX
9	グリーン洋菓子店	227-0062	神奈川県横浜市 青葉区青葉台XX-XX	神奈川県横浜市青葉区青葉台XX-XX
10	ハッピーサイクル	210-0000	神奈川県川崎市川崎区XXX-XX	神奈川県川崎市川崎区XXX-XX
11	常田内科	539-0000	大阪府大阪市中央区XXX-XX	大阪府大阪市中央区XXX-XX
12	林眼鏡店	810-0000	福岡県福岡市中央区XXX-XX	福岡県福岡市中央区XXX-XX
13	家具の藤堂	900-0000	沖縄県那覇市XXX-XX	沖縄県那覇市XXX-XX

書式 =CLEAN(文字列)

引数 文字列 **必須** 改行などの印刷できない文字を削除する文字列やセル

説明 引数の「文字列」から、改行などの印刷できない文字を削除して表示します。

半角／全角を統一する（ASC関数／JIS関数）

全角と半角の表記が混在してしまったとき、関数ですぐに**表記を統一**できます。英字や数字、カタカナなどの全角文字を半角文字に統一するには、**ASC（アスキー）関数**を使います。反対に、半角文字を全角文字に統一するには**JIS（ジス）関数**を使います。

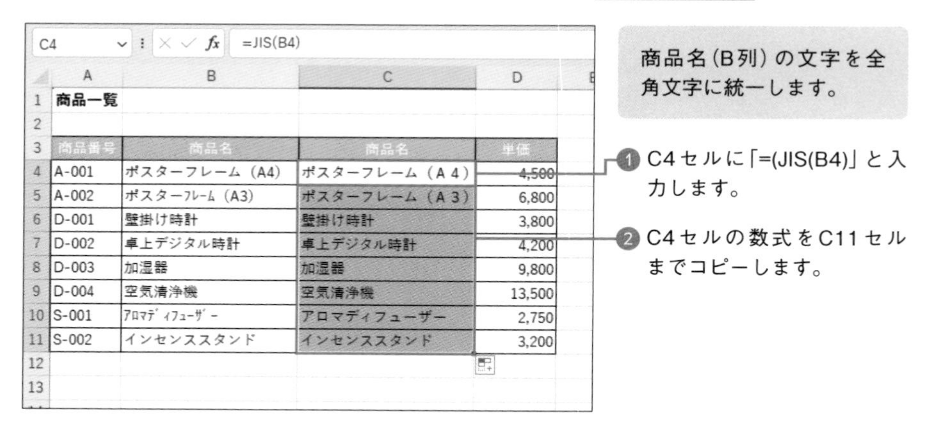

C4 =JIS(B4)

	A	B	C	D
1	商品一覧			
2				
3	商品番号	商品名	商品名	単価
4	A-001	ポスターフレーム（A4）	ポスターフレーム（Ａ４）	4,500
5	A-002	ポスターﾌﾚｰﾑ (A3)	ポスターフレーム（Ａ３）	6,800
6	D-001	壁掛け時計	壁掛け時計	3,800
7	D-002	卓上デジタル時計	卓上デジタル時計	4,200
8	D-003	加湿器	加湿器	9,800
9	D-004	空気清浄機	空気清浄機	13,500
10	S-001	ｱﾛﾏﾃﾞｨﾌｭｰｻﾞｰ	アロマディフューザー	2,750
11	S-002	インセンススタンド	インセンススタンド	3,200
12				
13				

書式 =ASC(文字列)
=JIS(文字列)
=UPPER（文字列）
=LOWER（文字列）

引数 文字列 **必須** 半角（ASC 関数の場合）または全角（JIS 関数の場合）にする文字列やセル、大文字、小文字にする文字列やセル

説明 ASC 関数は、引数の「文字列」を半角文字に統一します。JIS 関数は、引数の「文字列」を全角文字に統一します。UPPER 関数は、引数の「文字列」の英字を大文字に統一します。LOWER 関数は引数の「文字列」の英字を小文字に統一します。

ふりがなを表示する（PHONETIC関数）

「氏名」のふりがなを表示するには、**PHONETIC（フォネティック）関数**を使います。PHONETIC関数は、漢字を変換したときの読みの情報をふりがなとして表示します。

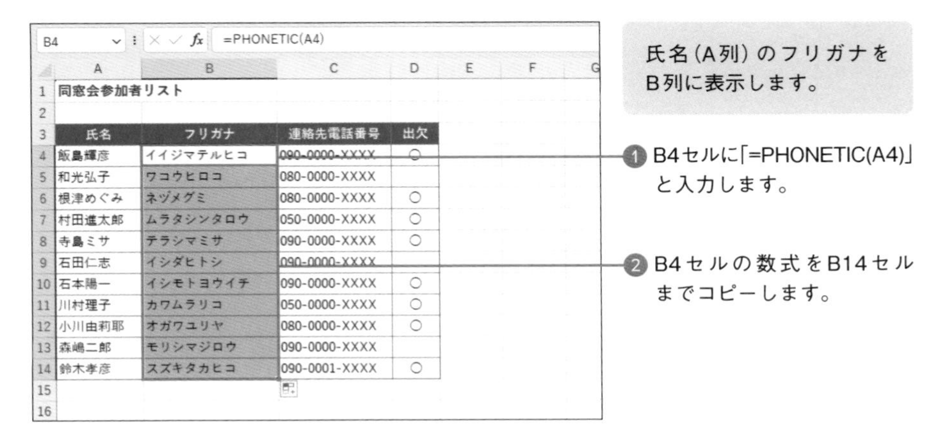

B4 =PHONETIC(A4)

同窓会参加者リスト

氏名	フリガナ	連絡先電話番号	出欠
飯島輝彦	イイジマテルヒコ	090-0000-XXXX	○
和光弘子	ワコウヒロコ	080-0000-XXXX	
根津めぐみ	ネヅメグミ	080-0000-XXXX	○
村田進太郎	ムラタシンタロウ	050-0000-XXXX	○
寺島ミサ	テラシマミサ	090-0000-XXXX	○
石田仁志	イシダヒトシ	090-0000-XXXX	
石本陽一	イシモトヨウイチ	090-0000-XXXX	○
川村理子	カワムラリコ	050-0000-XXXX	○
小川由莉耶	オガワユリヤ	080-0000-XXXX	○
森嶋二郎	モリシマジロウ	090-0000-XXXX	
鈴木孝彦	スズキタカヒコ	090-0001-XXXX	○

MEMO 間違って表示されたら

セルをクリックし、［ホーム］タブの［ふりがなの表示／非表示］の▼から［ふりがなの編集］をクリックして修正します。

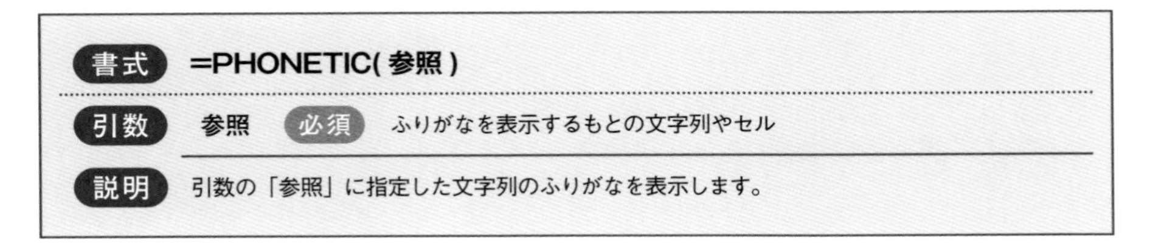

書式 =PHONETIC(参照)

引数 参照 **必須** ふりがなを表示するもとの文字列やセル

説明 引数の「参照」に指定した文字列のふりがなを表示します。

039 別表を検索する関数テクニックを知る

請求書や売上台帳に、「商品番号」「商品名」「単価」をそのつど手動で入力するのはたいへんな労力です。同じデータを何度も入力するとミスも発生します。番号に紐づけられたデータは、**番号を入力するだけで関連データが自動表示されるしくみ**を作りましょう。

別表から該当するデータを参照する（VLOOKUP関数）

請求書や見積書に商品番号を入力して、該当する商品の「商品名」や「単価」などを自動で表示するには**VLOOKUP（ブイルックアップ）関数**を使います。この関数を使うには、「商品名」や「単価」などを検索するための別表を用意する必要があります。

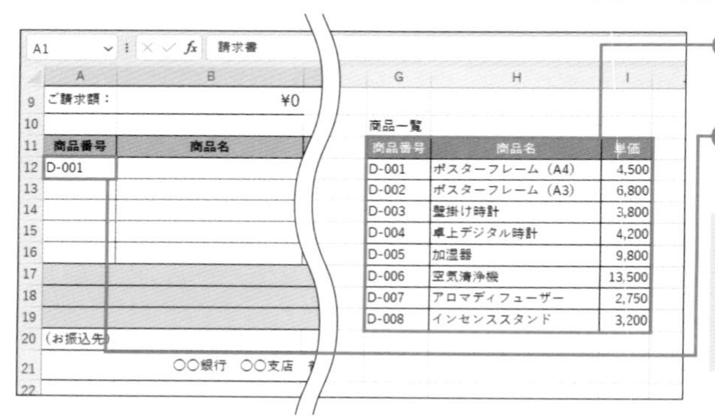

❶ G11セル～I19セルに別表を作成します。

❷ A12セルに商品番号を入力します。

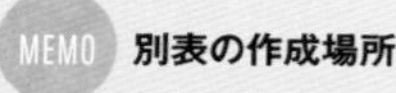

別表を異なるワークシートに作成してもかまいません。

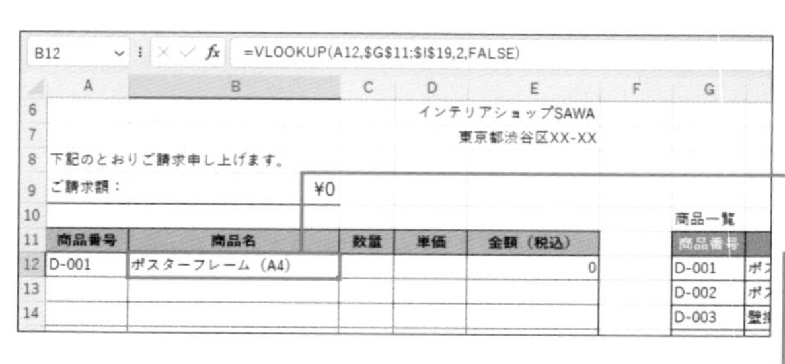

❸ B12セルに「=VLOOKUP(A12,$G$11:$I$19,2,FALSE)」と入力すると、商品名が表示されます。

❹ D12セルに「=VLOOKUP(A12,$G$11:$I$19,3,FALSE)」と入力すると、価格が表示されます。

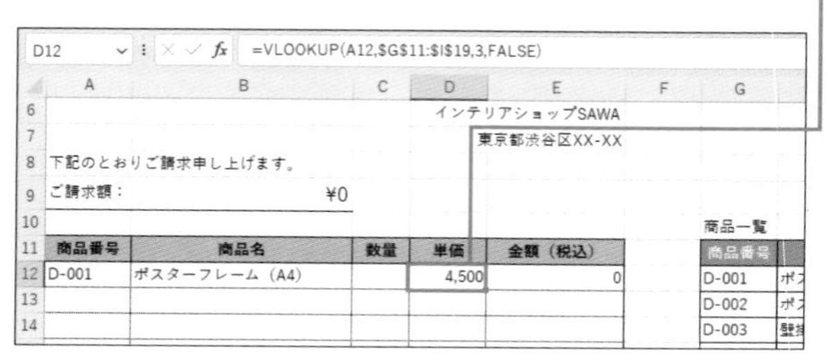

MEMO 関数の見方

A12セルの「商品番号」をもとにして、該当する「商品名」を別表から探し出し、別表の左から2列目（または3列目）のデータを表示します。

書式 =VLOOKUP(検索値 , 範囲 , 列番号 ,[検索の型])

引数

検索値	必須	検索する値
範囲	必須	別表のセル範囲。左端の列には引数の「検索値」で探すデータを入力する。数式をコピーして使用する場合は絶対参照で指定する
列番号	必須	引数の「範囲」の左端の列に該当する値が見つかったときに、左から何列目の値を表示するかを指定する
検索の型	任意	TRUE または FALSE を指定。 TRUE の場合は、検索値が見つからない場合に検索値未満の最大値を検索結果とみなす。FALSE を指定すると、完全に一致する値のみ検索結果とみなす（省略時は TRUE）

説明 引数の「検索値」に指定した値を、引数の「範囲」の左端の列から探し、該当する値が見つかったら、引数の「列番号」にあたるデータを返します。

COLUMN

「#N/A」エラー

VLOOKUP関数の引数の「検索値」が空欄のときは、「#N/A」エラーが表示される場合があります。エラーを回避するには、143ページのIFERROR関数と組み合わせましょう。

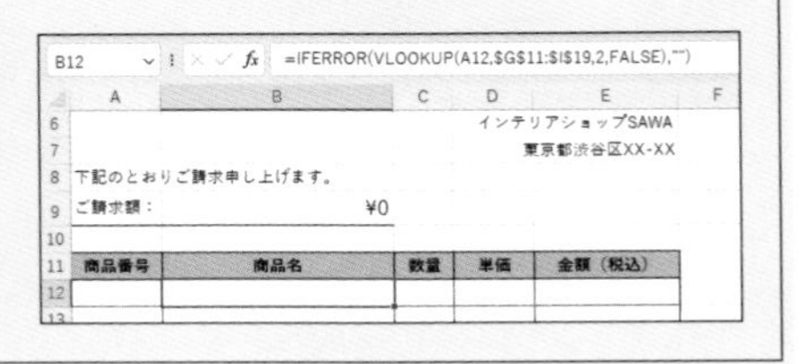

別表から該当するデータをよりすばやく参照する（XLOOKUP関数）

VLOOKUP関数の拡張版が**XLOOKUP（エックスルックアップ）関数**です。別表からデータを参照するという目的は同じですが、引数の数が4つから3つに減り、指定方法がかんたんになりました。154ページの操作をXLOOKUP関数にしてみましょう。

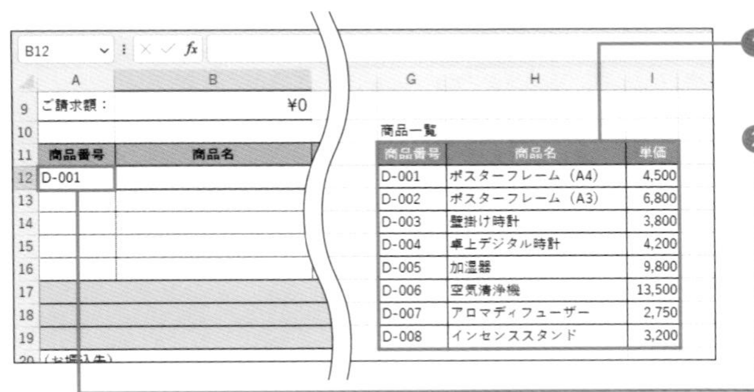

商品一覧

商品番号	商品名	単価
D-001	ポスターフレーム（A4）	4,500
D-002	ポスターフレーム（A3）	6,800
D-003	壁掛け時計	3,800
D-004	卓上デジタル時計	4,200
D-005	加湿器	9,800
D-006	空気清浄機	13,500
D-007	アロマディフューザー	2,750
D-008	インセンススタンド	3,200

❶ G11セル〜I19セルに別表を作成します。

❷ A12セルに商品番号を入力します。

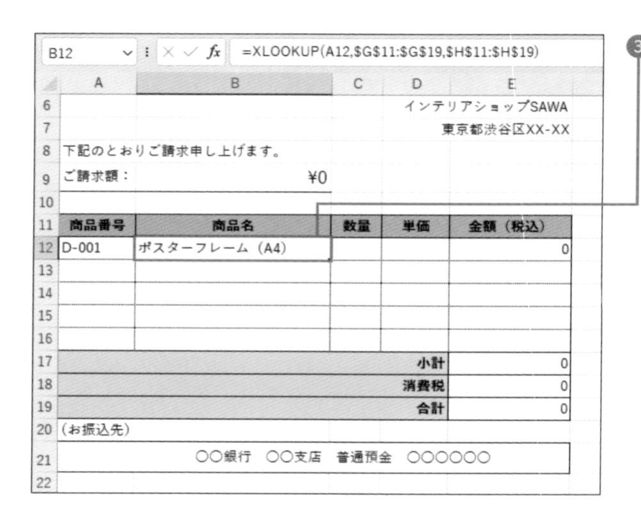

❸ B12セルに「=XLOOKUP(A12,$G$11:$G$19,$H$11:$H$19)」と入力すると、商品名が表示されます。

D12 | =XLOOKUP(A12,$G$11:$G$19,$I$11:$I$19)

	A	B	C	D	E
6				インテリアショップSAWA	
7				東京都渋谷区XX-XX	
8	下記のとおりご請求申し上げます。				
9	ご請求額：	¥0			
10					
11	商品番号	商品名	数量	単価	金額（税込）
12	D-001	ポスターフレーム（A4）		4,500	0
13					
14					
15					
16					
17				小計	0
18				消費税	0
19				合計	0
20	（お振込先）				
21	○○銀行　○○支店　普通預金　○○○○○○				
22					

❹ D12セルに「=XLOOKUP(A12,$G$11:$G$19,$I$11:$I$19」と入力すると、価格が表示されます。

MEMO 関数の見方

A12セルの「商品番号」をもとにして、引数の「検索範囲」から該当する「商品名」を探し出し、引数の「戻り範囲」から該当するデータを表示します。

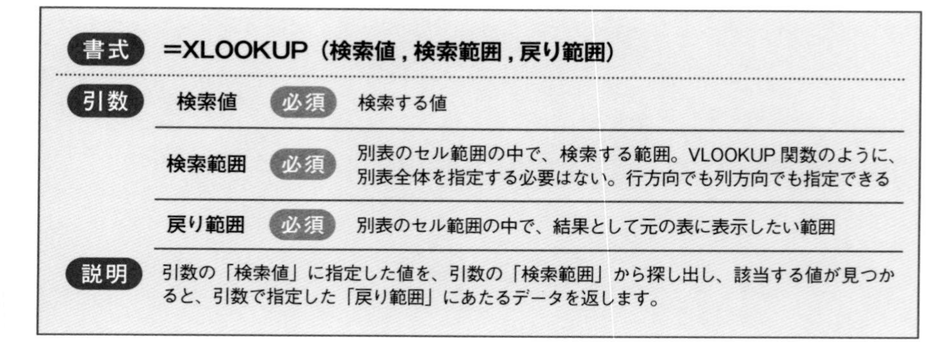

書式 =XLOOKUP（検索値，検索範囲，戻り範囲）

引数			
	検索値	必須	検索する値
	検索範囲	必須	別表のセル範囲の中で、検索する範囲。VLOOKUP関数のように、別表全体を指定する必要はない。行方向でも列方向でも指定できる
	戻り範囲	必須	別表のセル範囲の中で、結果として元の表に表示したい範囲

説明 引数の「検索値」に指定した値を、引数の「検索範囲」から探し出し、該当する値が見つかると、引数で指定した「戻り範囲」にあたるデータを返します。

040 条件を使う集計の関数テクニックを知る

セルの数値が条件に合っているかどうかを判定する関数を総称して**「論理関数」**と呼びます。論理関数では、「>」や「=」などの**比較演算子**を使って条件を組み立てて、条件に合った数値を集計します。複数の条件を組み合わせることもできます。

値を判定して処理を2つに分ける（IF関数）

〇点以上は「合格」、それ以外は「不合格」といったように、指定した条件に一致する場合とそうでない場合とで**処理を分岐**するには、**IF（イフ）関数**を使います。ここでは、合計が150点以上の場合は「合格」、それ以外は「不合格」の文字を表示します。

E4 fx =IF(D4>=150,"合格","不合格")

	A	B	C	D	E
1	研修試験結果				
2					
3	氏名	筆記	実技	合計	評価
4	宇田川恵子	80	70	150	合格
5	三枝孝彦	55	75	130	不合格
6	中川あずさ	90	75	165	合格
7	川野淳平	95	80	175	合格
8	小野寺洋子	80	92	172	合格
9	森山俊太	75	70	145	不合格
10	後藤紗枝	82	95	177	合格
11	和田正也	80	75	155	合格
12	平均点	80	79	159	

❶ E4セルに「=IF(D4＞=150,"合格","不合格")」と入力すると、150点以上なら「合格」、それ以外は「不合格」と表示されます。

❷ E4セルの数式をE11セルまでコピーします。

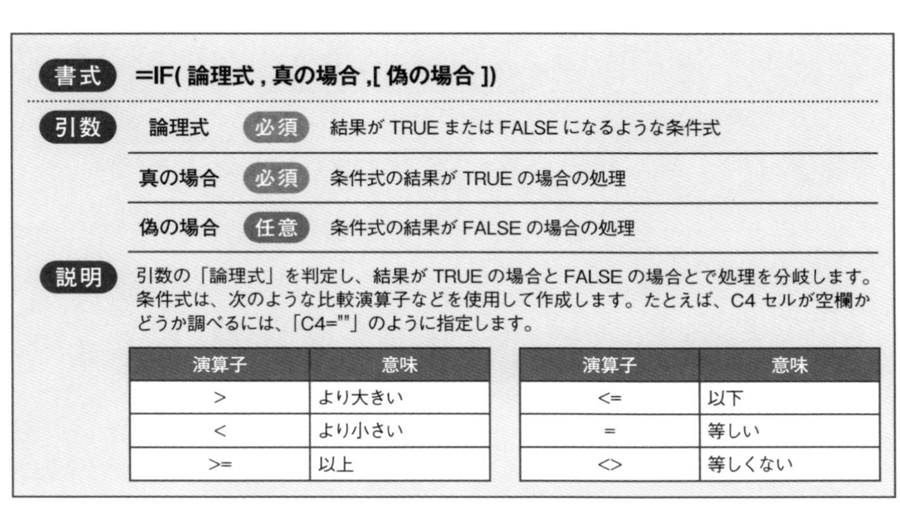

書式 =IF(論理式 , 真の場合 ,[偽の場合])

引数

論理式	必須	結果が TRUE または FALSE になるような条件式
真の場合	必須	条件式の結果が TRUE の場合の処理
偽の場合	任意	条件式の結果が FALSE の場合の処理

説明 引数の「論理式」を判定し、結果が TRUE の場合と FALSE の場合とで処理を分岐します。条件式は、次のような比較演算子などを使用して作成します。たとえば、C4 セルが空欄かどうか調べるには、「C4=""」のように指定します。

演算子	意味
>	より大きい
<	より小さい
>=	以上

演算子	意味
<=	以下
=	等しい
<>	等しくない

値を判定して処理を3つ以上に分ける（IF関数）

IF関数で「A」「B」「C」の3ランクに分けたいといったように処理を3つ以上に分岐したいときは、IF関数の引数（偽の場合）に**さらにIF関数を指定**します。関数の中に関数を入れることを**「ネスト」**あるいは**「入れ子」**と呼びます。

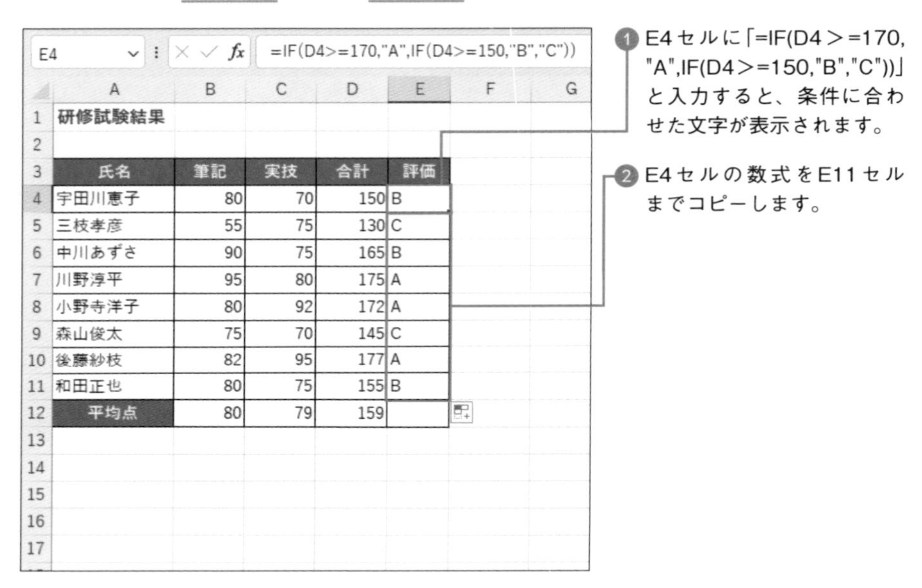

E4 =IF(D4>=170,"A",IF(D4>=150,"B","C"))

	A	B	C	D	E	F	G
1	研修試験結果						
2							
3	氏名	筆記	実技	合計	評価		
4	宇田川恵子	80	70	150	B		
5	三枝孝彦	55	75	130	C		
6	中川あずさ	90	75	165	B		
7	川野淳平	95	80	175	A		
8	小野寺洋子	80	92	172	A		
9	森山俊太	75	70	145	C		
10	後藤紗枝	82	95	177	A		
11	和田正也	80	75	155	B		
12	平均点	80	79	159			
13							
14							
15							
16							
17							

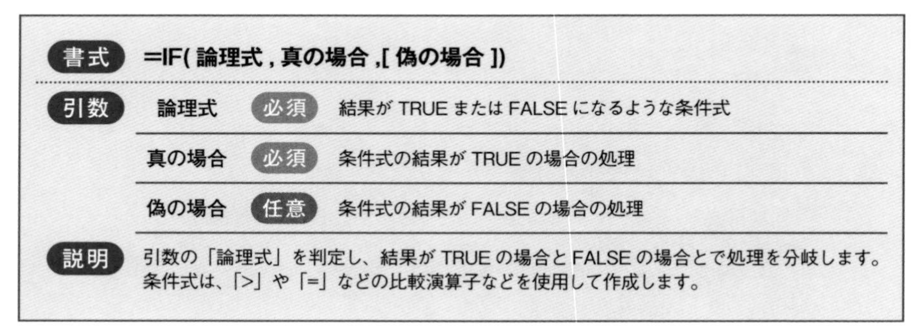

書式 =IF(論理式 , 真の場合 ,[偽の場合])

引数

引数		
論理式	必須	結果が TRUE または FALSE になるような条件式
真の場合	必須	条件式の結果が TRUE の場合の処理
偽の場合	任意	条件式の結果が FALSE の場合の処理

説明 引数の「論理式」を判定し、結果が TRUE の場合と FALSE の場合とで処理を分岐します。条件式は、「>」や「=」などの比較演算子などを使用して作成します。

COLUMN

関数の見方

まず、合計（D列）の点数が170点以上の場合は「A」と表示します。条件に一致しない場合は、引数の「偽の場合」にIF関数を追加します。合計（D列）の点数が150点以上なら「B」、そうでない場合は「C」と表示します。

複数の条件を満たすかどうか判定する（IF関数／AND関数／OR関数）

複数の条件のすべてを満たすかどうかを判定するには**AND（アンド）関数**、複数の条件のいずれかを満たすかどうかを判定するには**OR（オア）関数**を使用します。これらの関数は、単独で使用するよりも**IF（イフ）関数と組み合わせ**て利用することが多い関数です。

	A	B	C	D	E	F
1	研修試験結果					
2						
3	氏名	筆記	実技	合計	追試	
4	宇田川恵子	80	69	149	追試	
5	三枝孝彦	55	75	130	追試	
6	中川あずさ	90	75	165		
7	川野淳平	95	80	175		
8	小野寺洋子	80	92	172		
9	森山俊太	75	70	145	追試	
10	後藤紗枝	82	95	177		
11	和田正也	80	75	155		
12	平均点	80	79	159		
13						
14						

❶ E4セルに「=IF(OR(B4＜=70, C4＜=70),"追試","")」と入力すると、条件に合わせた文字が表示されます。

❷ E4セルの数式をE11セルまでコピーします。

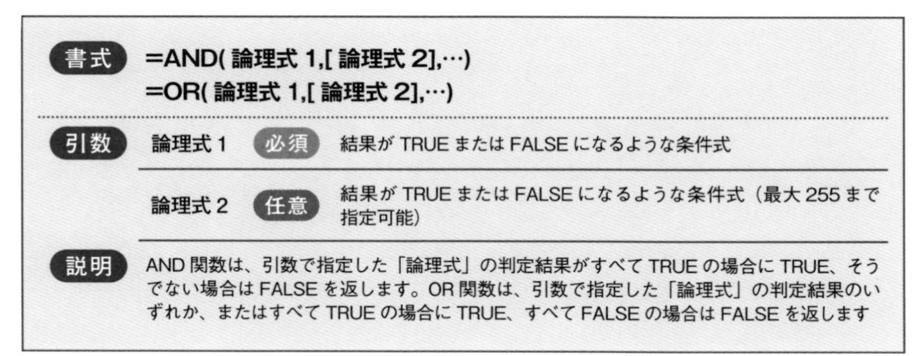

書式 =AND(論理式1,[論理式2],…)
=OR(論理式1,[論理式2],…)

引数

引数		内容
論理式1	必須	結果がTRUEまたはFALSEになるような条件式
論理式2	任意	結果がTRUEまたはFALSEになるような条件式（最大255まで指定可能）

説明 AND関数は、引数で指定した「論理式」の判定結果がすべてTRUEの場合にTRUE、そうでない場合はFALSEを返します。OR関数は、引数で指定した「論理式」の判定結果のいずれか、またはすべてTRUEの場合にTRUE、すべてFALSEの場合はFALSEを返します

COLUMN

関数の見方

B4セルの「筆記」とC4セルの「実技」の点数のどちらかが70点以下ならば「追試」の文字を表示し、2つの条件を満たさない場合は空白を表示します。空白は半角の「""（ダブルクォーテーション2つ）」で表します。

条件を満たす数値の合計を求める（SUMIF関数）

1行1件のルールに沿って入力されたリスト形式のデータの中から、**指定した条件に一致するデータの合計**を求めるには、**SUMIF（サムイフ）関数**を使用します。合計を求めるSUM関数と、条件によって処理を分岐するIF関数を組み合わせた関数です。

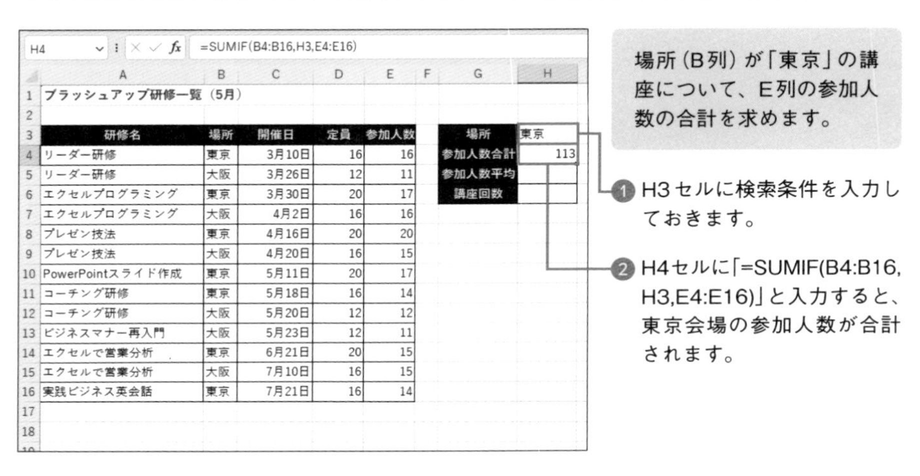

ブラッシュアップ研修一覧（5月）

研修名	場所	開催日	定員	参加人数
リーダー研修	東京	3月10日	16	16
リーダー研修	大阪	3月26日	12	11
エクセルプログラミング	東京	3月30日	20	17
エクセルプログラミング	大阪	4月2日	16	16
プレゼン技法	東京	4月16日	20	20
プレゼン技法	大阪	4月20日	16	15
PowerPointスライド作成	東京	5月11日	20	17
コーチング研修	東京	5月18日	16	14
コーチング研修	大阪	5月20日	12	12
ビジネスマナー再入門	大阪	5月23日	12	11
エクセルで営業分析	東京	6月21日	20	15
エクセルで営業分析	大阪	7月10日	16	15
実践ビジネス英会話	東京	7月21日	16	14

場所	東京
参加人数合計	113
参加人数平均	
講座回数	

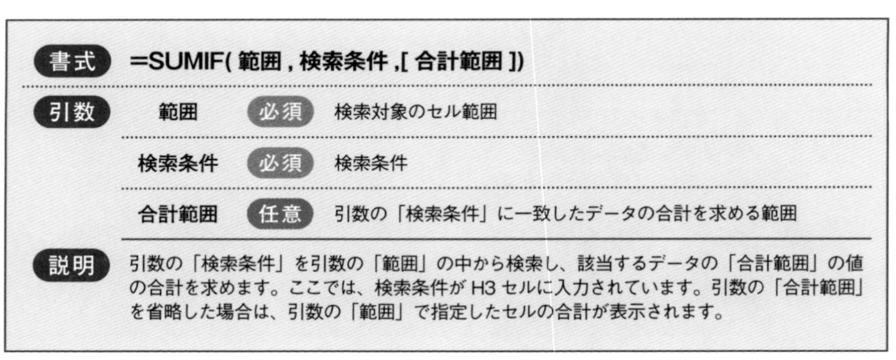

書式 =SUMIF(範囲 , 検索条件 ,[合計範囲])

引数

引数		説明
範囲	必須	検索対象のセル範囲
検索条件	必須	検索条件
合計範囲	任意	引数の「検索条件」に一致したデータの合計を求める範囲

説明 引数の「検索条件」を引数の「範囲」の中から検索し、該当するデータの「合計範囲」の値の合計を求めます。ここでは、検索条件がH3セルに入力されています。引数の「合計範囲」を省略した場合は、引数の「範囲」で指定したセルの合計が表示されます。

COLUMN

条件が複数ある場合

複数の条件を指定するにはSUMIFS（サムイフズ）関数を使います。書式は「=SUMIFS(合計対象範囲1,条件範囲1,条件1,…)」です。

条件を満たす値の平均を求める（AVERAGEIF関数）

1行1件のルールに沿って入力されたリスト形式のデータの中から、**指定した条件に一致するデータの平均**を求めるには、**AVERAGEIF（アベレージイフ）関数**を使用します。平均を求めるAVERAGE関数と、条件によって処理を分岐するIF関数を組み合わせた関数です。

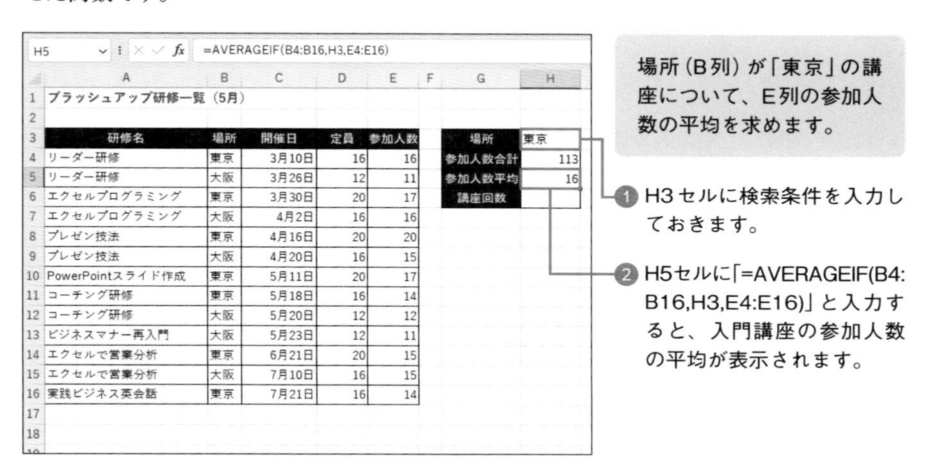

ブラッシュアップ研修一覧（5月）

研修名	場所	開催日	定員	参加人数
リーダー研修	東京	3月10日	16	16
リーダー研修	大阪	3月26日	12	11
エクセルプログラミング	東京	3月30日	20	17
エクセルプログラミング	大阪	4月2日	16	16
プレゼン技法	東京	4月16日	20	20
プレゼン技法	大阪	4月20日	16	15
PowerPointスライド作成	東京	5月11日	20	17
コーチング研修	東京	5月18日	16	14
コーチング研修	大阪	5月20日	12	12
ビジネスマナー再入門	大阪	5月23日	12	11
エクセルで営業分析	東京	6月21日	20	15
エクセルで営業分析	大阪	7月10日	16	15
実践ビジネス英会話	東京	7月21日	16	14

場所	東京
参加人数合計	113
参加人数平均	16
講座回数	

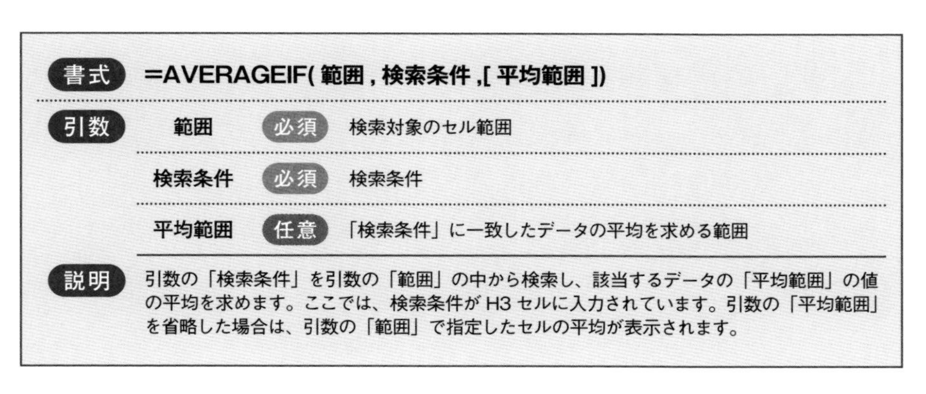

書式 =AVERAGEIF(範囲 , 検索条件 ,[平均範囲])

引数

引数		内容
範囲	必須	検索対象のセル範囲
検索条件	必須	検索条件
平均範囲	任意	「検索条件」に一致したデータの平均を求める範囲

説明 引数の「検索条件」を引数の「範囲」の中から検索し、該当するデータの「平均範囲」の値の平均を求めます。ここでは、検索条件がH3セルに入力されています。引数の「平均範囲」を省略した場合は、引数の「範囲」で指定したセルの平均が表示されます。

COLUMN

条件が複数ある場合

複数の条件を指定するにはAVERAGEIFS（アベレージイフズ）関数を使います。書式は「=AVERAGIFS(平均対象範囲1,条件範囲1,条件1,…)」です。

条件を満たすデータの個数を求める（COUNTIF関数）

1行1件のルールに沿って入力されたリスト形式のデータの中から、**指定した条件に一致するデータの個数**を求めるには、**COUNTIF（カウントイフ）関数**を使用します。データの個数を求めるCOUNT関数と、条件によって処理を分岐するIF関数を組み合わせた関数です。

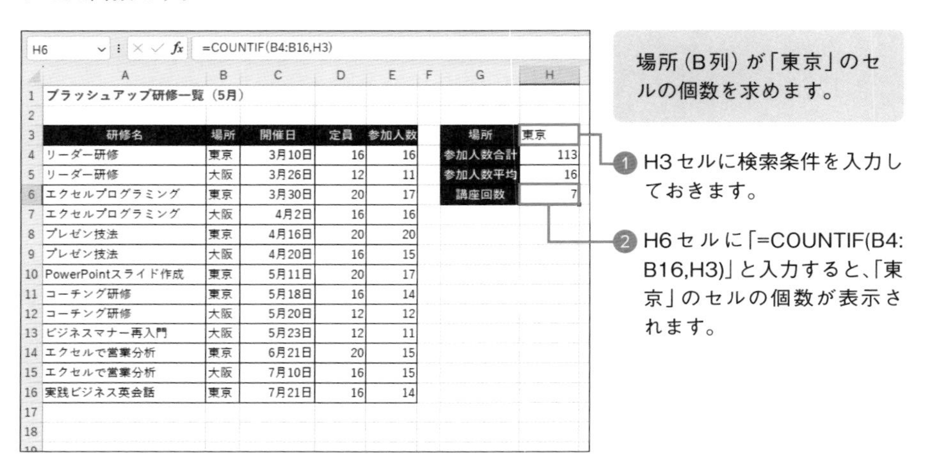

	A	B	C	D	E	F	G	H
1	ブラッシュアップ研修一覧（5月）							
2								
3	研修名	場所	開催日	定員	参加人数		場所	東京
4	リーダー研修	東京	3月10日	16	16		参加人数合計	113
5	リーダー研修	大阪	3月26日	12	11		参加人数平均	16
6	エクセルプログラミング	東京	3月30日	20	17		講座回数	7
7	エクセルプログラミング	大阪	4月2日	16	16			
8	プレゼン技法	東京	4月16日	20	20			
9	プレゼン技法	大阪	4月20日	16	15			
10	PowerPointスライド作成	東京	5月11日	20	17			
11	コーチング研修	東京	5月18日	16	14			
12	コーチング研修	大阪	5月20日	12	12			
13	ビジネスマナー再入門	大阪	5月23日	12	11			
14	エクセルで営業分析	東京	6月21日	20	15			
15	エクセルで営業分析	大阪	7月10日	16	15			
16	実践ビジネス英会話	東京	7月21日	16	14			
17								
18								

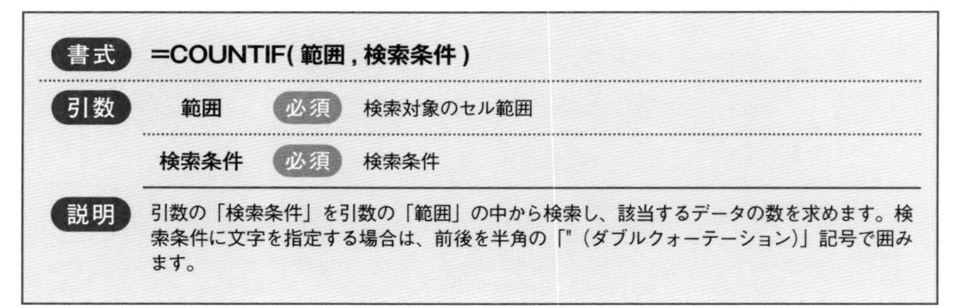

書式 =COUNTIF(範囲 , 検索条件)

引数
- 範囲 必須 検索対象のセル範囲
- 検索条件 必須 検索条件

説明 引数の「検索条件」を引数の「範囲」の中から検索し、該当するデータの数を求めます。検索条件に文字を指定する場合は、前後を半角の「"（ダブルクォーテーション）」記号で囲みます。

COLUMN

条件が複数ある場合

複数の条件を指定するにはCOUNTIFS（カウントイフズ）関数を使います。書式は「=COUNTIFS(検索条件範囲1,条件1,…)」です。

第5章

伝わりやすいグラフに!
グラフの作成テクニック

041 資料作成に必須のグラフの基本を知る

グラフは**数値の全体的な傾向**をわかりやすく示すものです。表は数値の羅列なので、数値の増減や比較などは、表を見た人がみずから読み取る必要があります。その点、グラフは棒の長さや線の傾き、円の面積などで数値の傾向を直感的に把握できます。

業務に頻出のグラフを知る

Excelにはたくさんの種類のグラフが用意されており、どれを使えばよいのか迷うことがあるでしょう。ビジネスシーンでよく使うグラフは限られており、中でも**「棒グラフ」「折れ線グラフ」「円グラフ」**が三大グラフと呼ばれています。

棒グラフ

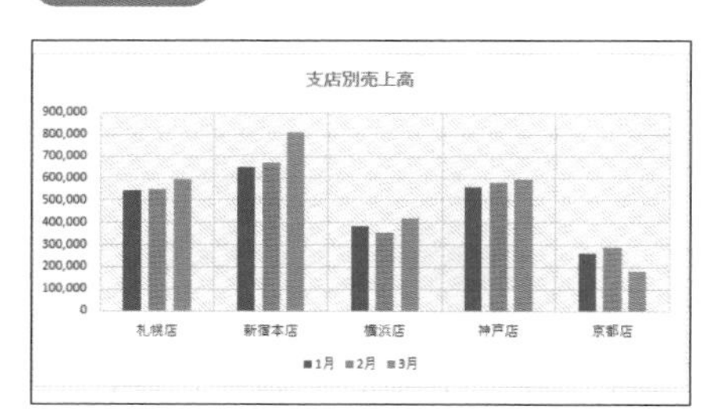

棒グラフは数値の大小を比較するときに使います。166ページのように、棒グラフの中にもいろいろな種類があります。

折れ線グラフ

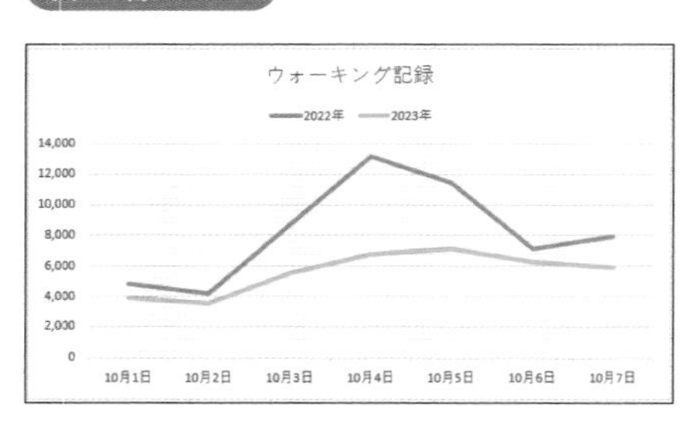

折れ線グラフは時系列に沿った数値の推移を示すときに使います。

円グラフ

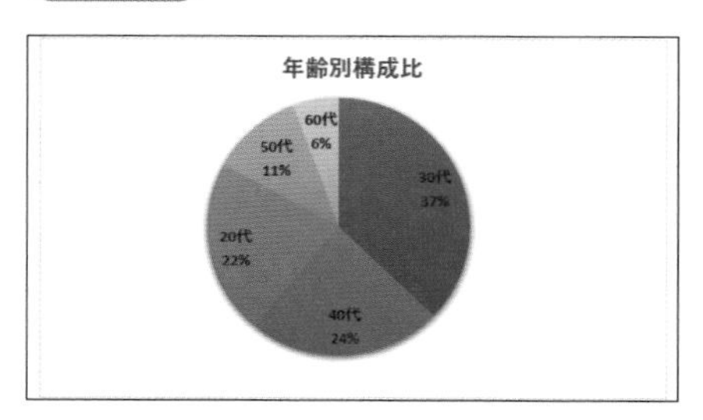

特定の数値が全体の中で占める割合を示すときに使います。

複合(組み合わせ)グラフ

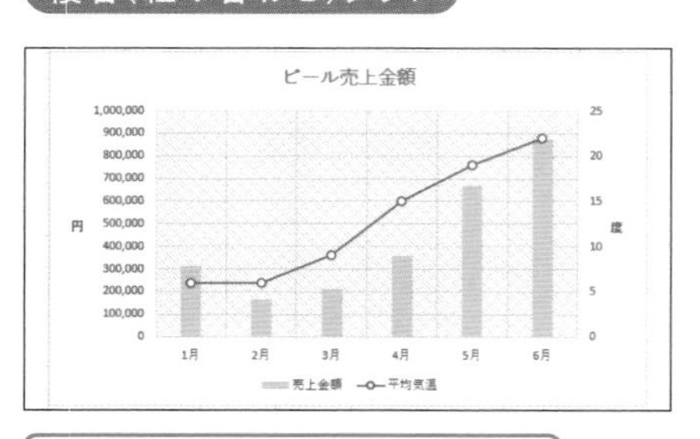

複数のグラフを同時に表示します。

グラフを構成する要素を知る

グラフは、グラフタイトルや凡例、プロットエリアなどのさまざまな要素で構成されており、要素ごとに細かく編集できます。**グラフを構成する要素**の名前と役割を知っておきましょう。グラフの要素は、あとから追加したり削除したりできます。

グラフを構成する要素には、次のようなものがあります。なお、グラフの種類によっては表示されない要素もあります。

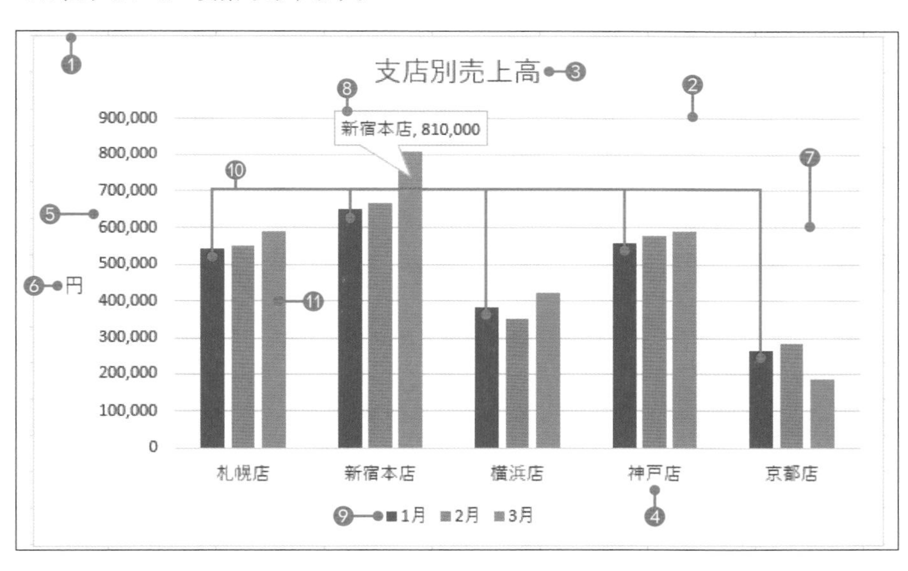

おもなグラフ要素

❶グラフエリア	グラフ全体の領域。
❷プロットエリア	グラフのデータが表示される領域。
❸グラフタイトル	グラフのタイトル。
❹横（項目）軸	項目名などを示す軸。
❺縦（値）軸	値などを示す軸。
❻軸ラベル	軸の意味や単位などを表すラベル。

❼目盛線	目盛の線。
❽データラベル	表の数値や項目などを表すラベル。
❾凡例	データ系列の項目名とマーカーを表す枠。
❿データ系列	同じ系列の値を表すデータ。
⓫データ要素	個々の値を表すデータ。

MEMO **データ系列とデータ要素**

表の数値データを表す部分がデータ系列やデータ要素です。データ系列は、同じ系列の値を表すデータの集まりです。棒グラフの場合は、同じ色で表示される棒の集まりがデータ系列です。データ要素は個々の値を表すデータで、棒グラフの場合は1本1本の棒です。

042 業務で最頻出の「棒グラフ」を作成する

グラフの中で最も使用頻度が高いのが**棒グラフ**で、数値の大小を比較するときに使います。グラフは、最初にグラフ化したい**表のデータを選択**し、次に**グラフの種類を選ぶ**という２ステップで作成できます。これは、どの種類のグラフにも共通のステップです。

棒グラフの種類を使い分ける

棒グラフは**数値の大小関係**をわかりやすく示すためのグラフの名称です。Excelには、縦棒グラフと横棒グラフが用意されており、それぞれに集合、積み上げ、100%積み上げなどの棒グラフの種類があります。

集合縦棒グラフ

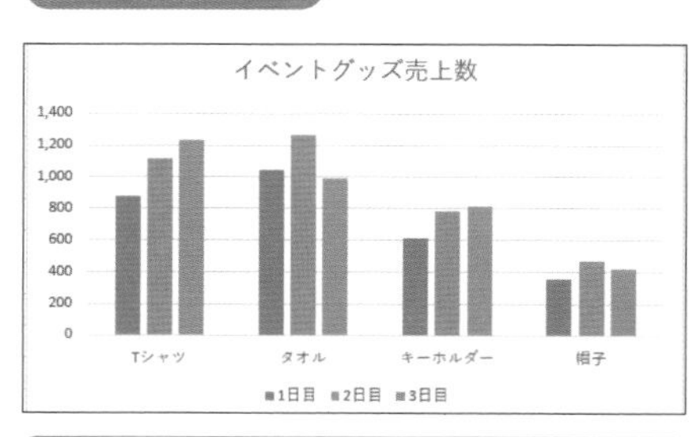

1つの項目を1本の棒グラフで示します。数値の大小を棒の長さで比較できます。

積み上げ縦棒グラフ

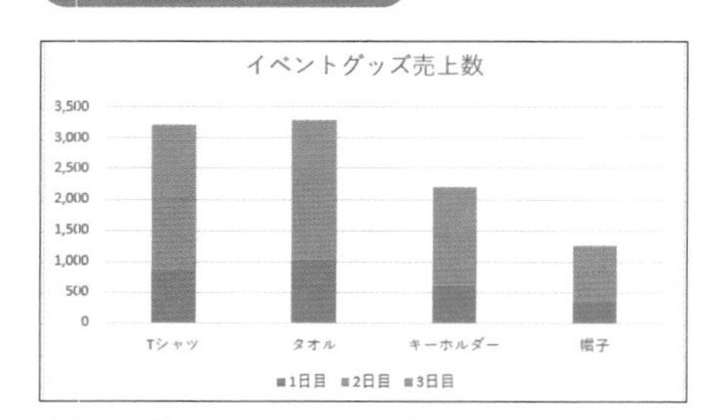

棒を項目ごとに上に積み重ねるグラフです。項目ごとの数値と合計を同時に示すことができます。

100%積み上げ縦棒グラフ

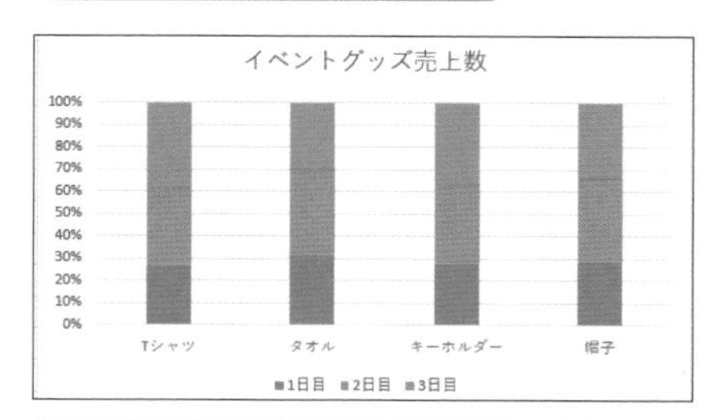

全体に対する項目ごとの割合を示すグラフです。棒の1本を100%として示すので、棒の高さはすべて同じです。

横棒グラフ

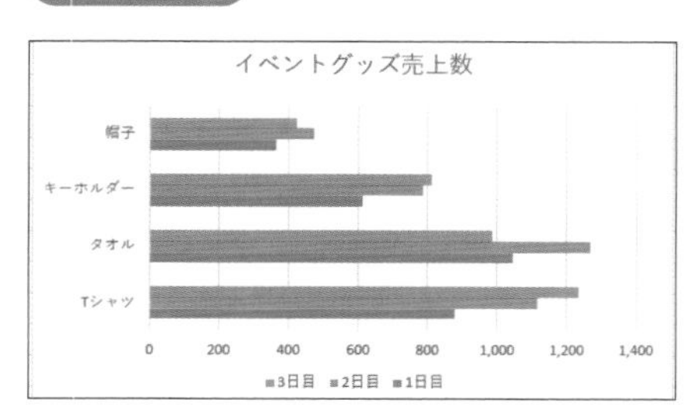

縦棒グラフと同じように、数値の大小を比較できます。項目数が多くなっても、縦棒グラフよりも見やすくなります。

棒グラフを作成する

表のデータをもとにして棒グラフを作ります。イメージどおりのグラフを作成するには、最初に**表のどの部分をグラフ化するのか**をしっかり見極めて、グラフ化したいセル範囲を正しく選択する必要があります。ここでは、商品ごとの売上数の大きさを棒の高さで比較する集合縦棒グラフを作成します。

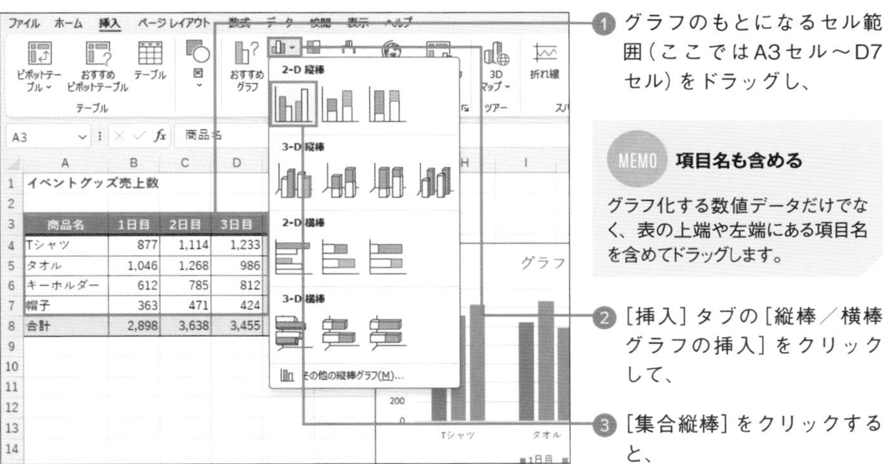

❶ グラフのもとになるセル範囲（ここではA3セル～D7セル）をドラッグし、

MEMO 項目名も含める

グラフ化する数値データだけでなく、表の上端や左端にある項目名を含めてドラッグします。

❷ ［挿入］タブの［縦棒／横棒グラフの挿入］をクリックして、

❸ ［集合縦棒］をクリックすると、

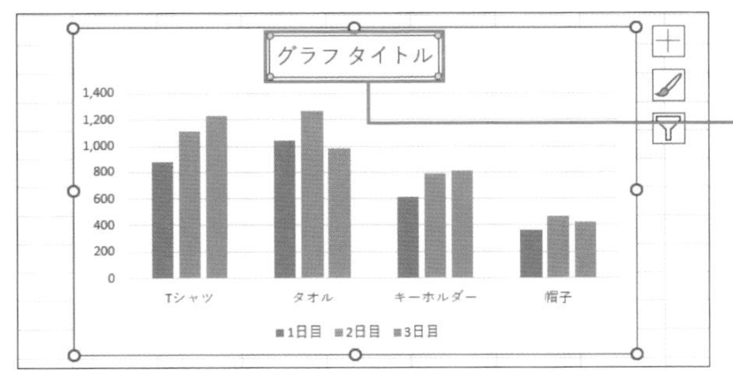

❹ 集合縦棒グラフが作成されます。

❺ ［グラフタイトル］の文字をクリックして、

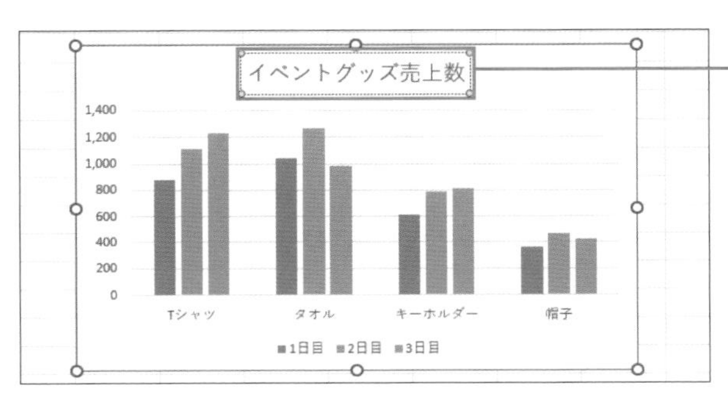

❻ タイトルを入力します。

MEMO グラフを削除する

グラフを削除するには、グラフをクリックして選択してから Delete キーを押します。

グラフのサイズと位置を変更する

グラフ作成後に、グラフのサイズや位置を調整できます。グラフのサイズを変更するには、グラフを選択したときにグラフの**四隅に表示されるハンドル**をドラッグします。また、グラフの**外枠をドラッグ**すると移動できます。

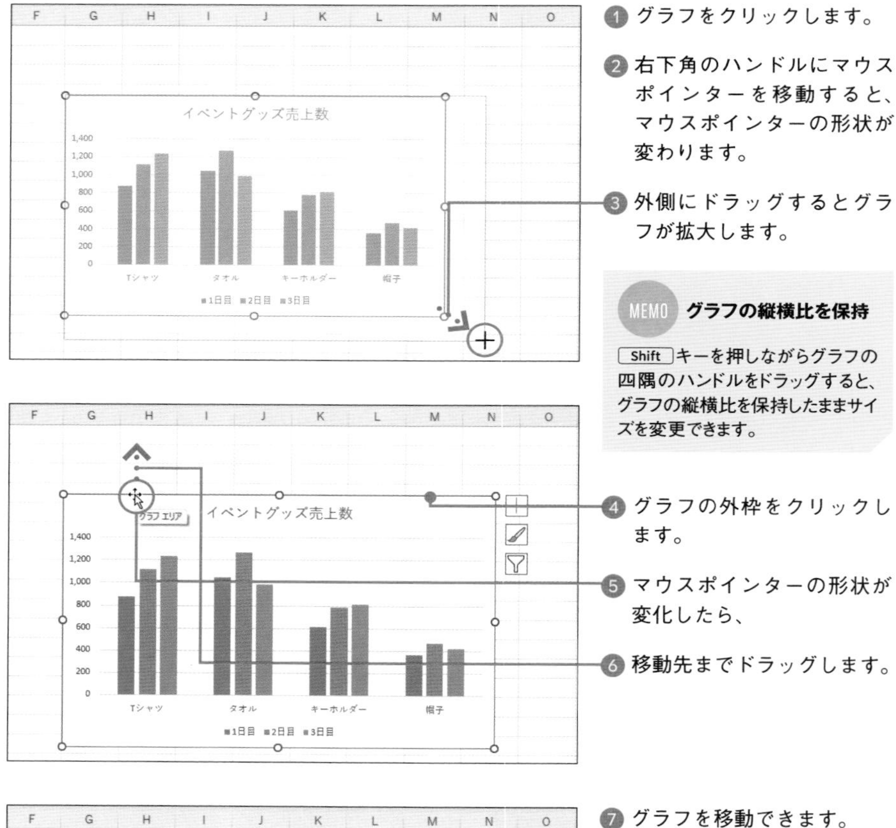

❶ グラフをクリックします。

❷ 右下角のハンドルにマウスポインターを移動すると、マウスポインターの形状が変わります。

❸ 外側にドラッグするとグラフが拡大します。

MEMO グラフの縦横比を保持

Shift キーを押しながらグラフの四隅のハンドルをドラッグすると、グラフの縦横比を保持したままサイズを変更できます。

❹ グラフの外枠をクリックします。

❺ マウスポインターの形状が変化したら、

❻ 移動先までドラッグします。

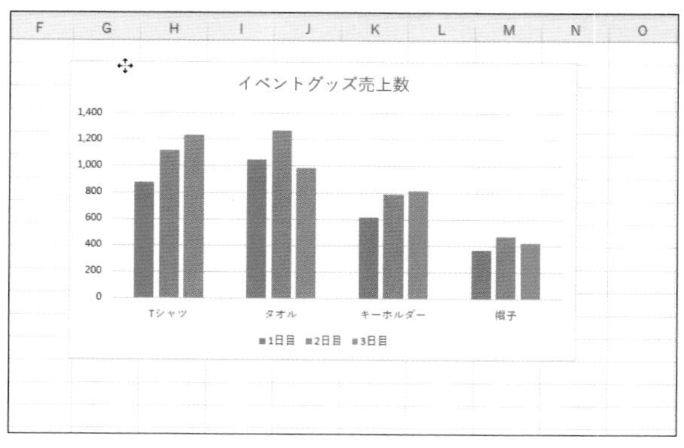

❼ グラフを移動できます。

グラフを別のシートに作成する

グラフを作成すると、もとになる表と同じワークシートに表示されますが、**グラフ専用のシート（グラフシート）**に作成することもできます。グラフシートに作成したグラフは画面いっぱいに大きく表示されます。ここでは、ワークシートに作成したグラフをグラフシートに移動します。

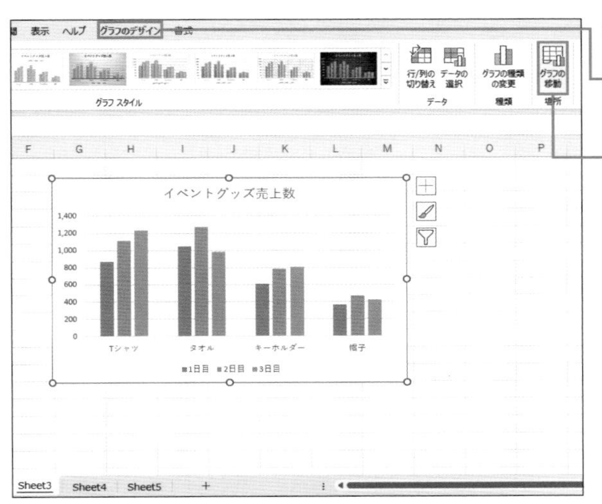

❶ グラフをクリックします。

❷ [グラフのデザイン] タブをクリックし、

❸ [グラフの移動] をクリックします。

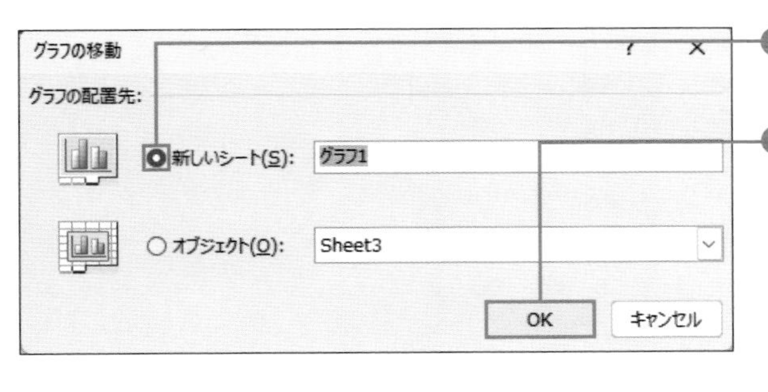

❹ [新しいシート] をクリックし、

❺ [OK] をクリックすると、

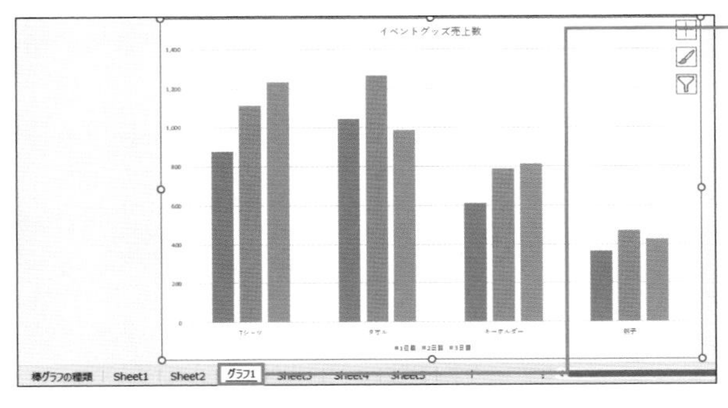

❻ [グラフ1] シートが追加されて、グラフが表示されます。

MEMO ワークシートに戻す

グラフシートのグラフをワークシート上に配置するには、手順❹で [オブジェクト] をクリックし、グラフの移動先のシートを選択します。

グラフにデータを追加する

グラフ作成後に、グラフのもとになる表にデータを追加する場合があります。通常は自動的にグラフにも反映されますが、表の末尾にデータを追加すると、追加したデータがグラフに反映されません。このようなときは、表内に表示される**青枠をドラッグ**して、グラフに表示するセル範囲を変更します。

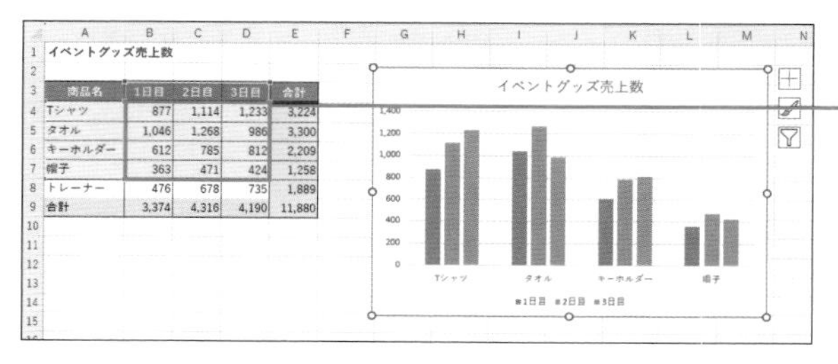

❶ グラフをクリックします。

❷ グラフのもとになる表のセル範囲に青枠が表示されます。

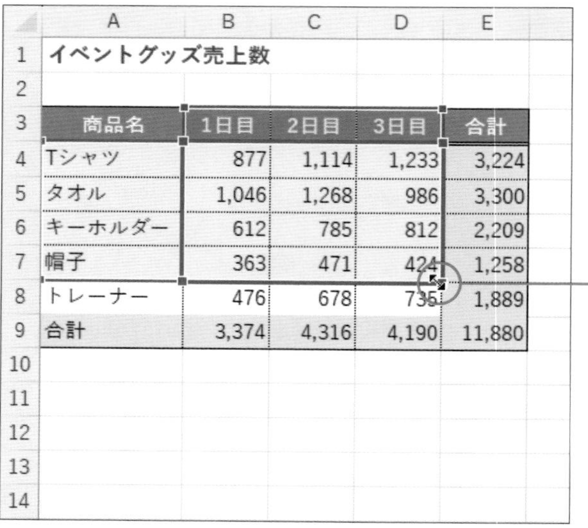

イベントグッズ売上数

商品名	1日目	2日目	3日目	合計
Tシャツ	877	1,114	1,233	3,224
タオル	1,046	1,268	986	3,300
キーホルダー	612	785	812	2,209
帽子	363	471	424	1,258
トレーナー	476	678	735	1,889
合計	3,374	4,316	4,190	11,880

❸ 青枠の四隅にマウスポインターを移動すると、マウスポインターの形状が変化します。

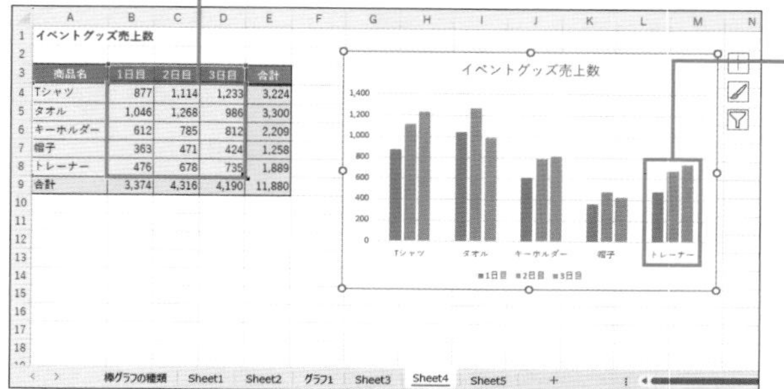

❹ そのまま8行目までドラッグすると、

❺ グラフに8行目のデータが追加されました。

MEMO 不要なデータの削除

合計など、必要ないデータをグラフ化してしまったときは、青枠をドラッグして不要なデータを含まないようにします。

グラフの項目名を変更する

グラフの項目（横）軸に表示される項目名は、**直接変更することはできません**。変更するには、グラフの**もとになる表の項目名を変更**します。表の項目名を変更すると、連動してグラフの項目名や凡例の表示内容などが変わります。

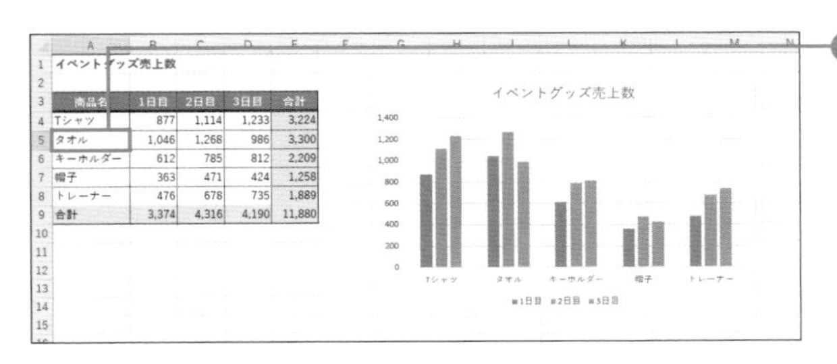

❶ A5セルをクリックします。

❷ 商品名を変更すると、

イベントグッズ売上数

商品名	1日目	2日目	3日目	合計
Tシャツ	877	1,114	1,233	3,224
ロングタオル	1,046	1,268	986	3,300
キーホルダー	612	785	812	2,209
帽子	363	471	424	1,258
トレーナー	476	678	735	1,889
合計	3,374	4,316	4,190	11,880

MEMO ここで操作する内容

ここでは、商品名の「タオル」を「ロングタオル」に変更しています。

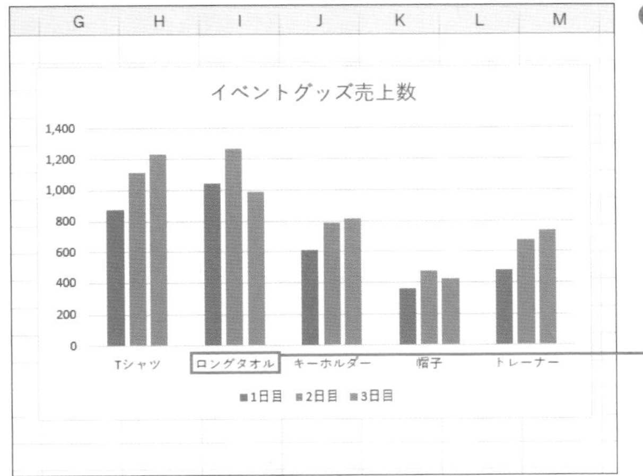

❸ 連動してグラフの横軸の項目名が変わります。

043 項目の順番を変えて読み取りやすくする

表のデータをそのままグラフ化しただけでは、**グラフの目的**がぼやけてしまう場合があります。たとえば、支店ごとの売上をグラフ化するのであれば、数値の小さい順や大きい順に並んでいたほうが棒の大小を比較しやすくなります。

グラフを大きい順に並べ替える

縦棒グラフを作成すると、表の上側にある項目から順番にグラフの左から棒が並びます。数値が大きい順に棒が左から並ぶようにするには、**[並べ替え] 機能**を使って、グラフのもとになる**表の数値を降順**で並べ替えます。

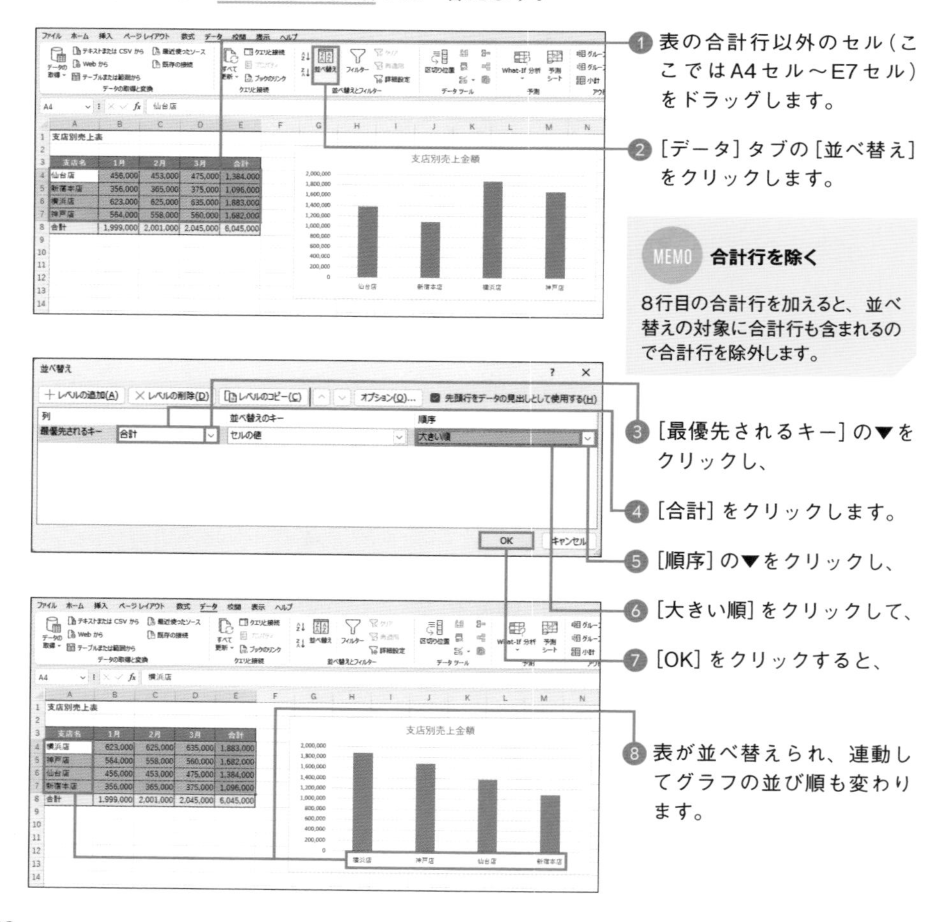

グラフの項目を入れ替える

表の中でグラフ化したいセルを選択して棒グラフを作成すると、表の項目数に応じて、表の上端あるいは左端の項目名が横軸に配置されます。目的どおりに配置されなかったときは、**[行／列の切り替え]機能**を使って、横軸に配置する項目名を変更します。

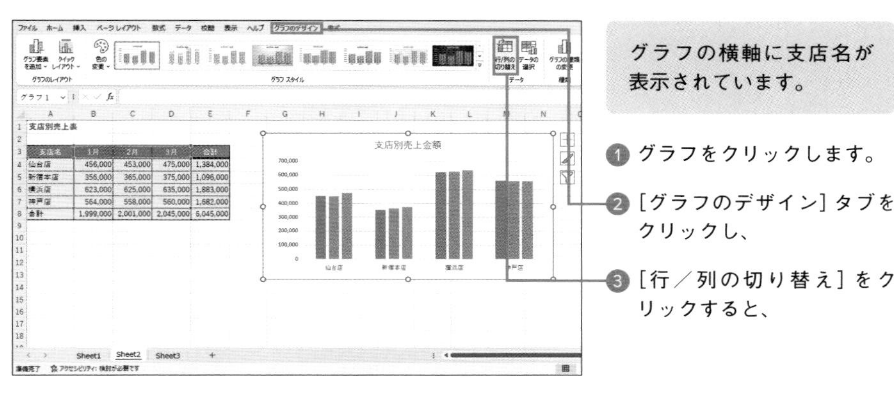

グラフの横軸に支店名が表示されています。

❶ グラフをクリックします。

❷ [グラフのデザイン] タブをクリックし、

❸ [行／列の切り替え] をクリックすると、

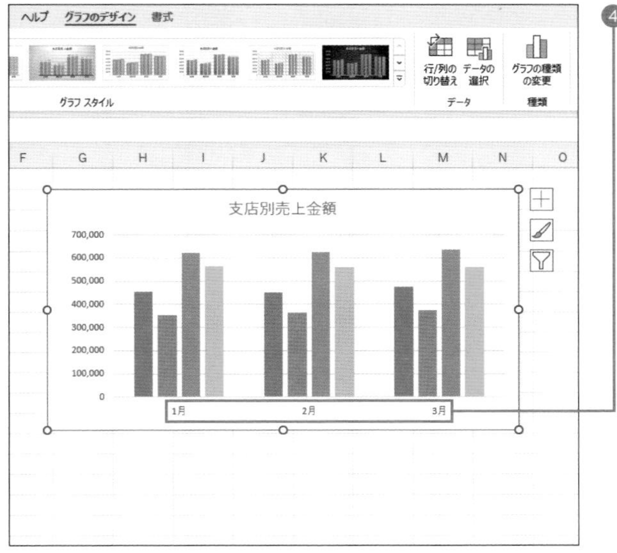

❹ 横軸に月名が表示されます。

COLUMN

項目軸の配置のルール

表の上端の項目名の数よりも、左端の項目名の数のほうが少ないか同じ場合は、上端の項目名が横軸に配置されます。そうでない場合は、左端の項目名が横軸に配置されます。

横棒グラフの項目を表と同じ順番にする

横棒グラフを作成すると、グラフの左下の軸の交差する部分を起点にして、起点に近い場所から表の項目が上から順番に配置されます。そのため、**表の項目の順番と横棒グラフの項目の順番が逆**になります。表と同じ順番になるようにグラフの項目の並び順を揃えるには、**軸を反転**させます。

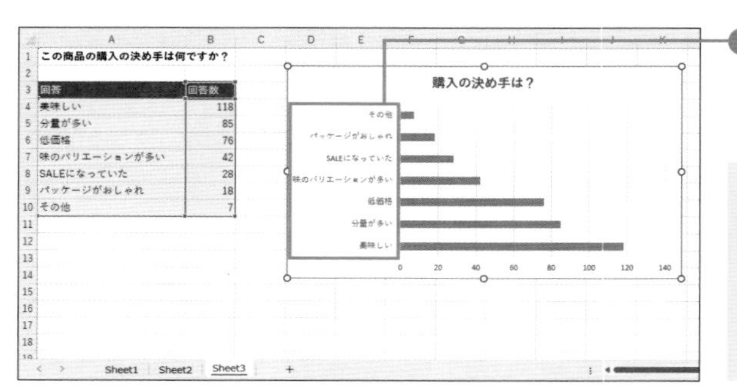

❶ 縦軸（回答が表示されている軸）をダブルクリックします。

> **MEMO 右クリックでもかまわない**
>
> 縦軸を右クリックして表示されるメニューの［軸の書式設定］をクリックして、［軸の書式設定］画面を表示することもできます。

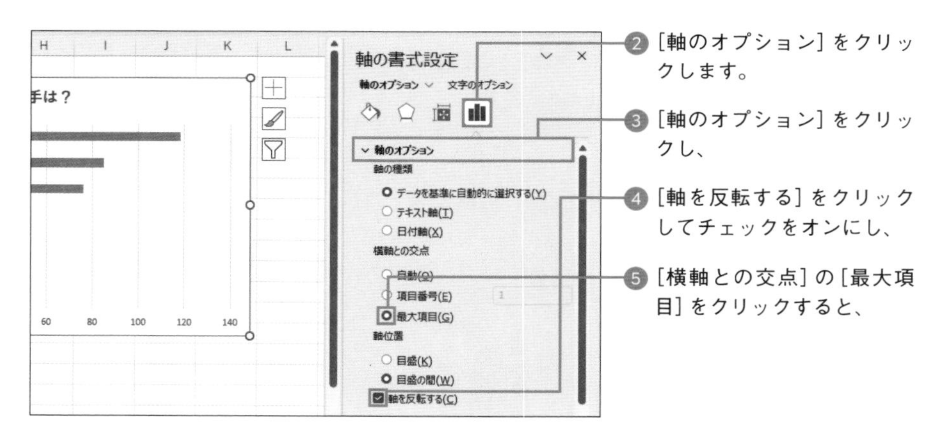

❷［軸のオプション］をクリックします。

❸［軸のオプション］をクリックし、

❹［軸を反転する］をクリックしてチェックをオンにし、

❺［横軸との交点］の［最大項目］をクリックすると、

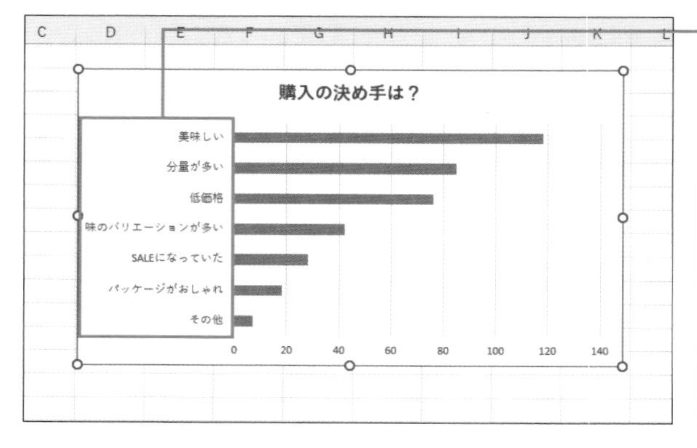

❻ 軸が反転して表示されます。

> **MEMO ［グラフ要素］ボタンからも操作できる**
>
> グラフの右上に表示される［グラフ要素］ボタンをクリックし、［軸］→［その他のオプション］をクリックすると、手順❷の画面が表示されます。

044 グラフに欠かせない要素を配置する

165ページで解説したように、グラフはさまざまな要素で構成されています。これらの要素を**どのように配置するか**を指定するのが**[レイアウト]**です。手動で要素ごとに設定する方法と、[クイックレイアウト] 機能を使って一覧から選択する方法があります。

グラフのレイアウトを変更する

グラフのタイトルや凡例などの要素をどこに配置するかなど、グラフのレイアウトを指定します。**[クイックレイアウト] 機能**を使うと、あらかじめ用意されているレイアウトのパターンをクリックするだけで、かんたんにレイアウトを変更できます。

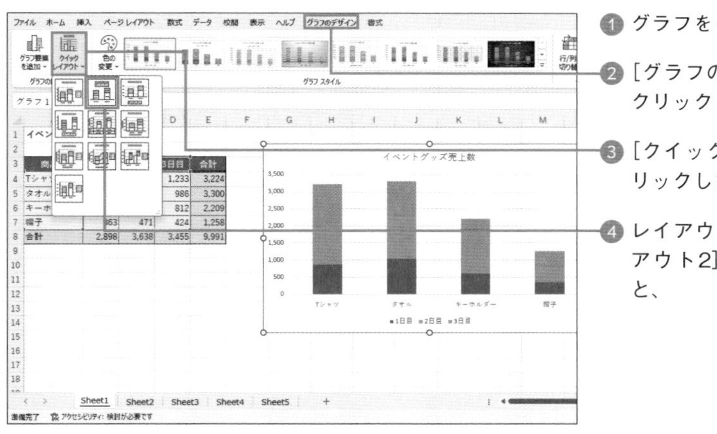

1 グラフをクリックします。

2 [グラフのデザイン] タブをクリックし、

3 [クイックレイアウト] をクリックします。

4 レイアウト(ここでは [レイアウト2]) をクリックすると、

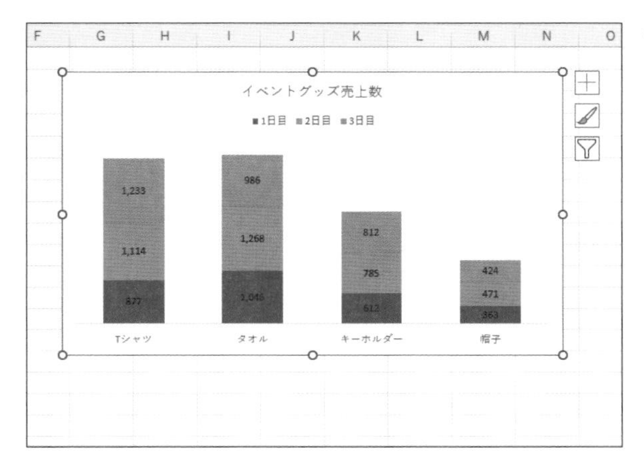

5 グラフのレイアウトが変わります。

MEMO 要素ごとに指定

184～188ページの操作を行うと、グラフを構成する要素ごとに個別に書式やレイアウトを指定できます。

グラフのタイトルにセルの値を表示する

グラフタイトルはグラフの目的を簡潔に表すものです。手動で入力することもできますが、グラフタイトルを選択した状態で**数式バーに「=セル番号」**という数式を入力すると、セルに入力されている文字をそのままグラフタイトルに表示できます。セルのデータを修正すると、それに合わせてグラフタイトルも自動的に更新されます。

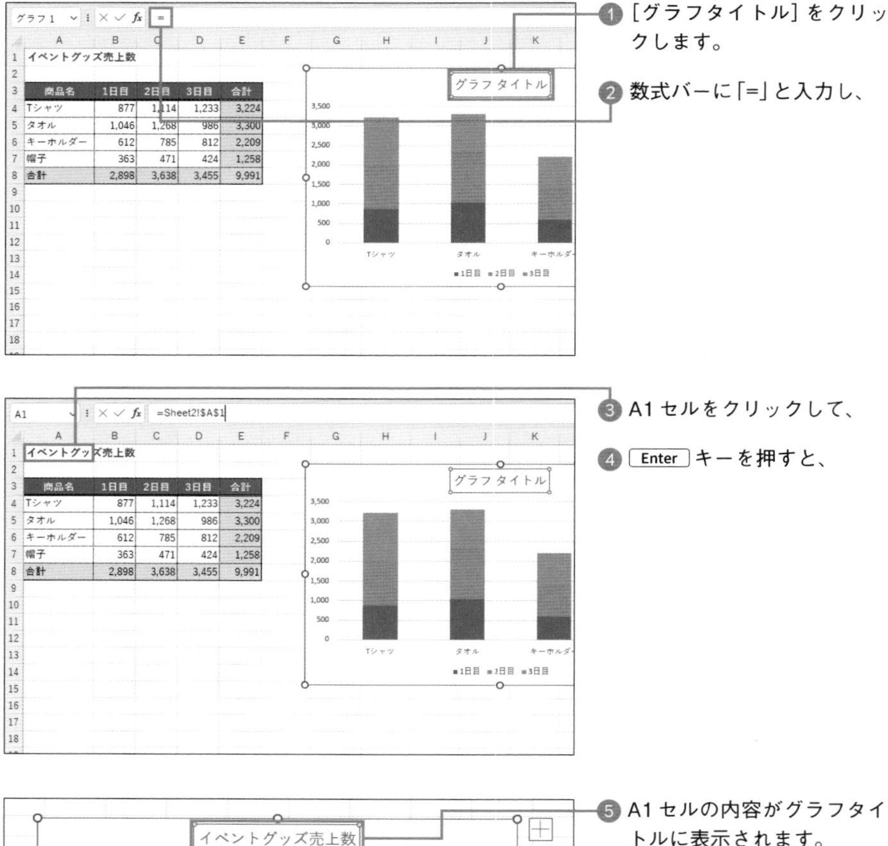

❶ [グラフタイトル] をクリックします。

❷ 数式バーに「=」と入力し、

❸ A1 セルをクリックして、

❹ Enter キーを押すと、

❺ A1 セルの内容がグラフタイトルに表示されます。

横軸と縦軸にラベルを追加する

グラフの数値軸（縦軸）に並ぶ数字が金額なのか人数なのか、見ただけではわかりません。数値軸に「円」とか「人」といった軸の単位を表示するには、**軸ラベル**を追加します。縦軸に軸ラベルを追加すると、最初は軸ラベルが横向きで表示されますが、あとから文字の方向を縦書きに変更できます。

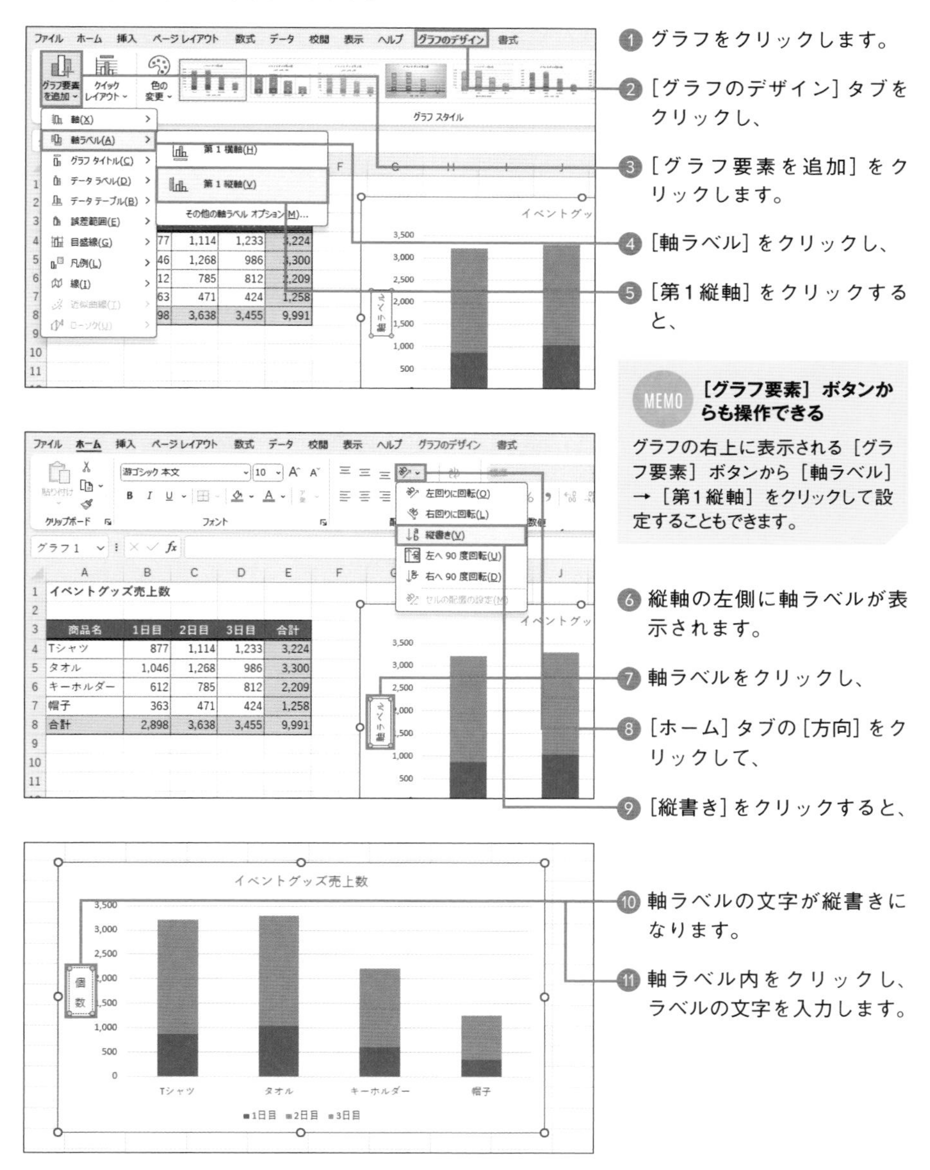

1 グラフをクリックします。

2 ［グラフのデザイン］タブをクリックし、

3 ［グラフ要素を追加］をクリックします。

4 ［軸ラベル］をクリックし、

5 ［第1縦軸］をクリックすると、

MEMO ［グラフ要素］ボタンからも操作できる

グラフの右上に表示される［グラフ要素］ボタンから［軸ラベル］→［第1縦軸］をクリックして設定することもできます。

6 縦軸の左側に軸ラベルが表示されます。

7 軸ラベルをクリックし、

8 ［ホーム］タブの［方向］をクリックして、

9 ［縦書き］をクリックすると、

10 軸ラベルの文字が縦書きになります。

11 軸ラベル内をクリックし、ラベルの文字を入力します。

グラフの凡例を表示する

凡例とは、グラフの色が何を表すかを示すものです。グラフを作成すると、同じデータ系列の項目は同じ色に色分けされて自動的に凡例が表示されます。**[凡例] 機能**を使うと、**凡例の位置**を変更したり、何らかの原因で表示されなかった**凡例を追加**したりできます。

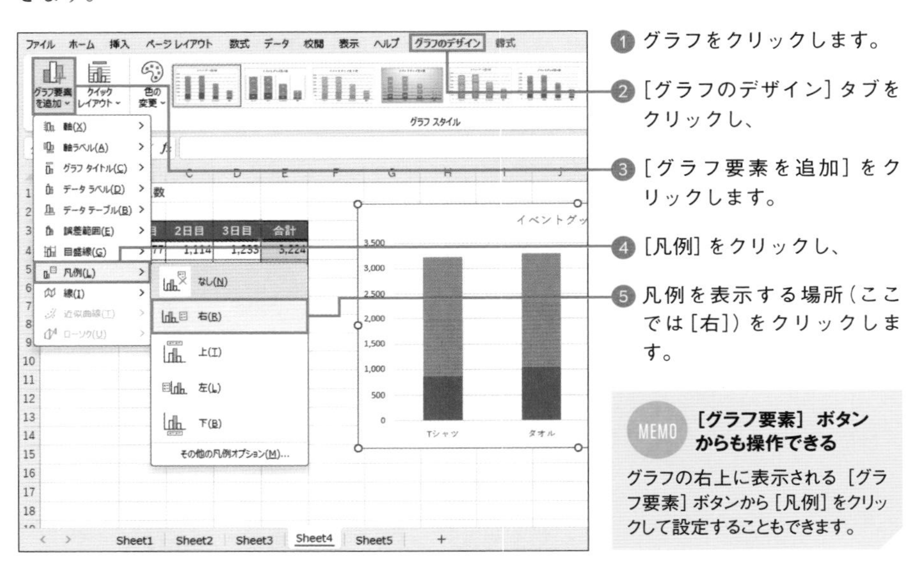

❶ グラフをクリックします。

❷ [グラフのデザイン] タブをクリックし、

❸ [グラフ要素を追加] をクリックします。

❹ [凡例] をクリックし、

❺ 凡例を表示する場所(ここでは[右])をクリックします。

MEMO [グラフ要素] ボタンからも操作できる

グラフの右上に表示される [グラフ要素] ボタンから [凡例] をクリックして設定することもできます。

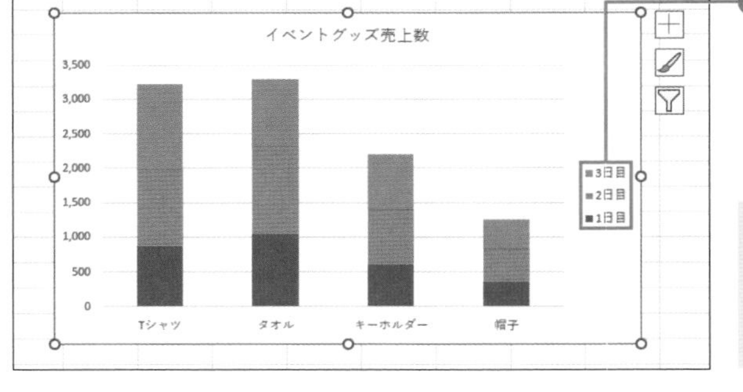

❻ 指定した場所に凡例が表示されます

MEMO 位置の変更もできる

同じ操作で、表示済みの凡例の位置を変更することもできます。

グラフに数値を表示する

グラフは数値の全体的な傾向を把握しやすい反面、具体的な数値がわかりにくい側面があります。**[データラベル]機能**を使えば、**表の数値をグラフ内に直接表示**できます。ここでは、棒グラフに表の数値を表すデータラベルを追加します。

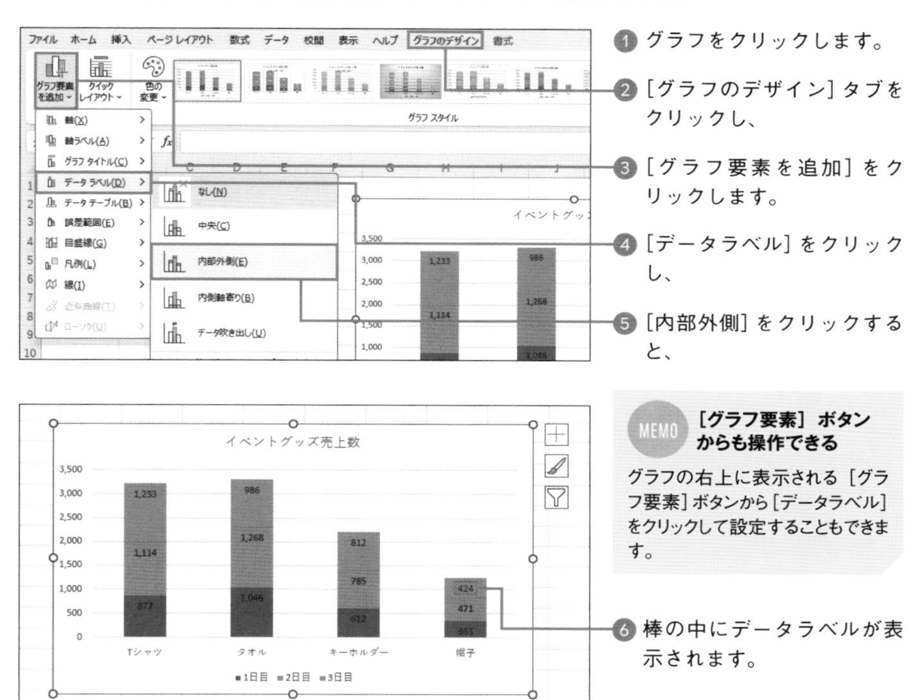

❶ グラフをクリックします。

❷ [グラフのデザイン] タブをクリックし、

❸ [グラフ要素を追加] をクリックします。

❹ [データラベル] をクリックし、

❺ [内部外側] をクリックすると、

❻ 棒の中にデータラベルが表示されます。

MEMO **[グラフ要素] ボタンからも操作できる**

グラフの右上に表示される [グラフ要素] ボタンから [データラベル] をクリックして設定することもできます。

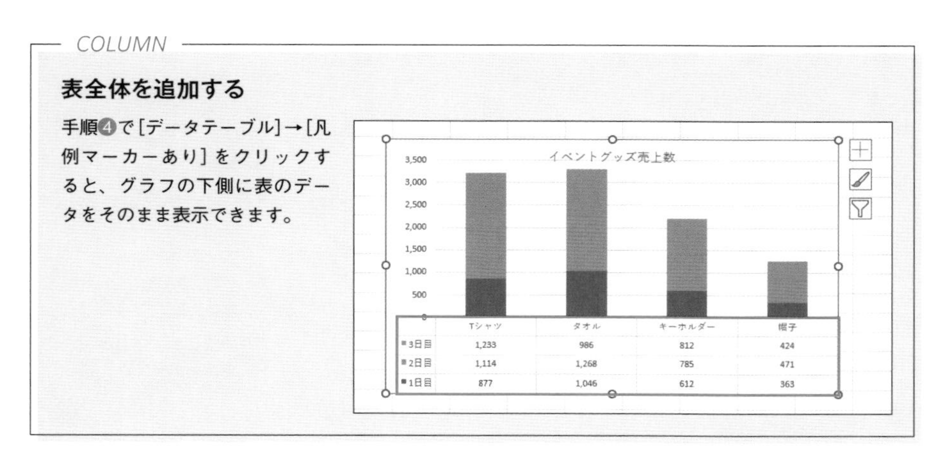

COLUMN

表全体を追加する

手順❹で [データテーブル] → [凡例マーカーあり] をクリックすると、グラフの下側に表のデータをそのまま表示できます。

	Tシャツ	タオル	キーホルダー	帽子
■3日目	1,233	986	812	424
■2日目	1,114	1,268	785	471
■1日目	877	1,046	612	363

第5章 伝わりやすいグラフに！ グラフの作成テクニック

045 読み取りやすい目盛線・区分線にする

目盛線とは、縦棒グラフの数値軸の数値から横に伸びる線や、項目軸から縦に伸びる線のことです。目盛線があることで、棒の高さを把握しやすくなります。また、棒と棒をつなぐ線が**区分線**で、数値の増減を線の角度で伝える効果があります。どちらもグラフの見方をサポートする機能です。

目盛の間隔を変更する

表の数値がどんぐりの背比べで大きく変わらない場合、グラフを見ても棒の高さの違いがわかりづらくなります。数値軸の目盛りは表の数値をもとにExcelが自動的に設定しますが、**最小値や最大値、目盛の間隔**などを変更すると数値の違いを強調できます。

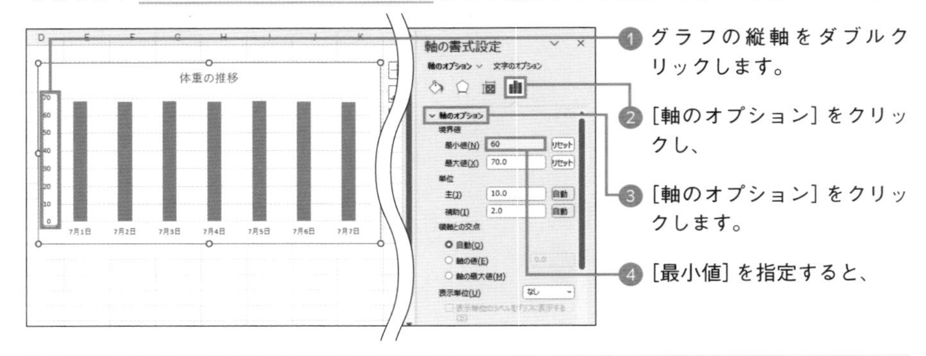

> **MEMO 目盛りを指定するときの注意**
>
> 最小値や最大値を指定したあとに、表の数値を最小値以下や最大値以上に変更すると、グラフにその数値を表示することはできないので注意しましょう。

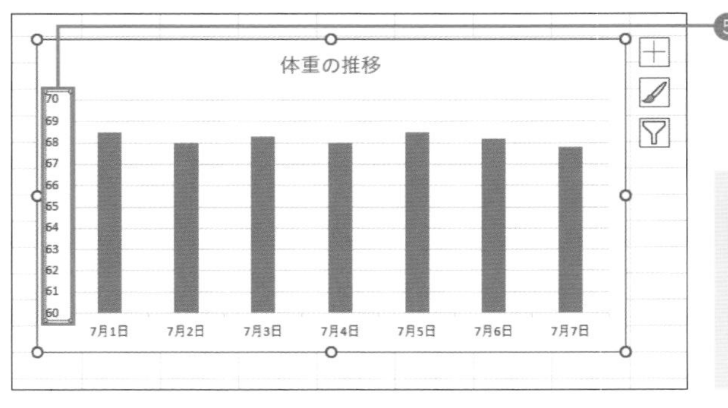

❺ 目盛の表示内容が変わり、数値の差がわかりやすくなります。

> **MEMO [グラフ要素] ボタンからも操作できる**
>
> グラフの右上に表示される [グラフ要素] ボタンから [目盛線] をクリックして設定することもできます。

目盛線のスタイルを変更する

数値軸から右方向に伸びる目盛線は、グラフの大きさの単位を示しています。**[目盛線の書式設定] 画面**を使うと、グラフの目盛線の太さや種類を変更できます。グラフを印刷したときに**目盛線が見づらい**場合などは、線を太くするなどして強調するとよいでしょう。反対に**目盛線が目立ちすぎる**ときは、細線や点線などにすると効果的です。

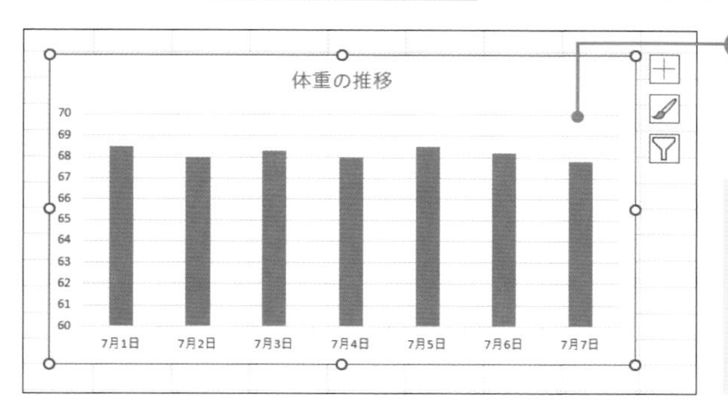

❶ 目盛線をダブルクリックします。

MEMO [グラフ要素] ボタンからも操作できる

グラフの右上に表示される [グラフ要素] ボタンから [目盛線] → [その他のオプション] をクリックして設定することもできます。

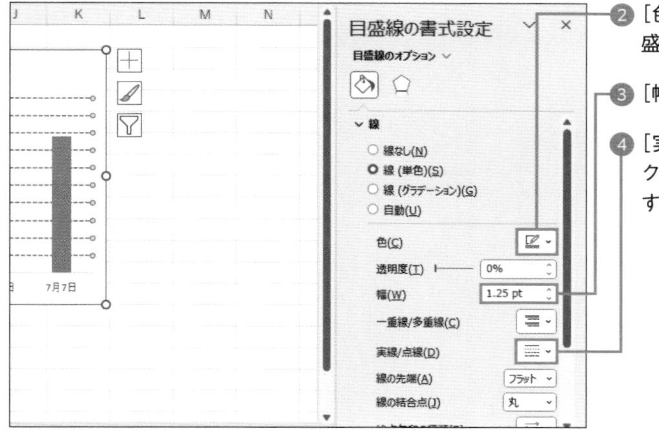

❷ [色] の▼をクリックして目盛線の色を指定します。

❸ [幅] を指定します。

❹ [実線／点線] の▼をクリックして目盛線の種類を指定すると、

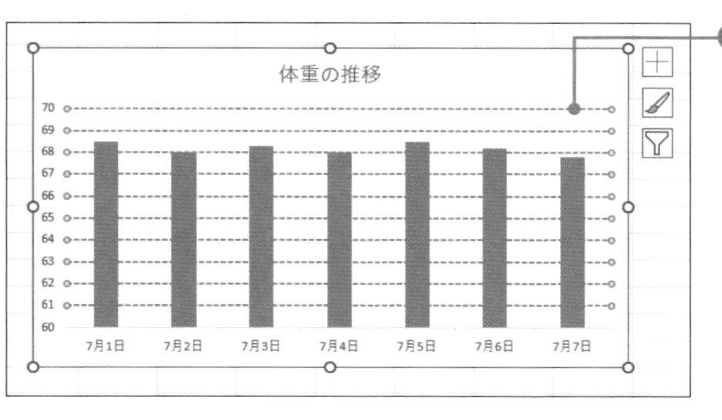

❺ 目盛線に書式が設定されます。

積み上げグラフに区分線を表示する

「区分線」は**同じ系列のデータ要素を結ぶ線**のことです。区分線があると、隣り合った棒の高さの増減を直感的に伝えられます。区分線は「積み上げ棒グラフ」や「100%積み上げ棒グラフ」で利用できます。

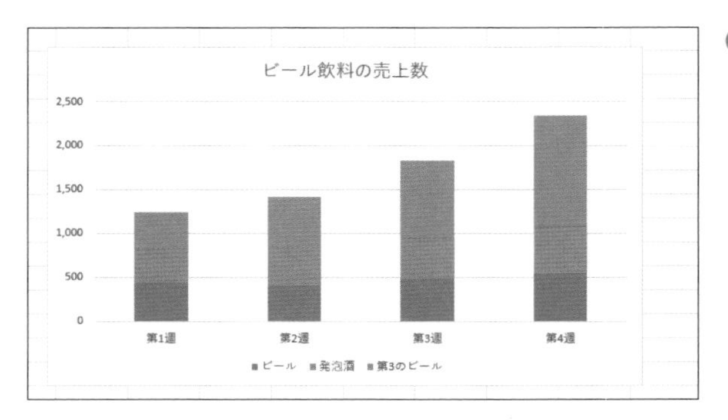

❶ グラフをクリックします。

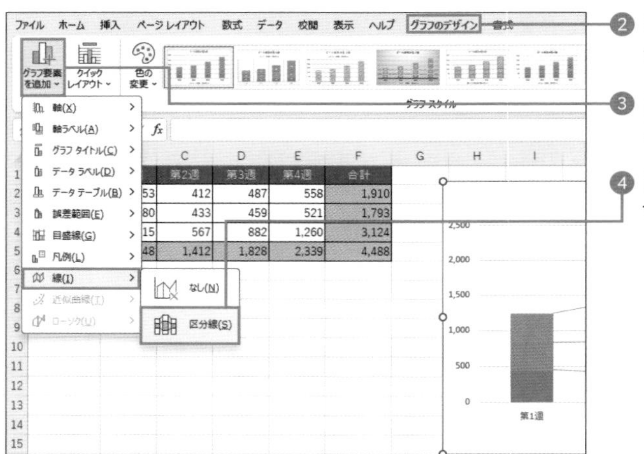

❷ [グラフのデザイン] タブをクリックし、

❸ [グラフ要素を追加] をクリックします。

❹ [線] → [区分線] をクリックすると、

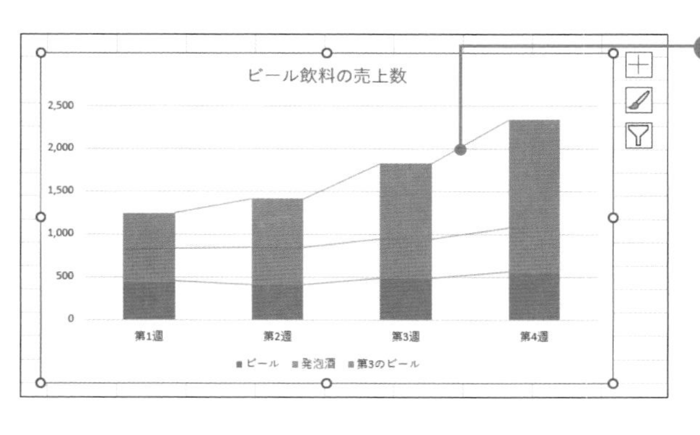

❺ 区分線が表示されます。

046 明確に「伝わる」デザインに変更する

グラフの作成直後は、自動的にグラフの色などのデザインが設定されますが、あとから自在に変更できます。デザインは単に見た目の良し悪しに影響するだけではありません。グラフの中で**強調する箇所を目立たせるデザイン**にすると、グラフの目的が伝わりやすくなります。

グラフのデザインを変更する

［グラフスタイル］機能を使うと、グラフ全体のデザインを瞬時に変更できます。グラフスタイルには、見栄えのするグラフデザインが何種類も用意されており、クリックするだけで、文字の大きさやグラフの背景の色などのデザインをまとめて設定できます。

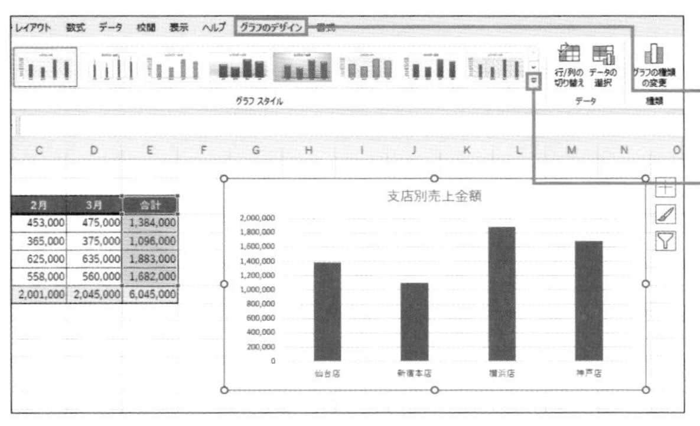

❶ グラフをクリックします。

❷［グラフのデザイン］タブをクリックし、

❸［グラフスタイル］の［クイックスタイル］をクリックします。

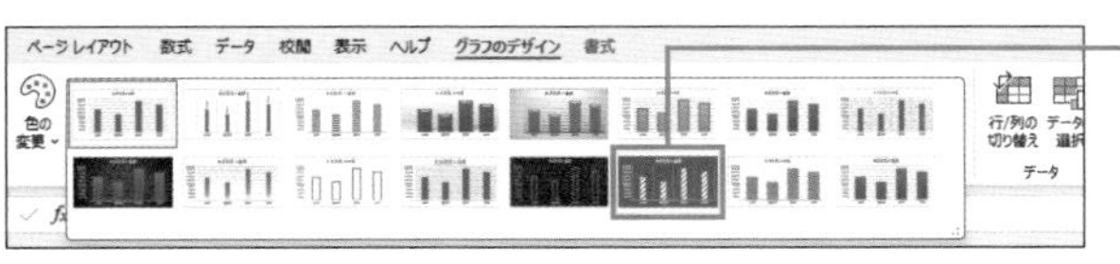

❹ スタイル（ここでは［スタイル14］）クリックすると、

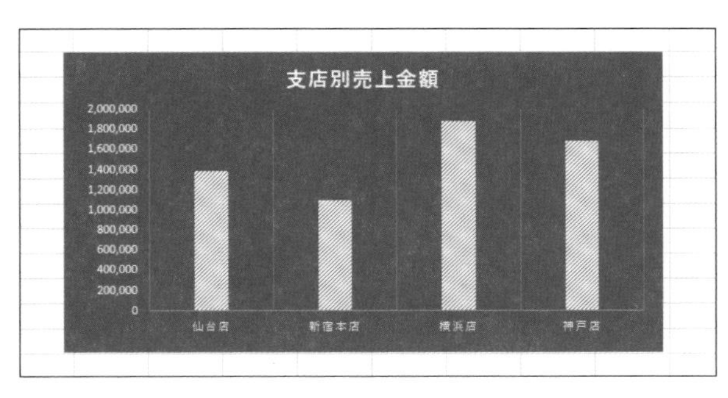

❺ グラフのデザインが変わります。

MEMO グラフの色の変更

グラフの色合いを変更するには、［グラフのデザイン］タブの［色の変更］をクリックします。185ページの操作で、手動で色を変更することもできます。

グラフの文字の大きさやフォントを変更する

グラフのタイトルや項目名の文字の大きさを個別に変更するには、**変更したい要素を選択**してから文字の大きさを指定します。グラフ全体の文字の大きさをまとめて変更するには、**グラフエリアを選択**してから文字の大きさを指定します。

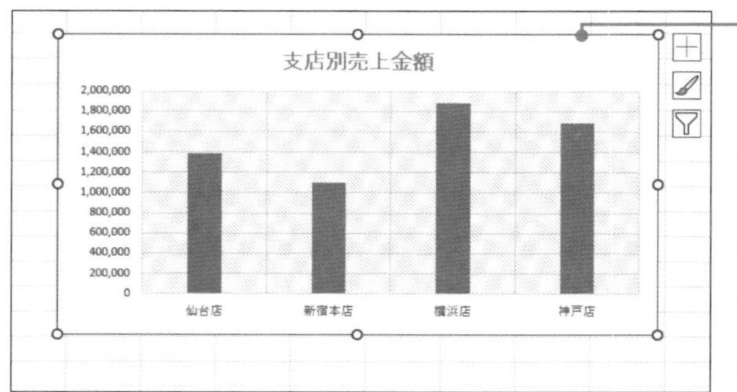

① グラフの外枠をクリックします。

変更したい要素をクリック

ここでは、グラフ全体の文字の大きさを変更します。グラフタイトルや項目軸の項目名、縦軸の目盛の文字の大きさなどを個別に変更する場合は、対象となる要素をクリックします。

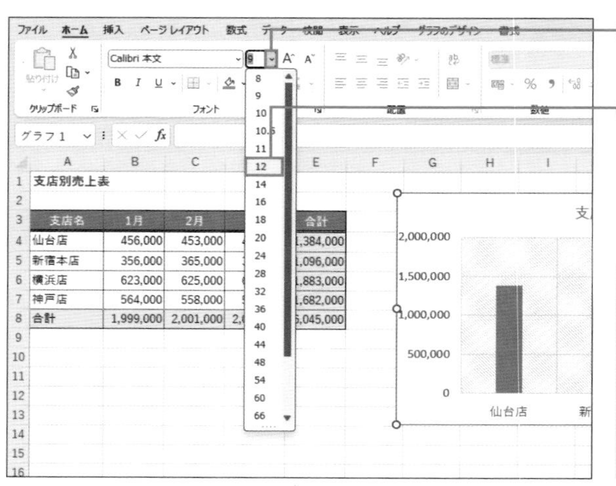

② [ホーム]タブの[フォントサイズ]の▼をクリックし、

③ 変更後のサイズをクリックすると、

フォントサイズの拡大・縮小

[ホーム] タブの [フォントの拡大] や [フォントの縮小] をクリックすると、現在の文字サイズを基準にひと回りずつ文字サイズを拡大したり縮小したりできます。

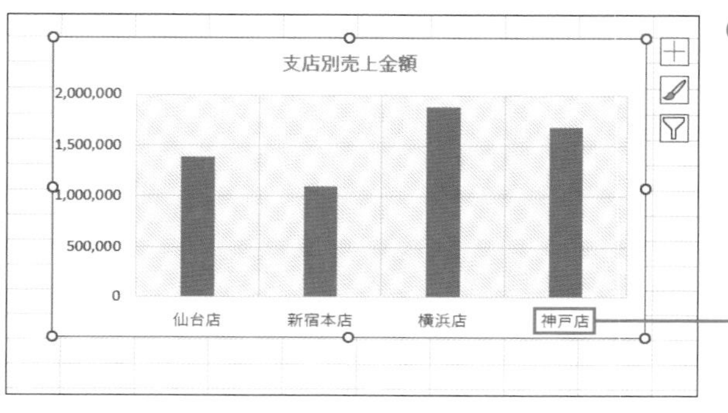

④ グラフ全体の文字の大きさが変わります。

データ系列の色を変更する

グラフを作成すると、**データ系列ごとに色分け**されて表示されますが、グラフの色はあとから変更できます。同じデータ系列の色をまとめて変更するには、**データ系列をクリックして全体を選択**してから色を指定します。ここでは、各支店の4本の棒の色を変更します。

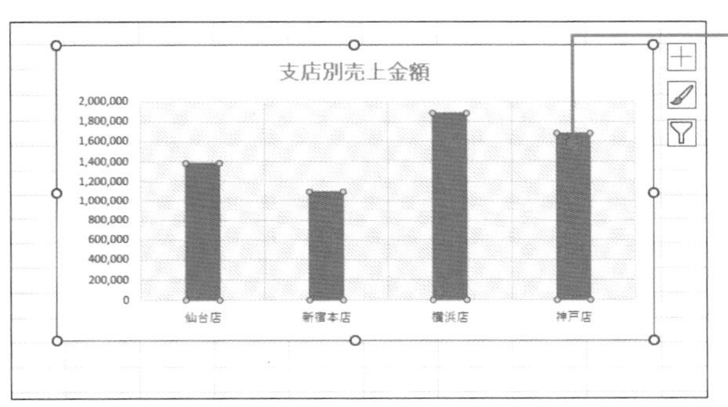

❶ いずれかの棒をクリックします。

❷ 同じ系列の棒がすべて選択されていることを確認します。

MEMO データ系列

データ系列とは同じ系列の値です。棒グラフでは同じ色で表示される棒の集まりです。いずれかの棒をクリックすると、同じ系列の棒がすべて選択されます。

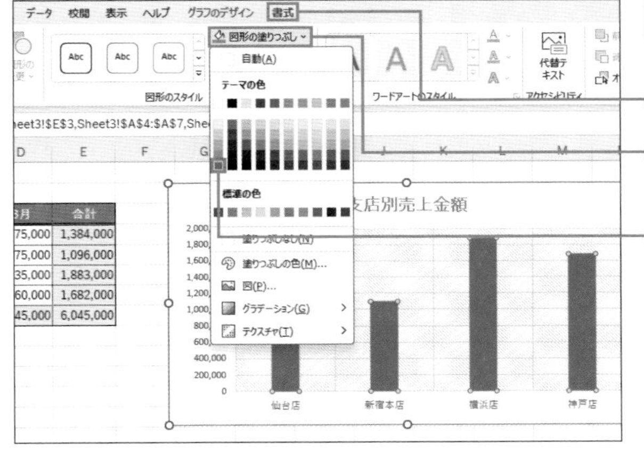

❸ [書式] タブをクリックし、

❹ [図形の塗りつぶし] の▼をクリックして、

❺ 変更後の色をクリックすると、

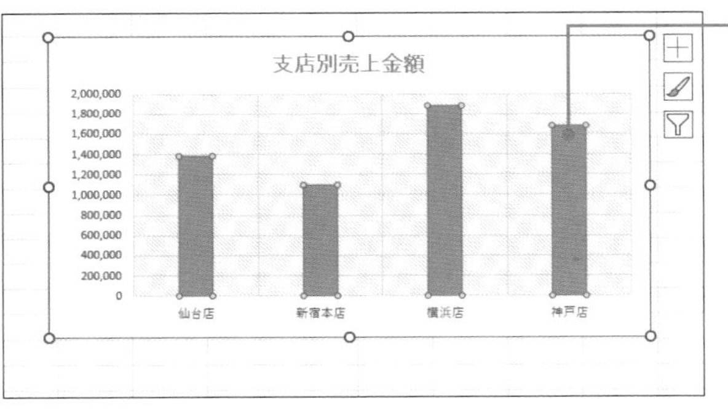

❻ 同じデータ系列の棒の色が変わります。

グラフの一部を強調する

グラフの中で特に目立たせたい部分は、**ほかと違う色**を付けると効果的です。たとえば棒グラフで特定の1本の棒だけの色を変更して目立たせることができます。このとき、色を変更したい棒を**ゆっくり2回クリック**して選択するのがポイントです。

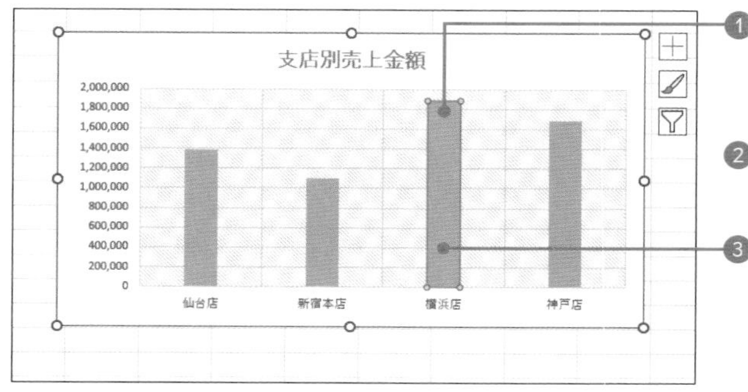

❶ 色を変更したい棒（ここでは横浜店）をクリックすると、

❷ 同じデータ系列のすべての棒が選択されます。

❸ もう一度同じ棒をクリックすると、1本だけ選択できます。

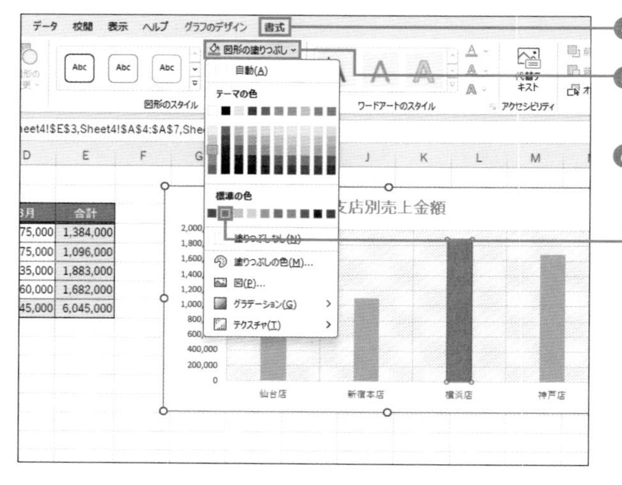

❹ ［書式］タブをクリックし、

❺ ［図形の塗りつぶし］の▼をクリックして、

❻ 変更後の色をクリックすると、

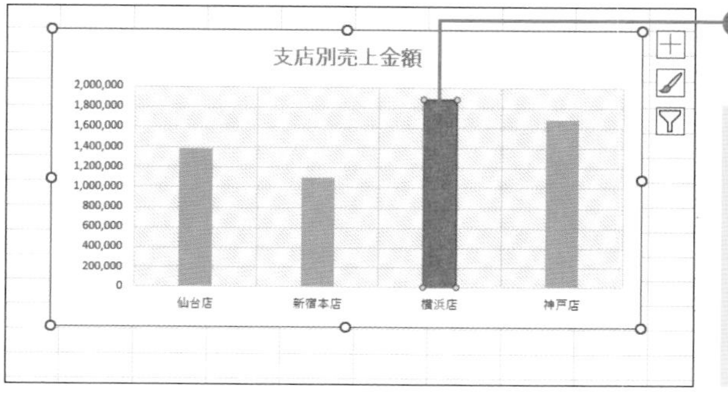

❼ 選択した棒の色だけが変わります。

> **MEMO 目立つ色を付ける**
>
> 棒を目立たせるには、ほかの棒と区別しやすい色を付けるとよいでしょう。すべての棒をグレーなどの無彩色にして、目立たせたい棒だけに赤色を付けるのも効果的です。

棒グラフの太さを変更する

棒グラフの棒の太さが細いと弱々しい印象に見えてしまいがちです。**[要素の間隔]機能**を使うと、棒の間隔を調整できます。間隔は0%〜500%の範囲で指定でき、0%にすると棒がくっついた状態になり、500%にすると棒が最も細くなります。

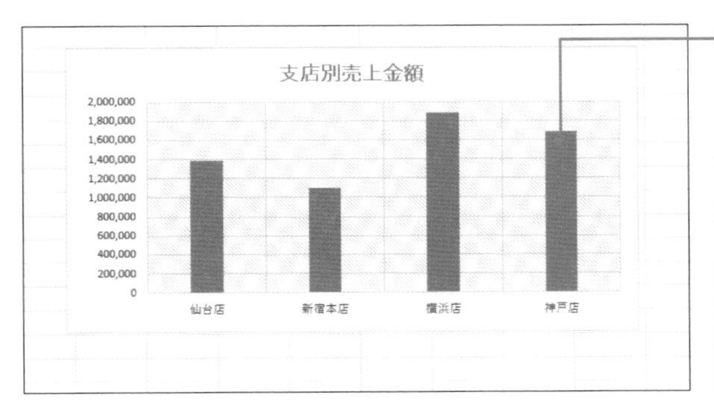

❶ いずれかの棒をダブルクリックします。

MEMO 右クリックでもかまわない

棒を右クリックして表示されるメニューの[データ系列の書式設定]をクリックして、[データ系列の書式設定]画面を表示することもできます。

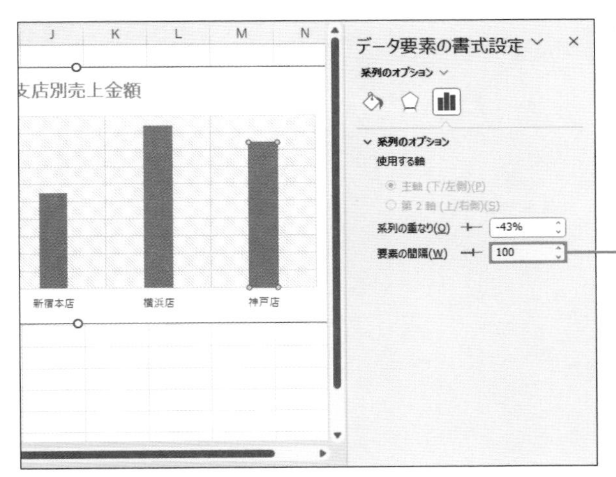

❷ [要素の間隔]に間隔を指定すると、

MEMO ここで操作する内容

ここでは、棒の間隔を100%にしています。間隔は、0%〜500%で指定します。

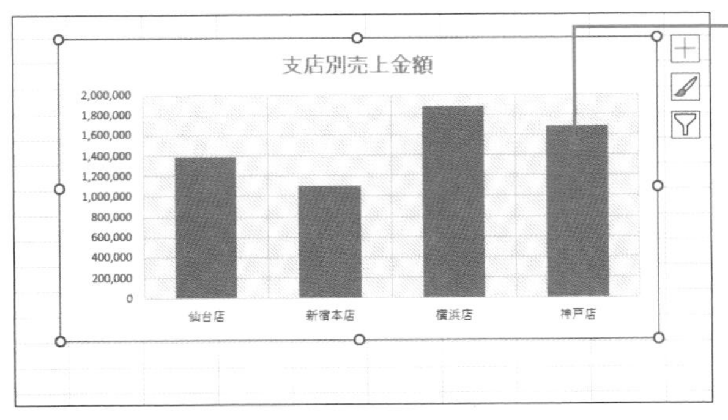

❸ 棒と棒の間隔が変更されて、棒が太くなります。

棒グラフを重ねて表示する

187ページの操作で棒の太さを変更しても棒が重なることはありません。定員に対する参加者数や出荷数に対する実売数など、**比較対象の２本の棒を重ねて表示**するには、データ系列の重なりを指定します。

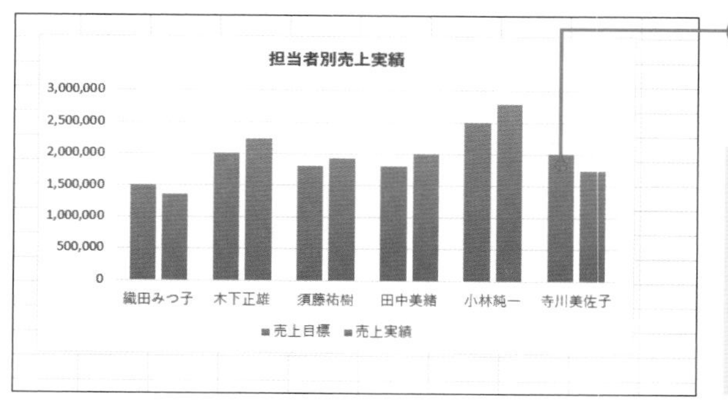

❶ いずれかの棒をダブルクリックします。

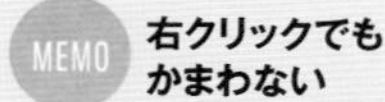

右クリックでもかまわない

帽を右クリックして表示されるメニューの[データ系列の書式設定]をクリックして、[データ系列の書式設定]画面を表示することもできます。

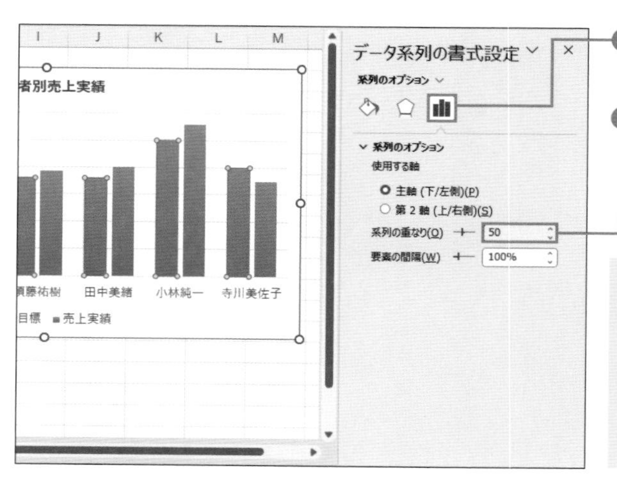

❷ [系列のオプション]をクリックし、

❸ [系列の重なり]の数値を指定すると、

MEMO 系列の重なり

系列の重なりは、-100％～100％の間で指定します。-100%は棒が一番離れた状態、100%は、棒が重なった状態になります。

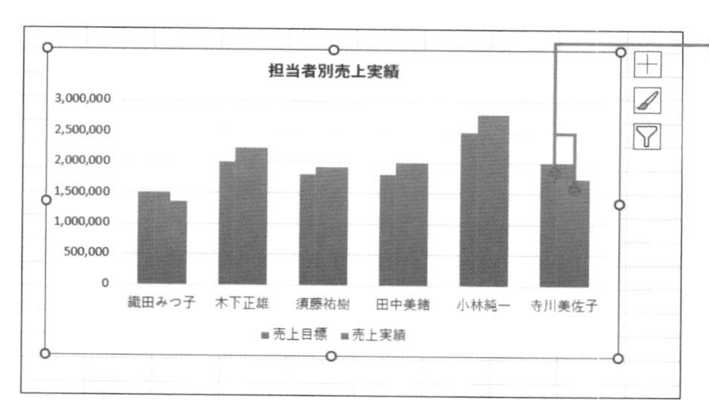

❹ 棒が重なって表示されます。

グラフの種類を変更する

目的に合わないグラフの種類を選んでしまった場合は、**あとから変更**しましょう。グラフの種類を変更しても、もとになる表のセル範囲や、個別に設定したレイアウトやデザインはそのまま**新しいグラフに引き継がれます**。

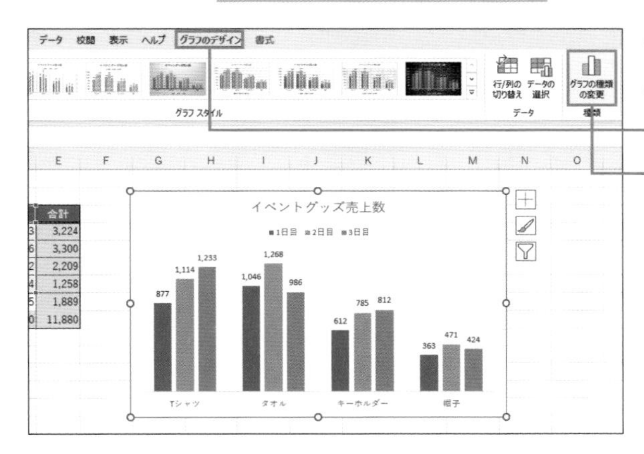

1 グラフをクリックします。

2 [グラフのデザイン] タブをクリックし、

3 [グラフの種類の変更] をクリックします。

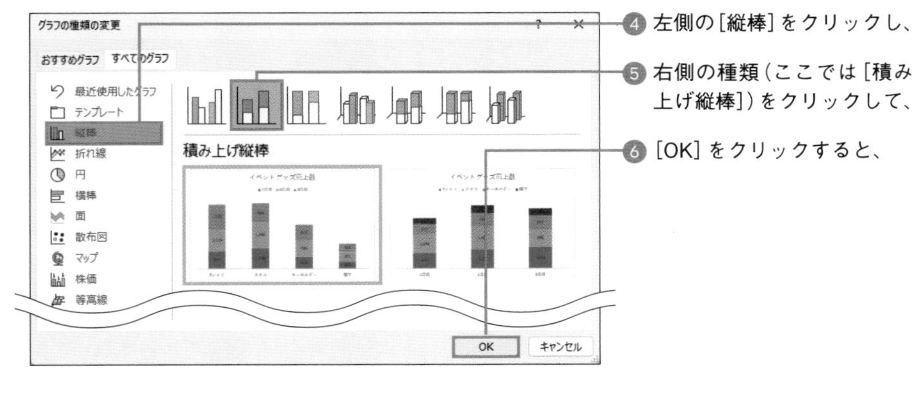

4 左側の [縦棒] をクリックし、

5 右側の種類（ここでは [積み上げ縦棒]）をクリックして、

6 [OK] をクリックすると、

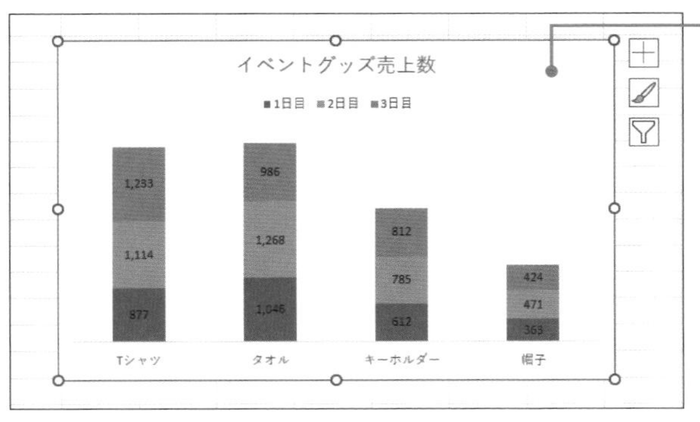

7 集合縦棒グラフが積み上げ縦棒グラフに変更されます。

047 図形や画像でビジュアルを強化する

Excelには図形の機能が備わっており、WordやPowerPointと同じ操作で描画や編集が可能です。グラフのポイントを**吹き出しの図形**で示したり、棒の高さを**直線**で強調したりすると、グラフの意図が正しく伝わります。また、画像を使ってグラフをイメージしやすくする手法もあります。

吹き出しの図形を追加する

グラフを見て注目するポイントは人それぞれです。数値の大きい箇所に注目する人がいれば、小さい数値に注目する人もいるでしょう。**グラフのポイントを正しく伝える**には、グラフ上に吹き出しの図形を描いて文字を入力すると効果的です。**グラフを選択した状態で図形を追加**すると、あとでグラフを移動しても図形も移動します。

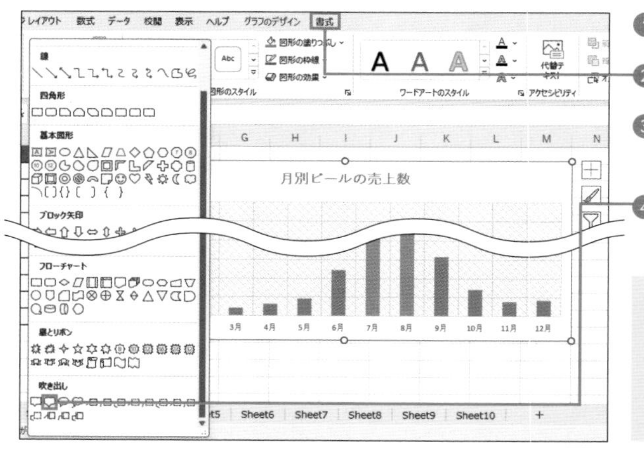

❶ グラフをクリックします。

❷ [書式] タブをクリックし、

❸ [図形の挿入] の [図形] をクリックします。

❹ 吹き出しの図形をクリックします。

> **MEMO グラフを選択しておく**
>
> 手順❶でグラフをクリックすると、あとから描く図形をグラフといっしょに移動できるようになります。

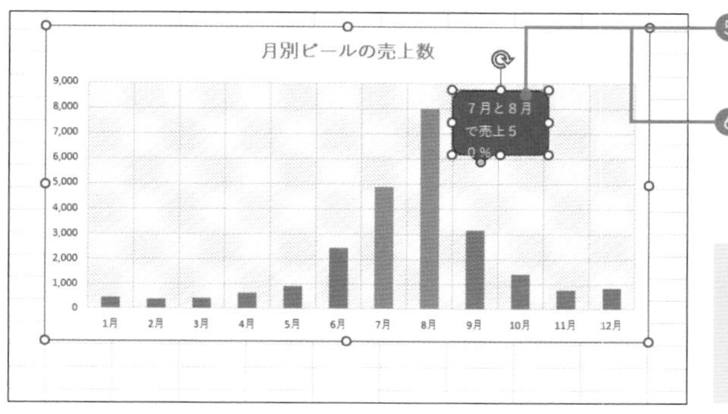

❺ ドラッグして図形を描きます。

❻ 194ページの操作で文字を入力すると、吹き出しの図形の中に表示されます。

> **MEMO 吹き出し口の位置に注意**
>
> 193ページの操作を参考に、吹き出し口の位置を調整します。

図形のサイズと位置を変更する

ワークシートに描画した図形のサイズや位置は、あとから自由自在に変更できます。図形のサイズを変更するには、図形の周囲に表示される**ハンドルをドラッグ**します。また、**図形内部をドラッグ**すると移動できます。マウスポインターの形状に注意して操作しましょう。

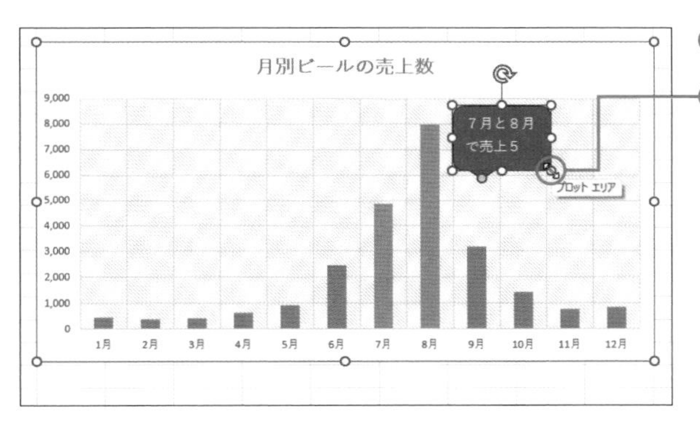

1 図形をクリックします。

2 右下のハンドルにマウスポインターを移動し、マウスポインターが両方向の矢印の形状に変化したことを確認します。

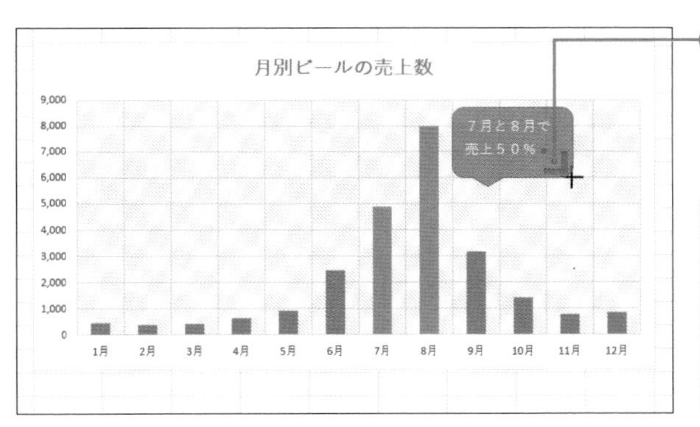

3 外側にドラッグすると、図形を拡大できます。

MEMO 縦横比を保持

図形の四隅にあるハンドルを Shift キーを押しながらドラッグすると、図形の縦横比を保持したままサイズを変更できます。

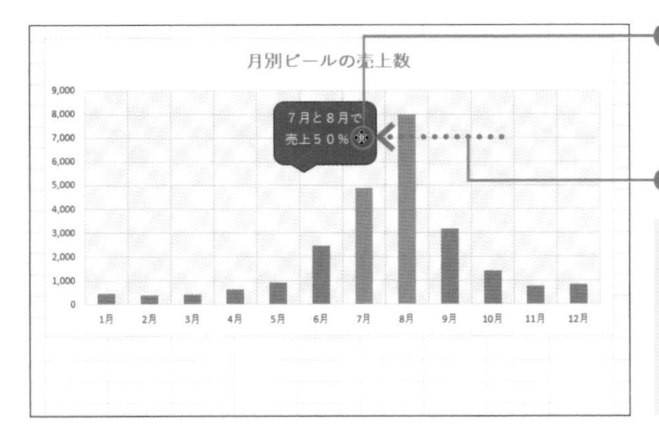

4 図形の内部にマウスポインターを移動し、マウスポインターが十字の形状に変化したら、

5 移動先までドラッグします。

MEMO 外枠をドラッグ

図形の外枠をドラッグして移動することもできます。このときも、マウスポインターは十字の形状に変化します。

図形の色と枠線を変更する

図形の色や枠線の色はあとから変更できます。グラフのポイントを伝える図形の色は、赤や黒などの**はっきりした目立つ色**を使うと、見ている人の目に入りやすくて効果的です。また、図形の**枠線を［なし］**にしたほうがすっきり見えます。

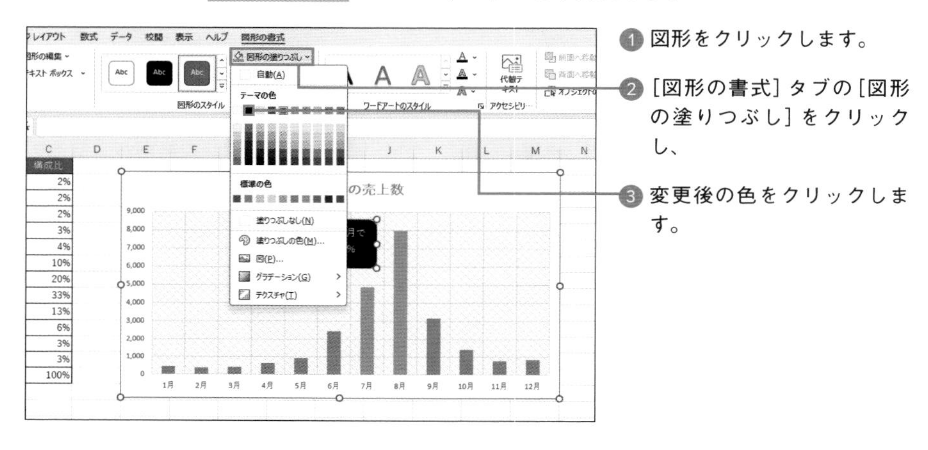

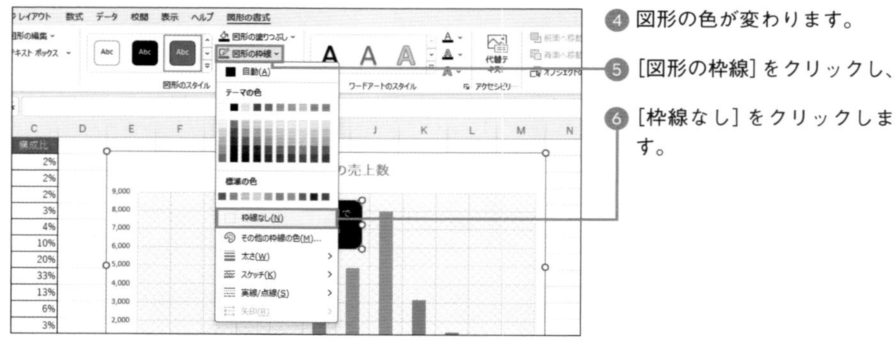

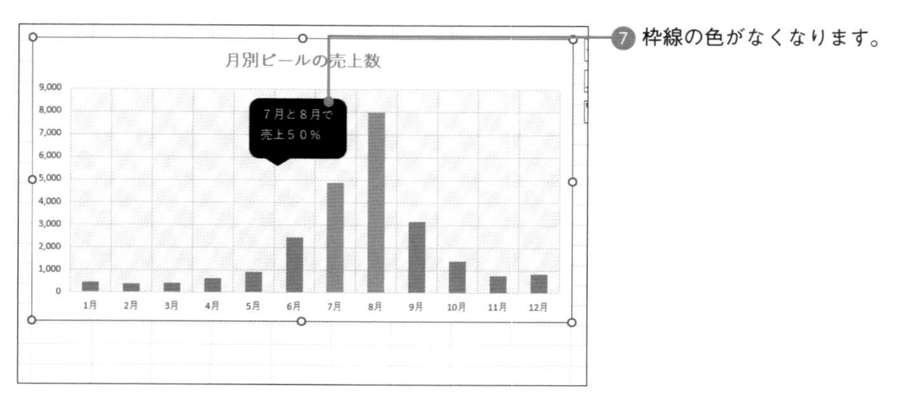

図形の形を微調整する

図形の中には、図形を描画したあとに**黄色いハンドル**が表示されるものがあります。黄色いハンドルは**「調整ハンドル」**と呼ばれ、あとから図形の形を微調整する役割があります。ここでは、吹き出しの図形の吹き出し口の位置を調整します。

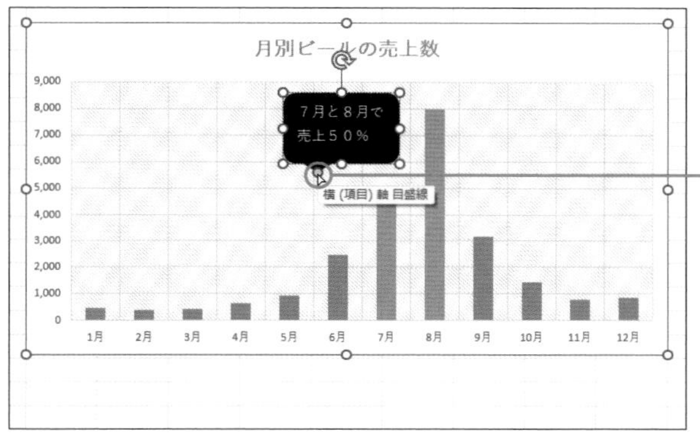

❶ 図形をクリックし、

❷ 黄色のハンドルにマウスポインターを移動して、マウスポインターが矢印の形状に変化することを確認します。

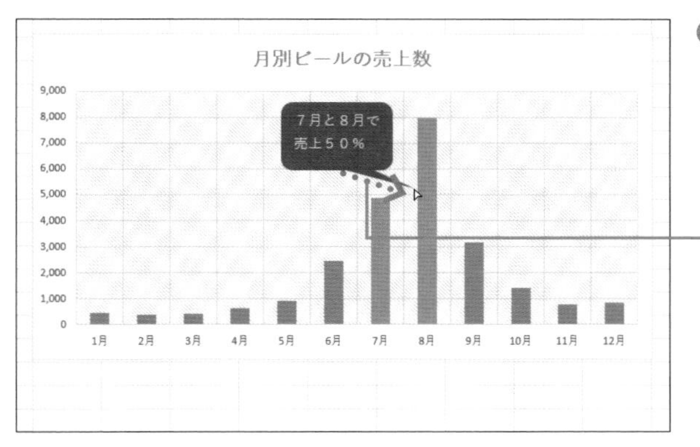

❸ そのままドラッグすると、

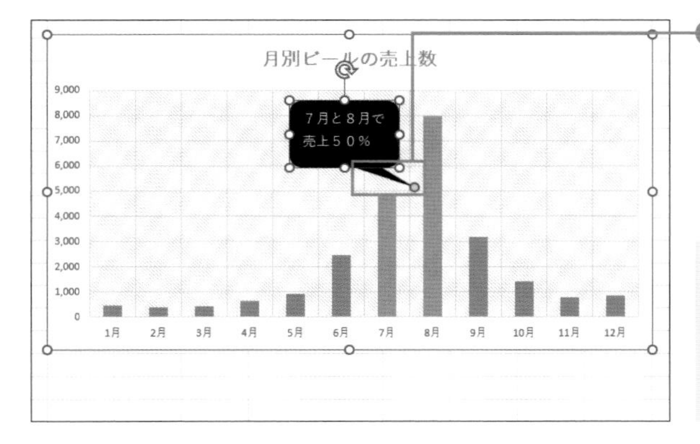

❹ 吹き出し口だけを移動できます。

MEMO 黄色のハンドルがない場合

四角形や円、直線など、黄色のハンドルが表示されない図形もあります。

第5章 伝わりやすいグラフに！ グラフの作成テクニック

図形に文字を入力する

図形が選択されている状態（図形の周りにハンドルが表示されている状態）でキーを押すと、**図形の左上角から文字が表示**されます。セルの文字と同じように図形内の文字にもサイズや色などの書式を設定することができます。

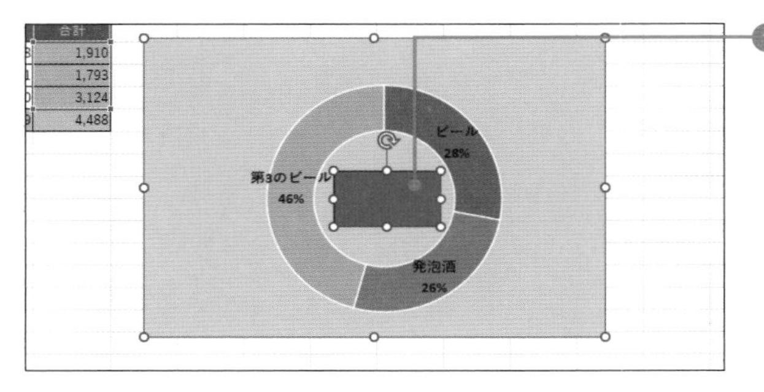

❶ 190ページの操作で図形（ここでは［正方形／長方形］）を描画します。

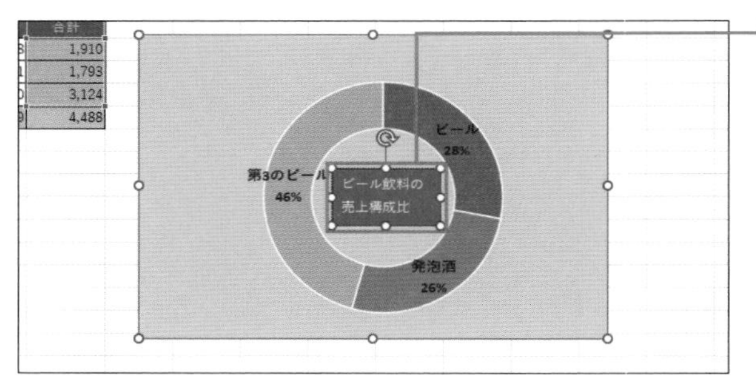

❷ キーボードから文字を入力すると、図形の中に文字が表示されます。

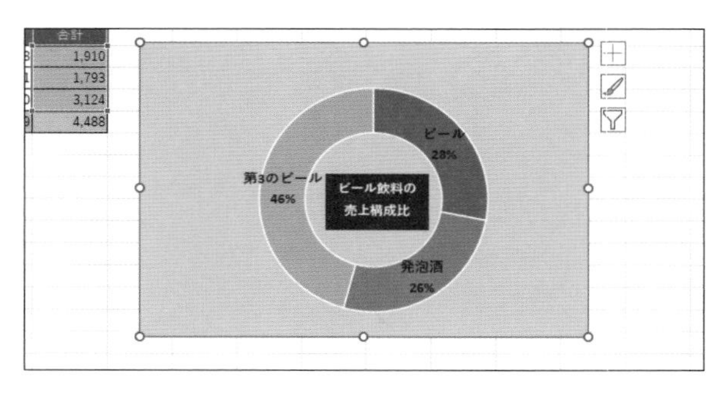

❸ 192ページの操作で、図形の色と枠線の色を変更します。

COLUMN

図形の中央に文字を表示する

最初は図形の左上に文字が表示されます。［ホーム］タブの［中央揃え］と［上下中央揃え］をそれぞれクリックすると、図形の中央に表示できます。

文字数に合わせて図形のサイズを変更する

図形内に入力する文字の分量が多いと、文字が図形から溢れて見えなくなってしまいます。[図形の書式設定] 画面で **[テキストに合わせて図形サイズを調整する]** を選ぶと、文字の分量に合わせて自動的に図形のサイズが変化します。

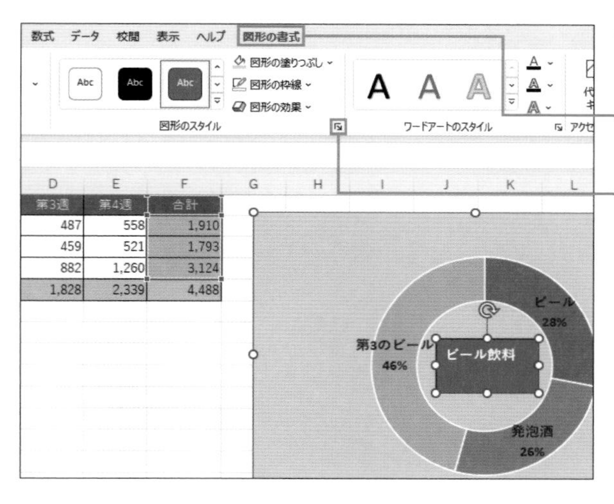

❶ 文字があふれている図形をクリックし、

❷ [図形の書式] タブをクリックして、

❸ [図形の書式設定] をクリックします。

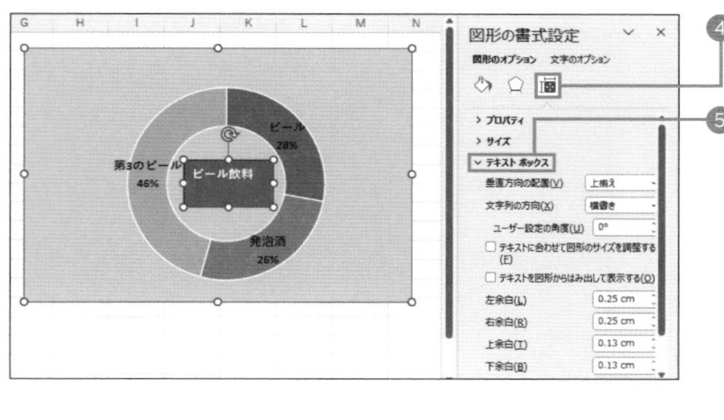

❹ [サイズとプロパティ] をクリックします。

❺ [テキストボックス] をクリックします。

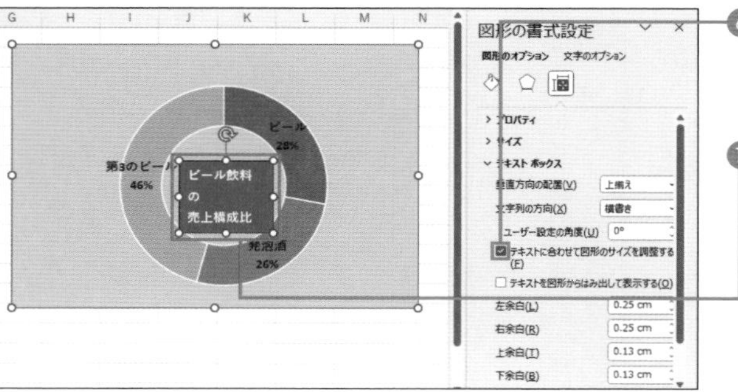

❻ [テキストに合わせて図形のサイズを調整する] をクリックすると、

❼ 文字がすべて表示されます。

図形の余白を大きくする

図形やテキストボックスに文字を入力すると、図形の端ぎりぎりに文字が表示されるため、文字の分量が多いときゅうくつな印象になります。［図形の書式設定］画面で**上下左右の余白**を設定すると、図形内の余白を自在に調整できます。

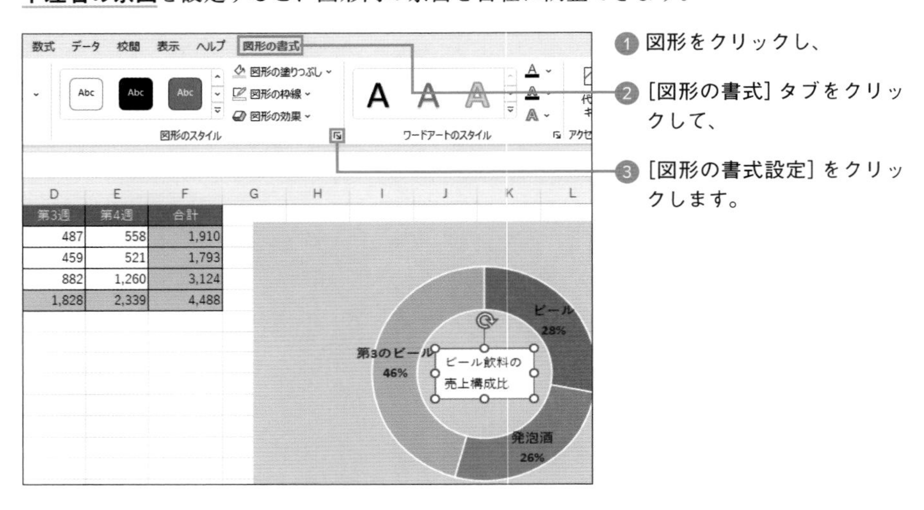

❶ 図形をクリックし、

❷ ［図形の書式］タブをクリックして、

❸ ［図形の書式設定］をクリックします。

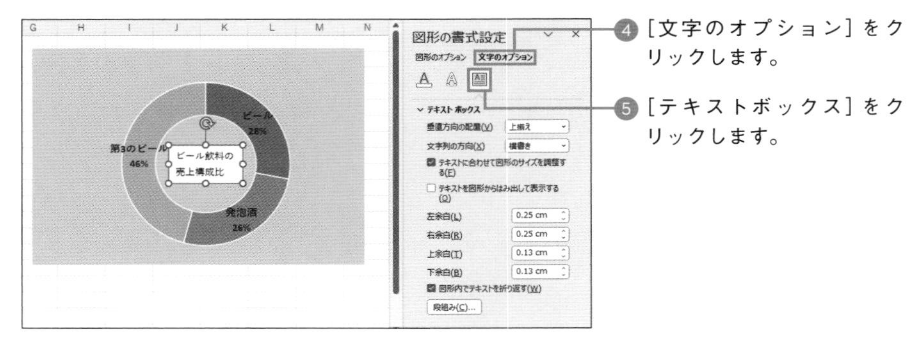

❹ ［文字のオプション］をクリックします。

❺ ［テキストボックス］をクリックします。

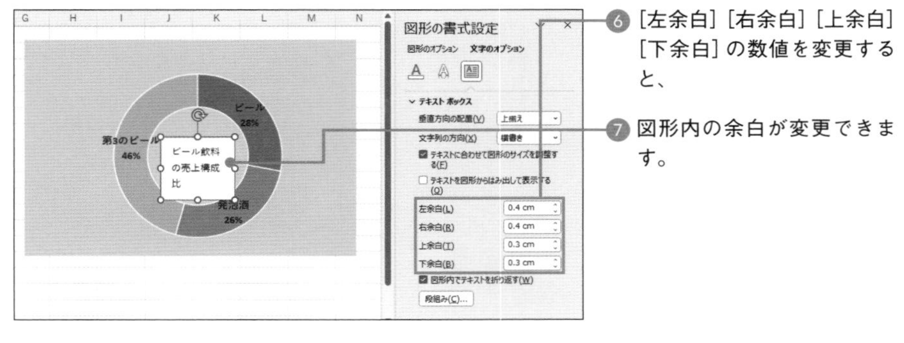

❻ ［左余白］［右余白］［上余白］［下余白］の数値を変更すると、

❼ 図形内の余白が変更できます。

同じ図形を連続して描く

同じ図形をいくつも描画するには、1つめの図形を描画したあとに、もう一度図形の種類を選び直すところから操作し直さなければなりません。**[描画モードのロック]機能**を使うと、Esc キーを押すまで何度でも連続して同じ図形を描画できます。

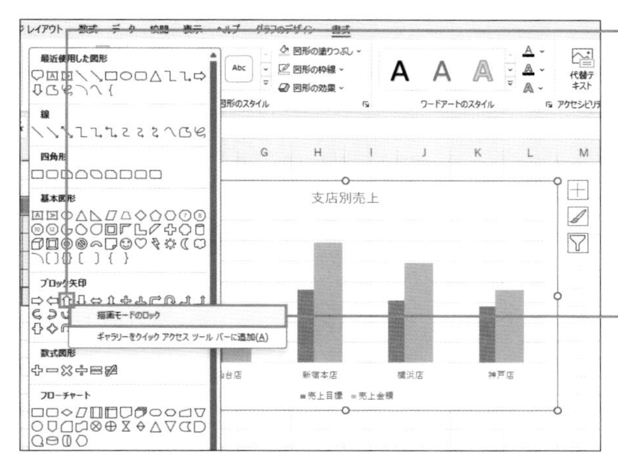

1 グラフをクリックし、190ページの操作で図形の[矢印:上]を右クリックします。

2 [描画モードのロック]をクリックします。

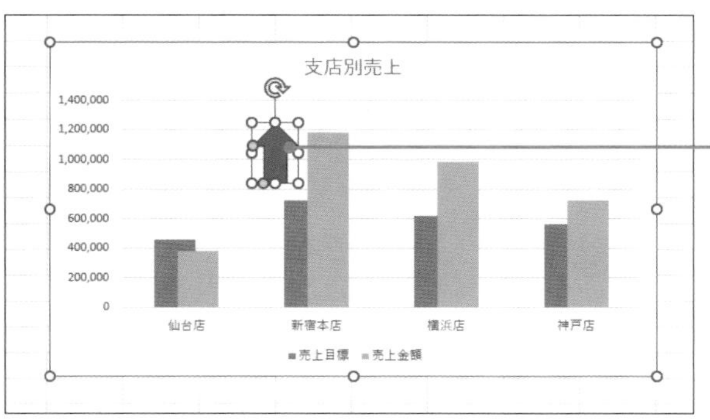

3 グラフ内をドラッグして、1つめの図形を描画します。

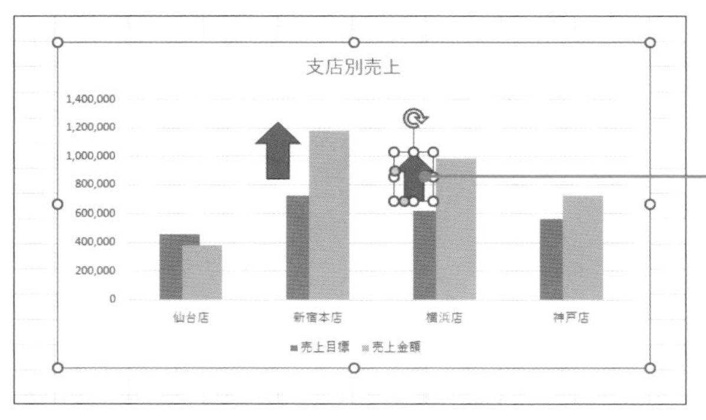

4 連続して同じ図形を描画できます。

MEMO **ロックの解除**

[描画モードのロック]を解除するには、Esc キーを押します。

第5章 伝わりやすいグラフに！ グラフの作成テクニック

棒の高さを比較する直線を描く

グラフに最初から表示される目盛線とは別に、図形の機能を使ってグラフ内に**線を引く**ことができます。たとえば、**目標値や平均値**に直線を描画すると、棒の高さがその線よりも上か下かがすぐにわかります。また、棒の高さを比較するときに、**差を強調**する直線を描画する手法もあります。

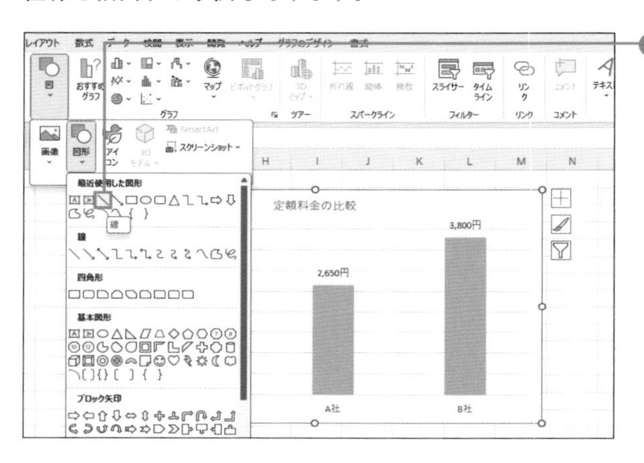

❶ グラフをクリックし、190ページの操作で図形の［線］をクリックします。

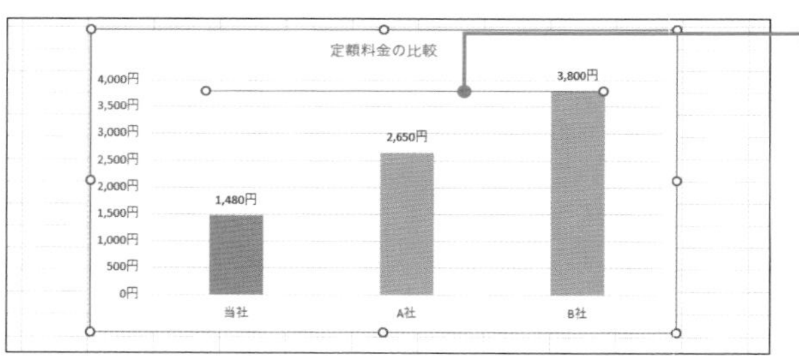

❷ Shift キーを押しながらドラッグすると、水平な線を引けます。

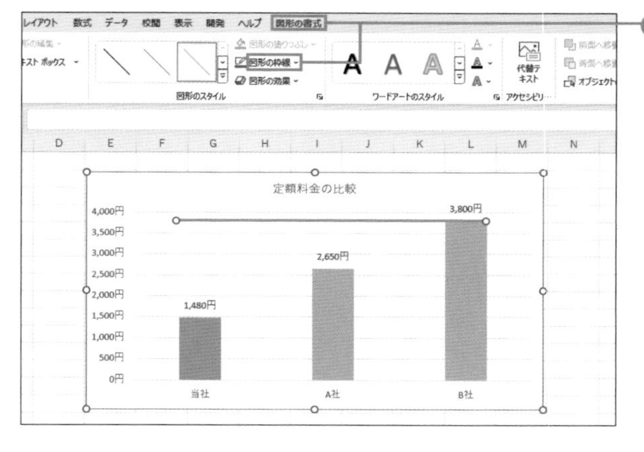

❸ ［図形の書式］タブをクリックし、［図形の枠線］から色や太さを変更します。

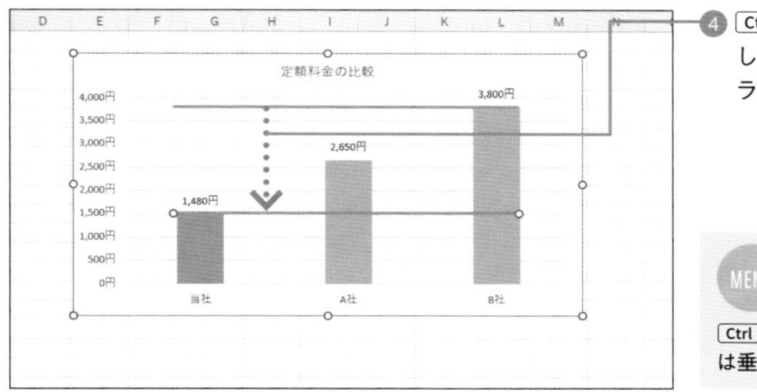

❹ Ctrl キーと Shift キーを押しながら線を下方向にドラッグしてコピーします。

真下にコピーする

Ctrl キーはコピー、Shift キーは垂直の役割があります。

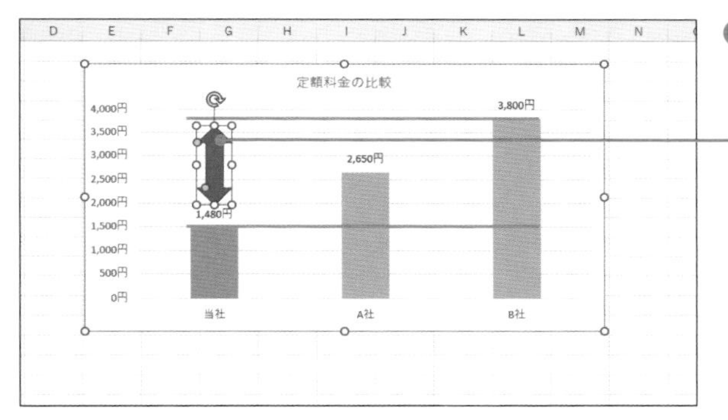

❺ 同様に、2本の線の間に［矢印：上下］の図形を描画します。

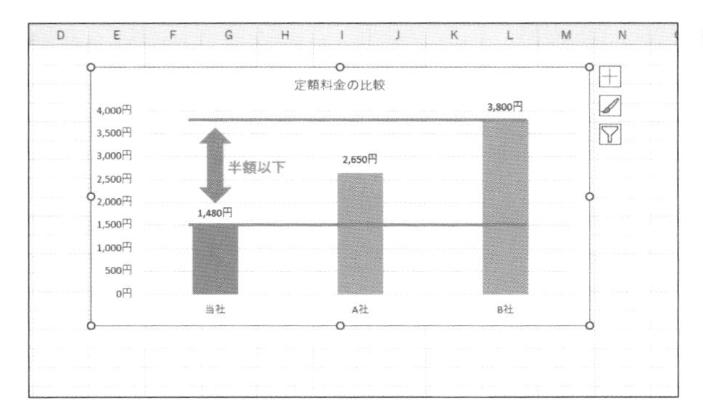

❻ 矢印の図形の色や枠線の色を変更し、ポイントを入力する図形を追加すると、差が明確になります、

グラフの背面に写真を表示する

Excelで作成したグラフをPowerPointのスライドに貼り付けるなどして再利用することも多いでしょう。プレゼンテーション資料では、グラフのインパクトも大切です。グラフの背景に**グラフ全体を象徴する画像**を表示すると、何のグラフなのかがイメージしやすくなります。ただし、グラフの主役を邪魔しないように、**[透明度]を設定して薄い色で表示**するのがポイントです。

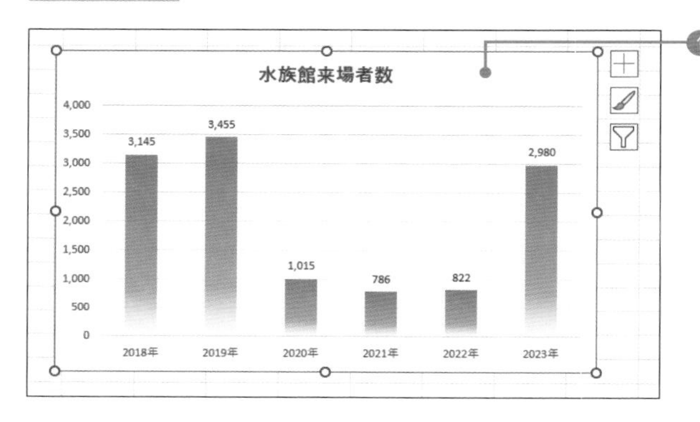

1 [グラフエリア]と表示される部分をダブルクリックします。

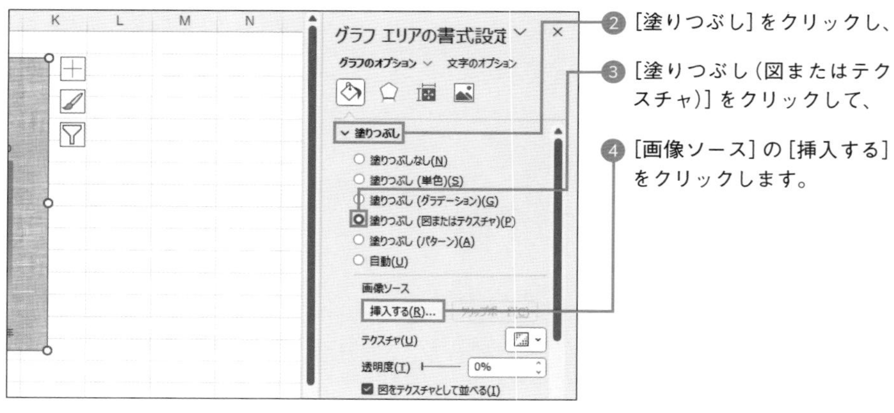

2 [塗りつぶし]をクリックし、

3 [塗りつぶし(図またはテクスチャ)]をクリックして、

4 [画像ソース]の[挿入する]をクリックします。

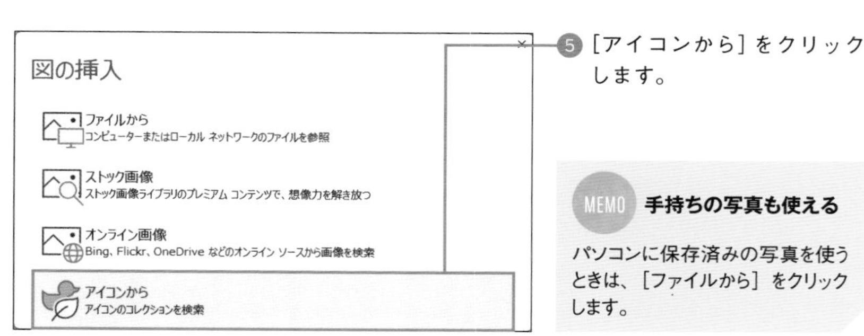

5 [アイコンから]をクリックします。

MEMO **手持ちの写真も使える**

パソコンに保存済みの写真を使うときは、[ファイルから]をクリックします。

❻ [画像] をクリックし、

❼ [海] のキーワードを入力します。

❽ 背景に使いたい画像をクリックして、

❾ [挿入] をクリックすると、

Microsoft 365の場合

Microsoft 365では、検索できる画像の数が多くなります。

❿ グラフの背景に画像が表示されます。

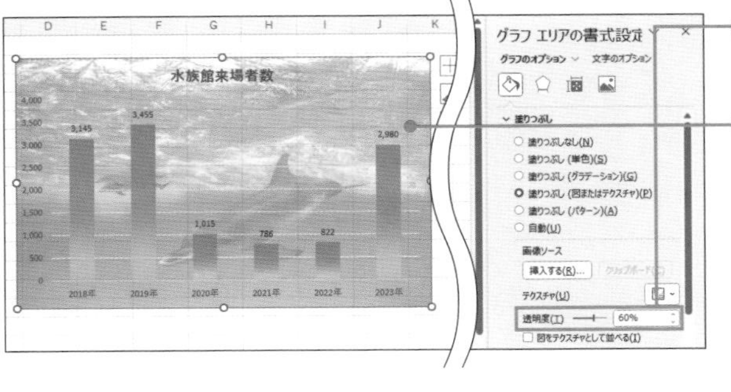

⓫ [透明度] の数値を大きくすると、

⓬ 画像が薄く表示されます。

048 割合を伝える「円グラフ」を作成する

円グラフは、円全体を100%として、その中に占める各項目の割合を扇形によって表すグラフです。円グラフを作るときは、**データの順番**にも気を配りましょう。データの大きい順に並べるのが一般的ですが（172ページ参照）、「意味のある順番」で並べることが大切です。

円グラフを作成する

円グラフの作成手順もほかのグラフと同じです。ただし、最初に選択するデータは、もとになる表の**項目名と数値の２つ**だけです。支店別の月別売上金額のように、複数の項目をグラフ化することはできません。

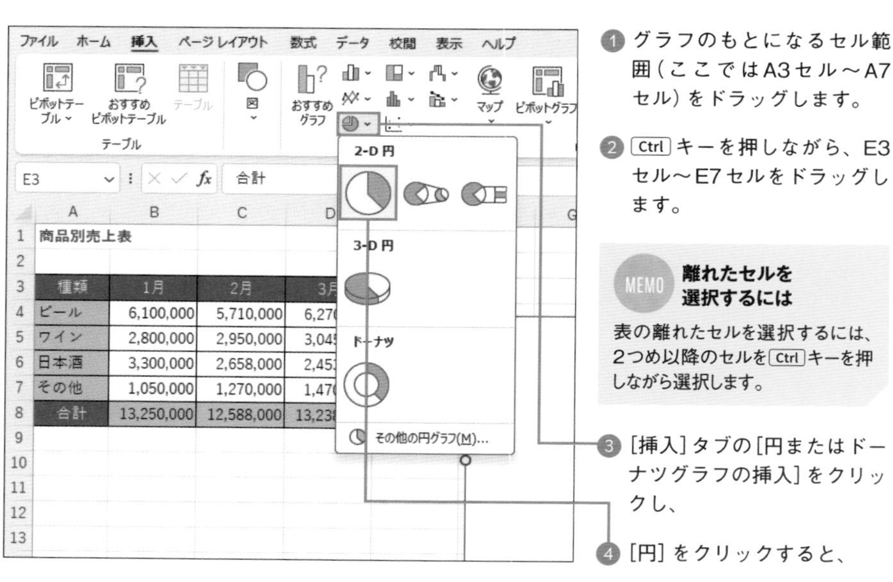

❶ グラフのもとになるセル範囲（ここではA3セル～A7セル）をドラッグします。

❷ Ctrl キーを押しながら、E3セル～E7セルをドラッグします。

MEMO 離れたセルを選択するには

表の離れたセルを選択するには、2つめ以降のセルを Ctrl キーを押しながら選択します。

❸ ［挿入］タブの［円またはドーナツグラフの挿入］をクリックし、

❹ ［円］をクリックすると、

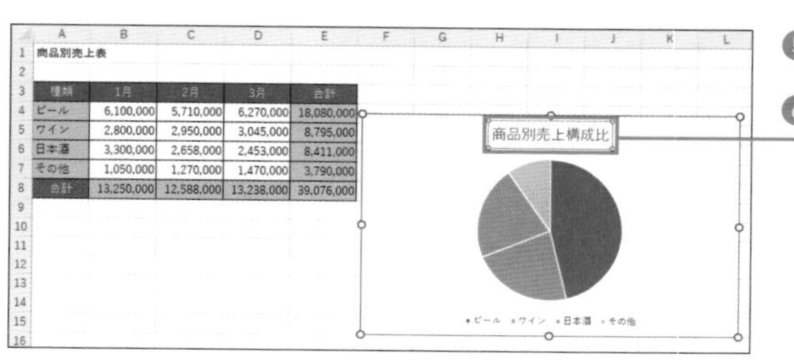

❺ 円グラフが表示されます。

❻「合計」の文字をクリックし、グラフタイトルを上書きします。

円グラフのサイズを変更する

円グラフを編集していると、グラフ本体がかなり小さくなってしまうことがあります。円グラフ全体のサイズを変更するには、168ページの操作を行いますが、グラフ全体のサイズはそのままで、**内側の円グラフの部分（＝プロットエリア）だけを拡大・縮小**することもできます。

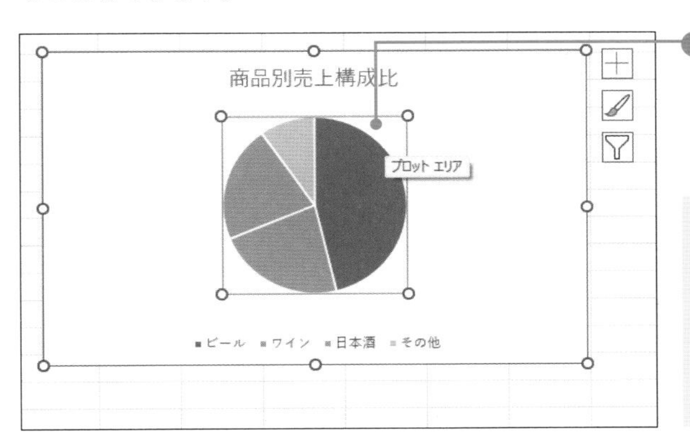

❶ ここをクリックして、[プロットエリア] を選択します。

> **MEMO 要素の名前**
>
> グラフ内でマウスポインターを動かすと、各要素の名前が表示されます。ここではプロットエリアの要素名が表示される場所をクリックします。

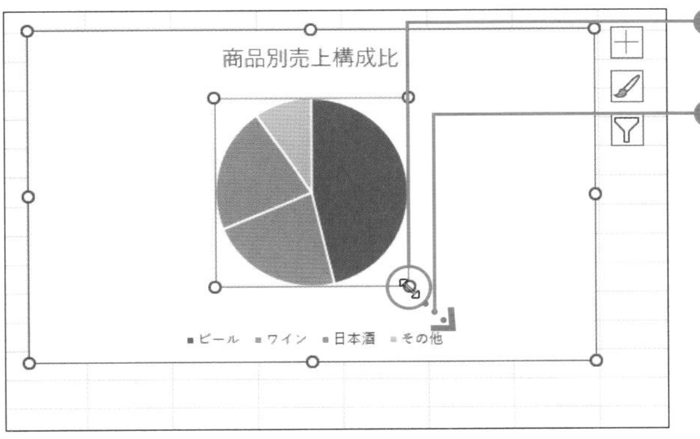

❷ プロットエリアの四隅にマウスポインターを移動し、

❸ マウスポインターの形状が変わったことを確認して外側にドラッグすると、

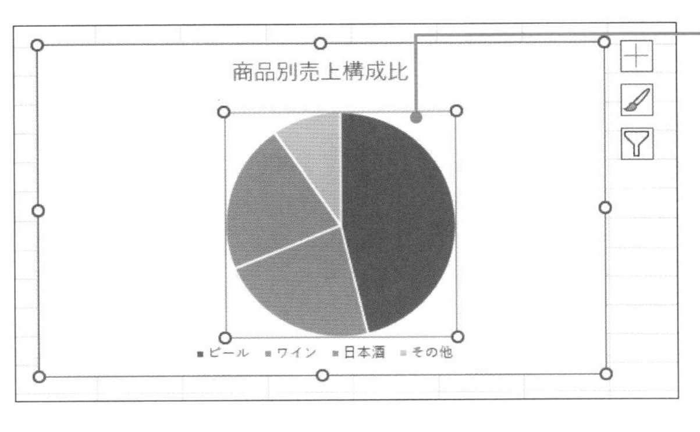

❹ [プロットエリア] だけが拡大されます。

円グラフに%や項目を表示する

円グラフでは凡例を使わず、**[データラベル]**を使って、グラフの周囲に項目名や割合を示すパーセントを直接表示したほうがわかりやすいでしょう。データラベルの内容や位置を指定するには、[データラベルの書式設定]画面を使います。

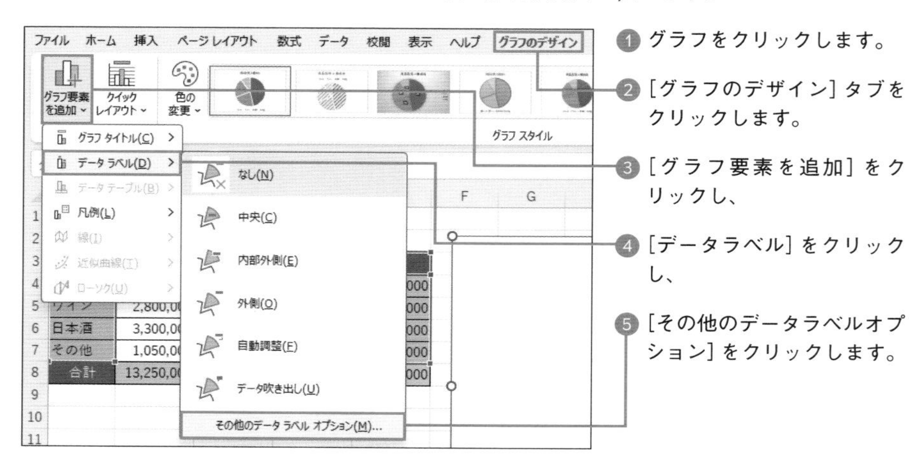

❶ グラフをクリックします。

❷ [グラフのデザイン]タブをクリックします。

❸ [グラフ要素を追加]をクリックし、

❹ [データラベル]をクリックし、

❺ [その他のデータラベルオプション]をクリックします。

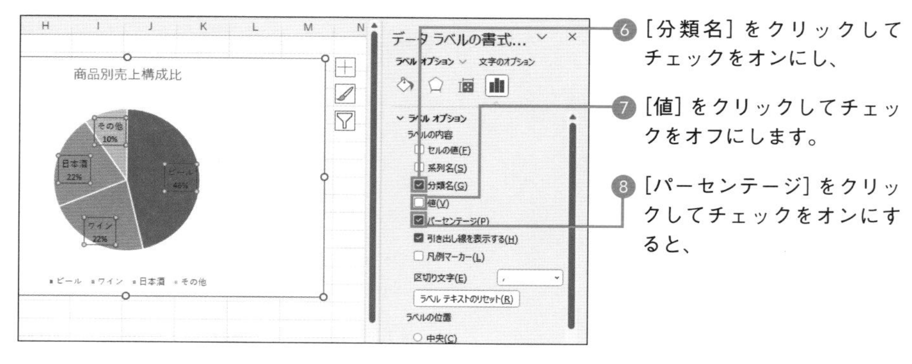

❻ [分類名]をクリックしてチェックをオンにし、

❼ [値]をクリックしてチェックをオフにします。

❽ [パーセンテージ]をクリックしてチェックをオンにすると、

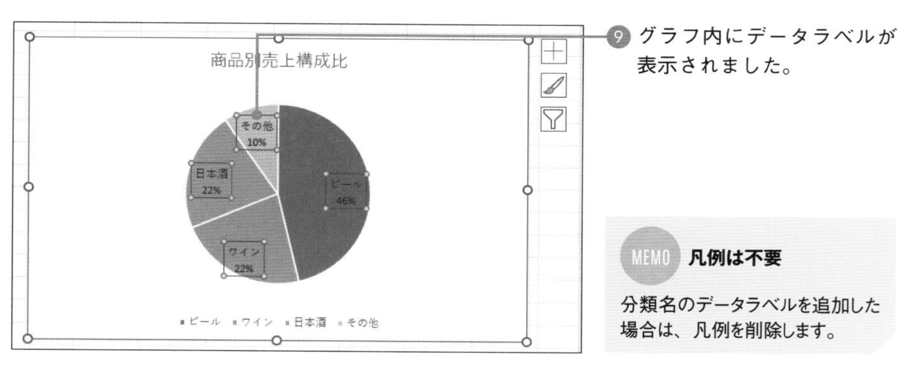

❾ グラフ内にデータラベルが表示されました。

MEMO 凡例は不要

分類名のデータラベルを追加した場合は、凡例を削除します。

円グラフの一部を切り離す

円グラフの中でも特に強調したい項目があるときは、**一部の項目を外側に切り離す「切り離し」**の手法があります。切り離す扇の部分を外側にドラッグするだけで、切り離すことができます。なお、扇の中にデータラベルが表示されている場合は、データラベルもいっしょに移動します。

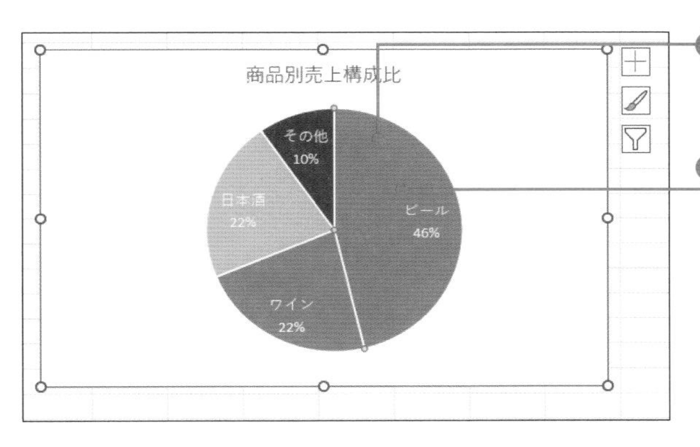

1 円グラフの円をクリックすると、円グラフ全体にハンドルが表示されます。

2 切り離す扇をクリックすると、扇形だけにハンドルが表示されます。

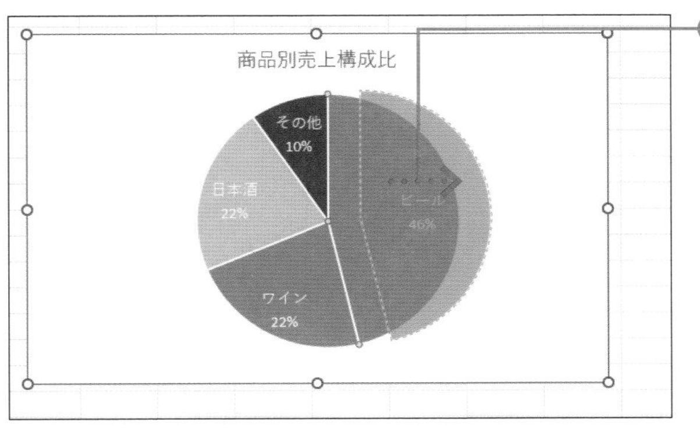

3 切り離す扇にマウスポインターを移動し、そのまま円の外側に向かってドラッグすると、

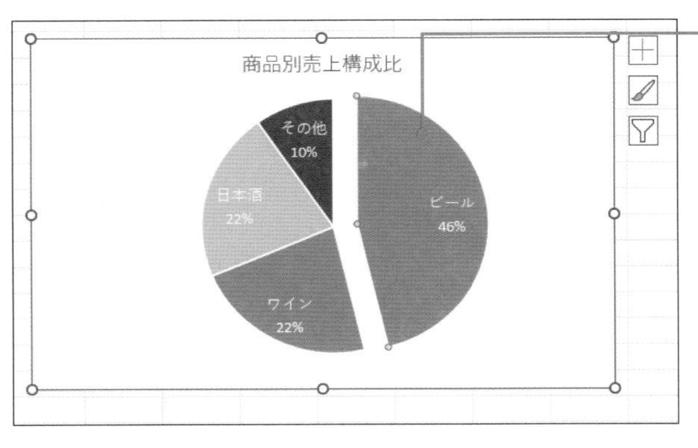

4 ドラッグしたぶんだけ円から切り離されます。

MEMO **複数の扇を切り離す**

同じ操作をくりかえすと、複数の扇を次々と切り離すことができます。ただし、強調したい部分だけを切り離したほうが効果的です。

補助円グラフ付き円グラフを作成する

円グラフの**特定の項目の内訳**を細かく表したい場合があります。ただし、全部のデータを円グラフにすると、小さな割合の扇形がいくつも表示されて見づらくなります。たとえば、小さな数値のデータがいくつもある場合は、その内容を**「補助円付き円グラフ」**を使って示すとよいでしょう。補助円にしたいデータ範囲を決めておくと、自動的に「その他」の項目としてまとめて表示されます。

もとになる表の準備

	A	B	C	D
1	商品分類別売上実績			
2				
3	分類名	売上数		
4	生ケーキ	1,045		
5	焼き菓子	876		
6	ホールケーキ	721		
7	チョコレート	212		
8	ジャム	145		
9	ギフトセット（大）	64		
10	ギフトセット（小）	38		
11	合計	3,101		
12				
13				
14				

❶ 内訳データとして補助円に表示したいデータを表の下部にまとめておきます。

MEMO 表の作り方

ここでは、「ギフトセット（大）」と「ギフトセット（小）」の2つを「その他」にまとめます。初期設定では下から3つのデータが補助円になりますが、あとから変更できます。

補助円グラフ付き円グラフの作成

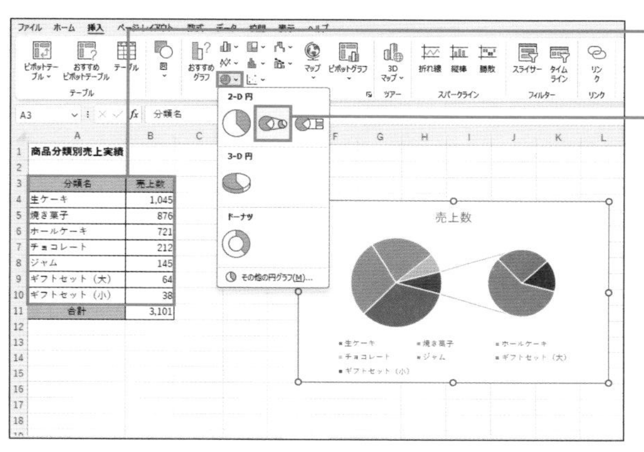

❶ グラフ化したいセル（A3セル～B10セル）を選択し、

❷ ［挿入］タブの［円またはドーナツグラフの挿入］→［補助円グラフ付き円］をクリックすると、

MEMO セル範囲の指定

補助円として表示するセル範囲も含めて選択します。

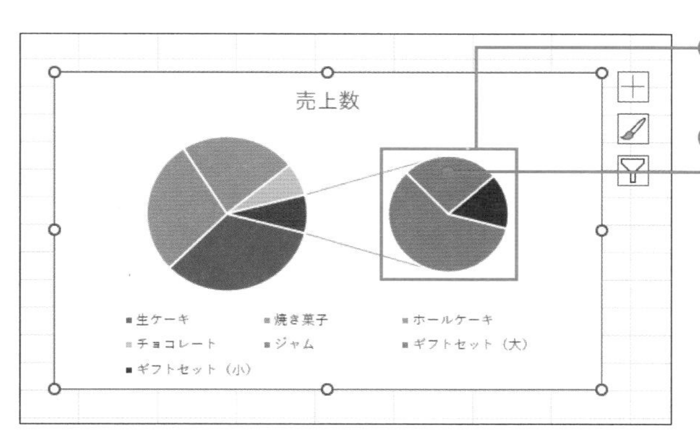

3 補助円グラフ付き円グラフが表示されます。

4 補助円グラフのいずれかの要素をダブルクリックします。

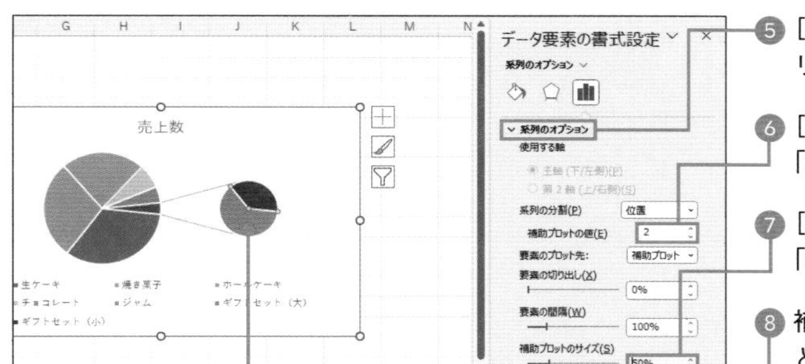

5 ［系列のオプション］をクリックします。

6 ［補助円プロットの値］を「2」に変更し、

7 ［補助プロットのサイズ］を「50」に変更すると、

8 補助円に表示する要素の数とサイズが変化します。

MEMO 補助円のサイズ

［補助プロットのサイズ］には、補助円グラフの大きさを指定します。数値が小さいほど、円のサイズが小さくなります。

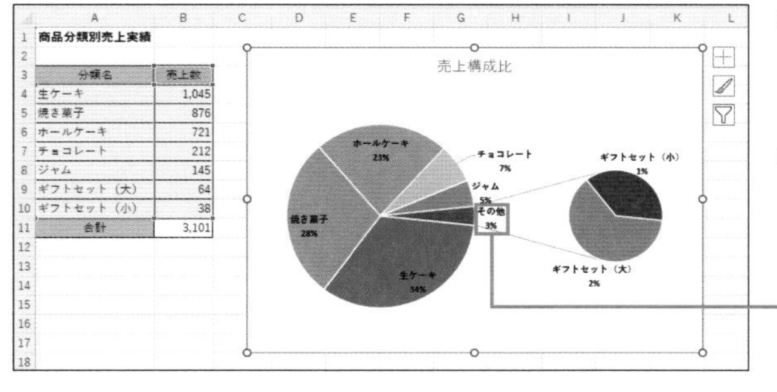

9 グラフのサイズや位置を調整し、204ページの操作でデータラベルを表示します。

10 「その他」の項目に補助円グラフの内容が集約されているのが確認できます。

MEMO 「その他」の名称を変更できる

補助円グラフの項目名は自動的に「その他」になります。「その他」の文字をゆっくり2回クリックすると、別の項目名に変更できます。

049 推移を伝える「折れ線グラフ」を作成する

折れ線グラフは時系列に沿って数値の推移を示すグラフです。そのため、折れ線グラフの項目（横）軸は、**日付や曜日などの時間を表すデータ**が並びます。折れ線グラフには複数のデータを同時に表示することができますが、線の数が多くなると区別しにくいという弱点もあります。それぞれの線が見やすいように線の太さや凡例の位置を工夫するとよいでしょう。

折れ線グラフの太さを変更する

折れ線グラフの線が細いと、数値の推移を把握しづらくなります。線の数が多いとなおさらです。このようなときは、**線の幅を太く**して、はっきり見えるようにするとよいでしょう。印刷した用紙やパソコン画面で、線の太さを調整します。

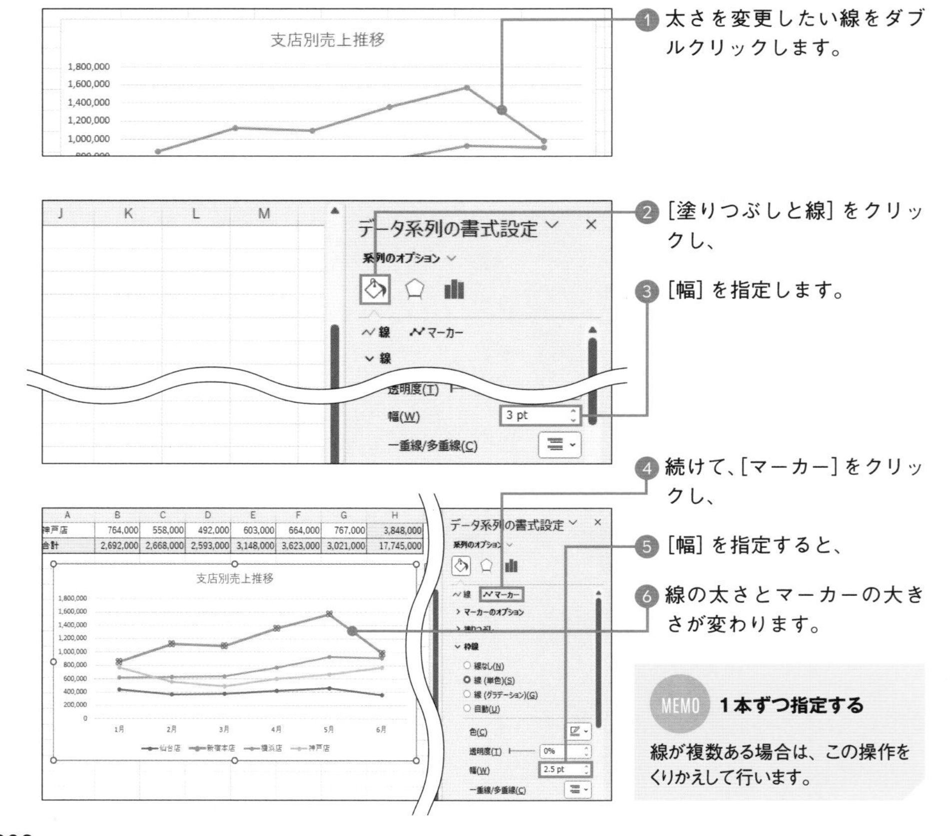

❶ 太さを変更したい線をダブルクリックします。

❷ [塗りつぶしと線] をクリックし、

❸ [幅] を指定します。

❹ 続けて、[マーカー] をクリックし、

❺ [幅] を指定すると、

❻ 線の太さとマーカーの大きさが変わります。

MEMO 1本ずつ指定する

線が複数ある場合は、この操作をくりかえして行います。

途切れた線をつなげて表示する

折れ線グラフのもとになる表に**空白のセル（データが入力されていないセル）**があると、途中で線が途切れてしまいます。[非表示および空白のセル] 機能を使って空白セルの表示方法を変更すると、データが無くても線をつなげて表示できます。ここでは4/23の空白セルを線でつなげます。

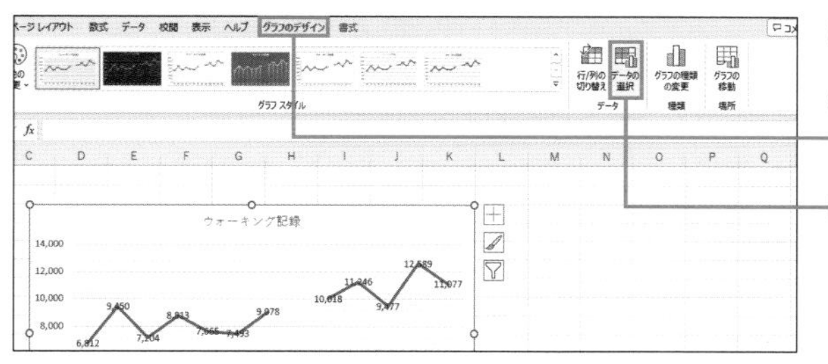

1 グラフをクリックします。

2 [グラフのデザイン] タブをクリックし、

3 [データの選択] をクリックして、

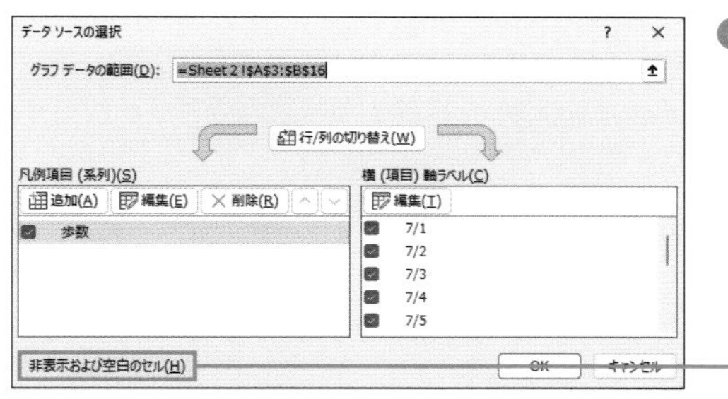

4 [非表示および空白のセル] をクリックします。

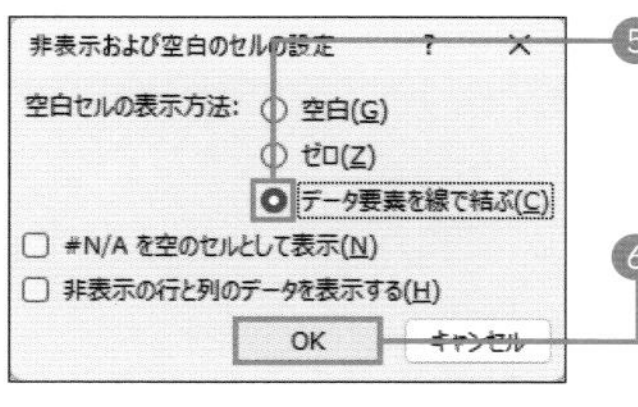

5 [空白セルの表示方法] の [データ要素を線で結ぶ] をクリックし、

6 [OK] → [OK] の順にクリックすると、

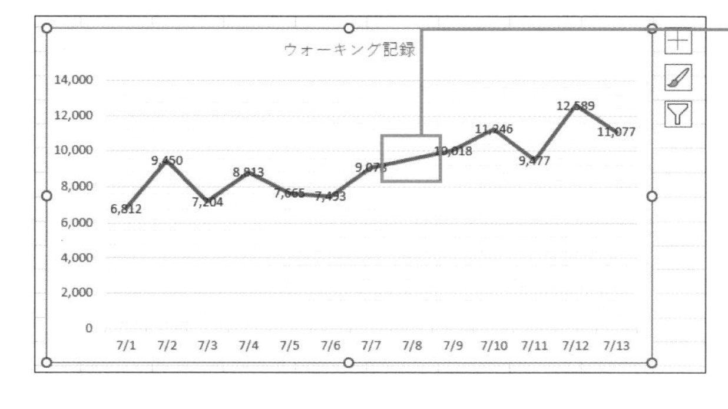

7 空白セルの部分が線でつながります。

第5章 伝わりやすいグラフに！ グラフの作成テクニック

凡例を線の近くに配置する

凡例はグラフの下や上に表示されることが多いため、グラフと凡例の間で視線を何度も動かすことになります。特に折れ線グラフの線の数が多いと、凡例を読み間違えるリスクもあります。**折れ線の右端にデータラベルを表示**して凡例のかわりに利用すると、折れ線グラフの視認性がアップします。

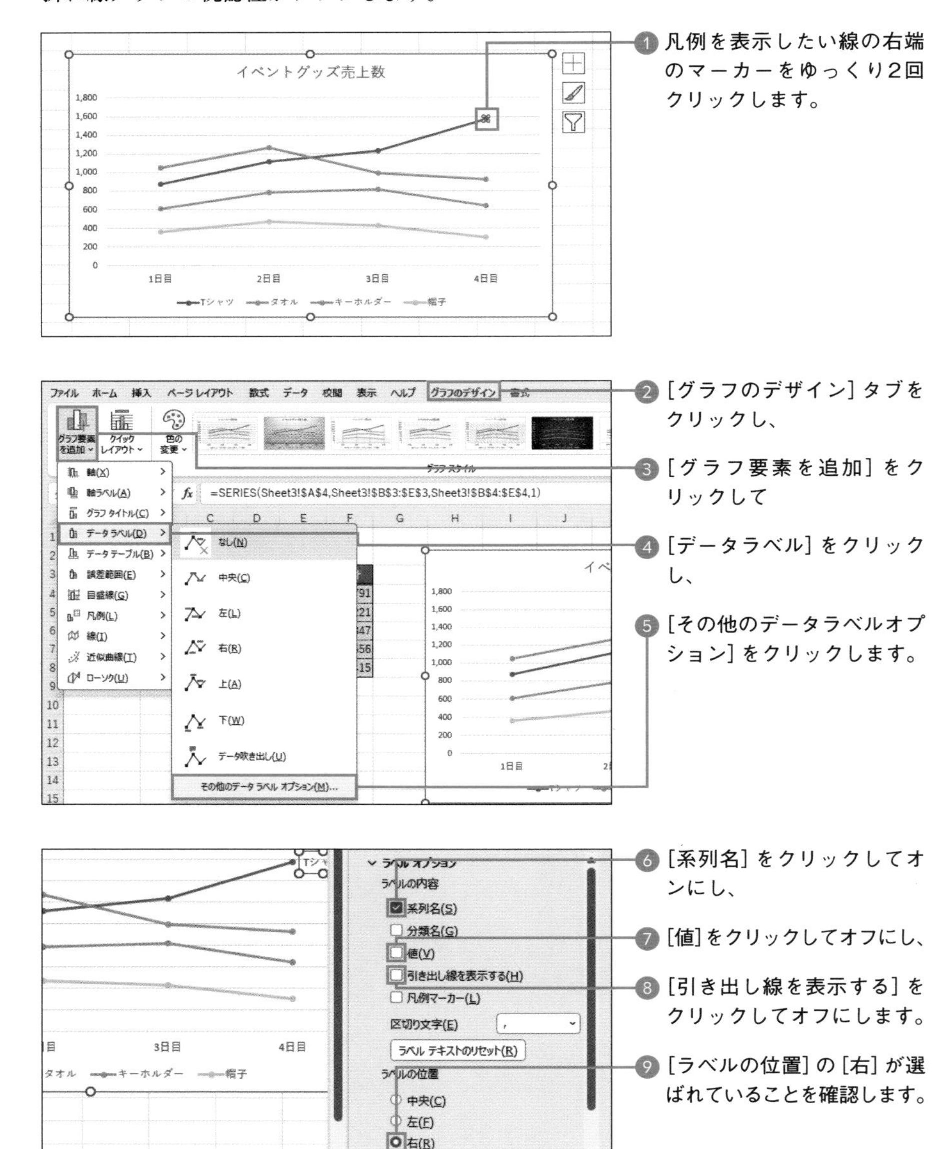

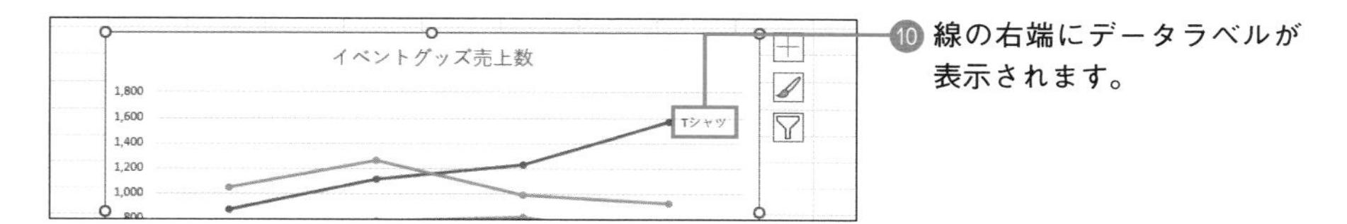

⑩ 線の右端にデータラベルが表示されます。

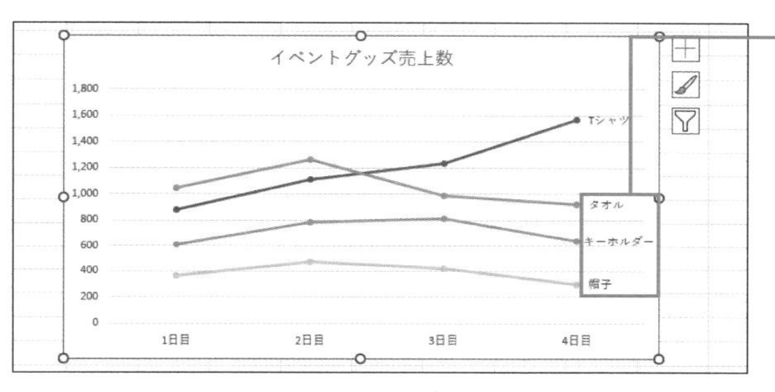

⑪ 同様の操作で、ほかの線の右端のマーカーにデータラベルを表示します。

⑫ 凡例を削除します。

Zチャートを作る

Zチャートとは、**「売上累計」「移動年計」「売上高」**の3つのデータをそれぞれ折れ線グラフで表したもので、できあがったグラフが英字の「Z」のような形となるため「Zチャート」と呼ばれています。Zチャートを作ることで、**季節変動を加味したデータの傾向を分析**することができます。

Zチャートを作成するには、もとになる表に以下の3つのデータが必要です。

1. 売上データ	分析したい期間の売上データです。累計や移動年計を算出するためのベースとなるデータ（下表のB列とC列）です。
2. 売上累計データ	分析したい期間の月々の売上高の合計（D列）です。
3. 移動年計データ	該当月の売上に、過去11ヶ月分の売上データを加えた直近1年分の売上累計値（E列）です。季節変動を吸収し、売上の上昇／下降の傾向を示すデータです。

もとになる表の準備

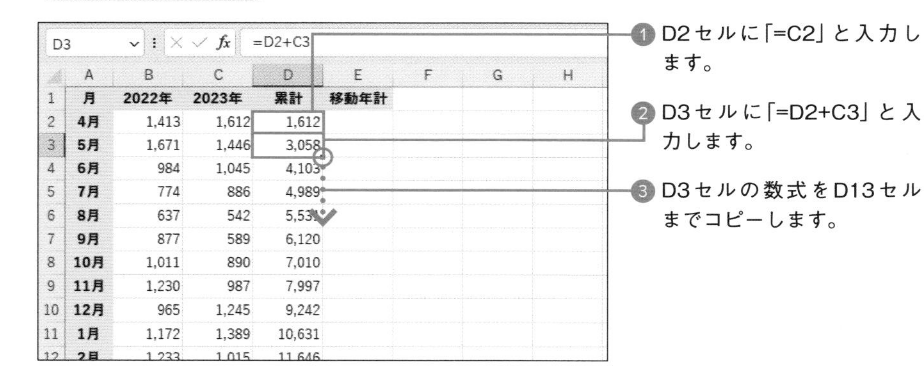

D3 =D2+C3

	A	B	C	D	E	F	G	H
1	月	2022年	2023年	累計	移動年計			
2	4月	1,413	1,612	1,612				
3	5月	1,671	1,446	3,058				
4	6月	984	1,045	4,103				
5	7月	774	886	4,989				
6	8月	637	542	5,53				
7	9月	877	589	6,120				
8	10月	1,011	890	7,010				
9	11月	1,230	987	7,997				
10	12月	965	1,245	9,242				
11	1月	1,172	1,389	10,631				
12	2月	1,233	1,015	11,646				

① D2セルに「=C2」と入力します。

② D3セルに「=D2+C3」と入力します。

③ D3セルの数式をD13セルまでコピーします。

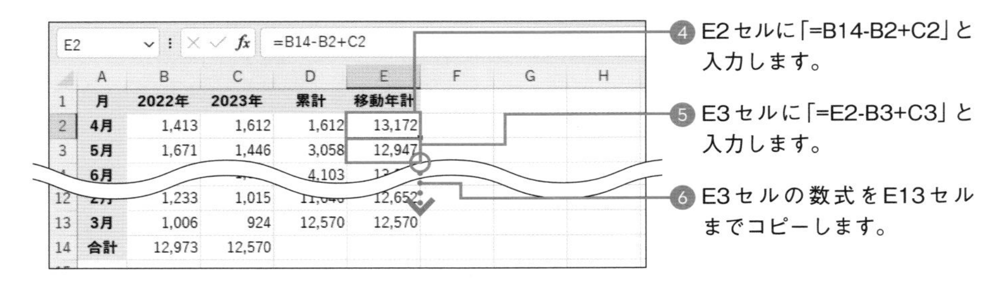

④ E2セルに「=B14-B2+C2」と入力します。

⑤ E3セルに「=E2-B3+C3」と入力します。

⑥ E3セルの数式をE13セルまでコピーします。

Zチャートの作成

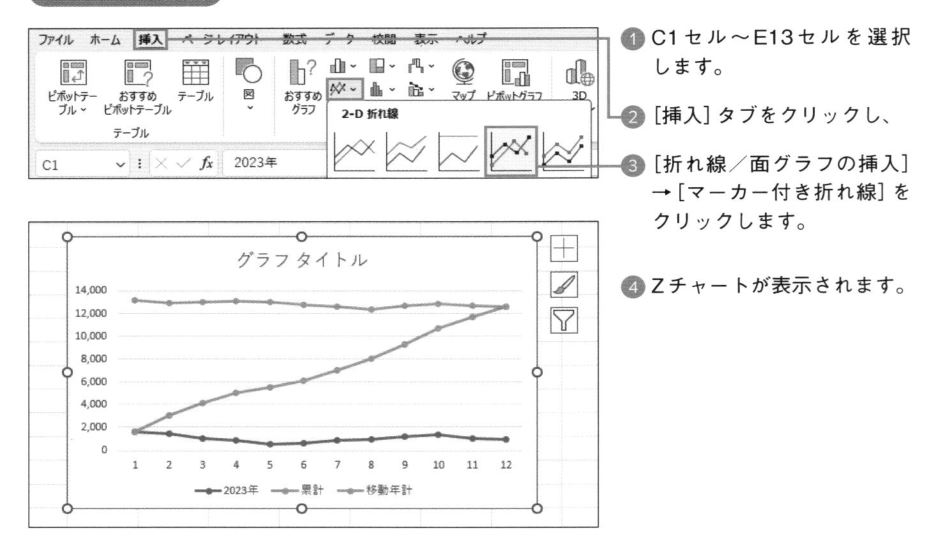

① C1セル～E13セルを選択します。

② [挿入]タブをクリックし、

③ [折れ線／面グラフの挿入]→[マーカー付き折れ線]をクリックします。

④ Zチャートが表示されます。

COLUMN

Zチャートの3つの見方

Zチャートはおもに次の3つのパターンに大別できます。

横ばい型

横ばい型は1年間で変化が少ない場合に現れる形状で、きれいなZの形状になります。

成長型

成長型は売上が前年よりも伸びているときに現れる形状で、移動年計が右上がりの形状になります。

衰退型

衰退型は売上が前年よりも落ち込んでいるときに現れる形状で、移動年計が右下がりの形状になります。

050 セルに「ちょっとしたグラフ」を表示する

「本格的なグラフを作るほどではないけれど、数値の大きさや推移をちょっとだけ確認しておきたい」というときには、[スパークライン] 機能を使って、**セルの中に簡易的なグラフ**を作成するとよいでしょう。もとになるセルの数値を指定するだけであっという間に作成できます。

セルの中にグラフを表示する

表の数値を見ているだけでは、数値の大小や推移はわかりにくいものです。**[スパークライン] は数値のすぐそばに「折れ線」「縦棒」「勝敗」の簡易的なグラフを表示**できるため、数値の傾向を瞬時に把握するのに役立ちます。

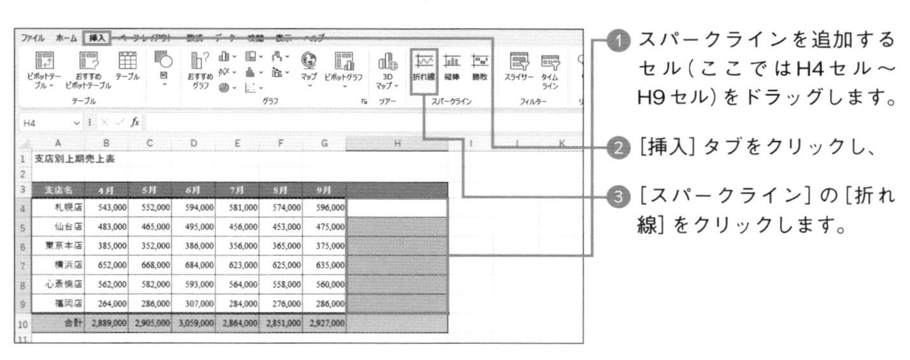

	A	B	C	D	E	F	G	H
1	支店別上期売上表							
2								
3	支店名	4月	5月	6月	7月	8月	9月	
4	札幌店	543,000	552,000	594,000	581,000	574,000	596,000	
5	仙台店	483,000	465,000	495,000	456,000	453,000	475,000	
6	東京本店	385,000	352,000	386,000	356,000	365,000	375,000	
7	横浜店	652,000	668,000	684,000	623,000	625,000	635,000	
8	心斎橋店	562,000	582,000	593,000	564,000	558,000	560,000	
9	福岡店	264,000	286,000	307,000	284,000	276,000	286,000	
10	合計	2,889,000	2,905,000	3,059,000	2,864,000	2,851,000	2,927,000	

1. スパークラインを追加するセル（ここではH4セル～H9セル）をドラッグします。
2. [挿入] タブをクリックし、
3. [スパークライン] の [折れ線] をクリックします。

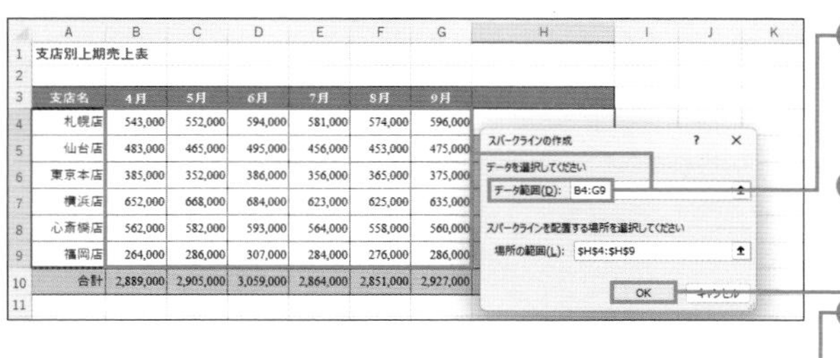

	A	B	C	D	E	F	G
1	支店別上期売上表						
2							
3	支店名	4月	5月	6月	7月	8月	9月
4	札幌店	543,000	552,000	594,000	581,000	574,000	596,000
5	仙台店	483,000	465,000	495,000	456,000	453,000	475,000
6	東京本店	385,000	352,000	386,000	356,000	365,000	375,000
7	横浜店	652,000	668,000	684,000	623,000	625,000	635,000
8	心斎橋店	562,000	582,000	593,000	564,000	558,000	560,000
9	福岡店	264,000	286,000	307,000	284,000	276,000	286,000
10	合計	2,889,000	2,905,000	3,059,000	2,864,000	2,851,000	2,927,000

4. [データ範囲] 欄にもととなるセル（ここではB4セル～G9セル）を指定し、
5. [OK] をクリックすると、

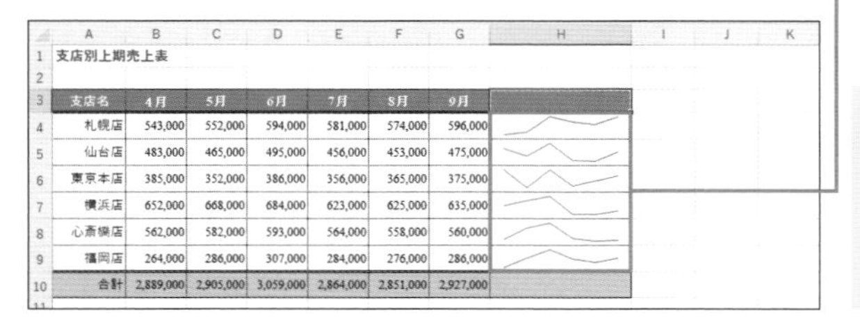

	A	B	C	D	E	F	G	H
1	支店別上期売上表							
2								
3	支店名	4月	5月	6月	7月	8月	9月	
4	札幌店	543,000	552,000	594,000	581,000	574,000	596,000	
5	仙台店	483,000	465,000	495,000	456,000	453,000	475,000	
6	東京本店	385,000	352,000	386,000	356,000	365,000	375,000	
7	横浜店	652,000	668,000	684,000	623,000	625,000	635,000	
8	心斎橋店	562,000	582,000	593,000	564,000	558,000	560,000	
9	福岡店	264,000	286,000	307,000	284,000	276,000	286,000	
10	合計	2,889,000	2,905,000	3,059,000	2,864,000	2,851,000	2,927,000	

6. 手順4で指定した数値がスパークラインで表示されます。

> **MEMO スパークラインの削除**
>
> スパークラインを削除するには、[スパークライン] タブの [クリア] をクリックします。

051 ビジネスで使える「ワンランク上のグラフ」を作る

グラフは数値を可視化してビジネスに有益な情報を伝えるツールです。棒グラフ、円グラフ、折れ線グラフといった基本のグラフで表現できない場合は、Excelに用意されている**そのほかのグラフ**を利用できないかを検討してみましょう。作りたいグラフに合わせて、データを加工して使います。

複合グラフ（組み合わせグラフ）を作成する

複合グラフとは、棒グラフと折れ線グラフといった種類の異なるグラフを同じグラフに描くことです。気温とビールの売上の相関関係を見たいといったように、**数値の大きさを比較するのと同時に数値の推移を見たい**ときなどに利用します。ここでは、売上金額を棒、平均気温を折れ線で表す複合グラフを作成します。

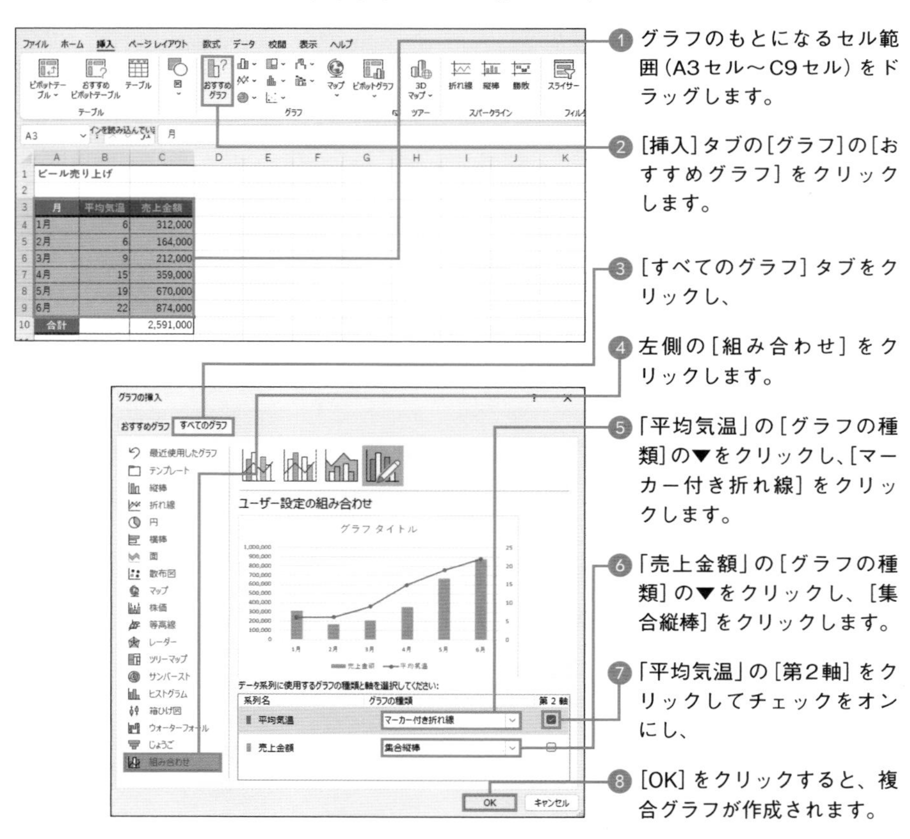

1. グラフのもとになるセル範囲（A3セル～C9セル）をドラッグします。
2. ［挿入］タブの［グラフ］の［おすすめグラフ］をクリックします。
3. ［すべてのグラフ］タブをクリックし、
4. 左側の［組み合わせ］をクリックします。
5. 「平均気温」の［グラフの種類］の▼をクリックし、［マーカー付き折れ線］をクリックします。
6. 「売上金額」の［グラフの種類］の▼をクリックし、［集合縦棒］をクリックします。
7. 「平均気温」の［第2軸］をクリックしてチェックをオンにし、
8. ［OK］をクリックすると、複合グラフが作成されます。

レーダーチャートを作成する

レーダーチャートは複数の項目の数値を五角形や六角形などに表示するグラフです。隣り合った数値を線で結ぶことで、**全体のバランスを把握**できます。ここでは、5教科の得点のバランスをレーダーチャートで示します。

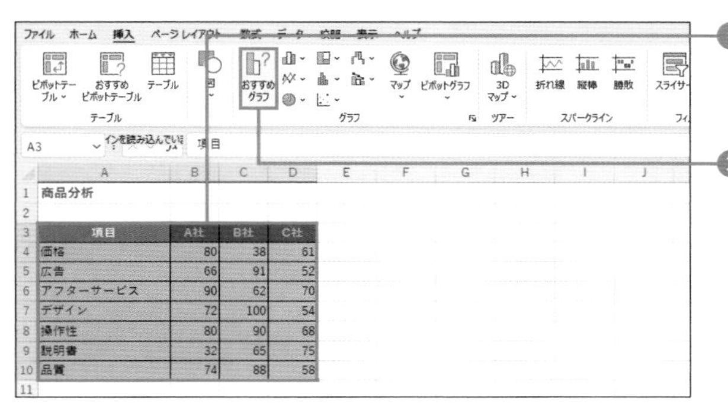

❶ グラフのもとになるセル範囲（A3セル～D10セル）をドラッグします。

❷ [挿入] タブの [グラフ] の [おすすめグラフ] をクリックします。

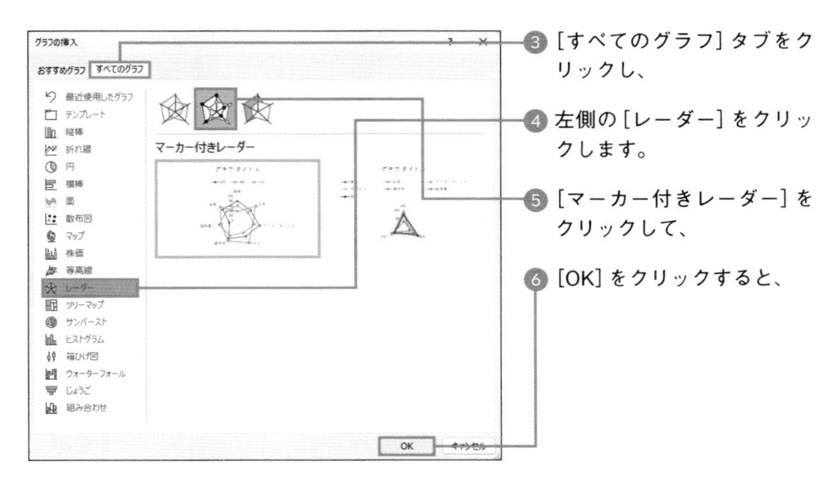

❸ [すべてのグラフ] タブをクリックし、

❹ 左側の [レーダー] をクリックします。

❺ [マーカー付きレーダー] をクリックして、

❻ [OK] をクリックすると、

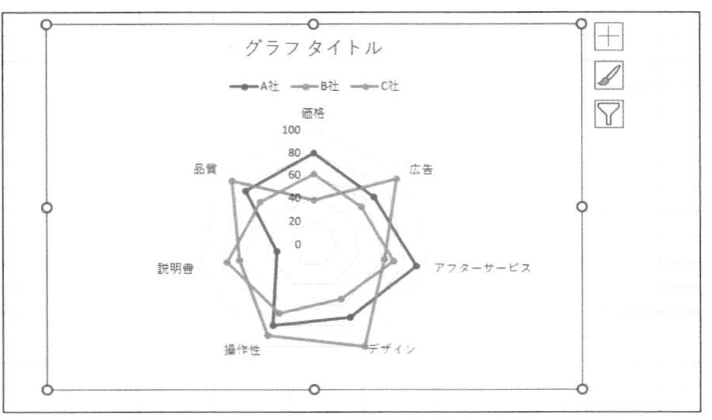

❼ レーダーチャートが作成されます。

地図グラフ（マップ）を作成する

［マップ］機能を使うと、白地図を数値の大きさによって**色分けする塗り分けマップ**を作成できます。ここでは、日本の都道府県別人口を色分けしたグラフを作成します。もとになるデータには、国や県、市区町村がわかるデータを入力しておく必要があります。

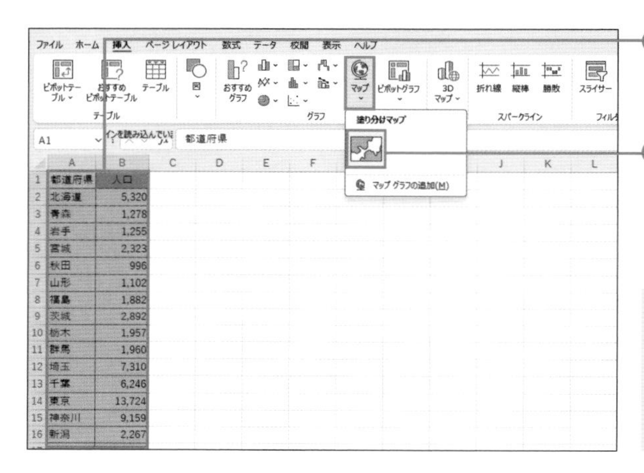

❶ グラフのもとになるセル範囲（A1セル～B48セル）をドラッグします。

❷［挿入］タブの［マップ］→［塗り分けマップ］をクリックします。

MEMO 初回に同意

初回のみ、Bingに送信する旨を示すメッセージが表示されるので、［同意します］をクリックします。

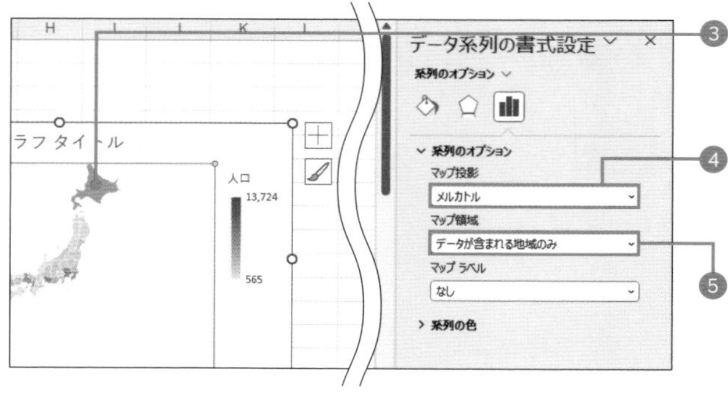

❸ グラフ内の［系列“人口”］と表示される部分をダブルクリックします。

❹［マップ投影］の▼をクリックし、［メルカトル］をクリックし、

❺［マップ領域］の▼をクリックし、［データが含まれる地域のみ］をクリックすると、

❻ 人口の大小を色の濃淡で塗り分けたマップが作成されます。

MEMO 塗り分けマップの見方

塗り分けマップでは、塗りつぶしの色が濃いほど数値（ここでは人口）が大きいことを示します。

絵グラフを作成する

絵グラフは、棒グラフの**棒の中にイラストを積み上げる**グラフです。1つのイラストが表す数を指定できるので、イラストの数によって数値の大小が把握できます。**グラフの内容に合ったイラスト**を使うことで、グラフの内容が直感的に伝わります。

ここでは、[アイコン] 機能で検索したイラストを使って絵グラフを作成します。

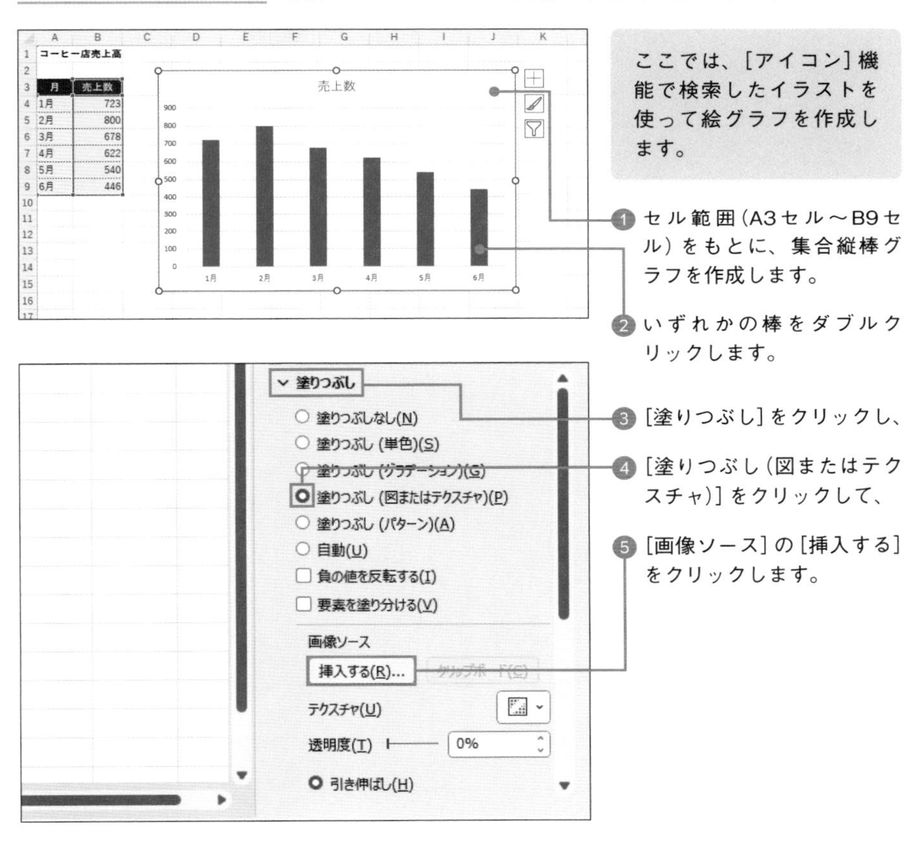

1. セル範囲(A3セル～B9セル)をもとに、集合縦棒グラフを作成します。
2. いずれかの棒をダブルクリックします。
3. [塗りつぶし] をクリックし、
4. [塗りつぶし(図またはテクスチャ)] をクリックして、
5. [画像ソース] の [挿入する] をクリックします。

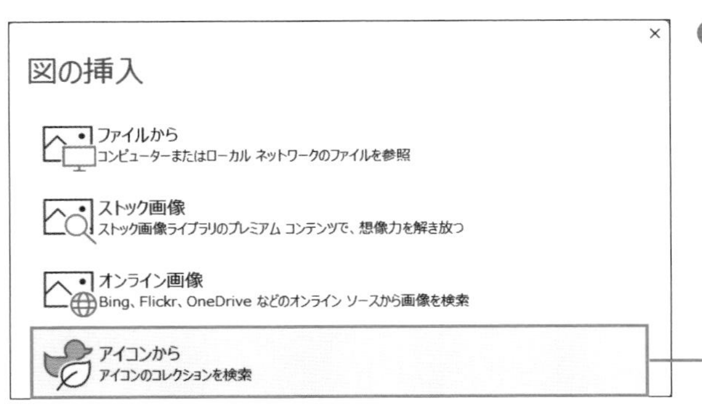

6. [アイコンから] をクリックします。

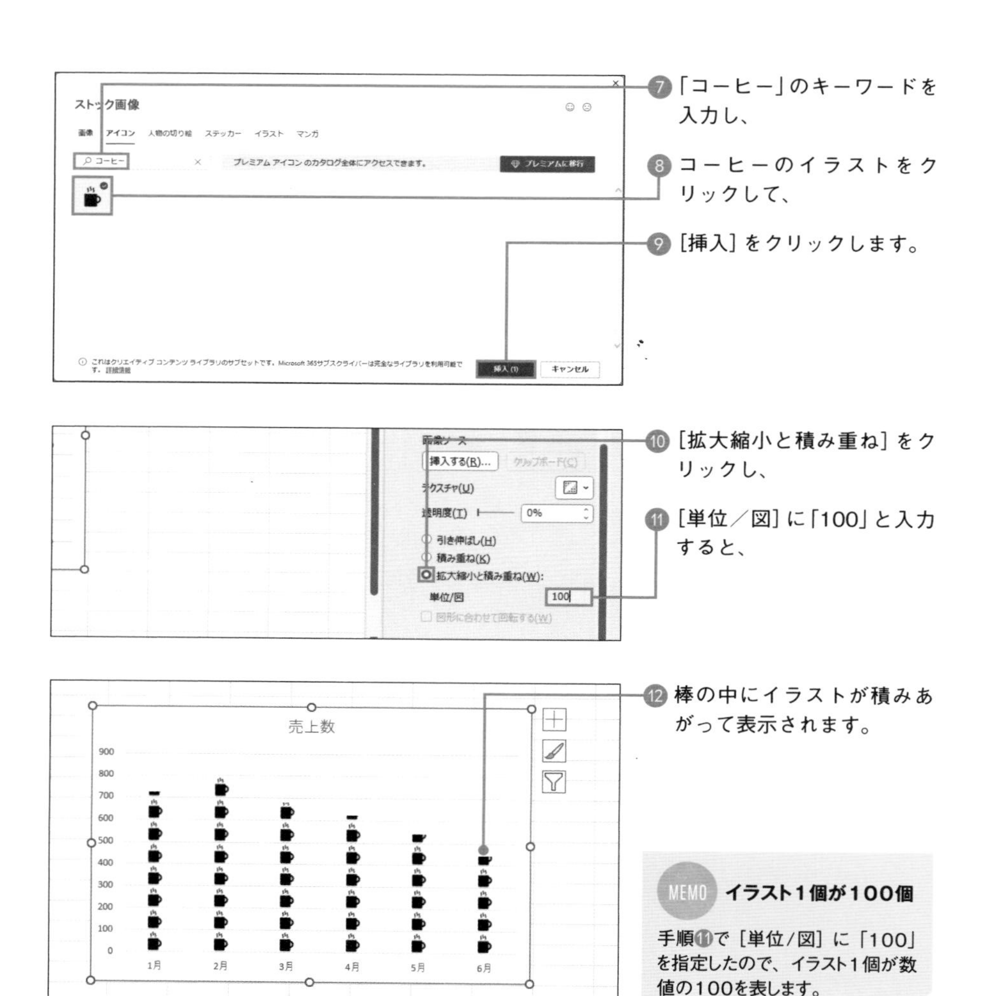

❼「コーヒー」のキーワードを入力し、

❽コーヒーのイラストをクリックして、

❾［挿入］をクリックします。

❿［拡大縮小と積み重ね］をクリックし、

⓫［単位／図］に「100」と入力すると、

⓬棒の中にイラストが積みあがって表示されます。

MEMO　イラスト1個が100個

手順⓫で［単位/図］に「100」を指定したので、イラスト1個が数値の100を表します。

COLUMN

イラストを大きく表示する

187ページの操作で、棒の太さを太くすると、イラストも大きく表示されます。

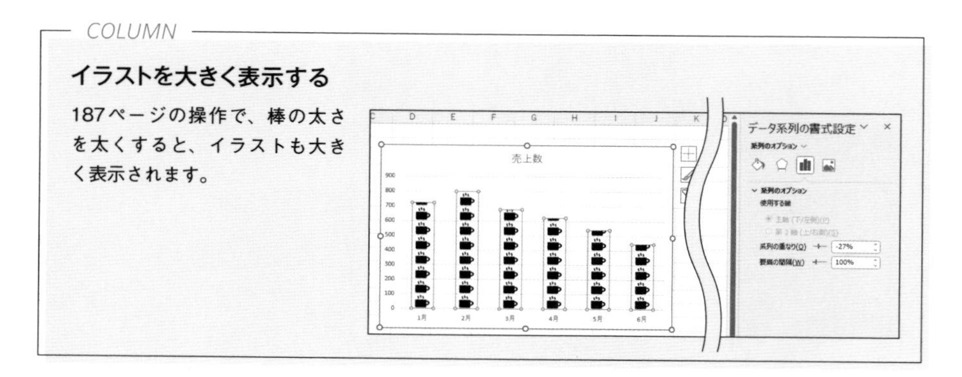

ピープルグラフを作成する

Excelの**アドインの[People Graph(ピープルグラフ)]**を使うと、かんたんな操作で見栄えのする絵グラフを作成できます。カラフルなグラフなので、プレゼンテーション資料に貼り付けて使うと、注目を集めることができます。ただし、複数のデータをグラフ化することはできません(2024年3月時点)。グラフ化できるのは、2列分のデータのみです。

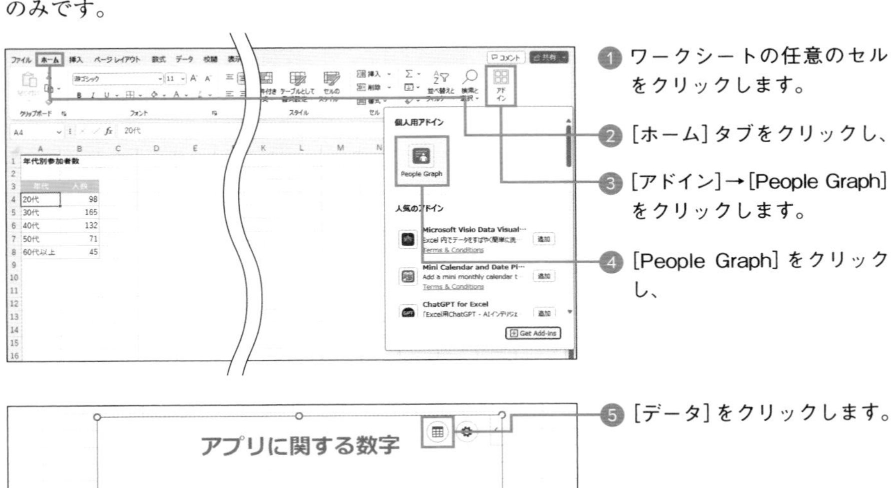

❶ ワークシートの任意のセルをクリックします。

❷ [ホーム]タブをクリックし、

❸ [アドイン]→[People Graph]をクリックします。

❹ [People Graph]をクリックし、

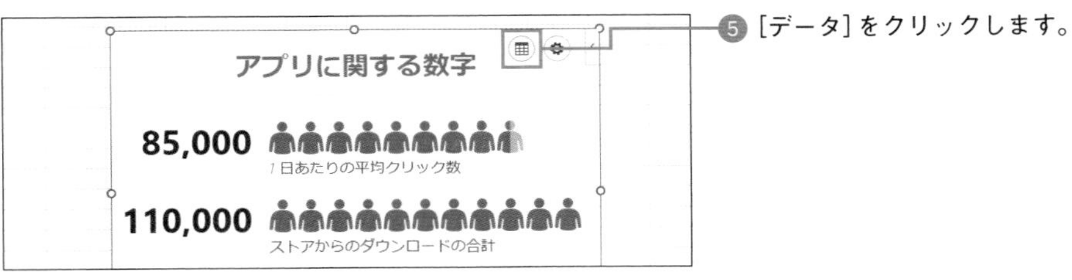

❺ [データ]をクリックします。

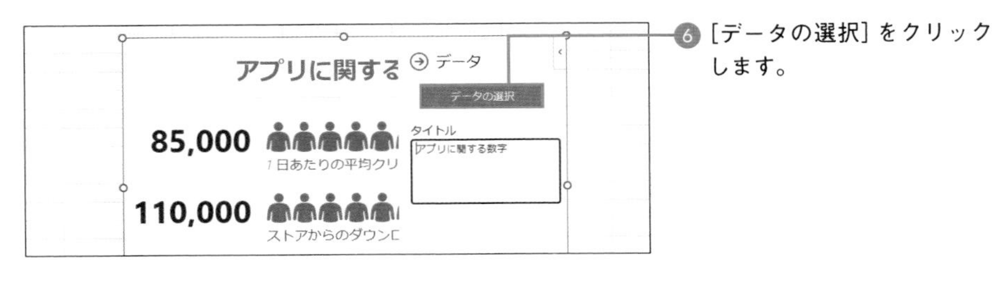

❻ [データの選択]をクリックします。

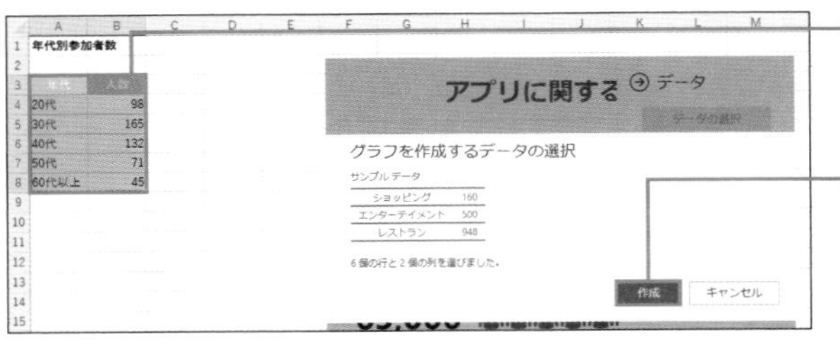

❼ グラフ化したいセル(ここではA3セル～B8セル)をドラッグし、

❽ [作成]をクリックすると、

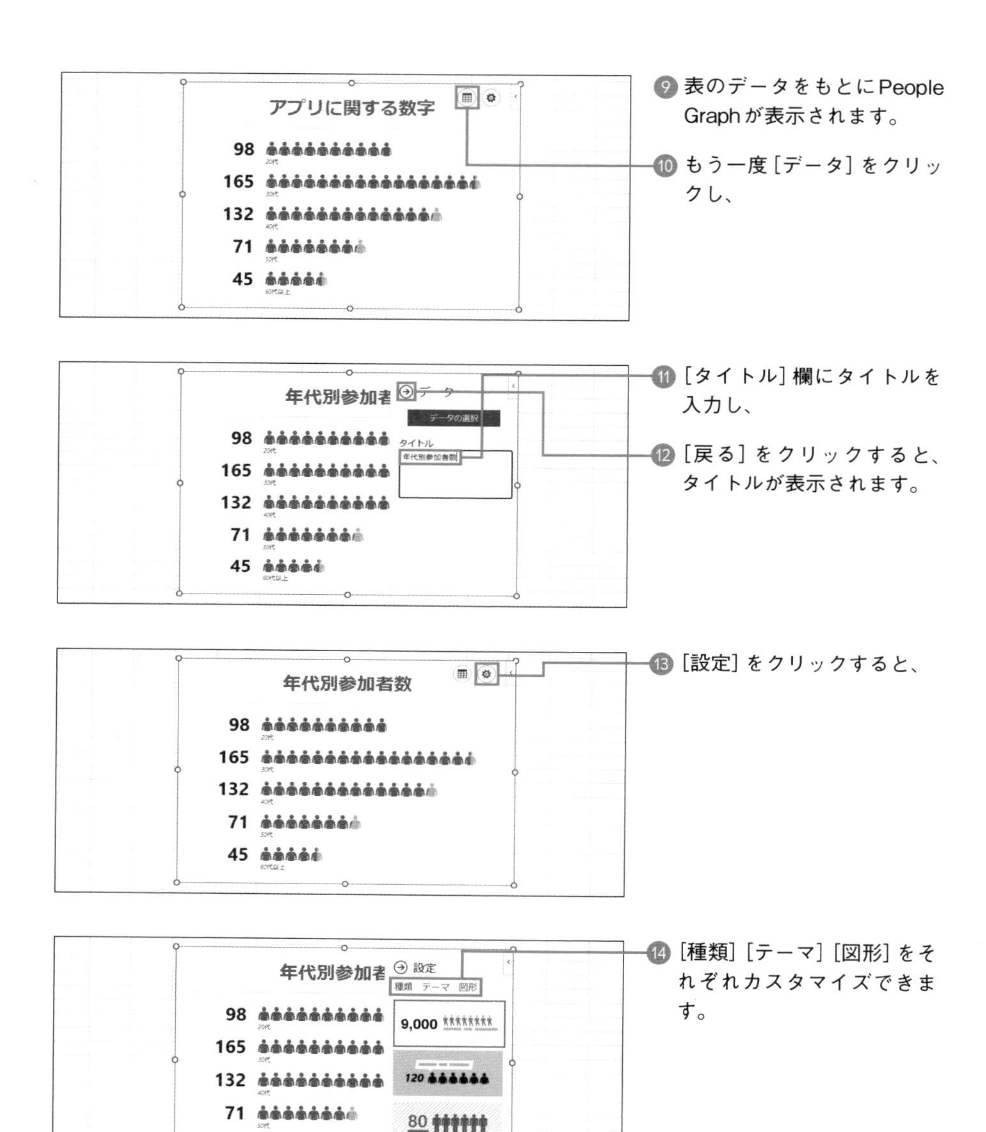

❾ 表のデータをもとにPeople Graphが表示されます。

❿ もう一度［データ］をクリックし、

⓫ ［タイトル］欄にタイトルを入力し、

⓬ ［戻る］をクリックすると、タイトルが表示されます。

⓭ ［設定］をクリックすると、

⓮ ［種類］［テーマ］［図形］をそれぞれカスタマイズできます。

COLUMN

People Graphが表示されない

［挿入］タブにPeople Graphが表示されないときは、［ホーム］タブの［アドイン］をクリックし、一覧から［People Graph］を追加します。

052 効率よくグラフを作るためにひな形を登録する

会社や仕事でよく使うグラフは、レイアウトやデザインを整えた様態で**テンプレート(ひな形)**として登録すると便利です。テンプレートを開いて部分的に修正すれば、そのつどグラフの要素に手を加える必要がないので、短時間でグラフを作成できます。

グラフをテンプレートとして登録する

色やスタイル、軸ラベルや凡例の位置などを変更して見栄えを整えたグラフの体裁を何度も利用するには、テンプレート(グラフのひな型)として保存すると便利です。こうすれば、グラフを作成するたびに同じ**編集作業をくりかえす必要がなくなります**。

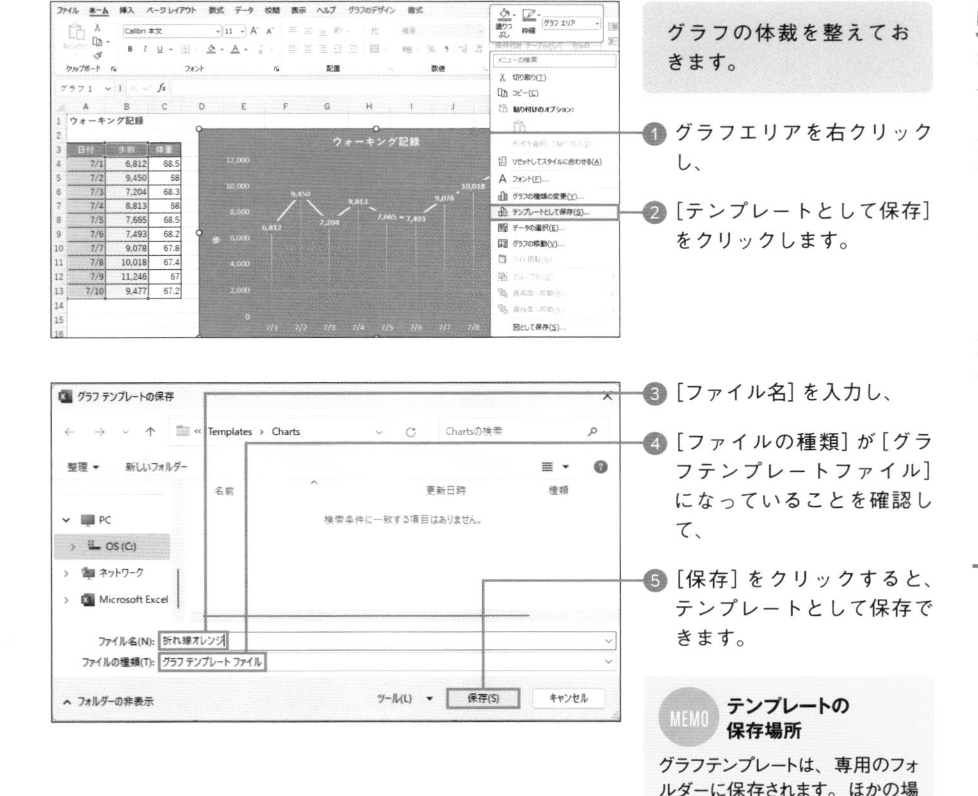

MEMO テンプレートの保存場所

グラフテンプレートは、専用のフォルダーに保存されます。ほかの場所に保存したいときは、手順❸で保存先を変更します。

登録したグラフのテンプレートを利用する

221ページの操作で保存したグラフ**テンプレートを利用**するには、もとになる表でグラフ化したいセル範囲をドラッグしてから、[グラフの挿入]ダイアログボックスで目的のテンプレートを選びます。これだけで、体裁が整ったグラフが完成します。

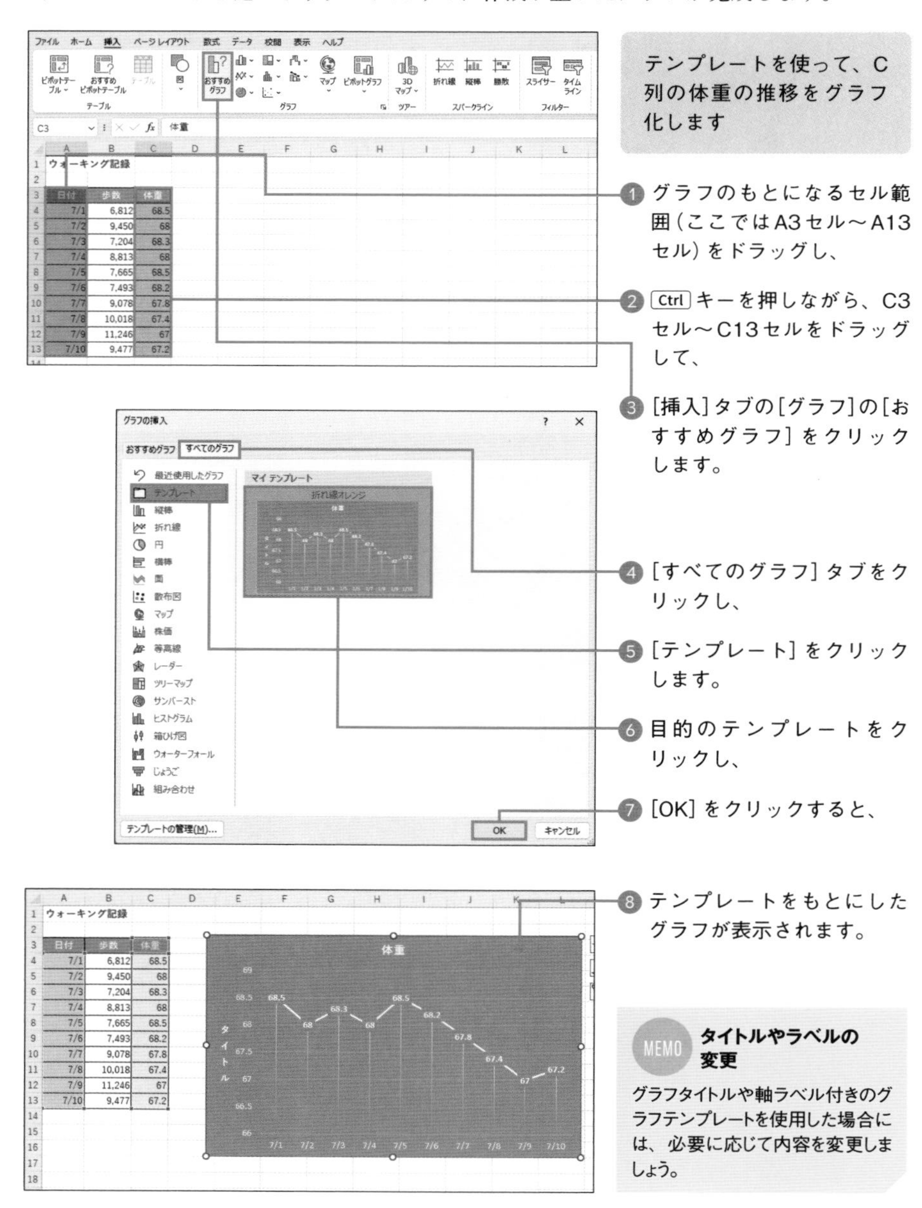

テンプレートを使って、C列の体重の推移をグラフ化します

1. グラフのもとになるセル範囲(ここではA3セル～A13セル)をドラッグし、
2. Ctrl キーを押しながら、C3セル～C13セルをドラッグして、
3. [挿入]タブの[グラフ]の[おすすめグラフ]をクリックします。
4. [すべてのグラフ]タブをクリックし、
5. [テンプレート]をクリックします。
6. 目的のテンプレートをクリックし、
7. [OK]をクリックすると、
8. テンプレートをもとにしたグラフが表示されます。

MEMO

タイトルやラベルの変更

グラフタイトルや軸ラベル付きのグラフテンプレートを使用した場合には、必要に応じて内容を変更しましょう。

大量のデータを集計する!
データベースの活用テクニック

053 データ分析の土台「リスト」を作る

入力して蓄えたデータは**今後のビジネスに役立つ情報が詰まった宝の山**です。Excelのデータベース機能を使って**並べ替え**たり**集計**したりすると、データの傾向が見えてきます。どんなデータをどのように集計するかで、いろいろな視点での分析が可能です。また、たくさんのデータの中から条件に一致したデータを**抽出**して特定のデータをじっくり検討することもできます。データベース機能を利用するには、ルールに沿ってデータを集める必要があります。

リストを作る

データベース機能を利用するには、**リスト**にデータを集めます。リストとは、先頭行にフィールド名(見出し)を入力し、2行目以降にデータを入力する形式のことで、**1行1件のルール**でデータを入力します。リストは手入力して集める以外にも、Section062のようにほかのアプリのデータをExcelに読み込む方法もあります。

フィールド名　　レコード

明細番号	日付	店舗番号	店舗名	商品番号	商品分類	商品名	価格	数量	金額
1001	2024/10/1	T1001	銀座店	D1002	コーヒー豆	モカ	900	1	900
1002	2024/10/1	T1001	銀座店	D1001	コーヒー豆	オリジナルブレンド	780	4	3,120
1003	2024/10/1	T1002	麻布店	D1003	コーヒー豆	ブルーマウンテン	1,400	1	1,400
1004	2024/10/1	T1003	浅草店	D1002	コーヒー豆	モカ	900	1	900
1005	2024/10/1	T1003	浅草店	D1001	コーヒー豆	オリジナルブレンド	780	2	1,560
1006	2024/10/2	T1001	銀座店	P1001	インスタント	コーヒースティック(10本入り)	550	2	1,100
1007	2024/10/2	T1001	銀座店	K1002	器具	コーヒーミル	3,800	1	3,800
1008	2024/10/2	T1002	麻布店	D1002	コーヒー豆	モカ	900	1	900
1009	2024/10/2	T1003	浅草店	P1002	インスタント	ドリップパック(5個入)	800	4	3,200
1010	2024/10/3	T1001	銀座店	D1001	コーヒー豆	オリジナルブレンド	780	2	1,560
1011	2024/10/3	T1002	麻布店	K1001	器具	ドリッパー	6,400	1	6,400
1012	2024/10/4	T1001	銀座店	D1003	コーヒー豆	ブルーマウンテン	1,400	1	1,400
1013	2024/10/4	T1001	銀座店	D1002	コーヒー豆	モカ	900	2	1,800
1014	2024/10/4	T1002	麻布店	D1001	コーヒー豆	オリジナルブレンド	780	3	2,340

フィールド　　リスト

COLUMN

フィールドとレコード

リストの各列を「フィールド」と呼び、先頭行に「フィールド名」を入力します。また、1件分のデータを「レコード」と呼び、1行に1件分のレコードを入力します。

リストを作るときの注意点

先頭行にフィールド名を入力する

リストの先頭行にフィールド名（項目名）を入力し、2行目以降にデータを入力します。

フィールド行に異なる書式を設定する

フィールド名の行に目立つ書式を設定します。すると、先頭行が見出しであることをExcelが自動的に認識します。

セル内改行やセル結合を解除する

12ページのセル内改行や93ページのセル結合が設定されていると、1行1件のルールに反するため、リストとして認識できなくなります。

空白行や空白列が無いようにする

リストの途中に空白行や空白列があると、リストの範囲が正しく認識されない場合があります。

リストの周囲にデータを入力しない

リストに隣接したセルにデータが入力されていると、リストの範囲が正しく認識されない場合があります。

表記を統一する

商品番号や商品名などの文字列は、大文字／小文字、全角／半角などの表記ゆれが混在すると、別のデータとして扱われます。たとえば「コーヒー」と「ｺｰﾋｰ」は別の商品として集計されます。

COLUMN

表記ゆれを修正する

表記ゆれがあると、同じ商品でも別々の商品として集計されてしまいます。表記がゆれている場合は、関数を使って全角／半角を統一したり（152ページ）、データの置換機能（49ページ）などを使用したりして、データの表記を統一してからデータベース機能を使います。

054 効率よく「データベース」を作成する

1行1件のルールで入力したリストを使って、データベース機能を利用することもできますが、**リストをテーブル化**するとさらに便利です。テーブルに変換すると、自動的に書式が付き、データを追加しても書式が拡張されます。また、データベースでよく使う[並べ替え]や[抽出]をかんたんに行えるようになります。

表をテーブルに変換する

テーブルとは、**ほかのセルとは区切られた特別なセル範囲**のことです。テーブルに変換すると、データベース機能の使い勝手が向上します。リスト形式に集めたデータは、[ホーム]タブの[テーブルとして書式設定]を選ぶだけでテーブルに変換できます。

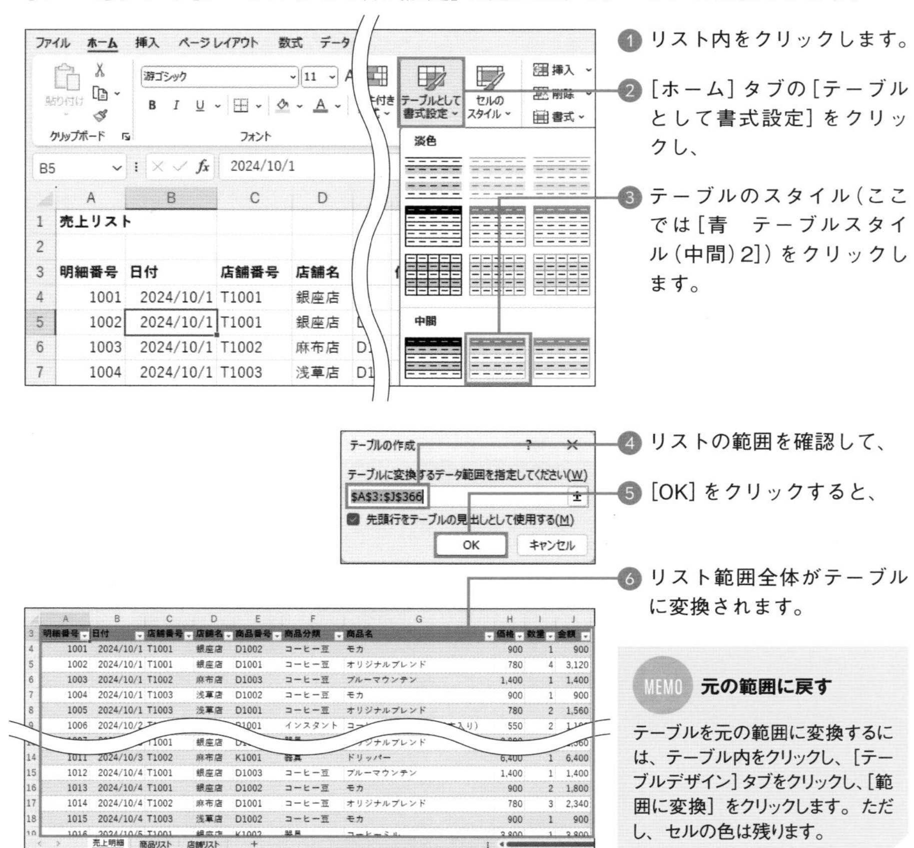

MEMO 元の範囲に戻す

テーブルを元の範囲に変換するには、テーブル内をクリックし、[テーブルデザイン]タブをクリックし、[範囲に変換]をクリックします。ただし、セルの色は残ります。

テーブルに名前を付ける

リストをテーブルに変換すると、自動的に「テーブル1」や「テーブル2」といった名前が付きます。このままでも問題ありませんが、「売上」テーブルや「商品」テーブルなど、**わかりやすい名前**を付けておくと、どのテーブルを使っているのかが明確になり、複数のテーブルを扱うときや数式を作るときに管理しやすくなります。

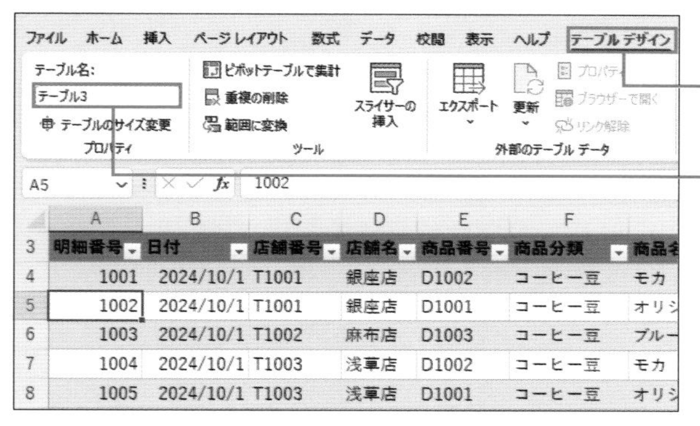

❶ テーブル内をクリックし、

❷ [テーブルデザイン] タブをクリックします。

❸ [テーブル名] ボックスには自動付与されたテーブル名が表示されます。

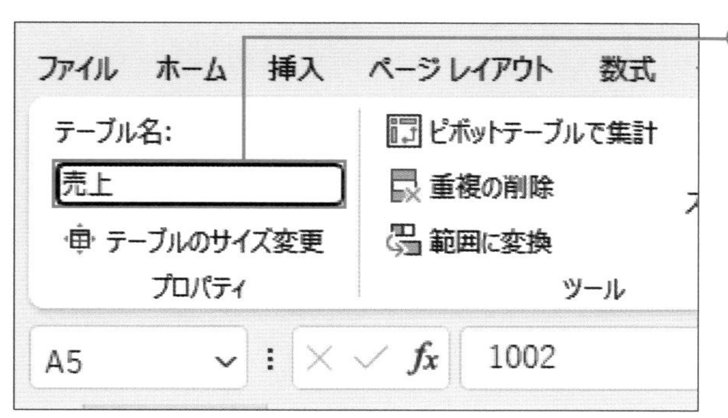

❹ [テーブル名] ボックスにテーブル名(ここでは[売上])を入力して Enter キーを押します。

COLUMN

名前を確認するには

[ホーム] タブの [名前ボックス] の▼をクリックすると、設定済みの名前の一覧が表示されます。名前をクリックすると、その名前で登録されたセル範囲が選択されます。

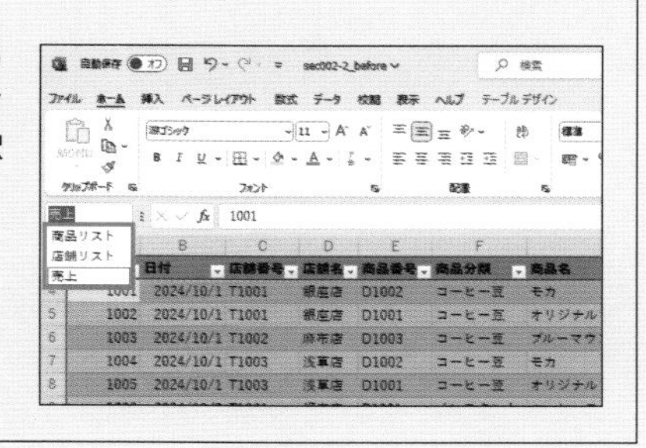

テーブルにデータを追加する

テーブルにあとからデータを追加すると、**自動的にテーブルの範囲が拡張**されます。そのため、改めてテーブルを設定し直す手間が省けます。セルの色などの**書式や数式も引き継がれる**ので、書式を付け直したり数式をコピーし直したりする必要がありません。こういったところからも、リストをテーブルに変換したほうが使い勝手が向上します。

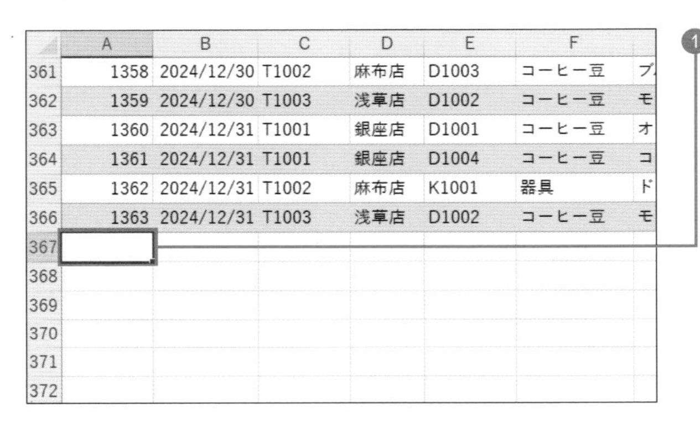

❶ テーブルの最終行の下のセルをクリックします。

❷ データを入力して Enter キーを押すと、

❸ テーブルの範囲が自動的に拡張され、書式が引き継がれます。

❹ 追加された行に新しいデータを入力すると、数式も自動的に引き継がれます。

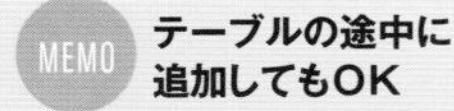

MEMO テーブルの途中に追加してもOK

テーブルの途中に新しいデータを追加しても、自動的にテーブル範囲が拡張し、書式や数式が引き継がれます。

テーブルの範囲を手動で変更する

テーブルにデータを追加すると、通常はテーブル範囲が自動的に拡張されて正しく認識されます。ただし、あとからデータを移動したりすると、テーブル範囲が正しく認識されない場合もあります。そのようなときは、**手動でテーブル範囲を変更**します。

	A	B	C	D	E	F	G
1	売上リスト						
2							
3	明細番号	日付	店舗番号	店舗名	商品番号	商品分類	商品名
4	1001	2024/10/1	T1001	銀座店	D1002	コーヒー豆	モカ
5	1002	2024/10/1	T1001	銀座店	D1001	コーヒー豆	オリジ
6	1003	2024/10/1	T1002	麻布店	D1003	コーヒー豆	ブルー
7	1004	2024/10/1	T1003	浅草店	D1002	コーヒー豆	モカ
8	1005	2024/10/1	T1003	浅草店	D1001	コーヒー豆	オリジ
9	1006	2024/10/2	T1001	銀座店	P1001	インスタント	コーヒ
10	1007	2024/10/2	T1001	銀座店	K1002	器具	コーヒ
11	1008	2024/10/2	T1002	麻布店	D1002	コーヒー豆	モカ
12	1009	2024/10/2	T1003	浅草店	P1002	インスタント	ドリッ
13	1010	2024/10/3	T1001	銀座店	D1001	コーヒー豆	オリジ
14	1011	2024/10/3	T1002	麻布店	K1001	器具	ドリッ
15	1012	2024/10/4	T1001	銀座店	D1003	コーヒー豆	ブルー
16	1013	2024/10/4	T1001	銀座店	D1002	コーヒー豆	モカ

❶ テーブル内をクリックし、[テーブルデザイン] タブをクリックして、

❷ [テーブルのサイズ変更] をクリックします。

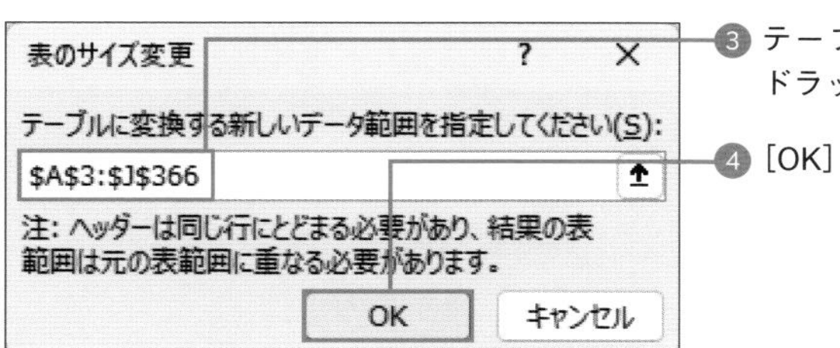

❸ テーブルに変換する範囲をドラッグし直して、

❹ [OK] をクリックすると、

	明細番号	日付	店舗番号	店舗名	価格	数量	金額
360	1357	2024/12/30	T1002	麻布店	550	1	550
361	1358	2024/12/30	T1002	麻布店	1,400	2	2,800
362	1359	2024/12/30	T1003	浅草店	900	2	1,800
363	1360	2024/12/31	T1001	銀座店	780	3	2,340
364	1361	2024/12/31	T1001	銀座店	2,000	2	4,000
365	1362	2024/12/31	T1002	麻布店	6,400	1	6,400
366	1363	2024/12/31	T1003	浅草店	900	1	900
367							

❺ テーブルの範囲を変更できます。

❻ テーブルの最終行の右隅に印が表示されます。

テーブルのデザインを変更する

［テーブルスタイル］機能を使うと、あとからテーブルのデザインを変更できます。テーブルスタイルには、テーブルの**セルの背景の色や罫線、文字の色などのデザイン**が複数パターン用意されており、クリックするだけで変更できます。データの件数が多いときは、行ごとに互い違いのデザインを選ぶと、上下のデータを区別しやすくなります。

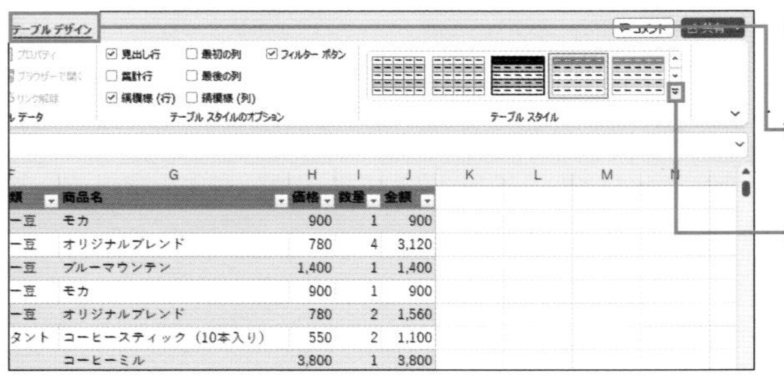

❶ テーブル内をクリックします。

❷［テーブルデザイン］タブをクリックし、

❸［テーブルスタイル］の［クイックスタイル］をクリックします。

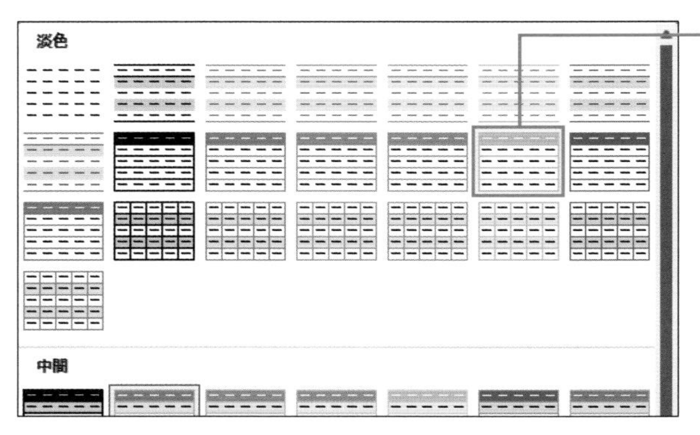

❹ スタイル（ここでは［ゴールド、テーブルスタイル（淡色）12］）をクリックすると、

MEMO スタイルのオプション

［テーブルデザイン］タブの［テーブルスタイルのオプション］の項目でデザインをカスタマイズできます。たとえば［見出し行］をクリックすると、見出しが強調されたスタイルに変更されます。

	A	B	C	D	E	F
3	明細番号	日付	店舗番号	店舗名	商品番号	商品分類
4	1001	2024/10/1	T1001	銀座店	D1002	コーヒー豆
5	1002	2024/10/1	T1001	銀座店	D1001	コーヒー豆
6	1003	2024/10/1	T1002	麻布店	D1003	コーヒー豆
7	1004	2024/10/1	T1003	浅草店	D1002	コーヒー豆
8	1005	2024/10/1	T1003	浅草店	D1001	コーヒー豆
9	1006	2024/10/2	T1001	銀座店	P1001	インスタント
10	1007	2024/10/2	T1001	銀座店	K1002	器具
11	1008	2024/10/2	T1002	麻布店	D1002	コーヒー豆
12	1009	2024/10/2	T1003	浅草店	P1002	インスタント
13	1010	2024/10/3	T1001	銀座店	D1001	コーヒー豆
14	1011	2024/10/3	T1002	麻布店	K1001	器具
15	1012	2024/10/4	T1001	銀座店	D1003	コーヒー豆
16	1013	2024/10/4	T1001	銀座店	D1002	コーヒー豆

❺ テーブルのスタイルが設定されます。

055 さまざまな条件でデータを並べ替える

表のデータを「売上日順」「担当者順」「売上金額順」などの条件で並べ替えると、**データを整理して特定のデータを見つけやすく**なります。また、並べ替えた結果から一定の傾向を見つけることもできます。データの並べ替えは、データベースを活用するうえでの必須スキルです。

データを並べ替える

テーブルのデータを並べ替えるには、並べ替えの基準となるフィールド名の**▼（フィルターボタン）**をクリックします。値の小さい順や日付の古い順、文字のあいうえお順にデータを並べるには、**昇順**で並べます。値の大きい順や日付の新しい順、文字のあいうえお順の逆は、**降順**で並べます。

	A	B	C	D	E
1	ブラッシュアップ研修一覧				
2					
3	研修名	場所	開催日	定員	参加人数
4	リーダー研修	東京	3月10日	16	16
5	リーダー研修	大阪	3月26日	12	11
6	エクセルプログラミング	東京	3月30日	20	17
7	エクセルプログラミング	大阪	4月2日	16	16
8	プレゼン技法	東京	4月16日	20	20
9	プレゼン技法	大阪	4月20日	16	15

226ページの操作でテーブルに変換しておきます。

❶［開催日］の▼をクリックして、

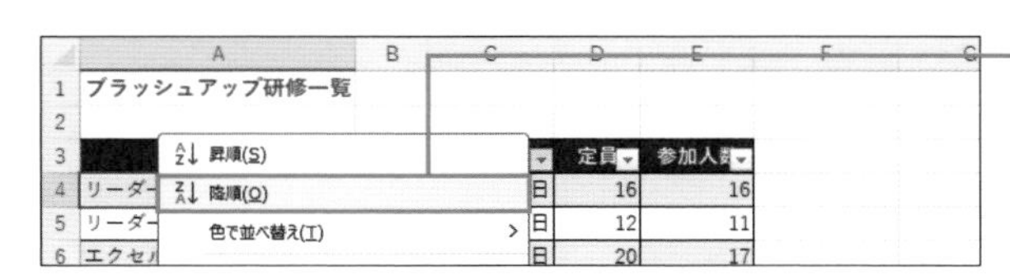

❷［降順］をクリックすると、

	A	B	C	D	E
1	ブラッシュアップ研修一覧				
2					
3	研修名	場所	開催日	定員	参加人数
4	実践ビジネス英会話	東京	7月21日	16	14
5	エクセルで営業分析	大阪	7月10日	16	15
6	エクセルで営業分析	東京	6月21日	20	15
7	ビジネスマナー再入門	大阪	5月23日	12	11
8	コーチング研修	大阪	5月20日	12	12
9	コーチング研修	東京	5月18日	16	14
10	PowerPointスライド作成	東京	5月11日	20	17
11	プレゼン技法	大阪	4月20日	16	15
12	プレゼン技法	東京	4月16日	20	20
13	エクセルプログラミング	大阪	4月2日	16	16
14	エクセルプログラミング	東京	3月30日	20	17
15	リーダー研修	大阪	3月26日	12	11
16	リーダー研修	東京	3月10日	16	16

❸「開催日」の新しい順にテーブル全体が並び替わります。

MEMO リストで並べ替え

テーブルに変換していないリストのデータの並べ替えや抽出を行うには、［データ］タブの［フィルター］をクリックして、フィールド名の右横に▼を表示します。

複数の条件で並べ替える

「場所」ごとに並べ替えてから同じ場所の中は「開催日」が早い順に並べ替えるといったように、並べ替えの条件が複数あるときは、**[並べ替え] ダイアログボックス**で指定します。このとき、**上側に設定した条件**の優先度が高くなります。

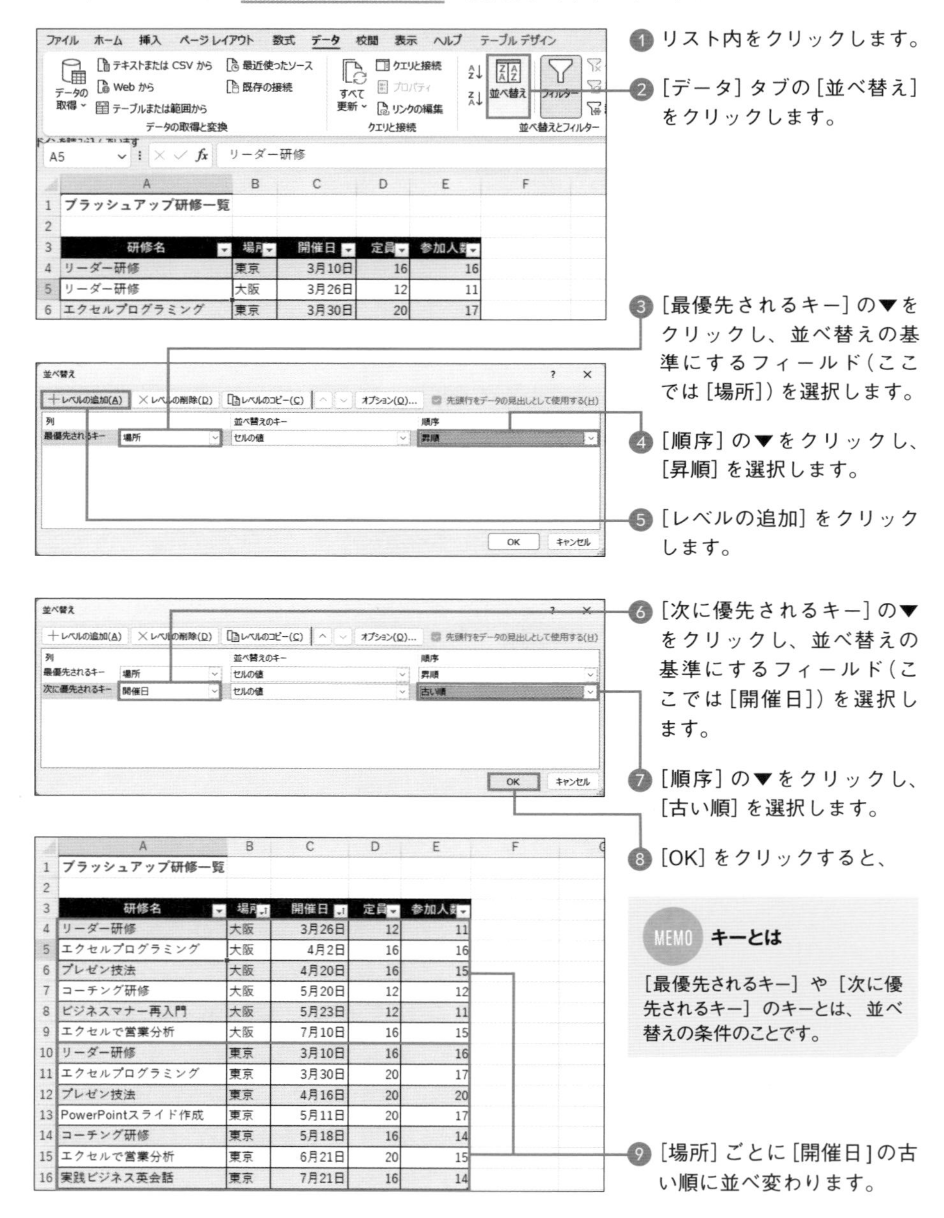

セルや文字の色で並べ替える

データを色で区別しているときは、並べ替えの条件に**セルの色や文字の色を指定**することができます。それには、[並べ替え]ダイアログボックスの[並べ替えのキー]で[セルの色]や[フォントの色]を指定し、[順序]で条件となる色を指定します。

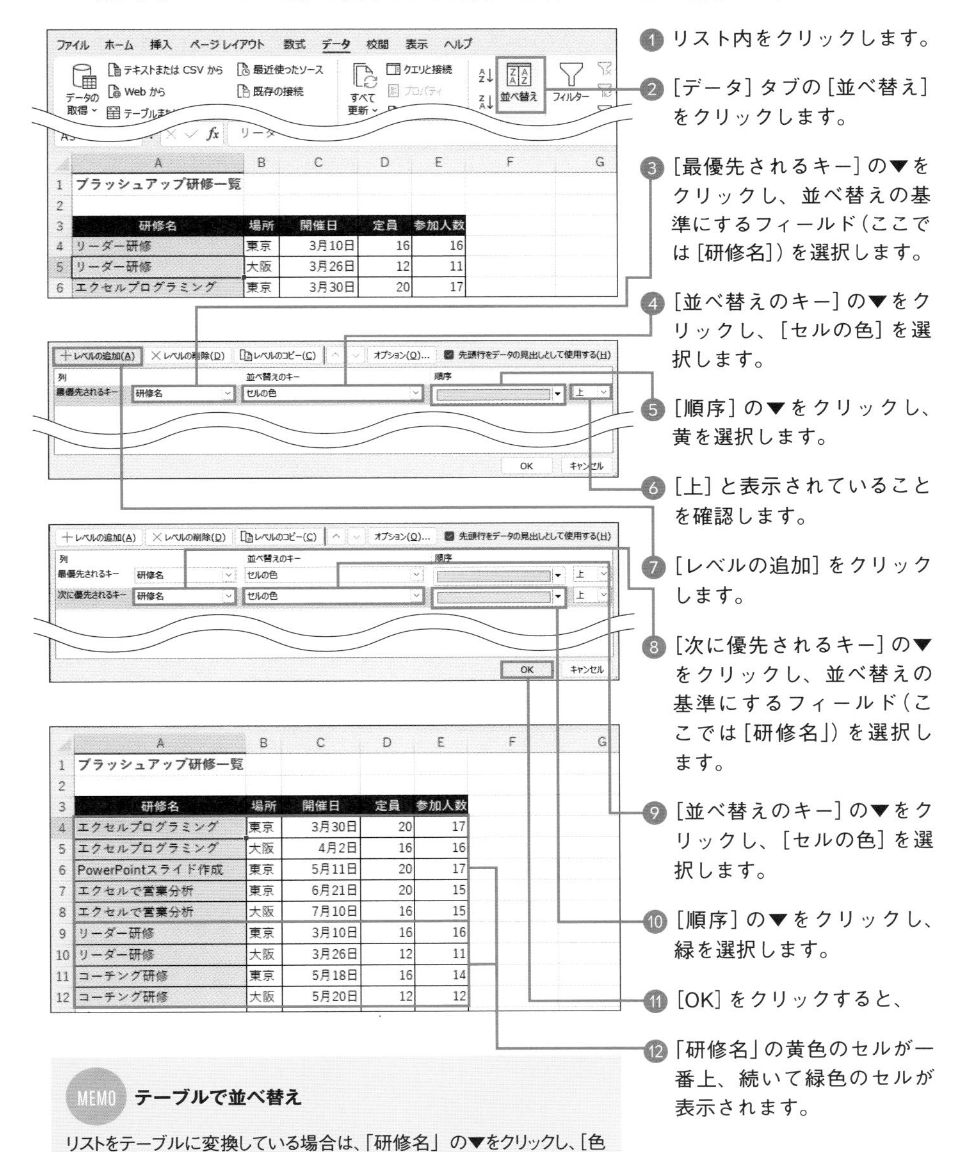

1. リスト内をクリックします。
2. [データ] タブの [並べ替え] をクリックします。
3. [最優先されるキー] の▼をクリックし、並べ替えの基準にするフィールド(ここでは [研修名]) を選択します。
4. [並べ替えのキー] の▼をクリックし、[セルの色] を選択します。
5. [順序] の▼をクリックし、黄を選択します。
6. [上] と表示されていることを確認します。
7. [レベルの追加] をクリックします。
8. [次に優先されるキー] の▼をクリックし、並べ替えの基準にするフィールド(ここでは [研修名]) を選択します。
9. [並べ替えのキー] の▼をクリックし、[セルの色] を選択します。
10. [順序] の▼をクリックし、緑を選択します。
11. [OK] をクリックすると、
12. 「研修名」の黄色のセルが一番上、続いて緑色のセルが表示されます。

MEMO テーブルで並べ替え

リストをテーブルに変換している場合は、「研修名」 の▼をクリックし、[色で並べ替え] → [セルの色で並べ替え] から色を指定することもできます。

056 目的のデータをあっという間に抽出する

「抽出」とは、**条件に合ったデータだけを取り出す**ことです。大量のデータの中から特定のデータを抽出することで、該当するデータだけを集中的に見ることができます。そうすると、大量のデータを見ているときには気が付かなかった規則性や問題点を発見しやすくなります。

データを抽出する

リストの中から条件に一致するデータを抽出するには、**[フィルター]機能**を利用します。抽出条件を設定したいフィールド名の▼(フィルターボタン)をクリックし、一覧から条件をクリックするだけで抽出できます。ここでは、「場所」が「東京」の売上データを抽出しましょう。

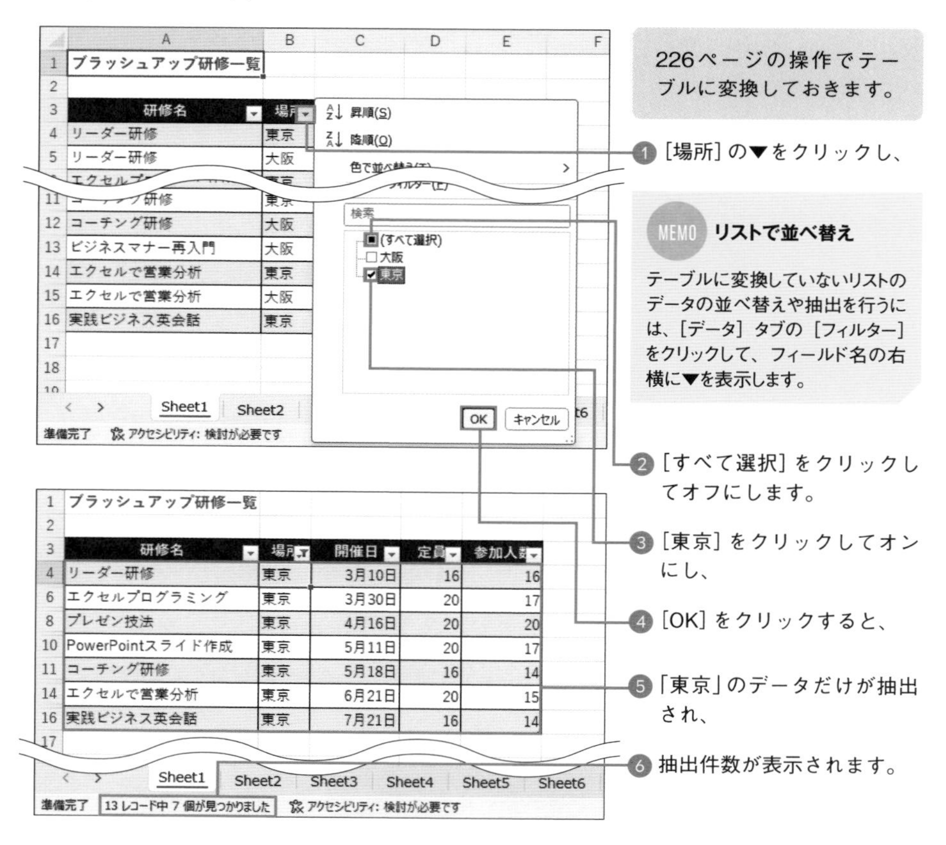

226ページの操作でテーブルに変換しておきます。

1 [場所]の▼をクリックし、

2 [すべて選択]をクリックしてオフにします。

3 [東京]をクリックしてオンにし、

4 [OK]をクリックすると、

5 「東京」のデータだけが抽出され、

6 抽出件数が表示されます。

MEMO リストで並べ替え

テーブルに変換していないリストのデータの並べ替えや抽出を行うには、[データ]タブの[フィルター]をクリックして、フィールド名の右横に▼を表示します。

複数の条件に一致するデータを抽出する

複数の条件に一致したデータを抽出するには、フィールド名の横の▼（フィルターボタン）をクリックして1つめの条件を指定します。続けて、別のフィールド名の横の▼をクリックして2つめの条件を指定します。この操作をくりかえすと、次々と**データを絞り込めます**。

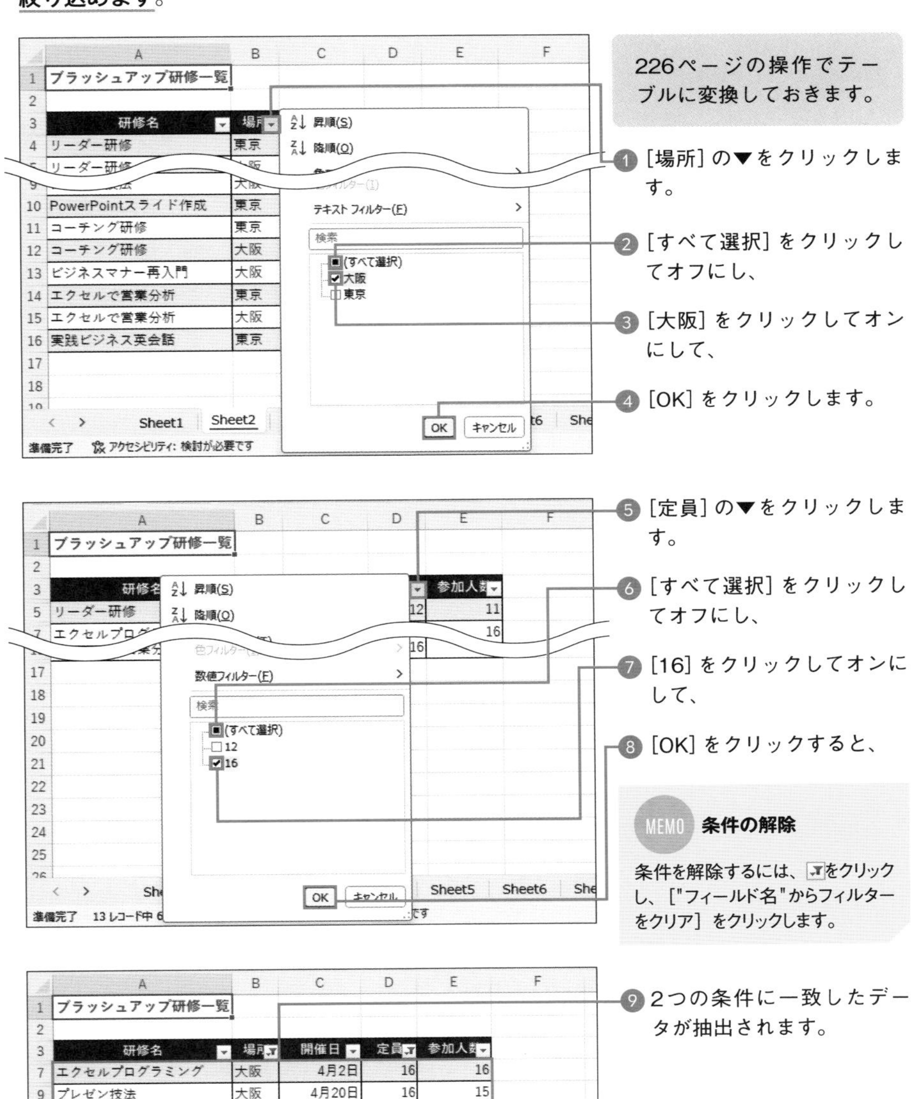

226ページの操作でテーブルに変換しておきます。

1. [場所] の▼をクリックします。
2. [すべて選択] をクリックしてオフにし、
3. [大阪] をクリックしてオンにして、
4. [OK] をクリックします。
5. [定員] の▼をクリックします。
6. [すべて選択] をクリックしてオフにし、
7. [16] をクリックしてオンにして、
8. [OK] をクリックすると、
9. 2つの条件に一致したデータが抽出されます。

MEMO 条件の解除

条件を解除するには、▼をクリックし、["フィールド名"からフィルターをクリア] をクリックします。

指定した値以上のデータを抽出する

数値データが入力されたフィールドでは、フィールド名の横の▼(フィルターボタン)をクリックしたときに**[数値フィルター]**が表示されます。数値フィルターを使うと、「指定の値以上」「指定の値以下」「指定の範囲内」といったさまざまな条件を指定できます。

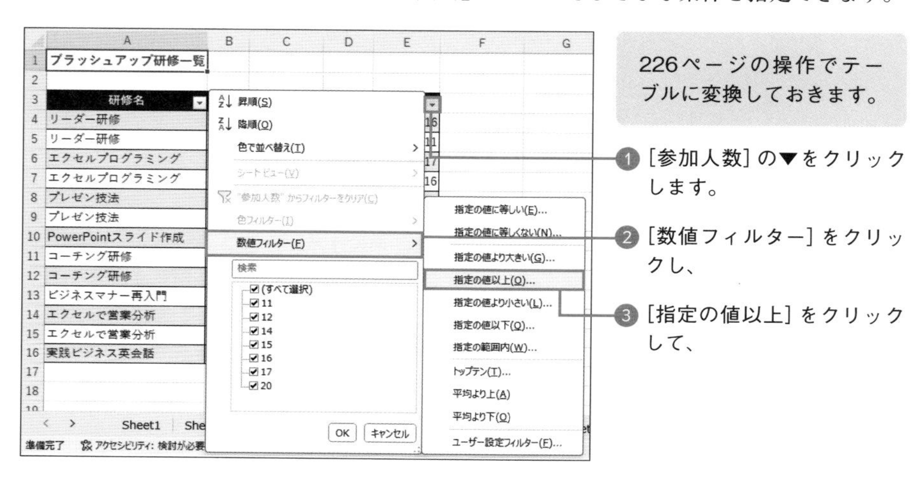

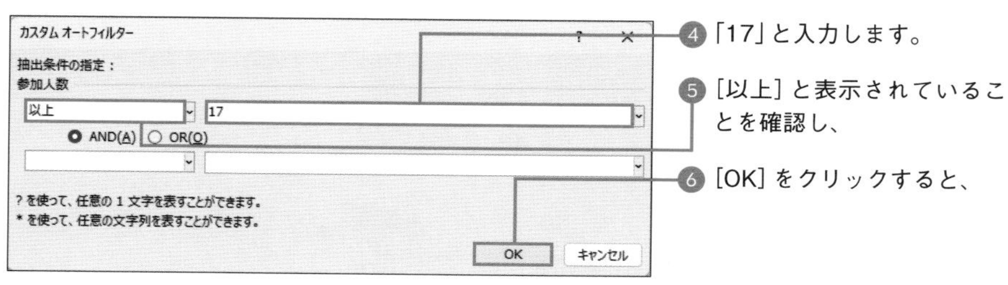

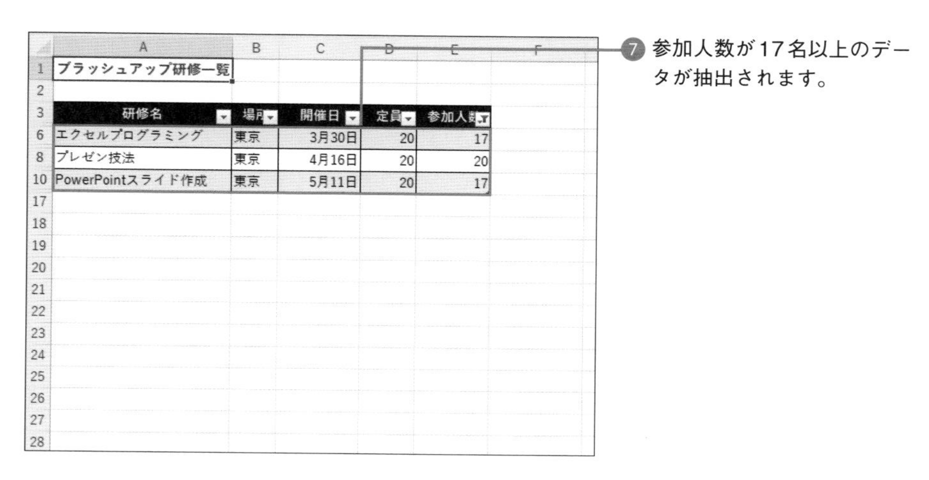

上位または下位のデータを抽出する

売上金額のトップ10、評価のワースト3などのデータを抽出するには、[数値フィルター]の中にある**[トップテン]機能**を使います。名前はトップテンですが、上位や下位の項目数やパーセンテージなどを指定して、条件に一致したデータを抽出できます。

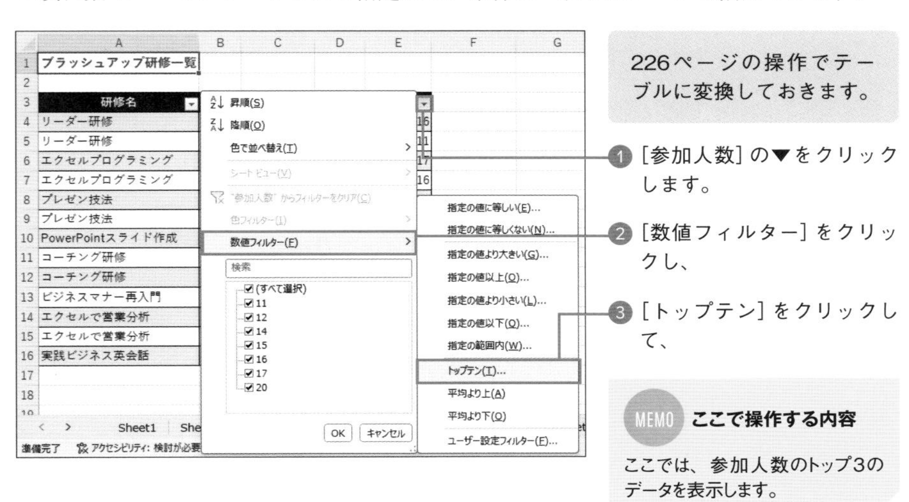

MEMO ここで操作する内容

ここでは、参加人数のトップ3のデータを表示します。

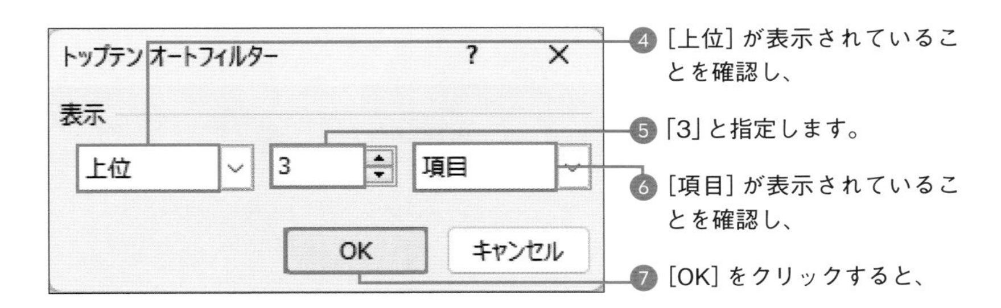

MEMO ワーストなら[下位]を選ぶ

ワースト3などの条件を指定する場合は、手順4で[下位]を指定します。

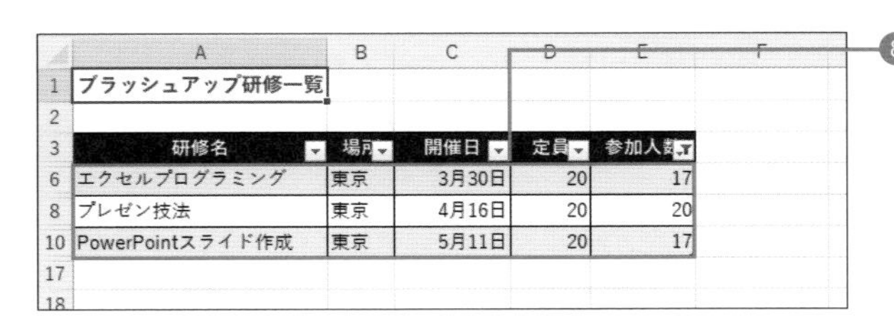

平均より上のデータを抽出する

売上金額や売上数、試験結果などの数値データを基準に、平均値より上や下のデータを抽出するには、[数値フィルター]の中にある**[平均より上]や[平均より下]**を利用します。事前に平均値を計算しなくても、かんたんに目的のデータを抽出できます。

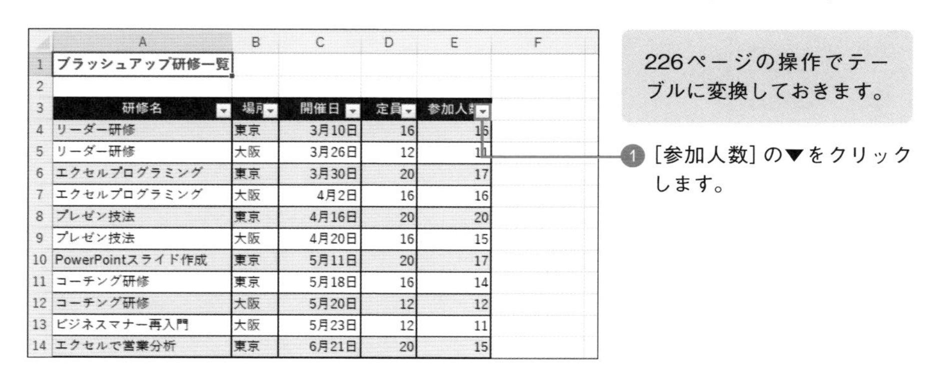

ブラッシュアップ研修一覧

研修名	場所	開催日	定員	参加人数
リーダー研修	東京	3月10日	16	16
リーダー研修	大阪	3月26日	12	11
エクセルプログラミング	東京	3月30日	20	17
エクセルプログラミング	大阪	4月2日	16	16
プレゼン技法	東京	4月16日	20	20
プレゼン技法	大阪	4月20日	16	15
PowerPointスライド作成	東京	5月11日	20	17
コーチング研修	東京	5月18日	16	14
コーチング研修	大阪	5月20日	12	12
ビジネスマナー再入門	大阪	5月23日	12	11
エクセルで営業分析	東京	6月21日	20	15

226ページの操作でテーブルに変換しておきます。

① [参加人数] の▼をクリックします。

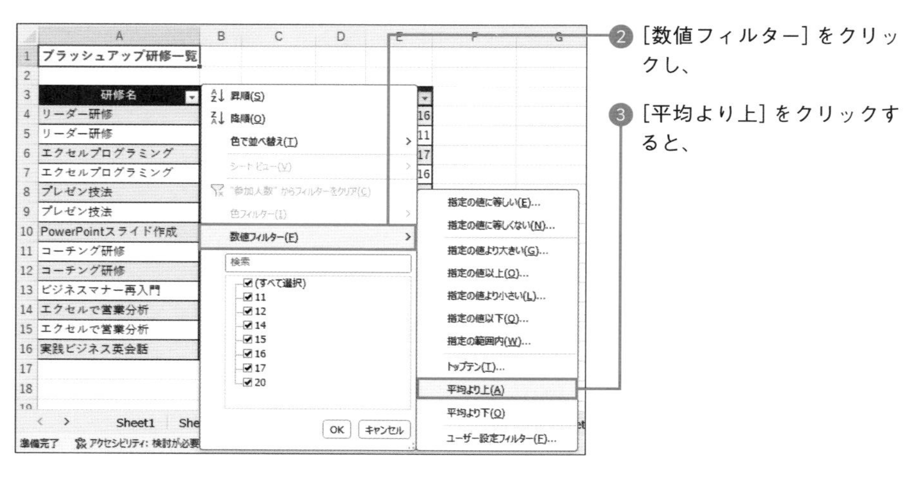

② [数値フィルター] をクリックし、

③ [平均より上] をクリックすると、

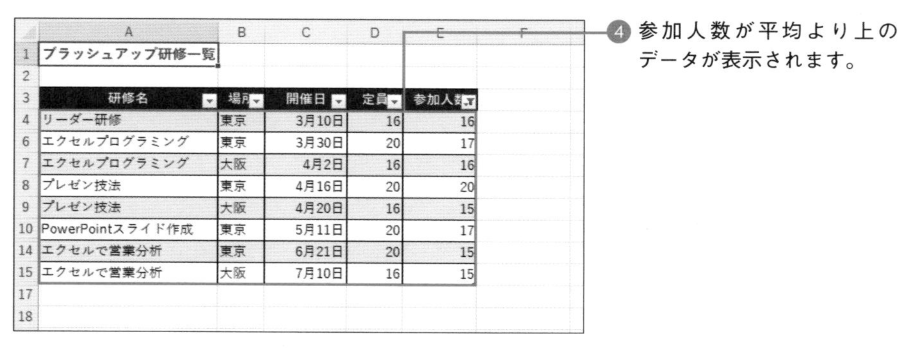

ブラッシュアップ研修一覧

研修名	場所	開催日	定員	参加人数
リーダー研修	東京	3月10日	16	16
エクセルプログラミング	東京	3月30日	20	17
エクセルプログラミング	大阪	4月2日	16	16
プレゼン技法	東京	4月16日	20	20
プレゼン技法	大阪	4月20日	16	15
PowerPointスライド作成	東京	5月11日	20	17
エクセルで営業分析	東京	6月21日	20	15
エクセルで営業分析	大阪	7月10日	16	15

④ 参加人数が平均より上のデータが表示されます。

今月のデータを抽出する

日付データが入力されたフィールドでは、フィールド名の横の▼（フィルターボタン）をクリックしたときに**[日付フィルター]**が表示されます。日付フィルターを使うと、「昨日」「今週」「今月」「昨年」といったさまざまな条件を指定できます。

	A	B	C	D	E
1	ブラッシュアップ研修一覧				
2					
3	研修名	場所	開催日	定員	参加人数
4	リーダー研修	東京	3月10日	16	16
5	リーダー研修	大阪	3月26日	12	11
6	エクセルプログラミング	東京	3月30日	20	17
7	エクセルプログラミング	大阪	4月2日	16	16
8	プレゼン技法	東京	4月16日	20	20
9	プレゼン技法	大阪	4月20日	16	15
10	PowerPointスライド作成	東京	5月11日	20	17
11	コーチング研修	東京	5月18日	16	14
12	コーチング研修	大阪	5月20日	12	12
13	ビジネスマナー再入門	大阪	5月23日	12	11
14	エクセルで営業分析	東京	6月21日	20	15
15	エクセルで営業分析	大阪	7月10日	16	15
16	実践ビジネス英会話	東京	7月21日	16	14

226ページの操作でテーブルに変換しておきます。

❶ [開催日] の▼をクリックします。

MEMO ここで操作する内容

ここでは、開催日が今月のデータを表示します。

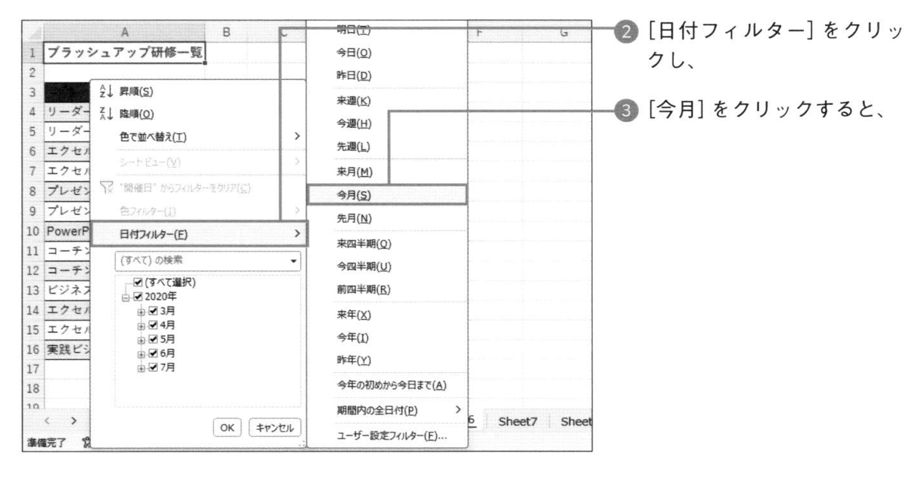

❷ [日付フィルター] をクリックし、

❸ [今月] をクリックすると、

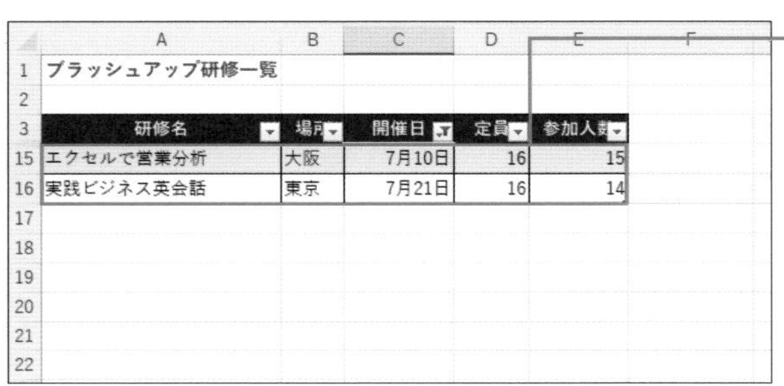

	A	B	C	D	E
1	ブラッシュアップ研修一覧				
2					
3	研修名	場所	開催日	定員	参加人数
15	エクセルで営業分析	大阪	7月10日	16	15
16	実践ビジネス英会話	東京	7月21日	16	14
17					
18					
19					
20					
21					
22					

❹ 開催日が今月のデータが表示されます。

指定した期間のデータを抽出する

236ページの［数値フィルター］や239ページの［日付フィルター］を使うと、商品番号が「100から199まで」とか、受注日が「9/1から9/15まで」といったように、**数値や日付の範囲**を指定してデータを抽出できます。

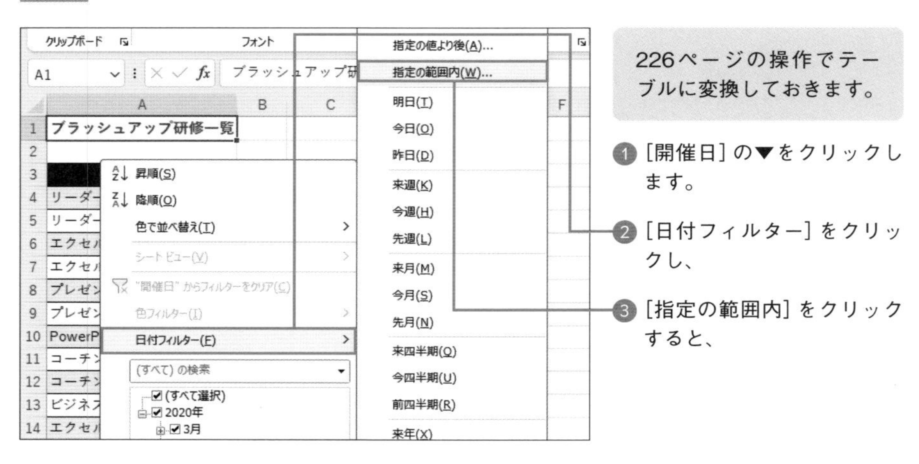

226ページの操作でテーブルに変換しておきます。

1 ［開催日］の▼をクリックします。

2 ［日付フィルター］をクリックし、

3 ［指定の範囲内］をクリックすると、

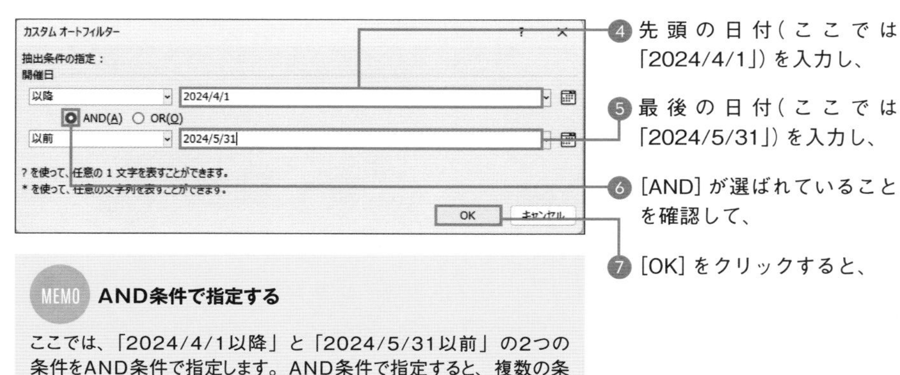

4 先頭の日付（ここでは「2024/4/1」）を入力し、

5 最後の日付（ここでは「2024/5/31」）を入力し、

6 ［AND］が選ばれていることを確認して、

7 ［OK］をクリックすると、

MEMO AND条件で指定する

ここでは、「2024/4/1以降」と「2024/5/31以前」の2つの条件をAND条件で指定します。AND条件で指定すると、複数の条件のすべてを満たすデータが抽出されます。

	A	B	C	D	E	F
1	ブラッシュアップ研修一覧					
2						
3	研修名	場所	開催日	定員	参加人数	
7	エクセルプログラミング	大阪	4月2日	16	16	
8	プレゼン技法	東京	4月16日	20	20	
9	プレゼン技法	大阪	4月20日	16	15	
10	PowerPointスライド作成	東京	5月11日	20	17	
11	コーチング研修	東京	5月18日	16	14	
12	コーチング研修	大阪	5月20日	12	12	
13	ビジネスマナー再入門	大阪	5月23日	12	11	

8 開催日が「2024/4/1～2024/5/31」のデータが表示されます。

指定した値を含むデータを抽出する

文字データが入力されたフィールドでは、フィールド名の横の▼(フィルターボタン)をクリックしたときに[テキストフィルター]が表示されます。テキストフィルターを使うと、「指定の値で始まる」「指定の値で終わる」「指定の値を含む」といったさまざまな条件を指定できます。

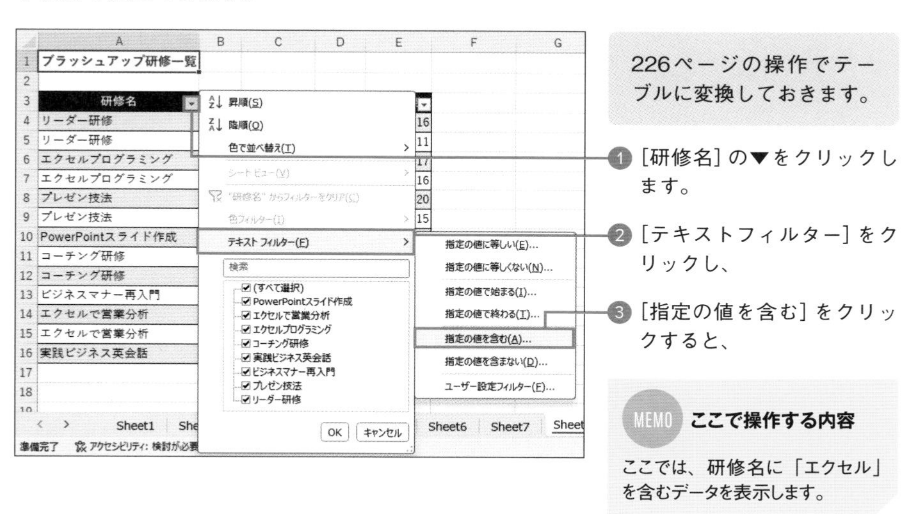

226ページの操作でテーブルに変換しておきます。

1 [研修名]の▼をクリックします。

2 [テキストフィルター]をクリックし、

3 [指定の値を含む]をクリックすると、

MEMO ここで操作する内容

ここでは、研修名に「エクセル」を含むデータを表示します。

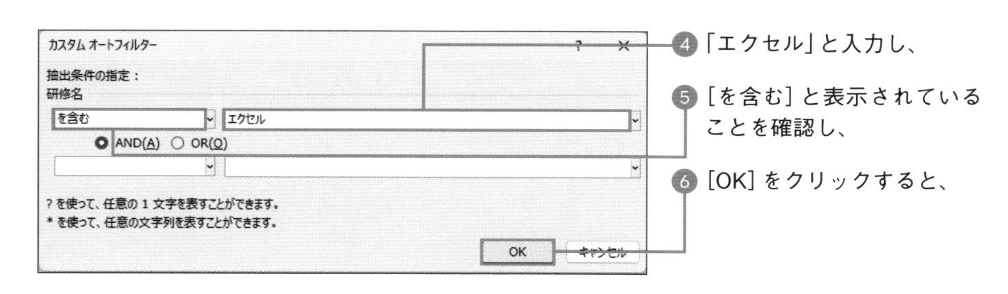

4 「エクセル」と入力し、

5 [を含む]と表示されていることを確認し、

6 [OK]をクリックすると、

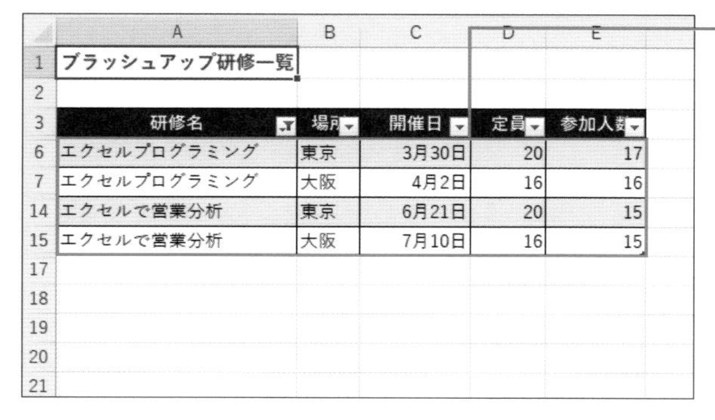

	研修名	場所	開催日	定員	参加人数
6	エクセルプログラミング	東京	3月30日	20	17
7	エクセルプログラミング	大阪	4月2日	16	16
14	エクセルで営業分析	東京	6月21日	20	15
15	エクセルで営業分析	大阪	7月10日	16	15

7 研修名に「エクセル」を含むデータが表示されます。

重複したデータを削除する

複数メンバーでリストにデータを入力していると、誤って同じデータを入力してしまうことがあります。そうすると、実際の数値と集計結果に差異が生じます。**[重複の削除]** 機能を使うと、重複データがあるかどうかをチェックして自動的に重複データを削除します。

057 データベースから「集計表」を最短で作成する

膨大なデータを整理して、いちから数式を組み立てて集計するのはたいへんです。集計表を作るまでの準備段階で相当な労力が必要となるうえ、さらにそのあとで数式を組み立てなければなりません。Excelには集計機能が充実しており、［集計行］機能や［小計］機能を使うと、**数式を入力しなくてもデータを集計する**ことができます。

集計行を表示する

テーブルに**集計行を追加**すると、テーブルのデータの合計やデータの個数などの集計結果を瞬時に表示できます。最初は合計が表示されますが、あとから平均や最大値などに変更できます。なお、集計行を表示した状態でデータを抽出すると、連動して集計結果も変わります。

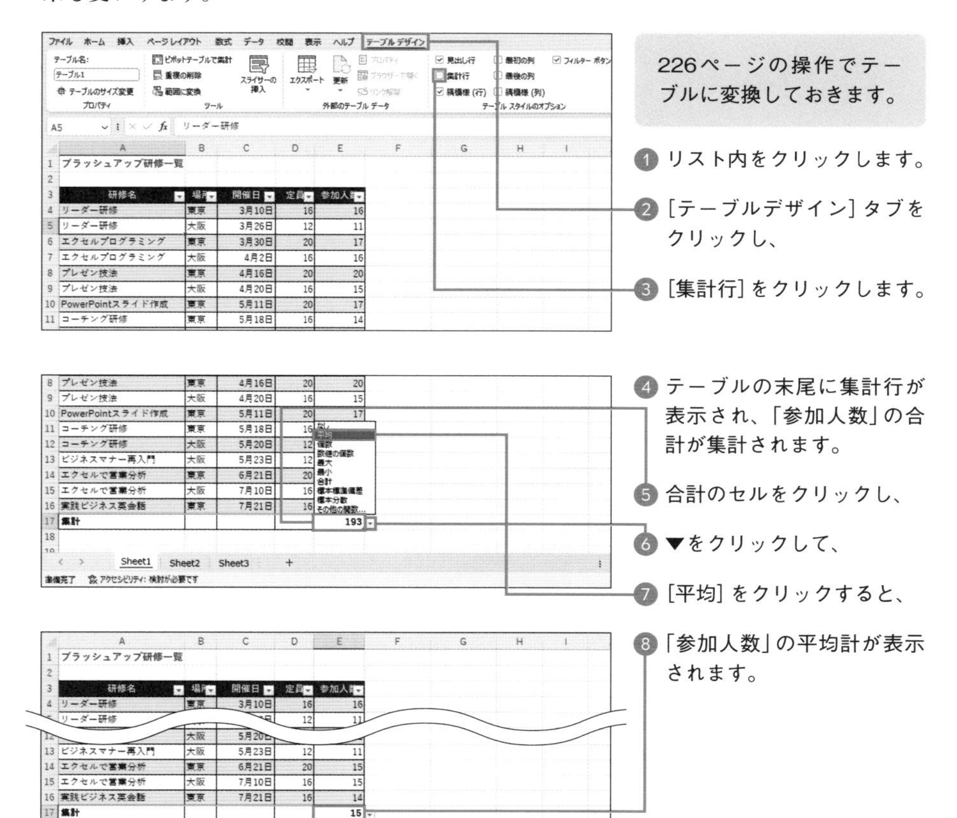

項目ごとの小計行を表示する

支店ごとや担当者ごとにデータを集計したいときは**[小計]機能**を使います。[小計]機能を使うと、テーブルやリストのデータを項目ごとに集計し、同じリスト内に集計結果を表示します。最初に、**集計したい項目でデータを並べ替えておく**のがポイントです。

集計する項目(ここでは「場所」)でデータを並べ替えておきます(231ページ)。

1. リスト内をクリックします。
2. [データ]タブの[小計]をクリックします。

MEMO ここで操作する内容

ここでは、場所ごとの「参加人数」の合計を表示します。最初に、場所ごとにデータを並べ替えておきます。昇順でも降順でもかまいません。

3. [グループの基準]の▼をクリックし、
4. [場所]をクリックします。
5. [集計の方法]の▼をクリックし、
6. [合計]をクリックします。
7. [集計するフィールド]の[参加人数]をクリックしてオンにし、
8. [OK]をクリックすると、
9. 「場所」ごとの「参加人数」の合計が表示されます。

MEMO 集計行を削除する

集計行の表示を削除するには、リスト内をクリックして[データ]タブの[小計]をクリックし、[集計の設定]ダイアログボックスの[すべて削除]をクリックします。

合計と平均を同時に集計する

244ページの[小計]機能をくりかえすと、合計と平均などの複数の集計結果を同時に表示できます。最初に1つの集計結果を表示して、もう一度別の集計方法を指定します。このとき、[集計の設定]ダイアログボックスで**[現在の小計をすべて置き換える]をオフ**にするのがポイントです。

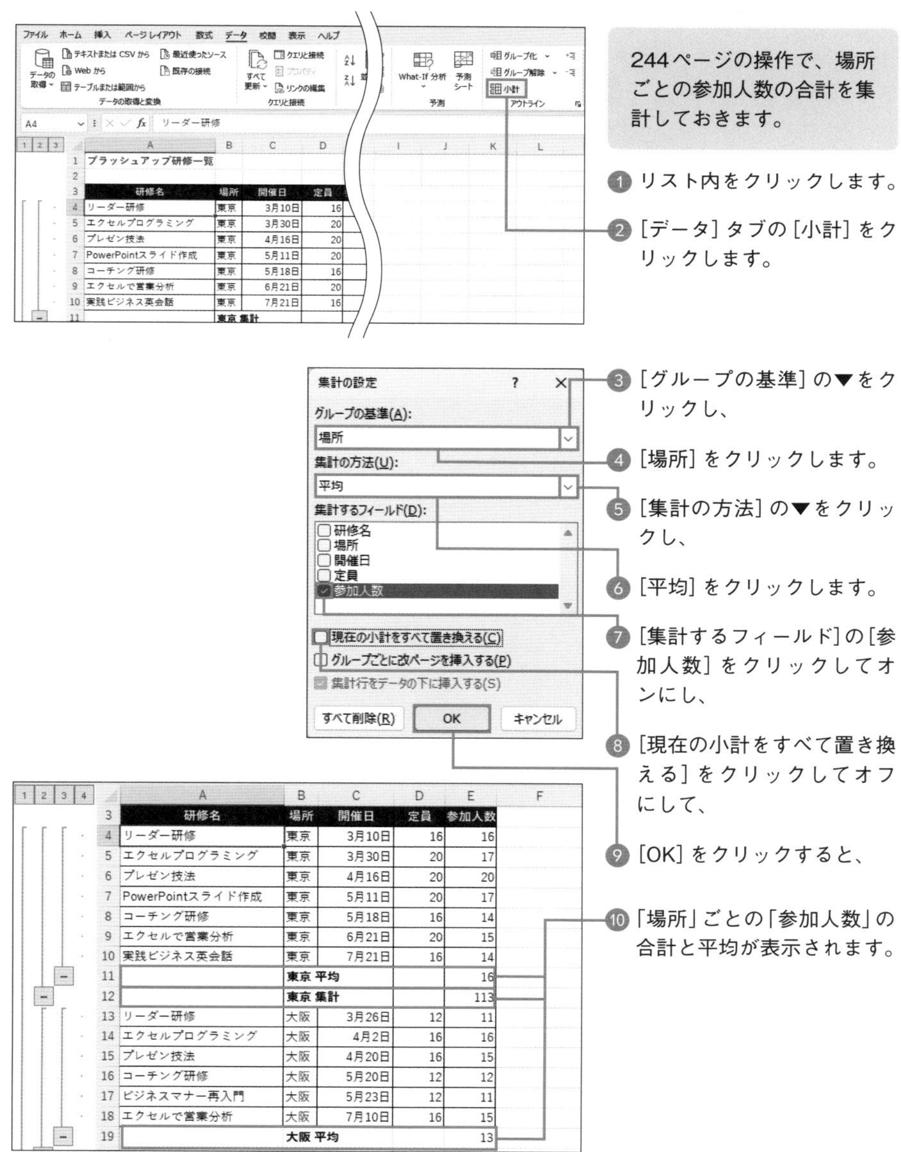

	A	B	C	D	E
3	研修名	場所	開催日	定員	参加人数
4	リーダー研修	東京	3月10日	16	16
5	エクセルプログラミング	東京	3月30日	20	17
6	プレゼン技法	東京	4月16日	20	20
7	PowerPointスライド作成	東京	5月11日	20	17
8	コーチング研修	東京	5月18日	16	14
9	エクセルで営業分析	東京	6月21日	20	15
10	実践ビジネス英会話	東京	7月21日	16	14
11		東京 平均			16
12		東京 集計			113
13	リーダー研修	大阪	3月26日	12	11
14	エクセルプログラミング	大阪	4月2日	16	16
15	プレゼン技法	大阪	4月20日	16	15
16	コーチング研修	大阪	5月20日	12	12
17	ビジネスマナー再入門	大阪	5月23日	12	11
18	エクセルで営業分析	大阪	7月10日	16	15
19		大阪 平均			13

058 マウス操作だけで「可変な集計表」を作成する

ピボットテーブルは、リストに入力した大量のデータを集計・分析するための機能です。複雑な数式や関数を使わなくても、**マウスのドラッグ操作だけでクロス集計表を作成できる**ので、集計表を作ることに労力を使わず、集計結果を読み取ることに専念できます。また、項目を自由に入れ替えることで、さまざまな視点でデータを集計・分析できます。

ピボットテーブルでクロス集計表を作る

リストから[ピボットテーブル]を作成すると、最初は新しいシートに空の集計表が表示されます。集計したいフィールドを**[フィルター][行][列][値]の4つのエリア**にドラッグするだけで、いつ、何が、いくつ売れたかといったクロス集計表をかんたんに作成できます。

ピボットテーブルの土台を作る

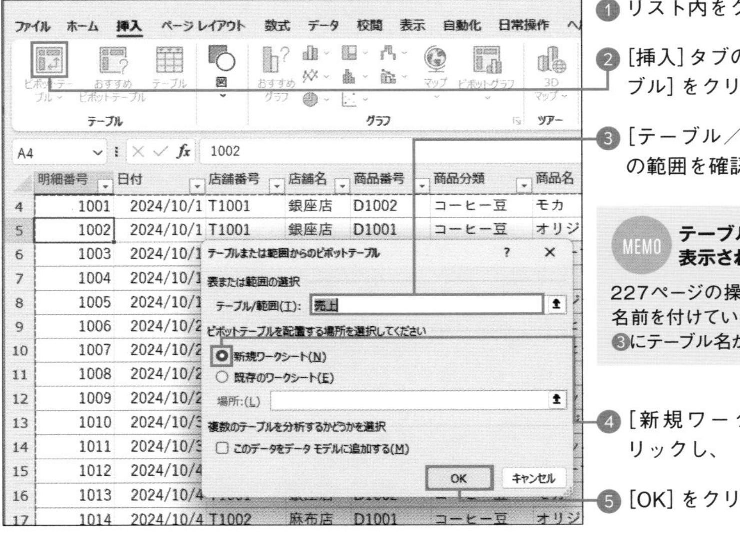

1 リスト内をクリックします。

2 [挿入]タブの[ピボットテーブル]をクリックします。

3 [テーブル／範囲]でリストの範囲を確認し、

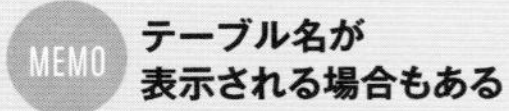

MEMO テーブル名が表示される場合もある

227ページの操作でテーブルの名前を付けている場合は、手順3にテーブル名が表示されます。

4 [新規ワークシート]をクリックし、

5 [OK]をクリックすると、

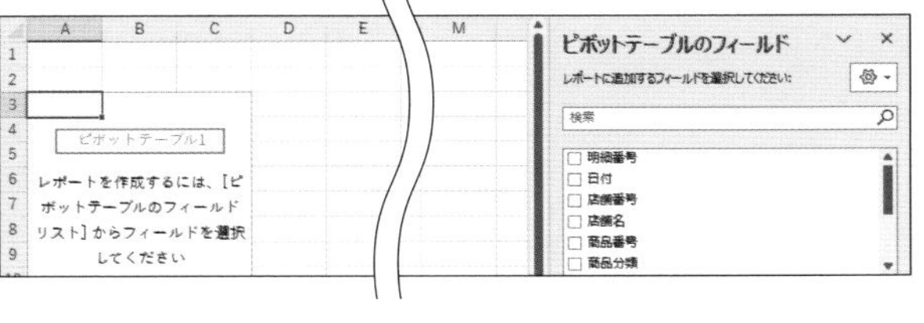

6 新しいシートに空のピボットテーブルが表示されます。

COLUMN

フィールドリスト

ピボットテーブルを選択すると、画面右側に［フィールドリスト］ウィンドウが表示されます。［フィールドリスト］ウィンドウには、もとのリストのフィールド名が一覧表示されます。下部には［フィルター］［列］［行］［値］の4つのエリアが表示されます。［行］エリアに配置したフィールドが表の行の見出し、［列］エリアに配置したフィールドが表の列の見出し、［値］エリアに配置したフィールドが集計されます。

クロス集計表を作る

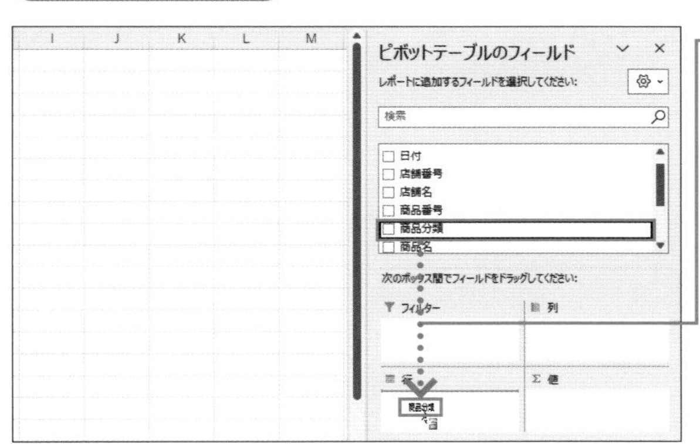

❶「商品分類」を［行］エリアにドラッグします。

ここで操作する内容

ここでは、「商品分類」別の「店舗名」ごとの金額の集計結果を表示します。

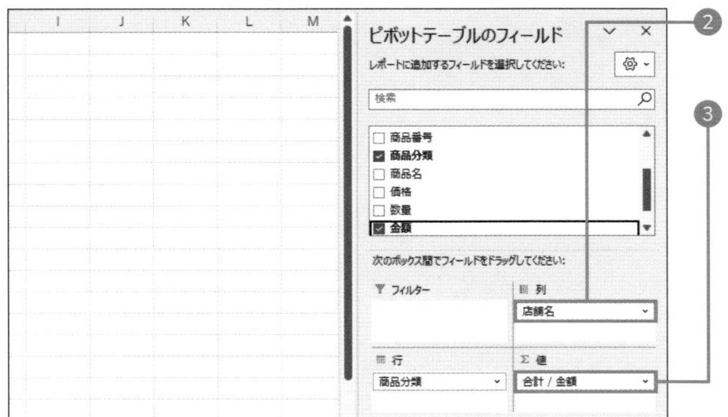

❷「店舗名」を［列］エリアにドラッグします。

❸「金額」を［値］エリアにドラッグします。

3	合計 / 金額	列ラベル			
4	行ラベル	銀座店	浅草店	麻布店	総計
5	インスタント	17550	17950	8900	44400
6	コーヒー豆	127380	68000	109760	305140
7	器具	242400	146800	198000	587200
8	総計	387330	232750	316660	936740

❹クロス集計表が表示されます。

ピボットテーブルの集計方法を変更する

ピボットテーブルの**[値]エリア**に数値データのフィールドをドラッグすると、最初は必ず**数値の合計**が表示されます。個数や平均など、集計方法を変更するには、[値フィールドの設定]ダイアログボックスを使います。なお、[値]エリアに文字データのフィールドをドラッグすると、文字の個数が集計されます。

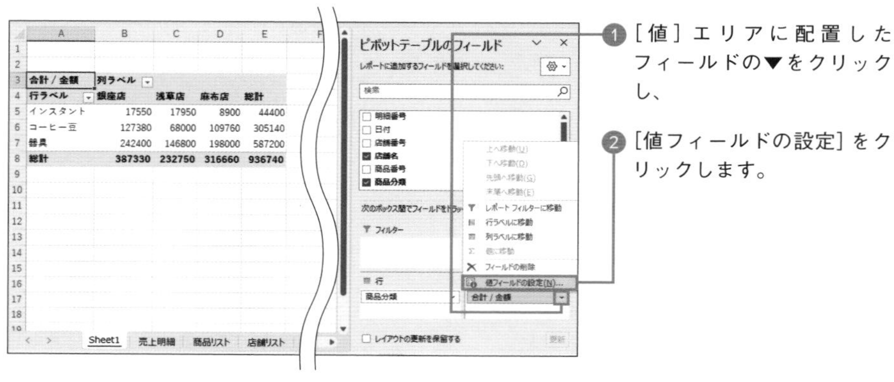

❶ [値] エリアに配置したフィールドの▼をクリックし、

❷ [値フィールドの設定] をクリックします。

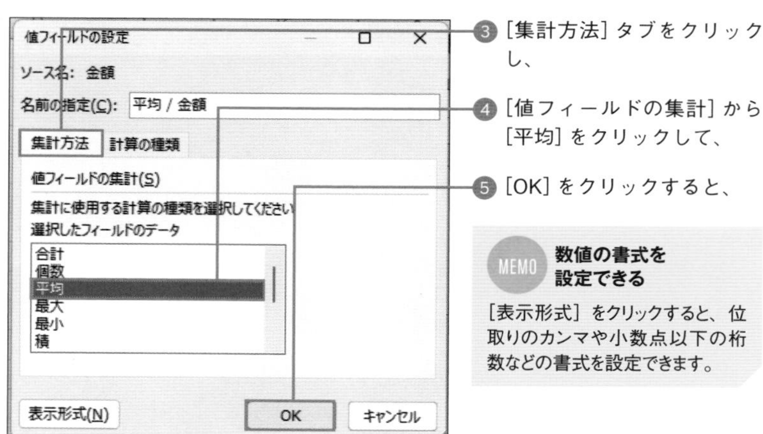

❸ [集計方法] タブをクリックし、

❹ [値フィールドの集計] から [平均] をクリックして、

❺ [OK] をクリックすると、

MEMO 数値の書式を設定できる

[表示形式] をクリックすると、位取りのカンマや小数点以下の桁数などの書式を設定できます。

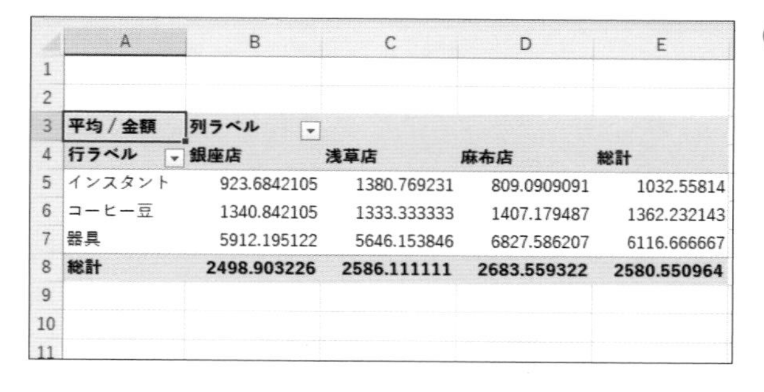

	A	B	C	D	E
1					
2					
3	平均 / 金額	列ラベル			
4	行ラベル	銀座店	浅草店	麻布店	総計
5	インスタント	923.6842105	1380.769231	809.0909091	1032.55814
6	コーヒー豆	1340.842105	1333.333333	1407.179487	1362.232143
7	器具	5912.195122	5646.153846	6827.586207	6116.666667
8	総計	2498.903226	2586.111111	2683.559322	2580.550964
9					
10					
11					

❻ 数値の平均が集計されます。

ピボットテーブルで集計項目を変更する

ピボットテーブルの醍醐味は、［フィルター］［列］［行］［値］の4つのエリアに配置した**フィールドを自在に入れ替える**ことで、瞬時に集計表を作り替えられる点です。「ピボット」には「軸回転」の意味があり、フィールドを入れ替えるたびに集計表がダイナミックに変化し、いろいろな角度からデータを集計したり分析したりできます。

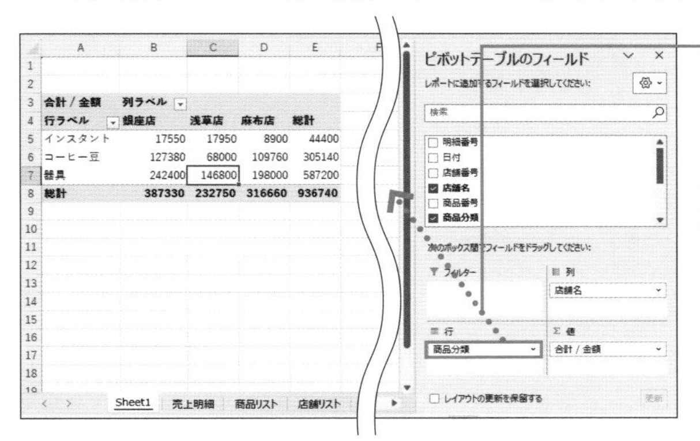

❶［行］エリアの「商品分類」を［フィールドリスト］の外にドラッグします。

 **フィールドの削除**

各エリアに配置したフィールドを削除するには、フィールドリストの外側にドラッグします。このとき、マウスポインターに×記号が付きます。

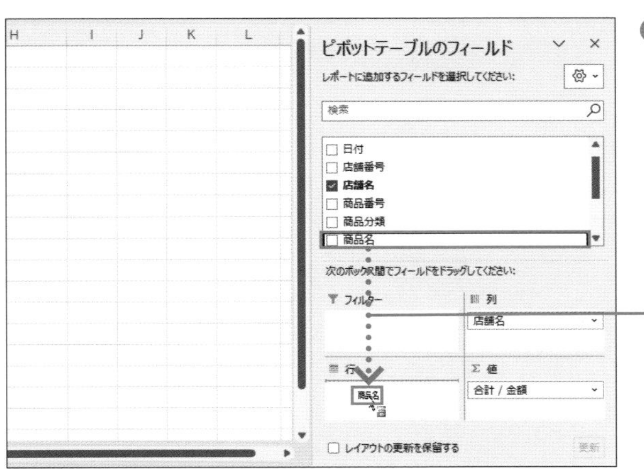

❷「商品名」を［行］エリアにドラッグします。

	合計 / 金額	列ラベル			
4	行ラベル	銀座店	浅草店	麻布店	総計
5	オリジナルブレンド	59280	35100	56160	150540
6	コーヒースティック（10本入り）	7150	2750	3300	13200
7	コーヒーミル	76000	38000	38000	152000
8	コナ	10000	2000	14000	26000
9	ドリッパー	166400	108800	160000	435200
10	ドリップパック（5個入）	10400	15200	5600	31200
11	ブルーマウンテン	14000	8400	12600	35000
12	モカ	44100	22500	27000	93600
13	総計	387330	232750	316660	936740
14					

❸分類別の店舗ごとの集計表が、商品別の店舗ごとの集計表に変更されます。

ピボットテーブルで集計対象を選択する

ピボットテーブルの**[フィルター]エリア**は、集計表全体を絞り込むときに使います。たとえば、[フィルター]エリアに「店舗」フィールドを配置すると、まるでページを切り替えるように店舗ごとの集計表を丸ごと入れ替えられます。

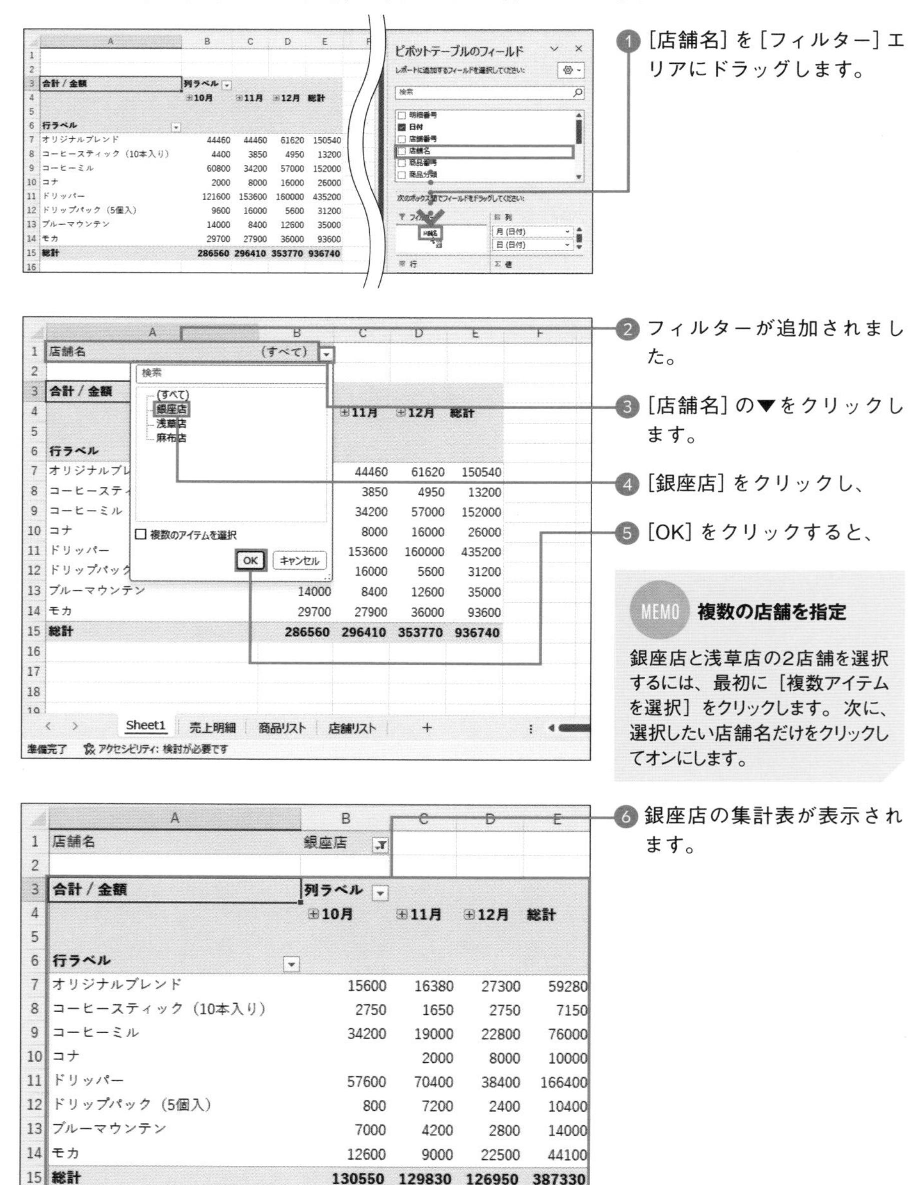

ピボットテーブルで表示する項目を絞り込む

ピボットテーブルの[行]エリアや[列]エリアに配置したフィールドの項目数が多いと、肝心のデータを見落としてしまったり比較しづらくなったりします。**[行]エリアや[列]エリアの▼**をクリックすると、集計する項目を絞り込んで指定できます。そうすると、**見たい項目だけに絞り込んで集計表を表示**できます。

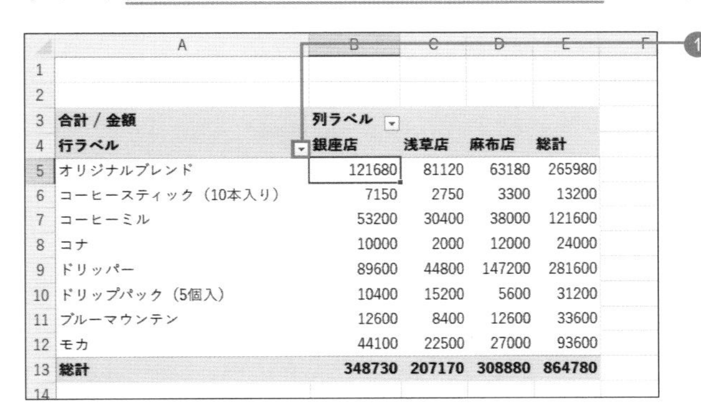

合計 / 金額	列ラベル			
行ラベル	銀座店	浅草店	麻布店	総計
オリジナルブレンド	121680	81120	63180	265980
コーヒースティック（10本入り）	7150	2750	3300	13200
コーヒーミル	53200	30400	38000	121600
コナ	10000	2000	12000	24000
ドリッパー	89600	44800	147200	281600
ドリップパック（5個入）	10400	15200	5600	31200
ブルーマウンテン	12600	8400	12600	33600
モカ	44100	22500	27000	93600
総計	348730	207170	308880	864780

❶ [行ラベル] の▼をクリックします。

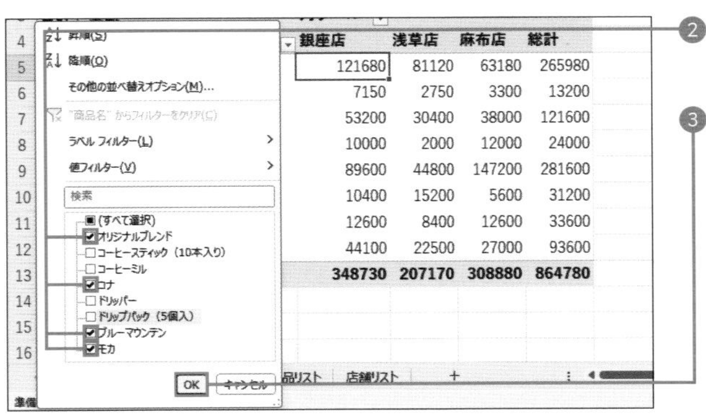

❷ 表示する項目だけをオンにして、

❸ [OK] をクリックすると、

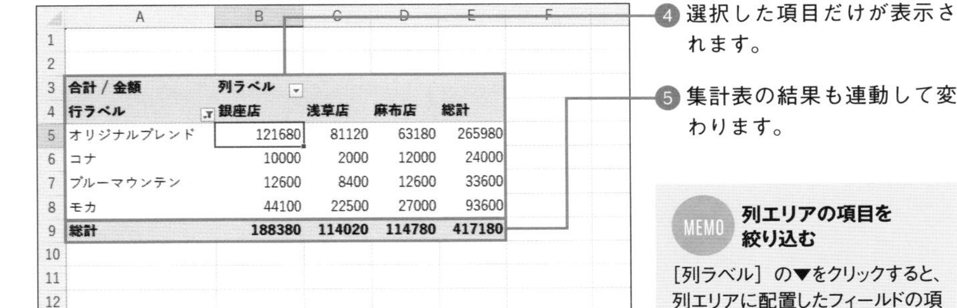

合計 / 金額	列ラベル			
行ラベル	銀座店	浅草店	麻布店	総計
オリジナルブレンド	121680	81120	63180	265980
コナ	10000	2000	12000	24000
ブルーマウンテン	12600	8400	12600	33600
モカ	44100	22500	27000	93600
総計	188380	114020	114780	417180

❹ 選択した項目だけが表示されます。

❺ 集計表の結果も連動して変わります。

MEMO 列エリアの項目を絞り込む

[列ラベル] の▼をクリックすると、列エリアに配置したフィールドの項目を絞り込むことができます。

気になるデータの明細を表示する

　ピボットテーブルで集計した数値の中に突出して大きな数値や小さな数値があったら、その数値を掘り下げることで、好調不調の原因が探れる可能性があります。集計表の中の気になる数値を**ダブルクリック**すると、その数値のもとになる明細データが新しいシートに抽出されます。このような分析手法を**「ドリルダウン分析」**と呼びます。

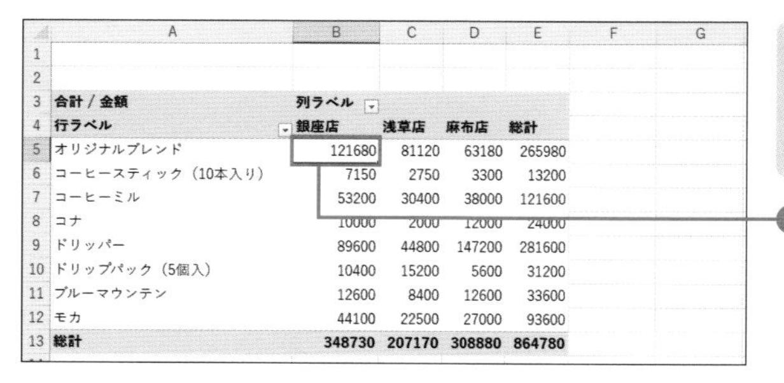

	A	B	C	D	E
3	合計 / 金額	列ラベル			
4	行ラベル	銀座店	浅草店	麻布店	総計
5	オリジナルブレンド	121680	81120	63180	265980
6	コーヒースティック（10本入り）	7150	2750	3300	13200
7	コーヒーミル	53200	30400	38000	121600
8	コナ	10000	2000	12000	24000
9	ドリッパー	89600	44800	147200	281600
10	ドリップパック（5個入）	10400	15200	5600	31200
11	ブルーマウンテン	12600	8400	12600	33600
12	モカ	44100	22500	27000	93600
13	総計	348730	207170	308880	864780

銀座店のオリジナルブレンドが好調なので、その明細を表示します。

❶ B5セルをダブルクリックします。

	明細番号	日付	店舗番号	店舗名	商品番号	商品分類	商品名	価格	数量	金額
2	1360	2024/12/31	T1001	銀座店	D1001	コーヒー豆	オリジナル	780	3	2340
3	1002	2024/10/1	T1001	銀座店	D1001	コーヒー豆	オリジナル	780	4	3120
4	1355	2024/12/30	T1001	銀座店	D1001	コーヒー豆	オリジナル	780	1	780
5	1346	2024/12/28	T1001	銀座店	D1001	コーヒー豆	オリジナル	780	2	1560
6	1342	2024/12/27	T1001	銀座店	D1001	コーヒー豆	オリジナル	780	3	2340
7	1341	2024/12/27	T1001	銀座店	D1001	コーヒー豆	オリジナル	780	5	3900
8	1327	2024/12/25	T1001	銀座店	D1001	コーヒー豆	オリジナル	780	2	1560
9	1320	2024/12/24	T1001	銀座店	D1001	コーヒー豆	オリジナル	780	1	780
10	1319	2024/12/24	T1001	銀座店	D1001	コーヒー豆	オリジナル	780	1	780
11	1010	2024/10/3	T1001	銀座店	D1001	コーヒー豆	オリジナル	780	2	1560
12	1318	2024/12/24	T1001	銀座店	D1001	コーヒー豆	オリジナル	780	4	3120
13	1313	2024/12/23	T1001	銀座店	D1001	コーヒー豆	オリジナル	780	1	780
14	1305	2024/12/21	T1001	銀座店	D1001	コーヒー豆	オリジナル	780	2	1560
15	1304	2024/12/21	T1001	銀座店	D1001	コーヒー豆	オリジナル	780	2	1560
16	1299	2024/12/20	T1001	銀座店	D1001	コーヒー豆	オリジナル	780	1	780
17	1016	2024/10/5	T1001	銀座店	D1001	コーヒー豆	オリジナル	780	6	4680
18	1017	2024/10/5	T1001	銀座店	D1001	コーヒー豆	オリジナル	780	5	3900
19	1296	2024/12/19	T1001	銀座店	D1001	コーヒー豆	オリジナル	780	5	3900

❷ 新しいシートが追加されて、B5セルの集計結果のもとになる明細データが抽出されます。

COLUMN

もとのリストから抽出される

手順❶でダブルクリックした数値は、もとのリストのデータを集計した結果です。そのため、集計結果の明細を表示すると、新しいシートにもとのリストのデータが抽出されます。ただし、抽出したデータはもとのリストから切り離されるので、もとのリストを変更しても影響を受けません。

ピボットテーブルを更新する

　ピボットテーブルのもとのリストのデータを変更しても、変更内容はピボットテーブルには反映されません。変更を反映させるには、**ピボットテーブル側で更新**する操作が必要です。更新を忘れると、最新のデータで集計できなくなるので注意しましょう。

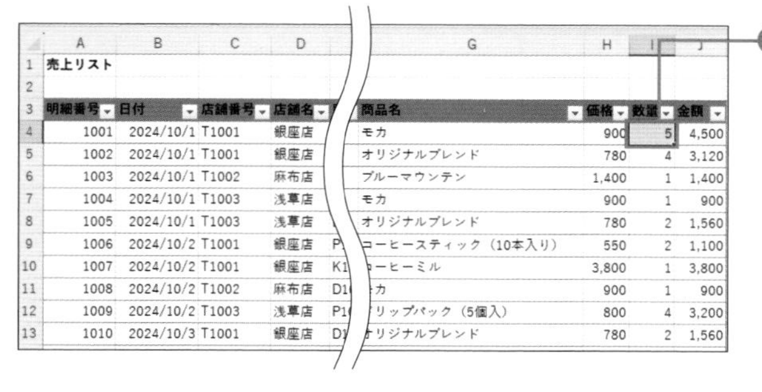

	A	B	C	D	G	H	I	J
1	売上リスト							
2								
3	明細番号	日付	店舗番号	店舗名	商品名	価格	数量	金額
4	1001	2024/10/1	T1001	銀座店	モカ	900	5	4,500
5	1002	2024/10/1	T1001	銀座店	オリジナルブレンド	780	4	3,120
6	1003	2024/10/1	T1002	麻布店	ブルーマウンテン	1,400	1	1,400
7	1004	2024/10/1	T1003	浅草店	モカ	900	1	900
8	1005	2024/10/1	T1003	浅草店	オリジナルブレンド	780	2	1,560
9	1006	2024/10/2	T1001	銀座店	コーヒースティック（10本入り）	550	2	1,100
10	1007	2024/10/2	T1001	銀座店	ーヒーミル	3,800	1	3,800
11	1008	2024/10/2	T1002	麻布店	カ	900	1	900
12	1009	2024/10/2	T1003	浅草店	リップバック（5個入）	800	4	3,200
13	1010	2024/10/3	T1001	銀座店	オリジナルブレンド	780	2	1,560

❶ もとのリストのこのデータが変更されました。

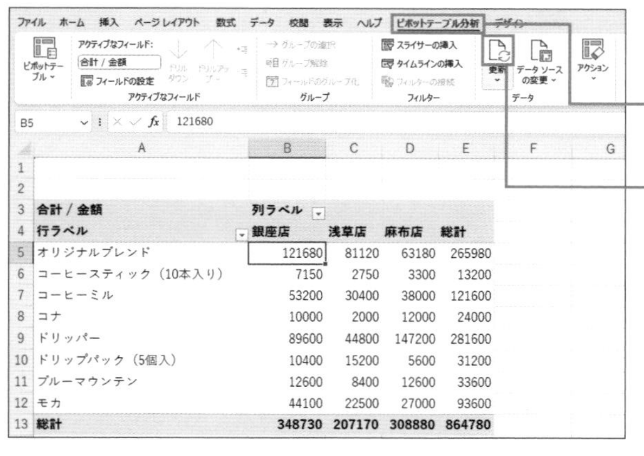

	A	B	C	D	E
3	合計 / 金額	列ラベル			
4	行ラベル	銀座店	浅草店	麻布店	総計
5	オリジナルブレンド	121680	81120	63180	265980
6	コーヒースティック（10本入り）	7150	2750	3300	13200
7	コーヒーミル	53200	30400	38000	121600
8	コナ	10000	2000	12000	24000
9	ドリッパー	89600	44800	147200	281600
10	ドリップバック（5個入）	10400	15200	5600	31200
11	ブルーマウンテン	12600	8400	12600	33600
12	モカ	44100	22500	27000	93600
13	総計	348730	207170	308880	864780

❷ ピボットテーブル内をクリックします。

❸ ［ピボットテーブル分析］タブをクリックし、

❹ ［更新］をクリックすると、

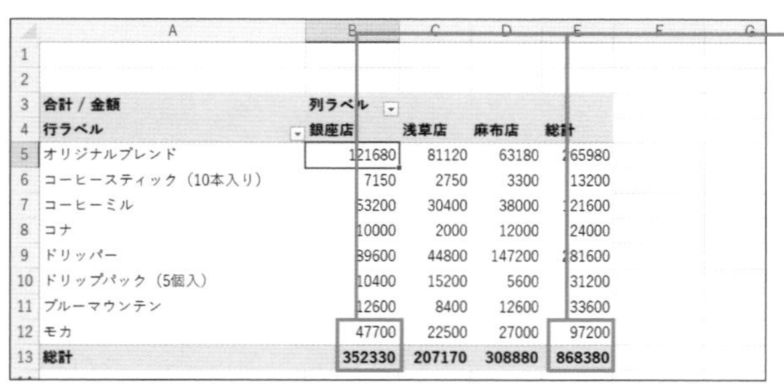

	A	B	C	D	E
3	合計 / 金額	列ラベル			
4	行ラベル	銀座店	浅草店	麻布店	総計
5	オリジナルブレンド	121680	81120	63180	265980
6	コーヒースティック（10本入り）	7150	2750	3300	13200
7	コーヒーミル	53200	30400	38000	121600
8	コナ	10000	2000	12000	24000
9	ドリッパー	89600	44800	147200	281600
10	ドリップバック（5個入）	10400	15200	5600	31200
11	ブルーマウンテン	12600	8400	12600	33600
12	モカ	47700	22500	27000	97200
13	総計	352330	207170	308880	868380

❺ 該当するデータの集計結果が更新されます。

更新結果

ここでは、銀座店の「モカ」の集計結果が更新されます。

COLUMN

リストの範囲を変更する

もとのリストのデータを修正した場合は［更新］をクリックするだけで反映されますが、**リストにデータを追加した**場合は、リストの範囲を変更する操作が必要です。ピボットテーブル内をクリックし、［ピボットテーブル分析］タブの［データソースの変更］をクリックして、リストの範囲を選択し直します。なお、テーブルをもとにピボットテーブルを作成している場合は、テーブルにデータを追加するとテーブルの範囲が自動的に広がります。手動でリストの範囲を変更する必要はありません。

2つの表からピボットテーブルを作成する

日々の売上を記録する表と商品の詳細(商品名、分類、単価など)を管理する表を分けているケースは多いものです。そのほうが、同じデータを何度も入力しなくても済むからです。ただし、日々の売上記録の表をもとにして集計表を作ると、商品番号が表示されるだけで商品の内容がいっさいわからない集計表ができあがります。

このようなときは、**2つの表にリレーションシップを設定**します。そうすると、2つの表を1つの表のように扱えます。リレーションシップを設定するには、それぞれの表が**テーブルに変換**されている必要があります。また、2つの表に**共通のフィールド名**(項目名)が必要です。

「売上明細」シート
商品番号だけを記録する

明細番号	日付	店舗名	商品番号	価格	数量	金額
1001	2024/10/1	銀座店	D1002	900	1	900
1002	2024/10/1	銀座店	D1001	780	4	3,120
1003	2024/10/1	麻布店	D1003	1,400	1	1,400
1004	2024/10/1	浅草店	D1002	900	1	900
1005	2024/10/1	浅草店	D1001	780	2	1,560
1006	2024/10/2	銀座店	P1001	550	2	1,100
1007	2024/10/2	銀座店	K1002	3,800	1	3,800
1008	2024/10/2	麻布店	D1002	900	1	900
1009	2024/10/2	浅草店	P1002	800	4	3,200
1010	2024/10/3	銀座店	D1001	780	2	1,560
1011	2024/10/3	麻布店	D1001	780	5	3,900
1012	2024/10/4	銀座店	D1003	1,400	1	1,400
1013	2024/10/4	銀座店	D1002	900	2	1,800
1014	2024/10/4	麻布店	D1001	780	3	2,340
1015	2024/10/4	浅草店	D1002	900	1	900
1016	2024/10/5	銀座店	D1001	780	6	4,680

売上明細　商品リスト　+

「商品リスト」シート
商品の詳細は別表で管理する

商品番号	商品分類	商品名	価格
D1001	コーヒー豆	オリジナルブレンド	¥780
D1002	コーヒー豆	モカ	¥900
D1003	コーヒー豆	ブルーマウンテン	¥1,400
D1004	コーヒー豆	コナ	¥2,000
K1001	器具	ドリッパー	¥6,400
K1002	器具	コーヒーミル	¥3,800
P1001	インスタント	コーヒースティック（10本入り）	¥550
P1002	インスタント	ドリップパック（5個入）	¥800

共通の「商品番号」フィールドで
2つの表を結び付ける

リレーションシップを設定する

「売上明細」シートと「商品リスト」シートの共通フィールドである「商品番号」でリレーションシップを設定します。

1. それぞれのリストをテーブルに変換しておきます。
2. 「売上明細」シートの任意のセルをクリックし、
3. [データ]タブの[リレーションシップ]をクリックします。

ファイル　ホーム　挿入　ページレイアウト　数式　データ　校閲　表示　ヘルプ　テーブルデザイン

A7　1004

売上リスト

明細番号	日付	店舗名	商品番号	価格	数量	金額
1001	2024/10/1	銀座店	D1002	900	1	900
1002	2024/10/1	銀座店	D1001	780	4	3,120
1003	2024/10/1	麻布店	D1003	1,400	1	1,400
1004	2024/10/1	浅草店	D1002	900	1	900
1005	2024/10/1	浅草店	D1001	780	2	1,560
1015	2024/10/4	浅草店	D1002	900	1	900
1016	2024/10/5	銀座店	D1001	780	6	4,680

売上明細　商品リスト　+

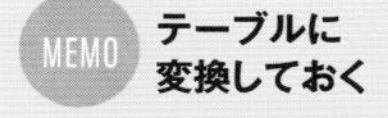

テーブルに変換しておく

複数のテーブルが存在しないと、手順3の[リレーションシップ]がグレーアウトして利用できません。

❹［新規作成］をクリックします。

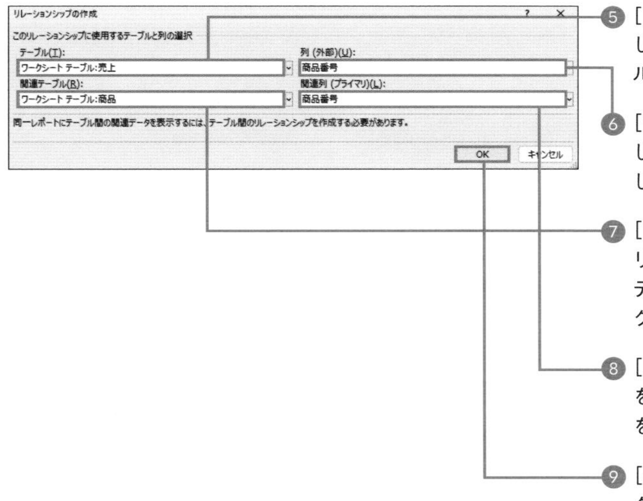

❺［テーブル］の▼をクリックして［ワークシートテーブル:売上］をクリックします。

❻［列（外部）］の▼をクリックして［商品番号］をクリックします。

❼［関連テーブル］の▼をクリックして［ワークシートテーブル：商品］をクリックします。

❽［関連列（プライマリ）］の▼をクリックして［商品番号］をクリックします。

❾［OK］→［閉じる］をクリックします。

2つのテーブルからピボットテーブルを作成する

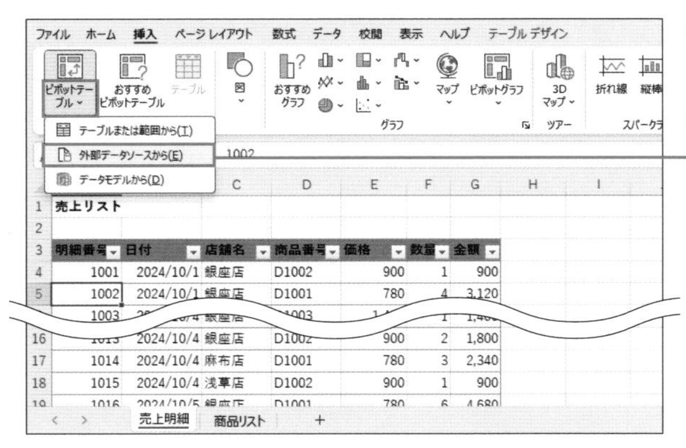

❶「売上明細」シートの任意のセルをクリックし、

❷［挿入］タブの［ピボットテーブル］の▼クリックし、［外部データソースから］をクリックします。

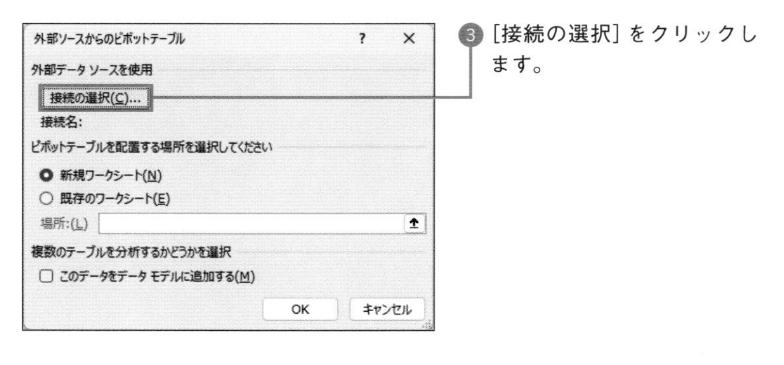

③ [接続の選択] をクリックします。

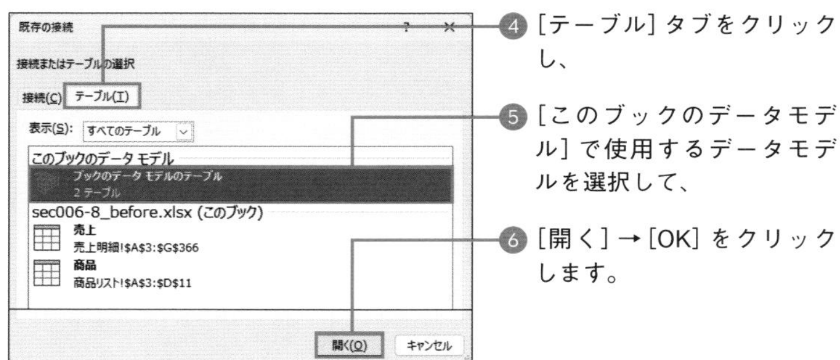

④ [テーブル] タブをクリックし、

⑤ [このブックのデータモデル] で使用するデータモデルを選択して、

⑥ [開く] → [OK] をクリックします。

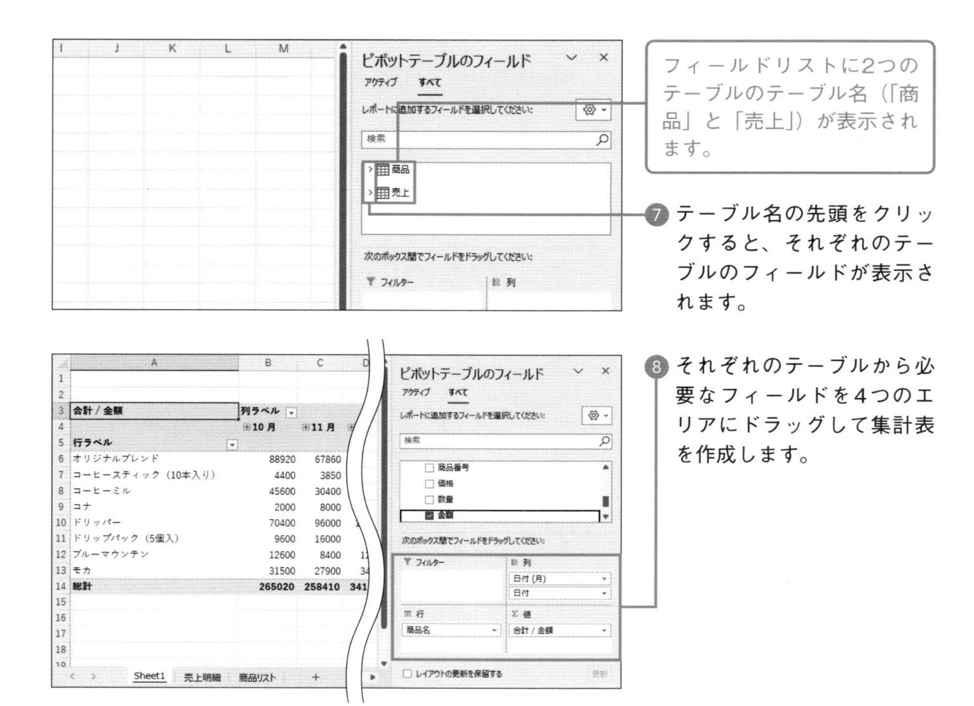

フィールドリストに2つのテーブルのテーブル名（「商品」と「売上」）が表示されます。

⑦ テーブル名の先頭をクリックすると、それぞれのテーブルのフィールドが表示されます。

⑧ それぞれのテーブルから必要なフィールドを4つのエリアにドラッグして集計表を作成します。

059 マウス操作でデータを直感的に抽出する

Excelには、**データの抽出を直感的に行う**ためのツールとして**[スライサー]**や**[タイムライン]**が用意されています。通常の操作では何手順も必要な抽出の設定を、画面上に表示されるボタンをクリックするだけで実行できるため、抽出の操作性を高めることができます。

スライサーでデータを抽出する

［スライサー］は、234ページの▼（フィルターボタン）や251ページのピボットテーブルの絞り込みと同等の機能です。スライサーを使うと、**集計対象を絞り込むための専用のボタン**が表示され、クリックするだけで瞬時に集計表全体をワンタッチで切り替えることができます。

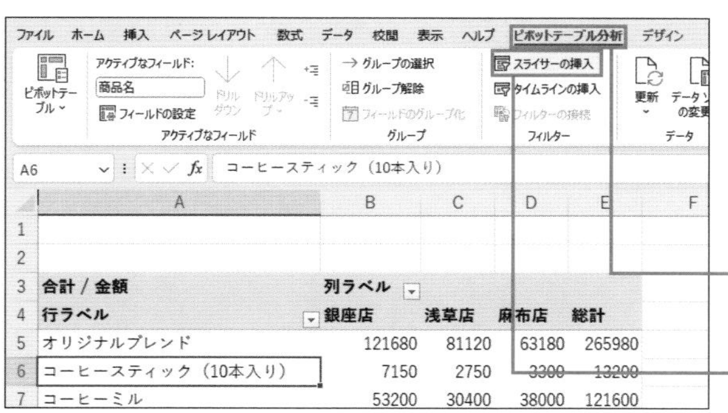

ここでは、店舗を選択するスライサーを表示します。

1. ピボットテーブル内をクリックします。
2. ［ピボットテーブル分析］タブをクリックし、
3. ［スライサーの挿入］をクリックします。

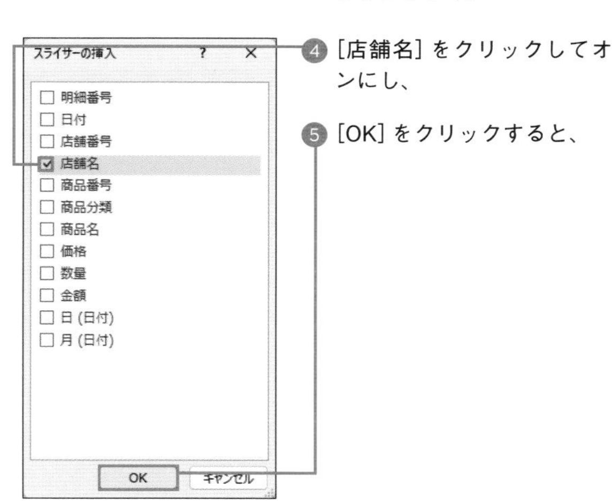

4. ［店舗名］をクリックしてオンにし、
5. ［OK］をクリックすると、

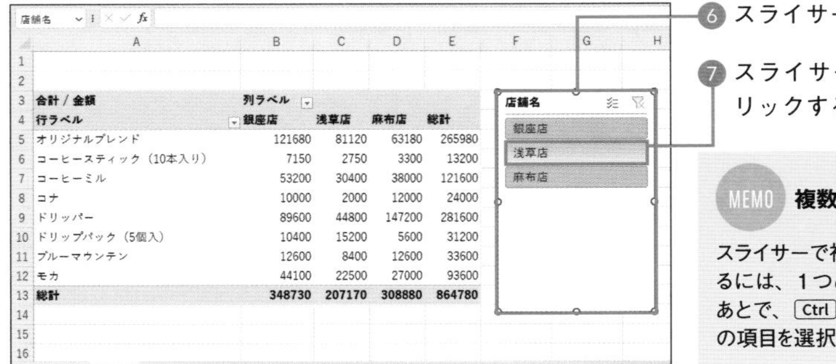

❻スライサーが表示されます。

❼スライサーの［浅草店］をクリックすると、

MEMO 複数の項目を選択

スライサーで複数の項目を選択するには、1つめの項目を選択したあとで、Ctrlキーを押しながら次の項目を選択します。

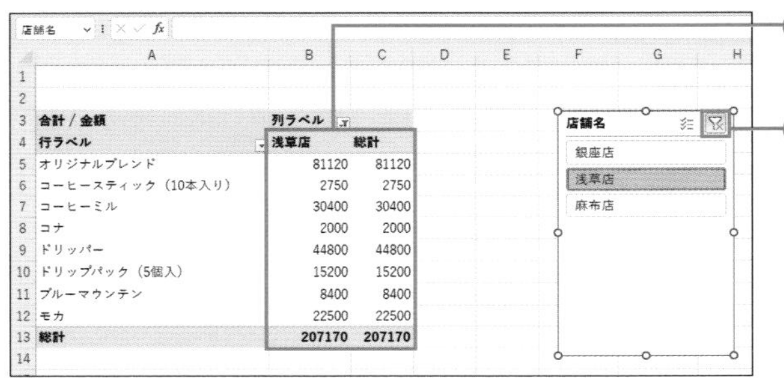

❽［浅草店］の集計結果が表示されます。

❾［フィルターのクリア］をクリックすると、

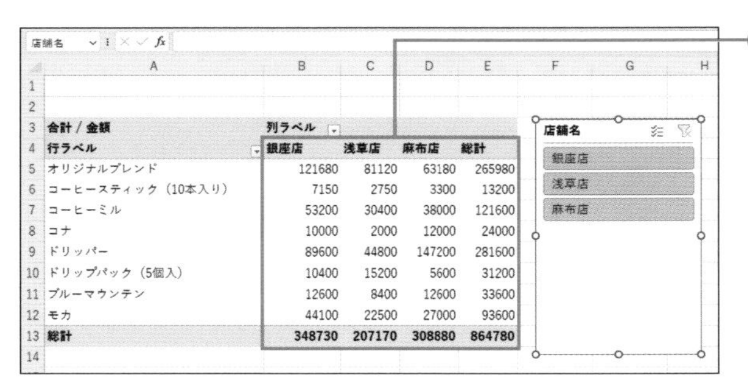

❿全店舗の集計結果が表示されます。

COLUMN

複数のスライサーを表示

257ページの手順❶～❸の操作をくりかえすと、スライサーを追加することができます。たとえば、店舗のスライサーと月（日付）のスライサーを表示すれば、2つのスライサーからそれぞれ抽出条件を指定できます。

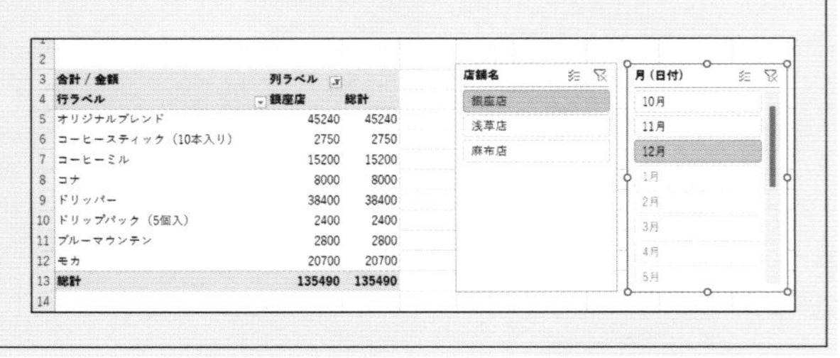

タイムラインでデータを絞り込む

タイムラインとは、**集計期間を指定する専用のツール**の名称です。[タイムライン]を使用すると、リストやピボットテーブルで集計したい期間をマウスでドラッグするだけでかんたんに指定できます。なお、日付の単位を四半期や年などに変更することも可能です。

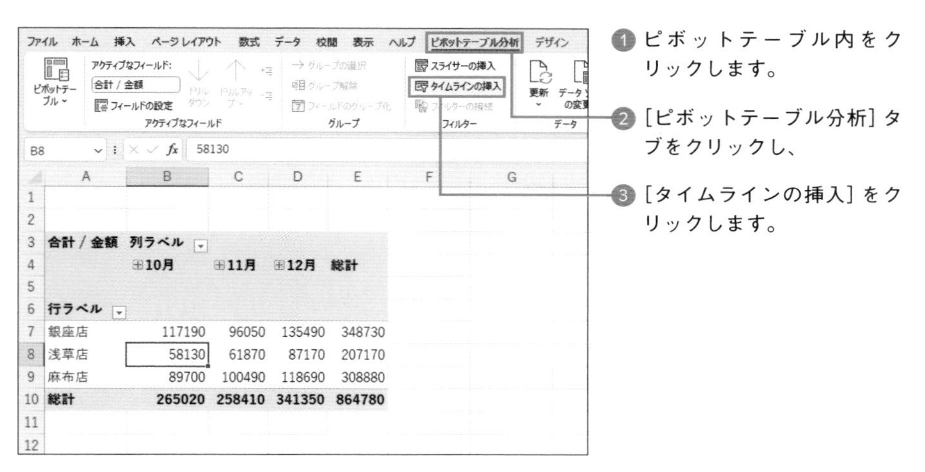

1 ピボットテーブル内をクリックします。

2 [ピボットテーブル分析]タブをクリックし、

3 [タイムラインの挿入]をクリックします。

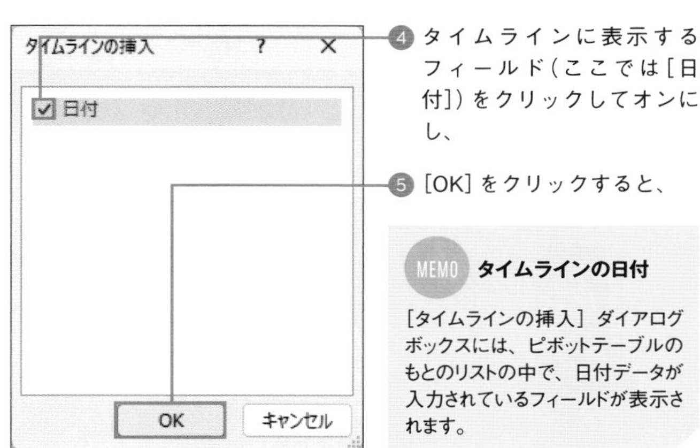

4 タイムラインに表示するフィールド(ここでは[日付])をクリックしてオンにし、

5 [OK]をクリックすると、

MEMO タイムラインの日付

[タイムラインの挿入]ダイアログボックスには、ピボットテーブルのもとのリストの中で、日付データが入力されているフィールドが表示されます。

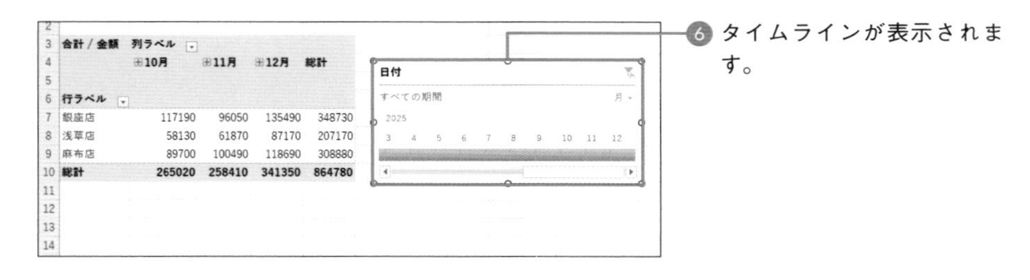

6 タイムラインが表示されます。

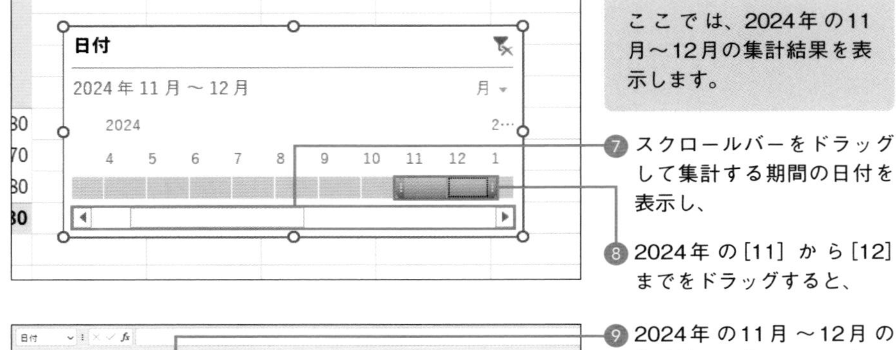

ここでは、2024年の11月～12月の集計結果を表示します。

❼ スクロールバーをドラッグして集計する期間の日付を表示し、

❽ 2024年の[11]から[12]までをドラッグすると、

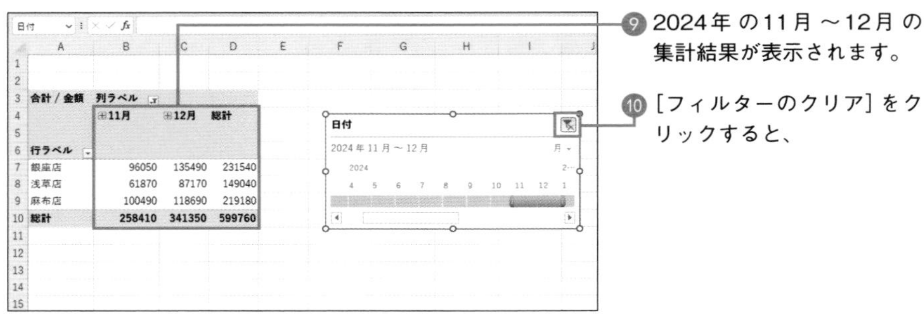

❾ 2024年の11月～12月の集計結果が表示されます。

❿ [フィルターのクリア]をクリックすると、

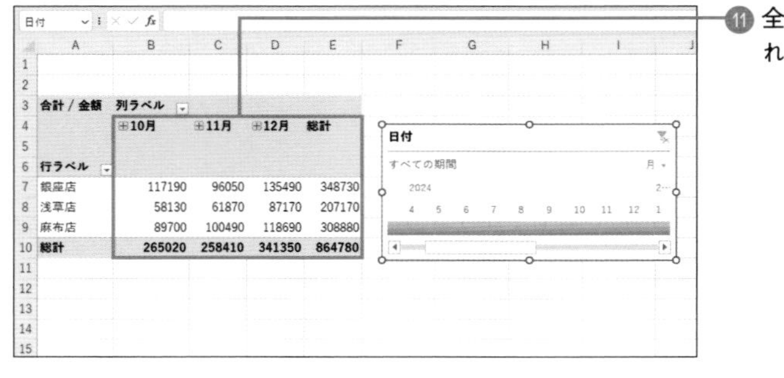

⓫ 全期間の集計結果が表示されます。

COLUMN

集計単位を変更する

集計する単位を「月」から「四半期」に変更するには、[月]の横の▼をクリックし、[四半期]をクリックします。

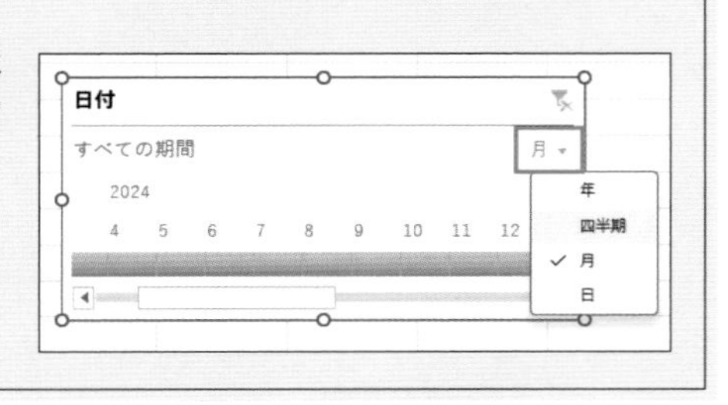

060 ピボットテーブルから「可変なグラフ」を作成する

表のデータをグラフ化するのと同じように、**ピボットテーブルの集計結果**もグラフ化できます。**ピボットグラフ**は、表示するデータをグラフの中で直接絞り込むことができるのが特徴です。また、ピボットテーブルの集計方法を変更するたびにグラフも連動して変化するため、さまざまな角度からの分析結果を瞬時にグラフ化できます。

ピボットグラフを作成する

［ピボットグラフ］を使うと、ピボットテーブルで集計したデータをもとにグラフを作成できます。**ピボットグラフはピボットテーブルと連動**しており、ピボットテーブルの構成を変更すると、ピボットグラフの内容も自動的に変わります。

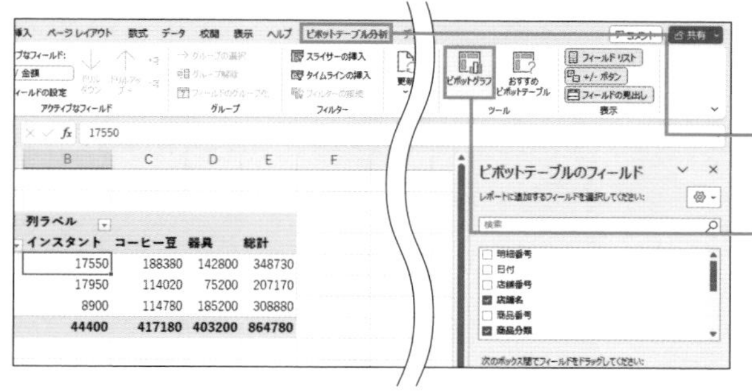

1 ピボットテーブル内をクリックします。

2 ［ピボットテーブル分析］タブをクリックし、

3 ［ピボットグラフ］をクリックします。

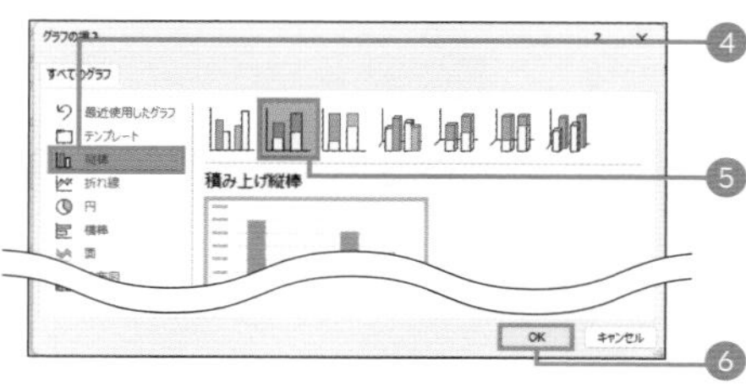

4 グラフの分類（ここでは［縦棒］）をクリックし、

5 グラフの種類（ここでは［積み上げ縦棒］）をクリックして、

6 ［OK］をクリックすると、

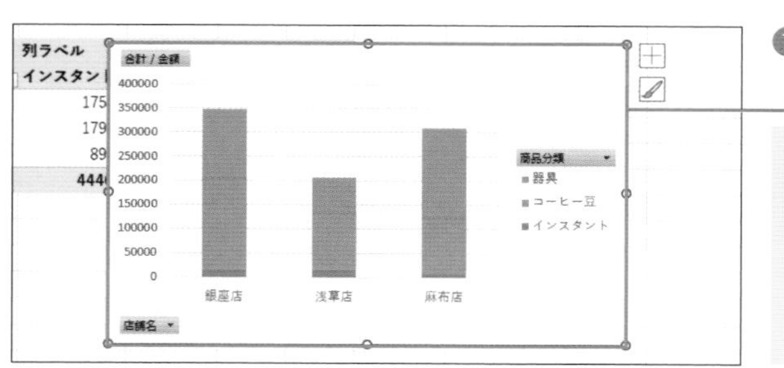

7 ピボットグラフが作成されます。

> **MEMO ピボットグラフを編集する**
>
> ピボットグラフのデータ系列の色を変更したり、グラフの要素を追加したりする操作は、第5章で解説している通常のグラフと同じです。

ピボットグラフでデータを絞り込む

ピボットグラフに表示する項目を絞り込むには、**ピボットグラフ内のフィールドボタン**を使います。ピボットグラフに表示したい項目だけをクリックしてオンにすると、瞬時にピボットグラフが変化します。グラフのもとになる範囲を指定し直す手間が省けるので、さまざまな角度で気軽にグラフ化できます。

ここでは、「商品名」から「オリジナルブレンド」のデータだけに絞り込みます。

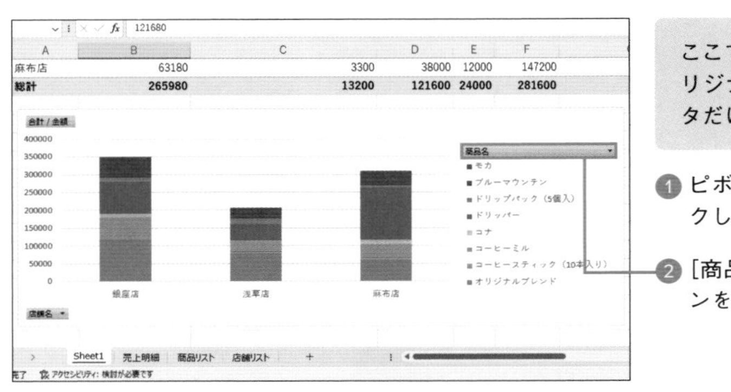

1 ピボットグラフ内をクリックします。

2 [商品名] のフィールドボタンをクリックし、

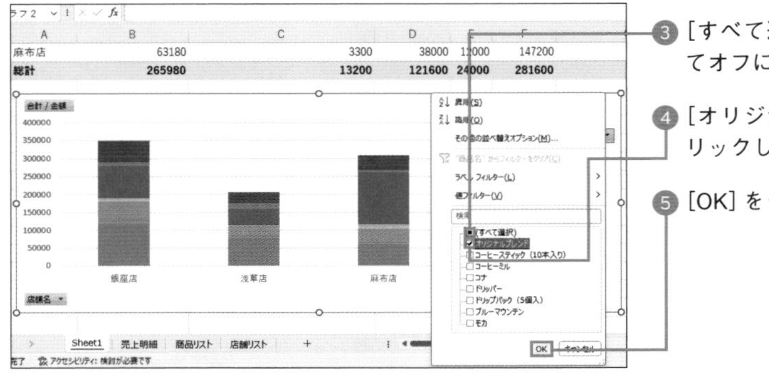

3 [すべて選択] をクリックしてオフにし、

4 [オリジナルブレンド] をクリックして、オンにして、

5 [OK] をクリックすると、

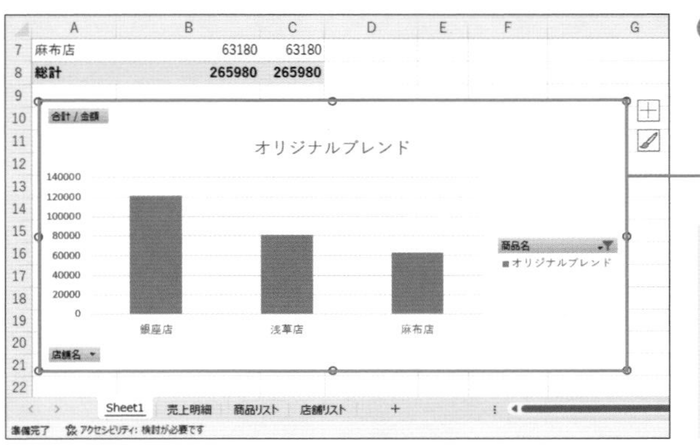

6 オリジナルブレンドだけのピボットグラフに変化します。

MEMO フィルターの解除

絞り込みを解除するには、条件を設定したフィールドボタンから ["○○"からフィルターをクリア] をクリックします。

061 Excel機能でビジネスの将来を予測する

ビジネスでは、月や年度の途中で月末や年度末の売上金額を予測することがあります。また、新店舗を開設したり新商品を企画したりする際にも、来客数や利益などを予測して、今後のビジネス展開を考えます。関数を使って予測することもできますが、[予測シート]機能を使うと、**手軽に将来の予測値を導き出す**ことができます。

データをもとに予測シートを作成する

［予測シート］機能を使うと、過去のデータから将来のデータを予測し、予測値とグラフを表示できます。予測シートを利用するには、もとになる表に**日付や時刻などの時系列を表すデータ**と、**それに対応する数値データが必要**です。

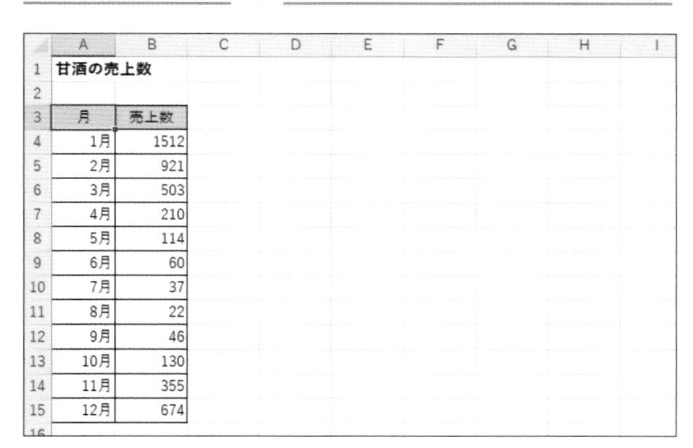

甘酒の売上数

月	売上数
1月	1512
2月	921
3月	503
4月	210
5月	114
6月	60
7月	37
8月	22
9月	46
10月	130
11月	355
12月	674

予測のもとになる表を作成しておきます。

MEMO 表の作り方

ここでは、A列に時系列を示す月、B列にそれに対応する売上個数を入力しています。

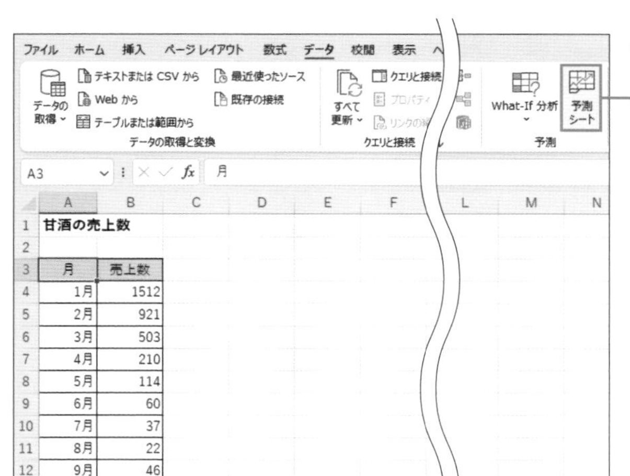

❶ 表内をクリックし、

❷ ［データ］タブの［予測シート］をクリックします。

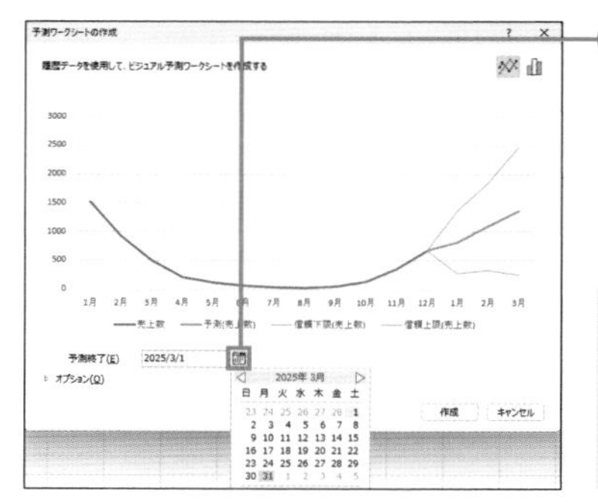

❸ [予測終了] のカレンダーをクリックし、いつの時点までの予測を行うかを指定します。

ここで行う操作

ここでは、2025/3/31をクリックしています。

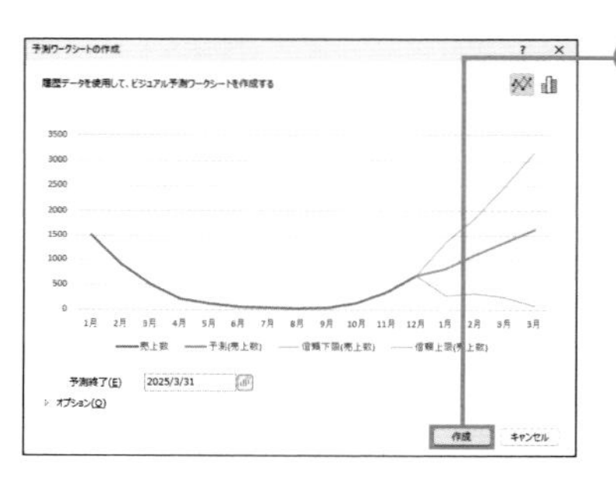

❹ [作成] をクリックすると、

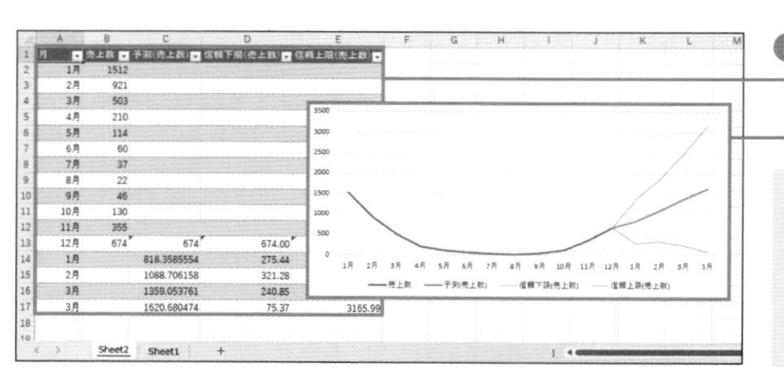

❺ 新しいシートに、3か月先のまでの予測データと折れ線グラフが表示されます。

MEMO **テーブルに変換される**

予測シートを作成すると、もとの表がテーブルに変換され、「予測」「信頼下限」「信頼上限」の列が自動的に追加されます。

COLUMN

グラフの見方

折れ線グラフのオレンジ色の線が予測データです。予測データの線は、上から「信頼上限」「予測」「信頼下限」の3本あり、そのオレンジの範囲が予測の信頼区間となります。この信頼区間は最初は95%が設定されていますが、手順❸の画面にある [オプション] をクリックすると変更できます。

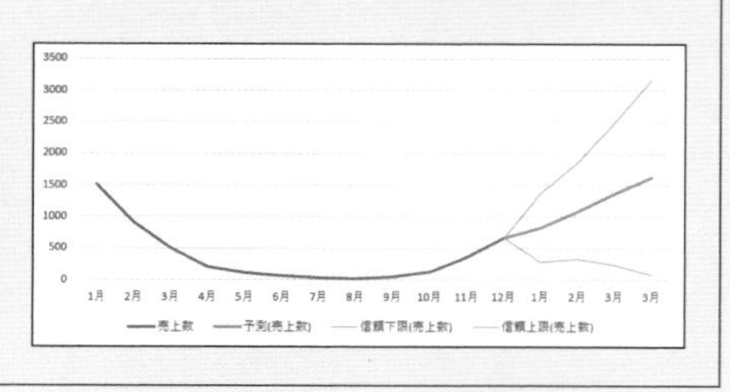

062 大量のデータを一括でインポートする

データベース機能を利用するには、もとになるデータ（リスト）が必要です。Excelで入力済みのデータがあれば問題ありませんが、ほかのデータベースアプリで使っていたデータを使い慣れたExcelで集計・分析したいということもあるでしょう。**ほかのアプリのデータをExcelに読み込む**ことを**「インポート」**と呼びます。

テキストファイルを取り込む

テキストファイル（文字だけのファイル）は、多くのソフトで汎用的に使用されているファイル形式です。Excelにインポートする前に、ほかのアプリ側で、データを**テキスト形式で保存**しておく必要があります。

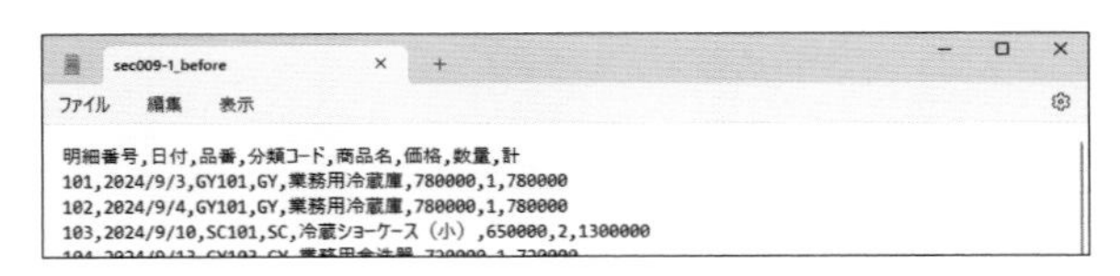

ここでは、カンマ記号で区切られたテキスト形式のファイルを取り込みます。

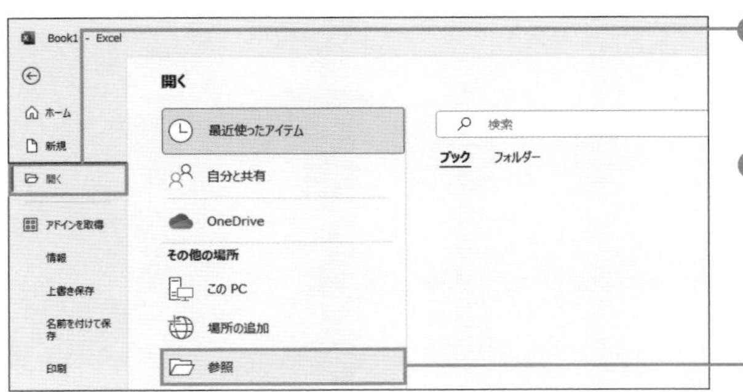

❶ Excelの新規ファイルを開き、[ファイル] タブの [開く] をクリックし、

❷ [参照] をクリックします。

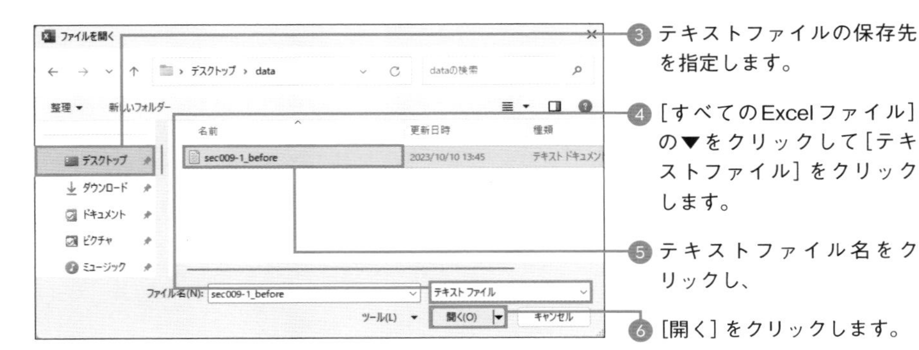

❸ テキストファイルの保存先を指定します。

❹ [すべてのExcelファイル] の▼をクリックして [テキストファイル] をクリックします。

❺ テキストファイル名をクリックし、

❻ [開く] をクリックします。

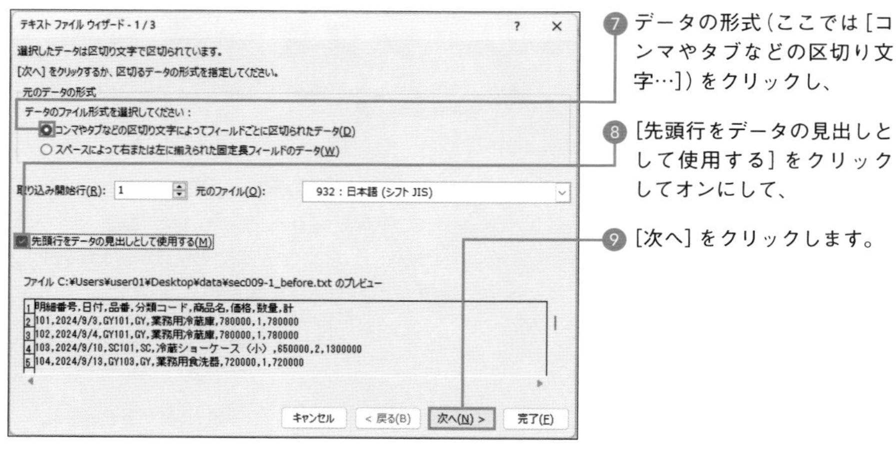

7. データの形式（ここでは［コンマやタブなどの区切り文字…］）をクリックし、
8. ［先頭行をデータの見出しとして使用する］をクリックしてオンにして、
9. ［次へ］をクリックします。

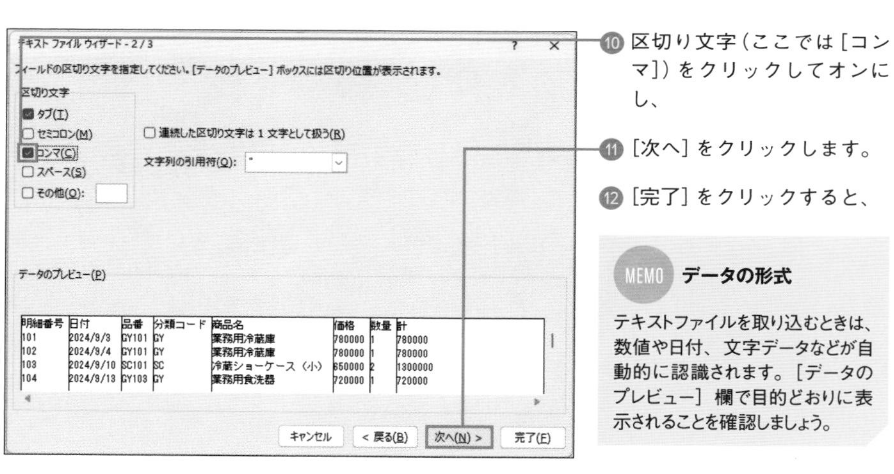

10. 区切り文字（ここでは［コンマ］）をクリックしてオンにし、
11. ［次へ］をクリックします。
12. ［完了］をクリックすると、

MEMO データの形式

テキストファイルを取り込むときは、数値や日付、文字データなどが自動的に認識されます。［データのプレビュー］欄で目的どおりに表示されることを確認しましょう。

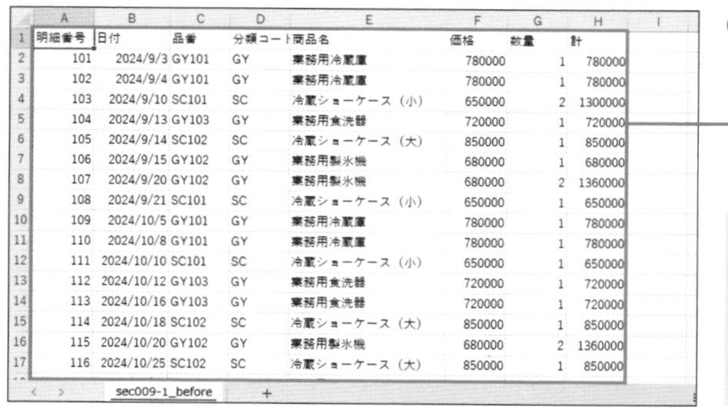

	A	B	C	D	E	F	G	H
1	明細番号	日付	品番	分類コード	商品名	価格	数量	計
2	101	2024/9/3	GY101	GY	業務用冷蔵庫	780000	1	780000
3	102	2024/9/4	GY101	GY	業務用冷蔵庫	780000	1	780000
4	103	2024/9/10	SC101	SC	冷蔵ショーケース（小）	650000	2	1300000
5	104	2024/9/13	GY103	GY	業務用食洗器	720000	1	720000
6	105	2024/9/14	SC102	SC	冷蔵ショーケース（大）	850000	1	850000
7	106	2024/9/15	GY102	GY	業務用製氷機	680000	1	680000
8	107	2024/9/20	GY102	GY	業務用製氷機	680000	2	1360000
9	108	2024/9/21	SC101	SC	冷蔵ショーケース（小）	650000	1	650000
10	109	2024/10/5	GY101	GY	業務用冷蔵庫	780000	1	780000
11	110	2024/10/8	GY101	GY	業務用冷蔵庫	780000	1	780000
12	111	2024/10/10	SC101	SC	冷蔵ショーケース（小）	650000	1	650000
13	112	2024/10/12	GY103	GY	業務用食洗器	720000	1	720000
14	113	2024/10/16	GY103	GY	業務用食洗器	720000	1	720000
15	114	2024/10/18	SC102	SC	冷蔵ショーケース（大）	850000	1	850000
16	115	2024/10/20	GY102	GY	業務用製氷機	680000	2	1360000
17	116	2024/10/25	SC102	SC	冷蔵ショーケース（大）	850000	1	850000

sec009-1_before

13. テキストファイルをExcelに取り込むことができます。見出しに書式を設定したり列幅を整えたりして見栄えを調整します。

MEMO Excelファイルとして保存する

テキストファイルをインポートしたあとは、［ファイルの種類］を［Excelブック］に変更して保存します。

Accessのデータを取り込む

Accessは Officeアプリの1つでデータベースを作成・管理するものです。高度なデータベースを構築できる反面、慣れていないと操作が少々難しい面があります。Accessで作成したデータをExcelにインポートすれば、**使い慣れた操作で集計や分析**を行えます。Accessのデータをインポートするときは、取り込みたいオブジェクトやデータの表示方法を指定します。

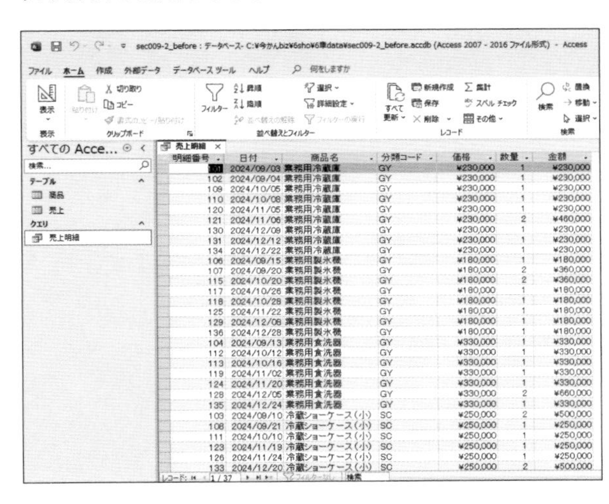

Accessクエリのデータを Excelにインポートします。

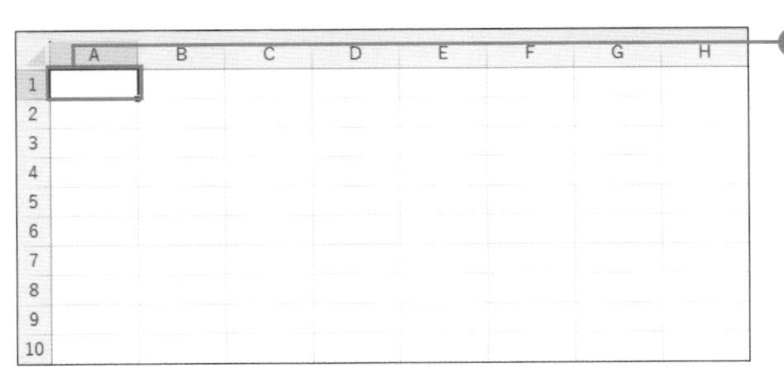

❶ データを取り込む左上のセル（ここではA1セル）をクリックします。

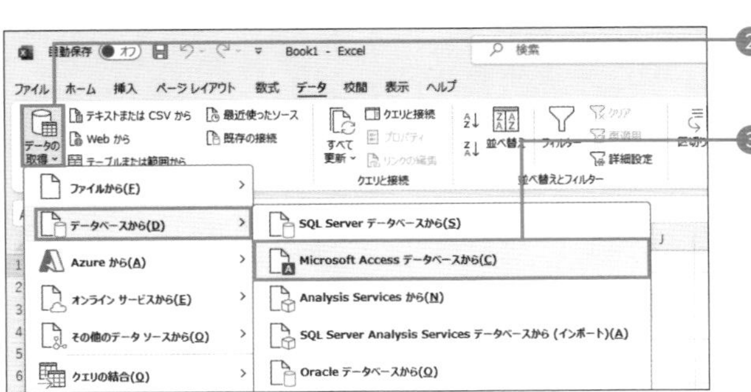

❷ ［データ］タブの［データの取得］をクリックし、

❸ ［データベースから］→［Microsoft Access データベースから］をクリックします。

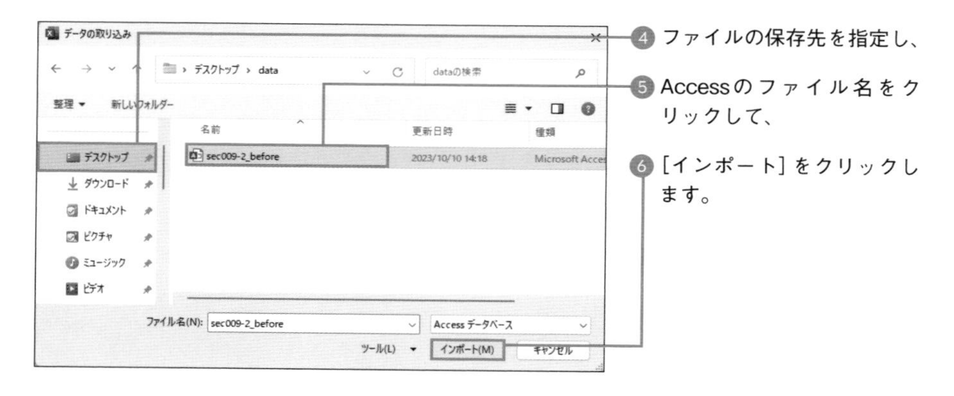

❹ファイルの保存先を指定し、

❺Accessのファイル名をクリックして、

❻［インポート］をクリックします。

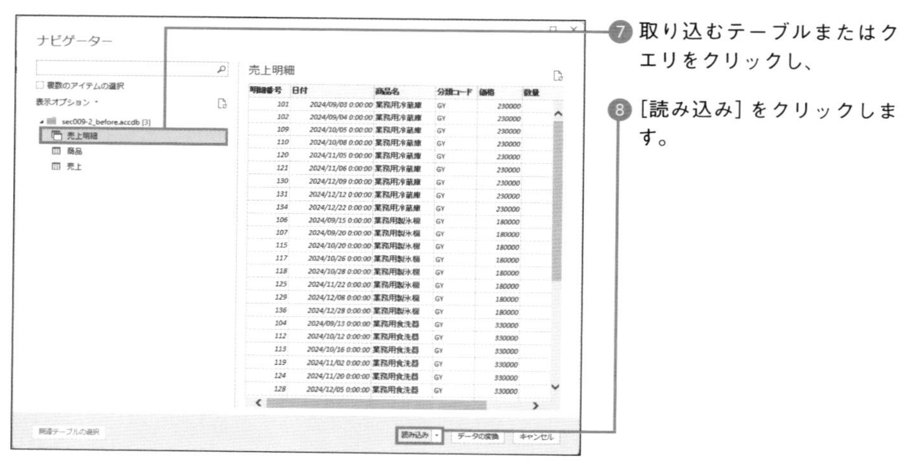

❼取り込むテーブルまたはクエリをクリックし、

❽［読み込み］をクリックします。

	A	B	C	D	E	F	G
1	明細番号	日付	商品名	分類コード	価格	数量	金額
2	101	2024/9/3 0:00	業務用冷蔵庫	GY	230000	1	2300
3	102	2024/9/4 0:00	業務用冷蔵庫	GY	230000	1	2300
4	109	2024/10/5 0:00	業務用冷蔵庫	GY	230000	1	2300
5	110	2024/10/8 0:00	業務用冷蔵庫	GY	230000	1	2300
6	120	2024/11/5 0:00	業務用冷蔵庫	GY	230000	1	2300
7	121	2024/11/6 0:00	業務用冷蔵庫	GY	230000	2	4600
8	130	2024/12/9 0:00	業務用冷蔵庫	GY	230000	1	2300
9	131	2024/12/12 0:00	業務用冷蔵庫	GY	230000	1	2300
10	134	2024/12/22 0:00	業務用冷蔵庫	GY	230000	1	2300
11	106	2024/9/15 0:00	業務用製氷機	GY	180000	1	1800
12	107	2024/9/20 0:00	業務用製氷機	GY	180000	2	3600
13	115	2024/10/20 0:00	業務用製氷機	GY	180000	2	3600
14	117	2024/10/26 0:00	業務用製氷機	GY	180000	1	1800
15	118	2024/10/28 0:00	業務用製氷機	GY	180000	1	1800
16	125	2024/11/22 0:00	業務用製氷機	GY	180000	1	1800
17	129	2024/12/8 0:00	業務用製氷機	GY	180000	1	1800
18	136	2024/12/28 0:00	業務用製氷機	GY	180000	1	1800

❾AccessのデータをExcelに取り込むことができます。

AccessとExcelは連動している

Accessでデータを修正したら、Excelにインポートしたテーブル内をクリックし、［テーブルデザイン］タブの［更新］をクリックします。すると、Accessの修正結果をExcelに反映できます。

第7章

手早くスムーズに扱う!
シート・ファイルの
操作テクニック

063 ワークシートをすばやく操作する

Excelの新規ファイルを開くと、「Sheet1」という名前の1枚の**ワークシート**が表示されます。ワークシートは1,048,576行×16,384列の大きさがあるため、1枚のワークシートに複数の表を作成することもできます。ただし、たくさんの表を無理やり1枚のワークシートに詰め込むよりも、月別や店舗別などに**ワークシートを分けたほうが管理しやすくなります**。ワークシートはあとから追加や削除、コピーや移動が自在に行え、シートの名前も変更できます。なお、ワークシートを保存したファイルのことを**「ブック」**と呼びます。

ワークシートを追加・削除する

新しいファイルを開くと、最初は1枚のワークシートが表示されます。ワークシートの数が足りない場合は、あとから何枚でも**追加**できます。また、不要になったワークシートは**削除**できます。

ワークシートを追加する

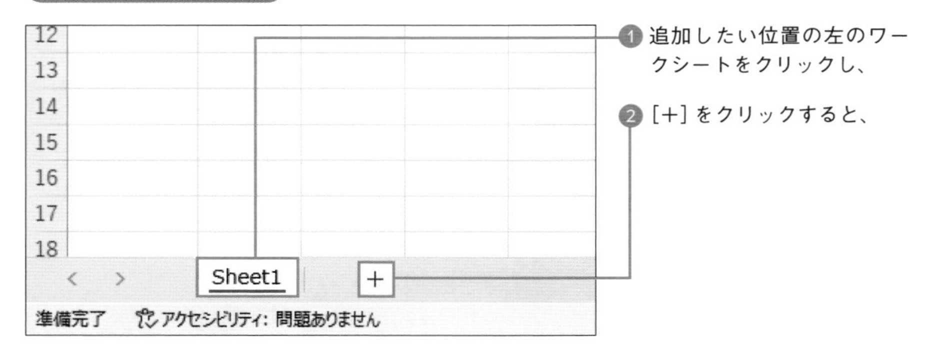

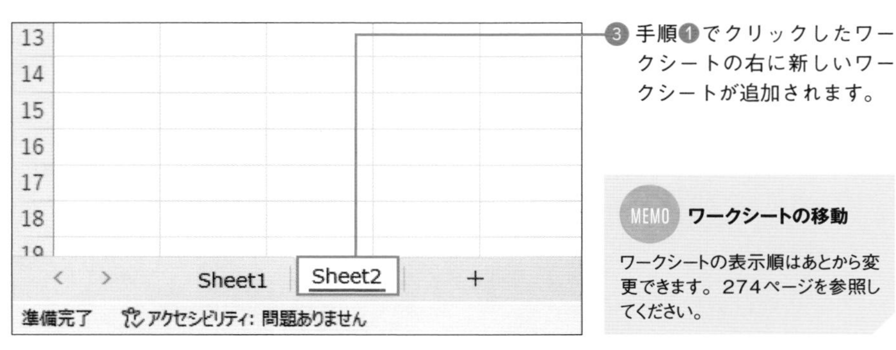

MEMO ワークシートの移動

ワークシートの表示順はあとから変更できます。274ページを参照してください。

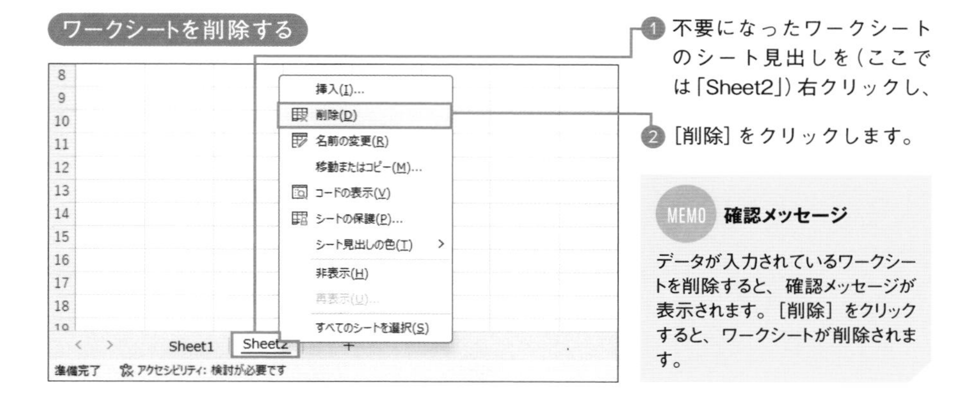

ワークシートを削除する

❶ 不要になったワークシートのシート見出しを（ここでは「Sheet2」）右クリックし、

❷ ［削除］をクリックします。

> **MEMO 確認メッセージ**
>
> データが入力されているワークシートを削除すると、確認メッセージが表示されます。［削除］をクリックすると、ワークシートが削除されます。

シート見出しに名前を付ける

ワークシートを追加すると、「Sheet2」「Sheet3」のような名前が自動的に表示されますが、あとから名前を変更できます。ワークシートの名前が表示される部分を**「シート見出し」**と呼び、名前は31文字以内で自由に指定できます。ただし、「\」「:」「/」「?」「*」「[」「]」などの一部の記号は使用できません。

❶ 名前を変更するシート見出し（ここでは「Sheet1」）をダブルクリックすると、

> **MEMO 右クリックでの操作**
>
> シート見出しを右クリックしたときに表示されるメニューから、［名前の変更］をクリックして名前を変更することもできます。

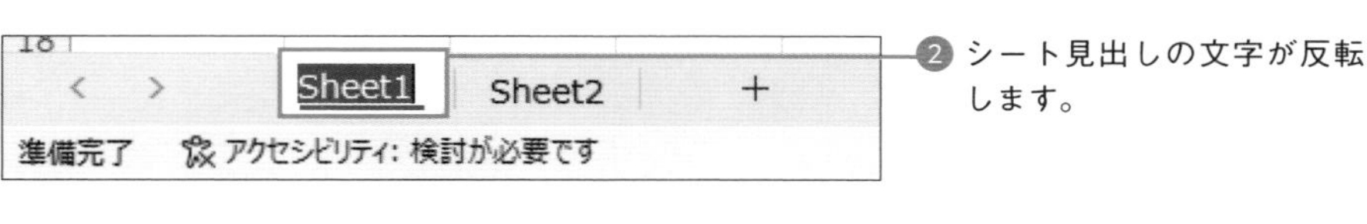

❷ シート見出しの文字が反転します。

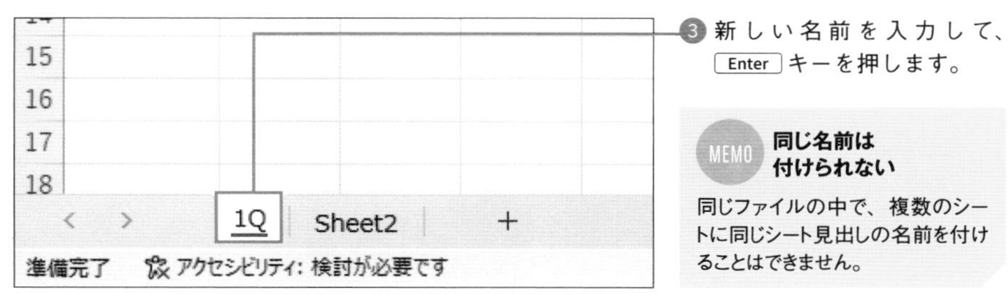

❸ 新しい名前を入力して、Enter キーを押します。

> **MEMO 同じ名前は付けられない**
>
> 同じファイルの中で、複数のシートに同じシート見出しの名前を付けることはできません。

シート見出しに色を付ける

271ページの操作のように、シート見出しに名前を付けるだけでなく、シート見出しに色を付けて、**ワークシートを区別しやすくする**こともできます。「赤のシート」とか「青のシート」と言えば、Excelに慣れていない人にも伝わりやすくなります。

❶ 色を付けるシート見出し(ここでは「1Q」)を右クリックします。

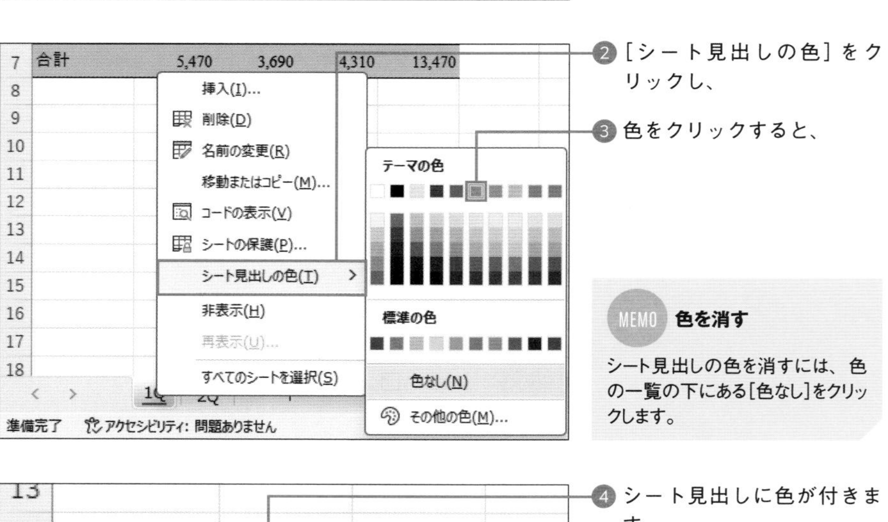

❷ [シート見出しの色] をクリックし、

❸ 色をクリックすると、

MEMO 色を消す

シート見出しの色を消すには、色の一覧の下にある[色なし]をクリックします。

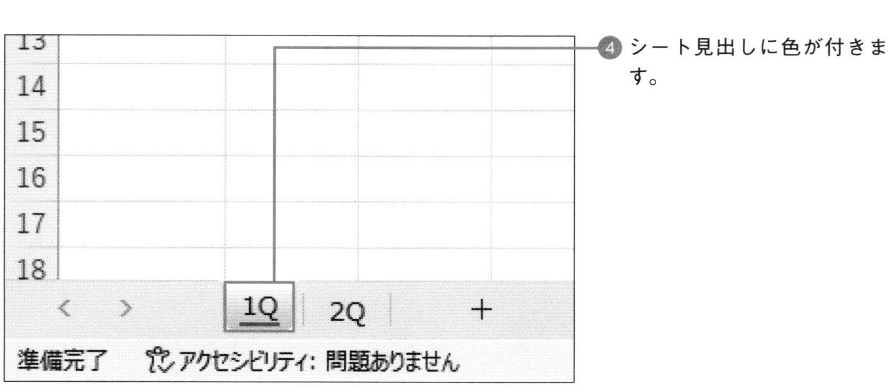

❹ シート見出しに色が付きます。

ワークシートを非表示にする

プレゼンや営業先では、相手に見せたくないワークシートや一時的に隠しておきたいワークシートもあるでしょう。ただし、ワークシートを削除してしまうと数式がエラーになってしまう場合もあります。このようなときは**[非表示] 機能**を使って一時的に隠しておきます。非表示に設定したワークシートは、削除したわけではないので、必要なときに**再表示**できます。

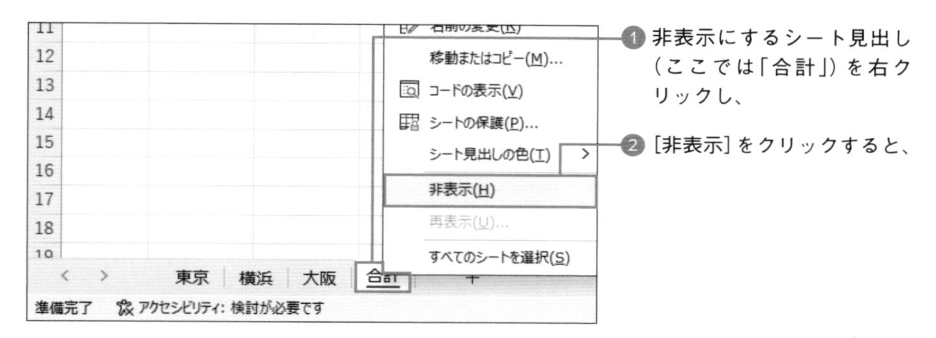

❶ 非表示にするシート見出し(ここでは「合計」)を右クリックし、

❷ [非表示] をクリックすると、

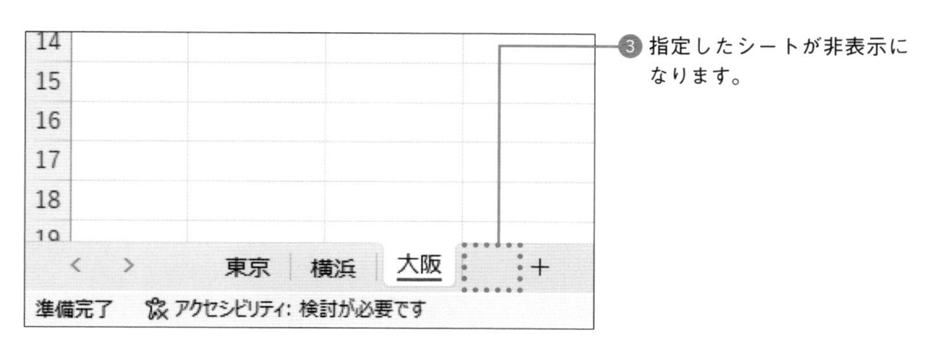

❸ 指定したシートが非表示になります。

COLUMN

シートを再表示する

シートを再表示するには、いずれかのシート見出しを右クリックして[再表示] をクリックします。[再表示] ダイアログボックスで再表示するシートをクリックし、[OK] をクリックします。

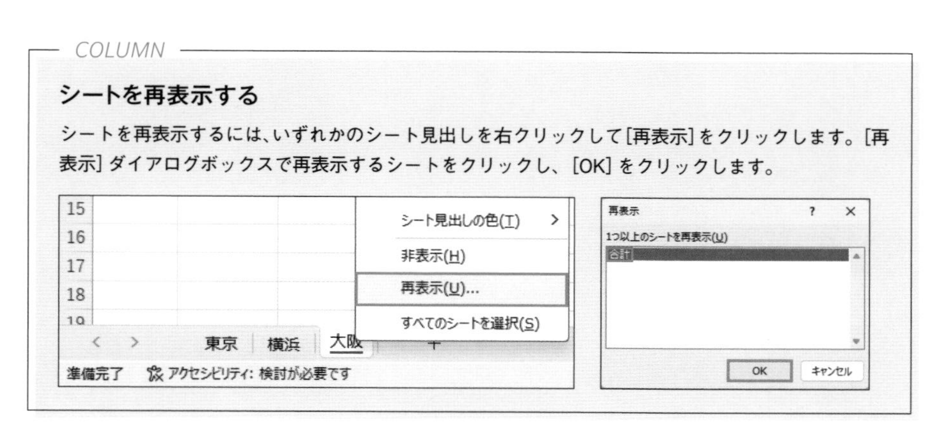

ワークシートを移動・コピー移動する

月別や支店別など、意味のある順番や指定した順番にワークシートが並んでいると、理解が深まり操作もしやすくなります。ワークシートの**順番を入れ替えて整理**しましょう。また、似たような表を作るときは、作成済みのワークシートを**コピーして再利用**すると効率よく作業できます。

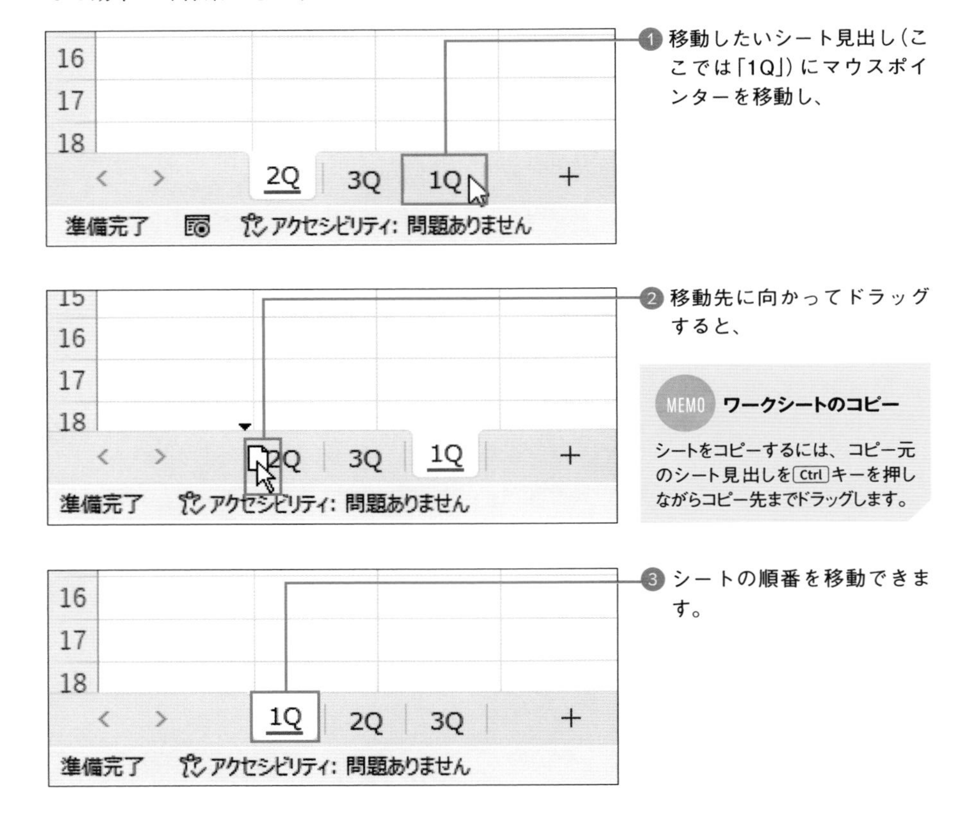

MEMO **ワークシートのコピー**

シートをコピーするには、コピー元のシート見出しをCtrlキーを押しながらコピー先までドラッグします。

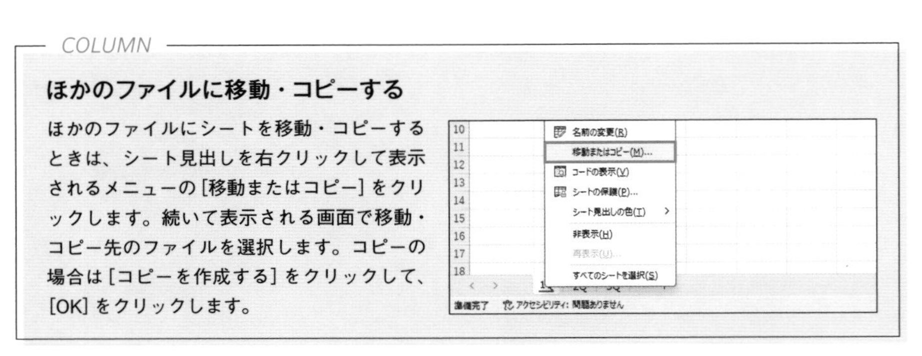

COLUMN

ほかのファイルに移動・コピーする

ほかのファイルにシートを移動・コピーするときは、シート見出しを右クリックして表示されるメニューの［移動またはコピー］をクリックします。続いて表示される画面で移動・コピー先のファイルを選択します。コピーの場合は［コピーを作成する］をクリックして、［OK］をクリックします。

複数のワークシートをグループ化する

［シートのグループ］機能を使うと、複数のワークシートを1つのワークシートのように扱うことができます。これにより、複数のワークシートに**同時に表を作成**したり、特定のセルの**書式をまとめて変更**したりといった操作が可能になります。シートごとに同じ操作をくりかえす手間が省け、操作性が向上します。

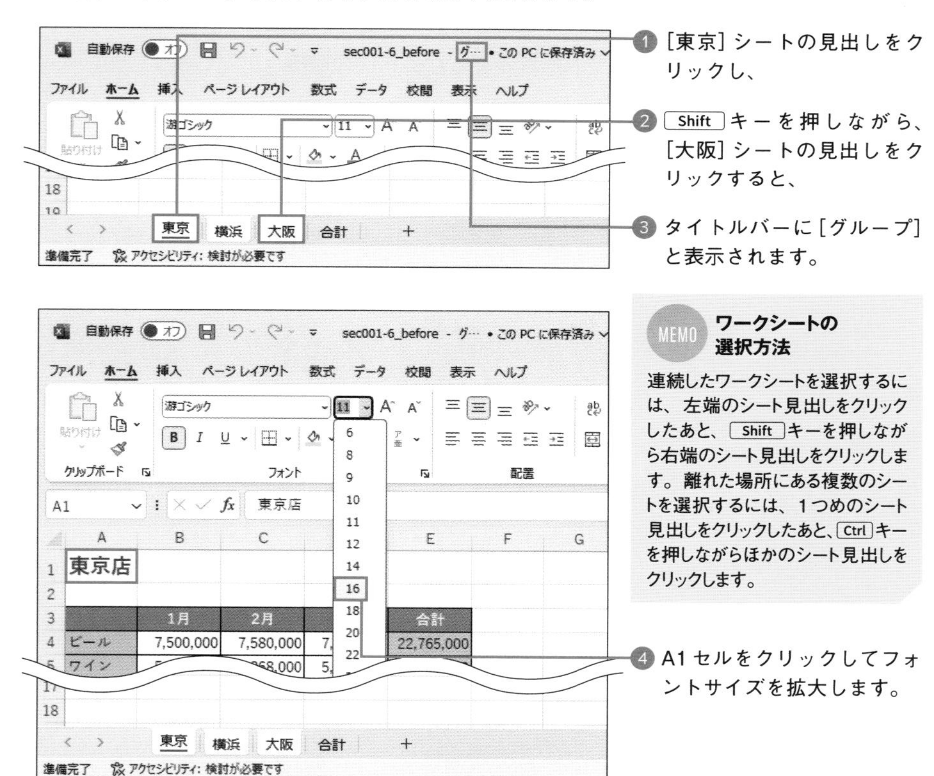

❶［東京］シートの見出しをクリックし、

❷ Shift キーを押しながら、［大阪］シートの見出しをクリックすると、

❸ タイトルバーに［グループ］と表示されます。

MEMO ワークシートの選択方法

連続したワークシートを選択するには、左端のシート見出しをクリックしたあと、Shift キーを押しながら右端のシート見出しをクリックします。離れた場所にある複数のシートを選択するには、1つめのシート見出しをクリックしたあと、Ctrl キーを押しながらほかのシート見出しをクリックします。

❹ A1セルをクリックしてフォントサイズを拡大します。

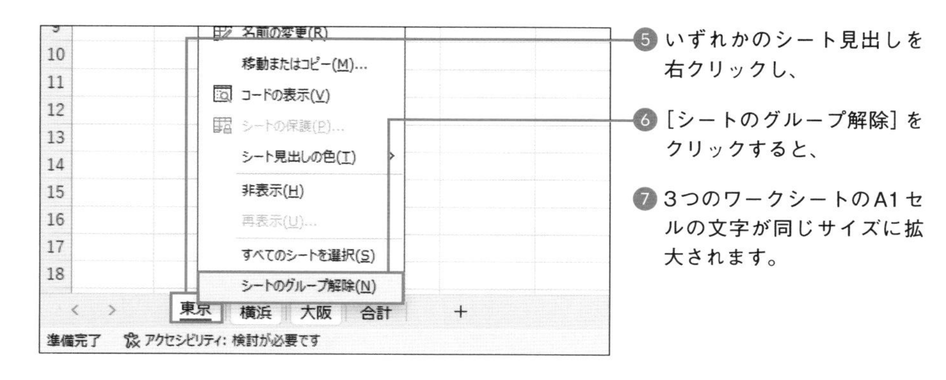

❺ いずれかのシート見出しを右クリックし、

❻［シートのグループ解除］をクリックすると、

❼ 3つのワークシートのA1セルの文字が同じサイズに拡大されます。

064 複数シートにまたがる集計をする

ほかのシートのセルを使って数式を作成すると、前年度のシートの数値を参照して今年度の売上目標を立てたり、複数のシートの同じセルの数値を串刺しに計算したりすることが可能です。**ほかのシートのセルを参照すること**を**「外部参照」**と呼びます。

ほかのワークシートのセルを使って計算する

ほかのワークシートのセルを参照するには、数式を作成する途中で、**計算したいシート見出しをクリックして目的のセルをクリック**します。ほかのワークシートのセルを参照すると、「=シート名!セル番地」のように表示されます。

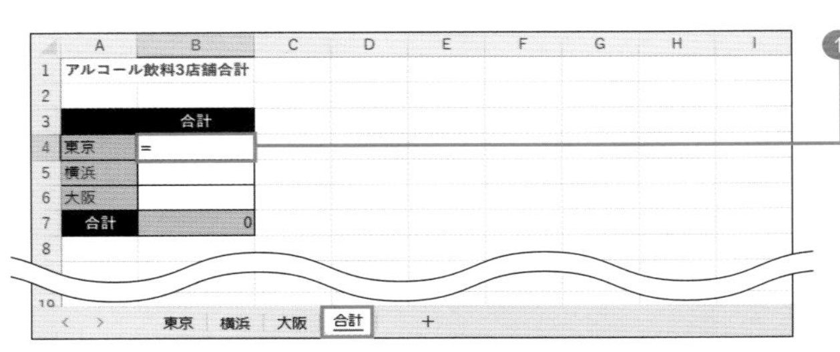

❶ 数式を入力するセル（ここでは「合計」シートのB4セル）をクリックして、「=」を入力します。

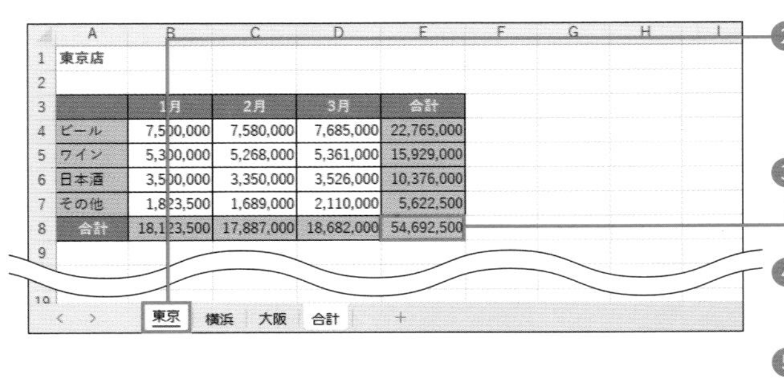

❷ 参照先のシート見出し（ここでは「東京」）をクリックし、

❸ 参照するセル（ここではE8セル）をクリックして、

❹ Enter キーを押します。

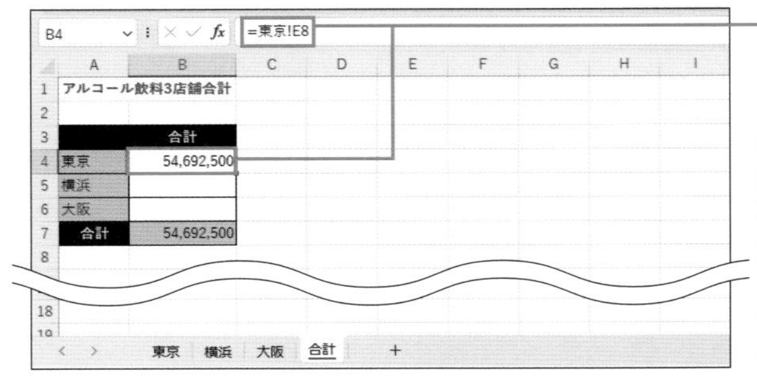

❺「東京」シートのE8セルの値が表示されます。B4セルをクリックして数式の内容を確認します。

MEMO ここで操作する内容

ここでは、「合計」シートのB4のセルに、「東京」シートのE8のセルの売上合計を参照する数式（「=東京!E8」）を作成しています。

複数のワークシートを串刺し計算する

月ごとや店舗ごとにワークシートを分けて表を作成している場合は、複数のワークシートの同じセルの値を**串刺し計算**することで、**シート間の値を合算**できます。このとき、それぞれのワークシートでは、**同じ位置に同じ構成で表を作成しておく**必要があります。

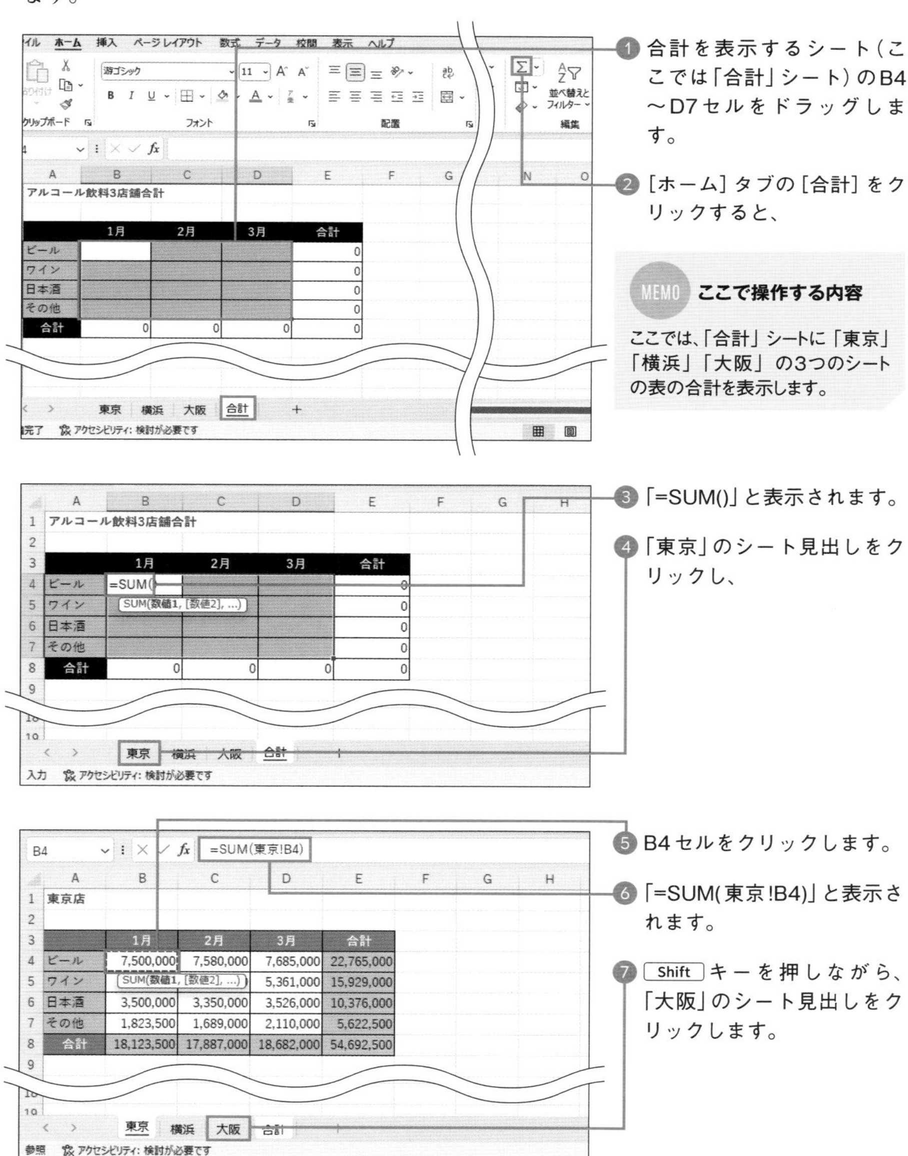

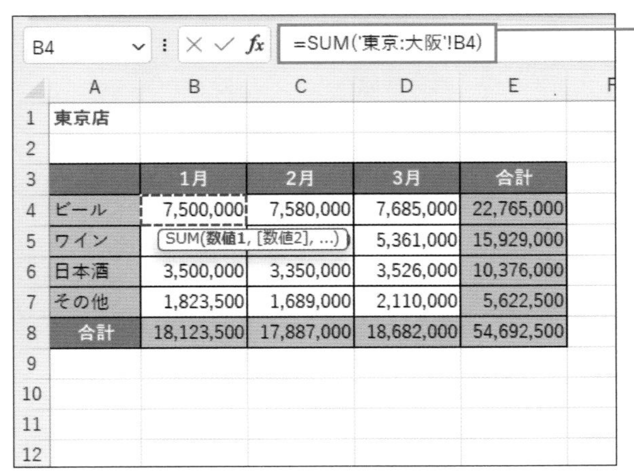

	1月	2月	3月	合計
ビール	7,500,000	7,580,000	7,685,000	22,765,000
ワイン			5,361,000	15,929,000
日本酒	3,500,000	3,350,000	3,526,000	10,376,000
その他	1,823,500	1,689,000	2,110,000	5,622,500
合計	18,123,500	17,887,000	18,682,000	54,692,500

❽「=SUM(東京:大阪!B4)」と表示されます。

❾ Ctrl キーを押しながら、Enter キーを押します。

数式をまとめて入力する

複数のセルに同じ数式をまとめて入力するには、Ctrl＋Enter キーを押します。

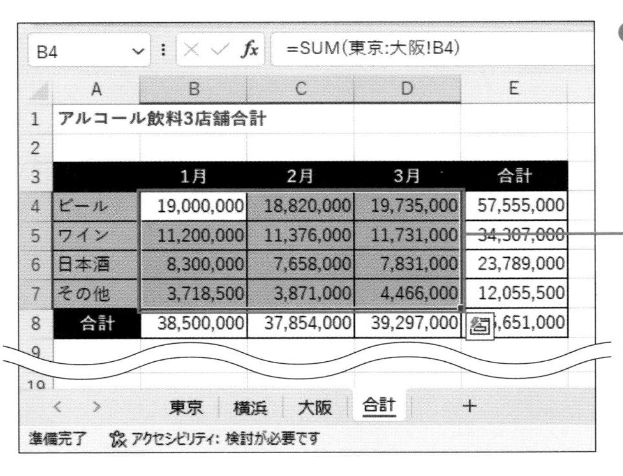

	1月	2月	3月	合計
ビール	19,000,000	18,820,000	19,735,000	57,555,000
ワイン	11,200,000	11,376,000	11,731,000	34,307,000
日本酒	8,300,000	7,658,000	7,831,000	23,789,000
その他	3,718,500	3,871,000	4,466,000	12,055,500
合計	38,500,000	37,854,000	39,297,000	[illegible],651,000

❿「合計」シートに串刺し計算の結果が表示されます。

COLUMN

数式の見方

「=SUM(東京:大阪!B4)」の数式は、「「東京」シートから「大阪」シートまでのB4のセルの合計を表示する」という意味です。

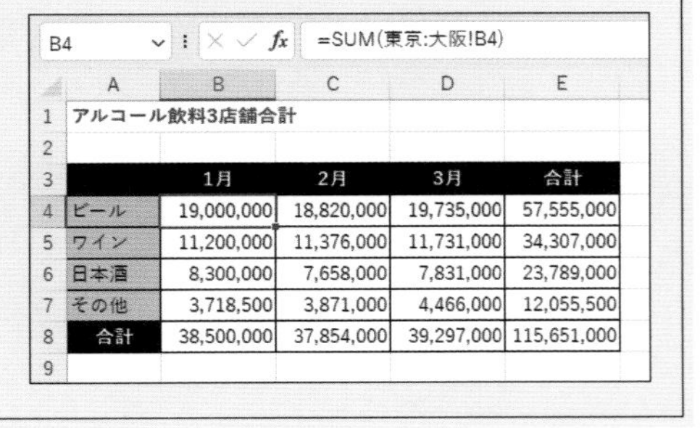

	1月	2月	3月	合計
ビール	19,000,000	18,820,000	19,735,000	57,555,000
ワイン	11,200,000	11,376,000	11,731,000	34,307,000
日本酒	8,300,000	7,658,000	7,831,000	23,789,000
その他	3,718,500	3,871,000	4,466,000	12,055,500
合計	38,500,000	37,854,000	39,297,000	115,651,000

065 複数シートやファイルをPower Queryで統合する

ほかのシートやほかのファイル、あるいはWebデータなど、さまざまな場所にあるデータをワークシートに読み込んで加工したり、複数の表を結合したりするときは**[Power Query (パワークエリー)] 機能**を使います。マクロやVBAでも同じように操作手順を登録できますが、Power Queryはプログラミング言語を勉強しなくても利用できるので便利です。

PowerQueryを活用するメリット

たとえば、別々のファイルに作成した月別の売上表を1つにまとめて集計する際、通常はそれぞれのファイルを開いて必要なセルをコピーして貼り付ける作業が発生します。もし新しい月の売上表が追加されたら、また同じ作業をくりかえす必要があります。

Power Queryを使えば、売上表が保存されているフォルダーに新しい月のファイルを保存するだけで、自動的に集計結果に反映されるため、**「データの読み込み」→「データの加工」→「データの出力」**といった一連の流れをスムーズに行うことができます。

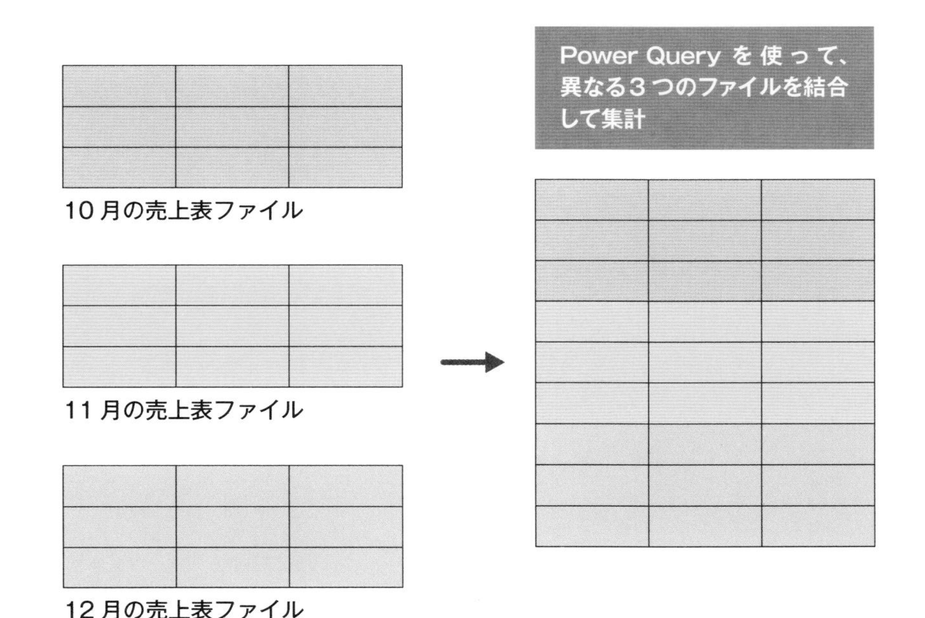

データを取り込む

Power Queryを使うには、**もとになるファイルを取り込みます**。ここでは、同じフォルダー(「月別売上表」)に保存されている「10月」「11月」「12月」の3つのファイルを取り込みます。

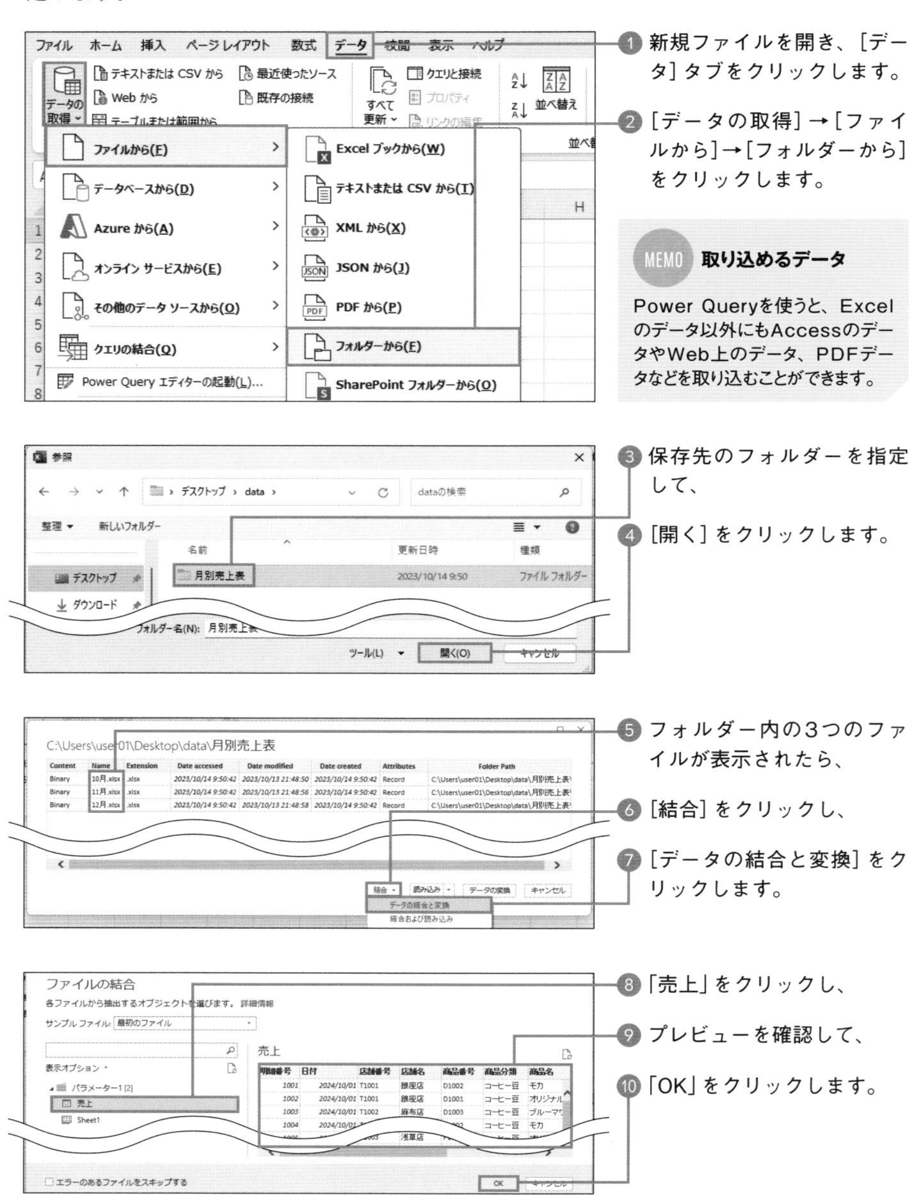

データを加工する

Excelに出力する前に、**必要なデータがわかりやすく表示**されるように加工します。**「Power Queryエディター」画面**で、必要に応じて不要な列を削除したりデータを並べ替えたり、項目名を変更したりするなどの操作をしましょう。

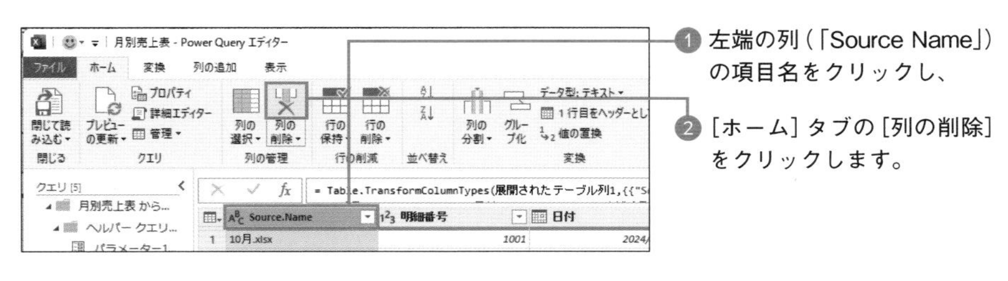

❶左端の列（「Source Name」）の項目名をクリックし、

❷［ホーム］タブの［列の削除］をクリックします。

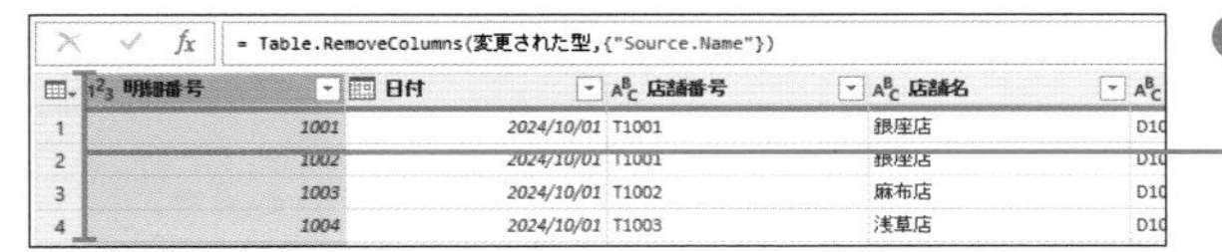

❸列が削除されました。

Excelデータとして出力する

「Power Queryエディター」画面でデータを加工したら、Excelで利用できるように出力します。そうすると、**自動的にテーブルに変換**されて表示されます。

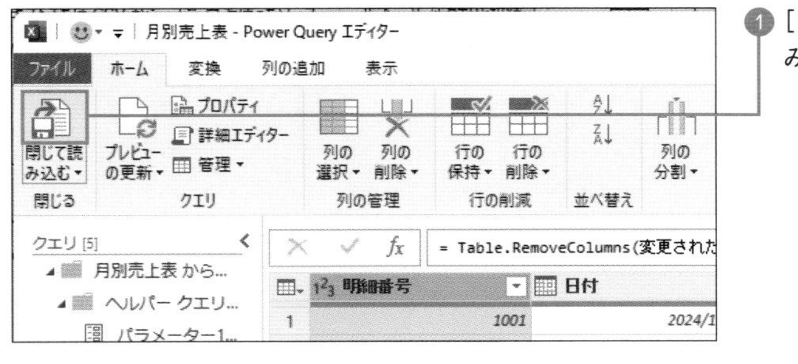

❶［ホーム］タブの［閉じて読み込む］をクリックします。

明細番号	日付	店舗番号	店舗名	商品番号	商品分類	商品名
1111	2024/10/30	T1001	銀座店	K1001	器具	ドリッパー
1112	2024/10/30	T1001	銀座店	D1002	コーヒー豆	モカ
1113	2024/10/30	T1002	麻布店	D1001	コーヒー豆	オリジナルブレンド
1114	2024/10/30	T1003	浅草店	D1001	コーヒー豆	オリジナルブレンド
1115	2024/10/31	T1001	銀座店	D1002	コーヒー豆	モカ
1116	2024/10/31	T1001	銀座店	K1002	器具	コーヒーミル
1117	2024/10/31	T1002	麻布店	D1004	コーヒー豆	コナ
1118	2024/10/31	T1003	浅草店	D1001	コーヒー豆	オリジナルブレンド
1119	2024/11/1	T1001	銀座店	D1003	コーヒー豆	ブルーマウンテン
1120	2024/11/1	T1001	銀座店	D1002	コーヒー豆	モカ
1121	2024/11/1	T1002	麻布店	D1002	コーヒー豆	モカ
1122	2024/11/1	T1003	浅草店	D1001	コーヒー豆	オリジナルブレンド
1123	2024/11/2	T1001	銀座店	D1001	コーヒー豆	オリジナルブレンド
1124	2024/11/2	T1001	銀座店	D1001	コーヒー豆	オリジナルブレンド
1125	2024/11/2	T1002	麻布店	P1001	インスタント	コーヒースティック（10本入り）
1126	2024/11/2	T1003	浅草店	D1002	コーヒー豆	モカ

❷表がテーブルとして表示されます。

❸「10月」「11月」「12月」の異なるファイルのデータが1つのテーブルにまとまっていることが確認できます。

統合元の変更を統合先に反映する

Power Queryで結合したデータは**もとのデータとリンク**しています。そのため、もとのデータを修正したり、ファイルの追加や削除を行ったりしても、Power Queryを作り直す必要はありません。［クエリ］タブの［更新］をクリックすれば、最新の表に更新されます。ここでは、「月別売上表」フォルダーに「9月」のファイルを追加します。

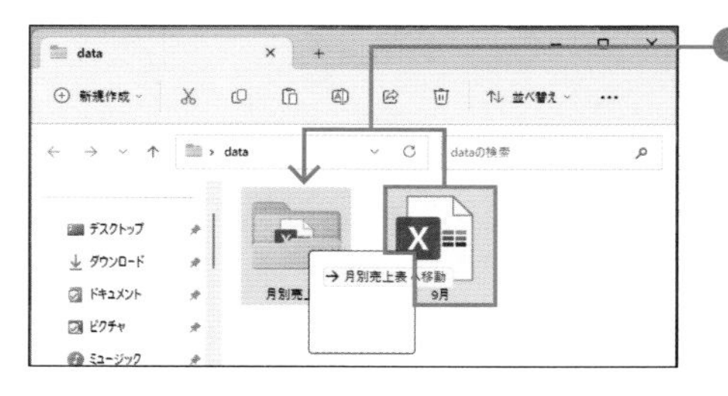

❶「9月」の売上表を「10月」「11月」「12月」と同じフォルダーにコピーします。

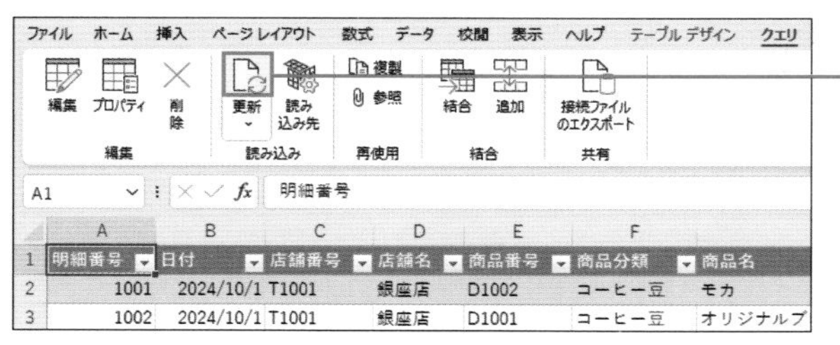

❷ Power Queryで結合したテーブルを表示して、

❸［クエリ］タブの［更新］をクリックすると、

❹ テーブルの12月のデータのあとに9月のデータが追加されます。

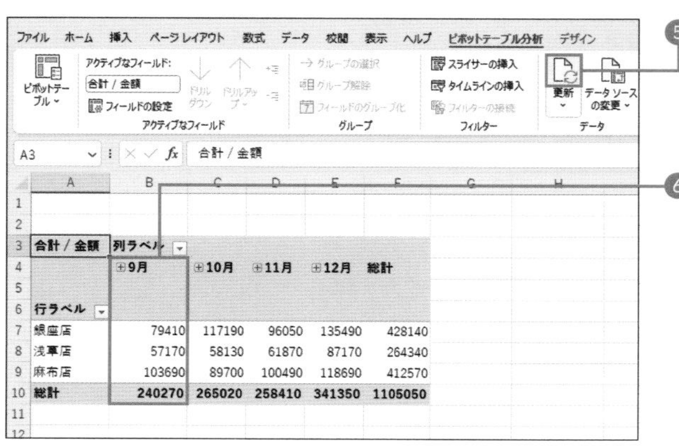

❺「Sheet2」に作成したピボットテーブルを表示し、［ピボットテーブル分析］タブの［更新］をクリックすると、

❻ ピボットテーブルにも9月のデータが追加されます。

066 シートやファイルを並べて、作業効率をアップする

前年度の売上表を見ながら今年の売上計画を練ったり、商品リストを見ながら商品番号を入力したりするなど、複数のファイルやワークシートを**同じ画面に並べて表示**すると、比較や操作がしやすくなるため**作業効率がアップ**します。**ほかのファイルのシート**を同じ画面に表示するのか、**同じファイル内のシート**を同じ画面に表示するのかで操作が異なるので注意しましょう。

ほかのファイルを並べて表示する

前年度の売上表のファイルを見ながら今年度の売上表のファイルにデータを入力するなど、異なるファイルを同じ画面に表示するには**[整列] 機能**を使います。[整列] を使うと、**現在開いているすべてのファイルが同じ画面に表示**されます。事前に不要なファイルを閉じておくことがポイントです。

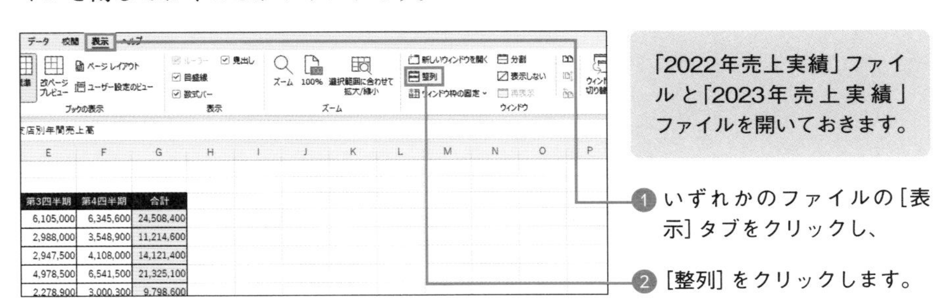

「2022年売上実績」ファイルと「2023年売上実績」ファイルを開いておきます。

❶ いずれかのファイルの [表示] タブをクリックし、

❷ [整列] をクリックします。

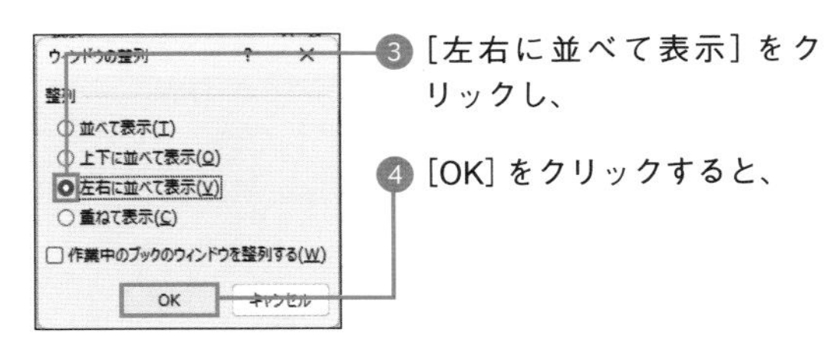

❸ [左右に並べて表示] をクリックし、

❹ [OK] をクリックすると、

❺ 2つのファイルが左右に並んで表示されます。

MEMO 整列の解除

整列を解除するには、片方のファイルの [閉じる] をクリックします。

同じファイル内のシートを並べて表示する

「請求書」シートと「商品リスト」シートを同じ画面に表示して比較したいといったように、同じファイルにある別のワークシートを同じ画面に表示する場合も**[整列]機能**を使います。ポイントは、**整列する前にファイルのコピー版を作成**することです。

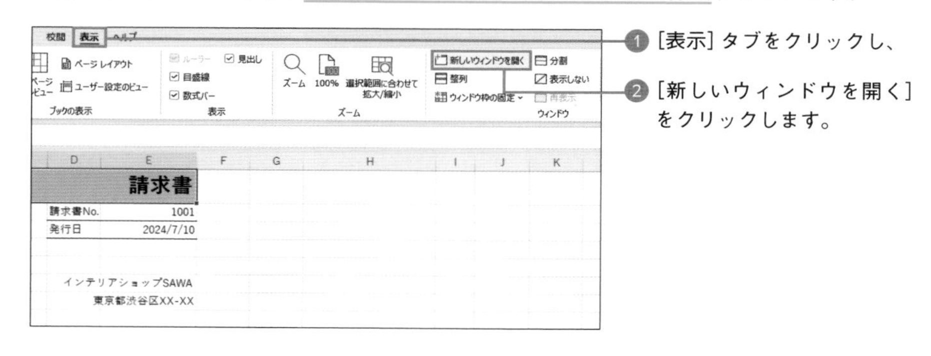

❶ [表示] タブをクリックし、

❷ [新しいウィンドウを開く] をクリックします。

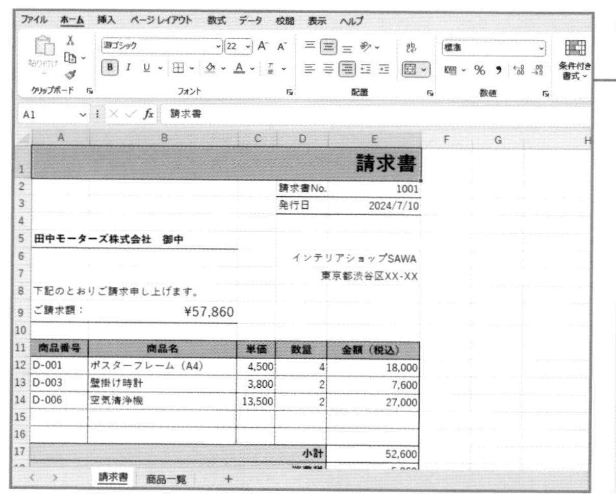

❸ ファイルをコピーした新しいウィンドウが開きます。

画面が重なる

新しいウィンドウを開くと、元のウィンドウの上に新しいウィンドウが重なって表示されます。次の操作でウィンドウを並べます。

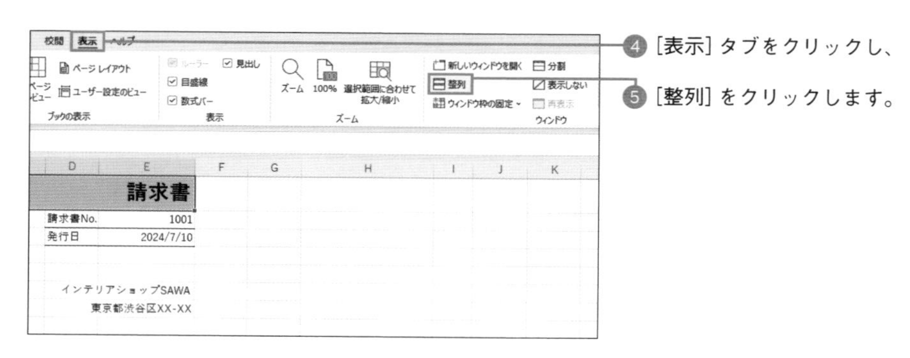

❹ [表示] タブをクリックし、

❺ [整列] をクリックします。

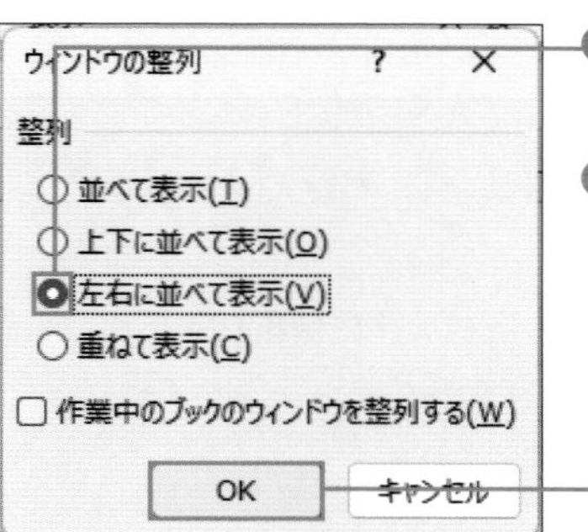

❻ [左右に並べて表示] をクリックし、

❼ [OK] をクリックすると、

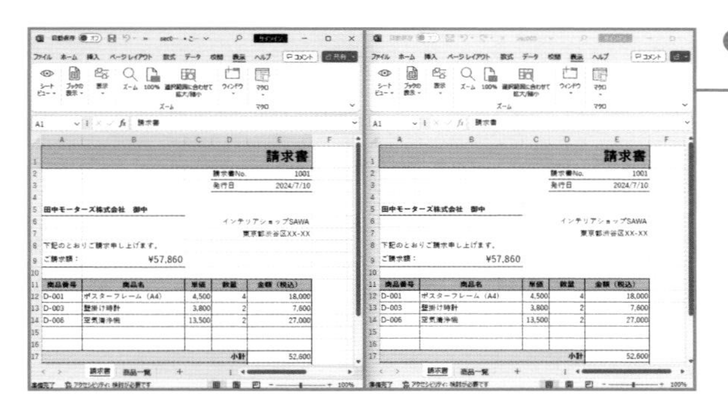

❽ 請求書ファイルとコピーした請求書ファイルが左右に並んで表示されます。

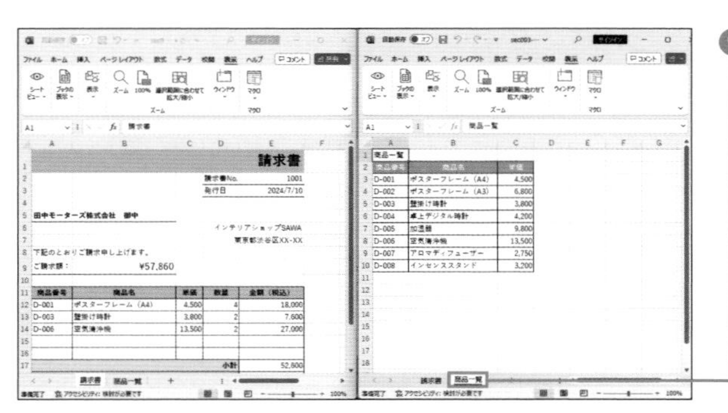

❾ 一方のウィンドウで「商品一覧」シートのシート見出しをクリックすると、同じファイルの異なるシートを並べて表示できます。

067 Excelに入力したデータや個人情報を守る

Excelで作成したファイルには、会社の**機密情報**が含まれている場合があります。また、住所録や顧客名簿には住所や電話番号といった**個人情報**が含まれます。こういったデータが外部に流出しないようにすることは作成者の責任です。また、苦労して作成した数式やデータを勝手に削除されたり修正されたりしないように、大事な**データを守る**操作を覚えておきましょう。

入力欄以外のセルを保護する

請求書や申請書などで**入力欄以外のセルの操作ができない**ようにするには、**[シートの保護]機能**を使います。入力を許可したセル以外にデータを入力しようとするとエラーが表示されるため、データや数式を変更・削除されることを防ぐことができます。シートを保護する手順は2段階です。最初に**入力を許可するセルのロックを外し**、次に**シート全体に保護**をかけます。

セルのロックを解除する

❶ Ctrl キーを押しながら、入力欄のセルを順番にクリックします。

❷ [ホーム]タブの[書式]→[セルのロック]をクリックすると、

❸ 手順❶で選択したセルのロックが解除されます。

> **MEMO　ロックとは**
>
> Excelでは、最初はすべてのセルにロックがかかっています。この状態でシートを保護すると、すべてのセルの操作ができなくなります。そのため、入力や編集を許可するセルのロックをオフにしておく必要があります。

シートを保護する

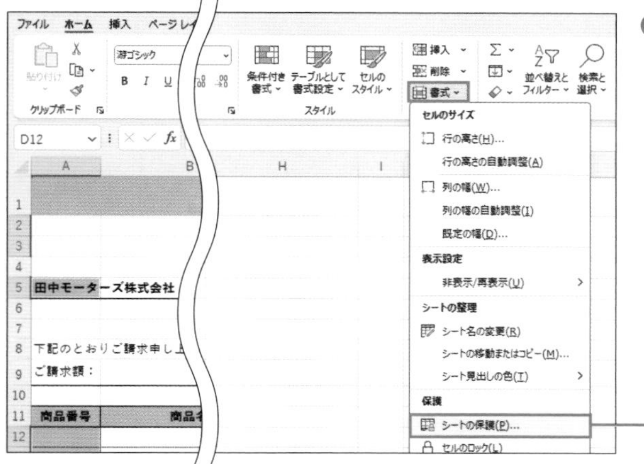

❶ ［ホーム］タブの［書式］→［シートの保護］をクリックします。

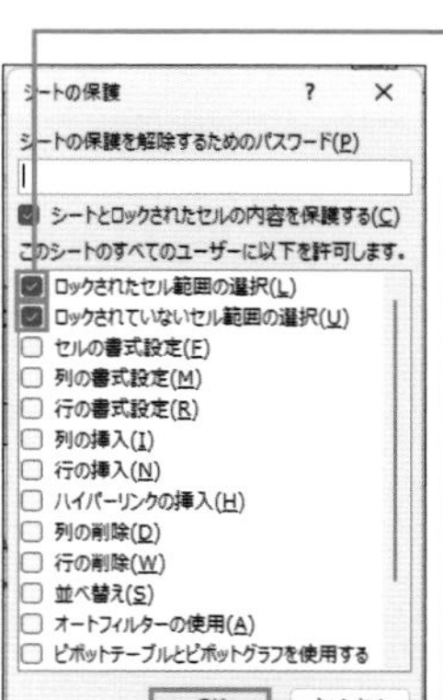

❷ シートを保護したときに許可する操作を選択し、

❸ ［OK］をクリックすると、シートが保護されます。

パスワード

シート保護を解除するためのパスワードを設定できます。パスワードを指定すると、シート保護を解除するときにパスワードの入力を求められます。

❹ 286ページの手順❶で選択したセルにはデータを入力できます。

❺ 入力欄以外のセルにデータを入力しようとすると、

❻ メッセージが表示されてデータを入力できません。

MEMO **保護の解除**

シート保護を解除するには、［ホーム］タブの［書式］→［シート保護の解除］をクリックします。

セル範囲にパスワードを設定する

[範囲の編集を許可] 機能を使うと、**パスワードを知っている人だけがセルを操作できる**しくみを作成できます。これにより、むやみにデータを変更されることを防げます。ここでは、パスワードを入力しないとセルにデータを入力できないようにします。

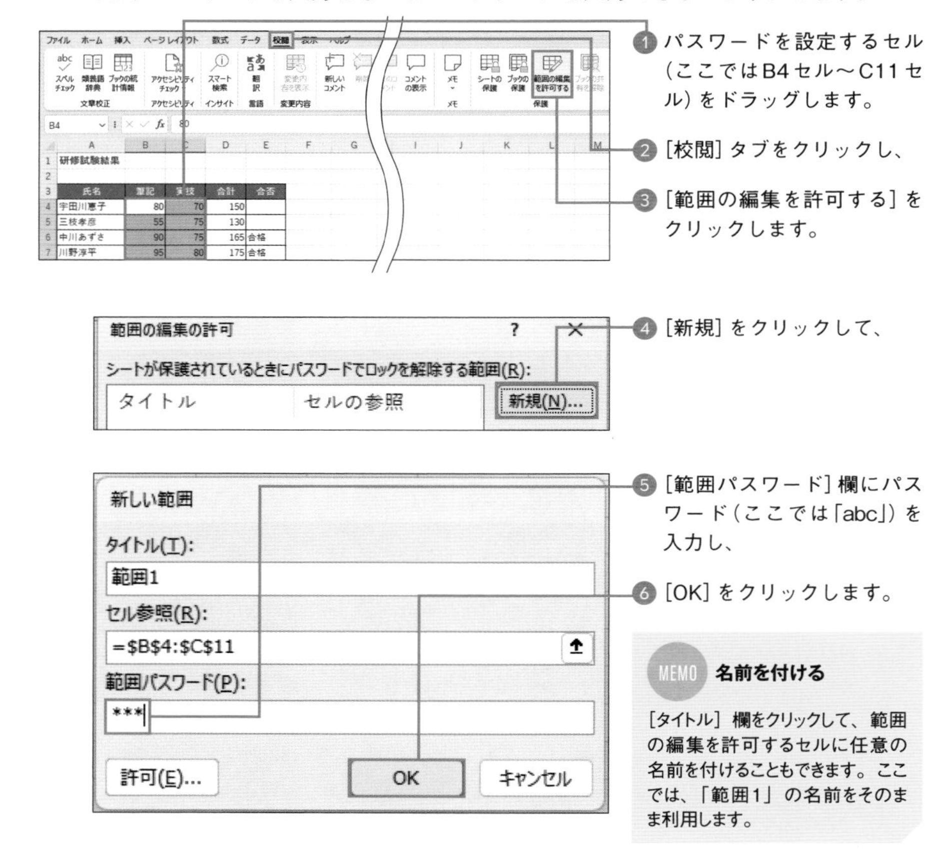

MEMO 名前を付ける

[タイトル] 欄をクリックして、範囲の編集を許可するセルに任意の名前を付けることもできます。ここでは、「範囲1」の名前をそのまま利用します。

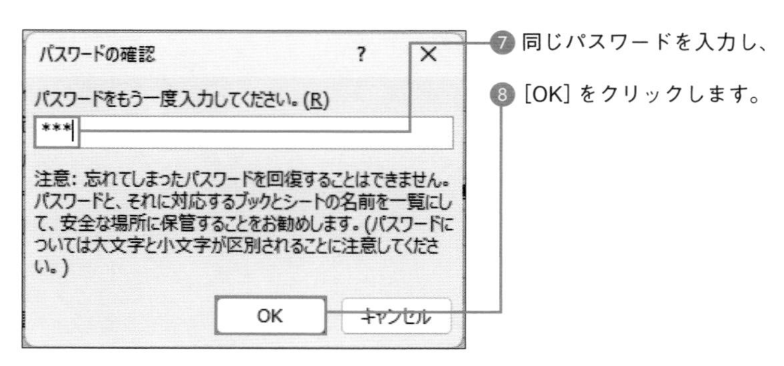

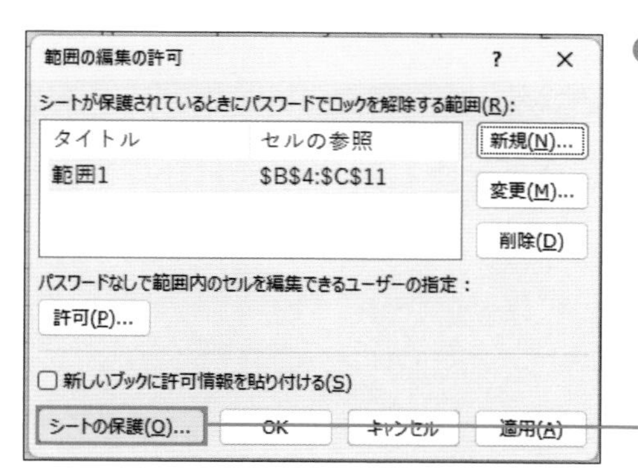

9 ［シートの保護］をクリックして、

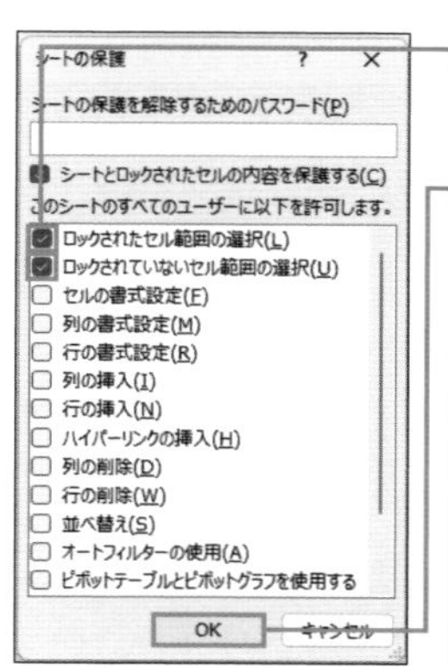

10 シートを保護したときに許可する操作を選択し、

11 ［OK］をクリックすると、シートが保護されます。

MEMO **パスワード**

シート保護を解除するためのパスワードを設定できます。パスワードを指定すると、シート保護を解除するときにパスワードの入力を求められます。

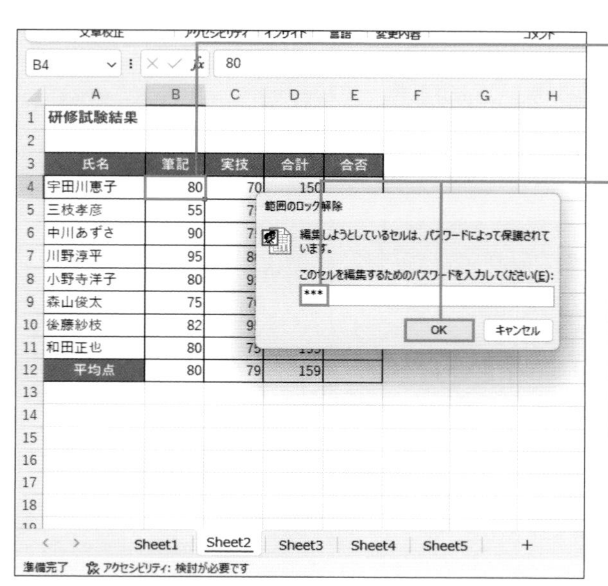

12 手順1で選択したセルにデータを入力しようとすると、パスワードの入力が求められます。

13 パスワードを入力して［OK］をクリックするとデータを入力できます。

MEMO **保護の解除**

シート保護を解除するには、［ホーム］タブの［書式］→［シート保護の解除］をクリックします。

ファイルにパスワードを設定する

ファイルそのものにパスワードを設定すると、**パスワードを知っている人だけがファイルを開ける**ようになります。パスワードを設定すると、次回以降にファイルを開くと、パスワードの入力が求められます。ただし、パスワードを忘れるとファイルを開けなくなるので注意しましょう。

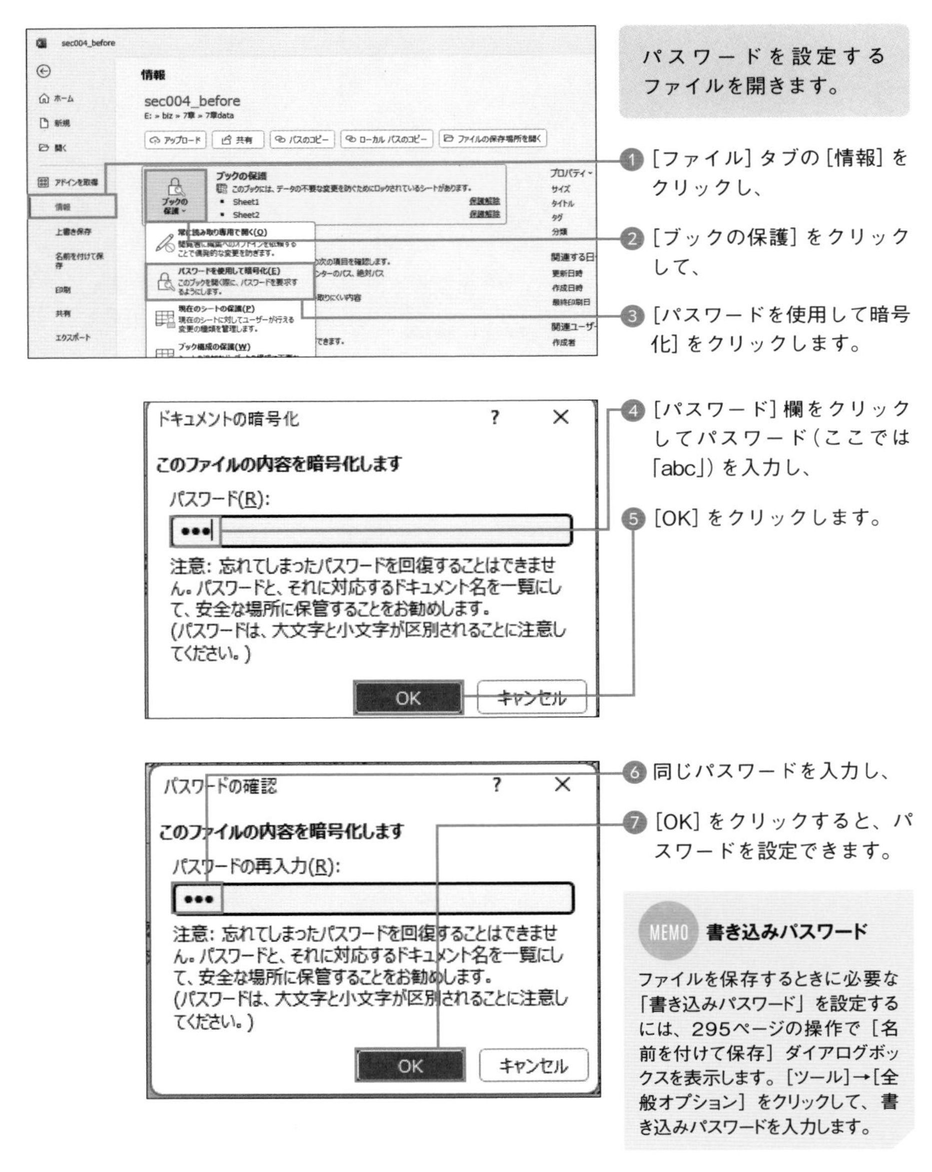

ワークシート構成を変更できないようにする

ワークシートを削除したりシートの名前を変更したりすることで、それらを参照している数式がエラーになることがあります。ワークシートの追加や削除、シート名の変更やシート見出しの色の変更など、現在のワークシートの構成を変更できないようにするには、**[ブックの保護]機能**を使ってファイル全体を保護します。ファイルを保護してもデータの入力や編集は可能です。

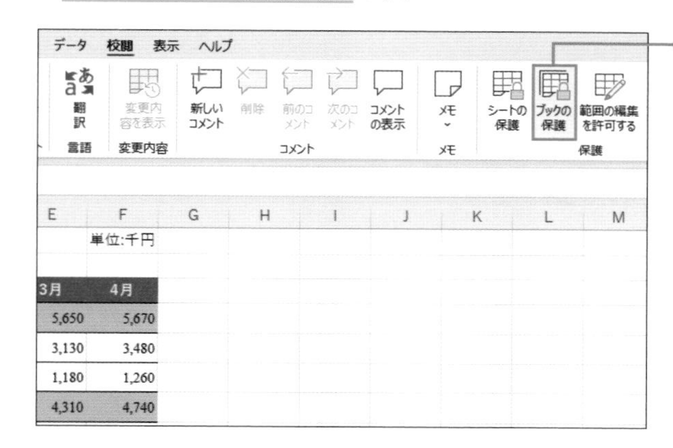

❶ [校閲]タブの[ブックの保護]をクリックします。

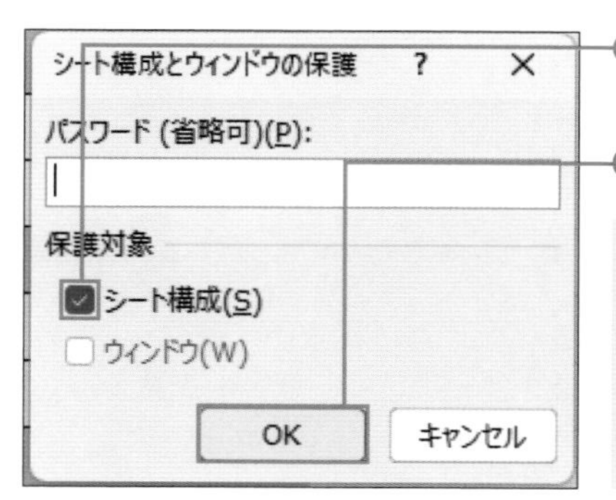

❷ [シート構成]がオンになっていることを確認し、

❸ [OK]をクリックすると、

MEMO パスワードの指定

パスワードを入力しないとファイルの保護を解除できないようにするには、手順❷でパスワードを指定します。

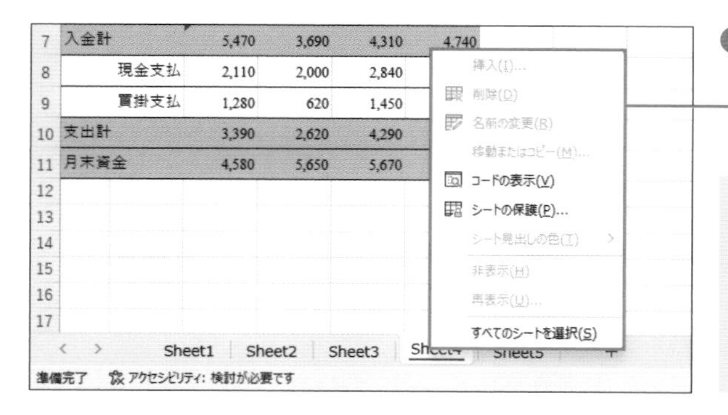

❹ ファイルが保護されてシート構成を変更できなくなります。

MEMO 選べないメニュー

ファイルを保護したあとに、シート見出しを右クリックすると、シート構成を変更する項目が選べなくなります。

ファイルから作成者の情報を削除する

ファイルには、作成者や作成日、最終更新者などの**個人情報（プロパティ）**が含まれます。ファイルを第三者に配布するときに、これらの個人情報を見られたくない場合は、**[ドキュメント検査]機能**を使って削除します。特に、自分以外の人が作成したファイルを修正して使う場合は、プロパティにもとの作成者の名前が残っているので注意が必要です。ただし、287ページの操作でファイルを保護している場合は、[ドキュメント検査]を実行できません。

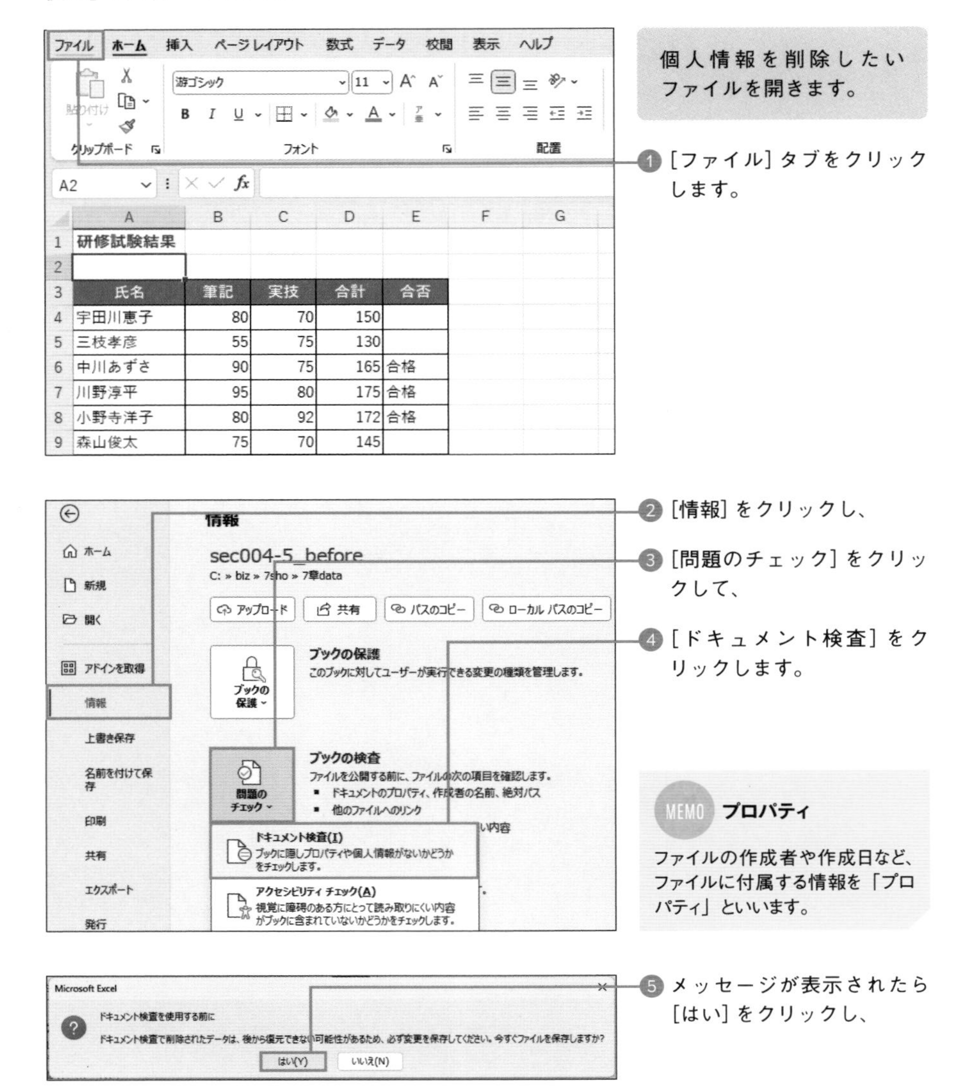

MEMO プロパティ

ファイルの作成者や作成日など、ファイルに付属する情報を「プロパティ」といいます。

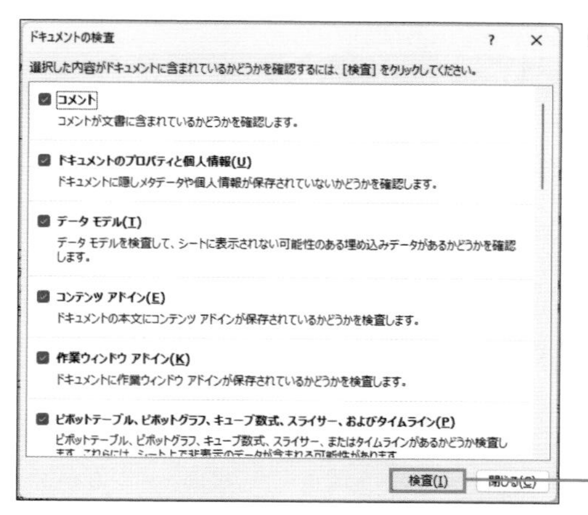

❻ [検査] をクリックします。

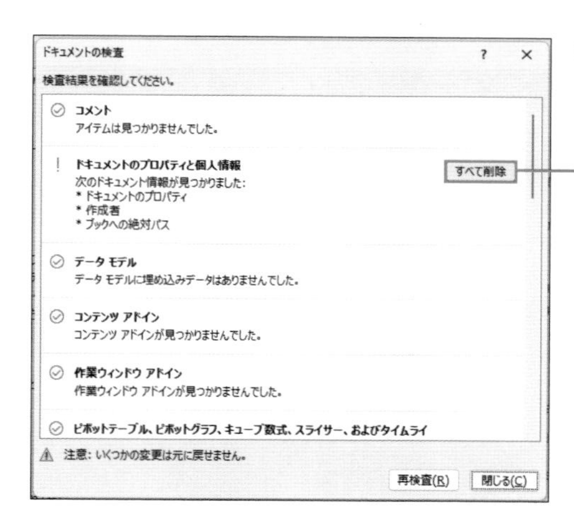

❼ [ドキュメントのプロパティと個人情報] の [すべて削除] をクリックします。

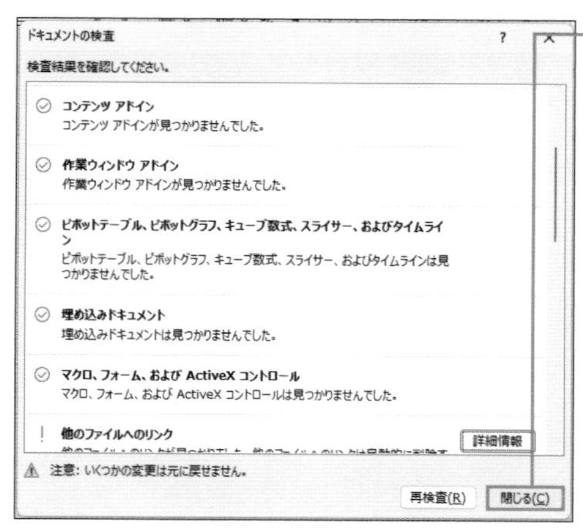

❽ [閉じる] をクリックすると、ファイルの個人情報が削除されます。

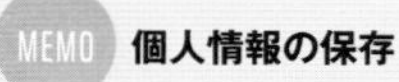

MEMO 個人情報の保存

個人情報がファイルに保存されるような設定に戻すには、[情報] → [ブックの検査] に表示される [これらの情報をファイルに保存できるようにする] をクリックします。

068 別形式にエクスポートする

Excelで作成したデータをほかのアプリで利用できるように保存することを**「エクスポート」**と呼びます。エクスポート機能を使うと、Excelのリストをデータベースアプリの Access で利用したり、Excelで作成した名簿を年賀用アプリで使ったりするなど、**データを利用する範囲が広がります。**

ファイルをCSV形式で保存する

顧客名簿や売上台帳など、Excelで作成したリスト形式のデータをほかのデータベースアプリで読み込めるようにするには、ファイルを**CSV形式**で保存します。CSV形式とはComma Separated Valuesの略で、**データがカンマで区切られ、1件分のデータが改行で区切られた汎用性の高いファイル**のことです。

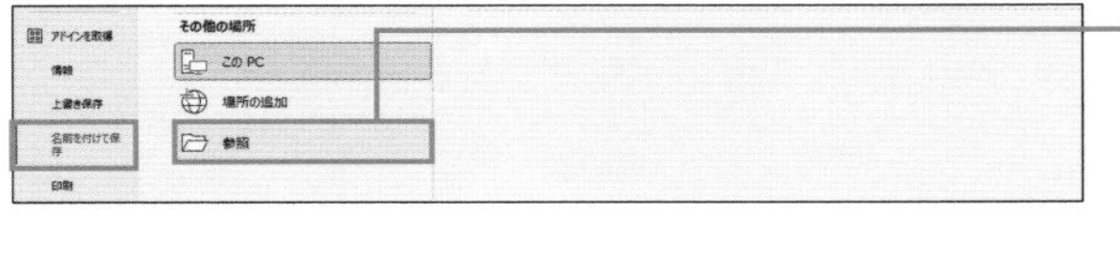

❶［ファイル］タブの［名前を付けて保存］→［参照］の順にクリックします。

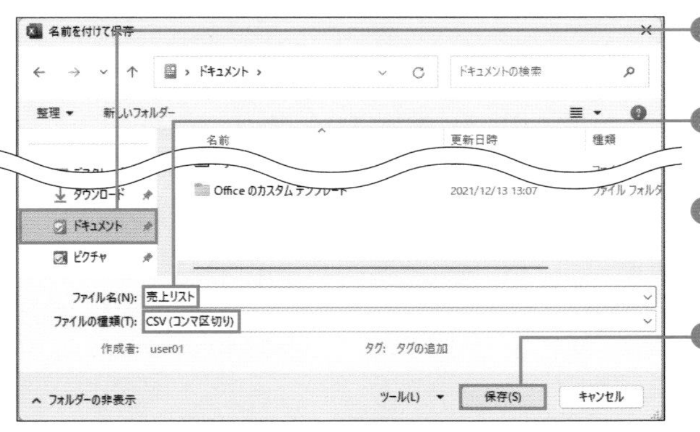

❷保存先（ここでは「ドキュメント」）を指定し、

❸ファイル名（ここでは「売上リスト」）を指定します。

❹［ファイルの種類］の▼をクリックして［CSV（コンマ区切り）］を選択し、

❺［保存］をクリックし、確認メッセージが表示されたら［OK］をクリックします。

```
明細番号,日付,品番,分類コード,商品名,価格,数量,計
101,2024/9/3,GY101,GY,業務用冷蔵庫,780000,1,780000
102,2024/9/4,GY101,GY,業務用冷蔵庫,780000,1,780000
103,2024/9/10,SC101,SC,冷蔵ショーケース（小）,650000,2,1300000
104,2024/9/13,GY103,GY,業務用食洗器,720000,1,720000
105,2024/9/14,SC102,SC,冷蔵ショーケース（大）,850000,1,850000
106,2024/9/15,GY102,GY,業務用製氷機,680000,1,680000
107,2024/9/20,GY102,GY,業務用製氷機,680000,2,1360000
108,2024/9/21,SC101,SC,冷蔵ショーケース（小）,650000,1,650000
109,2024/10/5,GY101,GY,業務用冷蔵庫,780000,1,780000
110,2024/10/8,GY101,GY,業務用冷蔵庫,780000,1,780000
111,2024/10/10,SC101,SC,冷蔵ショーケース（小）,650000,1,650000
112,2024/10/12,GY103,GY,業務用食洗器,720000,1,720000
```

❻ExcelのファイルをCSV形式で保存できました。

MEMO CSV形式のファイルを開く

ここでは、CSV形式で保存したファイルを［メモ帳］アプリで開いています。

ファイルをPDF形式で保存する

最近では、ファイルのやりとりを**PDF**で行う機会が増えてきました。PDFとは、Portable Document Formatの略で、アドビ株式会社が開発した電子文書のためのファイル形式です。ファイルをPDF形式で保存すると、**Excelがインストールされていないパソコンなどでもファイルの内容を表示**できます。

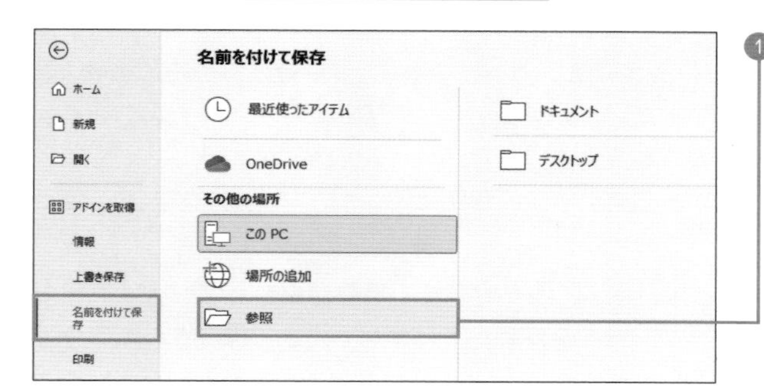

❶ ［ファイル］タブの［名前を付けて保存］→［参照］の順にクリックします。

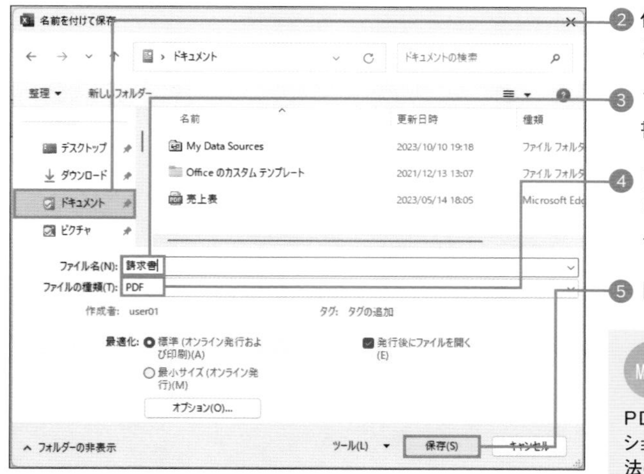

❷ 保存先（ここでは「ドキュメント」）を指定し、

❸ ファイル名（ここでは「請求書」）を指定します。

❹ ［ファイルの種類］の▼をクリックして［PDF］をクリックし、

❺ ［保存］をクリックすると、

> **MEMO 保存方法の指定**
>
> PDF形式で保存するときに［オプション］をクリックすると、保存方法の詳細を指定できます。

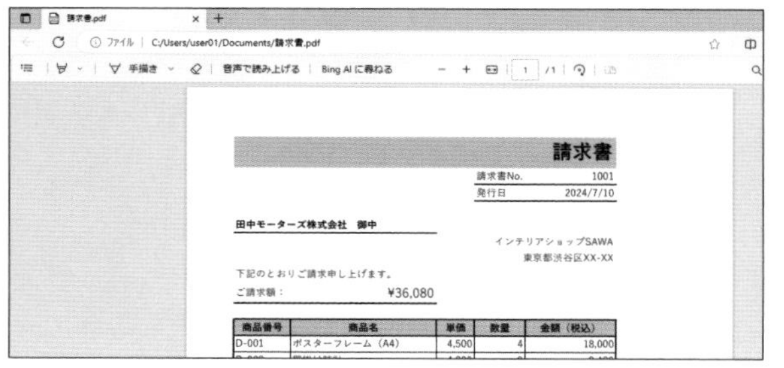

❻ 保存完了後にPDFファイルが開きます。

> **MEMO PDFファイルを開くアプリ**
>
> PDF形式のファイルは、ブラウザーやPDF形式のファイルを表示・印刷するPDF閲覧アプリなどで表示できます。

069 保存ミスしたファイルを救済する

パソコンの故障や停電などに備えて、ファイルはこまめに上書き保存しながら操作するのが基本ですが、Excelに用意されている［自動保存］や［自動回復データ］の機能を使うと、**一定期間前のファイルを復活**させることができます。「保存するのを忘れた」とか「パソコンがフリーズしてしまった」などのトラブルが発生したら、まずはファイルが残っていないかどうかを確認してみましょう。

自動保存されたファイルを開く

Excelには一定時間ごとに自動的にファイルを保存する機能が備わっています。そのため、停電やパソコンのトラブルでExcelが強制終了しても、**直近で保存されたファイルを再表示できる**可能性があります。まずは［Excelのオプション］ダイアログボックスで、保存の間隔を確認してみましょう。

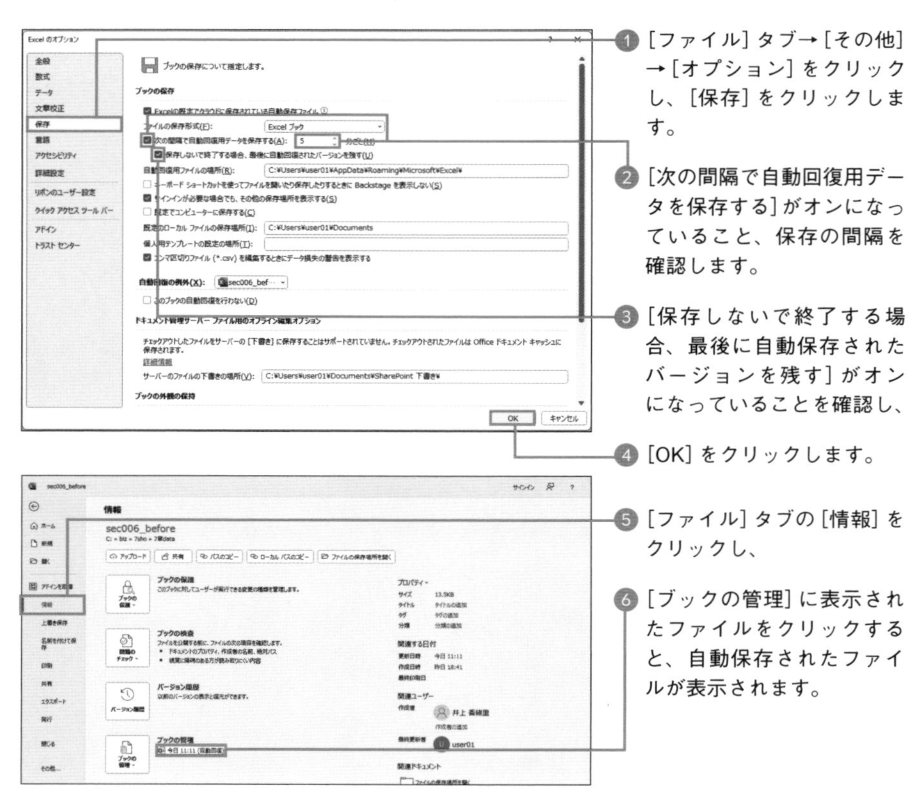

誤って閉じたファイルを元に戻す

296ページの操作で、［次の間隔で自動回復用データを保存する］と［保存しないで終了する場合、最後に自動保存されたバージョンを残す］がオンになっていると、**保存しないで閉じてしまったファイルを復元**できる可能性があります。

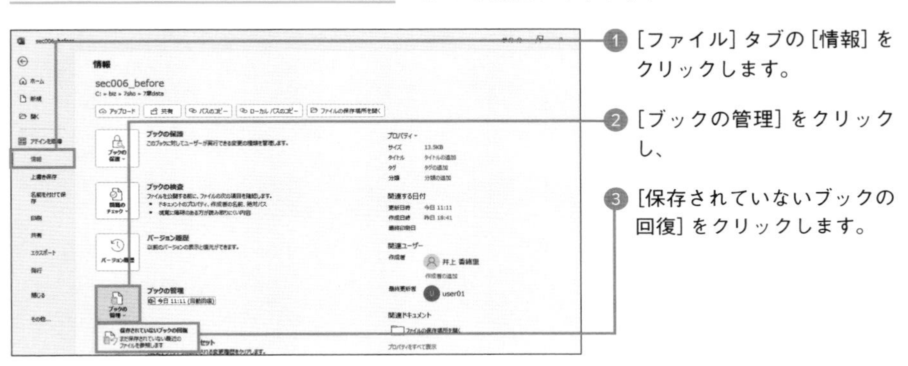

1 ［ファイル］タブの［情報］をクリックします。

2 ［ブックの管理］をクリックし、

3 ［保存されていないブックの回復］をクリックします。

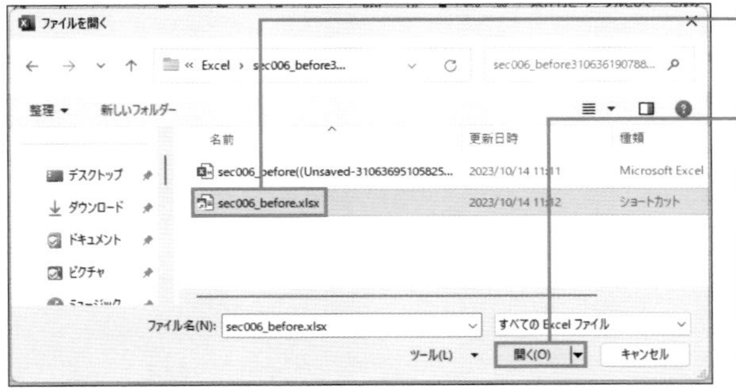

4 一時的に保存されたファイルをクリックし、

5 ［開く］をクリックすると、

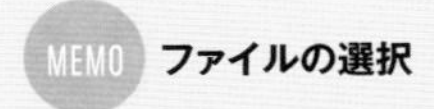

ファイルの選択

一時的に保存されているファイルを開くときは、更新日時などを参考にしてファイルを探しましょう。ただし、ファイルが保存されていない場合もあります。

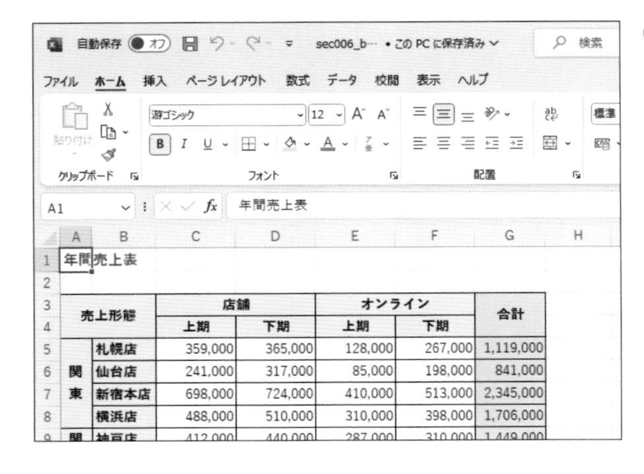

6 閉じてしまったファイルが表示されます。

070 Web上の保存場所「OneDrive」を知る

Microsoftアカウントでサインインすると、**Web上の保存場所であるOneDrive（ワンドライブ）**を利用できます。OneDriveに保存したファイルは、複数のメンバーで共有できるほか、出張先のパソコンや外出先のスマートフォン、タブレット端末から表示・編集が行えます。

OneDriveに自動保存する

Excelで作成したファイルは、通常の保存の操作と同じ手順でOneDriveに保存できます。OneDriveに保存したファイルは、**1秒ごとに最新のファイルに更新**されるため、手動で上書き保存を行う必要はありません。

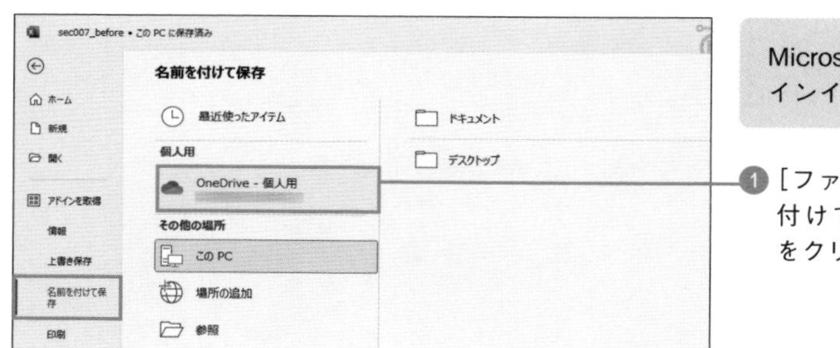

Microsoftアカウントでサインインしておきます。

❶［ファイル］タブ→［名前を付けて保存］→［OneDrive］をクリックして保存します。

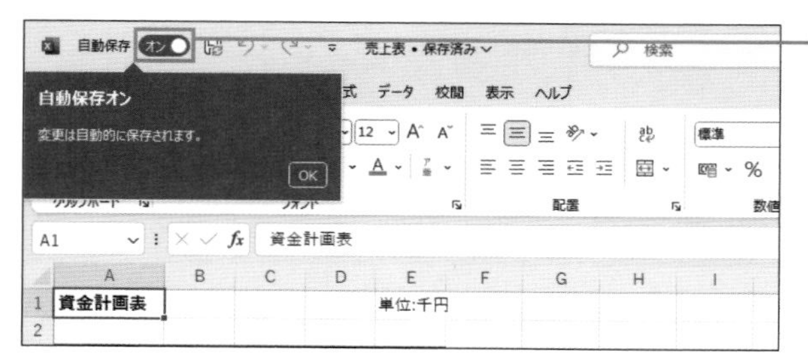

❷［自動保存］のスイッチがオンになります。以降は上書き保存しなくても自動的に保存されます。

COLUMN

OneDriveへの自動保存

Windows11では、標準でデスクトップや写真、ドキュメントなどの重要なフォルダーが自動的にOneDriveと同期されます。ファイルをこれらの保存場所に保存すれば、自動的にOneDriveに保存されます。

Webブラウザーで閲覧・編集する

OneDriveに保存したファイルは、**ブラウザー版のExcel**を使って表示や編集が行えます。これなら、外出先のパソコンやタブレット端末にExcelがインストールされていない環境でも利用できます。スマートフォンで表示することも可能です。

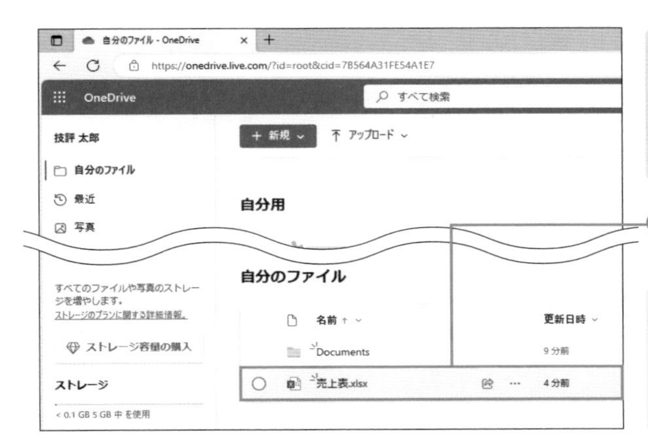

ブラウザーでOneDriveのWebサイトにアクセスし、Microsoftアカウントでサインインしておきます。

❶ 表示したいファイルをクリックすると、

OneDriveのWebサイト

OneDriveのWebサイトは、「https://onedrive.live.com」です。

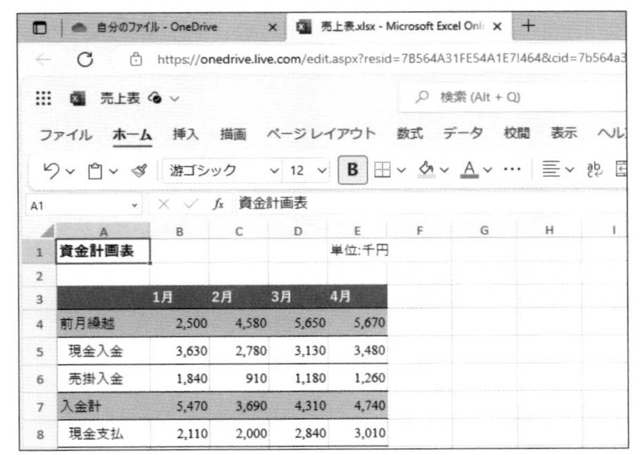

	A	B	C	D	E
1	資金計画表				単位:千円
2					
3		1月	2月	3月	4月
4	前月繰越	2,500	4,580	5,650	5,670
5	現金入金	3,630	2,780	3,130	3,480
6	売掛入金	1,840	910	1,180	1,260
7	入金計	5,470	3,690	4,310	4,740
8	現金支払	2,110	2,000	2,840	3,010

❷ ブラウザー上でファイルが表示されます。

COLUMN

使える機能が限定される

ブラウザー版のExcelは使える機能が限定されています。Excelのすべての機能を使いたい場合は、右上の[編集]をクリックし、[デスクトップアプリケーションで開く]をクリックします。ただし、端末にExcelがインストールされていないと、この機能は使えません。

ファイルをメンバーに共有する

OneDriveの**[共有]機能**を使うと、OneDriveに保存したファイルをほかの人に見てもらったり、編集してもらったりすることができます。スケジュール表をメンバーで共有してそれぞれが入力できるようにしたり、上司や同僚にファイルの添削をしてもらったり、関連資料をメンバーで共有したりすれば、そのたびにメールにファイルを添付して送信する手間が省けます。**共有する相手のメールアドレスを指定してリンクを送信**すると、相手はリンクをクリックするだけでファイルを表示できます。

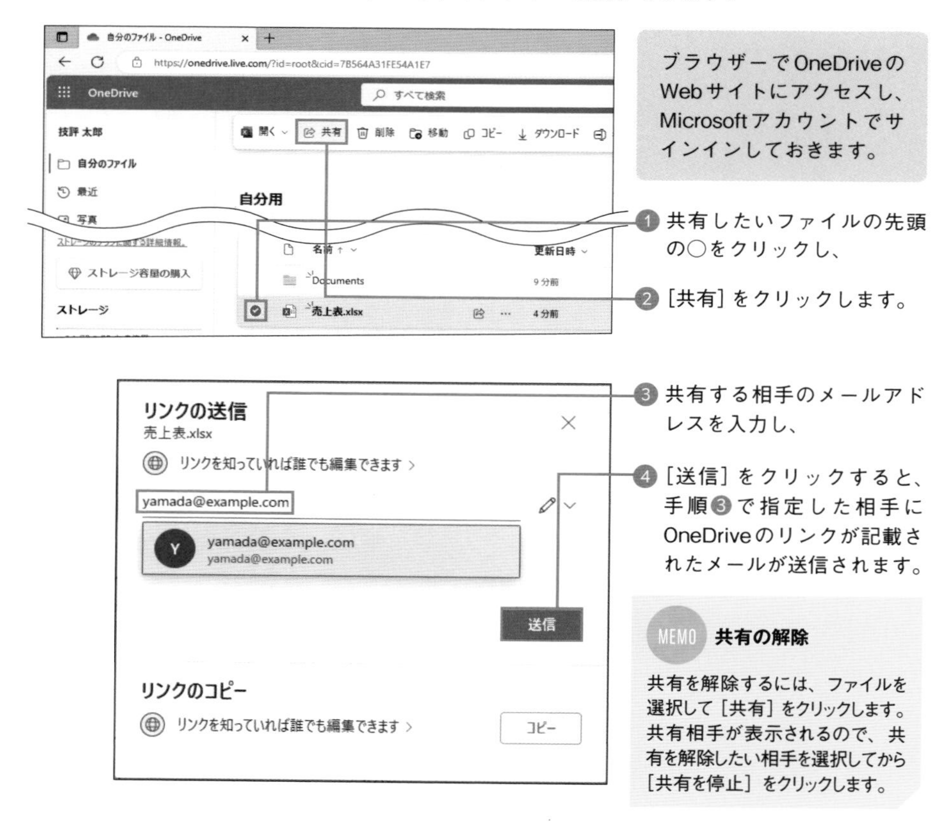

MEMO 共有の解除

共有を解除するには、ファイルを選択して［共有］をクリックします。共有相手が表示されるので、共有を解除したい相手を選択してから［共有を停止］をクリックします。

COLUMN

共有相手の権限

手順❸のメールアドレスの右横にある[編集可能]をクリックすると、共有相手の権限を指定できます。閲覧も編集も許可するのであれば[編集可能]、ファイルを閲覧するだけならば[表示可能]を選びます。

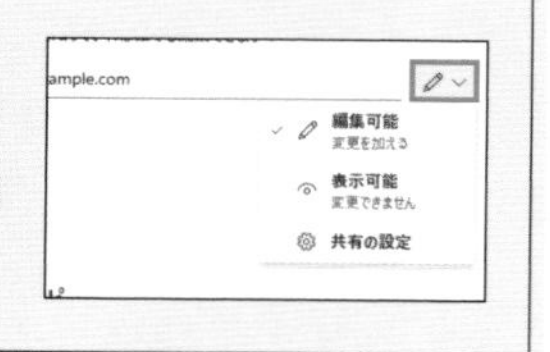

思いどおりに出力する!
印刷の攻略テクニック

071 不具合を起こさない印刷の基本を知る

WordやPowerPointは、印刷を実行すれば画面で見るのと同じように印刷できます。一方、Excelはいきなり印刷を実行すると、表やグラフが用紙からはみ出したり文字が欠けたりといった不具合が起こります。なぜなら、Excelは「ワークシート」が単位であり、「用紙」という概念がないからです。Excelで作った表やグラフを思いどおりに印刷するには、**事前の確認や設定をしっかり行う**ことが大切です。

印刷イメージを確認する

印刷を実行する前に、**印刷イメージを表示**してどのように印刷されるかを確認します。印刷イメージ画面には印刷の設定を変更する項目が用意されており、変更した結果がそのまま印刷イメージに反映されます。じっくり見たい箇所は、印刷イメージを拡大することもできます。何度も印刷をやり直して時間や消耗品を無駄にしないように、**印刷イメージを確認する習慣**をつけましょう。

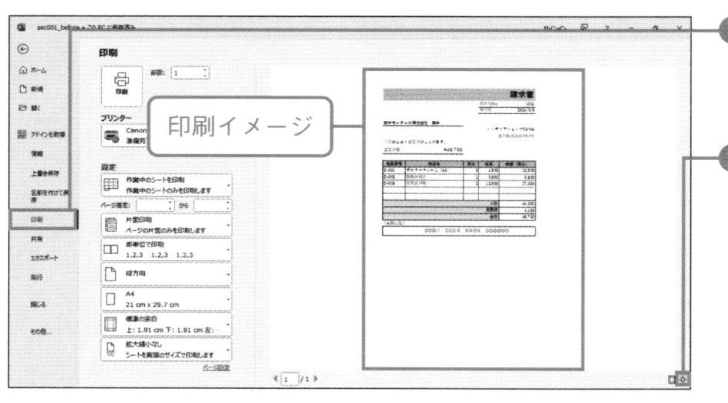

❶［ファイル］タブの［印刷］をクリックして、印刷イメージを表示します。

❷［ページに合わせる］をクリックすると、

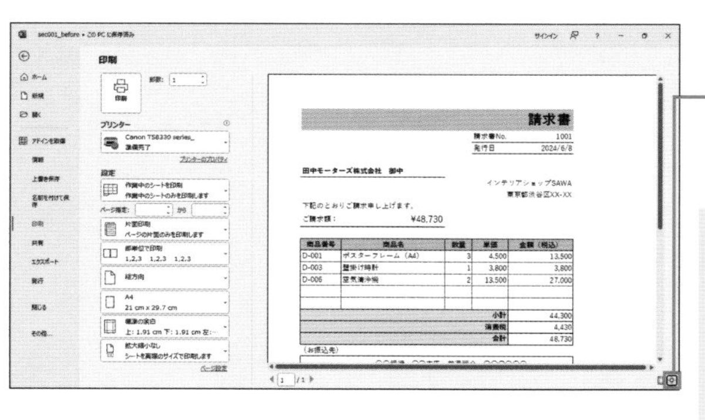

❸印刷イメージが拡大します。

❹もう一度［ページに合わせる］をクリックすると、元の倍率に戻ります。

全体を確認する

上下のスクロールバーをドラッグすると、拡大した状態で表示位置を変えながら印刷イメージを確認できます。

印刷を実行する

印刷イメージを確認したら、いよいよ印刷を実行します。パソコンとプリンターが接続されていること、プリンターに電源が入っていること、用紙がセットされていることを確認して［印刷］をクリックします。初期設定では、**縦置きのA4用紙に印刷**されます。

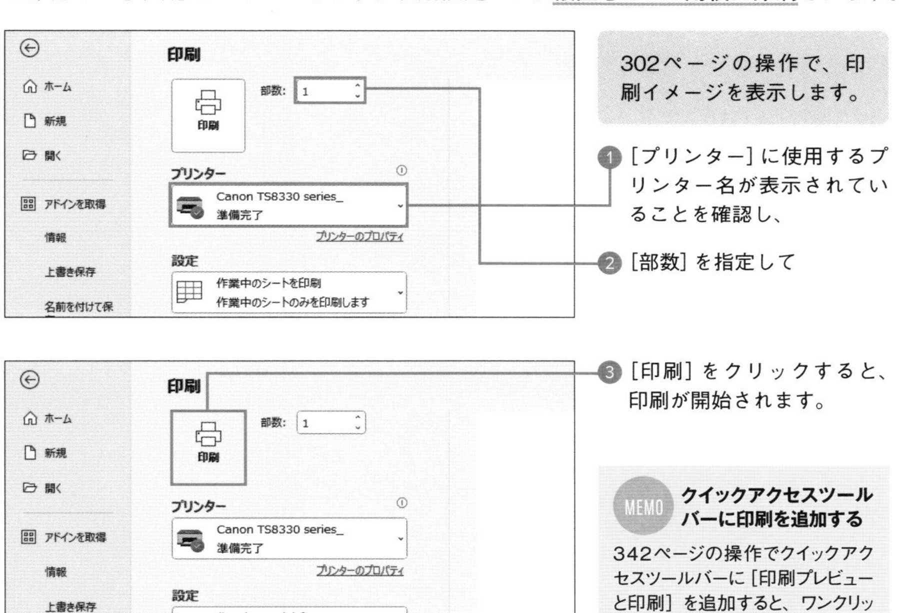

302ページの操作で、印刷イメージを表示します。

1 ［プリンター］に使用するプリンター名が表示されていることを確認し、

2 ［部数］を指定して

3 ［印刷］をクリックすると、印刷が開始されます。

MEMO **クイックアクセスツールバーに印刷を追加する**

342ページの操作でクイックアクセスツールバーに［印刷プレビューと印刷］を追加すると、ワンクリックで印刷画面を開けます。

COLUMN

拡大して印刷する

表やグラフが小さいと、用紙の左上に小さく印刷されます。印刷時だけ表やグラフを拡大するには、［ページ設定］をクリックし、開く［ページ設定］ダイアログボックスの［ページ］タブで、［拡大・縮小］の倍率を大きくします。

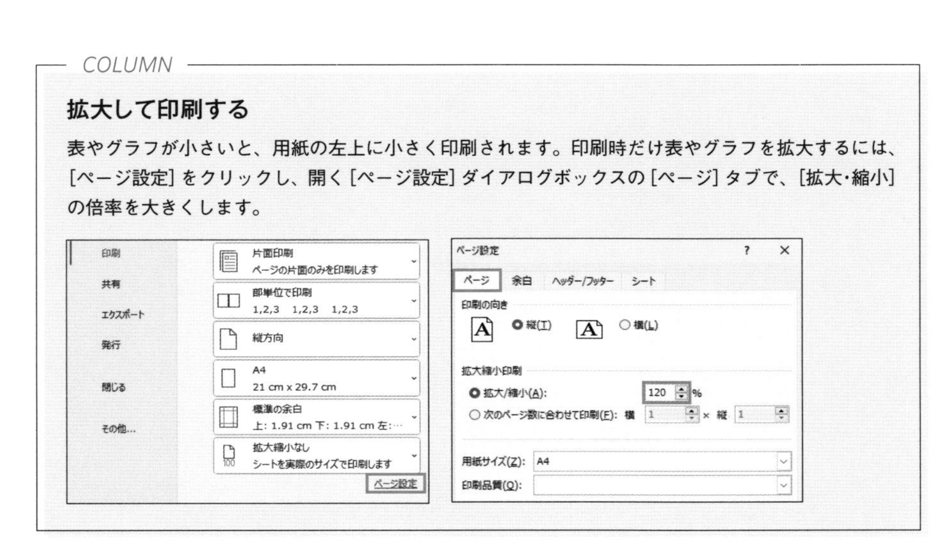

ページ単位で印刷する

会議などで大勢に配布する資料を印刷するときに、複数のシートを複数部数印刷する方法は2つあります。1つは、**同じページだけを連続して印刷する［ページ単位］**、もう1つが、**1セットずつ印刷する［部単位］**です。［ページ単位］で印刷したときは、あとから手作業で1セットずつ並べ替える必要があります。どちらの方法で印刷するかは、印刷イメージ画面で指定します。

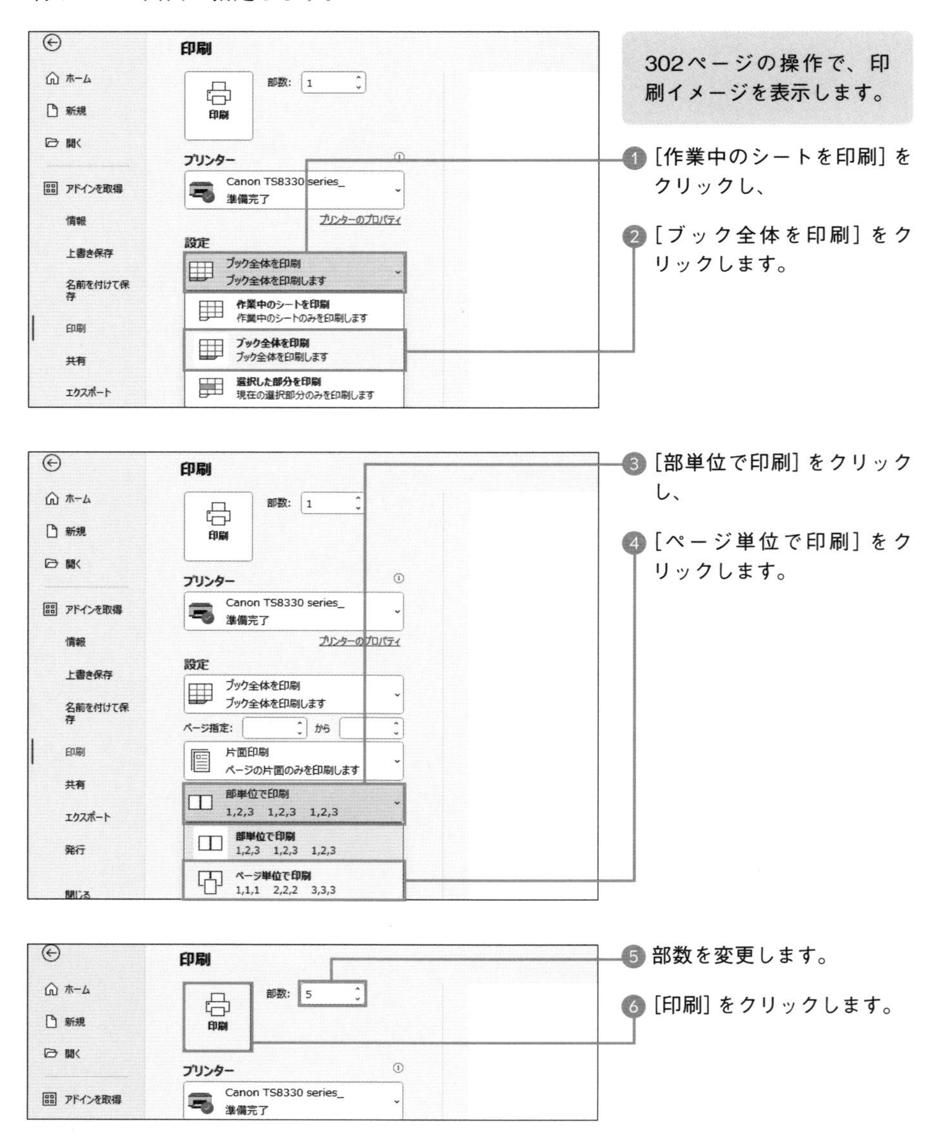

072 指定の箇所のみササッと印刷する

Excelのワークシートは大きいので、1枚のワークシートに複数の表を作成したり、何百件何千件にも及ぶデータを入力したりすることもできます。ただし、報告書や企画書を提出するときには、すべての表やデータを印刷せずに**必要な箇所だけを印刷**したほうが相手に伝わりやすくなる場合もあります。必要な部分だけを自在に印刷できるようにすると、印刷をスムーズに行えます。

特定のシートを印刷する

初期設定では、印刷を実行すると**現在選択中のワークシート**の内容が印刷されます。店舗別や月別など、複数のワークシートに分けて表を管理している場合は、印刷する前に印刷したいシート見出しをクリックして、ワークシートを切り替えておく必要があります。

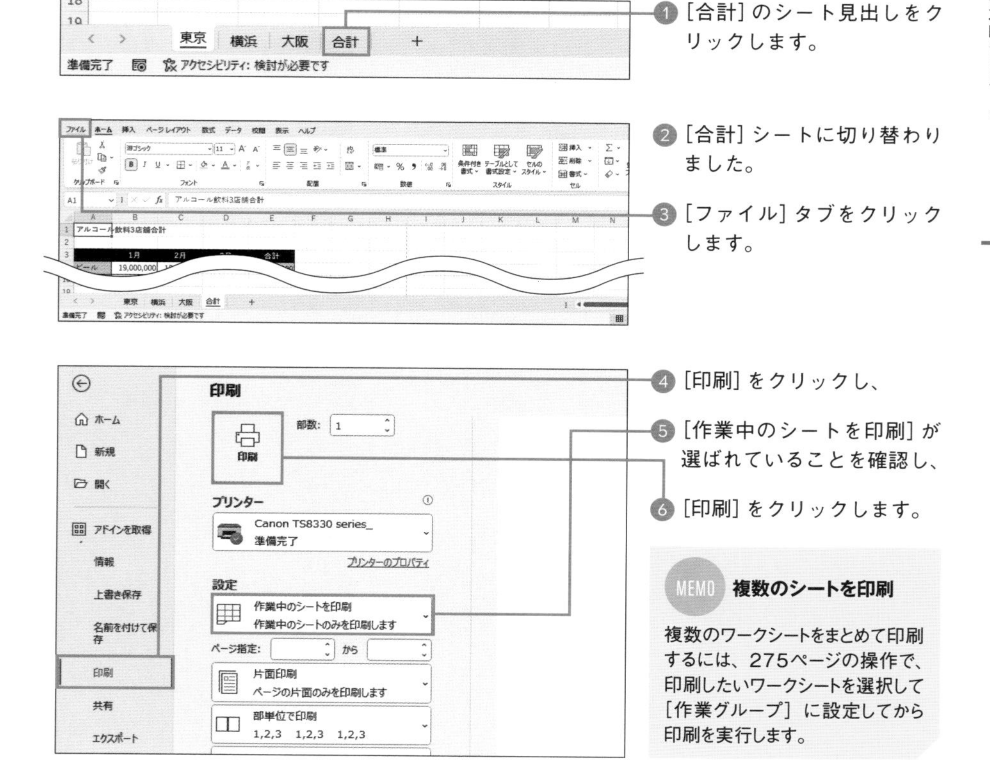

❶ [合計] のシート見出しをクリックします。

❷ [合計] シートに切り替わりました。

❸ [ファイル] タブをクリックします。

❹ [印刷] をクリックし、

❺ [作業中のシートを印刷] が選ばれていることを確認し、

❻ [印刷] をクリックします。

MEMO 複数のシートを印刷

複数のワークシートをまとめて印刷するには、275ページの操作で、印刷したいワークシートを選択して [作業グループ] に設定してから印刷を実行します。

すべてのシートをまとめて印刷する

たとえば、月別に12枚のワークシートがあるときに、1年分の表を印刷するとなると、印刷を12回実行することになって手間がかかります。ファイルに含まれるすべてのワークシートを印刷するには、印刷イメージ画面で**[ブック全体を印刷]を指定**します。すると、左側のワークシートから順番に自動的に印刷されます。

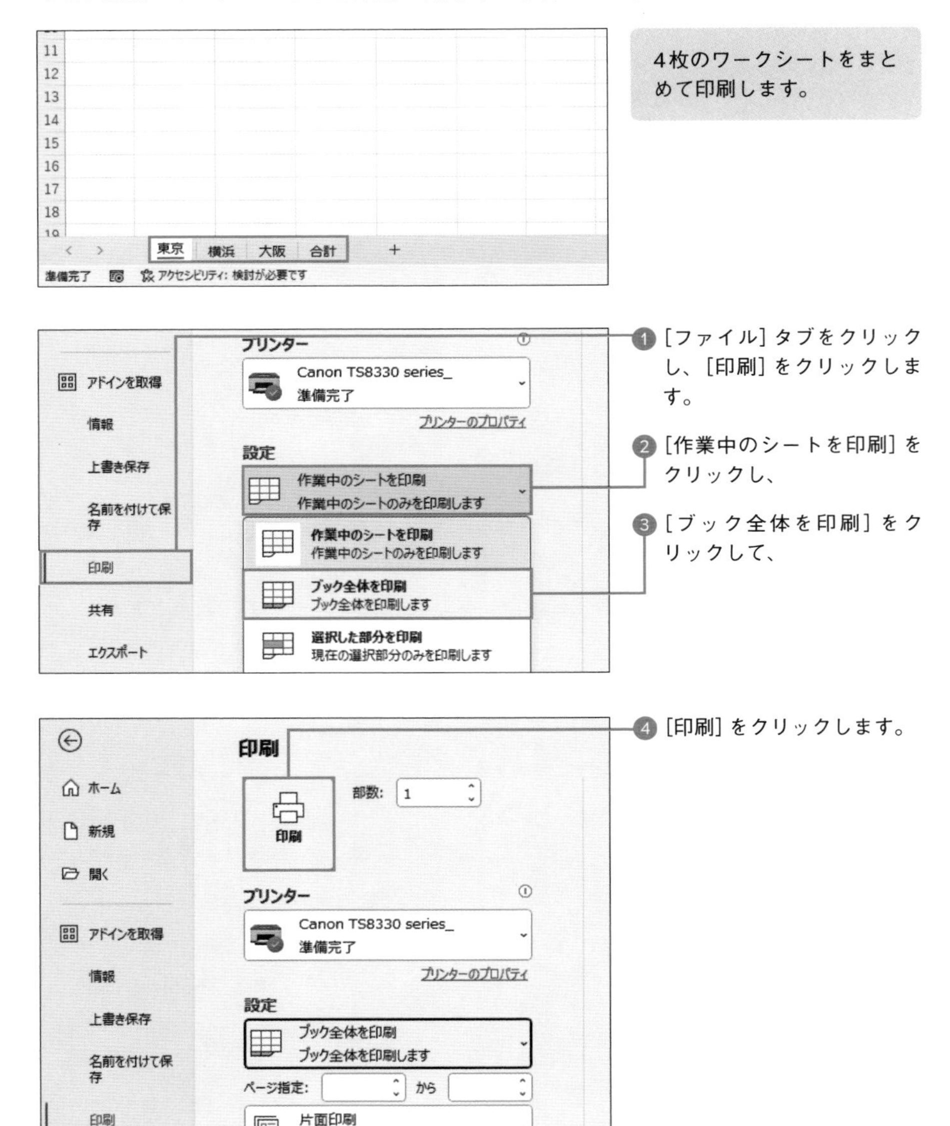

グラフだけを大きく印刷する

　ワークシートに表とグラフがある状態で印刷を実行すると、表とグラフがいっしょに印刷されます。グラフだけを印刷するには、**グラフをクリックして選択してから印刷**を実行します。すると、用紙いっぱいにグラフが大きく印刷されます。表だけを印刷する場合は、308ページや309ページの操作を行います。

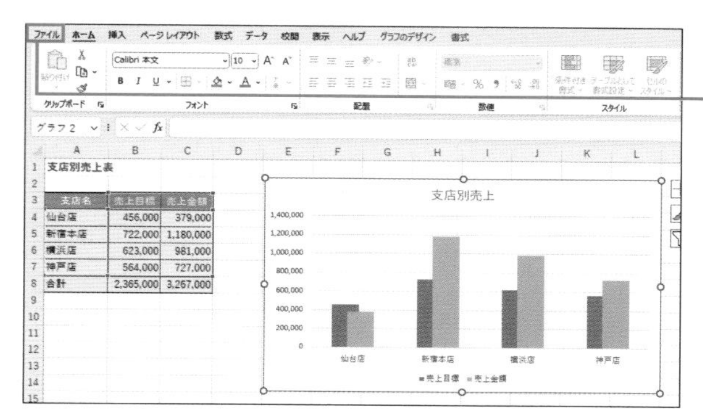

1 グラフをクリックします。

2 [ファイル] タブをクリックします。

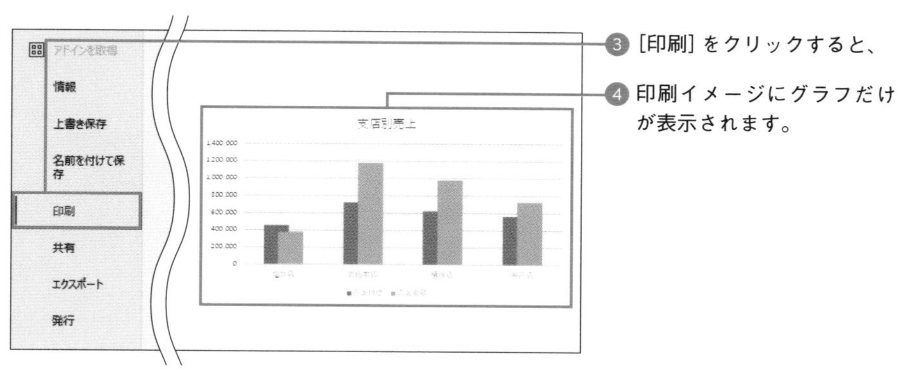

3 [印刷] をクリックすると、

4 印刷イメージにグラフだけが表示されます。

COLUMN

用紙を横置きにする

横長のグラフを印刷するなら、用紙も横置きにするとよいでしょう。印刷イメージ画面にある [縦方向] をクリックして表示されるメニューから [横方向] に変更します。

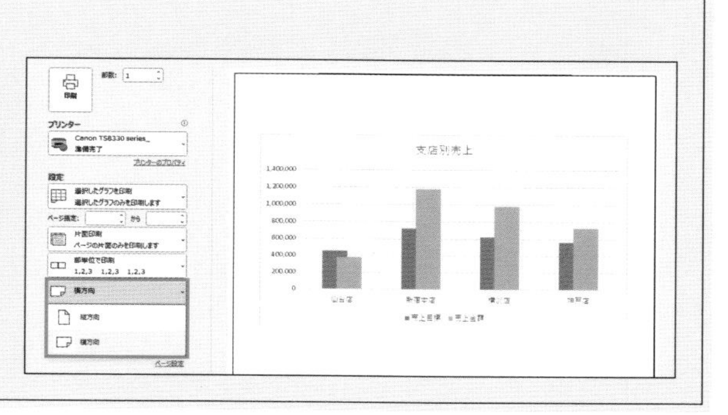

印刷範囲を登録して何度も印刷する

[印刷範囲]機能を使うと、ワークシートに作成した表の中で、**印刷したいセル範囲を指定**できます。印刷範囲に指定したセル範囲は**登録される**ので、次回以降は印刷を実行するだけでOKです。ここでは、請求書と商品一覧のうち、請求書だけを印刷します。なお、ワークシートに表とグラフが作成されているときに、表だけを印刷したいときにも同じ操作を行います。

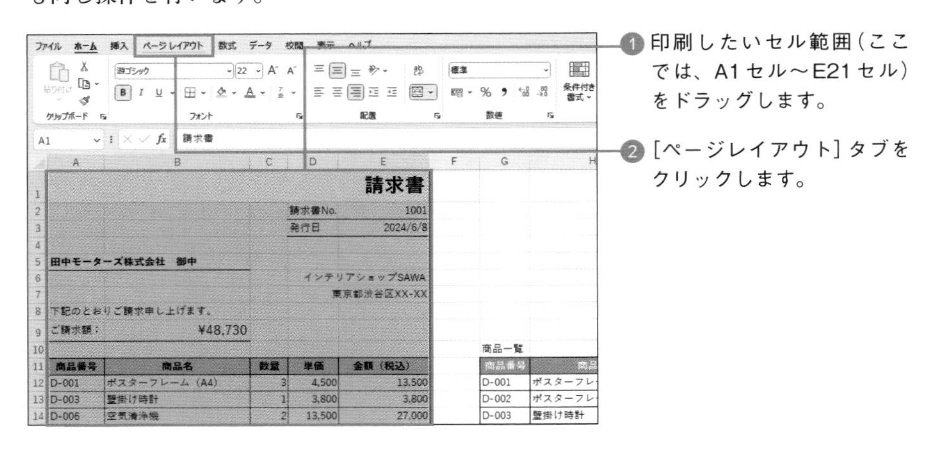

❶ 印刷したいセル範囲（ここでは、A1セル～E21セル）をドラッグします。

❷ [ページレイアウト] タブをクリックします。

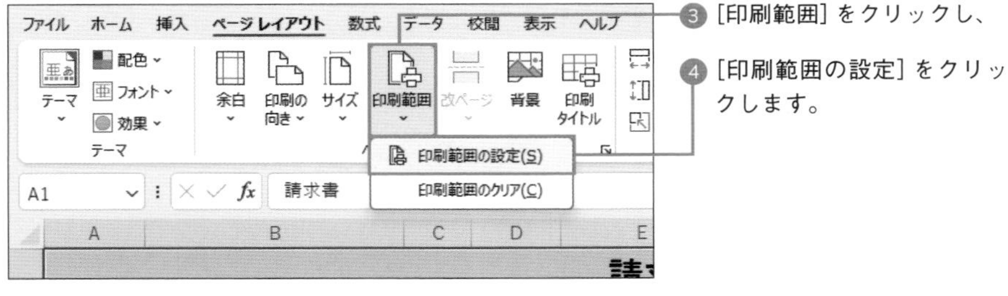

❸ [印刷範囲] をクリックし、

❹ [印刷範囲の設定] をクリックします。

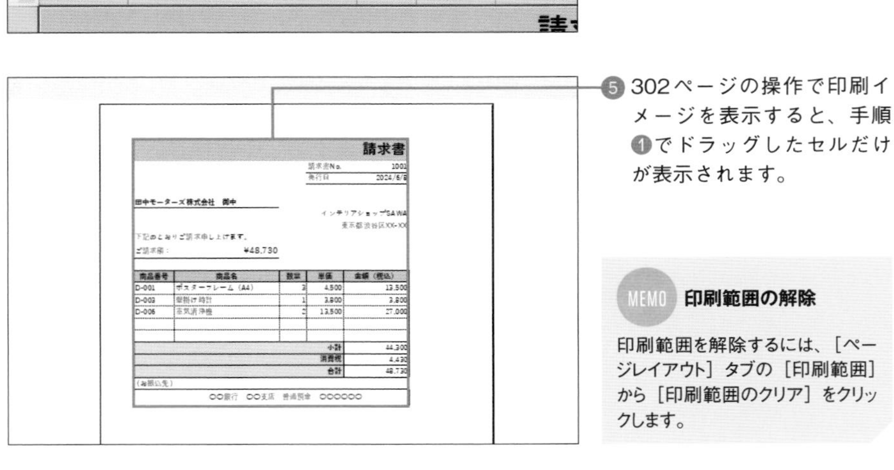

❺ 302ページの操作で印刷イメージを表示すると、手順❶でドラッグしたセルだけが表示されます。

> **MEMO　印刷範囲の解除**
>
> 印刷範囲を解除するには、[ページレイアウト] タブの [印刷範囲] から [印刷範囲のクリア] をクリックします。

選択した範囲を1回だけ印刷する

308ページの[印刷範囲の設定]機能を使うと、印刷したいセル範囲が登録され、次回以降の印刷にも引き継がれます。**一時的に特定のセル範囲だけを印刷**したいのであれば、わざわざ登録する必要はありません。印刷イメージ画面で**[選択した部分を印刷]**を設定すると、ドラッグして選択しているセル範囲だけを印刷できます。印刷が終わると、自動的に選択が解除されます。

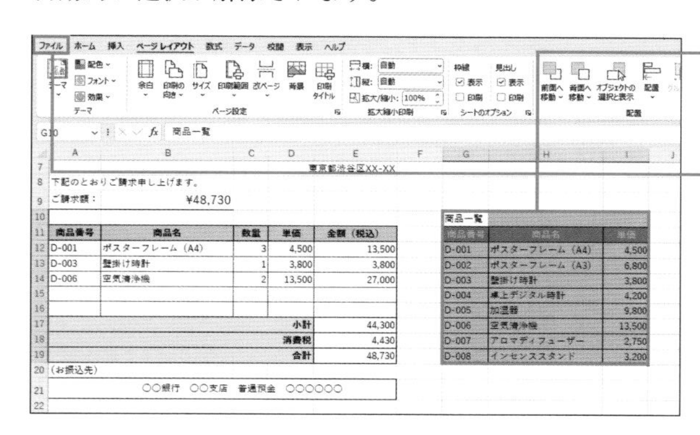

❶ 印刷したいセル範囲（ここでは、G10セル～I19セル）をドラッグします。

❷ [ファイル]タブをクリックします。

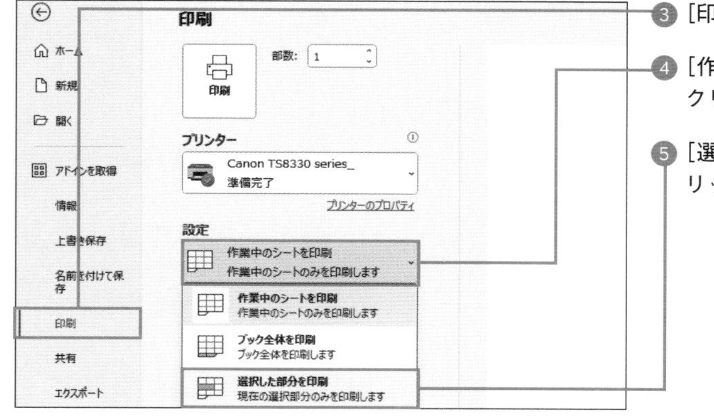

❸ [印刷]をクリックします。

❹ [作業中のシートを印刷]をクリックし、

❺ [選択した部分を印刷]をクリックすると、

❻ 手順❶で選択したセルだけが表示されます。

セル範囲の解除

この方法で印刷を実行すると、手順❶でドラッグしたセル範囲は解除されます。そのため、印刷のたびに同じ操作を行う必要があります。

第8章 思いどおりに出力する！ 印刷の攻略テクニック

073 印刷した表が読みやすくなる工夫をする

印刷は、表やグラフが用紙に印刷されていればよいというわけではありません。表の見出しを各ページに表示するなどして**相手が見やすいように工夫する**必要があります。また、セルに表示されているエラーや相手に見せたくないセルを印刷しない方法を知っておくと、印刷のたびにエラーを消したりセルを隠したりする操作を行わずに済みます。

2ページ目以降にも見出し行を印刷する

複数ページに分かれる大きな表を印刷するときは、どのページにも**見出し行**が印刷されるようにしておくと一覧性が高まります。**[印刷タイトル] 機能**を使って、見出し行を指定すると、すべてのページに見出し行を印刷できます。

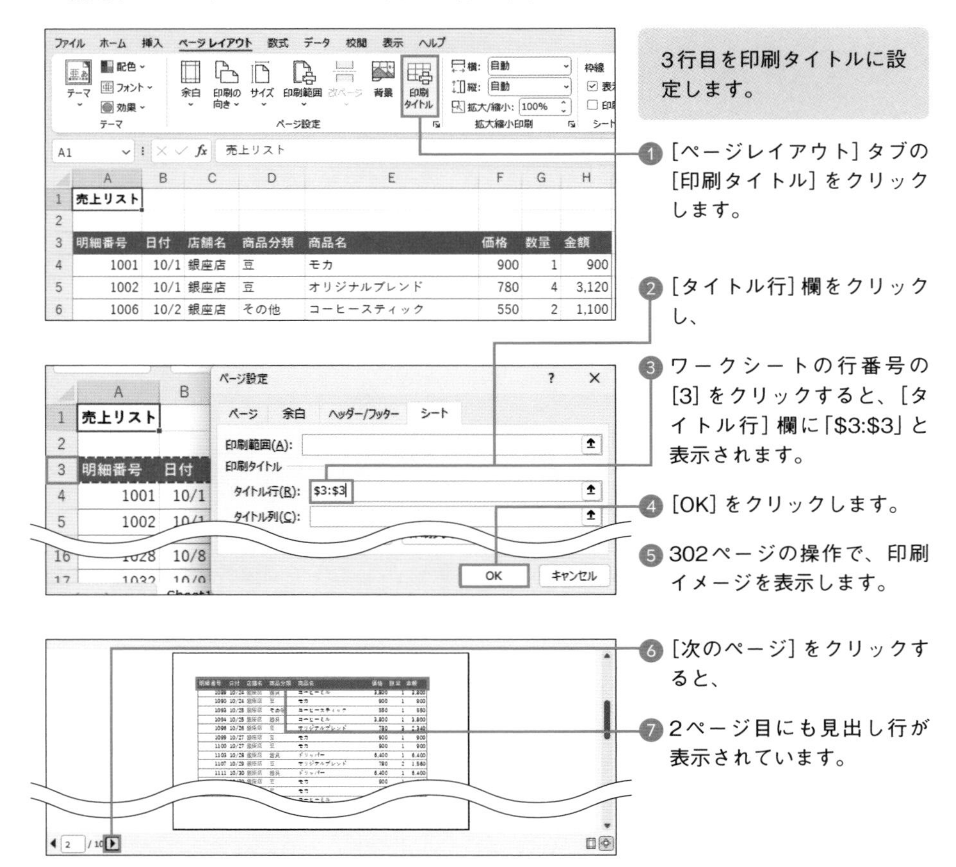

コメントを印刷する

外部に配布する資料にコメントは不要ですが、上司や同僚などからの**コメントを印刷**すると、コメントの確認漏れを防ぐことができます。セルに挿入したコメントは、そのままでは印刷されません。表やグラフといっしょにコメントを印刷するには、[ページ設定]ダイアログボックスで[コメント]の印刷方法を設定します。**最後にコメントをまとめて印刷する方法**と、**画面にメモが表示されているどおりに印刷する方法**があります。

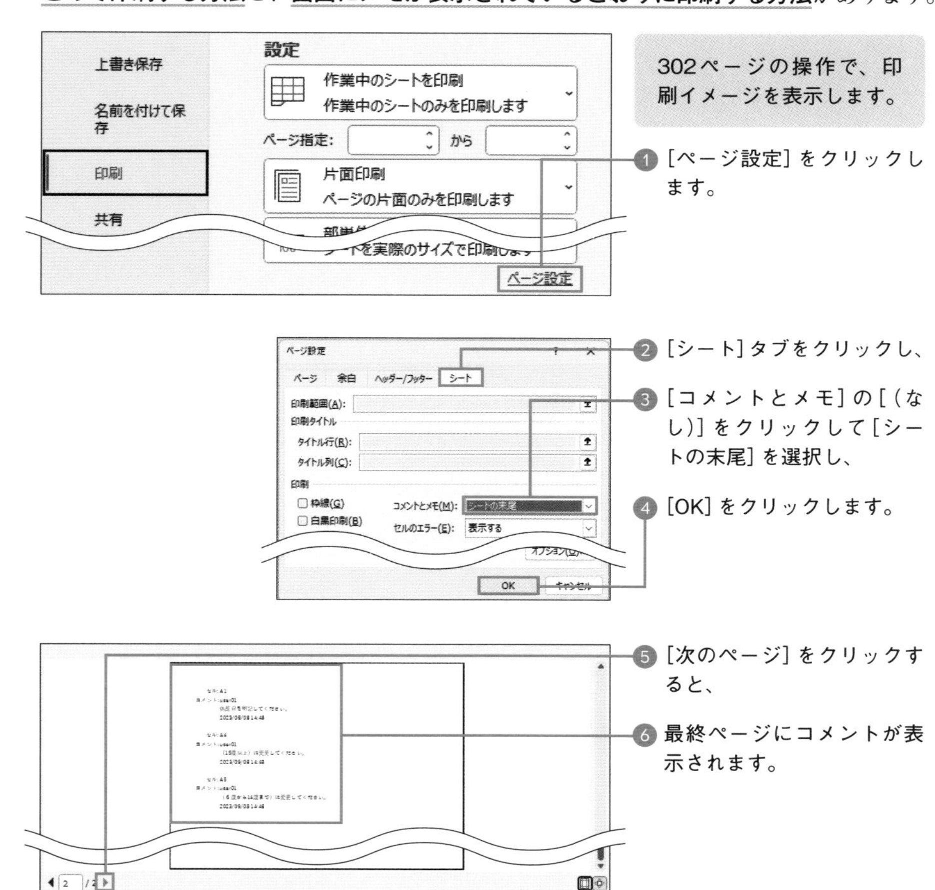

COLUMN

画面どおりに印刷するにはメモを使う

手順❸で[画面表示イメージ(メモのみ)]を選択しても、コメントは印刷できません。[校閲]タブの[メモ]から[新しいメモ]を使って入力し、画面に表示したメモが印刷されます。

セルの枠線を印刷する

ワークシートに最初から表示されているグレーの枠線は**「グリッド線」**と呼ばれるもので、画面表示専用の枠線で印刷されません。ただし、[ページ設定] ダイアログボックスで [枠線] を印刷するように設定すると、**グリッド線をそのまま印刷**できます。罫線を引かずに、印刷するときだけグリッド線を罫線のかわりにできるので便利です。

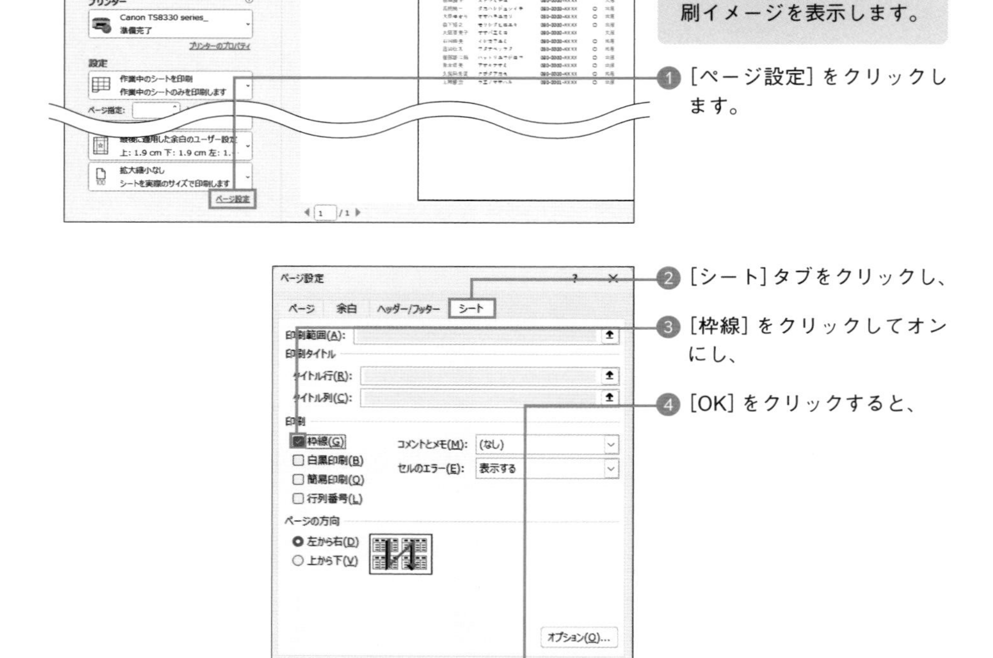

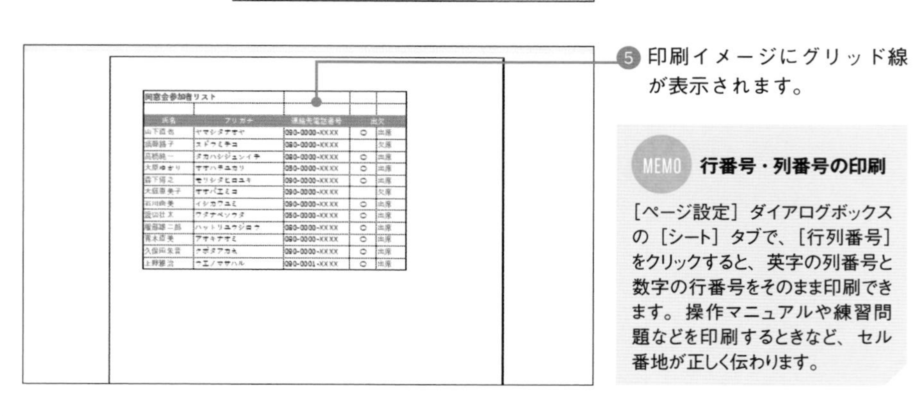

MEMO 行番号・列番号の印刷

[ページ設定] ダイアログボックスの [シート] タブで、[行列番号] をクリックすると、英字の列番号と数字の行番号をそのまま印刷できます。操作マニュアルや練習問題などを印刷するときなど、セル番地が正しく伝わります。

エラー表示を消して印刷する

セルに何らかのエラーが表示されている状態でワークシートを印刷すると、**エラーもそのまま印刷**されます。本来はエラーの処理を正しく行う必要がありますが、対応している時間がない場合は、[ページ設定]ダイアログボックスの[セルのエラー]を使って、**印刷時に強制的にエラーを消す**ことができます。

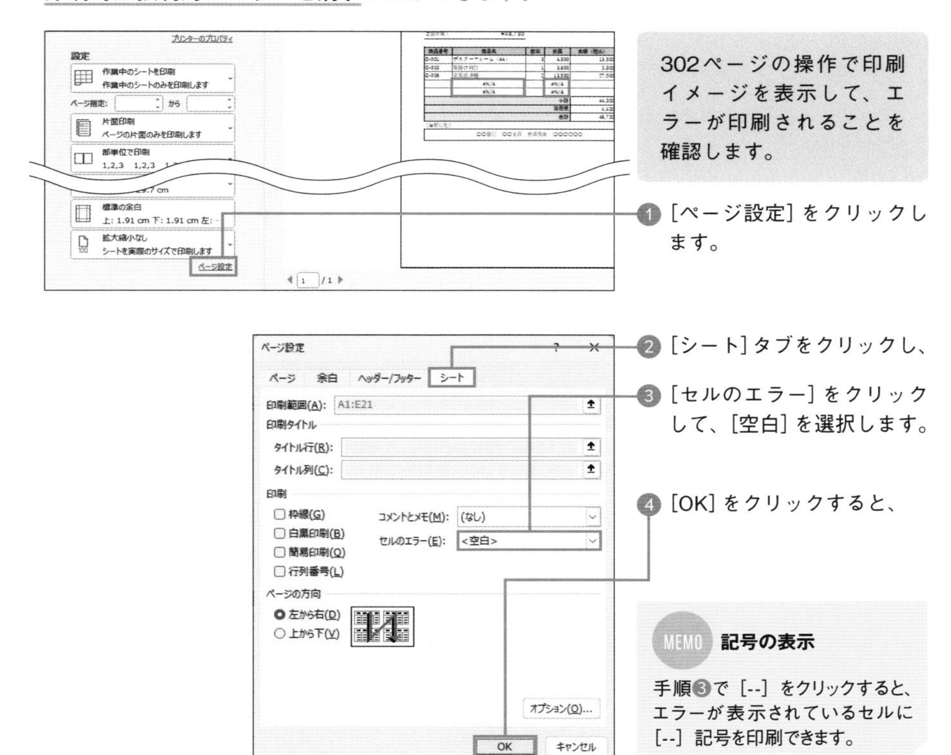

302ページの操作で印刷イメージを表示して、エラーが印刷されることを確認します。

1 [ページ設定]をクリックします。

2 [シート]タブをクリックし、

3 [セルのエラー]をクリックして、[空白]を選択します。

4 [OK]をクリックすると、

> **MEMO 記号の表示**
>
> 手順3で[--]をクリックすると、エラーが表示されているセルに[--]記号を印刷できます。

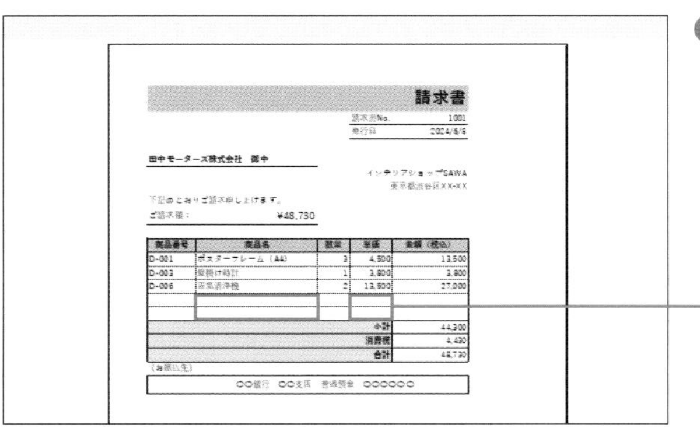

5 セルのエラーが非表示になります。

一部のセルの内容を印刷しない

表の中に印刷したくないセルがある場合は、そのセルの**書式を変更**して空白が表示されるように設定します。この状態で印刷すると、**見せたくないセルが空白として印刷**されます。ただし、セルの見た目が空白になっただけで、内容が消えたわけではありません。数式バーを見ると、セルの内容がそのまま表示されます。

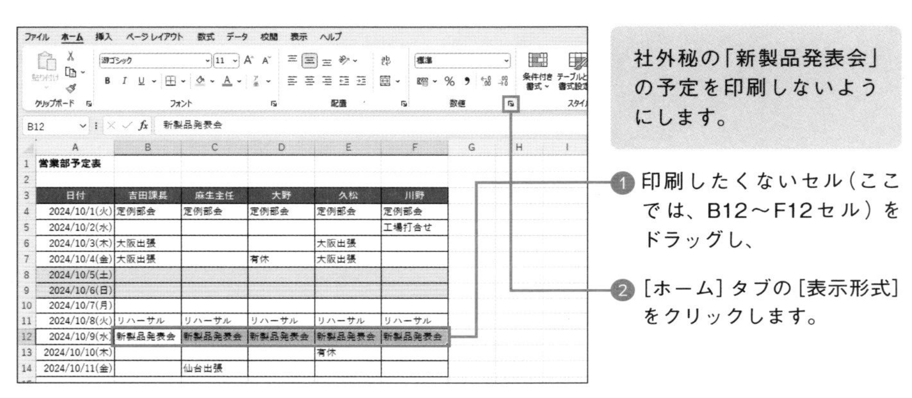

社外秘の「新製品発表会」の予定を印刷しないようにします。

❶ 印刷したくないセル(ここでは、B12～F12セル)をドラッグし、

❷ [ホーム] タブの [表示形式] をクリックします。

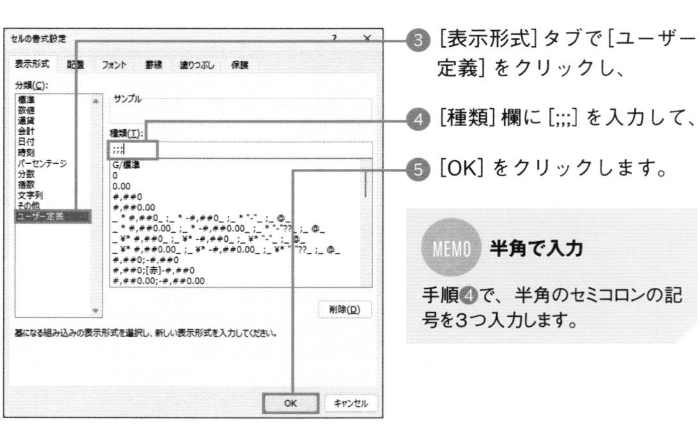

❸ [表示形式] タブで [ユーザー定義] をクリックし、

❹ [種類] 欄に [;;;] を入力して、

❺ [OK] をクリックします。

MEMO 半角で入力

手順❹で、半角のセミコロンの記号を3つ入力します。

❻ 手順❶で選択したセルが空白になりますが、数式バーにはデータが残っています。

MEMO データの再表示

印刷しない設定にしたセルの内容を表示するには、[ホーム] タブの [ユーザー定義] から [標準] をクリックします。

074 区切りのよい位置で改ページを指定する

大きな表を複数枚の用紙に印刷するときは、**どこで用紙が切り替わるかによって視認性が大きく変わります**。月ごとや商品ごと、担当者ごとといったようにグループの途中で用紙が「泣き別れ」してしまうと、何度も用紙をめくったり戻ったりしなければなりません。Excelに用意されている**[改ページ]機能**を使って、わかりやすい印刷になるように工夫しましょう。

改ページ位置を調整する

1枚の用紙に収まらない大きな表を印刷するときに、区切りの悪い位置でページが切り替わると読みづらくなります。**[改ページプレビュー]機能**を使うと、画面上にページごとの**切り替え線**が表示され、ページを切り替える位置を**手動で指定**できます。

月ごとにページを分けて印刷します。

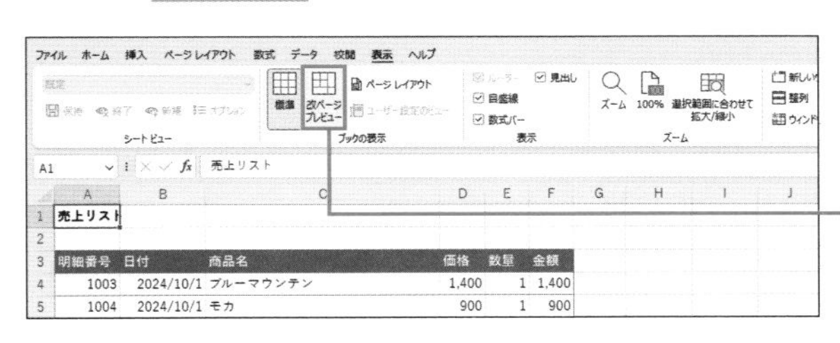

	A	B	C	D	E	F
1	売上リスト					
2						
3	明細番号	日付	商品名	価格	数量	金額
4	1003	2024/10/1	ブルーマウンテン	1,400	1	1,400
5	1004	2024/10/1	モカ	900	1	900

1 [表示]タブの[改ページプレビュー]をクリックします。

35	1117	2024/10/31	コナ	2,000	1	2,000
36	1118	2024/10/31	オリジナルブレンド	780	1	780
37	1115	2024/10/31	モカ	900	1	900
38	1121	2024/11/1	モカ	900	2	1,800
39	1119	2024/11/1	ブルーマウンテン	1,400	1	1,400
40	1120	2024/11/1	モカ	900	1	900
41	1126	2024/11/2	モカ	900	1	900
42	1123	2024/11/2	オリジナルブレンド	780	2	1,560

2 1ページと2ページを区切る青い横線にマウスポインターを移動し、

3 マウスポインターの形状が変化したら、そのまま上方向（10/31と11/1の区切りまで）にドラッグすると、

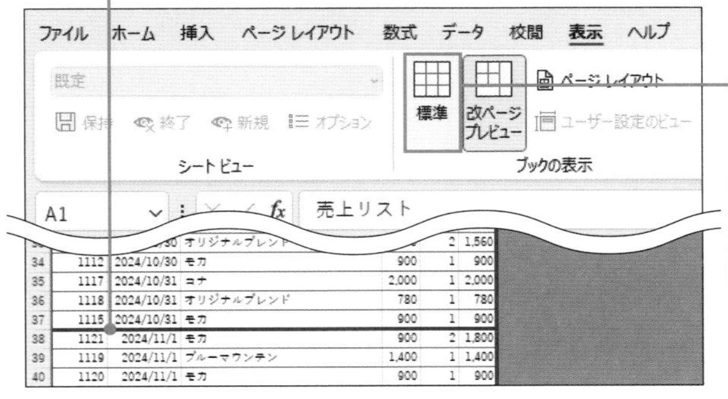

34	1112	2024/10/30	モカ	900	1	900
35	1117	2024/10/31	コナ	2,000	1	2,000
36	1118	2024/10/31	オリジナルブレンド	780	1	780
37	1115	2024/10/31	モカ	900	1	900
38	1121	2024/11/1	モカ	900	2	1,800
39	1119	2024/11/1	ブルーマウンテン	1,400	1	1,400
40	1120	2024/11/1	モカ	900	1	900

4 改ページ位置を調整できました。

5 [標準]をクリックして元の画面に戻ります。

MEMO 縦方向の区切り位置

改ページプレビュー画面で縦方向に青い点線が表示される場合は、青い点線を左右にドラッグして改ページ位置を調整します。

改ページを追加する

［改ページ］機能を使うと、**手動で改ページ位置を設定**できます。これは、強制的にページを区切る位置を指定するということです。手動で改ページした位置は、315ページの**改ページプレビュー画面に反映**されます。ここでは、月ごとに改ページされるように改ページ位置を追加します。

	明細番号	日付	商品名	価格	数量	金額	G
31	1107	2024/10/29	オリジナルブレンド	780	2	1,560	
32	1113	2024/10/30	オリジナルブレンド	780	1	780	
33	1114	2024/10/30	オリジナルブレンド	780	2	1,560	
34	1112	2024/10/30	モカ	900	1	900	
35	1117	2024/10/31	コナ	2,000	1	2,000	
36	1118	2024/10/31	オリジナルブレンド	780	1	780	
37	1115	2024/10/31	モカ	900	1	900	
38	1121	2024/11/1	モカ	900	2	1,800	
39	1119	2024/11/1	ブルーマウンテン	1,400	1	1,400	
40	1120	2024/11/1	モカ	900	1	900	
41	1126	2024/11/2	モカ	900	1	900	
42	1123	2024/11/2	オリジナルブレンド	780	2	1,560	
43	1124	2024/11/2	オリジナルブレンド	780	2	1,560	
44	1129	2024/11/3	オリジナルブレンド	780	2	1,560	
45	1130	2024/11/3	コナ	2,000	1	2,000	

❶ 10/31と11/1の境となる行番号の［38］をクリックします。

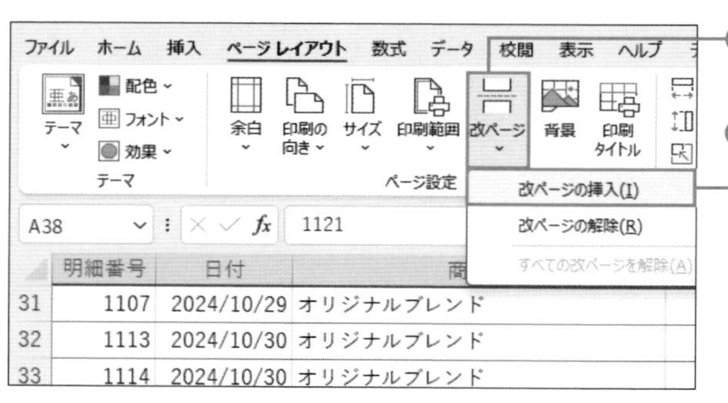

❷ ［ページレイアウト］タブの［改ページ］をクリックし、

❸ ［改ページの挿入］をクリックすると、

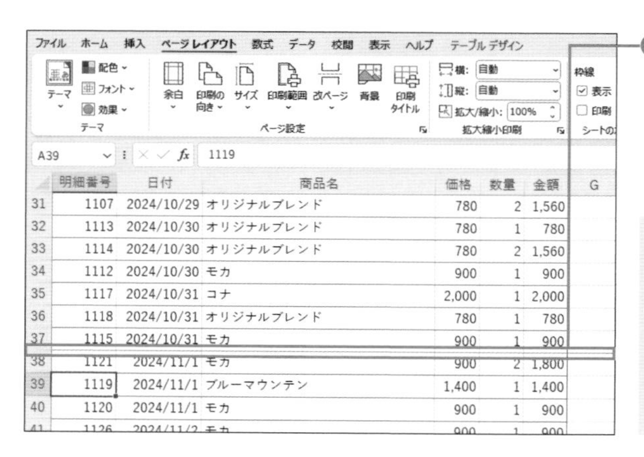

	明細番号	日付	商品名	価格	数量	金額	G
31	1107	2024/10/29	オリジナルブレンド	780	2	1,560	
32	1113	2024/10/30	オリジナルブレンド	780	1	780	
33	1114	2024/10/30	オリジナルブレンド	780	2	1,560	
34	1112	2024/10/30	モカ	900	1	900	
35	1117	2024/10/31	コナ	2,000	1	2,000	
36	1118	2024/10/31	オリジナルブレンド	780	1	780	
37	1115	2024/10/31	モカ	900	1	900	
38	1121	2024/11/1	モカ	900	2	1,800	
39	1119	2024/11/1	ブルーマウンテン	1,400	1	1,400	
40	1120	2024/11/1	モカ	900	1	900	

❹ 38行目の上側に改ページを示す線が表示されます。

> **MEMO 改ページの削除**
>
> 改ページを削除するには、改ページを設定した行番号や列番号をクリックし、［ページレイアウト］タブの［改ページ］から［改ページの解除］をクリックします。

075 余白や位置の調整でおさまりよく印刷する

WordやPowerPointと同じように、Excelで印刷を実行すると、用紙の上下左右に余白が生まれます。この余白を狭めたり広げたりすることで、**印刷の位置を微調整したり**、**あふれているデータを用紙に収めたり**といったことが可能になります。

余白を手軽に狭める／広げる

初期設定では、印刷時の**余白は「標準」**になっています。印刷イメージ画面には余白の大きさを変更する項目が用意されており、**「標準」「広い」「狭い」の3つ**から変更できます。変更した結果は印刷イメージに反映されるので、その場で確認できます。[ユーザー設定の余白]を使って、余白の数値を直接指定することもできます。

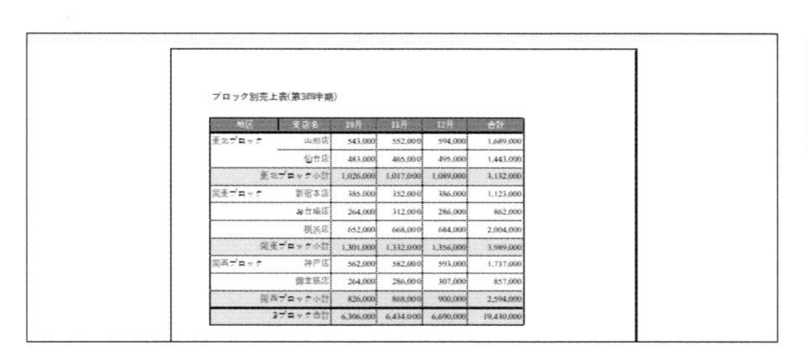

302ページの操作で、印刷イメージを表示します。

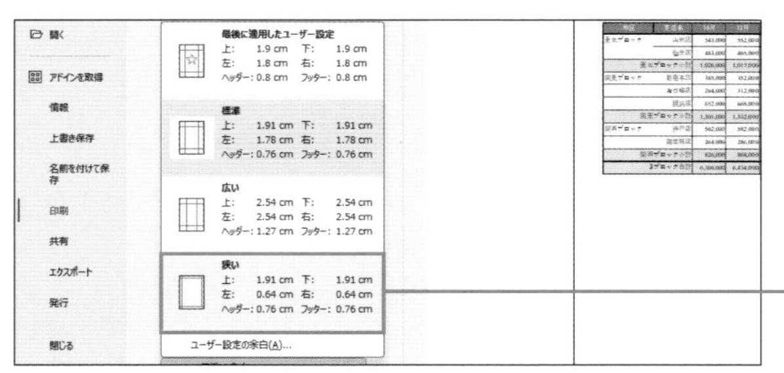

❶ [標準の余白]をクリックし、

❷ [狭い]をクリックすると、

❸ 印刷イメージで、余白が狭まったことが確認できます。

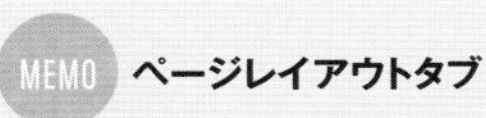

MEMO ページレイアウトタブ

[ページレイアウト]タブの[余白]から、余白の大きさを変更することもできます。

ドラッグ操作で余白を調整する

　317ページの操作で余白の大きさを変更することもできますが、**［余白の表示］機能**を使うと、印刷イメージを見ながら余白の大きさを**ドラッグ操作で直感的に調整**できます。ほんの数行（列）ページからあふれているときは、余白を狭めることで前のページに収めることができます。

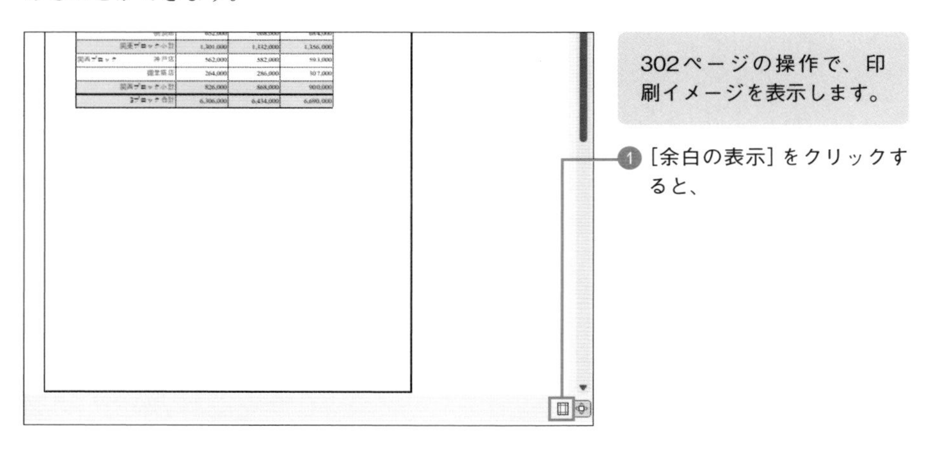

302ページの操作で、印刷イメージを表示します。

1 ［余白の表示］をクリックすると、

2 印刷イメージに、余白の領域を示す線が表示されます。

3 右側の線にマウスポインターを移動し、マウスポインターの形状が変わったら、そのまま右方向にドラッグすると、

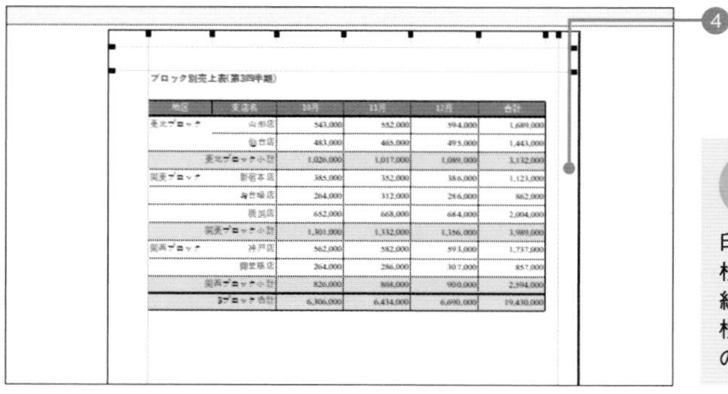

4 右の余白が狭まって、あふれていた「合計」の列が表示されます。

MEMO　2本の横線の役割

印刷イメージの上下には、2本の横線が表示されます。内側の横線で余白サイズを調整し、外側の横線でヘッダー／フッターの領域のサイズを調整します。

表を用紙の中央に印刷する

表やグラフは、用紙の左上から印刷されます。**表を用紙の真ん中に印刷**するには、[ページ中央]機能を使います。[ページ中央]には**「水平」と「垂直」**が用意されており、[水平]をクリックすると、用紙の横方向の中央、[垂直]をクリックすると、用紙の縦方向の中央に印刷できます。横方向の中央に印刷すると、バランスよく印刷できます。

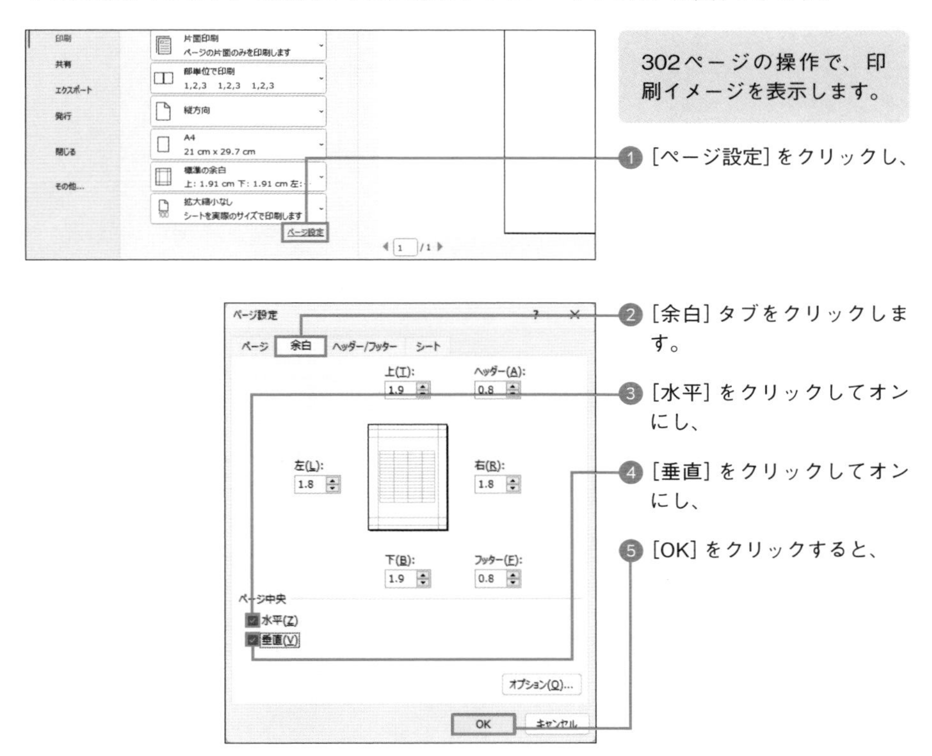

302ページの操作で、印刷イメージを表示します。

1 [ページ設定]をクリックし、

2 [余白]タブをクリックします。

3 [水平]をクリックしてオンにし、

4 [垂直]をクリックしてオンにし、

5 [OK]をクリックすると、

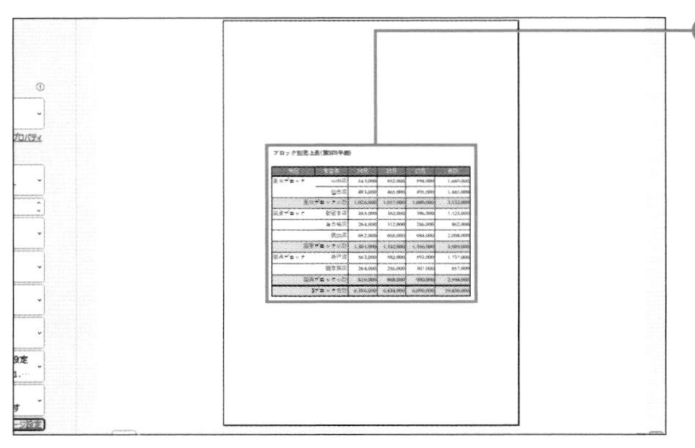

6 表が用紙の中央に表示されます。

表を用紙1枚に収めて印刷する

印刷イメージを確認したときに、ほんの数行分や数列分だけが次のページにあふれてしまうことがあります。表を用紙1枚に収めて印刷するには、[シートを1枚に収めて印刷] 機能を使います。そうすると、用紙1枚に収まるように**自動的に倍率が下がり、表全体が縮小**されます。ただし、あふれている範囲が広すぎるときに無理やり1枚に覚めると、文字や数値が小さくなって読めなくなるので注意しましょう。

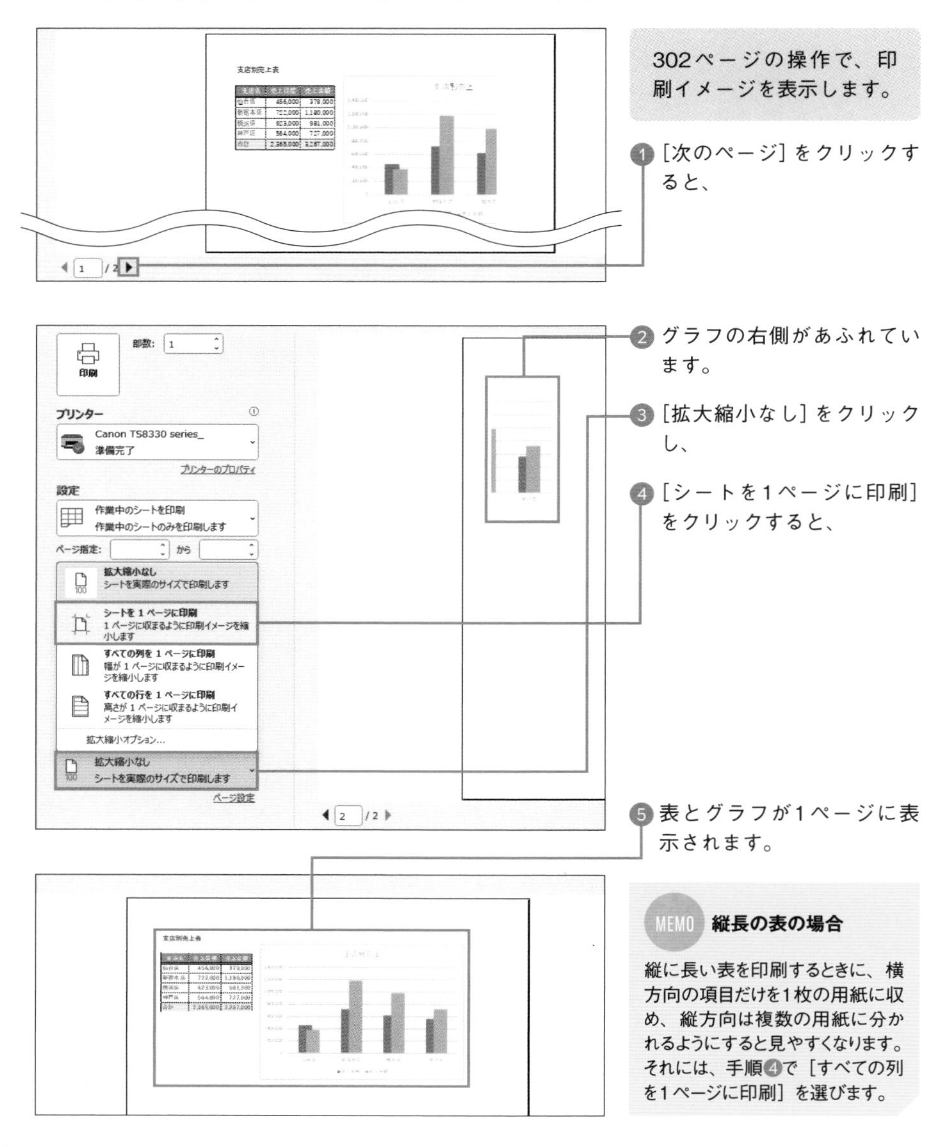

302ページの操作で、印刷イメージを表示します。

1 [次のページ] をクリックすると、

2 グラフの右側があふれています。

3 [拡大縮小なし] をクリックし、

4 [シートを1ページに印刷] をクリックすると、

5 表とグラフが1ページに表示されます。

MEMO 縦長の表の場合

縦に長い表を印刷するときに、横方向の項目だけを1枚の用紙に収め、縦方向は複数の用紙に分かれるようにすると見やすくなります。それには、手順4で [すべての列を1ページに印刷] を選びます。

076 ヘッダーやフッターに資料の情報を追加する

ヘッダーは用紙の上余白の領域、フッターは用紙の下余白の領域のことです。ヘッダーやフッターに設定した情報は、**すべてのページの同じ位置に同じ情報が表示**されます。会社名やプロジェクト名、作成日、作成者、ページ番号、ロゴ画像など、すべてのページに共通の内容を表示するとよいでしょう。

ヘッダーやフッターを表示する

ヘッダーやフッターを設定するには、標準画面とは違う**ヘッダーフッター専用の画面**を表示します。ヘッダー、フッターともに**「左」「中央」「右」の3つの領域**が用意されおり、目的の領域に目的の情報を設定します。なお、ヘッダーとフッター画面を表示すると、[ヘッダーとフッター] タブが表示され、ヘッダーやフッターに関するさまざまな設定を行えます。

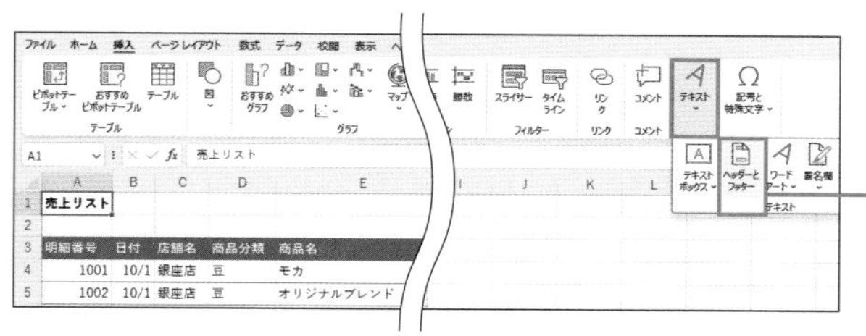

1 [挿入] タブの [テキスト] → [ヘッダーとフッター] をクリックします。

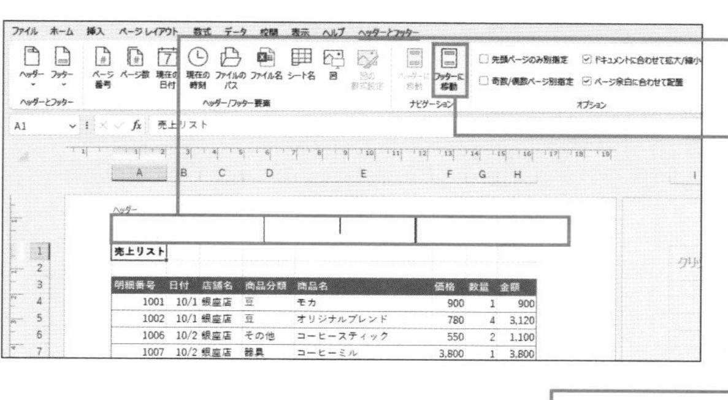

2 ヘッダー領域が表示されます。

3 [ヘッダーとフッター] タブの [フッターに移動] をクリックすると、

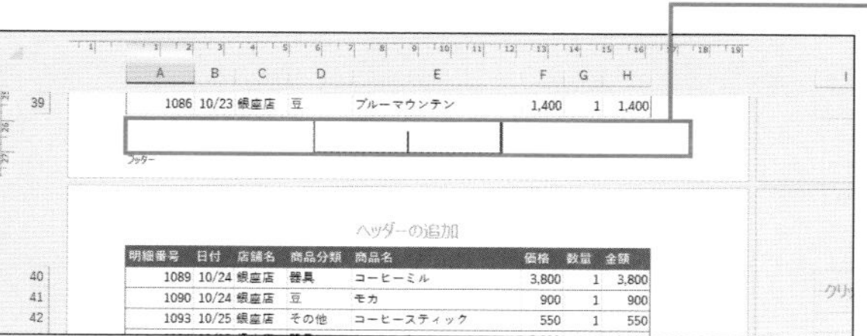

4 フッター領域が表示されます。

MEMO 元の画面に戻る

ヘッダー／フッター以外のセルをクリックし、[表示] タブの [標準] をクリックすると、元の画面モードに戻ります。

ヘッダーやフッターに文字を表示する

ヘッダーやフッターに会社名や作成者名などの情報を表示するには、**ヘッダーとフッターの領域に直接文字を入力**します。ヘッダーとフッターにはそれぞれ3つの領域が用意されており、同時に複数の領域を使うこともできます。なお、ヘッダーやフッターの内容は、標準画面では表示されません。印刷プレビュー画面で確認しましょう。

ヘッダーの右側に作成者名を表示します。

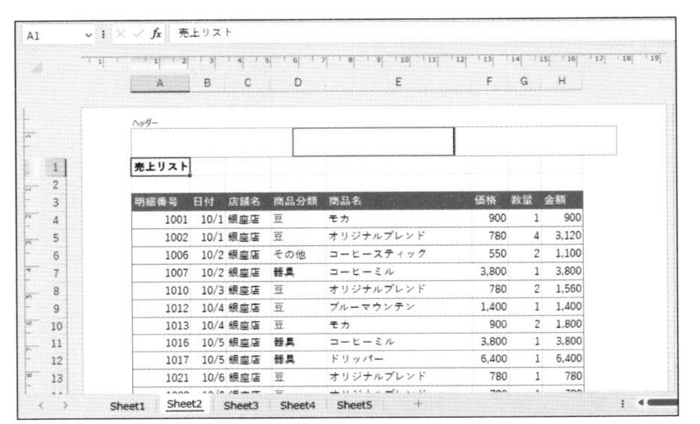

1 321ページの操作で、ヘッダー／フッターを表示します。

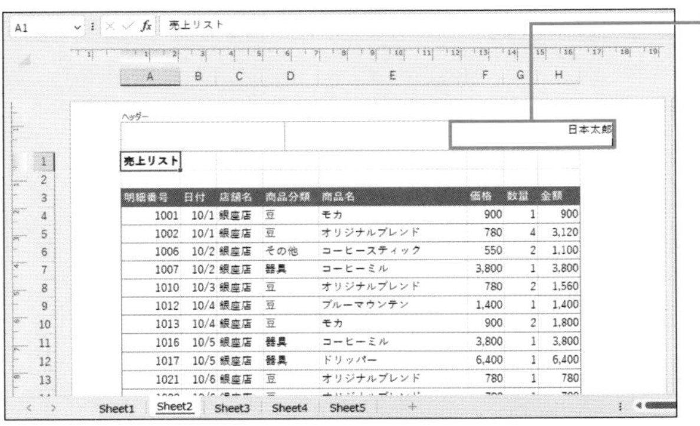

2 ヘッダーの右側の領域をクリックし、作成者の名前（ここでは「日本太郎」）を入力します。

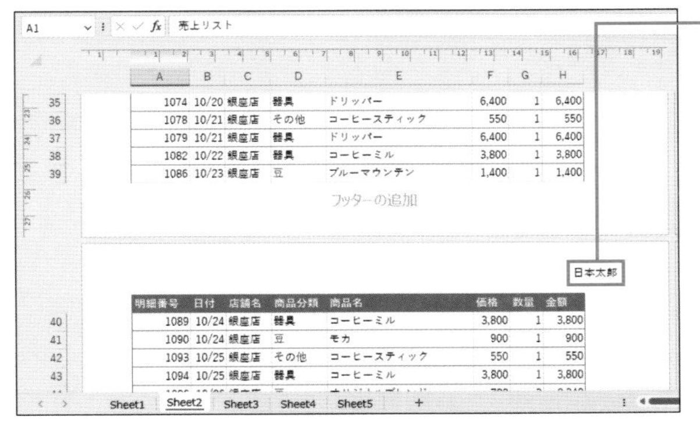

3 スクロールバーで下方向に移動すると、2ページ目の同じ位置に同じヘッダーが表示されています。

MEMO 書式の設定

ヘッダーやフッターに入力した文字にも書式を付けることができます。文字をドラッグして選択し、［ホーム］タブから書式を設定します。

ヘッダーに日付と時刻を表示する

ヘッダーに本日の日付と時刻を表示します。このとき、キーボードから日付や時刻を入力すると、常に同じ日付と時刻が表示されます。ファイルを開いた時点の日付や時刻を表示する場合は、［ヘッダーとフッター］タブにある**［現在の日付］**や**［現在の時刻］**を使います。そうすると、具体的な日付や時刻が表示されるわけではなく、「&［日付］」や「&［時刻］」の文字が表示されます。これは、この位置にファイルを開いた時点の日付や時刻を表示しなさいという意味です。

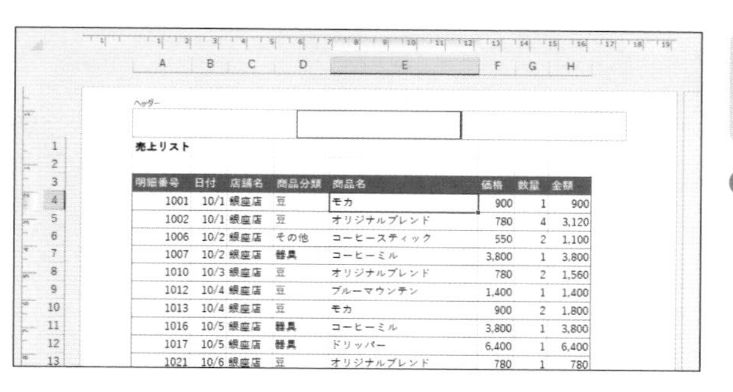

ヘッダー

売上リスト

明細番号	日付	店舗名	商品分類	商品名	価格	数量	金額
1001	10/1	銀座店	豆	モカ	900	1	900
1002	10/1	銀座店	豆	オリジナルブレンド	780	4	3,120
1006	10/2	銀座店	その他	コーヒースティック	550	2	1,100
1007	10/2	銀座店	器具	コーヒーミル	3,800	1	3,800
1010	10/3	銀座店	豆	オリジナルブレンド	780	2	1,560
1012	10/4	銀座店	豆	ブルーマウンテン	1,400	1	1,400
1013	10/4	銀座店	豆	モカ	900	2	1,800
1016	10/5	銀座店	器具	コーヒーミル	3,800	1	3,800
1017	10/5	銀座店	器具	ドリッパー	6,400	1	6,400
1021	10/6	銀座店	豆	オリジナルブレンド	780	1	780

ヘッダーの左側に今日の日付を表示します。

❶ 321ページの操作で、ヘッダー／フッターを表示します。

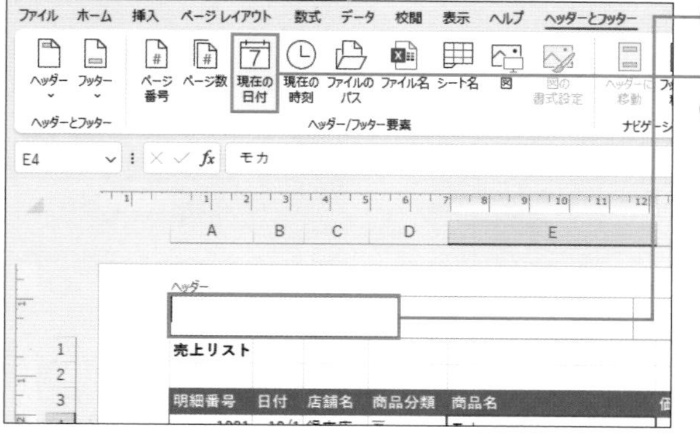

❷ ヘッダーの左側の領域をクリックし、

❸［ヘッダーとフッター］タブの［現在の日付］をクリックすると、

ヘッダー

&[日付]

売上リスト

明細番号	日付	店舗名	商品分類	商品名	価格	数量	金額
1001	10/1	銀座店	豆	モカ	900	1	900
1002	10/1	銀座店	豆	オリジナルブレンド	780	4	3,120
1006	10/2	銀座店	その他	コーヒースティック	550	2	1,100
1007	10/2	銀座店	器具	コーヒーミル	3,800	1	3,800
1010	10/3	銀座店	豆	オリジナルブレンド	780	2	1,560
1012	10/4	銀座店	豆	ブルーマウンテン	1,400	1	1,400
1013	10/4	銀座店	豆	モカ	900	2	1,800
1016	10/5	銀座店	器具	コーヒーミル	3,800	1	3,800
1017	10/5	銀座店	器具	ドリッパー	6,400	1	6,400
1021	10/6	銀座店	豆	オリジナルブレンド	780	1	780

Sheet1 Sheet2 Sheet3 Sheet4 Sheet5

❹「&［日付］」と表示されます。印刷を実行すると、現在の日付が印刷されます。

MEMO 現在の時刻の表示

［ヘッダーとフッター］タブの［現在の時刻］をクリックすると、「&［時刻］」と表示され、現在の時刻が印刷されます。日付と時刻の両方を設定することもできます。

フッターのページ番号を表示する

用紙下部の余白であるフッターには、**ページ番号**を表示することが多いでしょう。ページ番号があると、全体のボリュームを把握しやすくなります。また、質疑応答の際に場所を特定しやすい効果も生まれます。[ヘッダーとフッター]タブの**[ページ番号]**を設定すると、1ページ目から始まる連番を表示できます。

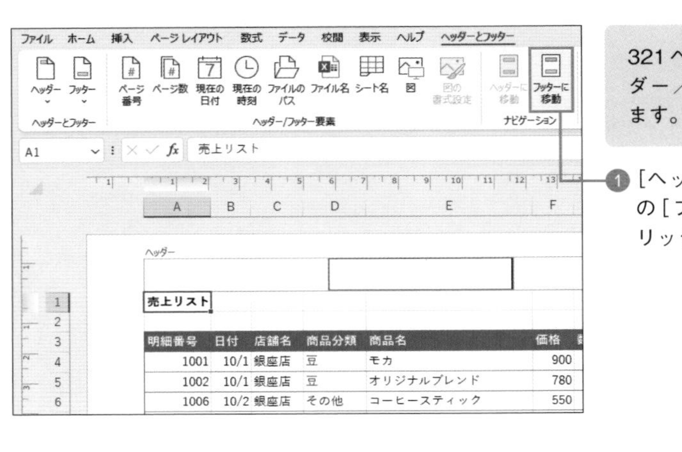

321ページの操作で、ヘッダー／フッターを表示します。

❶ [ヘッダーとフッター]タブの[フッターに移動]をクリックします。

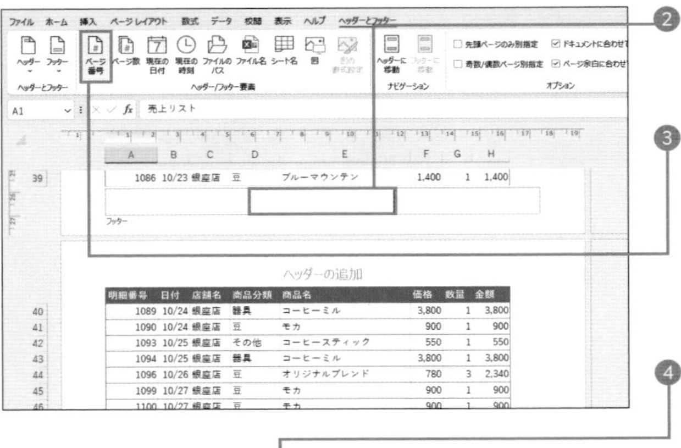

❷ フッター領域の中央の領域にカーソルがあることを確認し、

❸ [ヘッダーとフッター]タブの[ページ番号]をクリックすると、

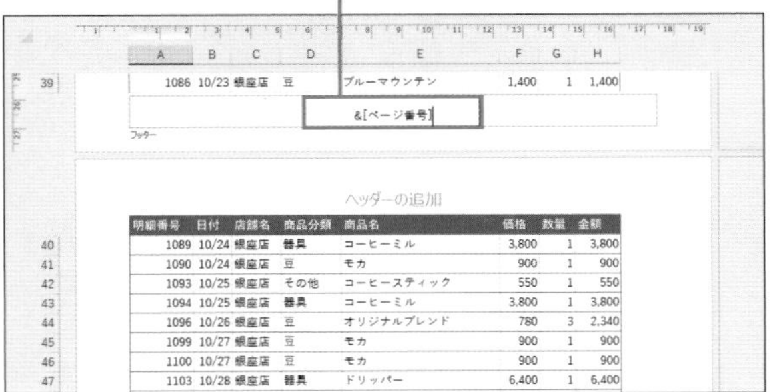

❹ 「&[ページ番号]」と表示されます。印刷を実行すると、連番のページ番号が印刷されます。

MEMO 総ページ数の表示

「1／3」のように、現在のページと総ページ数を組み合わせて指定できます。手順❹のあとで、「／」(スラッシュ)を入力し、続けて[ヘッダーとフッター]タブの[ページ数]をクリックします。

先頭ページのページ番号を指定する

Wordで作成した報告書にExcelで作成した表やグラフを添付したり、異なるファイルのワークシートを1つの資料にまとめたりする場合は、**前のページから連続したページ番号**を付ける必要があります。[ヘッダーとフッター]タブの**[先頭ページ番号]**を使うと、これから印刷するワークシートの先頭ページのページ番号を指定できます。

ここでは、先頭ページ番号を「3」にします。

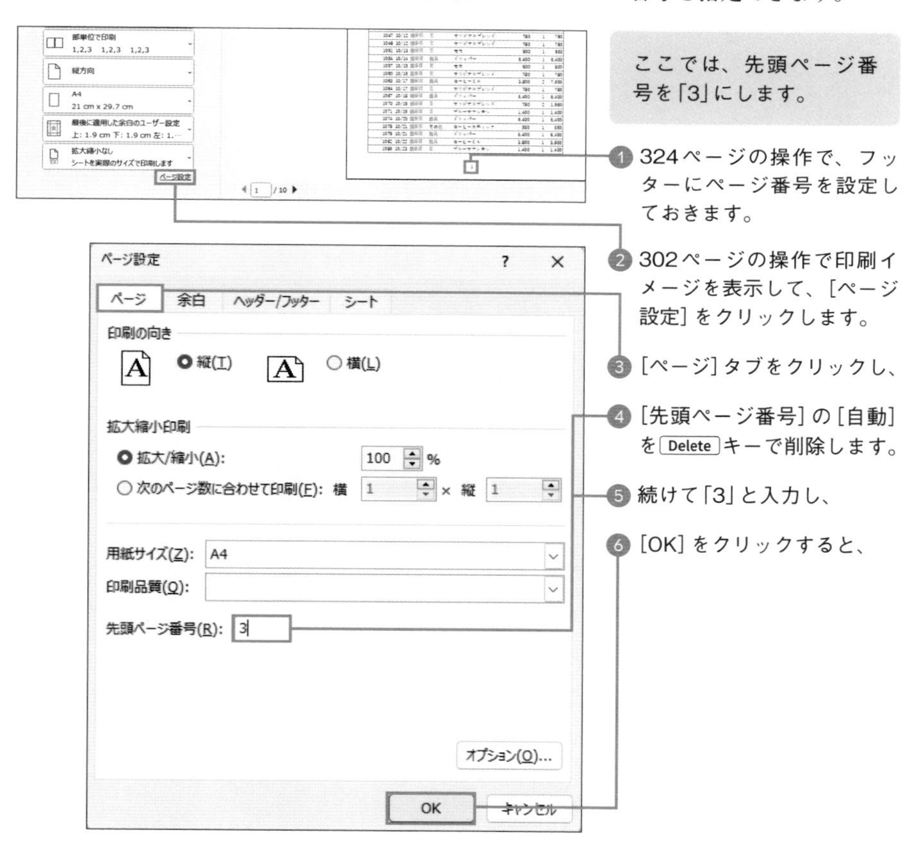

1 324ページの操作で、フッターにページ番号を設定しておきます。

2 302ページの操作で印刷イメージを表示して、[ページ設定]をクリックします。

3 [ページ]タブをクリックし、

4 [先頭ページ番号]の[自動]を Delete キーで削除します。

5 続けて「3」と入力し、

6 [OK]をクリックすると、

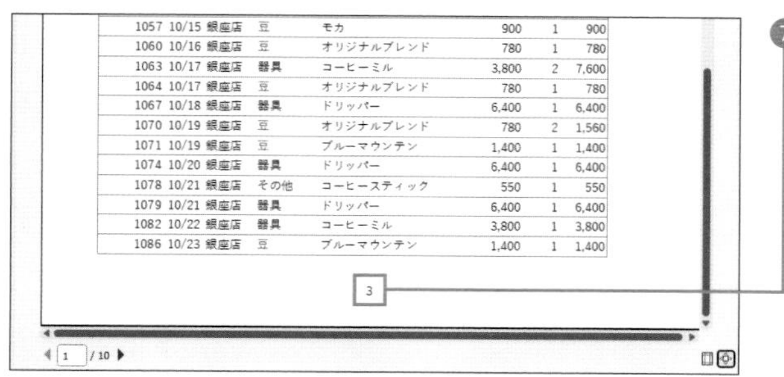

1057	10/15	銀座店	豆	モカ	900	1	900
1060	10/16	銀座店	豆	オリジナルブレンド	780	1	780
1063	10/17	銀座店	器具	コーヒーミル	3,800	2	7,600
1064	10/17	銀座店	豆	オリジナルブレンド	780	1	780
1067	10/18	銀座店	器具	ドリッパー	6,400	1	6,400
1070	10/19	銀座店	豆	オリジナルブレンド	780	2	1,560
1071	10/19	銀座店	豆	ブルーマウンテン	1,400	1	1,400
1074	10/20	銀座店	器具	ドリッパー	6,400	1	6,400
1078	10/21	銀座店	その他	コーヒースティック	550	1	550
1079	10/21	銀座店	器具	ドリッパー	6,400	1	6,400
1082	10/22	銀座店	器具	コーヒーミル	3,800	1	3,800
1086	10/23	銀座店	豆	ブルーマウンテン	1,400	1	1,400

7 印刷イメージで、ページ番号に「3」が表示されます。

077 ヘッダーやフッターをさらに活用する

ヘッダーやフッターには、文字や日付、ページ番号を表示するだけでなく、**画像を表示**することもできます。また、奇数ページと偶数ページ、先頭ページとそれ以外といったように、ヘッダーやフッターの内容を**ページごとに切り替える**こともできます。

ヘッダーやフッターに図を入れる

会社のロゴやキャラクター画像など、**印象に残したい画像**はヘッダーやフッターに表示しましょう。そうすると、ページごとに画像が表示されるので、くりかえしの効果で記憶に残りやすくなります。ここでは、ヘッダーの右側の領域に会社のロゴ画像を挿入します。画像はあらかじめパソコンに保存しておきましょう。

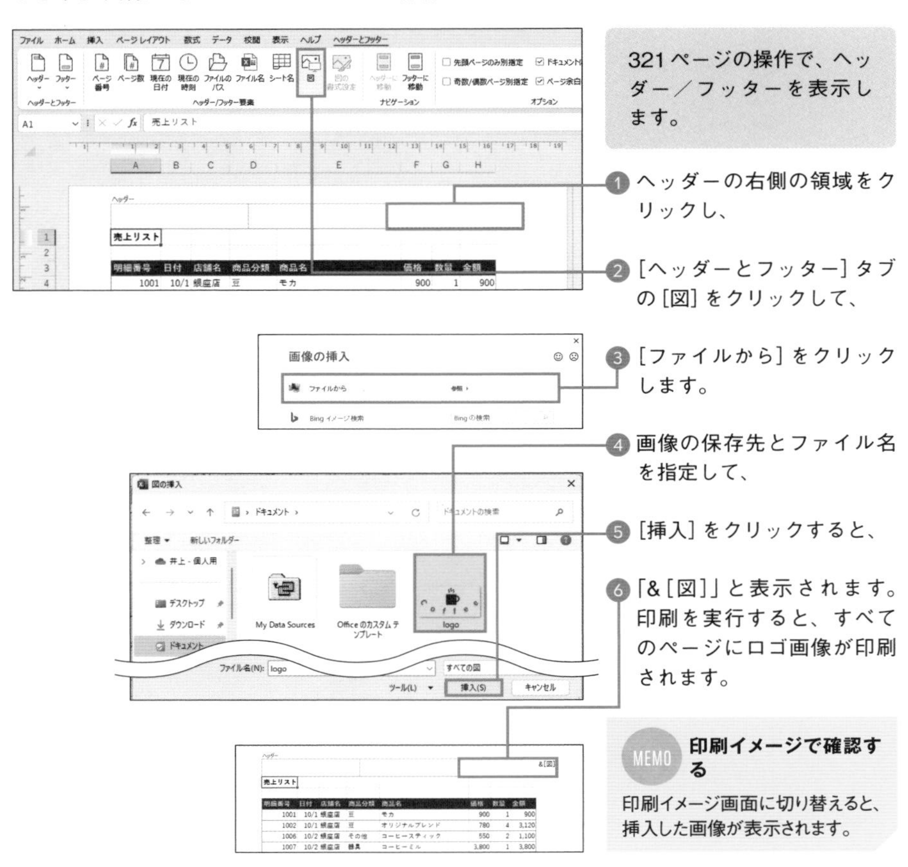

MEMO 印刷イメージで確認する

印刷イメージ画面に切り替えると、挿入した画像が表示されます。

COLUMN

図のサイズを指定する

ヘッダーに挿入した図のサイズは、[ヘッダーとフッター] タブの [図の書式設定] をクリックして表示される [図の書式設定] ダイアログボックスで設定します。[サイズ] タブで図の高さと幅、あるいは倍率を数値で指定できます。

奇数ページと偶数ページでヘッダーを使い分ける

奇数ページと偶数ページでヘッダーとフッターの内容を分けることができます。これを利用すれば、書籍のように**見開きページ**でヘッダーとフッターに異なる内容が表示されます。ここでは、奇数ページのヘッダーに日付、偶数ページのヘッダーにファイル名を表示します。

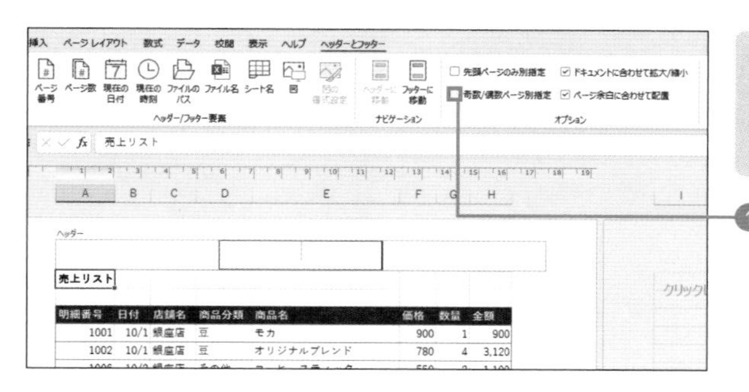

321ページの操作で、ヘッダー／フッターを表示します。

❶ [ヘッダーとフッター] タブの [奇数／偶数ページ別指定] をクリックします。

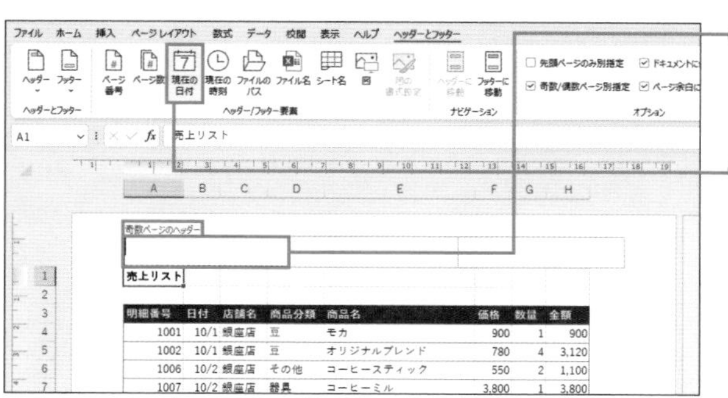

❷ 奇数ページのヘッダーが表示されるので、ヘッダーの左側の領域をクリックし、

❸ [現在の日付] をクリックすると、

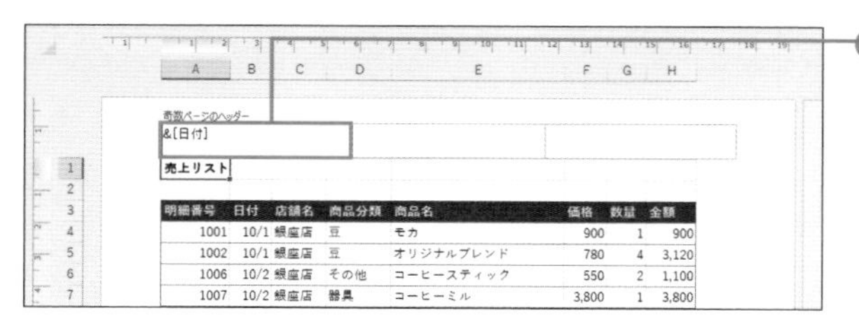

❹「&[日付]」と表示されます。

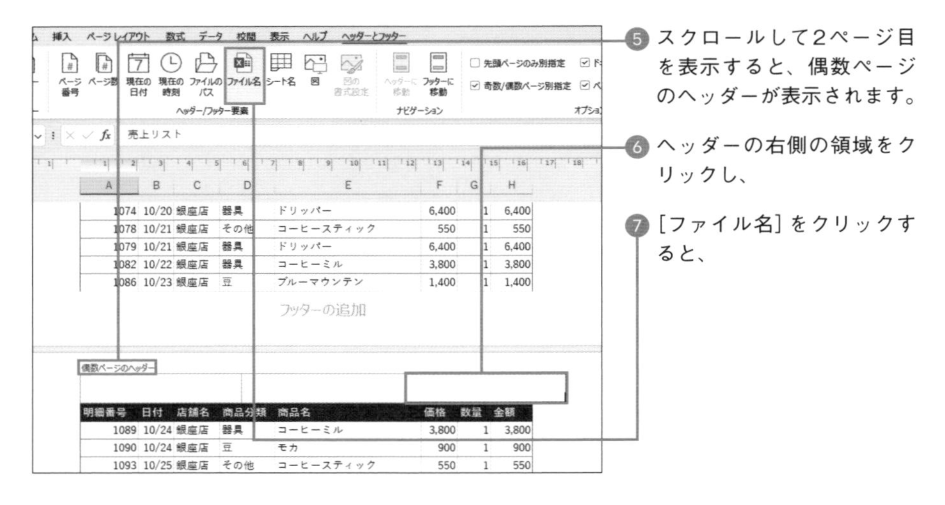

❺ スクロールして2ページ目を表示すると、偶数ページのヘッダーが表示されます。

❻ ヘッダーの右側の領域をクリックし、

❼ [ファイル名] をクリックすると、

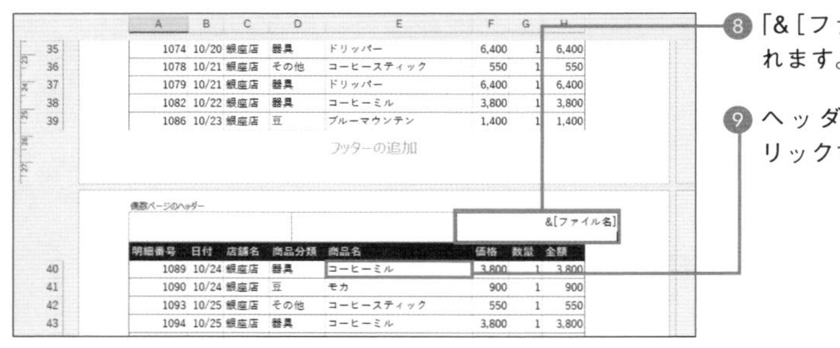

❽ 「&[ファイル名]」と表示されます。

❾ ヘッダー以外のセルをクリックすると、

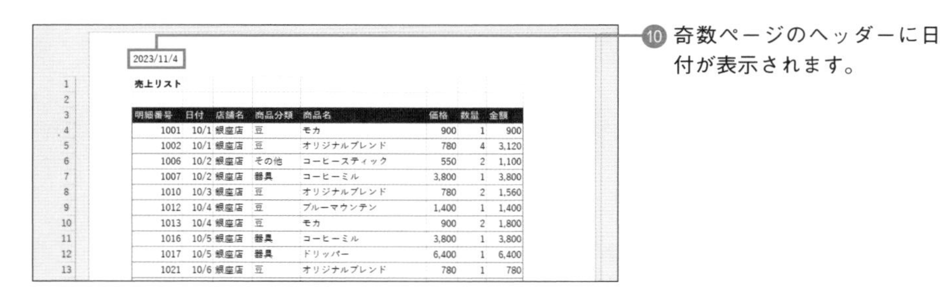

❿ 奇数ページのヘッダーに日付が表示されます。

⓫ 偶数ページのヘッダーにファイル名が表示されます。

先頭ページだけヘッダーを表示する

［先頭ページのみ別指定］機能を使うと、**先頭ページとそれ以外のページ**でヘッダーとフッターの内容を分けることができます。たとえば、先頭ページに表紙があるときは、表紙用のヘッダーと2ページ目以降のヘッダーの内容を分けることができます。ここでは、先頭ページのヘッダーに作成者の名前を表示し、2ページ目以降のヘッダーに日付を表示します。

321ページの操作で、ヘッダー／フッターを表示します。

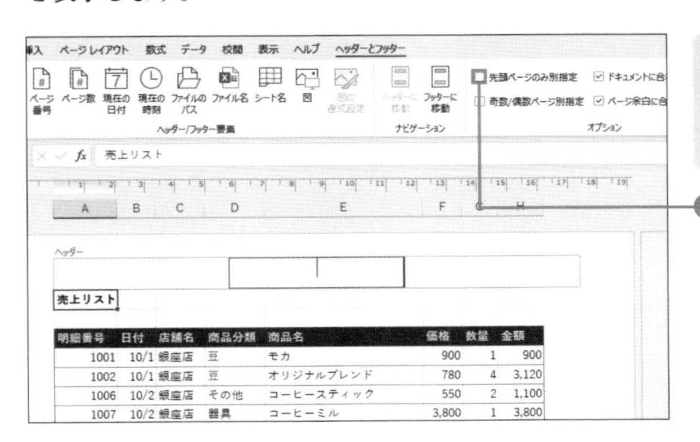

❶［ヘッダーとフッター］タブの［先頭ページのみ別指定］をクリックします。

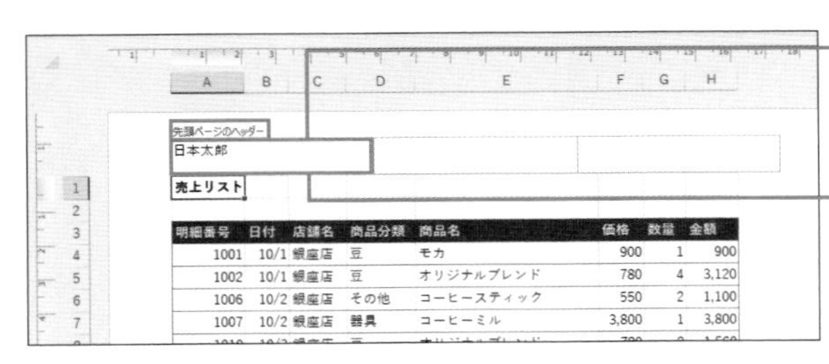

❷先頭ページのヘッダーが表示されるので、ヘッダーの左側の領域をクリックし、

❸「日本太郎」と入力します。

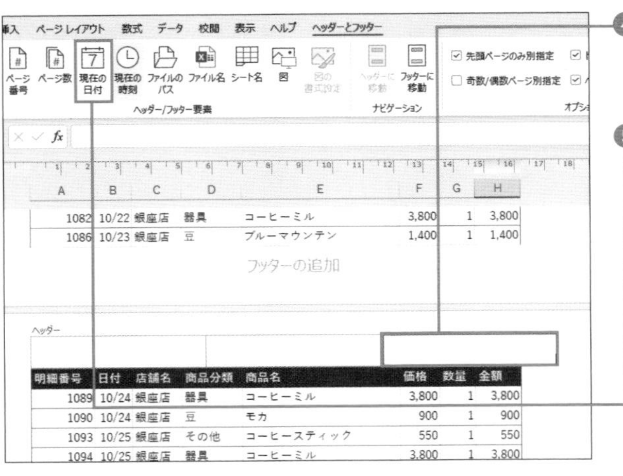

❹スクロールして2ページ目を表示し、ヘッダーの右側の領域をクリックし、

❺［ヘッダーとフッター］タブの［現在の日付］をクリックします。

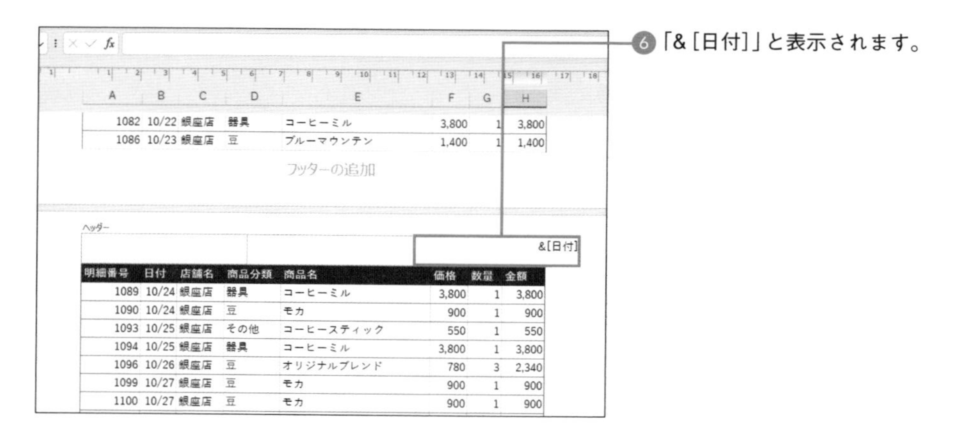

❻「&[日付]」と表示されます。

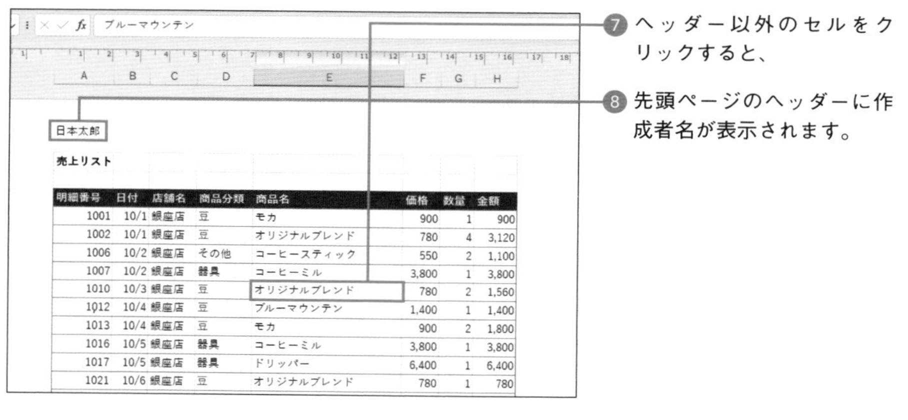

❼ヘッダー以外のセルをクリックすると、

❽先頭ページのヘッダーに作成者名が表示されます。

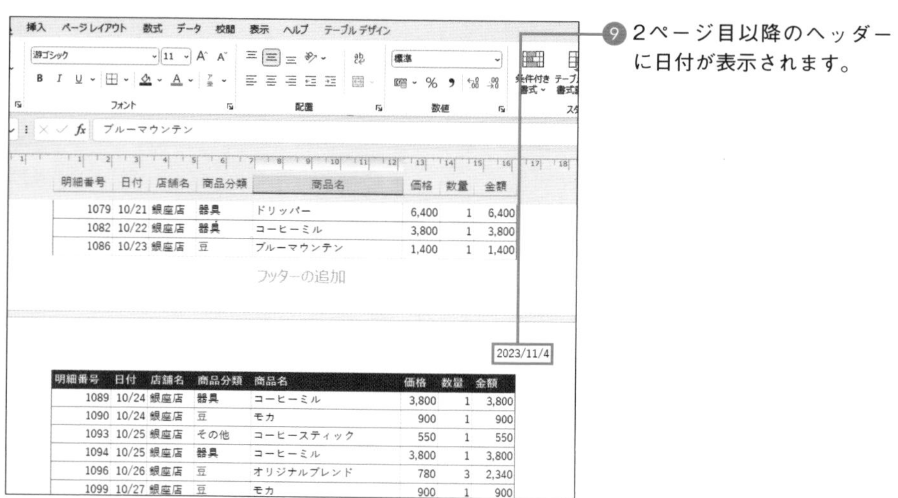

❾2ページ目以降のヘッダーに日付が表示されます。

第9章 スムーズに作業する! 環境設定の基本テクニック

078 もっと使いやすい作業環境に設定する

Excelの初期設定のまま使っていると、不便でめんどうだと思う操作があるでしょう。Excelを快適に利用するには、毎回くりかえしている手順を簡略化するなどの工夫が必要です。**[Excelのオプション] ダイアログボックス**には、**Excel全体に関わる設定項目**が用意されており、自由にカスタマイズできます。

よく使うフォルダーを既定の保存先に設定する

ファイルを**いつも同じフォルダーに保存**している場合は、毎回保存先のフォルダーを変更しなければなりません。[Excelのオプション] ダイアログボックスで**フォルダーの場所を登録**すると、[名前を付けて保存] ダイアログボックスの保存先に自動的にそのフォルダーが表示されます。

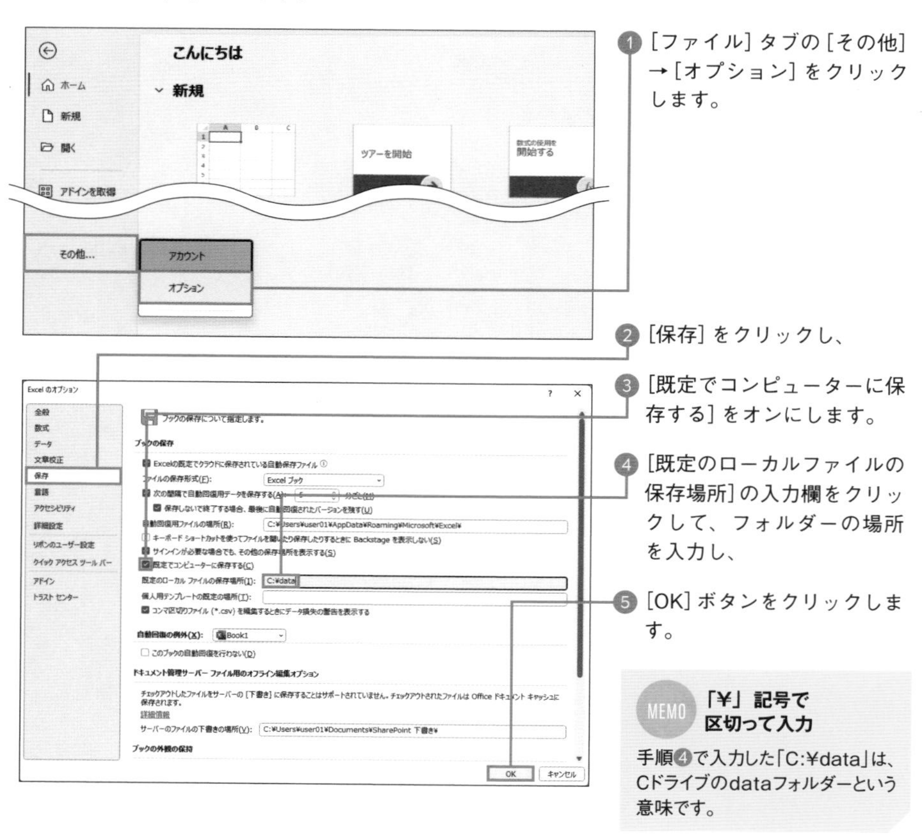

❶ [ファイル] タブの [その他] → [オプション] をクリックします。

❷ [保存] をクリックし、

❸ [既定でコンピューターに保存する] をオンにします。

❹ [既定のローカルファイルの保存場所] の入力欄をクリックして、フォルダーの場所を入力し、

❺ [OK] ボタンをクリックします。

MEMO 「¥」記号で区切って入力

手順❹で入力した「C:¥data」は、Cドライブのdataフォルダーという意味です。

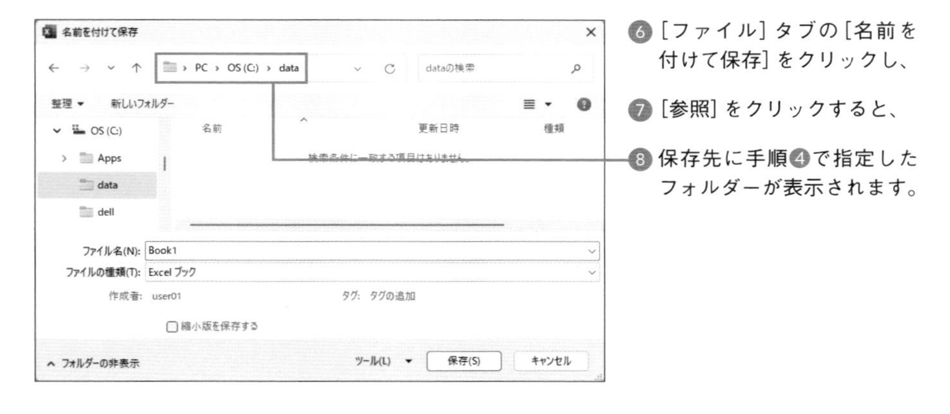

❻［ファイル］タブの［名前を付けて保存］をクリックし、

❼［参照］をクリックすると、

❽保存先に手順❹で指定したフォルダーが表示されます。

最近使ったファイルを表示しない

［ファイル］タブをクリックすると、［最近使ったアイテム］が表示されます。これは、直近で開いたファイルが新しい順に最大50個まで表示されるしくみです。目的のファイルをクリックするだけで開ける便利さはありますが、**ファイルの履歴を第三者に見られたくない**場合もあるでしょう。そのようなときは、［最近使ったアイテム］に表示するファイル数を「0」に変更します。

［最近使ったアイテム］にファイル名が表示されます。

❶［ファイル］タブの［その他］→［オプション］をクリックします。

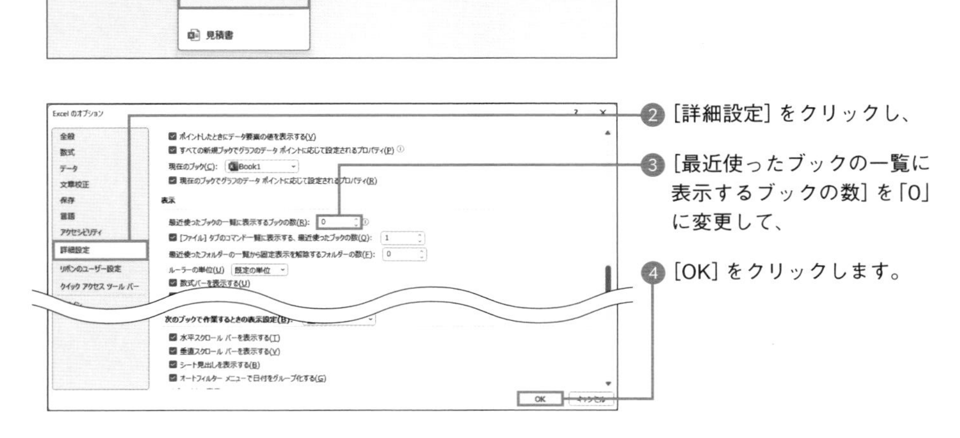

❷［詳細設定］をクリックし、

❸［最近使ったブックの一覧に表示するブックの数］を「0」に変更して、

❹［OK］をクリックします。

COLUMN

ファイルをピン留めする

[最近使ったアイテム] から消えてほしくないファイルは、ファイル名の右横にあるピンの記号をクリックしてピン留めします。ただし、[最近使ったブックの一覧に表示するブック数] を「0」にすると、ピン留めしたファイルも表示されなくなります。

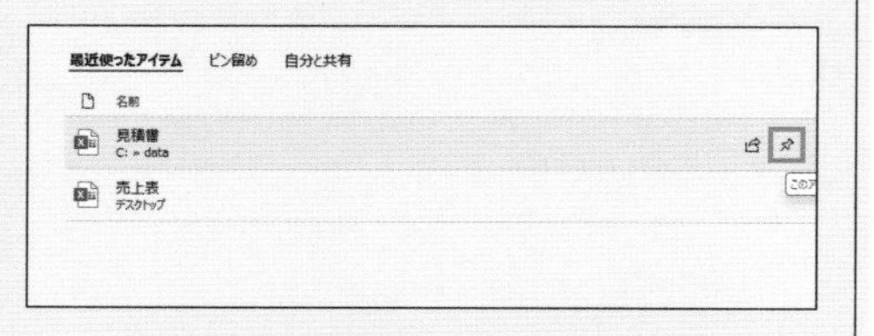

Excelを最新の状態で使う(アップデート)

Microsoft製品は、セキュリティ強化やバグの修正、新機能追加のための**更新プログラム**を不定期に配信しています。これらの更新プログラムをパソコンに適用することで、Microsoft製品を最新の状態で利用できます。なお、Excel、Word、PowerPointなどOfficeアプリのどれか1つをアップデートすると、すべてのOfficeアプリがまとめて**アップデート**されます。アップデートを実行する際は、インターネットに接続されている環境が必要です。

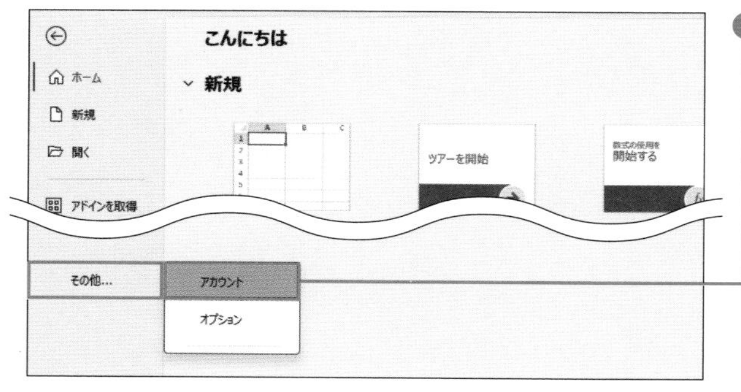

❶ [ファイル] タブの [その他] → [アカウント] をクリックします。

❷ [更新オプション] をクリックし、

❸ [今すぐ更新] をクリックすると、更新プログラムのダウンロードがはじまります。

MEMO **更新後に再起動する**

アップデートが終了すると、再起動を促すメッセージが表示される場合があります。パソコンを再起動すると、最新の状態にアップデートされます。

Excelをスタート画面にピン留めする

Excelを起動するには、[スタート]ボタンから[すべてのアプリ]を選び、アプリの一覧から[Excel]を探す操作が必要です。頻繁にExcelを使う場合は、Windowsのスタート画面に**Excelをピン留め**しましょう。そうすると、Excelを起動する手順を簡略化できます。

❶[スタート]ボタンをクリックします。

❷[すべてのアプリ]をクリックします。

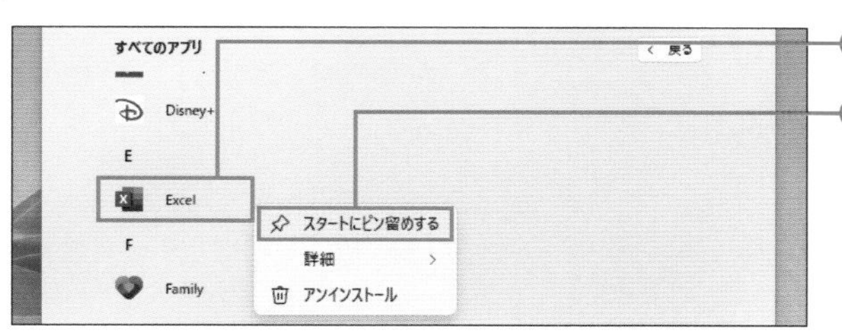

❸[Excel]を右クリックし、

❹[スタートにピン留めする]をクリックします。

❺スタート画面の下部にExcelアイコンが表示されます。

MEMO **アイコンは移動できる**

スタート画面に並ぶアイコンはドラッグして移動できます。頻繁に使うアイコンを上側に表示しておくと、スクロールする手間が省けて便利です。

COLUMN

スタート画面から削除

スタート画面からExcelを削除するには、Excelのアイコンを右クリックしたときに表示されるメニューから[スタートからピン留めを外す]をクリックします。

第9章 スムーズに作業する！ 環境設定の基本テクニック

選択範囲を画面に大きく表示する

大きなモニターを使っていると、ワークシートの広い範囲が表示できて便利ですが、一方で文字が小さくて見づらくなることもあります。ワークシートの**特定のセルだけを拡大**するには、**[選択範囲に合わせて拡大/縮小] 機能**を使います。そうすると、選択したセルが表示される倍率に自動的に設定されます。これはExcel全体の設定ではなく、必要に応じてワークシートごとに個別に行います。

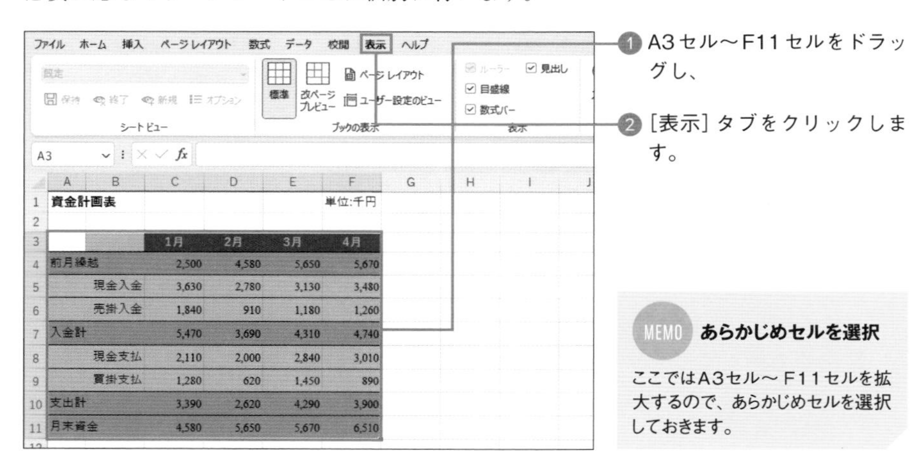

❶ A3セル〜F11セルをドラッグし、

❷ [表示] タブをクリックします。

MEMO あらかじめセルを選択

ここではA3セル〜F11セルを拡大するので、あらかじめセルを選択しておきます。

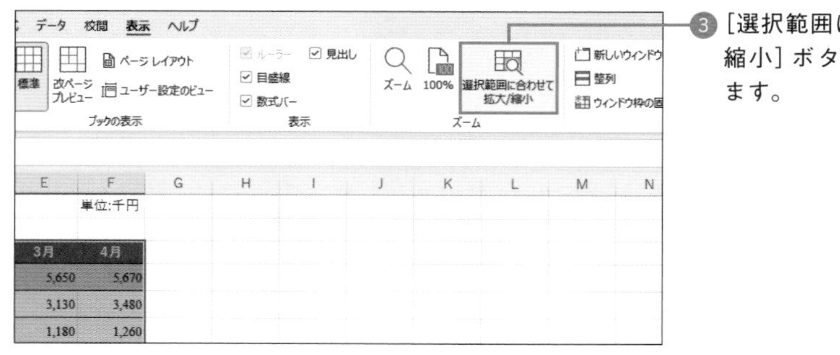

❸ [選択範囲に合わせて拡大/縮小] ボタンをクリックします。

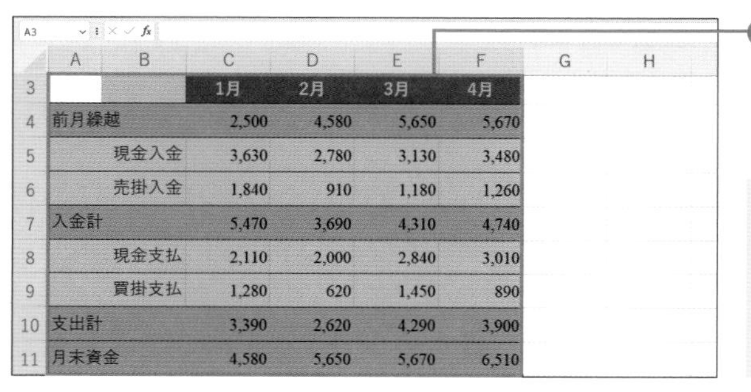

❹ A3セル〜F11セルが画面に大きく表示されます。

MEMO 元の倍率に戻すには

[表示] タブの [100%] ボタンをクリックすると、拡大率を100%に戻すことができます。

079 よく使うボタンはすぐ押せるように配置する

画面上部にある「タブ」はExcelの機能を分類ごとにまとめたもので、よく使う機能がそれぞれのタブに分類されています。ただし、業務で使う機能が別々のタブにあると、そのつどタブを切り替える操作が発生します。隠れているタブが表示されるようにしたり、オリジナルのタブを作成したりして**タブをカスタマイズ**すると、使い勝手が向上し、目的の機能をすばやく実行できます。

表示されていないタブを追加する

初期設定では[ファイル][ホーム][挿入][ページレイアウト][数式][データ][校閲][表示][ヘルプ]のタブが表示されますが、このほかにも**隠れているタブ**があります。利用したいタブが表示されていない場合は、常に表示されるようにしておきましょう。ここでは、マクロの操作に必要な[開発]タブを表示します。

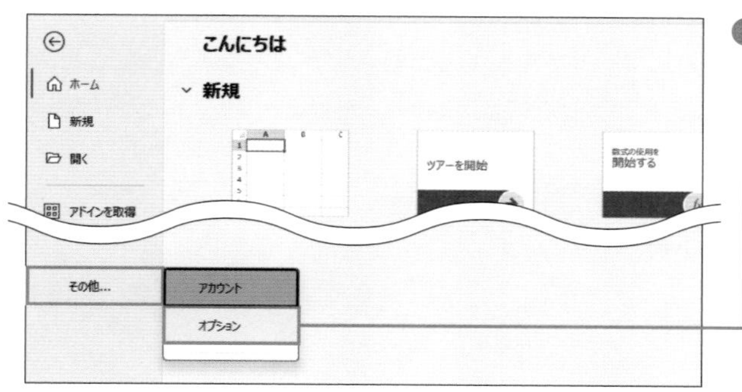

❶ [ファイル]タブの[その他]→[オプション]をクリックします。

❷ [リボンのユーザー設定]をクリックし、

❸ [開発]をクリックしてチェックをオンにして、

❹ [OK]をクリックします。

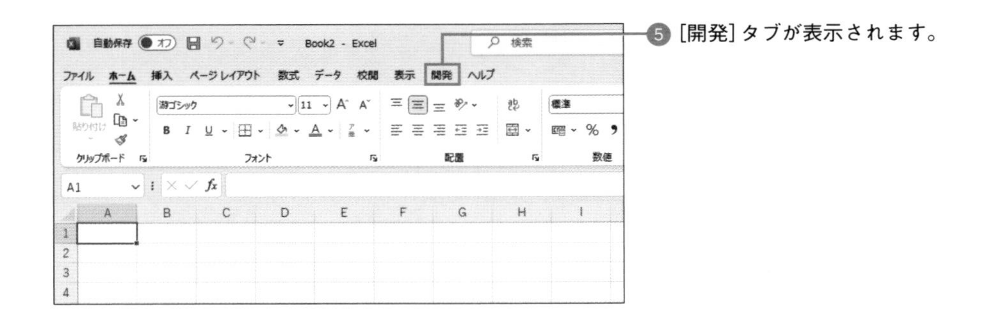

❺ [開発] タブが表示されます。

COLUMN

タブを削除する

手順❹で表示する必要のないタブのチェックをオフにすると、タブが削除されます。非表示になっただけで、いつでも再表示できます。

オリジナルのタブを追加する

業務で使う機能がまとまっていれば、タブを切り替える必要がなくなるうえに、どのタブに目的の機能があるのかを探す手間が省けます。Excelに最初から用意されているタブ以外に、**オリジナルの名前でタブを作成**し、そのタブに必要な機能を登録できます。たとえば、特定のプロジェクトで使うタブを作成し、プロジェクトが完了したらタブごと削除するといった使いかたも可能です。

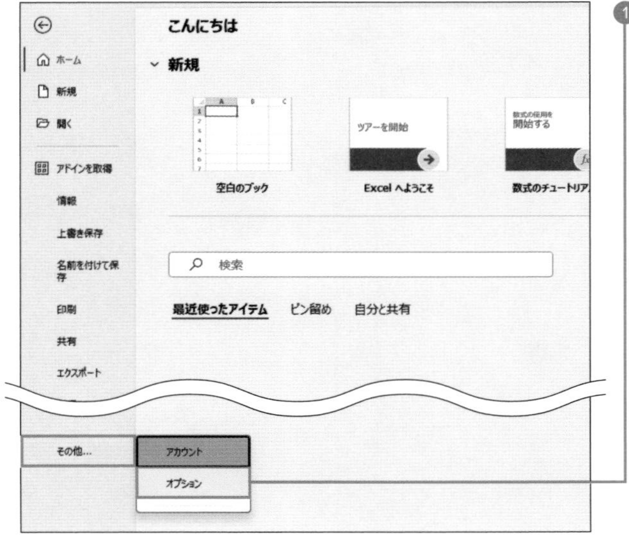

❶ [ファイル] タブの [その他] →[オプション] をクリックします。

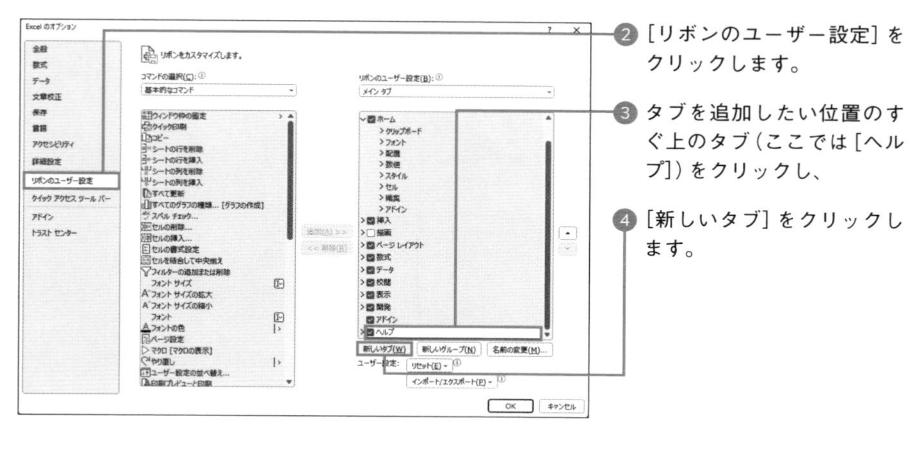

❷ [リボンのユーザー設定] をクリックします。

❸ タブを追加したい位置のすぐ上のタブ(ここでは [ヘルプ]) をクリックし、

❹ [新しいタブ] をクリックします。

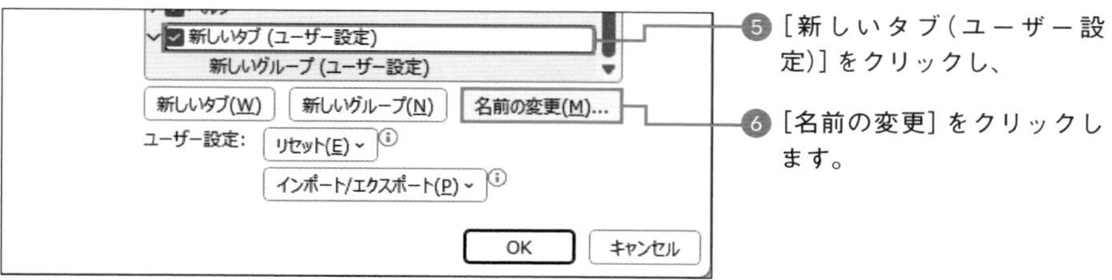

❺ [新しいタブ(ユーザー設定)] をクリックし、

❻ [名前の変更] をクリックします。

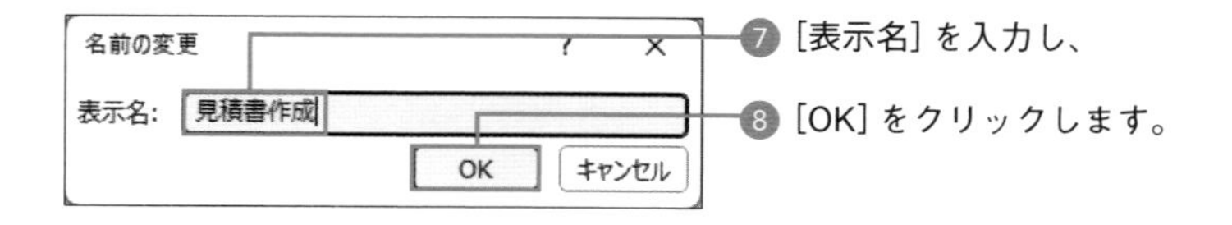

❼ [表示名] を入力し、

❽ [OK] をクリックします。

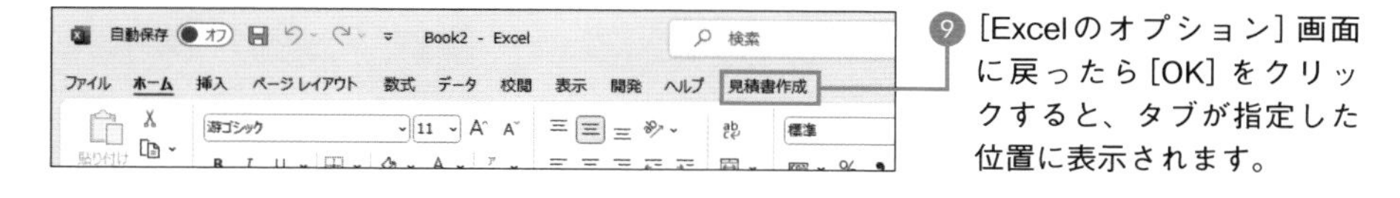

❾ [Excelのオプション] 画面に戻ったら [OK] をクリックすると、タブが指定した位置に表示されます。

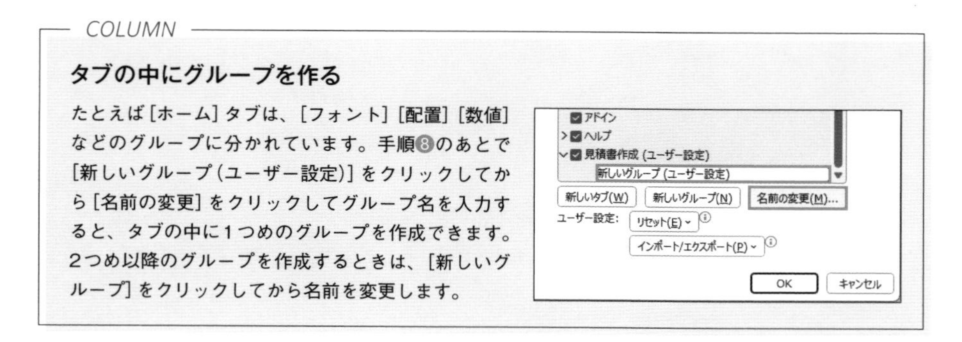

COLUMN

タブの中にグループを作る

たとえば [ホーム] タブは、[フォント] [配置] [数値] などのグループに分かれています。手順❽のあとで [新しいグループ(ユーザー設定)] をクリックしてから [名前の変更] をクリックしてグループ名を入力すると、タブの中に1つめのグループを作成できます。2つめ以降のグループを作成するときは、[新しいグループ] をクリックしてから名前を変更します。

タブにボタンを追加する

338ページの操作で追加した**オリジナルのタブにボタンを登録**します。なお、グループ名を入力しないと、[新しいグループ]の中にボタンが追加されます。グループを作る操作は、339ページのCOLUMNを参考にしてください。ここでは[セルの書式設定]をオリジナルのタブに追加します。

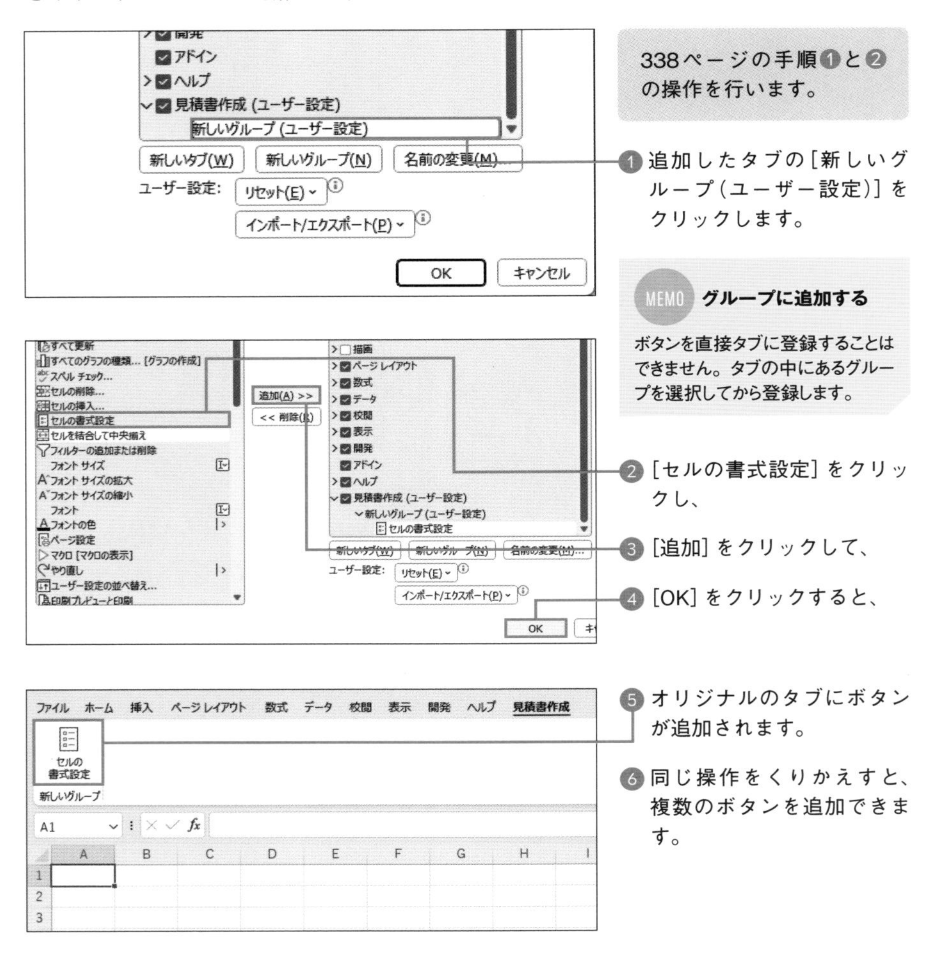

COLUMN

既存のタブにも追加できる

[ホーム]タブや[挿入]タブなど、最初から用意されているタブに新しいグループを作成して、その中にボタンを追加することもできます。

タブをリセットして元に戻す

パソコンをほかの人に譲渡したり貸し出したりするときに、タブの設定が変わっていると使う人が戸惑うかもしれません。[リセット] 機能を使うと、表示されるタブや、タブ内のボタンなど、**タブに加えたさまざまな設定を解除**して、初期設定に戻すことができます。手動で1つずつ削除するよりもかんたんです。

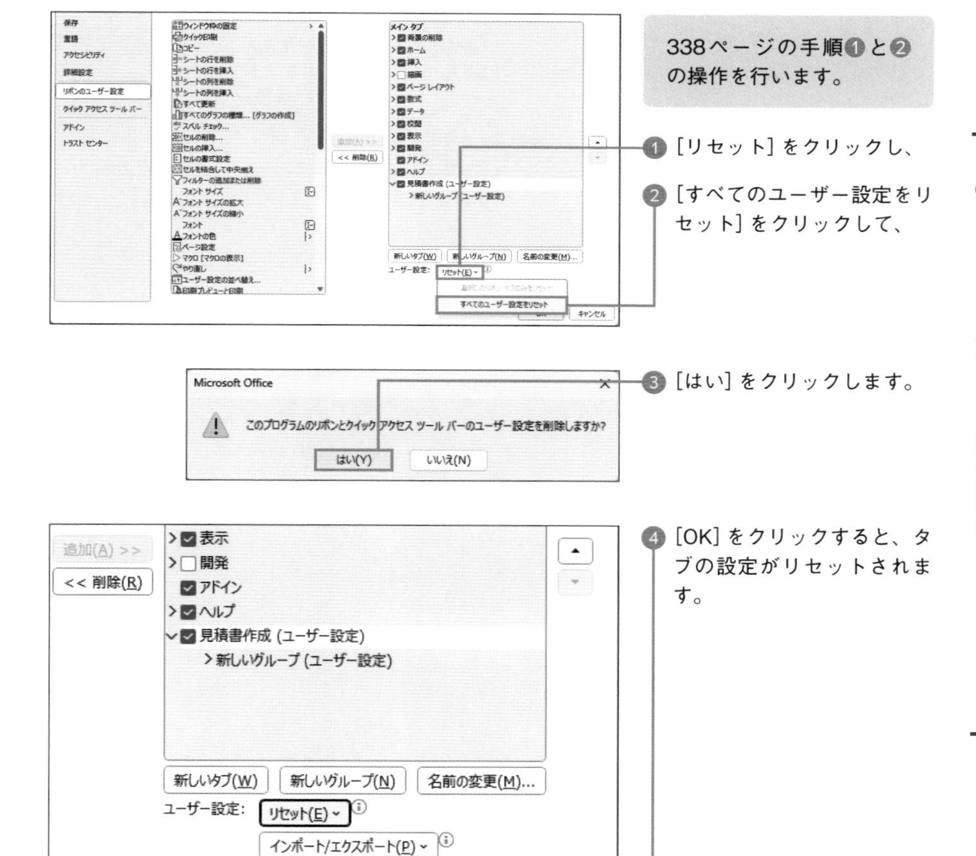

338ページの手順❶と❷の操作を行います。

❶ [リセット] をクリックし、

❷ [すべてのユーザー設定をリセット] をクリックして、

❸ [はい] をクリックします。

❹ [OK] をクリックすると、タブの設定がリセットされます。

COLUMN

特定のタブだけリセットする

手順❷で [選択したリボンタブのみをリセット] をクリックすると、選択されているタブの内容だけをリセットします。

クイックアクセスツールバーに機能を追加する

画面左上にある**クイックアクセスツールバー**には、初期設定で[上書き保存][元に戻す][やり直し]の3つの機能が登録されていますが、あとから自由に追加できます。頻繁に使う機能を追加しておくと、タブを切り替えなくても**ワンアクション**で機能を実行できるので便利です。

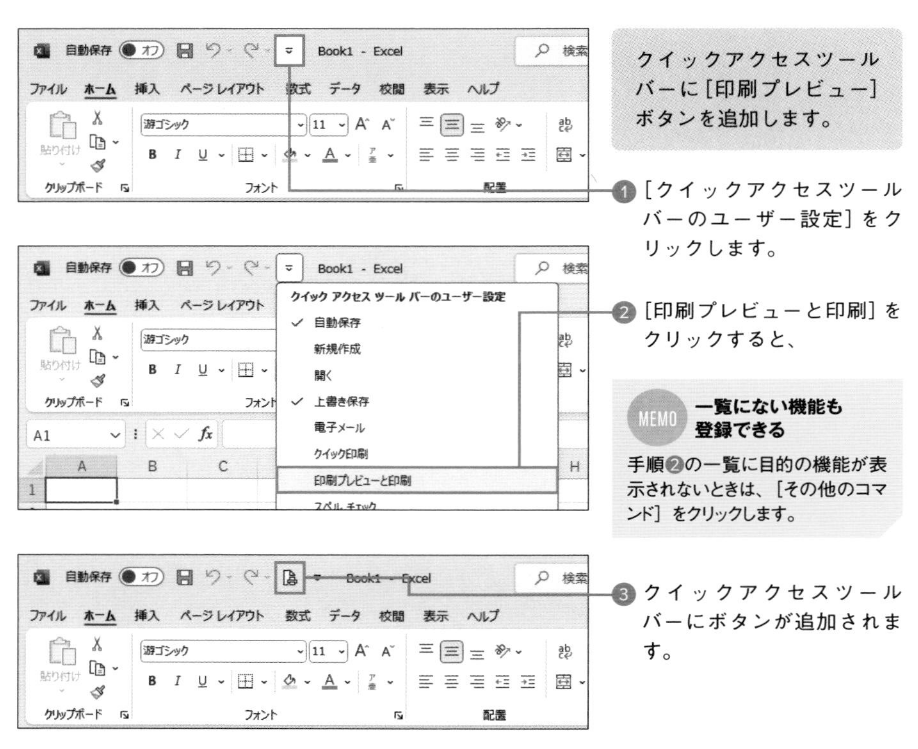

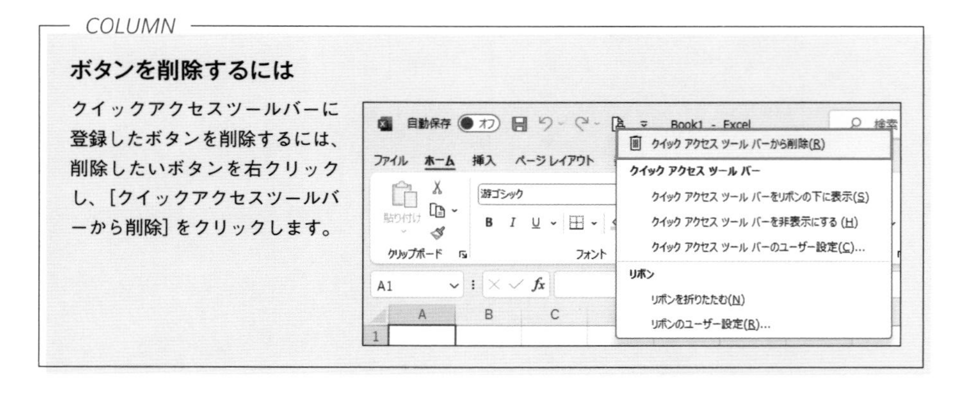

COLUMN

ボタンを削除するには

クイックアクセスツールバーに登録したボタンを削除するには、削除したいボタンを右クリックし、[クイックアクセスツールバーから削除]をクリックします。

080 スマートフォンと連携してスキマ時間に操作する

スマートフォンにExcelアプリをインストールすると、外出先や移動中に**スマートフォンからファイルの表示や編集**が行えます。本格的な編集はパソコンの大きな画面のほうが操作しやすいですが、作成済みの表やグラフをチェックするのであれば、**時間や場所を選ばずに操作できる**スマートフォンが便利です。ここでは、iPhoneを使って操作しますが、Androidでも同様の操作が可能です。

スマホ用アプリを使う

スマートフォン用のExcelアプリは、iPhoneなら「App Store」、Androidなら「Google Play」から無料でインストールできます。アプリをインストールするには、**アプリストアのアカウント**（Apple IDまたはGoogleアカウント）と**Microsoftアカウントが必要**です。アプリストアには、iPadなどの端末用のアプリも用意されています。

スマートフォンのホーム画面を表示します。

① [App Store] をタップします。

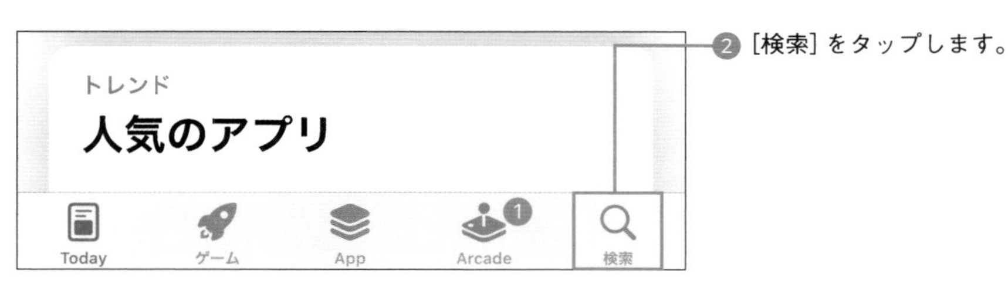

② [検索] をタップします。

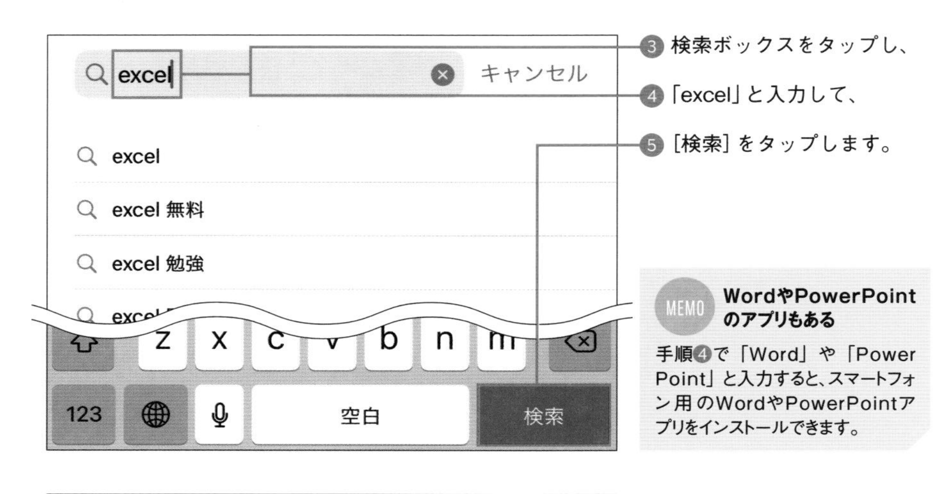

❸検索ボックスをタップし、

❹「excel」と入力して、

❺［検索］をタップします。

MEMO WordやPowerPointのアプリもある

手順❹で「Word」や「PowerPoint」と入力すると、スマートフォン用のWordやPowerPointアプリをインストールできます。

❻［入手］をタップします。

MEMO アイコンの形は異なる

使用しているiPhoneの状態により、［入手］と表示されたり雲の絵柄が表示されたりします。

❼続く画面で、Apple IDとパスワードを入力して［サインイン］をタップすると、インストールがはじまります。

❽［開く］をクリックすると、Excelが起動します。

MEMO Wi-Fiに接続してインストールする

アプリのインストールには時間がかかる場合があります。そうすると、スマートフォンの通信料金が高くなり、電池も消耗します。Wi-Fiに接続した環境でインストールしましょう。

スマホアプリのExcelでファイルを開く

343ページの操作でスマートフォン用のExcelアプリをインストールしたら、**OneDriveに保存したファイル**を開いてみましょう。スマートフォン用のExcelアプリを使うと、ファイルを新規作成したり編集したりすることができますが、製品版の**すべての機能が利用できるわけではありません**。外出先などでファイルを確認したり、ちょっとした修正を行ったりする程度にとどめましょう。

❶ スマートフォンの［Excel］をタップします。

最初に使うときはサインインする

インストール後にはじめて使うときは、手順❶のあとにサインイン画面が表示されます。Microsoftアカウントでサインインすると、スマホアプリが使えるようになります。

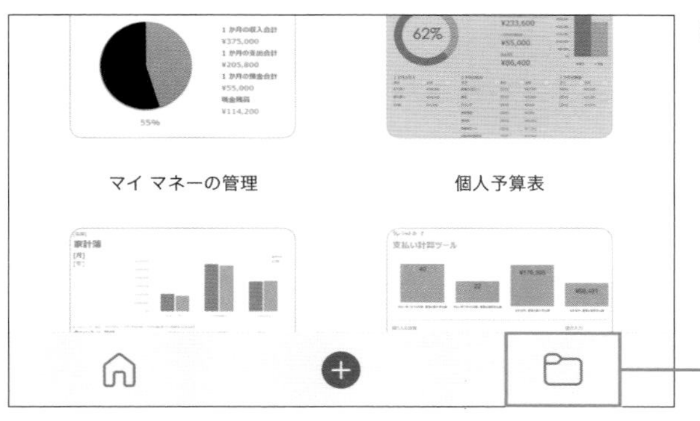

❷ 右下のここをタップし、

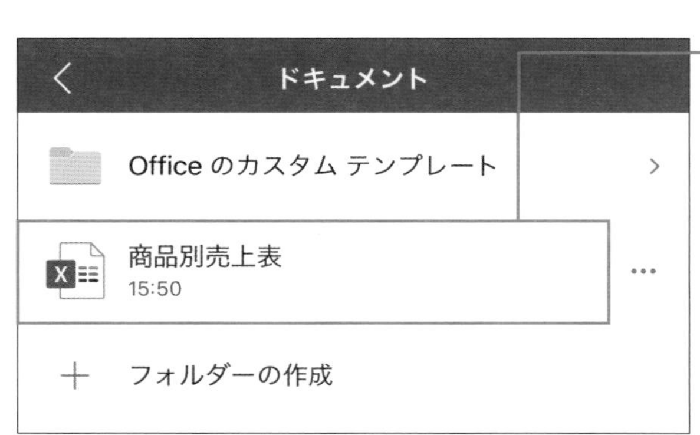

❸ 保存先のフォルダーから目的のファイルをタップすると、

ファイルをOneDriveに保存しておく

スマートフォンでExcelのファイルを表示・編集するには、ファイルがOneDriveに保存されている必要があります。

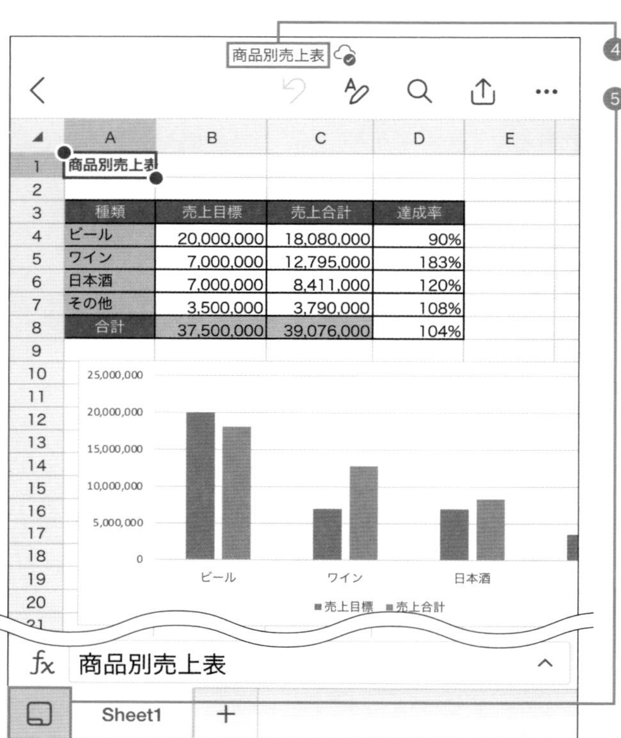

❹ ファイルが開きます。

❺ 左下のここをクリックすると、

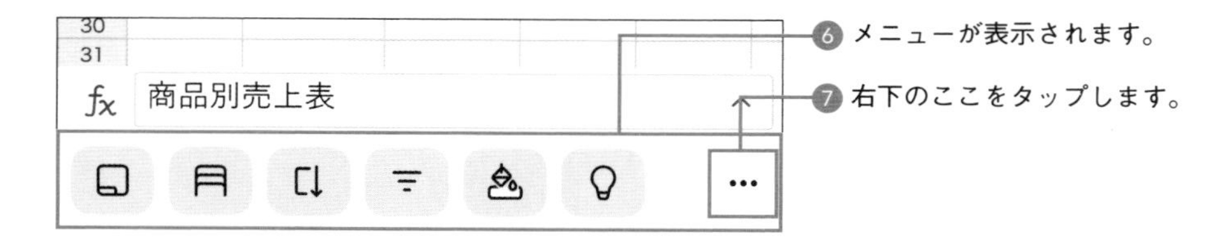

❻ メニューが表示されます。

❼ 右下のここをタップします。

❽ ここをタップしてタブを切り替えます。

MEMO 修正は自動保存される

スマホ用のExcelで修正した結果は、OneDriveに自動保存されます。手動で上書き保存する必要はありません。

第10章

最新技術を味方につける!
AIの活用テクニック

081 AI活用に必要な基礎知識を身につける

ロボットや車の自動運転、医療の画像診断など、AI（人工知能）が社会全体に広まり、私たちの生活を大きく変えています。これからは**AIをどのように活用できるかが企業の競争力に影響を与える**と言っても過言ではないでしょう。パソコンの操作も例外ではありません。AIをExcelで活用すると、機能の使いかたや操作の間違いを教えてもらうだけでなく、最適な分析方法のアイデアを提案してもらって販売戦略に生かすことができます。

そもそも「AI」とはなにか

「AIに仕事を奪われるのでは……」と不安に感じる人も少なくありませんが、AI時代を生き抜くためには、**AIそのものを正しく知る**ことが大切です。そもそもAIとはなんでしょうか。

AIは「Artificial Intelligence（人工知能）」の略です。人間は外からの情報を脳内で処理し、判断や推測を行っていますが、このような人間の知能をコンピューターで再現する技術をAIと呼びます。**AIに組み込まれたプログラムが大量のデータを処理して、あたかも人間が判断したり推測したりしているように動きます**。

以前から私たちは、AIを使わなくてもWebでわからないことを検索し、その結果を利用しています。ただし、Web検索では検索結果の一覧からリンクを1つずつ開いて最適な回答を見つける操作が必要です。

一方AIは、キーワードに関する**最適な回答が導き出される**ため、リンクを開く・確認する・閉じる・ほかのリンクを開くといった一連の操作を省略でます。

AIを活用するメリット

AIを活用することで得られるおもなメリットは次のとおりです。

①生産性が向上する

人間が行う単純作業のくりかえしをAIが行うことで、作業スピードを短縮できて生産性がアップします。そのぶん、人間はクリエイティブな業務に集中できます。

②労働力を補える

人間が行う業務をAIが行うことで、労働力を補填でき、従業員の負担を軽減できます。

③コストを削減できる

AIはさまざまな業務を24時間継続して行えます。そのため、費用が膨らむ人件費の大幅なコスト削減が期待できます。

④エラーが減る

人間が行う作業はどうしてもヒューマンエラーが発生し、そのエラーの処理に時間がかかります。AIを活用することでヒューマンエラーがなくなり、業務を効率化できます。

⑤ビッグデータを活用できる

AIはWeb上の膨大なデータを分析し、判断や予測をすることが得意です。ビッグデータを分析することにより、顧客が求めている商品や需要のマーケティングが容易になり、売上アップを期待できます。

Excelで使えるAIサービスの種類と特徴

AIにはいろいろな分類や種類がありますが、ここでは**Excelで使えるAIサービス**を紹介します。それぞれのサービスには質問を入力する領域が用意されており、質問内容を入力すると回答が表示されます。また、会話形式で質問を掘り下げていくこともできます。

①Copilot in Windows

Windows11に搭載されているAIで、Windows11をアップデートすることで無料で利用できます。画面右側のパネルに質問を入力すると、パネル内に回答が表示されます。Windowsの操作を支援するだけでなく、Excelのデータを質問領域にコピーして、具体的な質問をすることもできます。ちなみに、Copilot（コパイロット）は「副操縦士」を意味する言葉で、AIが人間を隣で支援することを表しています。

②Microsoft Copilot(Copilot in Edge)

Windowsに標準搭載されているブラウザーの「Edge」で利用するAIです。Webページを開いたまま文章の要約や翻訳を行ったり、気になる用語を調べたりすることができます。また、スタイルや長さを指定して新しい文書を作成することもできます。Windowsのユーザーは無料で利用できます。

③Copilot for Microsoft 365

Microsoft 365にAI（人工知能）機能を搭載した有料のサービスです。Word、Excel、PowerPoint、Outlook、TeamsなどのMicrosoft 365アプリに組み込まれた形で提供されます。これにより、たとえばWordで作成した文章の校正や要約、下書きの作成、Excelで入力したデータの分析やシミュレーションなどが可能です。また、PowerPointではスライド作成、画像挿入、レイアウト調整も行えます。

④ChatGPT

ChatGPT（Generative Pre-trained Transformer）は、アメリカのOpenAI社が開発したAIサービスで、2022年11月にリリースされて以来、多くの注目を集めています。ChatGPTは汎用性が高く、日常生活の悩みから宇宙の神秘までなんでも回答してくれます。これは、Web上のあらゆるデータを学習し、最適な回答を導き出してくれるからです。ただし、Excelと連携して使うには、データや回答をChatGPTにコピーし、回答をふたたびExcelにコピーするといった操作が発生します。無料版と有料版（20ドル／月）があり、無料版は2021年9月までの情報をもとにしているため、最新情報は回答に反映されないので注意が必要です。

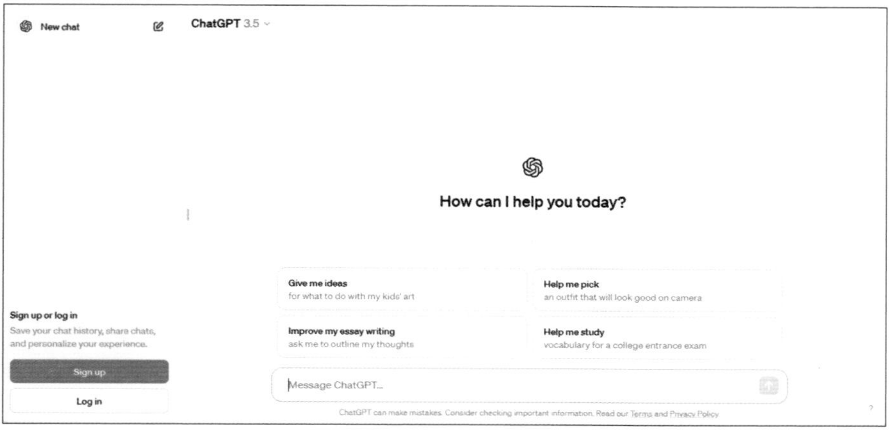

AIを使うときの注意点

①質問のしかたを工夫する

「パソコンが起動しない」と質問するのと「Windows11のパソコンがフリーズしたときの対処を教えて」と質問するのでは、回答が大きく異なります。期待した回答が得られなかったときは、「初心者にもわかるように」「300字程度で」「表にまとめて」など、具体的な質問を入力するのがポイントです。

②AIの回答は完璧ではない

AIが出した回答は完璧ではありません。間違った情報やあいまいな情報を提供する可能性もあります。回答を鵜呑みにしてそのまま使用せずに、必要に応じて検証や裏付けの確認を行うようにしましょう。AIの回答をチェックして、**回答や提案を受け入れるか受け入れないかは、ユーザー自身で判断**します。

③個人情報を入力しない

AIサービスによっては、質問として入力した内容がAIの学習データとして利用されるものもあるので、**個人情報や機密情報を入力するのは避けましょう**。

082 操作や数式で迷ったらChatGPTで解決する

毎日の業務に欠かせないExcelですが、操作や数式で戸惑うことも多いでしょう。ChatGPTとExcelを組み合わせて使うと、わからない操作をヘルプがわりに教えてくれます。また、より効果的な手順や数式を提案してくれたり、集計や分析のアイデアも提案してくれます。これにより、操作ミスが激減してエラー処理に時間を割かずにすむため、作業効率が大幅にアップします。ここでは、いくかの活用シーンを紹介します。

ChatGPTを使う準備

ChatGPTを利用するには、ChatGPTのWebページにアクセスして、画面下部の領域に質問を入力するだけです。この質問のことを**「プロンプト」**と呼びます。「Sign up」ボタンをクリックしてアカウントを作成すると、質問の履歴が表示されます。アカウントを作成してなくても、ChatGPTを利用できます。なお、プロンプトに入力した内容はOpenAI社に送信され処理されるため、情報流出を避けるためにも個人情報や機密情報を入力しないように注意しましょう。

ChatGPTのページ：https://chat.openai.com/

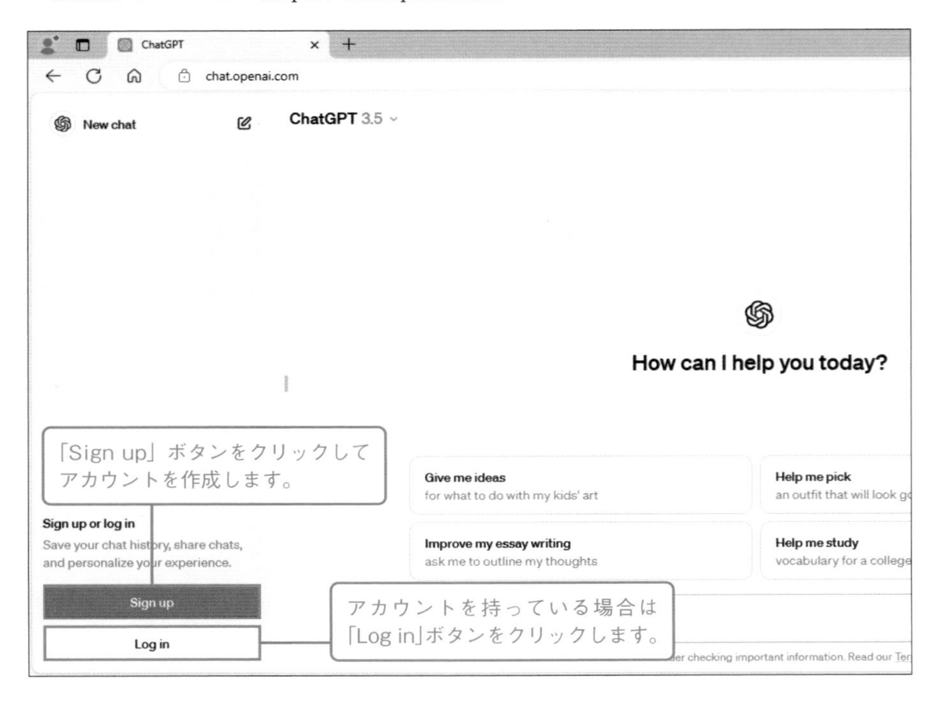

ChatGPTに数式の意味を質問する

ほかの人から引き継いだExcelファイルに馴染みのない関数が入力されていると、ヘルプ画面や書籍、Webサイトで数式の意味や使いかたを調べるのに時間がかかります。特に**複雑な数式を読み解く**には相当の時間がかかります。このようなときは、ChatGPTに数式を説明してもらうとよいでしょう。ポイントは**「初心者にもわかるように」**とか**「ステップバイステップで（1手順ずつ）」**といった**具体的な言葉を質問に追加**することです。

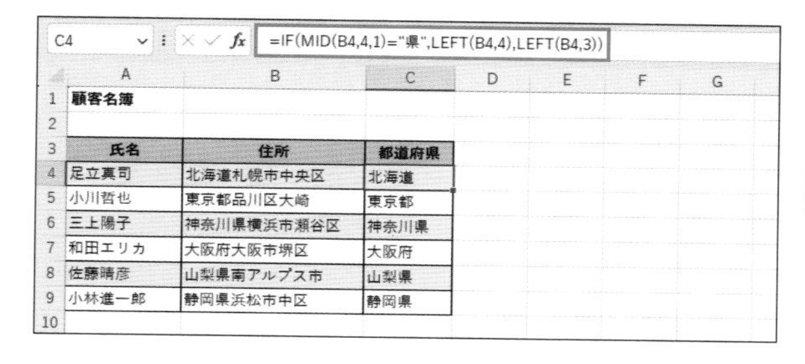

C4 =IF(MID(B4,4,1)="県",LEFT(B4,4),LEFT(B4,3))

	A	B	C
1	顧客名簿		
2			
3	氏名	住所	都道府県
4	足立真司	北海道札幌市中央区	北海道
5	小川哲也	東京都品川区大崎	東京都
6	三上陽子	神奈川県横浜市瀬谷区	神奈川県
7	和田エリカ	大阪府大阪市堺区	大阪府
8	佐藤晴彦	山梨県南アルプス市	山梨県
9	小林進一郎	静岡県浜松市中区	静岡県
10			

C列にはB列の住所から都道府県を取り出す関数（数式バー参照）が入力されています。

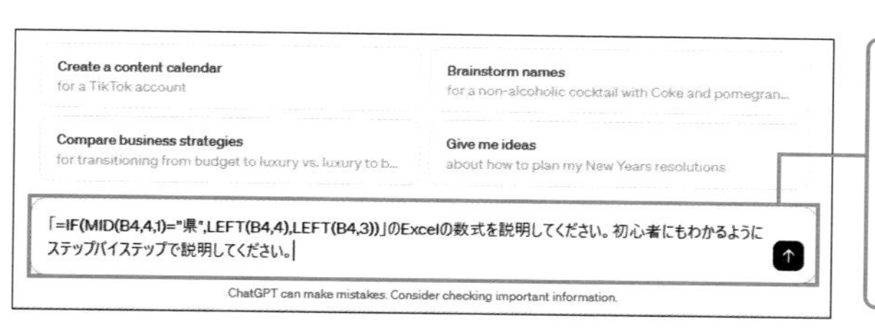

質問：「=IF(MID(B4,4,1)="県",LEFT(B4,4),LEFT(B4,3))」のExcelの数式を説明してください。初心者にもわかるようにステップバイステップで説明してください。

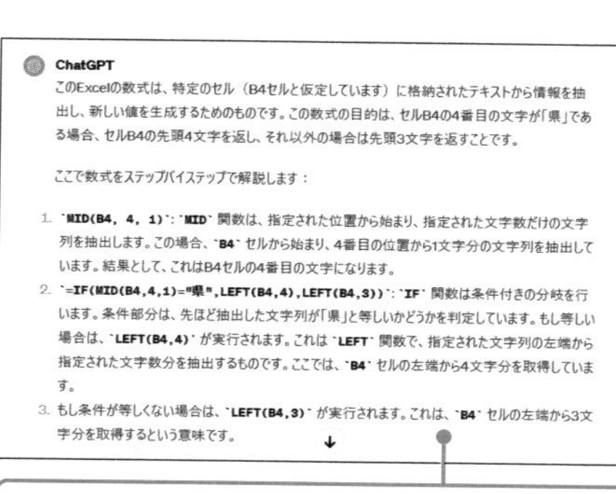

具体的な例を挙げてみましょう。もし `B4` セルに「東京都」が格納されている場合：

- `MID(B4,4,1)` は「京」になります。
- 条件 `MID(B4,4,1)="県"` は偽となります。
- したがって、`IF` 関数は `LEFT(B4,3)` を実行し、「東京」が結果として返されます。

もし `B4` セルに「大阪府」が格納されている場合：

- `MID(B4,4,1)` は「府」になります。
- 条件 `MID(B4,4,1)="県"` は真となります。
- したがって、`IF` 関数は `LEFT(B4,4)` を実行し、「大阪府」が結果として返されます。

この数式は、都道府県の情報が特定の形式で格納されている場合に、適切な情報を抽出するのに役立ちます。

Message ChatGPT

数式の意味をステップごとに表示してくれます。

COLUMN

数式のエラーの原因を聞く

入力した数式にエラーが表示されたときは、「○○セルには「○○」の数式が入力されています。「○○」エラーが表示されている原因を教えてください。」のように質問します。

ChatGPTに数式の改善案を提案してもらう

数式の組み立て方が違っても同じ結果を出すことができます。ただし、複雑すぎる数式は修正に時間がかかるだけでなく、ほかの人が理解するのもたいへんです。このようなときは、ChatGPTに**数式をシンプルでわかりやすくするアイデア**を提案してもらいましょう。

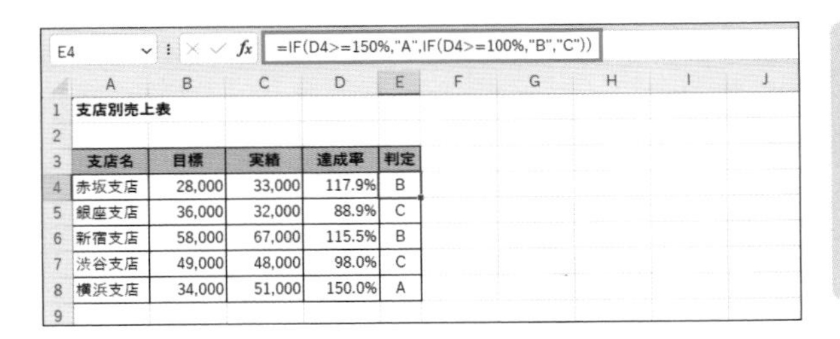

支店名	目標	実績	達成率	判定
赤坂支店	28,000	33,000	117.9%	B
銀座支店	36,000	32,000	88.9%	C
新宿支店	58,000	67,000	115.5%	B
渋谷支店	49,000	48,000	98.0%	C
横浜支店	34,000	51,000	150.0%	A

E列には、D列の達成率によって「A」「B」「C」の判定をするためのIF関数が入力されています（数式バー参照）。数式をもっとかんたんにしてみます。

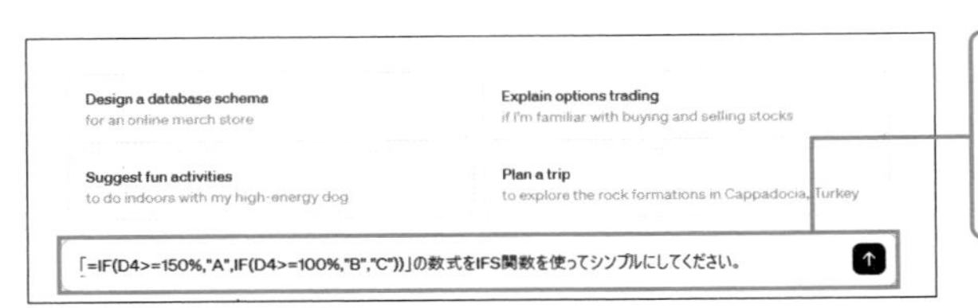

質問：「=IF(D4>150%,"A",IF(D4>=100%,"B","C"))」の数式をIFS関数を使ってシンプルにしてください。

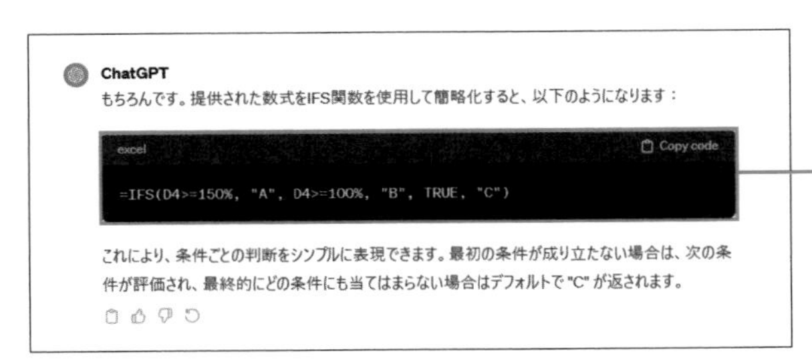

IFS関数を使った改善案を提案してくれます。

COLUMN

代替の関数がわからない場合

ここでは「IFS関数でシンプルにしたい」というように関数名を指定しました、代替関数がわからない場合は「=IF(D4>150%,"A",IF(D4>=100%,"B","C"))」の数式をもっとシンプルにしてください。」と質問します。そうすると、ここではCHOOSE関数を使う方法が提案されました。

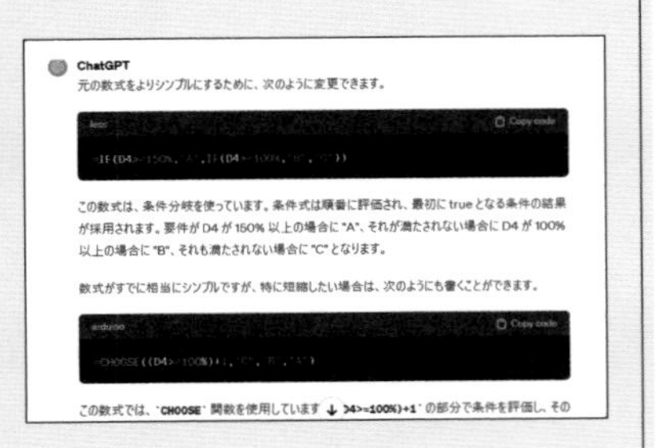

ChatGPTにやりたいことから数式を作ってもらう

「地域と大きさを指定して配送料金を求めたい」「順位を求めたい」など、やりたいことはわかっていても、どのような数式を作成すればよいのかわからないこともあるでしょう。このようなときは、**ChatGPTにやりたいことを伝えて、最適な数式を作ってもらう**ことができます。作成中の表をコピーしてから質問領域に貼り付けると、データの現状を伝えられるため、より精度の高い回答が得られます。

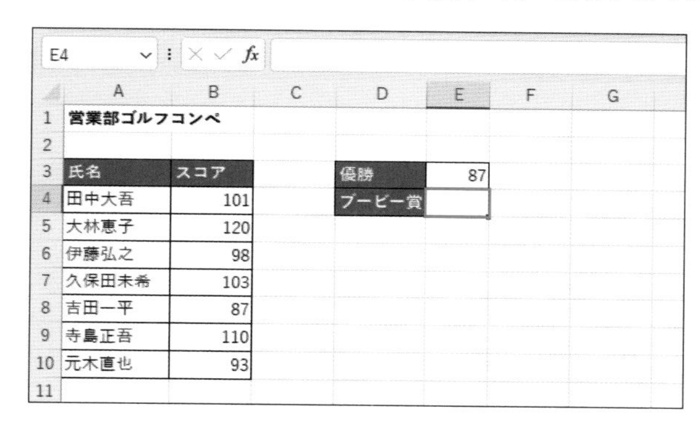

	A	B	C	D	E
1	営業部ゴルフコンペ				
2					
3	氏名	スコア		優勝	87
4	田中大吾	101		ブービー賞	
5	大林恵子	120			
6	伊藤弘之	98			
7	久保田未希	103			
8	吉田一平	87			
9	寺島正吾	110			
10	元木直也	93			

ゴルフコンペの表でブービー賞のスコアを求めます。

Help me pick
a gift for my dad who loves fishing

Plan an itinerary
to experience the wildlife in the Australian outback

Create a charter
to start a film club

Tell me a fun fact
about the Roman Empire

Excelで以下のゴルフのスコア表を作成しました。ブービー賞に相当するスコアを求める関数を教えてください。
氏名 スコア
田中大吾 101
大林恵子 120
伊藤弘之 98
久保田未希 103
吉田一平 87
寺島正吾 110

質問：Excelで以下のゴルフのスコア表を作成しました。ブービー賞に相当するスコアを求める関数を教えてください。

MEMO **質問領域で改行する**

Shift + Enter キーで改行してからExcelのセル範囲をコピーして貼り付けると、スペースで区切って表示されます。

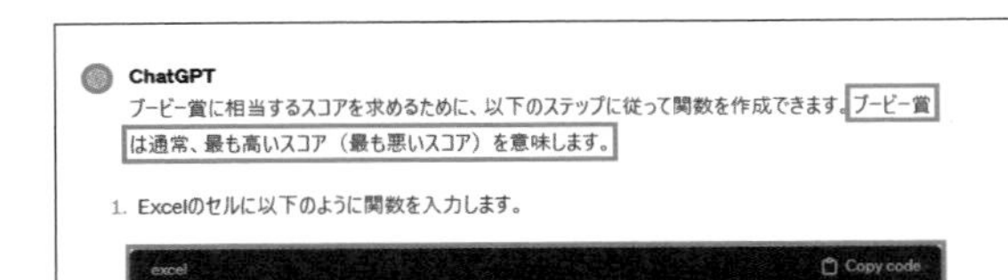

1. Excelのセルに以下のように関数を入力します。

```excel
=MAX(B2:B8)
```

この関数は、B2からB8までのセルの中で最大の値（最も高いスコア）を返します。

1. 入力したセルにエンターキーを押して関数を実行します。

これにより、入力した範囲内で最も高いスコアが表示されます。これがブービー賞に相当するスコアとなります。

ブービー賞をもっとも大きなスコアと判断して、MAX関数が提案されました。

1. Excelのセルに以下のように関数を入力します。

この関数は、B2からB8までのセルの中で最大の値（最も高いスコア）を返します。

1. 入力したセルにエンターキーを押して関数を実行します。

これにより、入力した範囲内で最も高いスコアが表示されます。これがブービー賞に相当するスコアとなります。

ブービー賞は大きいほうから２番目のスコアですよね。

ChatGPT can make mistakes. Consider checking important information.

質問：ブービー賞は大きいほうから2番目のスコアですよね。

ChatGPT
申し訳ありません、誤解が生じました。ブービー賞は大きい方から2番目のスコアですね。訂正いたします。

以下が正しい関数です。

この関数は、B2からB8までのセルの中で2番目に大きい値（2番目に高いスコア）を返します。上記の関数を入力したセルにエンターキーを押して関数を実行してください。これでブービー賞に相当するスコアが表示されます。

回答を修正して、LARGE関数が提案されました。回答をコピーしてセルに貼り付けて利用します。

COLUMN

質問を追加して深堀りする

ChatGPTはこれまでのやりとりを考慮して回答を導き出すため、回答を見てからその一部に対して質問を追加できます。今回のように「ブービー賞は大きいほうから2番目のスコアですよね」などのように入力します。

ChatGPTに条件付き書式の数式を作ってもらう

100ページで解説した**条件付き書式**は、条件に一致したセルに色を付けるなどして目立たせる機能です。特定のセルに書式を付ける設定は比較的かんたんですが、行全体に書式を付けるには**数式を使って条件を設定する**必要があります。どのような数式にすればよいのかわからないときは、条件と書式を指定して質問します。

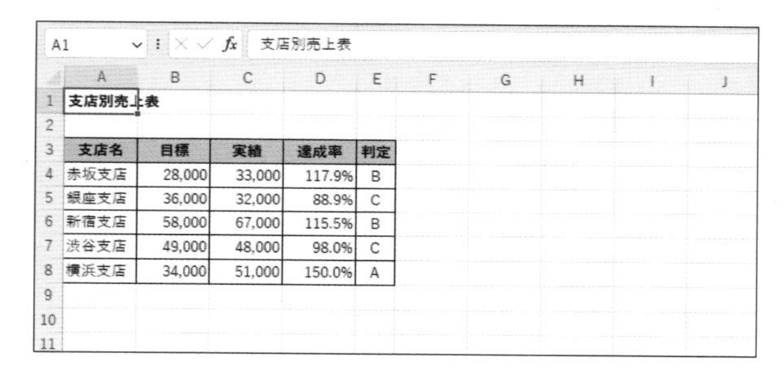

支店名	目標	実績	達成率	判定
赤坂支店	28,000	33,000	117.9%	B
銀座支店	36,000	32,000	88.9%	C
新宿支店	58,000	67,000	115.5%	B
渋谷支店	49,000	48,000	98.0%	C
横浜支店	34,000	51,000	150.0%	A

E列の判定が「C」であれば行全体を赤字にする、条件付き書式を作成します。

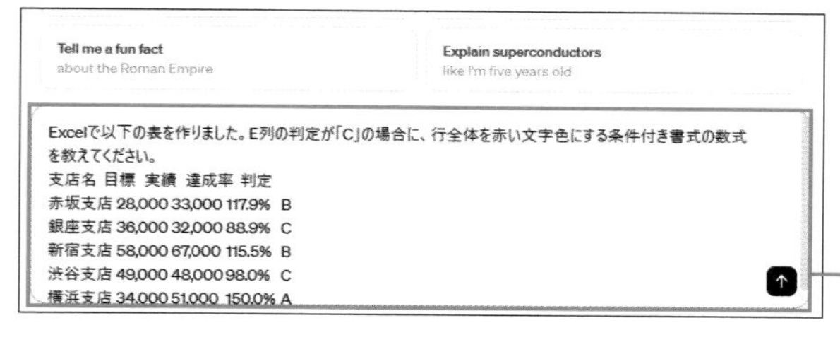

質問：Excelで以下の表を作りました。E列の判定が「C」の場合に、行全体を赤い文字色にする条件付き書式の数式を教えてください。

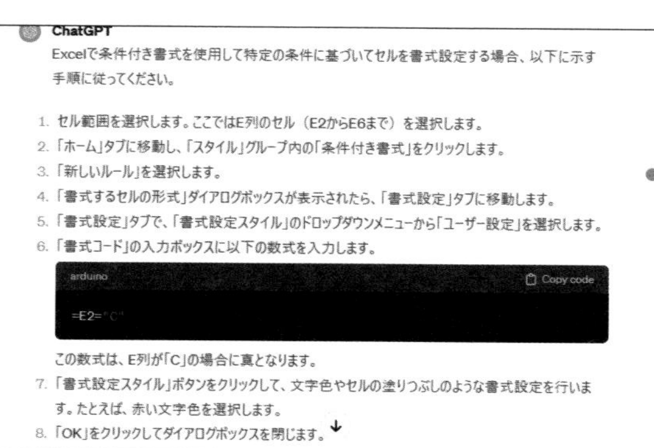

条件付き書式に数式を設定する手順が表示されます。

COLUMN

わかっている部分を明確にする

「条件付き書式を使って」や「数式を教えて」、「赤い文字色にしたい」など、わかっている情報を質問に盛り込むと、精度の高い回答を期待できます。

ChatGPTに最適なグラフの種類を教えてもらう

表のデータをグラフ化するときに、どの種類のグラフにするのか迷うことがあります。グラフの種類を選び間違えると、正しく目的が伝わりません。このようなときは、ChatGPTに**最適なグラフの種類**を提案してもらいましょう。「売上目標と実績の差を伝えるにはどのグラフがおすすめですか？」「気温と売上数の相関関係を伝えるために最適なグラフは何ですか？」のように、**何を伝えるグラフなのか**を質問に盛り込むことがポイントです。

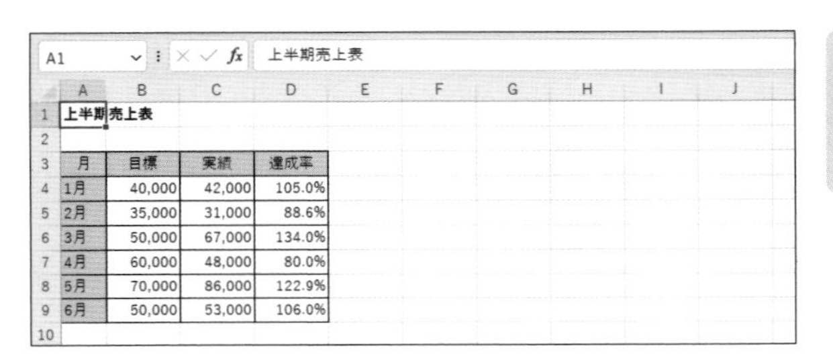

上半期売上表

月	目標	実績	達成率
1月	40,000	42,000	105.0%
2月	35,000	31,000	88.6%
3月	50,000	67,000	134.0%
4月	60,000	48,000	80.0%
5月	70,000	86,000	122.9%
6月	50,000	53,000	106.0%

B列の目標とC列の実績の差が明確になるグラフを作ります。

Compare storytelling techniques
in novels and in films
Show me a code snippet
of a website's sticky header
Create a personal webpage for me
after asking me three questions
Recommend a dish
to bring to a potluck
Excelで目標と実績の差が明確になるグラフを作るには、どんなグラフがいいですか。

質問：Excelで目標と実績の差が明確になるグラフを作るには、どんなグラフがいいですか。

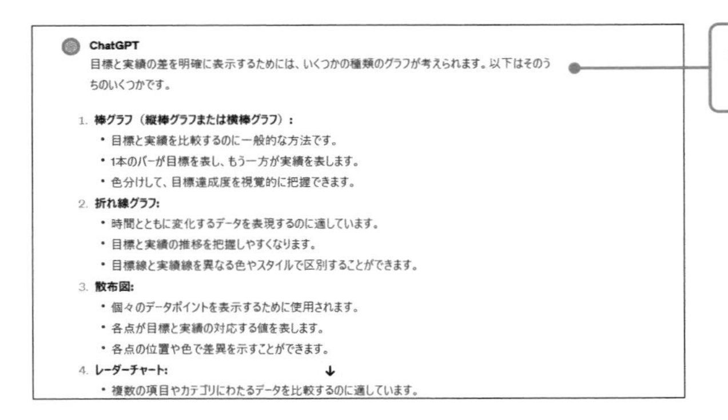

ChatGPT
目標と実績の差を明確に表示するためには、いくつかの種類のグラフが考えられます。以下はそのうちのいくつかです。

1. **棒グラフ（縦棒グラフまたは横棒グラフ）：**
   - 目標と実績を比較するのに一般的な方法です。
   - 1本のバーが目標を表し、もう一方が実績を表します。
   - 色分けして、目標達成度を視覚的に把握できます。
2. **折れ線グラフ：**
   - 時間とともに変化するデータを表現するのに適しています。
   - 目標と実績の推移を把握しやすくなります。
   - 目標線と実績線を異なる色やスタイルで区別することができます。
3. **散布図：**
   - 個々のデータポイントを表示するために使用されます。
   - 各点が目標と実績の対応する値を表します。
   - 各点の位置や色で差異を示すことができます。
4. **レーダーチャート：**
   - 複数の項目やカテゴリにわたるデータを比較するのに適しています。

最適なグラフの種類を提案してくれます。

COLUMN

具体的な手順を教えてもらう

グラフの種類が決まったら、Excelの表のデータをコピーして、具体的な作成手順を教えてもらうとよいでしょう。その際、「ステップバイステップで」の言葉を追加すると、作成手順を箇条書きで教えてくれます。

ChatGPTに分析方法のアイデアをもらう

表の数値から何をどのように分析するかで、ビジネスの展開が変わってきます。いつも同じ方法で分析していると、分析方法が固定化されてしまい、見落としている箇所があるかもしれません。ChatGPTに**分析方法のアイデア**を提案してもらうと、自分では思いつかなかった視点を発見できます。

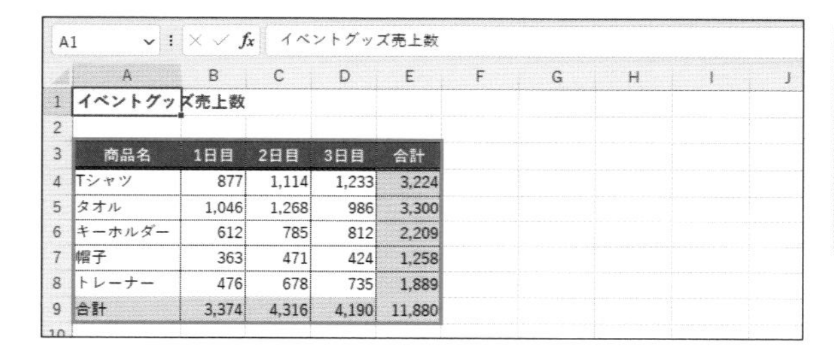

イベントグッズ売上数

商品名	1日目	2日目	3日目	合計
Tシャツ	877	1,114	1,233	3,224
タオル	1,046	1,268	986	3,300
キーホルダー	612	785	812	2,209
帽子	363	471	424	1,258
トレーナー	476	678	735	1,889
合計	3,374	4,316	4,190	11,880

売上集計表のデータをどのように生かしていいのかわからないときは、分析方法のアイデアを提案してもらいます。

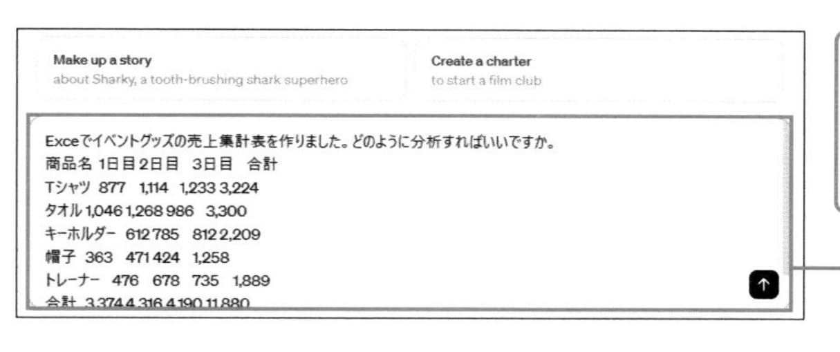

質問：Excelでイベントグッズの売上集計表を作りました。どのように分析すればいいですか。

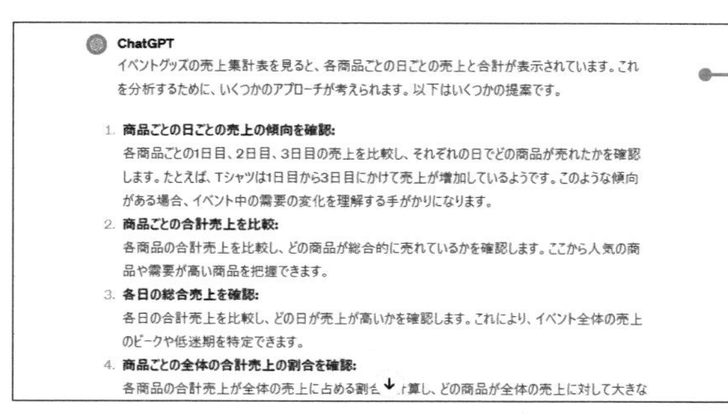

分析方法のアイデアを複数提案してくれます。

COLUMN

自分の考えを追加する

回答に続けて「Zチャートで分析するのはどうですか。」のように、自分が考えている手法が合っているかどうかを確認することもできます。

キーボードショートカット一覧

ファイルの操作

新規ファイルを開く	Ctrl + N
保存済みのファイルを開く	Ctrl + O
ファイルを保存する	Ctrl + S
ファイルに名前を付けて保存する	F12
ファイルを印刷する	Ctrl + P
ファイルを閉じる	Ctrl + W
Excel を終了する	Alt + F4

シートの操作

新規ワークシートを挿入する	Shift + F11
新規グラフシートを挿入する	F11
前のシートを選択する	Ctrl + Page Up
次のシートを選択する	Ctrl + Page Down

画面の操作

リボンの表示 / 非表示を切り替える	Ctrl + F1
画面を拡大する	Ctrl + Alt + = （イコール）
画面を縮小する	Ctrl + Alt + - （マイナス）
1 画面ぶん下に移動する	Page Down
1 画面ぶん上に移動する	Page Up
1 画面ぶん右に移動する	Alt + Page Down
1 画面ぶん左に移動する	Alt + Page Up

アクティブセルの移動

アクティブセルを移動する	矢印キー
A1 セルに移動する	Ctrl + Home
右のセルに移動する	Tab
左のセルに移動する	Shift + Tab
下のセルに移動する	Enter
上のセルに移動する	Shift + Enter
連続したデータの最終行に移動する	Ctrl + ↓
連続したデータの先頭行に移動する	Ctrl + ↑

連続したデータの右端に移動する	Ctrl + →
連続したデータの左端に移動する	Ctrl + ←
[ジャンプ] ダイアログボックスを開く	F5
[名前] ボックスに移動する	Alt + F3

セルの選択

矢印方向にセルを選択する	Shift +矢印キー
すべてのセルを選択する	Ctrl + A
表全体を選択する	Ctrl + * (アスタリスク)
セルを挿入する	Ctrl + + (プラス)
セルを削除する	Ctrl + - (マイナス)
列を選択する	Ctrl + Space
行を選択する	Shift + Space
選択を解除する	Shift + Back space

データの入力

日本語入力のオンとオフを切り替える	半角/全角
全角ひらがなに変換する	F6
全角カタカナに変換する	F7
半角カタカナに変換する	F8
全角アルファベットに変換する	F9
半角アルファベットに変換する	F10
今日の日付を表示する	Ctrl + ; (セミコロン)
現在の時刻を表示する	Ctrl + : (コロン)
列に入力したデータをリスト化する	Alt + ↓
真上のセルのデータをコピーする	Ctrl + D
左のセルのデータをコピーする	Ctrl + R
セルを編集状態にする	F2
セルの編集を取り消す	Esc
セル内で改行する	Alt + Enter
選択したセル範囲に、アクティブセルと同じ値を入力する	Ctrl + Enter
ハイパーリンクを挿入する	Ctrl + K
[フラッシュフィル] ダイアログボックスを開く	Ctrl + E

キーボードショートカット一覧

コピー&貼り付け

操作	ショートカット
セルのデータをコピーする	Ctrl + C
セルのデータを切り取る	Ctrl + X
セルのデータを貼り付ける	Ctrl + V
[形式を選択して貼り付け] ダイアログボックスを開く	Alt + Ctrl + V

書式の設定

操作	ショートカット
[セルの書式設定] ダイアログボックスを開く	Ctrl + 1
太字にする	Ctrl + B
斜体にする	Ctrl + I
下線を引く	Ctrl + U
取り消し線を引く	Ctrl + 5
標準の表示形式を設定する	Ctrl + Shift + ~ (チルダ)
[桁区切りスタイル] を設定する	Ctrl + Shift + 1
[通貨表示形式] を設定する	Ctrl + Shift + 4
[パーセントスタイル] を設定する	Ctrl + Shift + 5
[外枠] の罫線を引く	Ctrl + Shift + 6

関数の入力

操作	ショートカット
数式バーを展開 / 折りたたむ	Ctrl + Shift + U
数式タブを開く	Alt + M
SUM 関数を挿入する	Alt + = (イコール)
[関数の挿入] ダイアログボックスを開く	Shift + F3
絶対参照を設定する	F4
セル内に数式を表示する	Ctrl + Shift + @
再計算を実行する	F9

検索・置換

操作	ショートカット
[検索と置換] ダイアログボックスの [検索] タブを開く	Ctrl + F
[検索と置換] ダイアログボックスの [置換] タブを開く	Ctrl + H

データベース

テーブルを作成する	Ctrl + T
フィルターボタンを表示する	Ctrl + Shift + L
フィルターメニューを開く	Alt + ↓

ダイアログボックスの操作

タブを切り替える	← / →
次の項目に移動する	Tab
前の項目に戻る	Shift + Tab
リストを開く	↓
チェックボックスのオンとオフを切り替える	Space

その他

直前の操作を元に戻す	Ctrl + Z
操作をやり直す	Ctrl + Y
直前の操作を繰り返す	F4
選択した行を非表示にする	Ctrl + 9
選択した列を非表示にする	Ctrl + 0
[名前の管理] ダイアログボックスを開く	Ctrl + F3
コメントを挿入する	Ctrl + Shift + F2
グラフを挿入する	Alt + F1
スペルチェックを実行する	F7
[ヘルプ] ウィンドウを開く	F1

索引

か行

さ行

索引

ま～や行

ら～わ行

お問い合わせについて

本書に関するご質問については、本書に記載されている内容に関するもののみとさせていただきます。本書の内容と関係のないご質問につきましては、一切お答えできませんので、あらかじめご了承ください。また、電話でのご質問は受け付けておりませんので、必ずFAXか書面にて下記までお送りください。
なお、ご質問の際には、必ず以下の項目を明記していただきますよう、お願いいたします。

① お名前
② 返信先の住所またはFAX番号
③ 書名（今すぐ使えるかんたんbiz　Excel　効率UPスキル大全）
④ 本書の該当ページ
⑤ ご使用のOSとソフトウェアのバージョン
⑥ ご質問内容

なお、お送りいただいたご質問には、できる限り迅速にお答えできるよう努力いたしておりますが、場合によってはお答えするまでに時間がかかることがあります。また、回答の期日をご指定なさっても、ご希望にお応えできるとは限りません。あらかじめご了承くださいますよう、お願いいたします。

問い合わせ先

〒162-0846
東京都新宿区市谷左内町21-13
株式会社技術評論社　書籍編集部
「今すぐ使えるかんたんbiz
Excel　効率UPスキル大全」質問係
FAX番号 03-3513-6183
URL:https://gihyo.jp/book/2024/978-4-297-14154-7

お問い合わせの例

FAX

①お名前
技術　太郎
②返信先の住所またはFAX番号
03-××××-××××
③書名
今すぐ使えるかんたんbiz
Excel　効率UPスキル大全
④本書の該当ページ
100ページ
⑤ご使用のOSとソフトウェアのバージョン
Windows 11
Excel 2021
⑥ご質問内容
結果が正しく表示されない

※ご質問の際に記載いただきました個人情報は、回答後速やかに破棄させていただきます。

今すぐ使えるかんたんbiz
Excel　効率UPスキル大全

2024年6月5日　初版　第1刷発行

著者……………………………井上香緒里
発行者…………………………片岡　巌
発行所…………………………株式会社 技術評論社
東京都新宿区市谷左内町21-13
電話　03-3513-6150　販売促進部
03-3513-6166　書籍編集部
カバーデザイン……………小口　翔平＋畑中　茜（tobufune）
本文デザイン………………今住　真由美（ライラック）
DTP　………………………リンクアップ
編集……………………………佐久　未佳
製本・印刷…………………日経印刷株式会社

定価はカバーに表示してあります。

ISBN978-4-297-14154-7 C3055
Printed in Japan